新编
电工手册

《新编电工手册》编委会 编

双色
视频版

化学工业出版社

·北京·

内容简介

本书围绕电工实际工作需要，汇编了电工基本定律与关系式等电工基础知识，电工识图基础及电工控制电路、供电系统电气图和建筑电气图的识图知识，电工基本技能、电工常用工具、仪表使用技能及低压电器的必备知识，三相异步电机、单相异步电动机、直流电动机以及电机控制电路等电机相关知识，变压器、变配电安装运行管理等高压相关知识，临时用电、照明电路施工及电工安全相关知识，PLC与变频器入门知识，机床电气控制检修知识，电视机、洗衣机、空调、电磁炉等家用电器维修技能，实用电工口诀等内容。

本书对理论公式内容的编排合理易查，对实操技能的讲解步步引导，力求通俗易懂，可为广大电气工程从业人员的学习和工作提供有效的帮助。

图书在版编目（CIP）数据

新编电工手册：双色视频版 /《新编电工手册》编委会编.
北京：化学工业出版社，2018.11（2021.1重印）
ISBN 978-7-122-33043-7

Ⅰ.①新… Ⅱ.①新… Ⅲ.①电工-技术手册 Ⅳ.①TM-62

中国版本图书馆CIP数据核字（2018）第213289号

责任编辑：刘丽宏　卢小林　万忻欣
责任校对：宋　玮　　装帧设计：王晓宇

出版发行：化学工业出版社（北京市东城区青年湖南街13号　邮政编码100011）
印　　装：大厂聚鑫印刷有限责任公司
880mm×1230mm　1/32　印张19½　字数628千字　2021年1月北京第1版第2次印刷

购书咨询：010-64518888　　售后服务：010-64518899
网　　址：http://www.cip.com.cn
凡购买本书，如有缺损质量问题，本社销售中心负责调换。

定　　价：78.00元

前言
PREFACE

随着经济建设的蓬勃发展，电器应用程度的日益提高，各行各业从事电工作业的人员也在迅速增加，为了帮助广大电工解决在工作中遇到的问题，满足方便快速查阅的需要，我们组织编写了《新编电工手册（双色视频版）》。

全书围绕电工实际工作需要，汇编了电工基本定律与关系式等电工基础知识，电工识图基础及电工控制电路、供电系统电气图和建筑电气图的识图知识，电工基本技能、电工常用工具、仪表使用技能及低压电器的必备知识，三相异步电机、单相异步电动机、直流电动机以及电机控制电路等电机相关知识，变压器、变配电安装运行管理等高压相关知识，临时用电、照明电路施工及电工安全相关知识，PLC与变频器入门知识，机床电气控制检修知识，电视机、洗衣机、电冰箱、空调、电磁炉等家用电器维修技能，实用电工口诀等内容。本书在内容收录上力求全面，从尽可能多的领域帮助普通电工答疑解惑。

本书对理论、公式的编写力求合理易查阅，对实操技能的编写力求通俗易懂，步步引导，方便读者速学速用，为提高电工上岗工作的技术水平提供有效帮助。

秦钟全、杨清德、邱勇进、王学屯、孙克军等老师在本书编写过程提供了帮助，北京电子科技职业学院邱利军老师录制了教学视频，在此表示由衷感谢!

由于时间仓促，水平有限，书中不妥之处，敬请广大同行批评指正（欢迎关注下方二维码咨询交流）。

《新编电工手册》编委会

目录
CONTENTS

第1章 电工基础知识

第2章 电气识图

第 3 章　电工基本操作、常用工具及电工仪表的使用

第 4 章　常用低压电器

第5章　交流异步电动机

第6章　单相异步电动机

第 7 章　常用电动机控制电路

第 8 章　直流电动机

第9章　电力变压器

第10章　变配电及低压电路安装要求

第 11 章 变配电所倒闸操作及安全巡视

第 12 章 照明电路

第 13 章　临时用电与电工安全

第 14 章　PLC 控制器与变频器的应用

第 15 章 机床电气线路检修

第 16 章 家用电器维修

第 17 章 电工要诀

第1章 电工基础知识

1.1 电工常用计算公式及基本定律

1.1.1 直流电路常用计算公式（见表1-1）

表1-1 直流电路常用计算公式

名称	定义	公式	备注
电阻	导体能够导电，但同时对电流又有阻力作用。这种阻碍电流通过的阻力称为电阻，用英文字母 R 或 r 表示	$R=\rho\frac{l}{A}$	l——导体的长度，单位为米（m） A——导体的截面积，单位为平方米（m^2） ρ——导体的电阻率，单位为欧·米（Ω·m） R——导体的电阻，单位为欧姆，简称欧（Ω）
电导	表征物体传导电流的能力称为电导。电导是电阻的倒数，用英文字母 G 表示	$G=\frac{1}{R}$	R——电阻，单位为欧（Ω） G——电导，单位为西门子，简称西（S）
电流	导体内的自由电子或离子在电场力的作用下有规律的流动称为电流。规定正电荷移动的方向为电流的正方向。电流用英文字母 I 表示	$I=\frac{Q}{t}$	Q——电量，单位为库仑，简称库（C） t——时间，单位为秒（s） I——电流，单位为安培，简称安（A）

续表

名称	定　义	公　式	备　注
电压	在静电场或电路中，单位正电荷在电场力作用下从一点移到另一点电场力所做的功称为两点间的电压。电压用英文字母U表示。电压的正方向是从高电位到低电位	$U=\frac{W}{Q}$	W——电功，单位为焦耳，简称焦（J） Q——电量，单位为库（C） U——电压，单位为伏特，简称伏（V）
部分电路的欧姆定律	在一段不含电动势只有电阻的电路中，流过电阻的电流大小与加在电阻两端的电压成正比，而与电路中的电阻成反比	$I=\frac{U}{R}$ I U R	U——电压，单位为伏（V） R——电阻，单位为欧（Ω） I——电流，单位为安（A）
全电路的欧姆定律	在只有一个电源的无分支闭合电路中，电流与电源电动势成正比，与电路的总电阻成反比	$I=\frac{E}{R+r_0}$ I r_0 E R	E——电源电动势，单位为伏（V） R——负载电阻，单位为欧（Ω） r_0——电源的内电阻，单位为欧（Ω） I——电路中电流，单位为安（A）
电功率	一个用电设备在单位时间内所消耗的电能称为电功率，用英文字母P表示	$P=\frac{W}{t}=IU=I^2R=\frac{U^2}{R}$	W——电能，单位为焦（J） t——时间，单位为秒（s） I——电路中的电流，单位为安（A） R——电路中的电阻，单位为欧（Ω） U——电路两端的电压，单位为伏（V） P——电路的电功率，单位为瓦特，简称瓦（W）

续表

名称	定　义	公　式	备　注
电阻串联		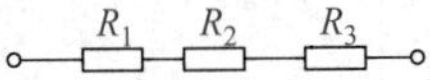 R_1 R_2 R_3 $R=R_1+R_2+R_3$	R——总电阻，单位为欧（Ω） R_1,R_2,R_3——分电阻，单位为欧（Ω）
电阻并联		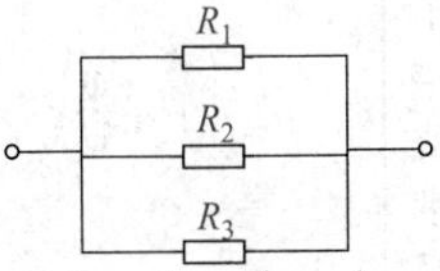 R_1 R_2 R_3 $\frac{1}{R}=\frac{1}{R_1}+\frac{1}{R_2}+\frac{1}{R_3}$	R——总电阻，单位为欧(Ω) R_1，R_2，R_3——分电阻，单位为欧（Ω）
电阻混联		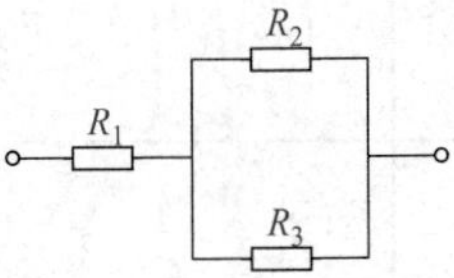 R_2 R_1 R_3 $R=R_1+\frac{R_2R_3}{R_2+R_3}$	
电阻与温度的关系	通常金属的电阻都随温度的上升而增大，故电阻温度系数是正值。而有些半导体材料、电解液，当温度升高时，其电阻减小，因此它们的电阻温度系数是负值	$R_2=R_1[1+\alpha_1(t_2-t_1)]$	R_1——温度为t_1时导体的电阻，单位为欧(Ω) R_2——温度为t_2时导体的电阻，单位为欧(Ω) α_1——以温度t_1为基准时导体的电阻温度系数 t_1,t_2——导体的温度，℃
电源串联		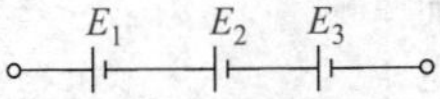 E_1 E_2 E_3 $E=E_1+E_2+E_3$	E——总电源电动势，单位为伏（V） E_1,E_2,E_3——分电源电动势，单位为伏（V）
电源并联		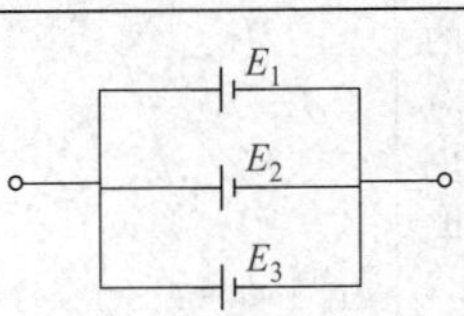 E_1 E_2 E_3 $E=E_1=E_2=E_3$	

续表

名称	定义	公式	备注
电容	电容是表征电容器在单位电压作用下，储存电场能量（电荷）能力的一个物理量。其大小只决定于电容器自身的结构。在数值上等于电容器所带的电荷量与其两极之间电位差（电压）的比值。电容用英文字母 C 表示	$C=\frac{Q}{U}$	Q——电容器所带电量，单位为库（C） U——电容器两端电压，单位为伏特（V） C——电容器的电容量，单位为法拉，简称法（F）
电容串联		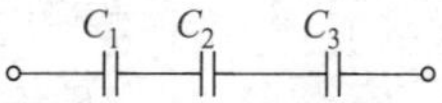 C_1 C_2 C_3 $\frac{1}{C}=\frac{1}{C_1}+\frac{1}{C_2}+\frac{1}{C_3}$	C——总电容，单位为法（F） C_1, C_2, C_3——分电容，单位为法（F）
电容并联		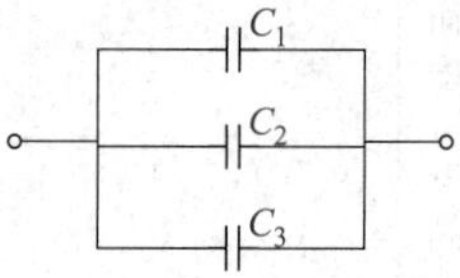 C_1 C_2 C_3 $C=C_1+C_2+C_3$	
基尔霍夫第一定律（节点电流定律）	对于任何节点而言，流入节点的电流的总和必定等于流出节点的电流的总和，或认为：对于任何节点，流出和流入该节点的电流代数和恒等于零	$\sum I_{入}=\sum I_{出}$ 或 $\sum I=0$ 例： 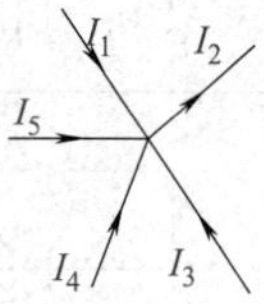 I_1 I_2 I_5 I_4 I_3 $I_1+I_3+I_4+I_5=I_2$ 或 $I_1-I_2+I_3+I_4+I_5=0$	$\sum I_{入}$——流入节点电流之和 $\sum I_{出}$——流出节点电流之和 $\sum I$——电流代数和

续表

名称	定　义	公　式	备　注
基尔霍夫第二定律（回路电压定律）	对于电路中任何一个闭合回路，回路中的各电阻上电压降的代数和等于各电动势的代数和	$\sum IR=\sum E$ 例： 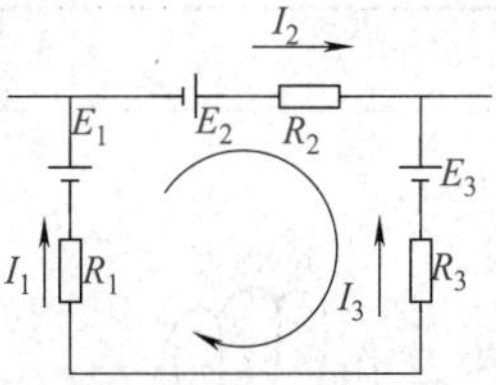 $I_1R_1+I_2R_2-I_3R_3$ $=E_1+E_2-E_3$	$\sum IR$——电阻上电压降的代数和。电流的参考方向与回路绕行方向一致时，该电阻上的电压降取正值，反之取负值 $\sum E$——电动势代数和。电动势的参考方向与回路绕行方向一致时，该电动势取正值，反之取负值
星形连接与三角形连接的电阻互换关系		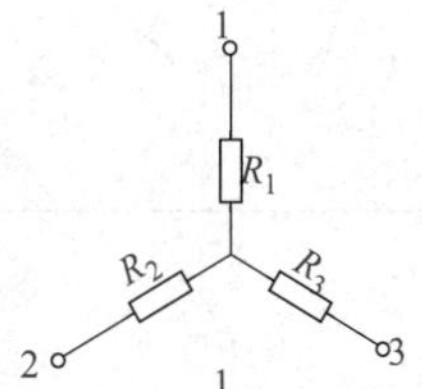 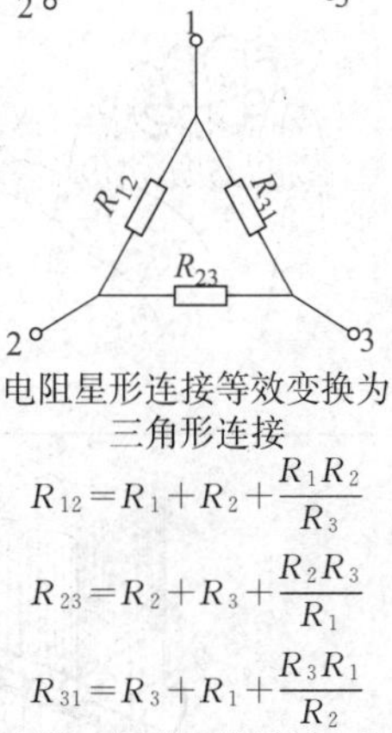 电阻星形连接等效变换为三角形连接 $R_{12}=R_1+R_2+\frac{R_1R_2}{R_3}$ $R_{23}=R_2+R_3+\frac{R_2R_3}{R_1}$ $R_{31}=R_3+R_1+\frac{R_3R_1}{R_2}$ 电阻三角形连接等效变换为星形连接 $R_1=\frac{R_{12}R_{31}}{R_{12}+R_{23}+R_{31}}$ $R_2=\frac{R_{23}R_{12}}{R_{12}+R_{23}+R_{31}}$ $R_3=\frac{R_{31}R_{23}}{R_{12}+R_{23}+R_{31}}$	R_1, R_2, R_3——星形连接的电阻 R_{12}, R_{23}, R_{31}——三角形连接的电阻

1.1.2 电磁感应定律（见表 1-2）

表 1-2 电磁感应定律

名称	定 义	内 容	备 注
直线导体右手螺旋定则	当电流流过直线导体时，导体的周围会产生磁场。直线导体右手螺旋定则是确定通电直线导体产生的磁场方向的规则	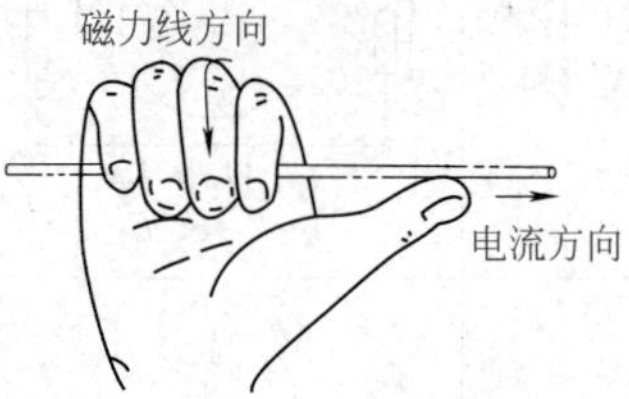 磁力线方向 电流方向	用右手握住导线，使拇指指向电流方向，则其余四指所指的方向就是磁力线（磁场）的方向
螺旋线圈右手螺旋定则	当电流流过螺旋线圈时，线圈内会产生磁场。螺旋线圈右手定则是确定通电螺旋线圈内部产生的磁场方向的规则	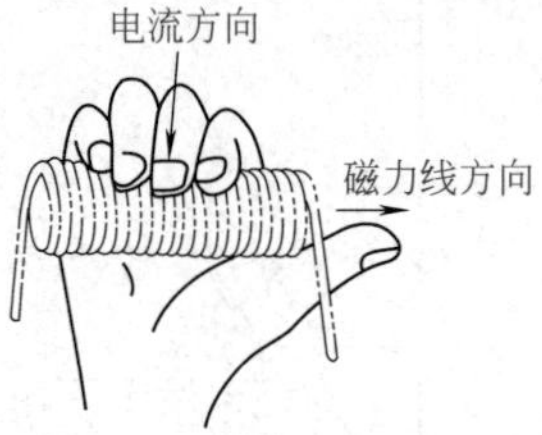 电流方向 磁力线方向	用右手握住线圈，使四指指向电流方向，则拇指所指的方向就是磁力线（磁场）的方向
左手定则	左手定则又称电动机左手定则。它是确定载流导体在磁场中受力时，磁场方向、电流方向和载流导体受力方向三者之间关系的规则	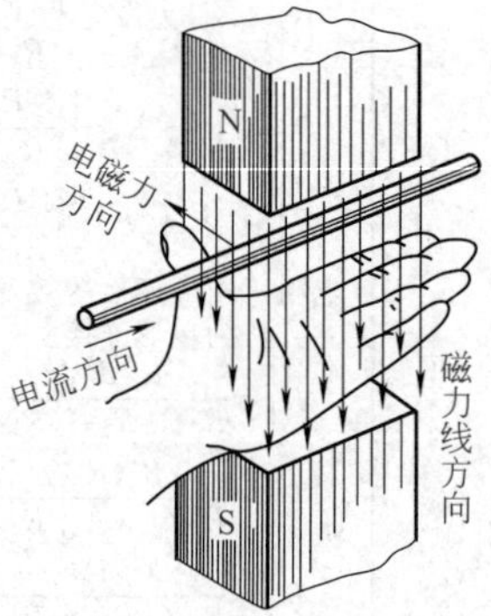 N 电磁力方向 电流方向 磁力线方向 S	平伸左手掌，使拇指与其他四指垂直，将掌心对着磁场的北极（N 极），即让磁力线从手心垂直穿过，使四指指向电流的方向，那么拇指所指的方向就是导体所受电磁力的方向

续表

名称	定　义	内　容	备　注
右手定则	右手定则又称发电机右手定则。它是表示磁场方向、导体运动方向和感应电动势方向三者之间关系的规则	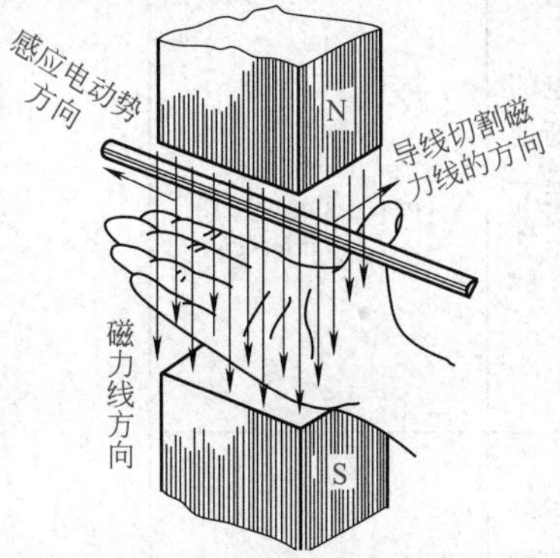	平伸右手掌，使拇指与其他四指垂直，将掌心对着磁场的北极（N极），即让磁力线从手心垂直穿过，使拇指指向导体运动的方向，那么四指的指向就是导体内感应电动势的方向

1.1.3 交流电路常用计算公式（见表1-3）

表1-3　交流电路常用计算公式

名称	定　义	公　式	备　注
周期	交流电完成一次周期性变化所需的时间称为周期，用英文字母 T 表示	$T=\frac{1}{f}=\frac{2\pi}{\omega}$	T——周期，单位为秒（s） f——频率，单位为赫兹，简称赫（Hz） ω——角频率，单位为弧度/秒（rad/s）
频率	单位时间（1s）内交电流变化所完成的循环（或周期）称为频率，用英文字母 f 表示	$f=\frac{1}{T}=\frac{\omega}{2\pi}$	
角频率	角频率相当于一种角速度，它表示了交流电每秒变化的弧度数，角频率用希腊字母 ω 表示	$\omega=2\pi f=\frac{2\pi}{T}$	

续表

名称	定　义	公　式	备　注
瞬时值	正弦交流电的数值是在不断地变化的，在任一瞬间的数值就称为瞬时值，一般用小写字母表示	$i=I_{max}\sin(\omega t+\varphi)$ $u=U_{max}\sin(\omega t+\varphi)$ $e=E_{max}\sin(\omega t+\varphi)$	i——电流瞬时值，单位为安（A） u——电压瞬时值，单位为伏（V） e——电动势瞬时值，单位为伏（V） I_{max}——电流最大值（A） U_{max}——电压最大值（V） E_{max}——电动势最大值（V） I——电流有效值（A） U——电压有效值（V） E——电动势有效值（V） ω——角频率，单位为弧度/秒（rad/s） t——时间，单位为秒（s） φ——初相位或初相角，简称初相，单位为弧度（rad），在电工学中，用度（°）作为相位的单位，1rad=57.2958°
最大值	在正弦交流电的瞬时值中的最大值（或振幅）称为正弦交流电的最大值或振幅值，用大写字母并在右下角注max表示	$I_{max}=\sqrt{2}I=1.414I$ $U_{max}=\sqrt{2}U=1.414U$ $E_{max}=\sqrt{2}E=1.414E$	
有效值	在两个相同的电阻器中，分别通以直流电和交流电。经过同一时间，如果它们在电阻器上所产生的热量相等，那么就把此直流电的大小定为此交流电的有效值。正弦交流电的有效值等于它的最大值的0.707倍。有效值用大写字母表示	$I=\frac{I_{max}}{\sqrt{2}}=0.707I_{max}$ $U=\frac{U_{max}}{\sqrt{2}}=0.707U_{max}$ $E=\frac{E_{max}}{\sqrt{2}}=0.707E_{max}$	

续表

名称	定　义	公　式	备　注
阻抗	当交流电流流过具有电阻、电容、电感的电路时，电阻、电容、电感三者具有阻碍电流流过的作用，这种作用称为阻抗，用英文字母Z表示。阻抗是电压有效值和电流有效值的比值	$Z=\sqrt{R^2+(X_L-X_C)^2}$ $=\dfrac{U}{I}$	U——阻抗两端的电压，单位为伏（V） I——电路中的电流，单位为安（A） Z——电路中的阻抗，单位为欧（Ω） R——电阻，单位为欧（Ω） X_L——感抗，单位为欧（Ω） X_C——容抗，单位为欧（Ω） ω——角频率，单位为弧度/秒（rad/s） f——频率，单位为赫（Hz） L——电感，单位为亨利，简称亨（H） C——电容，单位为法拉，简称法（F）
感抗	交流电通过具有电感线圈的电路时，电感有阻碍交流电通过的作用，这种阻碍作用称为感抗，用英文字母X_L表示	$X_L=\omega L=2\pi fL$	
容抗	交流电通过具有电容的电路时，电容有阻碍交流电通过的作用，这种阻碍作用称为容抗，用英文字母X_C表示	$X_C=\dfrac{1}{\omega C}=\dfrac{1}{2\pi fC}$	
电阻、电感串联的阻抗		$Z=\sqrt{R^2+X_L^2}$	Z——阻抗，单位为欧（Ω） R——电阻，单位为欧（Ω） X_L——感抗，单位为欧（Ω） X_C——容抗，单位为欧（Ω） X——电抗，单位为欧（Ω） $X=X_L-X_C$ 当$X_L>X_C$时电路呈电感性 当$X_L<X_C$时电路呈电容性

续表

名称	定义	公式	备注
电阻、电容串联的阻抗		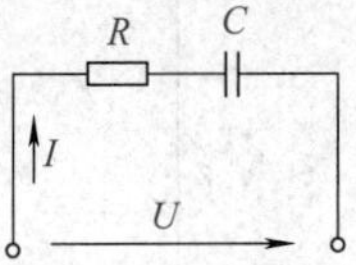 $Z=\sqrt{R^2+X_C^2}$	
电阻、电感、电容串联的阻抗		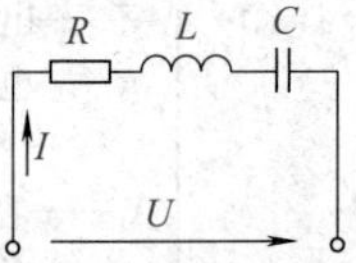 $Z=\sqrt{R^2+(X_L-X_C)^2}$ $=\sqrt{R^2+X^2}$	
电阻、电感并联的阻抗		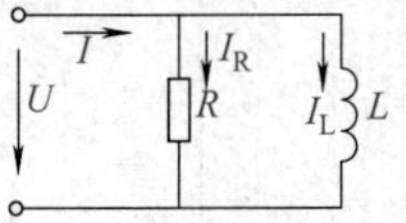 $\frac{1}{Z}=\sqrt{\left(\frac{1}{R}\right)^2+\left(\frac{1}{X_L}\right)^2}$	Z——阻抗，单位为欧（Ω） R——电阻，单位为欧（Ω） X_L——感抗，单位为欧（Ω） X_C——容抗，单位为欧（Ω） X——电抗，单位为欧（Ω） $X=X_L-X_C$ 当 $X_L>X_C$ 时电路呈电感性 当 $X_L<X_C$ 时电路呈电容性
电阻、电容并联的阻抗		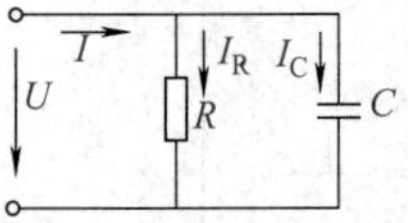 $\frac{1}{Z}=\sqrt{\left(\frac{1}{R}\right)^2+\left(\frac{1}{X_C}\right)^2}$	
电阻、电感、电容并联的阻抗		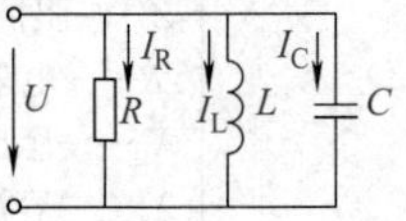 $\frac{1}{Z}=\sqrt{\left(\frac{1}{R}\right)^2+\left(\frac{1}{X_L-X_C}\right)^2}$ $=\sqrt{\left(\frac{1}{R}\right)^2+\left(\frac{1}{X}\right)^2}$	

续表

名称	定　义	公　式	备　注
相电压	三相交流电路中，三相输电线（相线）与中性线之间的电压称为相电压，用符号 U_ϕ 表示	三相交流电路负载的星形连接（Y） 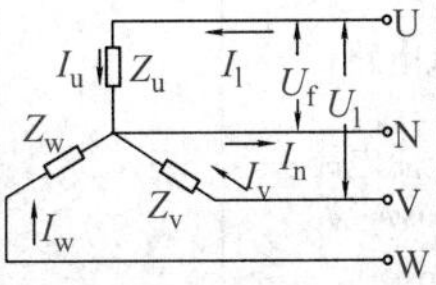	U_l——线电压，单位为伏（V） U_ϕ——相电压，单位为伏（V） I_l——线电流，单位为安（A） I_ϕ——相电流，单位为安（A）
相电流	三相交流电路中，每相负载中流过的电流称为相电流，用符号 I_ϕ 表示	$U_l=1\sqrt{3}\ U_\phi$ $I_l=I_\phi$	
线电压	三相交流电路中，三相输电线（相线）各线之间的电压称为线电压，用符号 U_l 表示	三相交流电路负载的三角形连接（△） 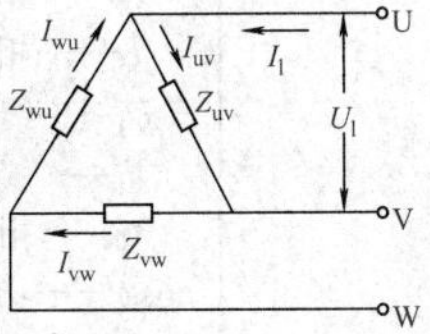	
线电流	三相交流电路中，三相输电线（相线）各线中流过的电流称为线电流，用符号 I_l 表示	$U_l=U_\phi$ $I_l=\sqrt{3}\ I_\phi$	
视在功率	在具有电阻和电抗的交流电路中，电压有效值与电流有效值的乘积称为视在功率，用英文字母 S 表示，单位为伏安（V·A）	单相交流电路： $S=UI$ 对称三相交流电路： $S=3U_\phi I_\phi=\sqrt{3}\ U_lI_l$	U——电压有效值，单位为伏（V） I——电流有效值，单位为安（A） U_ϕ——相电压，单位为伏（V） I_ϕ——相电流，单位为安（A） U_l——线电压，单位为伏（V） I_l——线电流，单位为安（A） φ——相电压与相电流的相位差 $\cos\varphi$——功率因数 S——视在功率，单位为伏安（V·A） P——有功功率，单位为瓦（W） Q——无功功率，单位为乏（var）

续表

名称	定 义	公 式	备 注
有功功率	在交流电路中，交流电的瞬时功率不是一个恒定值，瞬时功率在一个周期内的平均值称为有功功率。它是指交流电路中电阻部分所消耗的功率，用英文字母 P 表示，单位为瓦（W）	单相交流电路： $P=UI_{\cos\varphi}$ 对称三相交流电路： $P=3U_{\phi}I_{\phi}\cos\varphi=\sqrt{3}$ $U_lI_l\cos\varphi$	U——电压有效值，单位为伏（V） I——电流有效值，单位为安（A） U_{ϕ}——相电压，单位为伏（V） I_{ϕ}——相电流，单位为安（A） U_l——线电压，单位为伏（V） I_l——线电流，单位为安（A） φ——相电压与相电流的相位差 $\cos\varphi$——功率因数 S——视在功率，单位为伏安（V•A） P——有功功率，单位为瓦（W） Q——无功功率，单位为乏（var）
无功功率	在具有电感（或电容）的交流电路中，电感（或电容）在半个周期的时间内把电源的能量变成磁场（或电场）的能量储存起来，在另外半个周期的时间里又把储存的磁场（或电场）能量送回给电源。它们只是与电源进行能量交换，并没有真正消耗能量，故此功率称为无功功率，用英文字母 Q 表示，单位为乏（var）。无功功率在数值上等于电压有效值和电流有效值与电压和电流的相位差 φ 的正弦的乘积	单相交流电路： $Q=UI\sin\varphi$ 对称三相交流电路： $Q=3U_{\phi}I_{\phi}\sin\varphi$ $=\sqrt{3}\ U_lI_l\sin\varphi$	

续表

名称	定　义	公　式	备　注
功率因数	交流电路中电压有效值与电流有效值的乘积为视在功率，而真正起到做功的一部分功率（即有功功率）将小于视在功率。有功功率与视在功率之比称为功率因数，用 $\cos\varphi$ 表示。功率因数只与电路的参数（电阻、感抗、容抗）和频率有关，与电压、电流的大小无关	$\cos\varphi=\frac{P}{S}$	

1.2 电工常用法定计量单位（见表 1-4）

表 1-4　电工常用法定计量单位

量的名称和符号		单位的名称和符号		应废除的单位名称和符号	换算或说明
名称	符号	名称	符号		
长度 宽度 高度 厚度 半径 直径 距离	$l(L)$ b h $\delta(d，t)$ $R，r$ $D，d$ s	米 分米 厘米 毫米 微米	m dm cm mm μm	公尺，M 公寸 公分，c/m 公厘，MM，m/m 公微，μ，μM，mu	1km=1000m 1m=10dm 1dm=10cm 1cm=10mm 1mm=1000μm 用公 × 称呼的单位除公斤、公里之外，其余全部废除

续表

量的名称和符号		单位的名称和符号		应废除的单位名称和符号	换算或说明
名称	符号	名称	符号		
面积	A（S）	平方米	m^2	平方公尺，平米，M^2	
体积 容积	V	立方米 升 毫升	m^3 L mL	公方，立米，M^3 立升，公升 cc，c.c	$1L=10^{-3}m^3$ $1mL=10^{-3}L$
平面角	$\alpha, \beta, \gamma, \varphi, \theta$等	弧度 度 分 秒	rad ° ′ ″	弳	“度”应优先使用十进制小数，其符号标于数字之后，例如15.27°
立体角	Ω、ω	球面度	sr		
时间	t	日 [小]时 分 秒	d h min s	hr （′） sec，（″）	1d=24h=86400s 1h=60min=3600s 1min=60s
旋转速度	n	转每分	r/min	rpm，r.p.m	
角速度	ω	弧度每秒	rad/s		
角加速度	α	弧度每二次方秒	rad/s^2		
速度	v	米每秒	m/s		
加速度	a	米每二次方秒	m/s^2		
质量（重量）	m	吨 千克，[公斤]	t kg	公吨，T KG，KgS，Kg	1t=1000kg 生活中，质量习惯称为重量

续表

量的名称和符号		单位的名称和符号		应废除的单位名称和符号	换算或说明
名称	符号	名称	符号		
周期	T	秒	s		$T=\frac{1}{f}$
频率	f	赫[兹] 千赫[兹] 兆赫[兹]	Hz kHz MHz	周，C 千周，kC 兆周，MC	$1MHz=10^3kHz$ $1kHz=10^3Hz$ $f=\frac{1}{T}$
角频率	ω	弧度每秒	rad/s		$\omega=2\pi f$
密度	ρ	千克每立方米 吨每立方米 千克每升	kg/m^3 t/m^3 kg/L		$1t/m^3=1000kg/m^3$ $1kg/L=1000kg/m^3$ $\rho=\frac{m}{V}$
力 重力	F $W(P, G)$	牛[顿]	N	nt，公斤，kg， 公斤力，kgf， 吨力，tf， 达因，dyn	$1N=1kg \cdot m/s^2$ 1kgf=9.80665N
力矩 转矩 力偶矩	M T T	牛[顿]米	N · m	kgf · m， 公斤力 · 米	1kgf · m=9.80665N · m
压力 压强 正应力 切（剪）应力	P p σ τ	帕[斯卡]	Pa	kgf/cm^2， 公斤力/厘米^2 标准大气压，atm 毫米汞柱，mmHg 毫米水，mmH_2O 达因每平方厘米， dyn/cm^2	$1Pa=1N/m^2$ $1MPa=1N/mm^2$ $1kgf/cm^2=9.80665\times10^4Pa\approx0.1MPa$ 1atm=101325Pa 1mmHg=133.322Pa $1mmH_2O=9.80665Pa$ $1dyn/cm^2=0.1Pa$

续表

量的名称和符号		单位的名称和符号		应废除的单位名称和符号	换算或说明
名称	符号	名称	符号		
功 能（量） 热，热量	W（A） E（W） Q	焦[耳] 电子伏 千瓦时	J eV kW·h	绝对焦耳，J_{ab} 尔格，erg 度，卡，cal	1J=1N·m 1kW·h=3.6MJ $1eV\approx1.6021892\times10^{-19}J$ 1kW·h=1 度电 1cal=4.1868J $1erg=10^{-7}J$
功率	P	瓦[特] 千瓦[特]	W kW	绝对瓦特，W_{ab} 国际瓦特，W_{int} 尔格每秒，erg/s 马力，匹，PS	1W=1J/s $1W_{int}=1.00019W$ $1erg/s=10^{-7}W$ 1马力 =75kgf·m/s≈735.499W
有功功率 无功功率 视在功率 （表观功率）	P Q（P_q） S（P_s）	瓦[特] 乏 伏安	W var V·A		var 暂可继续使用 V·A 暂可继续使用
电流	I	安[培]	A	绝对安培 A_{ab} 国际安培 A_{int}	$1A_{int}=0.99985A$
电荷[量]	$Q(q)$	库[仑]	C	国际电荷，C_{int}	1C=1A·s $1C_{int}=0.99985C$
电位[电势] 电位差[电势差]，电压电动势	V，φ U E	伏[特]	V	绝对伏特 V_{ab} 国际伏特 V_{int}	1V=1W/A $1V_{int}=1.00034V$
电容	C	法[拉] 微法[拉] 皮[可]	F μF pF	国际电容， F_{int}，μ，μf μμf，微微法， pf，P	1F=1C/V $1F_{int}=0.99951F$
介电常数 （电容率）	ε	法[拉]每米	F/m		

续表

量的名称和符号		单位的名称和符号		应废除的单位名称和符号	换算或说明
名称	符号	名称	符号		
电阻	R	欧［姆］ 千欧［姆］	Ω kΩ	绝对欧姆，Ω_{ab} 国际欧姆 Ω_{int}	1Ω=1V/A $1\Omega_{int}$=1.00049Ω
电阻率	ρ	欧［姆］米	Ω・m		
电导	G	西［门子］	S	姆欧，℧	1S=1A/V
电导率	ν，σ，k	西［门子］每米	S/m		
自感 互感	L M，L_{12}	亨［利］	H	绝对亨利，H_{ab} 国际亨利，H_{int}	1H=1Wb/A $1H_{int}$=1.00049H
磁通［量］	Φ	韦［伯］	Wb	麦克斯威，Mx	1Wb=1V・s 1Mx≈10^{-8}Wb
磁通［量］密度，磁感应强度	B	特［斯拉］	T	高斯，Gs，G	1T=1Wb/m^2 1Gs=10^{-4}T
磁场强度	H	安［培］每米	A/m	安匝每米，安匝 / 米，安匝厘米，奥斯特，Oe	1Oe=（1000/4π）≈79.5775A/m 1 安匝 / 厘米 =100 安 / 米
磁导率	μ	亨［利］每米	H/m		1H/m=1Wb/(A・m) =1V・s/(A・m)
磁阻	R_m	每亨［利］	H^{-1}		$1H^{-1}$=1A/Wb
热力学温度 摄氏温度	T，θ t，θ	开［尔文］ 摄氏度	K ℃	开氏度，°K，度，绝对度，deg 度，华氏度，°F	当表示温度间隔或温差时： 1K=1℃ 1°F=(5/9)K=(5/9)℃
发光强度	$I[I_V]$	坎［德拉］	cd	烛光，支光，国际烛光	1 国际烛光 =1.02cd

续表

量的名称和符号		单位的名称和符号		应废除的单位名称和符号	换算或说明
名称	符号	名称	符号		
光通量	$\phi[\phi_V]$	流[明]	lm		1lm=1cd·sr
[光]亮度	$L[L_V]$	坎[德拉]每平方米	cd/m^2		
[光]照度	$E[E_V]$	勒[克斯]	lx		1lx=1lm/m^2
级差，声压级 声强级 声功率级	L_P L_I $L_W[L_P]$	分贝	dB	db	当 $20\lg(P/P_0)=1$ 时的声压级为 1dB 当 $10\lg(P/P_0)=1$ 时的声功率级为 1dB

1.3 电气设备常用文字符号

1.3.1 部分电气设备基本文字符号（见表 1-5）

表 1-5 部分电气设备基本文字符号

设备、装置和元器件种类	中文名称	基本文字符号		旧符号（GB 315）
		单字母	双字母	
电容器	电容器	C		C
其他元器件	本表其他地方未规定的器件	E		
	发热器件		EH	
	照明灯		EL	ZD

续表

设备、装置和元器件种类	中 文 名 称	基本文字符号		旧符号（GB 315）
		单字母	双字母	
保护器件	过电压放电器件、避雷器	F		BL
	具有瞬时动作的限流保护器件		FA	
	具有延时动作的限流保护器件		FR	
	具有延时和瞬时动作的限流保护器件		FS	
	熔断器		FU	RD
	限压保护器件		FV	
发生器发电机	旋转发电机、振荡器	G		F
	同步发电机		GS	TF
	异步发电机		GA	YF
	旋转式或固定式变频机		GF	BP
信号器件	光指示器	H	HL	GP
	指示灯		HL	SD
继电器接触器	继电器	K		J
	瞬时接触继电器		KA	
	瞬时有或无继电器		KA	
	交流继电器		KA	LJ
	闭锁接触继电器（机械闭锁或永磁铁式有或无继电器）		KL	
	双稳态继电器		KL	
	接触器		KM	C
	极化继电器		KP	YLJ
	簧片继电器		KR	
	延时有或无继电器		KT	SJ
	逆流继电器		KR	NLJ

续表

设备、装置和元器件种类	中文名称	基本文字符号		旧符号（GB 315）
		单字母	双字母	
电感器 电抗器	感应线圈	L		GQ
	线路陷波器 电抗器 （并联和串联）			DK
电动机	电动机	M		D
	同步电动机		MS	TD
	可做发电机或电动机用的电机		MG	
	力矩电动机		MT	
电力电路的开关器件	断路器	Q	QF	DL，ZK
	电动机保护开关		QM	
	隔离开关		QS	GK
电阻器	电阻器	R		R
	变阻器			R
	电位器		RP	W
	测量分路表		RS	FL
	热敏电阻器		RT	
	压敏电阻器		RV	
控制、记忆、信号电路的开关器件选择器	拨号接触器、连接级	S		
	控制开关		SA	KK
	选择开关		SA	
	按钮开关		SB	AN
变压器	变压器	T		B
	电流互感器		TA	LH
	控制电路电源用变压器		TC	KB
	电力变压器		TM	LB
	磁稳压器		TS	WY
	电压互感器		TV	YH

续表

设备、装置和元器件种类	中 文 名 称	基本文字符号		旧符号(GB 315)
		单字母	双字母	
电气操作的机械器件	气阀	Y		
	电磁铁		YA	DT
	电磁制动器		YB	ZDT
	电磁离合器		YC	CLH
	电磁吸盘		YH	DX
	电动阀		YM	
	电磁阀		YV	DCF

1.3.2 电气设备常用辅助文字符号（见表 1-6）

表 1-6　电气设备常用辅助文字符号

文字符号	名称	旧符号(GB 315)	文字符号	名称	旧符号(GB 315)
A	电流	L	ACC	加速	
A	模拟		ADD	附加	F
AC	交流	JL	ADJ	可调	
A AUT	自动	Z	AUX	辅助	E
			ASY	异步	Y
B BRK	制动		C	控制	K
BK	黑		CW	顺时针	
BL	蓝	A	CCW	逆时针	
BW	向后		D	延时（延迟）	

续表

文字符号	名称	旧符号（GB 315）	文字符号	名称	旧符号（GB 315）
D	差动		M MAN	手动	S
D	数字		N	中性线	
D	降	J	OFF	断开	DK
DC	直流	ZL	ON	闭合	BH
DEC	减		OUT	输出	SC
E	接地		P	压力	
EM	紧急		P	保护	
F	快速		PE	保护接地	
FB	反馈		PEN	保护接地与中性线共用	
FW	正，向前	Z	PU	不接地保护	
GN	绿	L	R	记录	
H	高	G	R	右	
IN	输入	SR	R	反	F
INC	增		RD	红	H
IND	感应		R RST	复位	
L	左		RES	备用	BY
L	限制		RUN	运转	
L	低	D	S	信号	X
LA	闭锁	LS	ST	启动	Q
M	主	Z	S SET	置位，定位	
M	中	Z	SAT	饱和	
M	中间线		STE	步进	

续表

文字符号	名称	旧符号（GB 315）	文字符号	名称	旧符号（GB 315）
STP	停止	T	V	真空	
SYN	同步	T	V	速度	
T	温度		V	电压	Y
T	时间	S	WH	白	B
TE	无噪声(防干扰)接地		YE	黄	U

1.4 常用电气图用图形符号（见表 1-7）

表 1-7　部分常用电气图用图形符号

新符号		旧符号	
名　称	图形符号	名　称	图形符号
（1）限定符号和常用的其他符号			
直流	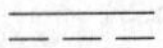	直流电	
交流		交流电	
交直流	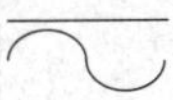	交直流电	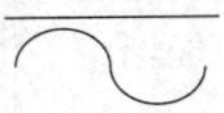
接地一般符号		接地一般符号	
无噪声接地（抗干扰接地）	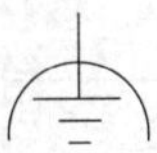		

续表

新符号		旧符号	
名称	图形符号	名称	图形符号
（1）限定符号和常用的其他符号			
保护接地			
接机壳或接底板	形式1 形式2	接机壳	或
永久磁铁		永久磁铁 注：允许不注字母N、S	N S
（2）导线和连接器件			
导线，电缆和母线一般符号		导线及电缆	
		母线	
三根导线的单线表示	或 3	三根导线的单线表示	
插头和插座		插接器一般符号	或
接通的连接片	形式1 形式2	连接片	
断开的连接片		换接片	

续表

新符号		旧符号	
名称	图形符号	名称	图形符号
（3）电阻器			
电阻器的一般符号		电阻器的一般符号	
可变电阻器		变阻器	或
压敏电阻器	U	压敏电阻	U
热敏电阻器 注：θ 可用 t° 代替	θ	热敏电阻	t°
滑线式变阻器		可断开电路的电阻器	
滑动触点电位器		电位器的一般符号	
预调电位器		微调电位器	
（4）电机、变压器及交流器			
三角形连接的三相绕组		三角形连接的三相绕组	
开口三角形连接的三相绕组		开口三角形连接的三相绕组	
星形连接的三相绕组		星形连接的三相绕组	

续表

新符号		旧符号	
名称	图形符号	名称	图形符号
（4）电机、变压器及交流器			
中性点引出的星形连接的三相绕组		有中性点引出的星形连接的三相绕组	
星形连接的六相绕组		星形连接的六相绕组	
交流测速发电机	TG ~		
直流测速发电机	TG		
交流力矩电动机	TM ~		
直流力矩电动机	TM		
串励直流电动机	M	串励式直流电机	或
并励直流电动机	M	并励式直流电机	
他励直流电动机	M	他励式直流电机	

续表

新符号		旧符号	
名　称	图形符号	名　称	图形符号
（4）电机、变压器及交流器			
复励直流发电机	G	复励式直流电机	
永磁直流电动机	M	永磁直流电机	
单向交流串励电动机	M ～	单向交流串励换向器电动机	～
三相交流串励电动机	M 3～	三相串励换向器电动机	
单相永磁同步电动机	MS 1～	永磁单相同步电动机	
三相永磁同步电动机	MS 3～	永磁三相同步电动机	或

续表

新符号		旧符号	
名称	图形符号	名称	图形符号
（4）电机、变压器及交流器			
三相笼型异步电动机	M 3～	三相鼠笼异步电动机	
单相笼型异步电动机	M 1～	单相鼠笼异步电动机	
三相线绕转子异步电动机	M 3～	三相滑环异步电动机	
变压器的铁芯		变压器的铁芯	
双绕组变压器（黑点表示瞬时电压极性）	形式1 形式2	双绕组变压器	单线 多线

续表

新符号		旧符号	
名　称	图形符号	名　称	图形符号
(4) 电机、变压器及交流器			
三绕组变压器	形式1 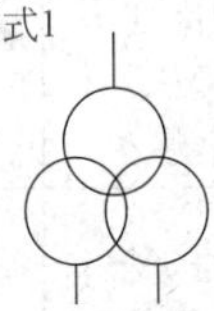 形式2 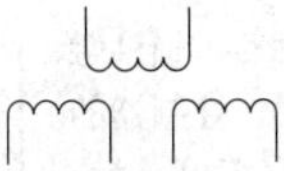	三绕组变压器	单线 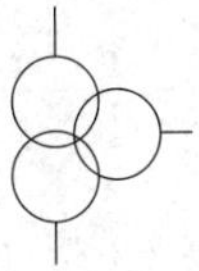 多线 
单相自耦变压器	形式1  形式2 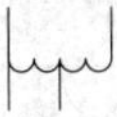	单相自耦变压器	单线  多线 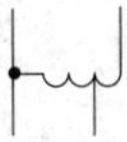
电抗器、扼流圈		电抗器	
电流互感器	形式1  形式2 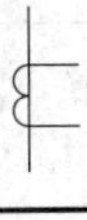	单次级绕组电流互感器	单线 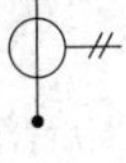 多线 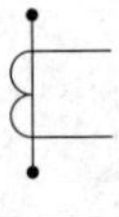

续表

新符号		旧符号	
名称	图形符号	名称	图形符号
（5）开关控制和保护装置			
动合（常开）触点	形式1  形式2 	开关和转换开关的动合（常开）触头	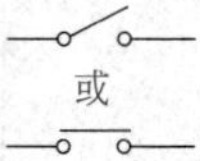 或
		继电器的动合（常开）触头	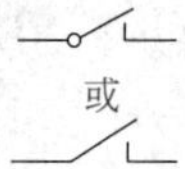 或
		接触器（辅助触头）、控制器的动合（常开）触头	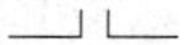
动断（常闭）触点		开关和转换开关的动断（常闭）触头	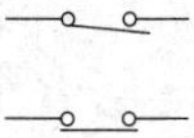
		继电器的动断（常闭）触头	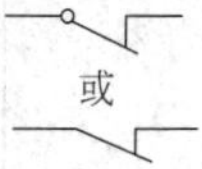 或
		接触器（辅助触头）、启动器、控制器的动断（常闭）触头	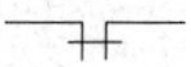
先断后合的转换触点		开关和转换开关的切换触点	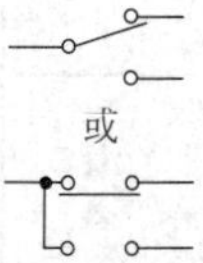 或
		接触器和控制器的切换触点	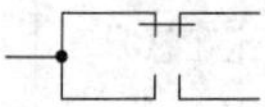
		单极转换开关的2个位置	

续表

新符号		旧符号	
名称	图形符号	名称	图形符号
（5）开关控制和保护装置			
中间断开的双向触点		单极转换开关的3个位置	或
先合后断的转换触点（桥接）	形式1 形式2	不切断转换开关的触点	
		继电器先合后断的触点	
		接触器、启动器、控制器的不切断切换触点	
（当操作器件被吸合时）延时闭合的动合触点		时间继电器延时闭合的动合（常开）触点	
		接触器延时闭合的动合（常开）触点	
（当操作器件被释放时）延时断开的动合触点		时间断电器延时开启的动合（常开）触点	
		接触器延时开启的动合（常开）触点	
（当操作器件被释放时）延时闭合动断（常闭）触点		时间断电器延时闭合动断（常闭）触点	
		接触器延时闭合动断（常闭）触点	

续表

新符号		旧符号	
名称	图形符号	名称	图形符号
(5)开关控制和保护装置			
(当操作器件被吸合时)延时断开动断(常闭)触点		时间继电器延时开启动断(常闭)触点	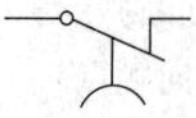
		接触器延时开启动断(常闭)触点	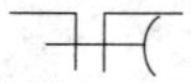
吸合时延时闭合和释放时延时断开的动合(常开)触点		时间继电器延时闭合和延时开启动合(常开)触点	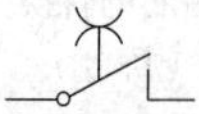
		接触器延时闭合和延时开启动合(常开)触点	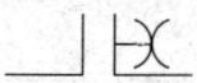
手动开关的一般符号	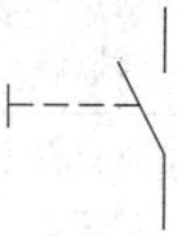		
动合(常开)按钮开关(不闭锁)	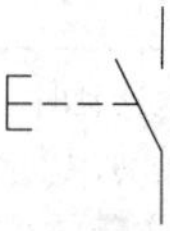	带动合(常开)触点,能自动返回的按钮	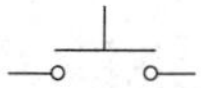
动断(常闭)按钮开关(不闭锁)	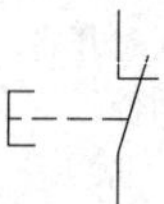	带动断(常闭)触点,能自动返回的按钮	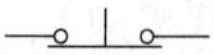
带动断(常闭)和动合(常开)触点的按钮开关(不闭锁)	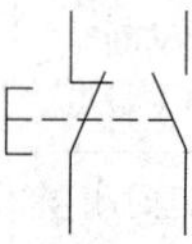	带动断(常闭)和动合(常开)触点,能自动返回的按钮	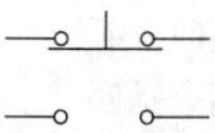

续表

新符号		旧符号	
名称	图形符号	名称	图形符号
（5）开关控制和保护装置			
拉拔开关（不闭锁）			
旋钮开关、旋转开关（闭锁）		带闭锁装置的按钮	
液位开关		液位继电器触点	
位置开关，动合触点 限制开关，动合触点		与工作机械联动的开关动合（常开）触点	
位置开关，动断触点 限制开关，动断触点		与工作机械联动的开关动断（常闭）触点	
对两个独立电路作双向机械操作的位置或限制开关			
热敏开关动合触头（θ可用动作温度代替）	θ	温度继电器动合（常开）触点	或 $t°>$

续表

新符号		旧符号	
名称	图形符号	名称	图形符号
（5）开关控制和保护装置			
具有热元件的气体放电管荧光灯启动器		荧光灯触发器	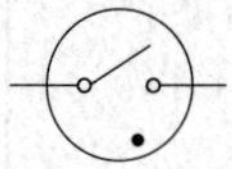
惯性开关（突然减速而动作）		离心式非电继电器触点	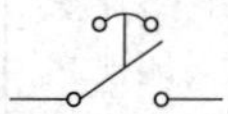
		转速式非电继电器触点	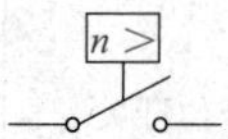 n >
单极四位开关	形式1 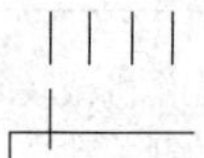 形式2 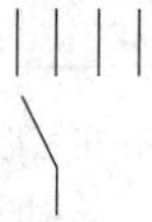	单极四位转换开关	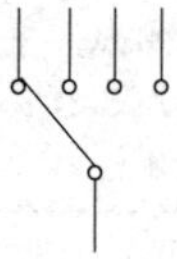
三极开关单线表示		三极开关单线表示	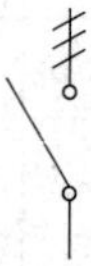 或 
三极开关多线表示	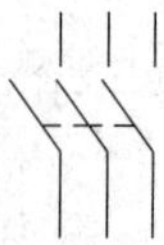	三极开关多线表示	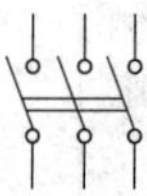 或 

续表

新符号		旧符号	
名　称	图形符号	名　称	图形符号
(5) 开关控制和保护装置			
接触器(在非动作位置触点断开)		接触器动合(常开)触头	
		带灭弧装置接触器动合(常开)触点	
		带电磁吸弧线圈接触器动合(常开)触点	
接触器(在非动作位置触点闭合)		接触器动断(常闭)触点	
		带灭弧装置接触器动断(常闭)触点	
		带电磁吸弧线圈接触器动断(常闭)触点	
负荷开关(负荷隔离开关)		带灭弧罩的单线三极开关	
		单线三极高压负荷开关	
隔离开关		单极高压隔离开关	
		单线三极高压隔离开关	

续表

新符号		旧符号	
名称	图形符号	名称	图形符号
（5）开关控制和保护装置			
具有自动释放的负荷开关		自动开关的动合（常开）触点	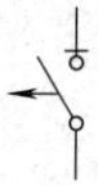
断路器		自动开关的动合（常开）触点	
		高压断路器	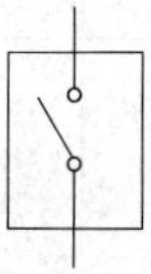 或 
电动机启动器一般符号			
步进启动器			
调节启动器			
带自动释放的启动器			
可逆式电动机：直接在线接触器式启动器或满压接触器式启动器			
星 - 三角启动器			

续表

新符号		旧符号	
名称	图形符号	名称	图形符号
（5）开关控制和保护装置			
自耦变压器式启动器			
带可控整流器的调节启动器	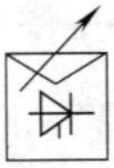		
操作器件的一般符号	形式1 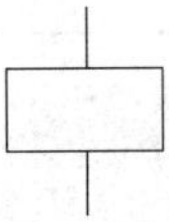 形式2 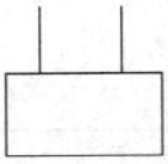	接触器、继电器和磁力启动器的线圈	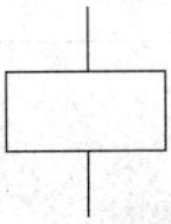 或 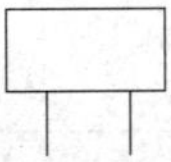
具有两个绕组的操作器件组合表示法	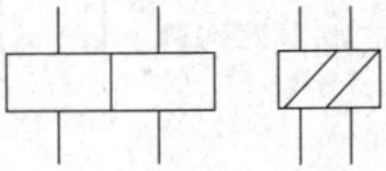	双线圈接触器和继电器的线圈	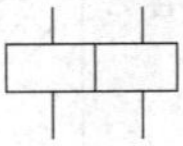 或 
具有两个绕组的操作器件分离表示法	形式1 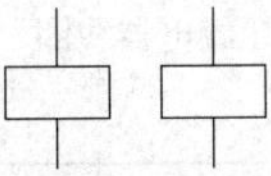 形式2	双线圈	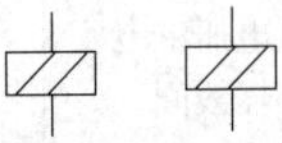
	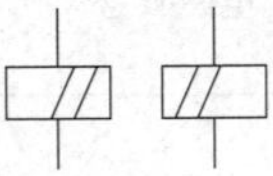	有 n 个线圈时相应画出 n 个线圈	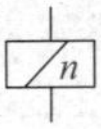 n
缓慢释放（缓放）继电器线圈	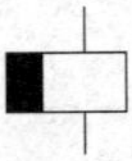	时间继电器缓放线圈	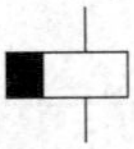
缓慢吸合（缓吸）继电器线圈	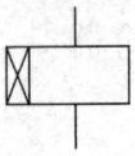	时间继电器缓吸线圈	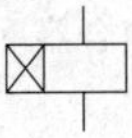

续表

新符号		旧符号	
名称	图形符号	名称	图形符号
（5）开关控制和保护装置			
缓吸和缓放继电器线圈			
快速继电器（快吸和快放）线圈			
剩磁继电器线圈	形式1 形式2		
过电流继电器线圈	$I>$	过流继电器线圈	$I>$
欠电压继电器线圈	$U<$	欠压继电器线圈	$U<$
电磁吸盘		电磁吸盘	
电磁阀		电磁阀线圈	
电磁离合器		电磁离合器	

续表

新符号		旧符号	
名称	图形符号	名称	图形符号
(5)开关控制和保护装置			
电磁转差离合器或电磁粉末离合器	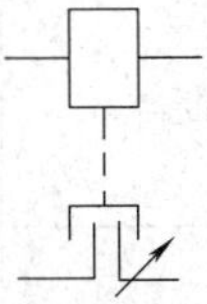	电磁转差离合器或电磁粉末离合器	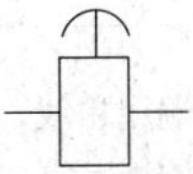
电磁制动器	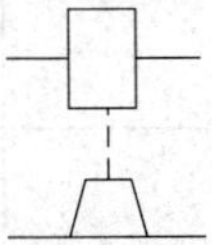	电磁制动器	
接近传感器	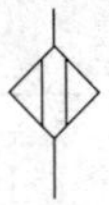		
接近开关动合触头	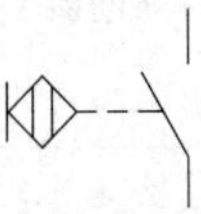		
接触传感器			
接触敏感开关动合触头	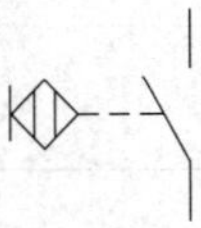		
热继电器的驱动元件(热元件)	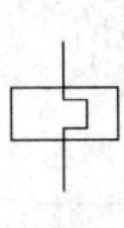	热继电器热元件	
热继电器动断(常闭)触头	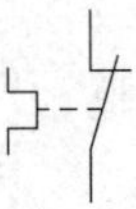	热继电器常闭触头	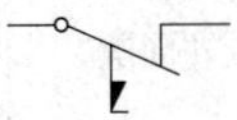

续表

新符号		旧符号	
名　称	图形符号	名　称	图形符号
（5）开关控制和保护装置			
熔断器一般符号		熔断器	
供电端用粗线表示的熔断器			
带机械连杆的熔断器（撞击器式熔断器）			
熔断器式开关		刀开关 - 熔断器	
熔断器式隔离开关		隔离开关 - 熔断器	
熔断器式负荷开关			
具有独立报警电路的熔断器		有信号的熔断器	单线　多线
火花间隙		火花间隙	

续表

新符号		旧符号	
名称	图形符号	名称	图形符号
(5)开关控制和保护装置			
双火花间隙			
避雷器		避雷器的一般符号	

第2章 电气识图

2.1 电工识图的基本步骤

2.1.1 电气控制图识读的基本步骤

（1）看标题栏了解电气项目名称、图名等有关内容，对该图的类型、作用、表达的大致内容有一个比较明确的认识和印象。

（2）看技术说明或技术要求了解该图的设计要点、安装要求及图中未表达而需要说明的事项。

（3）看电气图是识图最主要的内容，包括看懂该图的组成、各组成部分的功能、元件、工作原理、能量或信息的流动方向及各元件的连接关系等。由此对该图所表达电路的功能、工作原理有比较深入的理解。

识读电气图的关键在于必须具有一定的专业知识，并且要熟悉电气图绘制的基本知识，熟知常用电气图形符号、文字符号和项目代号。

首先，根据绘制电气图的一般规则，概要了解该图的布局、主要元器件图形符号的布置、各项目代号的相互关系及相互连接等。

其次，按不同情况可分别用下列方法进行分析。

① 按能量、信息的流向逐级分析。如从电源开始分析到负载，或由信号输入分析到信号输出。此法适用于供配电及电子电路图。

② 按布局从主至次、从上至下、从左至右逐步分析。

③ 按主电路、控制电路（也称为二次回路）各单元进行分析。分析主电路，然后分析各二次回路与主电路之间、二次回路相互之间的

功能及连接关系。这种办法适用于识读工厂供配电、电力拖动及自动控制方面的电气图。

④ 由各电元器件在电路中的作用，分析各回路乃至整个电路的功能、工作原理。

⑤ 由元件、设备明细表了解元件或设备名称、种类、型号、主要技术参数、数量等。

2.1.2 供配电系统项目识图的基本步骤

识读供配电系统项目图的基本步骤一般是，从标题栏、技术说明到图形、元件明细表，从总体到局部，从电源到负载，从主电路到副电路，从电路到元件，从上到下，从左到右。

① 看图样说明，包括首页的图样目录、技术说明、设备材料明细表和设计、施工说明书等，由此对工程项目的设计内容及总体要求大致有所了解，有助于抓住识图的重点内容。

② 看电气原理图（原理接线图）时，先要分清主电路和副电路、交流电路和直流电路，再按照先看主电路、后看副电路的顺序读图。

看主电路时，一般是由上而下即由电源经开关设备及导线向负载方向看；看副电路时，则从上到下、从左到右（少数也有从右到左的），即先看电源，再依次看各个回路，分析各副电路对主电路的控制、保护、测量、指示、监察功能，以及其组成和工作原理。

③ 看电气原理图时，同样是先看主电路，再看控制电路。看主电路时，是电源向负载输送电能的电路，即发→输→变→配→用电能的电路，它通常包括了发电机、变压器、各种开关、互感器、接触器、母线、导线、电力电缆、熔断器、负载（如电动机、照明和电热设备）等。

再看控制电路，控制电路是为了为保证主电路安全、可靠、正常、经济合理运行的而装设的控制、保护、测量、监视、指示电路，它主要是由控制开关、继电器、脱扣器、测量仪表、指示灯、音响灯光信号设备组成。

④ 识读用分开表示法绘制的展开接线图（简称展开图）时，应结合电气原理图进行识读。

看展开图时，一般是先看各展开回路名称，然后从上到下、从左到右识读。要特别注意，在展开图中，同一电器元件的各部件是按其功能分别画在不同回路中的（同一电器元件的各部件均标注同一项目代号，其项目代号通常由文字符号和数字编号组成），因此，读图时要注意该元件各部件动作之间的相互联系。

同样要指出的是，一些展开图的回路在分析其功能时，往往不一定是按从左到右、从上到下顺序动作的，而可能是交叉的。

⑤ 看电气布置图时，要先了解土建、管道等相关图样，然后看电气设备的位置（包括平面、立面位置），由投影关系详细分析各设备的具体位置及尺寸，并弄清各电气设备之间的相互连接关系，线路引入、引出走向等。

最后，除了读懂工作需要的本专业图样外，对有关的其他电气图、技术资料、表图等，以及相关的其他专业技术图也应有所了解，以便全面掌握该电气项目情况，并对识读本专业图样起到重要的帮助作用。

2.2 识读电气控制电路图的基本知识

2.2.1 什么叫电气控制电路

电气控制电路是各种生产设备的重要组成部分。电气控制电路图是采用统一的图形和文字符号按照控制功能绘制的图纸，它是电气工作人员的工程语言，也可以说控制电路图是设备动作的说明书，通过控制电路图能详细了解线路的工作原理，看懂电气控制图更便于对设备电路的测试和寻找故障。为了生产设备的正常运行，并能准确迅速排除设备故障，电气工作人员必须熟悉电气系统的控制原理。

由于生产设备的种类繁多，各种电力拖动系统的控制方式和控制要求各不相同，因此掌握电气控制系统的基本分析方法是电工的基本技能。

2.2.2 电气控制电路的基本组成

电气控制电路是由电源、负载、控制元件和连接导线组成的并能够实现预定动作功能的闭合回路。在电气控制电路中目前应用最广泛的是由各种有触点的电器，如接触器、继电器、按钮等有各种触点电器组成的控制电路，这样电路也称为继电控制电路。如图 2-1 所示是一个电动机顺序启动的控制电路的基本控制组成。

电气控制电路通常分为两大部分：主电路（又称为一次回路）和控制电路（又称为二次回路）。

主电路：是电源向负载输送电能的电路，即发电→输电→变电→配电→用电能的电路，它通常包括了发电机、变压器、各种开关、互感器、接触器、母线、导线、电力电缆、熔断器、负载（如电动机、照明和电热设备）等。

控制电路：是为了保证主电路安全、可靠、正常、经济合理运行的而装设的控制、保护、测量、监视、指示电路，它主要是由控制开关、继电器、脱扣器、测量仪表、指示灯、音响灯光信号设备组成。

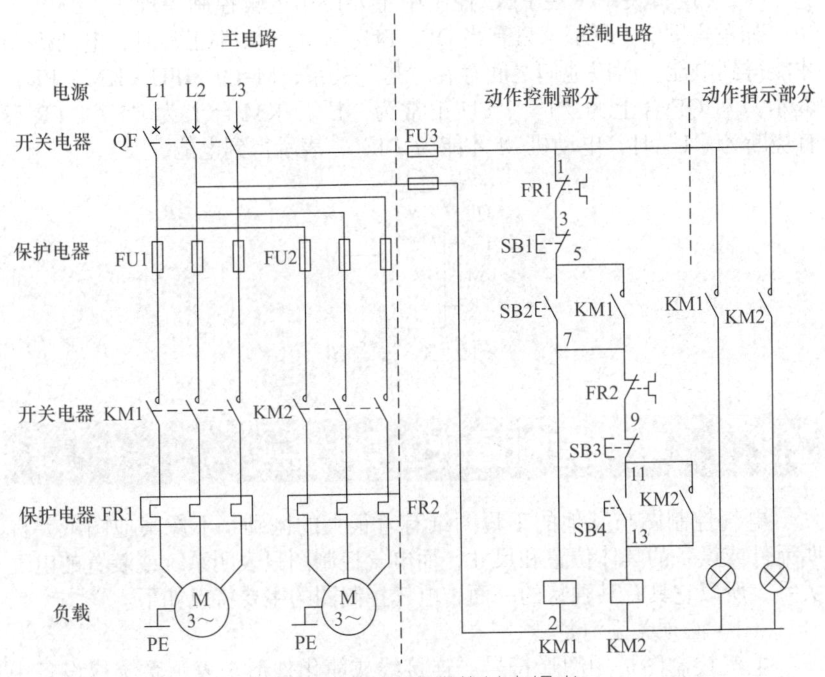

图 2-1　控制电路的基本组成

2.2.3　电路中的关系

同时对于一个电气系统中各种电气设备和装置之间，从不同角度、不同侧面去考虑存在不同的关系。如图 2-1 电动机主回路中，有很多的电气元件它们之间就存在着不同的关系。

（1）功能关系

一个电路中所元件相互间的功能关系，如图 2-2 所示。

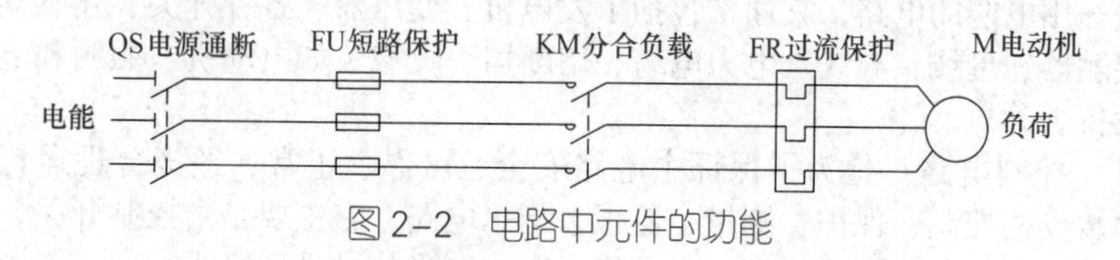

图 2-2　电路中元件的功能

（2）逻辑关系（在 PLC 控制中主要使用逻辑控制原理）

如逻辑图 2-3 所示。只有当 QF、FU、KM、FR 都正常时，电动机 M 才能得到电能。所以他们之间存在“与”关系，M=QF・FU・KM・FR，表示只有 QF 合上为“1”、FU 正常为“1”、KM 合上为“1”、FR 没有烧断为“1”时，电动机 M 才能为“1”，表示得到电能。

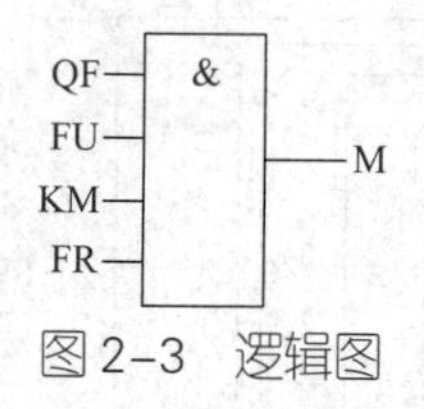

图 2-3　逻辑图

2.2.4　电气控制图的主要特点

电气控制图与其他的工程图纸有着很大的区别，不像其他图纸要标明元件或设备的具体位置和尺寸，而电气控制图只表明系统或装置的电气关系，所以它具有其独特的一面，电气控制图的主要特点如下。

（1）必须关系清楚

电气控制图是用图形符号、连接线或简化外形来表示系统或设备中各组成部分之间相互电气关系和连接关系的一种图纸，如图 2-4 是一个变电所的系统图，10kV 电压通过变压器变成 0.4kV 的低压，分配给三条负荷支路，一条功率补偿的电容器组支路，图中用文字符号表示出各个电气设备的名称、功能和电流方向及各个设备的连接关系和相互位置，但没有给出具体的位置和尺寸。

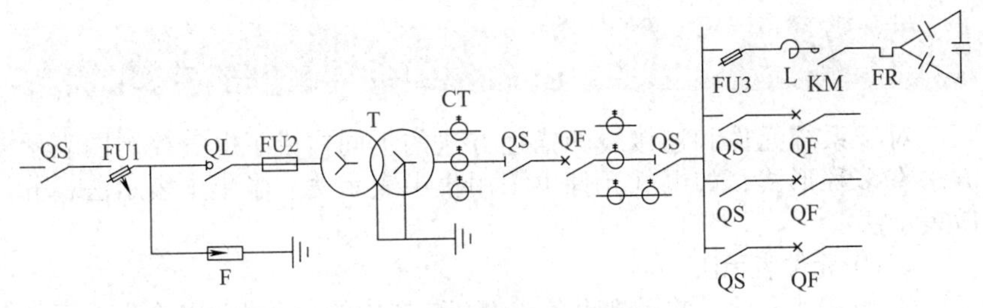

图 2-4　变电所的系统图

（2）图纸简洁明了

电气控制图示采用统一的电气元件或设备的图形符号、文字符号和连线表示的，没有必要画出电气元件的外形构造，所以对于电气系统构成、功能及连接等，采用统一的图形符号和文字符号来表示，这种采用统一符号绘制的电气控制图非常便于各地的电气工作人员的识读。

（3）功能布局合理

电气控制图的布局是依据控制需要表达的内容而定，对于电路图、系统图是按控制功能布局，是考虑便于看出元件之间功能关系而不考虑元件的实际位置，突出设备的工作原理和操作的过程，按照电气元件动作顺序和功能作用，从上至下，从左至右绘制。如图 2-5 所示是一个机床的电气控制电路原理图从上至下，从左至右的布局关系始终贯穿整个电路。

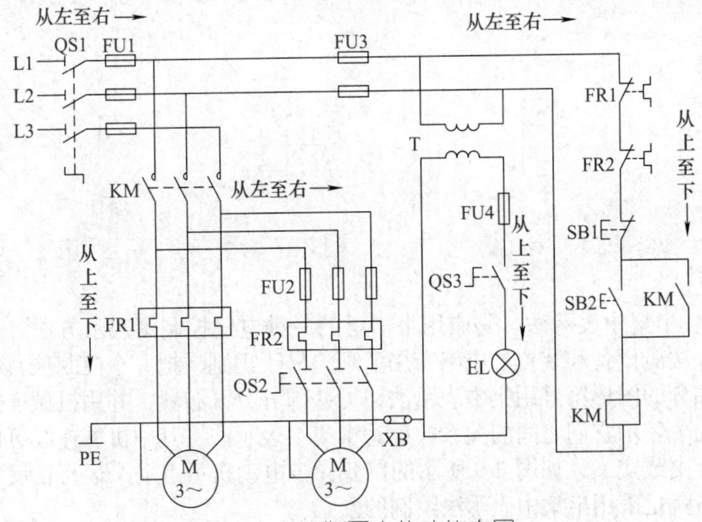

图 2-5　控制图中的功能布局

2.2.5 电气控制图的表示法

对于系统元件和连接线的描述方法的不同构成了电气控制图表示方法有多种形式，如电气元件可采用集中表示法、半集中表示法、分散表示法。

（1）元件表示法

① 集中表示法。它是把设备或成套装置中的一个项目各个组成部分的图形符号在简图上绘制在一起的方法，它只适用于简单的控制图，如图 2-6 为电流继电器和时间继电器的图形符号的集中表示法示例，元件的驱动（线圈）和触点连接在一起，这种表示方法动作分析明了，但在绘制中元件连接交叉较多，会使图面混乱。

② 分散表示法。也称展开表示法，它是把一个元件中的不同部分用图形符号，按不同功能和不同回路分开表示的方法，不同部分的图形符号用同一个文字符号表示，如图 2-7 所示，分散表示法可以避免或减少图中线段的交叉，可以使图面更清晰，而且给分析电路控制功能及标注回路标号带来方便，工作中使用的控制原理图就是用分散表示法绘制的，如图 2-8 所示，就是采用了分散表示法，表明电流互感器 TA 在电路中的连接位置和功能作用。

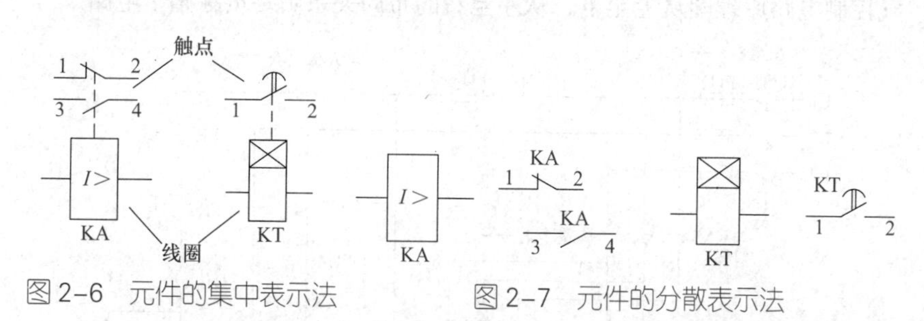

图 2-6　元件的集中表示法

图 2-7　元件的分散表示法

③ 半集中表示法。是应用最广泛的一种电气控制图表示方法，这种表示方法对设备和装置的电路布局清晰，易于识别，把一个控制项目中的某些部分的图形符号用集中表示法，另些部分分开布置，并用机械连接线（虚线）表示它们之间的关系，称为半集中表示法，其中机械连线可以弯曲、分支或交叉，如图 2-9 所示的鼠笼异步电动机可点动、运行正反转控制电路就是采用半集中表示法绘制的。

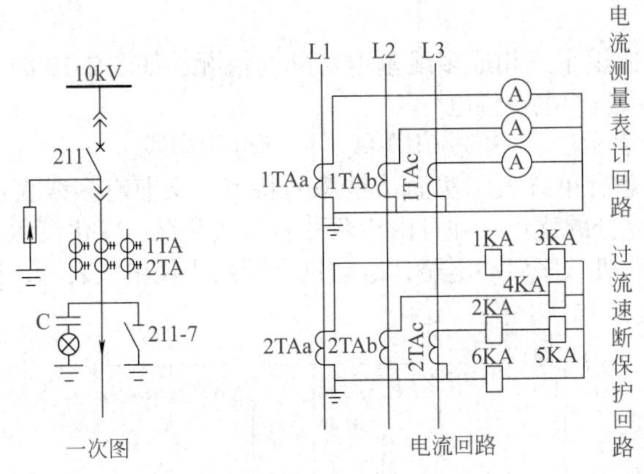

图 2-8 分散表示法高压电流互感器二次回路接线图

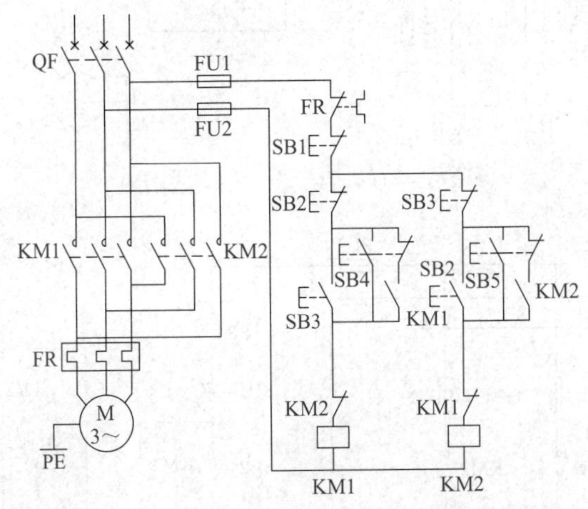

图 2-9 电动机可点动、运行正反转控制电路

（2）连接线表示法

① 多线表示法。每根连接线或导线各用一条图线表示的方法。

特点：能详细地表达各相或各线的内容，尤其在各相或各线内容不对称的情况下采用此法。如图 2-9 中的控制部分。

② 单线表示法。两根或两根以上的连接线或导线，只用一条线表示的方法。

特点：适用于三相或多线基本对称的情况，如图 2-10 的系统图就是采用单线表示三相电源供电。

③ 混合表示法。一部分用单线，一部分用多线。

特点：兼有单线表示法简洁精炼的特点，又兼有多线表示法对描述对象精确、充分的优点，并且由于两种表示法并存，变化灵活，如图 2-11 所示两台电动机顺序启动电路，电动机主回路采用单线表示，控制回路采用多线表示。

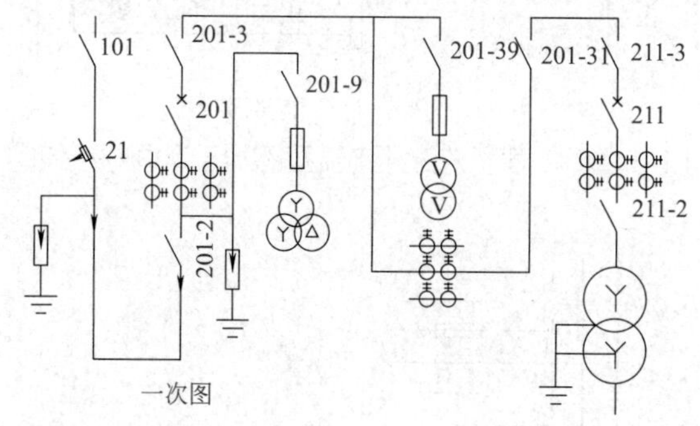

图 2–10　单线表示供电系统

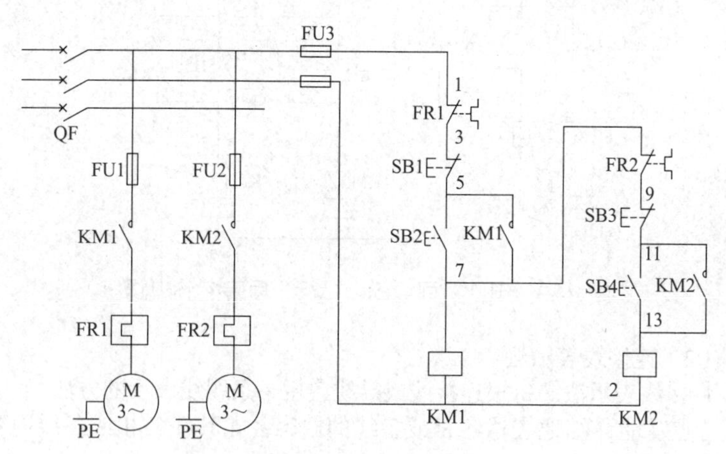

图 2–11　两台电动机顺序启动电路

（3）图中导线连接点的表示

导线在图中的连接有“⊤”和“+”形两种，“⊤”形表示必须连接，连接点可以加实心圆点“•”，也可以不加实心圆点，对于“+”字形交叉连接则必须加实心圆点，否则表示导线交叉而不连接，如图 2-12 所示。

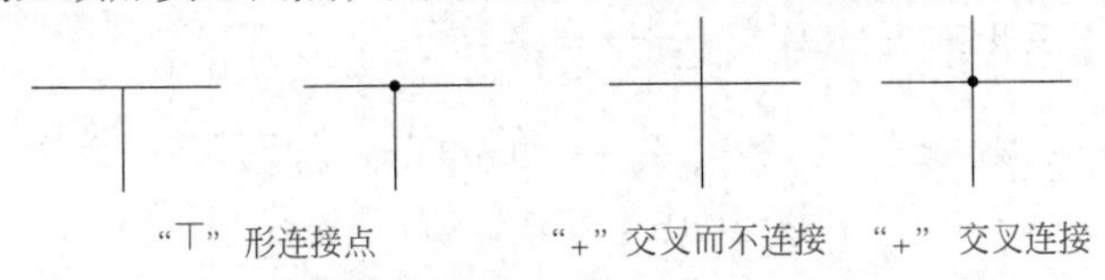

图 2-12　导线连接点的表示方法

（4）导线画法的表示

在电气控制图中的线段有各种绘制方法，它们所表示的含义不同，如图 2-13 所示。

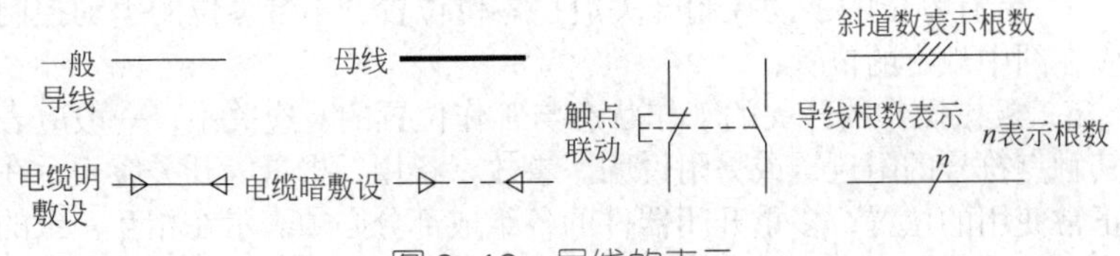

图 2-13　导线的表示

一般导线采用细单实线画法，母线采用粗单实线画法，明设电缆采用细单实线画法两头有倒三角，暗设电缆采用虚线画法两头有倒三角，虚线表示两个触点联动，多条导线同时敷设时用斜道表示根数或用（n）数字表示根数。

（5）电气元件触点位置、工作状态的表示方法

① 触点分两类。一类靠电磁力或人工操作的触点（接触器、电继电器、开关、按钮等）；另一类为非电磁力和非人工操作的触点（压力继电器、行程开关等的触点）。

② 触点表示。接触器、电继电器、开关、按钮等项目的触点符号，在同一电路中，在加电和受力后，各触点符号的动作方向应取向一致，如图 2-14 所示触点的正确画法。

对非电和非人工操作的触点，必须用图形、操作器件符号及注释、标记和表格表示，在其触点符号附近表明运行方式，如图 2-15 所示是常用的操作形式。

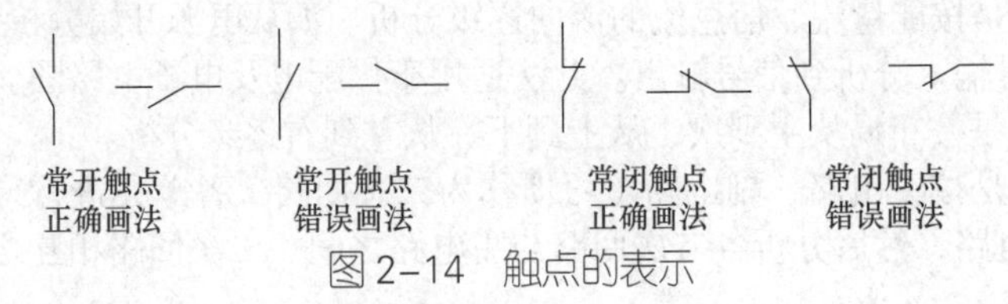

图 2-14　触点的表示

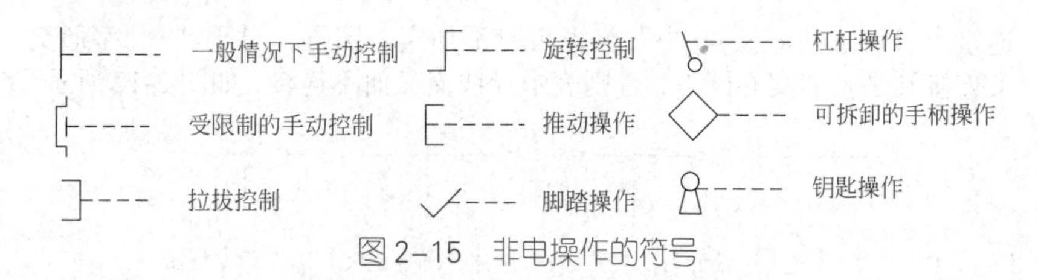

图 2-15　非电操作的符号

③ 元件的工作状态的表示方法。元件、器件和设备的可动部分通常应表示在不工作的状态或位置。

a. 继电器和接触器应在非得电的状态；

b. 断路器、负荷开关和隔离开关应在断开位置；

c. 带有零位的手动控制开关应在零位位置，不带零位的手动控制开关应在图中规定的位置；

d. 机械操作的开关的工作状态与工作位置的对应关系，一般应表示在其触点符号的附近，或另附说明。事故、备用、报警等开关应表示在设备正常使用的位置，多重开闭器件的各组成部分必须表示在相互一致的位置上，而不管电路的工作状态。

（6）看电气控制图的基本要求

① 看标题栏。由此了解电气项目名称、图名等有关内容，对该图的类型、作用、表达的大致内容有一个比较明确的认识和印象。

② 看技术说明或技术要求。了解该图设计要点、安装要求及图中未予表达而需要说明的事项。

③ 看电气图形。这是识图的最主要的内容，包括看懂该图的组成，各组成部分的功能、元件、工作原理、能量流或信息流的方向及各元件的连接关系等。由此对该图所表达电路的功能、工作原理有比较深入的理解。识读电气图形的关键在于必须具有一定的专业知识，并熟悉电气图绘制的基本知识，熟知常用电气图形符号、文字符号和项目代号。

首先，根据绘制电气图的一般规则，概要了解该图的布局、主要元器件图形符号的布置、各项目代号的相互关系及相互连接等。按不同情况可分别用下列方法进行分析。

a. 是按能量流、信息流的流向逐级分析。如从电源开始分析到负载，或由信号输入分析到信号输出。此法适用于供配电及电子电路图。

b. 是按布局从主到次、从上到下、从左到右逐步分析。

c. 是按主电路、副电路（习惯称为二次回路）各单元进行分析。先分析主电路，然后分析各二次回路与主电路之间、二次回路相互之间的功能及连接关系。这种办法适用于识读工厂供配电、电力拖动及自动控制方面的电气图。

d. 由各元器件在电路中的作用，分析各回路乃至整个电路的功能、工作原理。

e. 由元件、设备明细表了解元件或设备名称、种类、型号、主要技术参数、数量等。

最后，除了读懂工作需要的本专业图样外，对有关的其他电气图、技术资料、表图等，以及相关的其他专业技术图也应有所了解，以便全面掌握该电气项目情况，并对识读本专业图样起到重要的帮助作用。

2.2.6 电气设备常用文字符号与图形符号

电气设备的文字符号与图形符号是为了便于设计人员的绘图与现场技术人员、维修人员的识读，必须根按照我国已颁布实施的有关国家标准，用统一的文字符号、图形符号及画法来绘制电气图。并且要随时关注最新国家标准中有关电气元件的文字符号与图形符号的更新，以便及时调整。

文字符号和图形符号表明各种电气设备、装置和元器件的专用符号，它简单明了，在各种电气图中应用，统一了对电气设备、装置和元器件的说明。表2-1是根据国标GB/T 4728《电气图用图形符号》摘录常用电气的文字符号。

表2-1　常用电气文字符号

序号	设备名称	文字代号	序号	设备名称	文字代号
1	发电机	G	9	调节器	A
2	电动机	M	10	电阻器	R
3	电力变压器	TM	11	电感器	L
4	电流互感器	TA	12	电抗器	L
5	电压互感器	TV	13	电容器	C
6	熔断器	FU	14	整流器	U
7	断路器	QF	15	压敏电阻器	RV
8	接触器	KM	16	开关	Q

续表

序号	设备名称	文字代号	序号	设备名称	文字代号
17	隔离开关	AS	39	电能表	PJ
18	控制开关	SA	40	有功电能表	PJ
19	选择开关	SA	41	插接式母线	WI
20	负荷开关	QL	42	无功电能表	PJR
21	蓄电池	GB	43	频率表	PF
22	避雷器	F	44	功率因数表	PPF
23	按钮	SB	45	指示灯	HL
24	合闸按钮	SB	46	红色指示灯	HR
25	停止按钮	SBS	47	绿色指示灯	HG
26	试验按钮	SBT	48	蓝色指示灯	HB
27	合闸线圈	YC	49	黄色指示灯	HY
28	跳闸线圈	YT	50	白色指示灯	HW
29	接线柱	X	51	继电器	K
30	连接片	XB	52	电流继电器	KA
31	插座	XS	53	电压继电器	KV
32	插头	XP	54	时间继电器	KT
33	端子板	XT	55	差动继电器	KD
34	测量设备	P	56	功率继电器	KPR
35	电流表	PA	57	接地继电器	KE
36	电压表	PV	58	气体继电器	KB
37	有功功率表	PW	59	逆流继电器	KR
38	无功功率表	PR	60	中间继电器	KA

续表

序号	设备名称	文字代号	序号	设备名称	文字代号
61	信号继电器	KS	73	信号小母线	WS
62	闪光继电器	KFR	74	事故音响小母线	WFS
63	热继电器（热元件）	KH/FR	75	预告音响小母线	WPS
64	温度继电器	KTE	76	闪光小母线	WF
65	重合闸继电器	KRR	77	直流母线	WB
66	阻抗继电器	KZ	78	电力干线	WPM
67	零序电流继电器	KCZ	79	照明干线	WLM
68	接触器	KM	80	电力分支线	WP
69	母线	W	81	照明分支线	WL
70	电压小母线	WV	82	应急照明干线	WEM
71	控制小母线	WC	83	应急照明支线	WE
72	合闸小母线	WCL			

2.3 识读供电系统电气图的基本知识

2.3.1 变配电所电气主接线及其基本形式

变电所的电气主接线是变电所接受电能、变换电压和分配电能的电路。变电所的电气主接线表示由地区变电所电源引入→变压→各负荷（车间等）的变配电过程，且由引入导线（架空线或电力电缆）、变压器、各种开关电器、母线、互感器、避雷器等与载流导体连接组成；而配电所只担负接受电能和分配电能的任务，因此，它只有电源引入分配各负载两个环节，相应的主接线中无变压器，其他则与变电所相同。

变配电所的电气图用国家统一规定的电气图形符号、文字符号表示主接线中各电气设备相互连接顺序的图形，就是电气主接线图。电气主接线图一般都用单线图表示，即一根线就代表三相。但在三相接线不同的局部位置要用三线图表示，例如最为常见的接有电流互感器的部位（因为电流互感器的接线方案有一相式、两相式和三相式）。

2.3.2 对变配电所电气主接线的基本要求

变配电所电气主接线是变配电所电气部分的主体，其接线合理与否，将直接影响供电是否安全可靠，操作是否方便灵活，投资是否经济，运行费用是否节省，它对电气设备的选择、配电装置的布置、继电保护和自动装置的配置，以及土建工程的投资及施工等都有着非常密切的关系。因此，确定电气主接线是变配电所电气设计极为重要的环节和任务。对电气主接线的基本要求如下。

① 安全：符合有关技术规范的要求，能充分保证人身和设备的安全，能避免运行人员的误操作和确保检修工作的安全。

② 可靠：能满足电力负荷对供电可靠性的要求。

③ 灵活：能适应系统所要求的各种运行方式，操作灵活方便。

④ 经济：在满足以上要求的前提下，应使投资最省、运行费用最低、有色金属消耗量最少。

⑤ 发展：要考虑近期（5 ～ 10 年）负荷发展的可持续性。

2.3.3 电气主接线的基本形式

变配电所电气主接线的形式较多，其三种基本形式如下。

（1）单母线不分段的主接线

单母线不分段的主接线如图 2-16、图 2-17 所示，母线 WB 是不分段的。单母线不分段是最简单的主接线形式，它的每条引入线和引出线中都安装有隔离开关（低压线路为刀开关）及断路器。

图中断路器 QF 的作用是正常情况下通断负荷电流，事故情况下切断故障电流（短路电流及超过规定动作值的过负荷电流）。

图中隔离开关 QS（或低压刀开关 QK）靠母线侧的称为母线隔离开关，如图 2-16 中的 QS2、QS3，图 2-17 中的 QS1、QS2、QS3，它们的作用是隔离电源以检修断路器和母线。靠近线路侧的隔离开关称为线路隔离开关，如图 2-16 中的 QS1、QS4，其作用是防止在检修线路断路器时从用户（负荷）侧反向供电，或防止雷电过电压侵入线路负荷，以保证设备和人员的安全。按设计规范，对 6 ～ 10kV 的引出线有电压反馈可能的出线回路及架空出线回路，都应装设隔离开关。

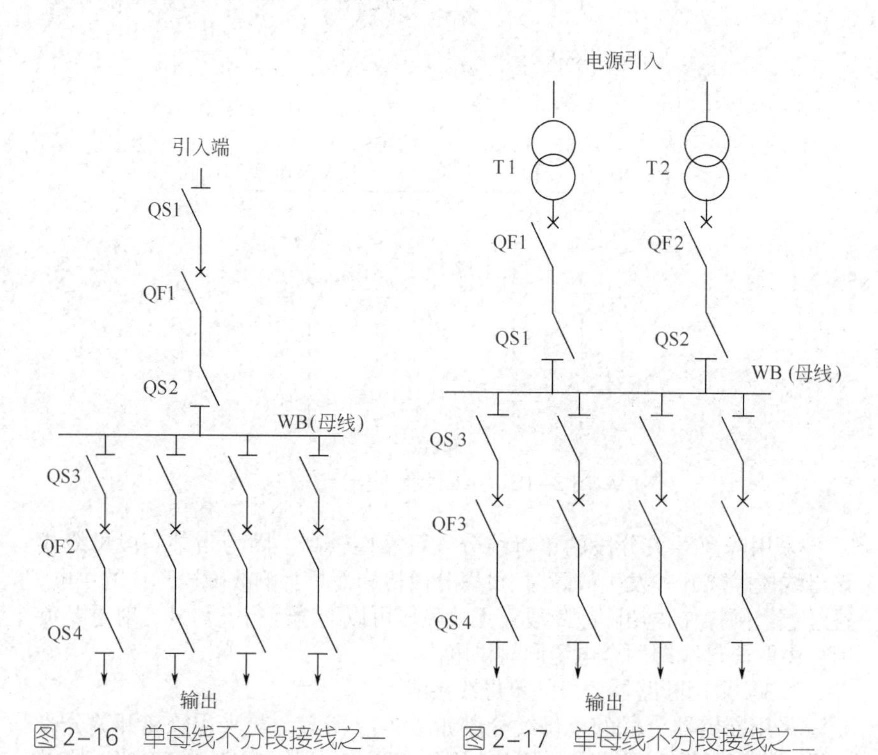

图 2–16　单母线不分段接线之一　　图 2–17　单母线不分段接线之二

单母线不分段接线简单，投资经济，操作方便，引起误操作的机会少，安全性较好，而且使用设备少，便于扩建和使用成套装置。但它可靠性和灵活性较差，因为当母线或任何一组母线隔离开关发生故障时，都将会因检修而造成全部负荷断电。因此，它只适用于三类负荷，即出线回路数不多及用电量不大的场合。

（2）单母线分段的主接线

单母线分段的主接线为用断路器（或隔离开关）分段的单母线接线图。如图 2-18 所示，这种接线的母线中部用隔离开关或断路器分为两段，每一段母线接一个或两个电源，每段母线有若干条引出线至各车间。

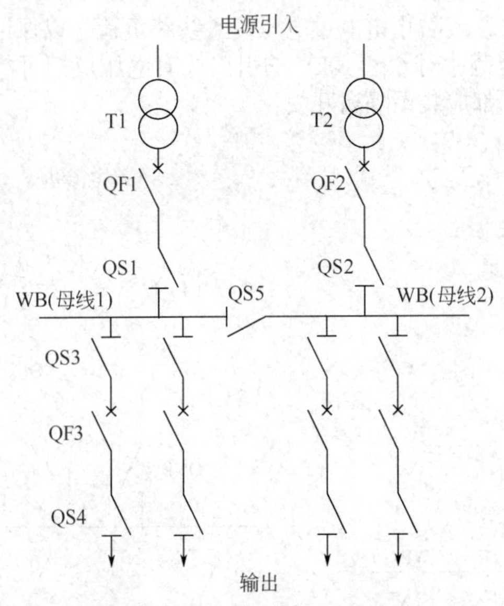

图 2-18　单母线分段形式一

采用隔离开关分段的单母线分段可靠性较高。因为当某一段母线或该母线段隔离开关发生故障时，可以分段检修而只影响故障段母线的供电，且经过倒闸操作，切除故障段，无故障段可以继续运行。另外，对重要负荷可由两段母线即两个电源同时供电。

（3）采用断路器分段的单母线接线

采用断路器分段的单母线分段如图 2-19 所示，与采用隔离开关分段一样，提高了供电可靠性，但它比用隔离开关分段可靠性更高。当一段母线发生故障时，分段断路器由继电保护装置动作能自动将故障段切除，保证正常段母线的不间断供电，而不至于造成两母线段供电的重要负荷停电。无疑，其接线比较复杂，投资较高。

无论是采用隔离开关分段还是断路器分段，在母线发生故障或检修时，都不可避免地使该段母线的用户断电。检修单母线接线引出线的断路器时，该路负载也必须停电。

由此可见，单母线分段比单母线不分段提高了供电可靠性和灵活性。但它的接线（尤其是采用断路器分段）比不分段复杂，投资较多，供电可靠性还不够高。

这种接线一般适用于二级负荷及三级负荷，但如果采用互不影响的双电源供电，用断路器分段则适用于对一、二级负荷供电。

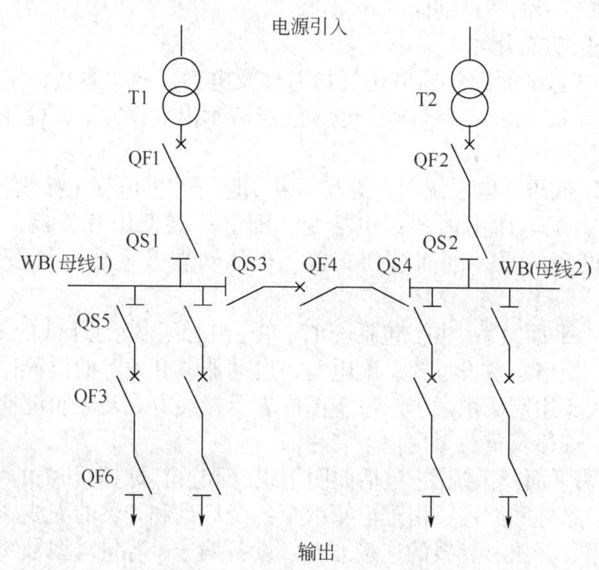

图 2-19　单母线分段形式二

2.4 识读建筑电气图的基本知识

2.4.1 建筑电气安装图的分类

（1）按表示方法分类

建筑电气安装图按表示方法可分为两种：一种是按正投影法表示，即按实物的形状、大小和位置，用正投影法绘制的图；另一种是用简图形式表示，即不考虑实物的形状和大小，只考虑其安装位置，按图形符号的布局对应于实物的实际位置而绘制的图，建筑电气安装图多数用简图表示。

（2）按表达内容分类

建筑电气安装图按表达内容可分为两种：一是平面图；二是断面图、

剖面图。建筑电气安装图大多用平面图表示，只有当用平面图表达不清时，才按需要画出断面图、剖面图。

（3）按功能分类

① 供电总平面图：标出建筑物名称及电力、照明容量，定出架空线的导线、走向、杆位、路灯等，电缆线路表示出敷设方法，标注出变、配电所的位置、编号和容量。

② 高、低压供电系统图：见在第六章已详述的电气主接线图。

③ 变、配电所平面图：包括变、配电所高低压开关柜、变压器、控制屏等设备的平、剖面排列布置，母线布置及主要电气设备材料明细表等。

④ 动力平面及系统图：包括配电干线、滑触线、接地干线的平面布置；导线型号、规格、敷设方式；配电箱、启动器、开关等的位置；引至用电设备的支线（用箭头示意）。系统图应表示接线方式及注明设备编号、容量、型号、规格及负载（用户）名称。

⑤ 照明平面及系统图：包括照明干线、配电箱、灯具、开关的平面布置，并注明用户名称和照度；由配电箱引至各个灯具和开关的支线。系统图应注明配电箱、开关、导线的连接方式、设备编号、容量、型号、规格及负载名称。

⑥ 自动控制图：包括自动控制和自动调节的框图或原理图，控制室平面图（简单自控系统在设计说明书中说明即可），标明控制环节的组成、精度要求、电源选择、控制设备和仪表的型号规格等。

⑦ 电信设备安装平面图：如电话、闭路电视、共用天线、信号设备平面图。

⑧ 建筑物防雷接地平面图：包括顶视平面图（对于复杂形状的大型建筑物，还应绘制立面图，注出标高和主要尺寸）；避雷针、避雷带、接地线和接地极平面布置图，材料规格，相对位置尺寸；防雷接地平面图。

⑨ 表格：主要设备材料表（清册）。

2.4.2 建筑图中的电器符号

建筑电气平面图用的图形符号主要用来表示电力照明、线路设施等，常用图形符号如表 2-2 所示。这些符号均摘自国家标准颁布的《电气简图用图形符号》。

表 2-2 建筑电气平面图常用的电器图形符号

名称	图形符号	实物	名称	图形符号	实物
动力配电箱			壁灯		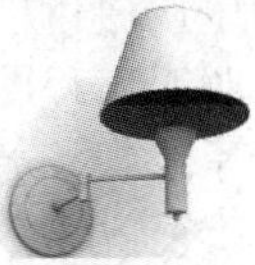
照明配电箱		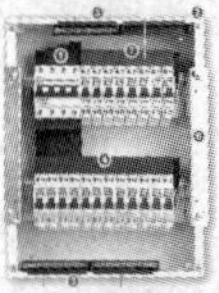	天棚灯		
单极明装开关			荧光灯		
单极暗装开关			明装三孔插座		
双极开关			风扇	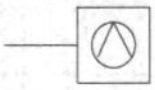	
风扇调速开关	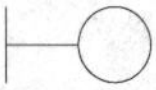	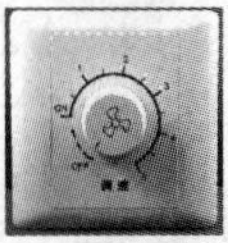	灯的一般符号		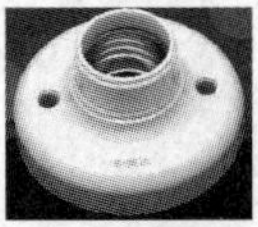
花灯			暗装三孔插座	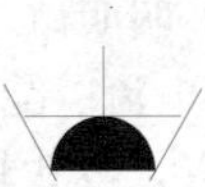	
防水防尘灯	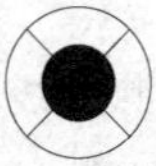	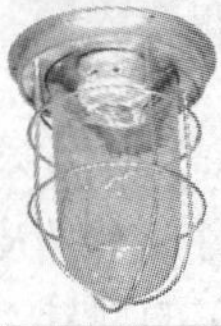			

2.4.3 建筑电气图示例

（1）照明工程图

照明工程图主要包括照明电气系统图、照明平面图及照明配电箱安装图等，本部分只讲解照明电气系统图及照明平面图。

① 照明电气系统图：照明电气系统图上需要表达以下几个内容。

一看：架空线路（或电缆线路）进线的路数、导线或电缆的型号、规格、敷设方式及穿管直径。

二看：总开关及熔断器的型号规格，出线回路数量、用途、用电负载功率数及各条照明支路的分相情况。图 2-20 为某建筑的照明供电系统图，各回路采用的是 DZ 型低压断路器，其中 N1、N2、N3 线路用三相开关 DZ10-50/310，其他线路均用 DZ10-50/110 型单极开关。为使三相负载大致均衡，N1 ～ N10 各线路的电源基本平均分配在 L1、L2、L3 三相中。

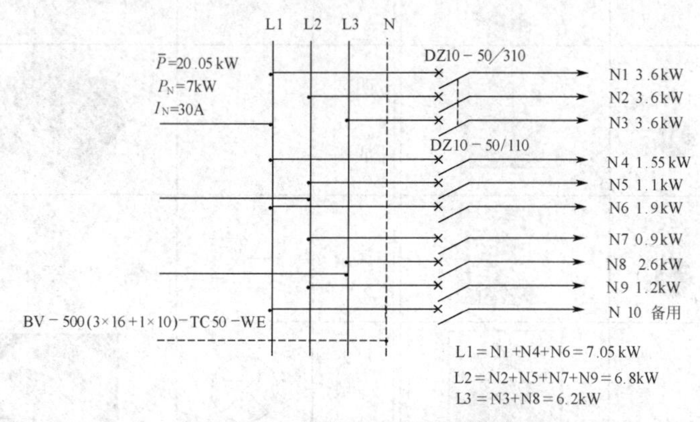

图 2-20 照明供电系统图示例

三看：用电参数，照明电气系统图上应表示出总的设备容量、需要系数、计算容量、计算电流、配电方式等，也可以列表表示。图 2-20 中，设备容量为 P=20.05kW，每相计算负荷 P_N=7kW，计算电流 I_N=30A。导线为 BV-500(3×16+1×10)-TC50-WE（为 500V 绝缘铜导线 3 根 16mm^2 加 1 根 10mm^2，直径 50mm 电线管沿墙面敷设）。

四看：技术说明、设备材料明细表等。

② 照明平面图：照明平面图上要表达的主要内容有电源进线位置，导线型号、规格、根数及敷设方式，灯具位置、型号及安装方式，各种用电设备（照明分电箱、开关、插座、电扇等）的型号、规格、安装位置及

方式等。

图 2-21 为某建筑电气照明平面图，图 2-22 为其供电的系统图，表 2-3 是负荷统计表。

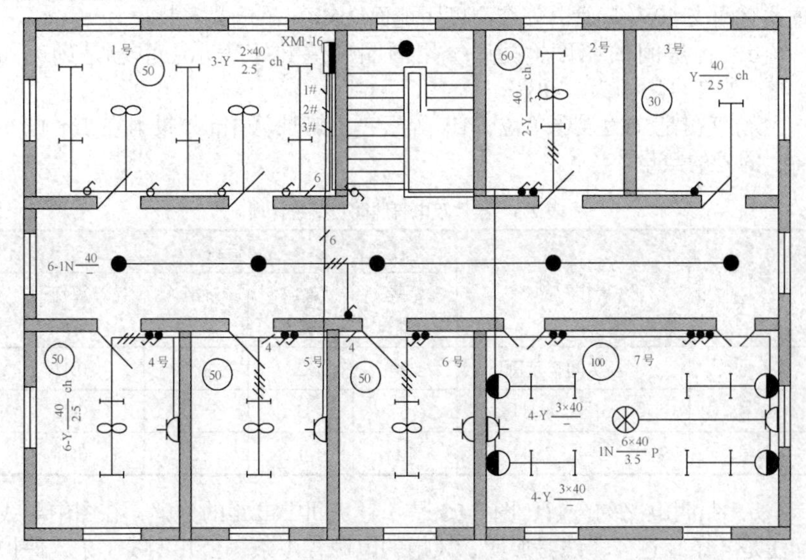

图 2-21　某建筑电气照明平面图

建筑电气平面图的识读要点如下。

a. 建筑平面的概况，为了清晰的表明线路、灯具、开关、插座的布局，图中按比例用细实线简略地绘制出了该建筑的墙体、门窗、楼梯的平面结构，至于具体尺寸，可查阅相应的土建图。

b. 从供电系统图可以看出，该楼层电源引自第二层，由直径 25mm 金属电线管，穿 3 根 6mm^2 的独股铜导线引入，单相交流 220V，经配电箱 XM1-16 分成 3 条支路，送到 1 ～ 7 号各室，断路器 C45-10 是电源总开关，各分路开关为 C45-3 断路器，各支路采用 2.5mm^2 铜线，用直径 20mm 穿硬聚氯乙烯管墙内暗设。

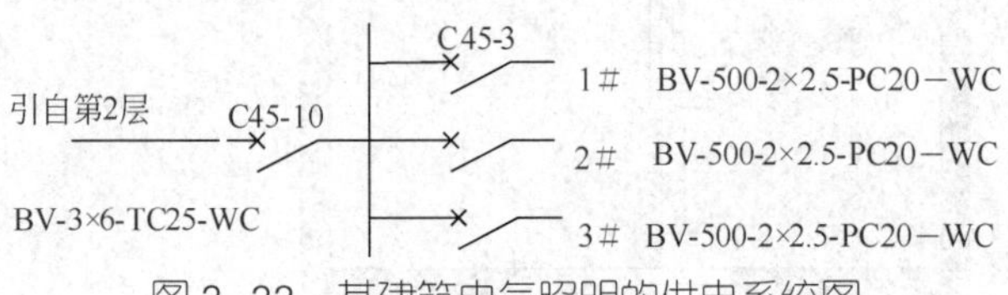

图 2-22　某建筑电气照明的供电系统图

c. 灯具的安装方式有吊链式（ch）、管吊式（P）、吸顶式（S）、壁式（W）等。例如，3-Y$\frac{2\times40}{2.5}$ch，表示该房间有 3 盏日光灯（Y），每盏有两支 40W 灯管，安装高度距地面 2.5m，吊链式安装。

d. 各房间的照度（亮度）用圆圈中注数字表示（单位是勒克司 lx），如 7 号房间为 100lx。

勒克司是光的强弱单位，1lx 等于一支蜡烛从 1m 外投射在 $1m^2$ 的表面上的光的数量。

表 2-3　某建筑电气照明负荷统计表

线路编号	供电场所	负荷统计			
		灯具/个	电扇/只	插座/个	计算负荷/kW
1 号	1 号房间，走廊	9	2		0.41
2 号	4 号、5 号、6 号房间	6	3	3	0.42
3 号	2 号、3 号、7 号房间	12	1	2	0.48

e. 照明电路的分解，图 2-23 是 5 号房间中电路的分解，在图中导线标注是 4 条，这 4 条线是照明、风扇的电源各 1 条，公共零线 1 条，保护线 1 条，照明电源线做分支接入照明开关，经开关出一条照明的相线，也叫开关回线接灯具，风扇电源线做分支接入风扇开关，经开关出一条风扇的相线，也叫风扇回线接风扇，零线和保护线也做分支头，接灯具和风扇作为工作零线，保护线接风扇外壳。

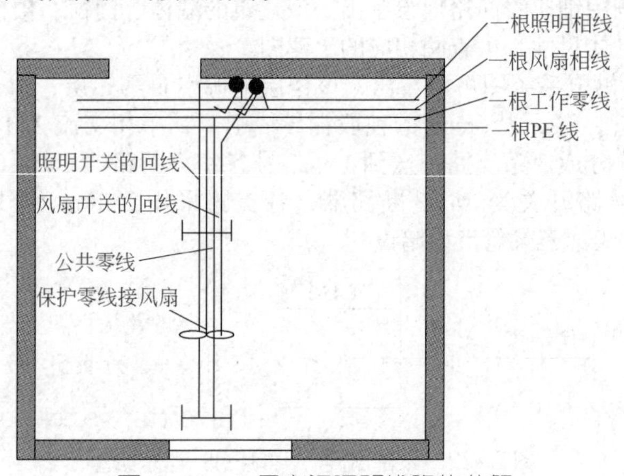

图 2-23　5 号房间照明线路的分解

（2）动力工程平面图

动力工程平面图通常包括动力系统图、动力平面图、电缆平面图等，此部分只讲解动力系统图及动力平面图。

① 动力系统图：在动力系统图中，主要表示电源进线及各引出线的型号、规格、敷设方式，动力配电箱的型号、规格，开关、熔断器等设备的型号、规格等。

图2-24为某工厂机械加工车间11号动力配电箱的系统图。具体说明如下。

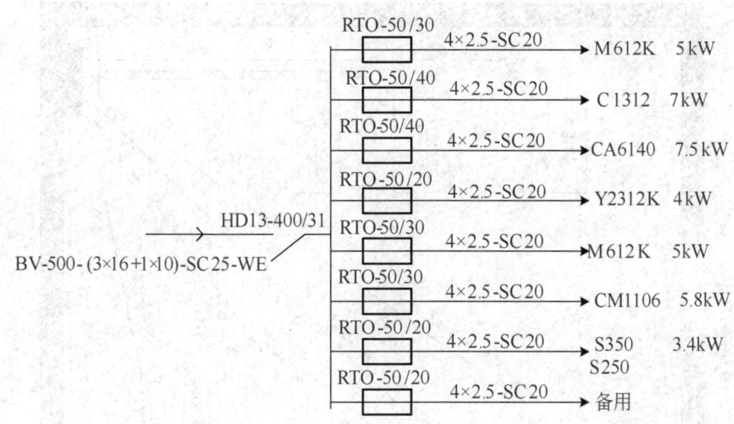

图2–24　某工厂机械加工车间11号动力配电箱的系统图

a．电源进线：电源由5号动力配电箱XL-15-6000引来，引入线为BV-500-(3×16+1×10)-SC25-WE。

b．动力配电箱：采用XL-15-8000型动力配电箱。它采用额定电流为400A的三极单投刀开关有8个回路，每个回路额定电流为60A，用填料密封式熔断器RTO进行短路保护。这里采用的是熔件额定电流均为50A，熔体（丝）额定电流分别为20A、30A、40A的RTO型熔断器。

c．负载引出线：由图2-28可见，其供电负载有1台CA6140型车床（7.5kW），1台C1312型车床（7kW），2台M612K型磨床（2×5kW），及Y2312K型滚齿机1台（4kW），CM1106型车床1台（5.8kW），S250、S350型螺纹加工机床各1台（2×1.7kW）。导线均采用BX-500-4×2.5型橡胶绝缘导线，每根截面为2.5mm^2，穿内径为20mm的焊接钢管埋地坪暗敷。

② 动力平面图：动力平面图是用来表示电动机等各类动力设备、配

电箱的安装位置和供电线路敷设路径及方法的平面图。它是用得最为普遍的电气动力工程图。动力平面图与照明平面图一样，也是画在简化了的土建平面图上的图，但是，照明平面图上表示的管线一般是敷设在本层顶棚或墙面上，而动力平面图中表示的管线通常是敷设在本层地板（地坪）中。

动力管线要标注出导线的根数及型号、规格，设备的外形轮廓，位置要与实际相符，并在出线口按 $a\frac{b}{c}$ 的格式标明设备编号（a）、设备型号（b）、设备容量（c）。

图 2-25 所示为机械加工车间的动力平面图（局部）。具体说明如下。

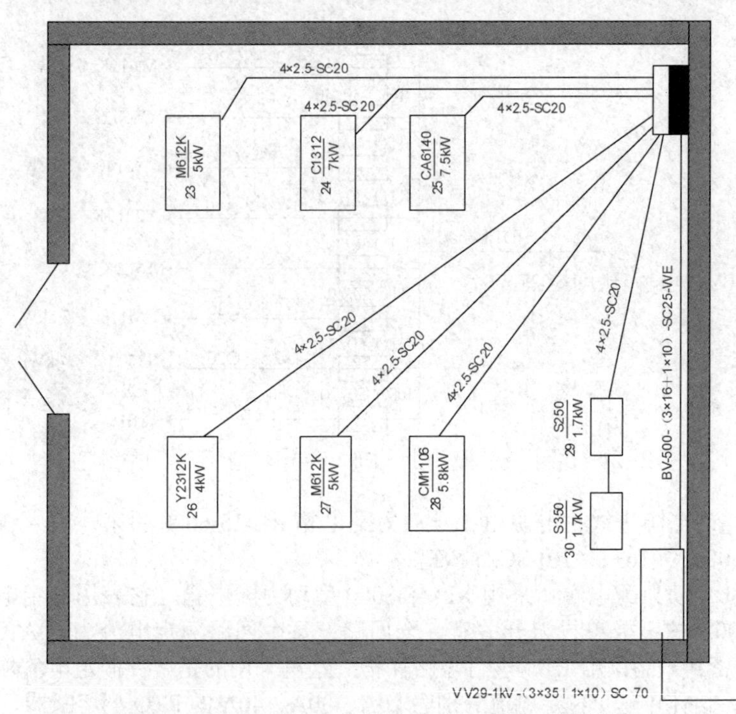

图 2-25 机械加工车间的动力平面图（局部）

a．电源进线：该车间电源进线为 VV29-1kV(3×35+1×10)SC70 电力电缆，埋地暗敷，引入到总配电箱，再逐级放射引到其他各动力配电箱。本动力配电箱的进线电源导线为 BV-500-(3×16+1×10)-SC25-WE。

b．动力配电箱画出了各车床、磨床、钻床、滚齿机等的外形轮廓和平面位置，标注了设备编号、型号及容量（kW）。导线均为 BV-4×2.5-SC20-WC。

（3）防雷平面图

① 雷电过电压：雷电过电压又称大气过电压，它是由于电力系统内的设备或构筑物遭受直接雷击或雷电感应而产生的过电压。

雷电过电压所产生的雷电冲击波的电压幅值可高达上亿伏，电流幅值可高达几十万安，因此，它对电力系统和人员危害极大，必须采取措施加以防护。

雷电过电压的基本形式有三种。

a. 直击雷过电压（直击雷）：雷电直接击中电气设备、线路或建筑物，强大的雷电流通过被击物体，产生有极大破坏作用的热效应和机械力效应，伴之还有电磁效应和对附近物体的闪络放电（即雷电反击或二次雷击）。这是破坏最为严重的雷电过电压。

b. 感应过电压（感应雷）：是由于雷云在架空线路或其他物体上方，雷云主放电时所产生的过电压。其中，在高压线路可达几十万伏，低压线路也可达几万伏。

c. 雷电侵入波：由于直击雷或感应雷所产生的高电位雷电波，沿架空线或金属管道侵入变配电所或用户而造成危害。由雷电侵入波造成的雷害事故占整个雷害事故的50%以上。

② 防雷设备：防雷设备一般由接闪器或避雷器、引下线和接地装置三个部分组成。

a. 接闪器：接闪器是专门用于接受直击雷闪的金属物体。接闪的金属杆称为避雷针；接闪的金属线称为避雷线（或架空地线）；接闪的金属带、金属网，称为避雷带、避雷网。所有接闪器都必须经过引下线与接地装置相连。

a）避雷针：避雷针一般用镀锌圆钢或镀锌焊接钢管制成。按规范规定，其直径不得小于下列数值。

针长1m以下，圆钢为12mm，钢管为20mm；针长1～2m，圆钢为16mm，钢管为25mm；烟囱顶上的针，圆钢为20mm。

避雷针通常安装在构架、支柱或建筑物上，其下端经引下线与接地装置焊接。

b）避雷线：避雷线架设在架空线路的顶部，用以保护架空线路或其他物体（包括建筑物）等狭长被保护物免遭直击雷侵害。避雷线既架空又接地，故又称架空地线。

10kV及以下架空线路不装设避雷线；35kV架空线路只部分装设避雷线；110kV及以上架空线路需全线架设避雷线。

c）避雷带和避雷网：避雷带和避雷网普遍用来保护较高的建筑物免受直击雷击。避雷带一般沿屋顶周围装设，高出屋面100～150mm，支持卡间距 1 ～ 1.5m。装在烟囱、水塔顶部的环状避雷带又叫避雷环。避雷网除沿屋顶周围装设外，必要时屋顶上面还用圆钢或扁钢纵横连成网，如图 2-26 所示。

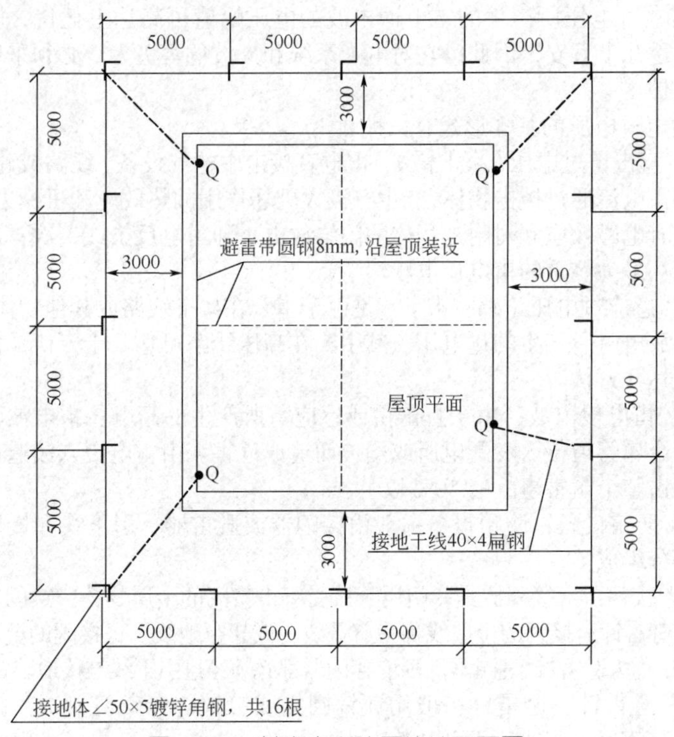

图 2-26　某变电所防雷接地平面图

避雷带和避雷网采用圆钢或扁钢（一般采用圆钢），其尺寸不应小于圆钢直径为 8mm、扁钢截面为 48mm²、扁钢厚度为 4mm。烟囱顶上的避雷环尺寸不应小于圆钢直径 12mm、扁钢截面 100mm²、扁钢厚度 4mm。在布置接闪器时，应优先采用避雷网或避雷带。

b．避雷器：避雷器用来防止雷电所产生的大气过电压沿架空线路浸入变电所或其他建筑物内，危及被保护设备的绝缘。

c. 引下线：引下线是将接闪器（或避雷器）与接地装置相连接的导体。

引下线采用镀锌圆钢或镀锌扁钢（一般采用镀锌扁钢），其尺寸不应小于圆钢直径为 8mm、扁钢截面为 48mm²、扁钢厚度为 4mm。烟囱上的引下线尺寸不应小于圆钢直径为 12mm、扁钢截面为 100mm²、扁钢厚度为4mm。焊接处应涂防腐漆。

d. 接地：电气设备的某部分与土壤之间的良好电气连接称为接地。

a）接地体（接地板）：与土壤直接接触的金属物体称为接地体或接地极。专门为接地而装设的接地体，称为人工接地体。按照人工接地体的安装方式，又有垂直接地体和水平接地体两种。

垂直接地体采用圆钢、钢管、角钢等，一般多采用角钢（通常用∟50mm×5mm）；水平接地体用扁钢、圆钢等，一般用扁钢（通常40mm×4mm）。人工接地体的尺寸不应小于圆钢直径为10mm、扁钢截面为100mm^2、扁钢厚度为4mm、角钢厚度为4mm、钢管壁厚为3.5mm^2。

接地体应镀锌，焊接处涂防腐漆。

垂直接地体的长度一般为2.5m。为减小相邻接地体的屏蔽效应，垂直接地体的距离及水平接地体间的距离一般为5m。

接地体埋设深度不宜小于0.7m（不得小于当地冻土层深度）。

b）接地线：连接接地体与设备接地部分的导线称为接地线。接地线又分为接地干线和接地支线，一般采用镀锌或涂防腐漆的扁钢、圆钢，接地干线尺寸应大于支线尺寸。连接处不少于三方焊接。焊接处涂防腐漆。

c）接地装置：接地线和接地体合称接地装置。

d）接地网：由若干接地体在大地中互相连接而组成的总体，称为接地网。

按规定，接地干线应采用不少于两根导体在不同地点与接地网连接。

（4）电气接地平面图

用图形符号绘制以表示电气设备和装置与接地装置相连接的平面简图称为电气接地平面图。

① 接地的类型：电力系统和设备的接地按其功能分为工作接地和保护接地两类。

a. 工作接地：在电力系统中，凡因电气运行所需要的接地称为工作接地，如电源中性点的直接接地（例如Y，yn0即旧标准为Y/Y_0-12的降压变压器中性点直接接地）、防雷设备的接地等。电源中性点直接接地，能在运行时维持三相系统中相线对地电压不变，并易于取得线、相两种电压和接入单相设备。防雷设备接地是为了实现对地释放雷电流。

b. 保护接地：为保障人身安全并防止间接触电而将正常情况下不带电、事故情况下可能带电的设备的外露可导电部分进行接地称为保护接地。保护接地的形式有两种：一种是设备的外露可导电部分经各自的PE线分别直接接地；另一种是设备的外露可导电部分经公共的PE线或PEN线接地。

按规定，1kV以下系统与总容量在100kV·A以上的发电机或变压器相连的接地装置，其工作接地电阻值应不大于4Ω；第三类防直击雷建筑物的冲击接地电阻值不大于30Ω。共用接地装置时,以满足各电阻值中最小值为准。

② 接地平面图：图 2-27 所示为某单位变电所接地平面布置图。

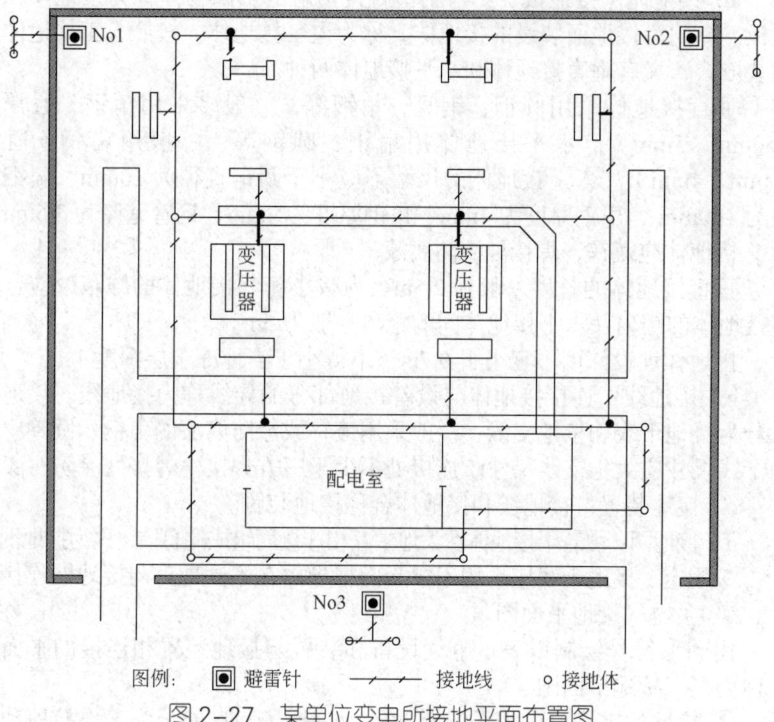

图 2-27 某单位变电所接地平面布置图

a. 室内接地干线及接地支线均用加短斜横线表示。其中，接地干线安装在离地高 0.3m（贴脚线）处墙上，与室外接地网相连。在变压器、电缆构架、电缆支架和高压开关柜等设备、构架的外露可导电部分，为安全起见，均经接地支线与接地干线相连。

b. 变压器利用基础扁钢、高压开关柜利用基础槽钢做接地线。

c. 为可靠起见，变压器、高压开关柜及低压配电屏等重要设备、装置，要有两根互相独立的接地支线与接地干线相连接。变压器中性点应单独直接接地。

d. 室内外接地线均用镀锌扁钢。考虑到腐蚀，室外接地线截面应大于室内接地线，采用的是 40mm×4mm 镀锌扁钢。

第 3 章 电工基本操作、常用工具及电工仪表的使用

3.1 电工基本操作技能

3.1.1 导线连接处绝缘层的剥削

（1）对于导线在 $4mm^2$ 以下的塑料绝缘导线，用剥线钳剥去导线外层绝缘层，如图 3-1 所示。

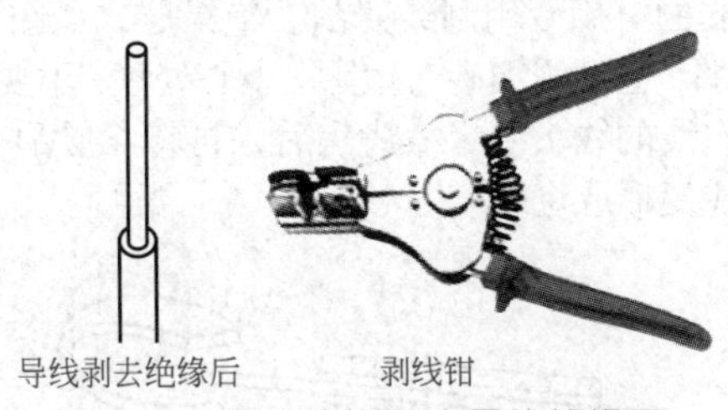

图 3–1 用剥线钳剥去导线绝缘层

（2）导线大于 $4mm^2$ 应用电工刀来剥去绝缘层，将电工刀以 45° 角切入塑料绝缘层，不可切入到芯线，否则会降低导线的机械强度和增加导线电阻。其剥削方法见图 3-2 所示。

（3）用电工刀剥削塑料护套线绝缘层的剥削方法：根据需要长度，用电工刀尖对准芯线的缝隙划开护套层。将护套层向外扳翻，再用电工刀齐根切去。还是用电工刀按照剥离塑料硬线绝缘层的方法，分别将每根芯

线的绝缘层剥去，如图 3-3 所示。

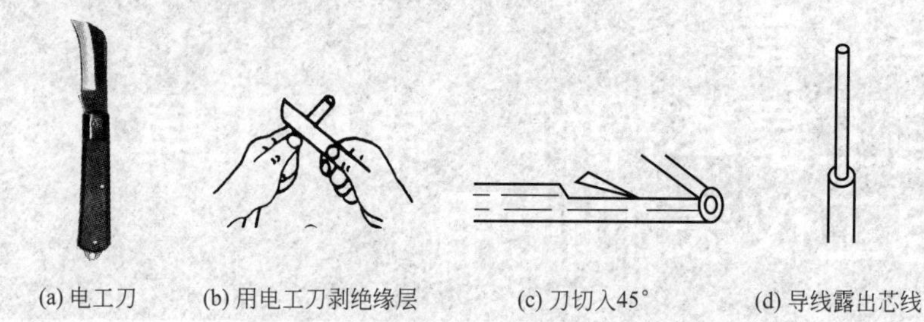

图 3-2 用电工刀剥去导线绝缘层

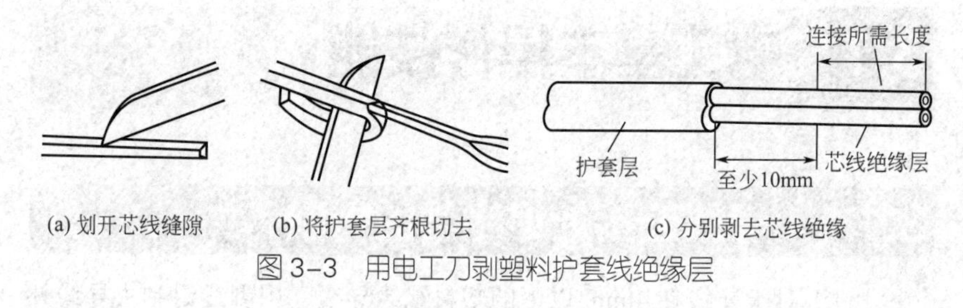

图 3-3 用电工刀剥塑料护套线绝缘层

（4）漆包线绝缘层的剥削方法：直径 1.0mm 以上的，用细砂布擦除。直径 0.6 ～ 1.0mm 的可用专用刮线刀刮去绝缘层，如图 3-4 所示。当然，直径 0.6mm 以下的，也可用细砂布擦除。小心处理，不要伤到线芯或折断。也有用微火将漆包线的线头绝缘漆烤焦后，再将漆层刮去。但是不能用大火，否则会使导线变形或烧断。

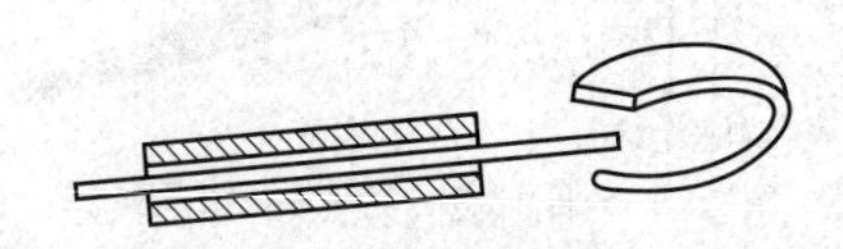

图 3-4 用专用刮线刀刮去漆包线的绝缘漆

（5）橡胶套电缆绝缘层的剥削：用电工刀从电缆端头任意两芯线缝隙割破部分护套层。把割破的分成两片的护套层连同芯线一起进行反向分拉来撕破护套层，当撕拉难以破开护套层时，可再用电工刀补割，直到所需要长度时为止。把已翻扳被分割的护套层在根部分别切断，如图 3-5 所示。

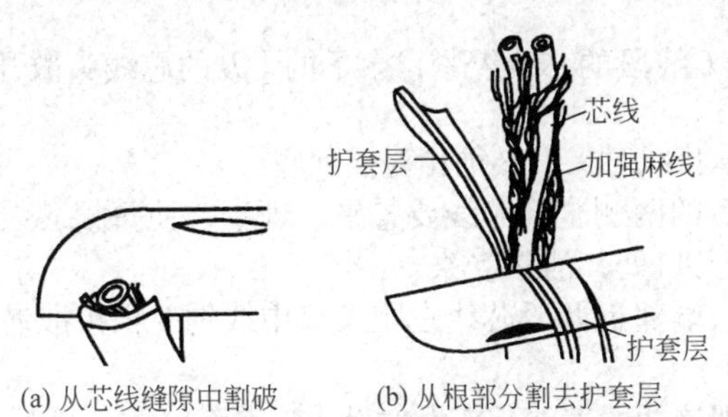

图 3-5　橡胶套电缆绝缘层的剥削

3.1.2　导线与导线的连接

扫二维码观看操作视频。

（1）独股导线的连接：6mm² 及以下，自缠一字连接方法，中间缠绕 2 ～ 3 个小麻花，两边各缠绕 5 ～ 7 圈，如图 3-6（1 式、2 式）所示。

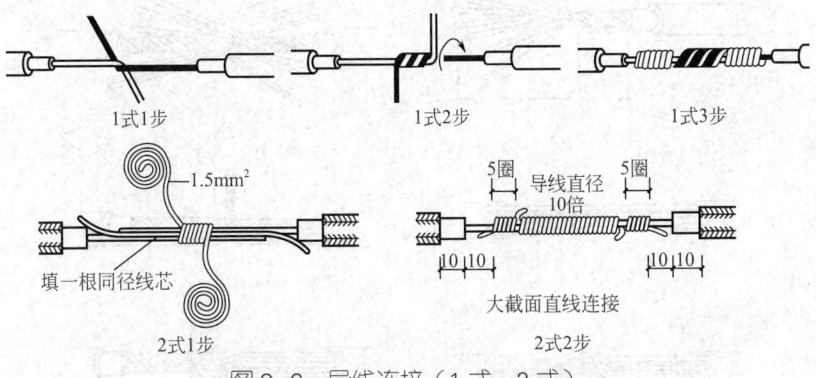

图 3-6　导线连接（1 式、2 式）

（2）不等径的铜导线一字连接如图 3-7 所示。

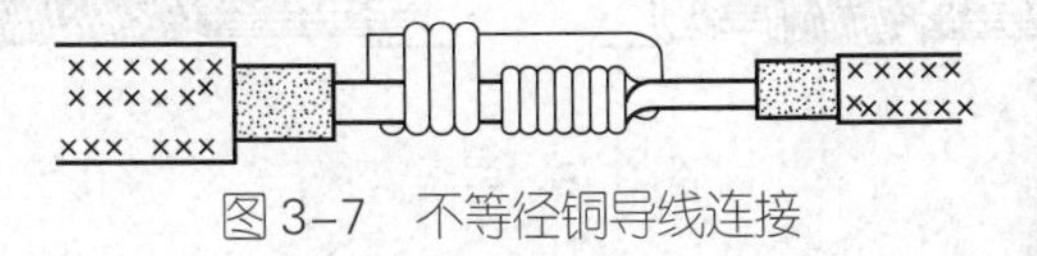

图 3-7　不等径铜导线连接

（3）多股铜导线一字直接连接。

① 以 7 股铜导线为例，将芯线头剥去绝缘层长度为 L（约 360mm），

靠近绝缘层$\frac{1}{3}L$线段的芯线绞紧，余下的$\frac{2}{3}L$的芯线头散开拉直，按图所示分成伞状。

② 将两伞状线对叉，必须相对插到底。

③ 叉入后的两侧全部芯线要整平、理直，使每根芯线间隔均匀，并用钢丝钳压紧叉口处，消除空隙。

④ 先将一端邻近两股芯线在距叉口中线约3根单股芯线直径宽度处折起，成90°。

⑤ 接着把这两股芯线，按顺时针方向紧缠2～3圈后，再折成90°并平卧于折起前的轴线位置上。

⑥ 再把处于紧挨平卧前邻近的2根芯线，按步骤⑤方法加工。

⑦ 余下的3根芯线按步骤⑤方法缠绕3～4圈后，再将前4根芯线从根部分别切断，并用钳子整平；接着将3根芯线缠足3～4圈后剪去芯线余端，并钳平切口不留毛刺。

⑧ 另一端按步骤④～⑦方法进行加工，如图3-8所示。

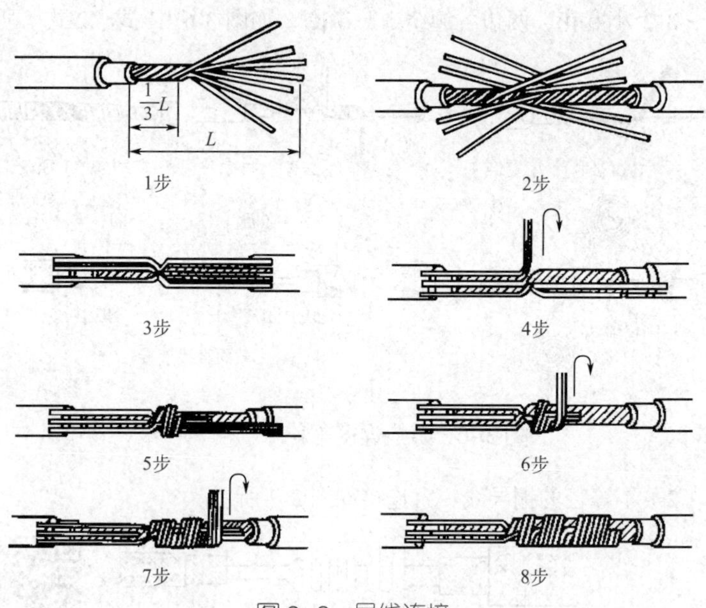

图3-8 导线连接

（4）多股铜导线叉接，以7股铜导线为例。

① 将芯线头剥去绝缘层（约360mm），清除氧化层，拉直芯线，分

成伞形。

② 把中间的一根芯线长度剪去$\frac{2}{3}$，把两个线头其余芯线隔根相叉，使中间的两根芯线平行拼在一起，将线整形压紧。

③ 从中间往两边缠绕，每边各缠绕圈数为：两个 9 圈、两个 7 圈、两个 5 圈（称 99、77、55）。缠绕长度应大于或等于导线直径的 10 倍。如图 3-9 所示。

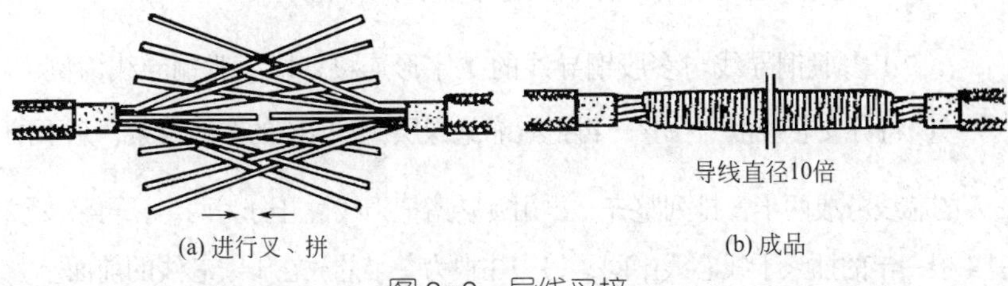

图 3-9　导线叉接

（5）单股导线的 T 字形连接方法：一种是背花连接，在支线上自身缠绕 8 圈；另一种是直接连接，在支线上自缠 5 ～ 7 圈。如图 3-10 所示。

扫二维码观看操作视频。

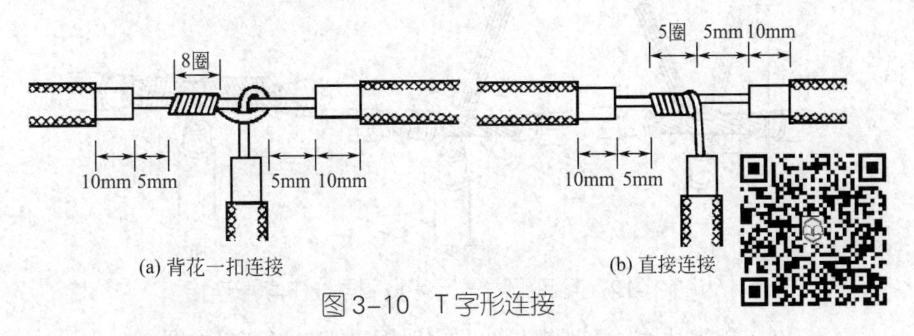

图 3-10　T 字形连接

（6）单股铜导线与多股铜导线的 T 字形连接。

① 在多股线的左端离绝缘层切口 4 ～ 5mm 处的芯线上，用螺钉旋具把芯线分成两半。

② 把单股芯线插入多股芯线的两半芯线的中间，使单股芯线的绝缘层切口距离多股芯线约 3mm，再用钳子把多股芯线的缝隙整平压紧。

③ 把单股芯线按顺时针方向缠绕在多股芯线上，圈与圈要密、要紧，接触电阻要小，绕足 10 圈后，切除余线，用钳子钳平切口，不留毛刺，

如图 3-11 所示。

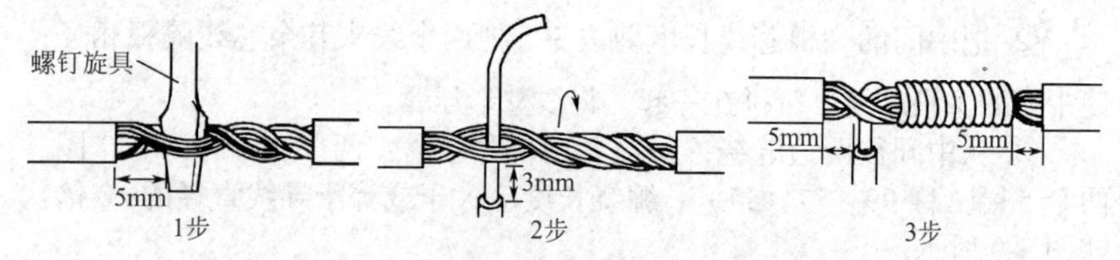

图 3-11 单股与多股铜导线 T 字形连接

（7）多股铜导线与多股铜导线的 T 字形连接，以 7 股铜导线为例

① 将分支芯线散开拉直，再把紧靠绝缘层$\frac{1}{8}L$线段的芯线绞紧，余下的$\frac{7}{8}L$的芯线分成两半，排列整齐。再用旋转凿把干线撬开分为两半，再将支线中 4 根一半的插入干线芯线中间，另一 3 根为一半的放在干线芯线的前面。

② 将 3 根芯线的一半在干线右边按顺时针方向紧紧缠绕 4 ～ 5 圈，并用钳子压平线端。再将 4 根芯线的一半在干线芯线的左边按逆时针方向紧紧缠绕 5 ～ 7 圈。

③ 用钳子压平线端如图 3-12 所示。

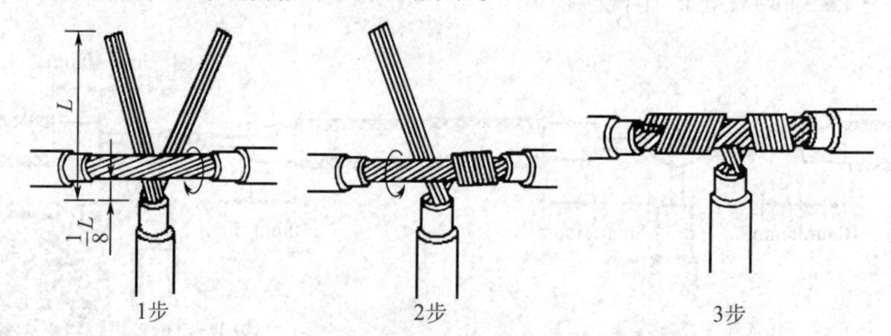

图 3-12 多股铜导线与多股铜导线 T 字形连接

（8）用绑扎法，多股铜导线与多股铜导线 T 形连接如图 3-13 所示。

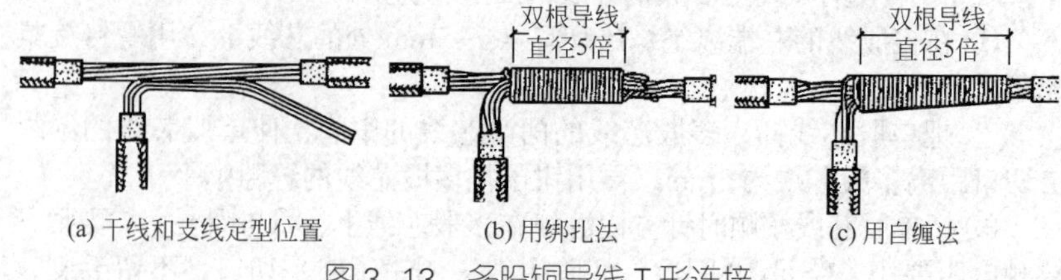

图 3-13 多股铜导线 T 形连接

（9）单芯导线的十字形连接如图 3-14 所示。

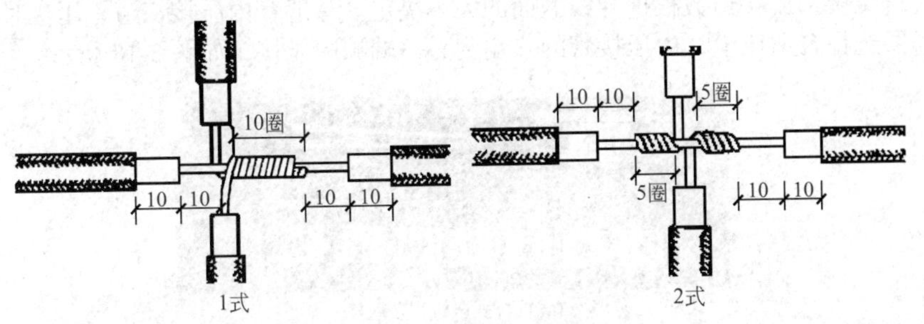

图 3-14　单芯导线十字形连接

（10）单芯导线在接线盒内的连接，如图 3-15 所示。

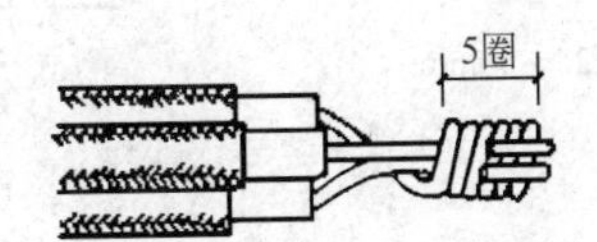

图 3-15　单芯导线在接线盒内的连接

（11）多根多股铜导线倒人字形连接，如图 3-16 所示。

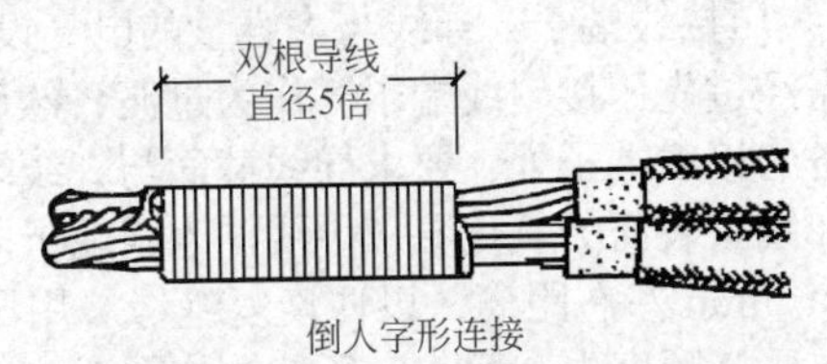

图 3-16　多根多股铜导线倒人字形连接

（12）双芯铜导线的连接，要求相同颜色的连接，其连接法如图 3-17 所示。

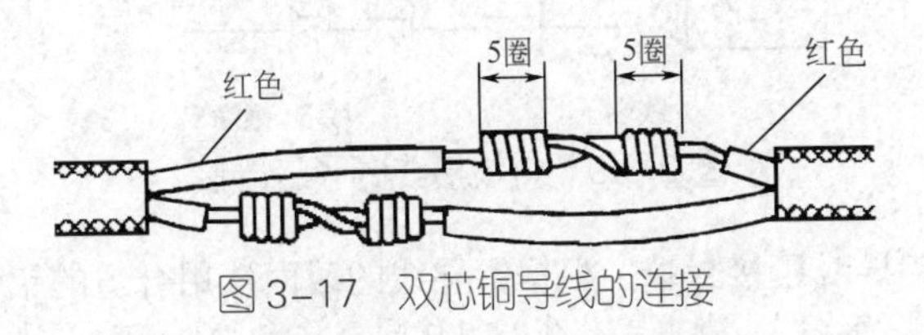

图 3-17　双芯铜导线的连接

（13）导线与连接管的连接：选择合适的连接管，清除连接管内和导线头的表面氧化层，导线插入管内并露出 30mm 线头，然后用压接钳进行压接，压接道数根据导线截面的大小决定。一般室内压接三道。压接时要选择合适压模，由压接管的一端到另一端顺序压接，如图 3-18 所示。

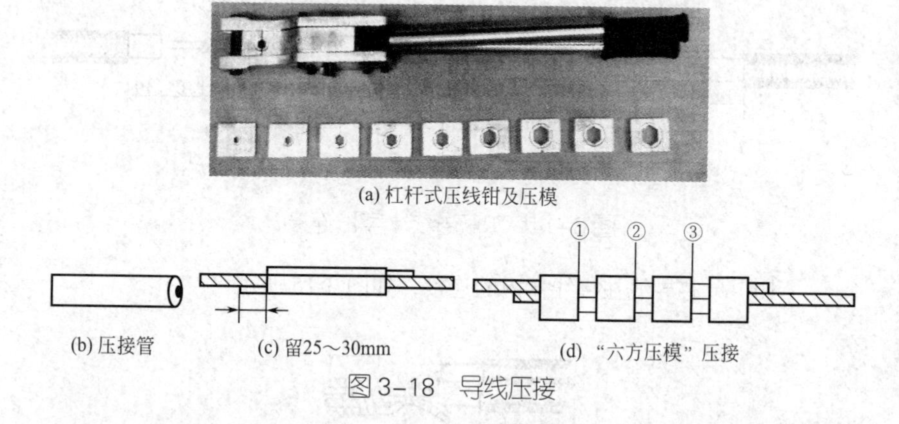

图 3-18　导线压接

3.1.3 导线与设备接线端子的连接

（1）多股导线压接线端子　导线与大容量的电气设备接线端子连接，不宜直接连接，需经过先压接“线端子”作为过渡，然后将“线端子”的一端压在电气设备的接线端子处，要求导线截面与“线端子”截面相同，清除“线端子”和线头表面的氧化层，导线插入线端子内，绝缘层与“线端子”之间应留有 5mm 左右距离，以便恢复绝缘。用压线钳压接时，使用同截面的压模，压接顺序先②后①，压接法如图 3-19 所示。

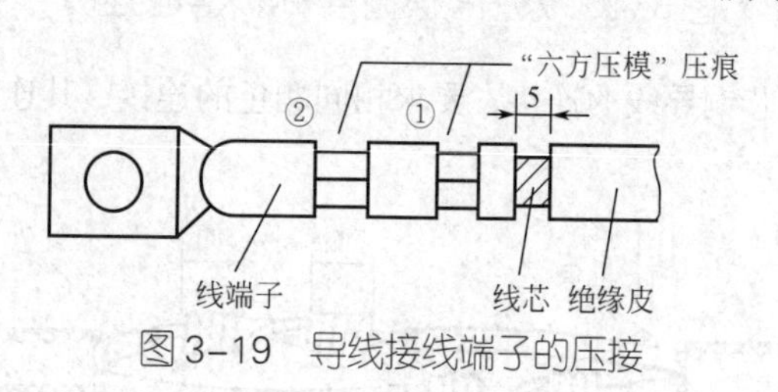

图 3-19　导线接线端子的压接

（2）铝导线压接封端　根据铝导线的截面选用合适的铝接线端子，剥去导线端头绝缘层，刷去铝芯线的氧化层，并涂上石英粉（凡士林油膏）。刷去铝接线端子内壁氧化层并涂上石英粉（凡士林油膏）。将铝芯线插到孔底，选好六方压模，用压线钳压接。先压接第一道再压接第二道。在剥去绝缘层的芯线和铝接线端子根部缠好绝缘胶带。刷去接线端子表面的氧化层，如图 3-20 所示。

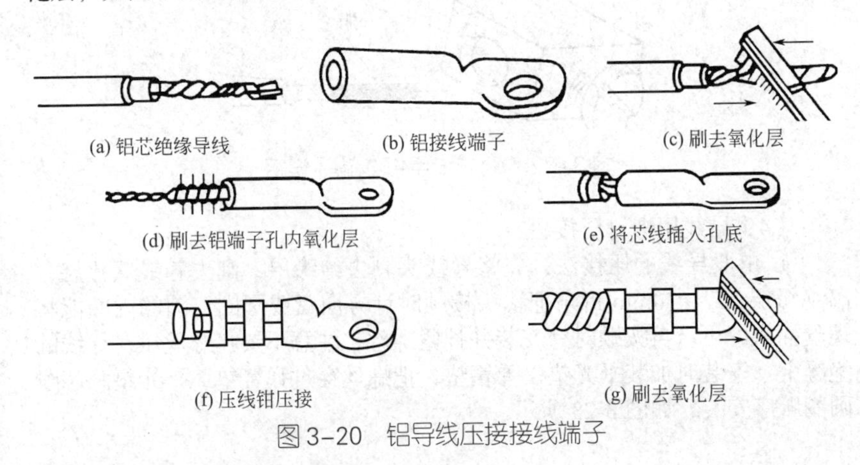

图 3-20　铝导线压接接线端子

（3）导线与针形孔接线端子的连接

① 单股导线的连接：剥去导线端头绝缘，使线芯稍长于压线孔的深度，刮去氧化层，将线芯插入压线孔内，拧紧螺丝即可。若有两个螺丝，先拧紧外侧螺丝再拧紧内侧螺丝。如果导线截面较小时，应先将芯线弯折成双股后再插入压线孔内压接。如图 3-21 所示。

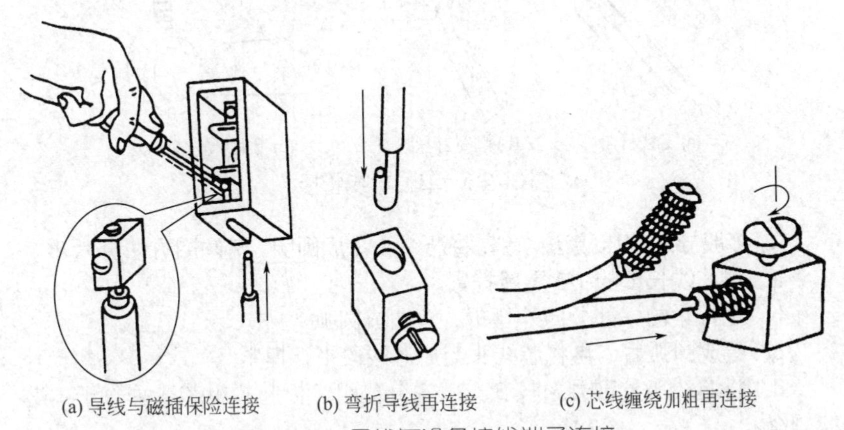

图 3-21　导线与设备接线端子连接

② 多股铜软导线的连接：先将芯线头剥去绝缘层，去氧化层，再将芯线拧紧，刷锡后再连接，如图 3-22 所示。

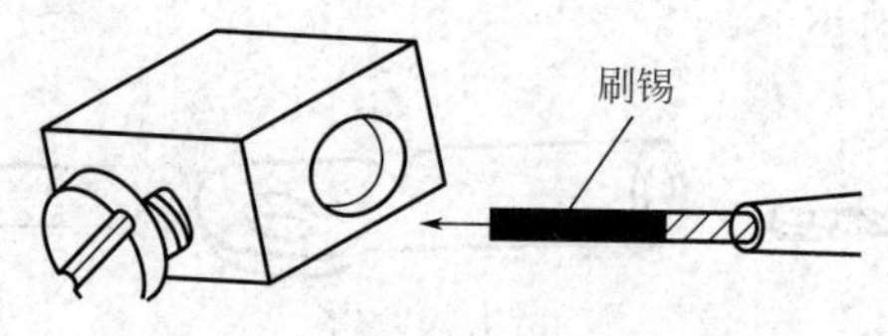

图 3-22 软导线与接线端子连接

（4）导线用螺钉压接法

① 单股导线的压接法：先将导线头剥去绝缘层，刮去芯线氧化层，离绝缘层 25 ～ 30mm 折角把线头按顺时针方向盘成圆圈，圆的内圈能将螺丝插入即可。再按顺时针安装并拧紧螺丝，注意不要将螺丝压在导线的绝缘上。安装时加装平光垫、弹簧垫，把螺丝穿过弹簧垫、平光垫、芯线圆圈顺序安装，如图 3-23 所示。

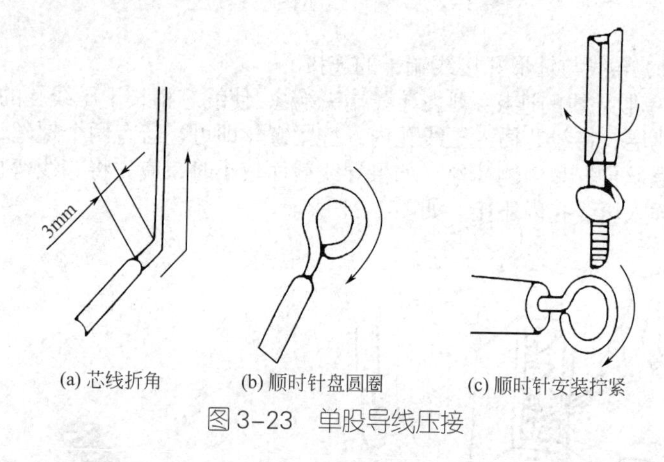

图 3-23 单股导线压接

② 多股导线的压接法：首先将芯线头盘成圆圈，盘圆圈方法分六步。

a．将芯线长度的 1/2 重新拧紧。

b．把拧紧的一部分向外弯折，弯曲成圆弧。

c．弯成圆弧后，再将芯线头与原芯线段平行捏紧。

d．将芯线头分散开，按 2、2、3 分成组，扳起一组芯线垂直于本芯线缠绕。

e．按多股线对接缠绕法，缠紧芯线。

f. 加工成形，最后用螺丝压接到设备上，如图 3-24 所示。

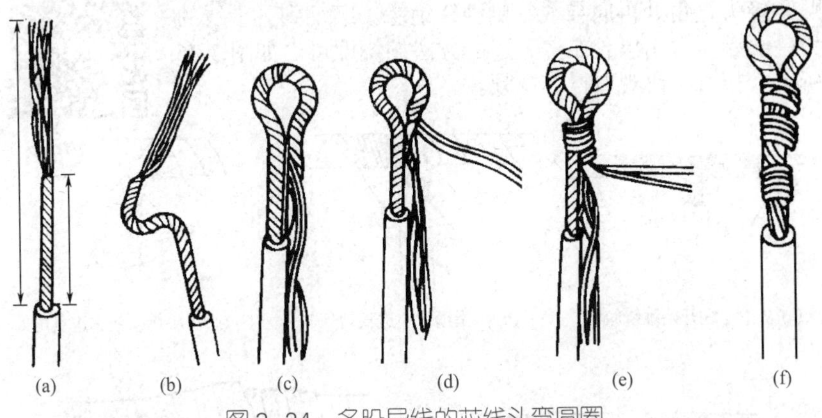

图 3-24　多股导线的芯线头弯圆圈

3.1.4　导线恢复绝缘

（1）直导线恢复绝缘　在导线距绝缘切口约两根带宽处起，先用自粘性防水胶带，成 45°～55° 的倾斜角度，每圈重叠 1/2 带宽缠绕，缠绕至另一端以密封防水。再用黑胶布从自粘胶带的尾部向回缠绕一层，也是要每圈重叠 1/2 的带宽。若导线两端高度不同，最外一层绝缘带应由下向上缠绕，如图 3-25 所示。扫二维码可观看操作视频。

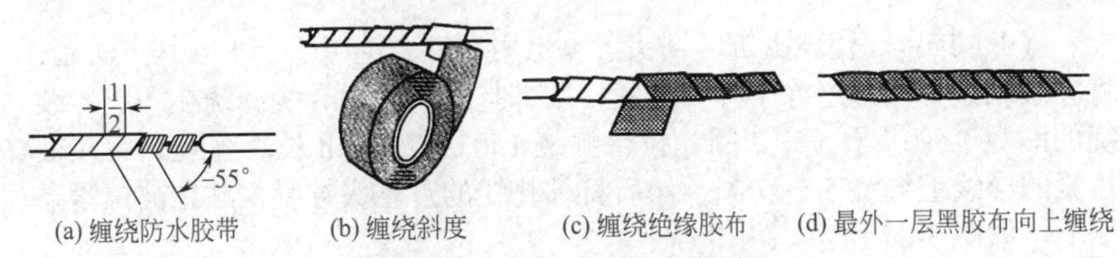

图 3-25　直导线恢复绝缘

（2）分支导线连接恢复绝缘　在主线距绝缘切口两根带宽处开始起头，先用自粘防水胶带缠绕，便于密封防止进水。缠绕到分支处时，用一只手指顶住左边接头的直角处，使胶带紧贴弯角处的导线，并使胶带尽量向右倾斜缠绕。当缠绕到右侧时，用手指顶住右边接头直角处，胶带向左缠绕，与下边的胶带成 × 状，然后向右开始在支线上缠绕。其方法类同直线，应重叠1/2带宽。在支线上缠绕好绝缘，回到主干线接头处，贴紧接头直角处再向导线右侧缠绕绝缘。缠绕到主干线的另一端后，再用黑胶布按上述的方法缠绕即可。如图3-26所示。扫二维码观看操作视频。

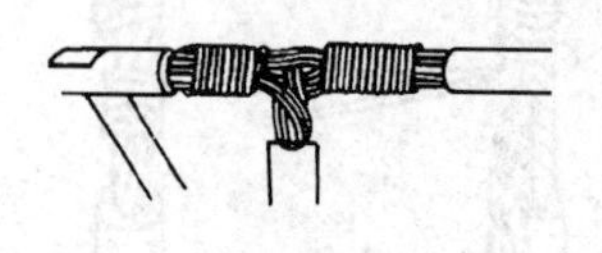

(a) 从主干线开始缠绕胶带

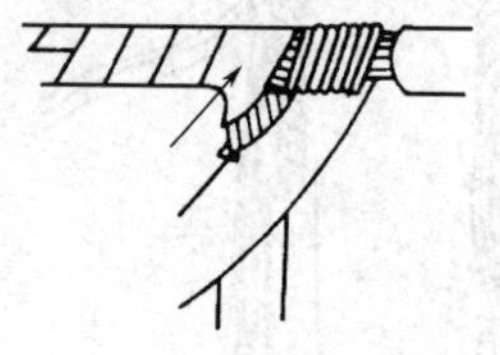

(b) 手指顶住左边直角处

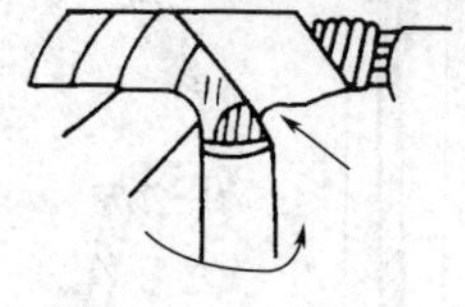

(c) 用手指顶住右边直角处

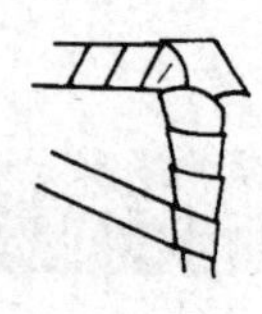

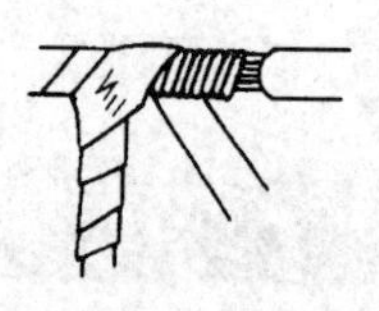

(d) 在支线上缠绕好胶带回到主干线

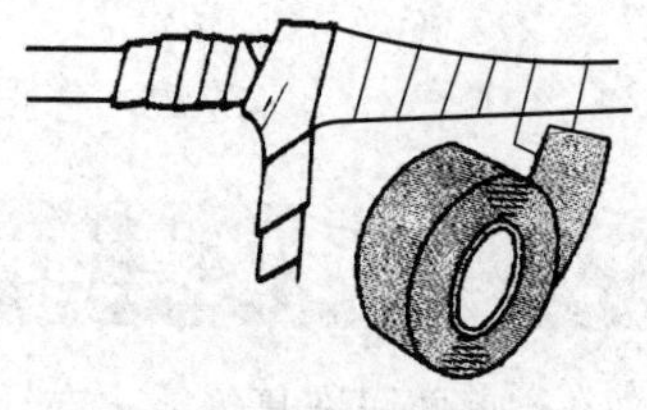

(e) 用绝缘胶布按上述方法缠绕

图3-26　分支线连接恢复绝缘

3.1.5 导线的固定

（1）拉台、瓷珠上绑“回头”（也用在针式绝缘子上）　其方法是，将导线绷紧并绕过绝缘子并齐捏紧，用绑扎线将两根导线缠绕在一起，缠绕的圈数，绝缘子5～7圈。拉台缠绕150～220mm长。缠绕完后在被拉紧的导线上缠绕5～7圈，然后将绑扎线的首尾头拧紧，贴在被拉紧导线上。如图3-27所示。

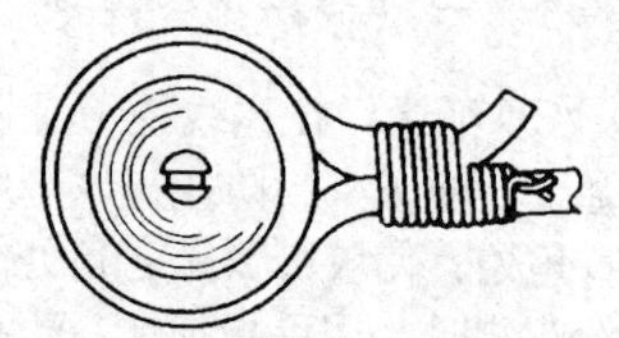

图3-27　拉台、瓷珠上绑“回头”

（2）直瓶、瓷珠“单花”绑扎　将绑扎线在导线上缠绕两圈，再自缠两圈，将较长一端绕过绝缘子，从上至下地压绕过导线。再绕过绝缘子，从导线的下方再向上紧缠两圈。将两根绑扎线头，在绝缘子背后相互拧紧 5 ～ 7 圈，最后平贴于绝缘子背后，如图 3-28 所示。

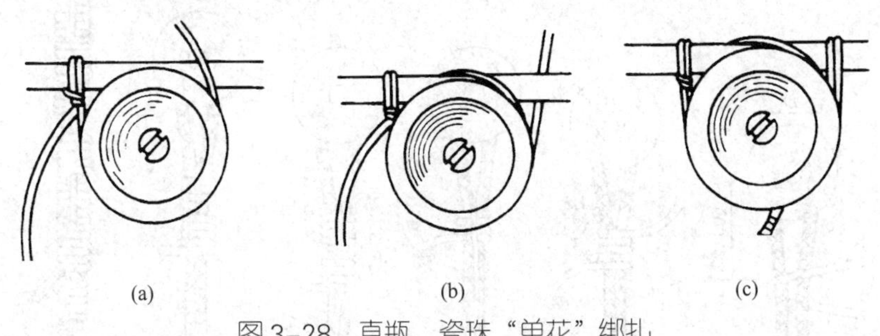

图 3-28　直瓶、瓷珠“单花”绑扎

（3）直瓶、瓷珠“双花”绑扎（可用于针式绝缘子）　类似“单花”绑扎，在导线上“×”压绕两次，如图 3-29 所示。

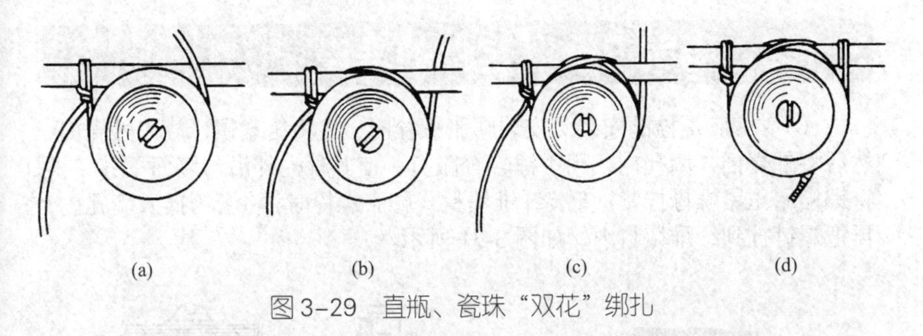

图 3-29　直瓶、瓷珠“双花”绑扎

（4）导线在蝶式绝缘子上的绑扎　这种绑扎法用于架空线路的终端杆、分支杆、转角杆等采用蝶式绝缘子的终端绑扎。其绑扎法是，将导线并齐靠紧，用绑扎线在距绝缘子 3 倍腰径处开始绑扎。绑扎 5 圈后，将首端绕过导线从两线之间穿出。将穿出的绑线紧压在绑扎线上，并与导线靠紧。继续用绑线连同绑线首端的线头一同绑紧。绑扎至规定长度后，将导线的尾段抬起，绑扎 5 ～ 6 圈后再压住绑扎。绑扎线头反复压缠几次后，将导线的尾端抬起，在被拉紧的导线上绑 5 ～ 6 圈，将绑线首尾端相互拧紧，切去多余线头贴紧被拉紧的导线上。如图 3-30 所示。

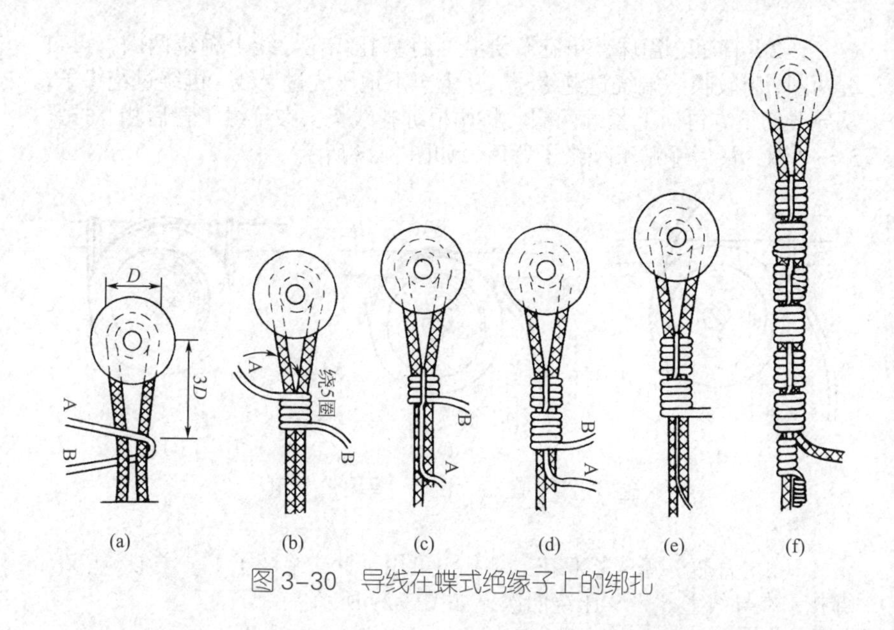

(a) (b) (c) (d) (e) (f)

图 3-30 导线在蝶式绝缘子上的绑扎

3.1.6 电气设备固定件的埋设

（1）膨胀螺栓的安装 安装膨胀螺栓时，先将压紧螺栓放入外壳内，然后将外壳插入墙孔内，用手锤轻轻敲打，使其外壳外沿与墙面平齐，再将螺栓用压紧螺母拧紧。安装纤维填料式膨胀螺栓时，将套筒插入墙孔内，再把螺钉拧到纤维填料内，如图 3-31 所示。

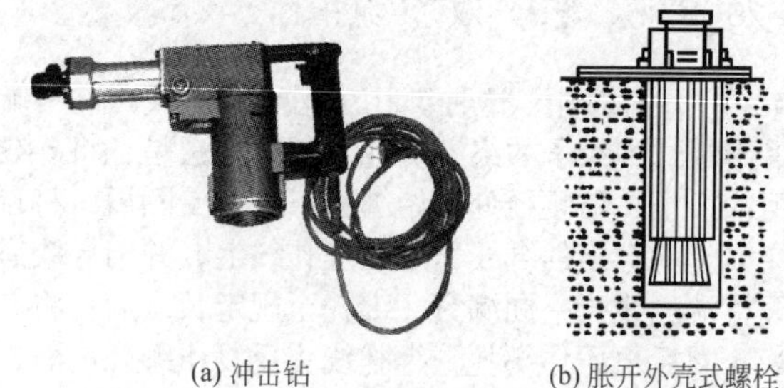

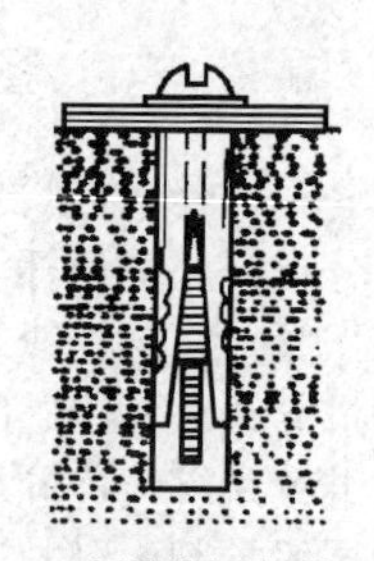

(a) 冲击钻　(b) 胀开外壳式螺栓　(c) 纤维填料式螺钉

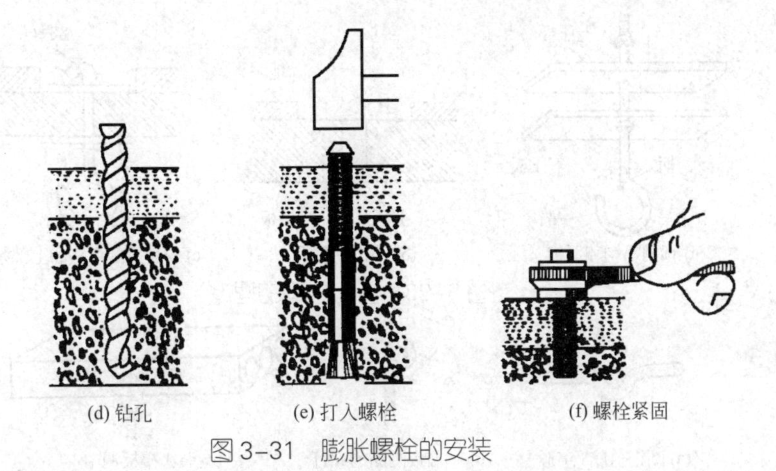

图 3–31　膨胀螺栓的安装

（2）螺栓的埋设　开脚螺栓与开脚拉线耳的埋设应尽量在砖缝处凿孔，孔口凿成狭长形，长度略大于螺栓开脚的宽度。放入开脚螺栓后，在孔内旋转 90°，根据受力方向，在支承点用石子压紧，并注入水泥砂浆，如图 3-32 所示。

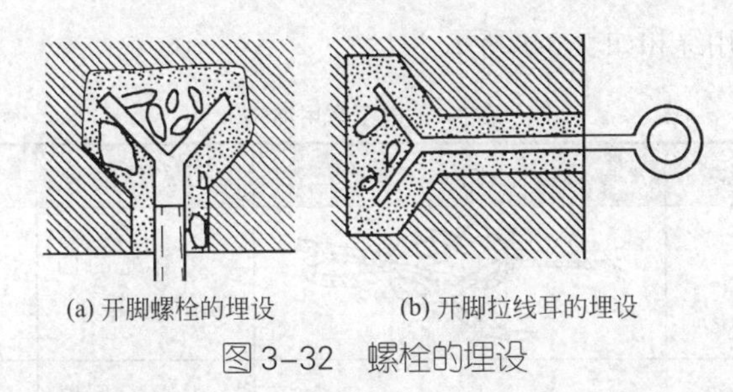

图 3–32　螺栓的埋设

（3）重型吊钩的埋设　先用 ϕ10mm 或 ϕ12mm 圆钢制作吊钩，再用 30mm×4mm 或 40mm×4mm 扁钢制作压板。在楼板悬挂位置用冲击钻打孔，在楼板上凿去孔口周围地坪混凝土。将钩柄上装入螺母和下压板穿过楼板，再装入上压板和螺母并拧紧，然后敲弯钩的上部余端，最后用 1 ：2 水泥砂浆补平地面。如图 3-33 所示。

（4）轻型的吊钉埋设　用 ϕ6mm，长约 8cm 圆钢，中间弯成 V 字形，再做一个一端弯成圆圈的带螺纹的螺钉。在楼板面定位打洞，将一端带圆圈有螺纹的螺钉，用圆圈套入圆钢的 V 字形处，装入楼板洞中，如图 3-34 所示。

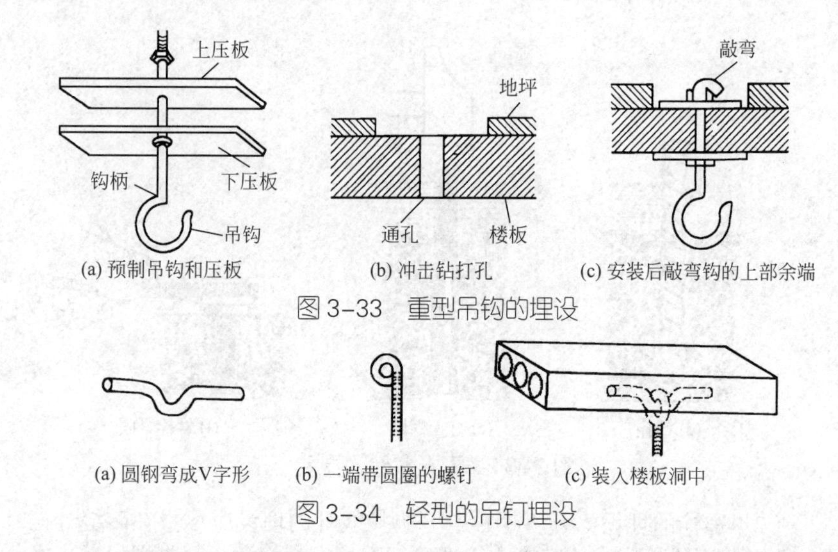

图 3-33 重型吊钩的埋设

图 3-34 轻型的吊钉埋设

3.1.7 电工常用绳扣

电工常用绳扣如表 3-1 所示。

表 3-1 电工常用绳扣

序号	名称	图示	工作性能	适用场所
1	活扣		将麻绳的两端结在一起	需要迅速解开的场所
2	吊物扣		用绳索吊取工具、瓷瓶和其他器材	高空作业
3	拴马扣		拉绳	临时绑扎
4	水手扣		绳子端打结，自紧	容易解开

续表

序号	名称	图示	工作性能	适用场所
5	终端搭回扣	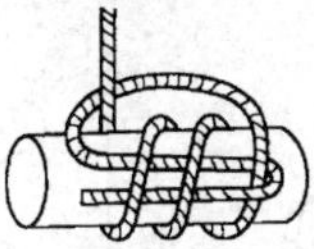	绳子端打结，自紧	较重负荷，容易解开
6	双扣	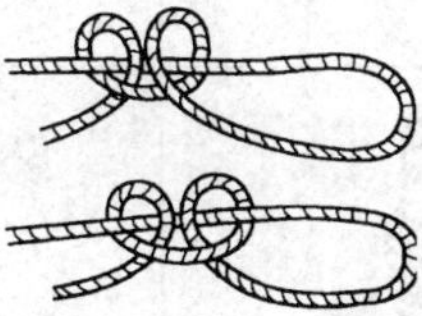	简单自紧式	轻、重负荷，容易解开
7	牛鼻扣		不能自紧	容易解开
8	死扣		起吊重荷	用于麻绳或钢丝绳
9	木匠扣		较小的荷重	容易解开
10	吊钩吊物扣			用于起重机或滑轮吊物

续表

序号	名称	图示	工作性能	适用场所
11	吊钩牵物扣	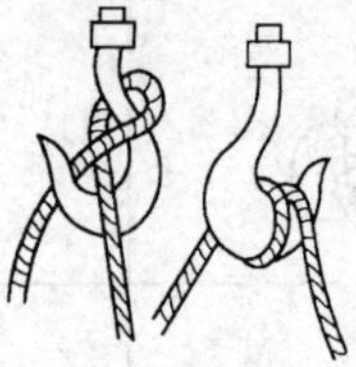		用于滑轮
12	双梯扣	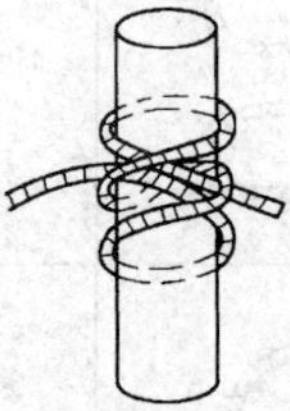		木抱杆缠绑线
13	缩绳索扣		用麻绳、棕绳中部临时缩短	
14	“8”字形扣	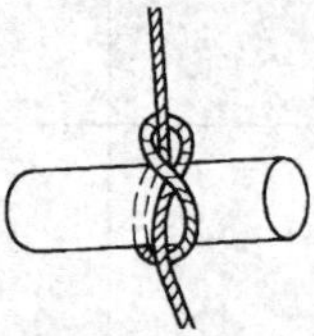	小负荷	麻绳提升
15	钢丝绳扣	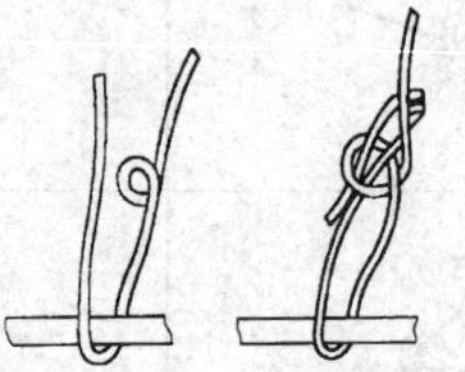	用钢丝绳在固定物体上固定	临时场所
16	钢丝绳套与钢丝绳连接扣		连接钢丝绳	

续表

序号	名称	图示	工作性能	适用场所
17	紧线扣		架空线在紧线时，连接导线的牵引绳或作腰绳用	架空作业
18	倒扣		拉线往地锚上固定时用	临时用
19	猪蹄扣		在传递物体和抱杆顶部处绑绳时	临时用

3.2 常用电工工具选用与使用

常用电工工具是指专业电工都要使用到的常用工具，包括电工钳（钢丝钳、尖嘴钳、斜口钳）、活络扳手、电烙铁、试电笔、电工刀和螺钉旋具等。常用的电工工具一般是装在工具包或工具箱中（如图 3-35），随身携带。

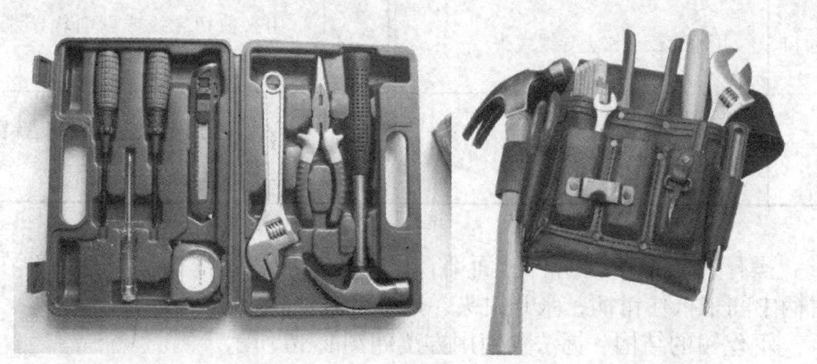

图 3-35　常用电工工具

3.2.1 电工钳的选用与使用

电工钳主要包括钢丝钳、尖嘴钳、剥线钳和斜口钳。

3.2.1.1 钢丝钳

（1）选用

市场上的钢丝钳一般可分为中档和高档两个档次，这两种档次的钢丝钳在价格上相差比较挺大。

钢丝钳档次的划分是依据制造的材质划分的。一般钢丝钳可以分为铬钒钢和高碳钢两种材料制作。铬钒钢的硬度高，质量好，用这种材质制造的钢丝钳可列为高档钢丝钳；高碳钢制作的钢丝钳相对来说档次要低一些。

钢丝钳种类比较多，大致可以分为：专业日式钢丝钳、VDE 耐高压钢丝钳（VDE 是钳类的一级德国专业认证）、镍铁合金欧式钢丝钳、精抛美式钢丝钳、镍铁合金德式钢丝钳等。

钢丝钳的常用规格有 160mm、180mm、200mm、250mm。

电工所用的钢丝钳，在钳柄上应套有耐压为 500V 以上的绝缘管。电工严禁选用钳柄没有绝缘管的钢丝钳。

（2）使用方法

电工钳是钳夹和剪切工具，由钳头和钳柄两部分组成，如图 3-36（a）所示。电工钳各个组成部分的作用见表 3-2。

表 3-2 电工钳各个组成部分

部位	作　用	部位	作　用
钳口	用来弯绞或钳夹导线线头	刀口	用来剪切导线或剥削软导线绝缘层
齿口	用来紧固或起松螺母	铡口	用来铡切电线线芯和钢丝、铅丝等较硬金属

操作时，刀口朝向自己面部，以便于控制钳切部位，用小指伸在两钳柄中间来抵住钳柄，张开钳头，这样分开钳柄灵活。

钢丝钳的结构、握法及使用方法如图 3-36 所示。

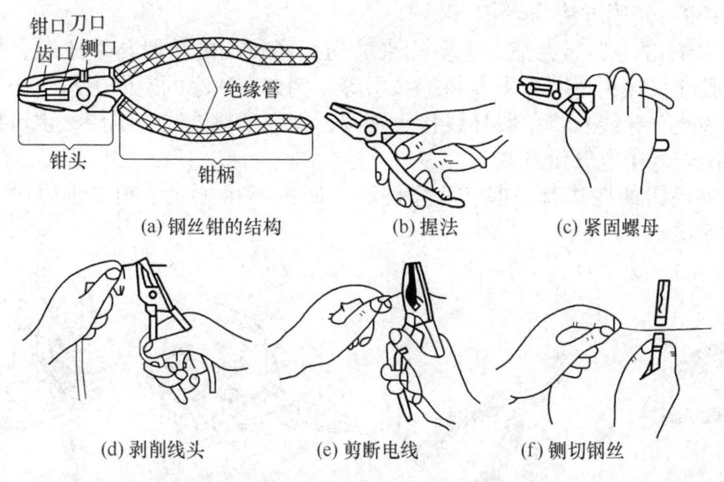

(a) 钢丝钳的结构　(b) 握法　(c) 紧固螺母

(d) 剥削线头　(e) 剪断电线　(f) 铡切钢丝

图 3-36　钢丝钳的结构、握法及使用方法

（3）使用注意事项

① 使用前检查其绝缘柄绝缘状况是否良好，若发现绝缘柄绝缘破损或潮湿时，不允许带电操作，以免发生触电事故。

② 用钢丝钳剪切带电导线时，必须单根进行，不得用刀口同时剪切相线和零线或者两根相线，否则会发生短路事故。

③ 不能用钳头代替手锤作为敲打工具，否则容易引起钳头变形。钳头的轴销应经常加机油润滑，保证其开闭灵活。

④ 严禁用钳子代替扳手紧固或拧松大螺母，否则会损坏螺栓、螺母等工件的棱角。

3.2.1.2　尖嘴钳

（1）选用

尖嘴钳不带刃口者只能进行夹捏工作，带刃口者能剪切细小部件，它是电工（尤其是内线电工）装配及修理操作常用工具之一。尖嘴钳由尖头、刀口和钳柄组成，如图 3-37 所示。

尖嘴钳的常用规格有 130mm、160mm、180mm 和 200mm 四种。

电工用尖嘴钳的材质一般由 45 号钢制作，类别为中碳钢，含碳量 0.45%，韧性硬度都合适。

电工选用尖嘴钳时，应选用带有绝缘手柄的耐酸塑料套管，耐压为 500V 以上。

（2）使用方法

尖嘴钳的头部尖细，主要用来剪切线径较细的单股与多股线，以及给单股导线接头弯圈、剥塑料绝缘层等，例如在狭小的空间夹持较小的螺钉、垫圈、导线及将单股导线接头弯圈，剖削塑料电线绝缘层，也可用来带电操作低压电气设备。

尖嘴钳的握法有平握法和立握法，如图 3-38 所示。扫二维码可观看操作视频。

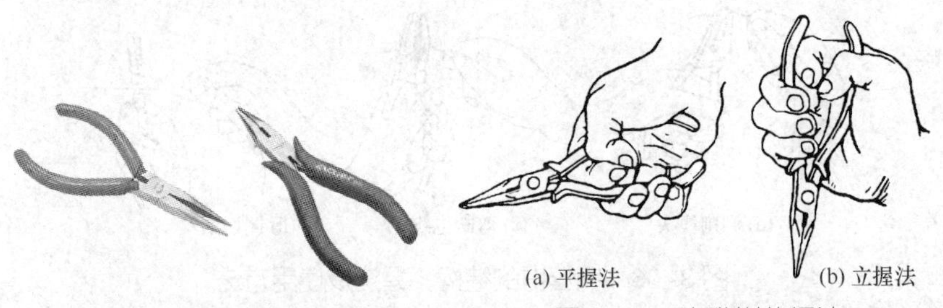

(a) 平握法　(b) 立握法

图 3-37　尖嘴钳　　图 3-38　尖嘴钳的握法

尖嘴钳使用灵活方便，适用于电气仪器仪表制作或维修操作，又可以作为家庭日常修理工具。其使用方法举例如图 3-39 所示。

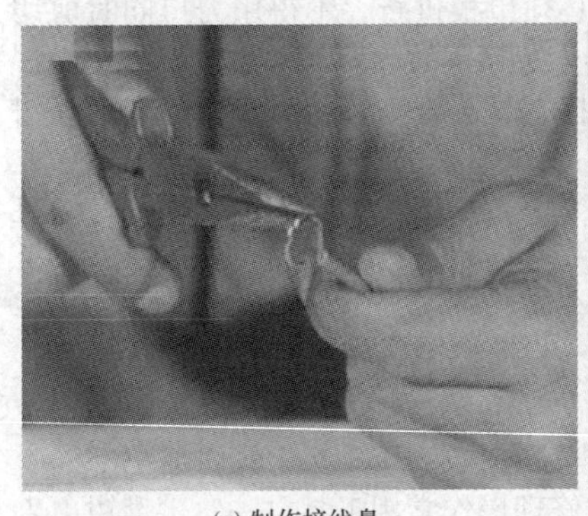

(a) 制作接线鼻

(b) 辅助拆卸螺钉

图 3-39　尖嘴钳使用方法举例

（3）使用注意事项

① 手离金属部分的距离应不小于 2cm。

② 注意防潮，钳轴要经常加油，以防止生锈。

③ 经常检查尖嘴钳的柄套是否完好，以防止触电。

④ 由于钳头比较尖细，且经过热处理，所以钳夹物体不可过大，用力时不要过猛，以防损坏钳头。

3.2.1.3　剥线钳

（1）选用

剥线钳为内线电工、电机修理、仪器仪表电工常用的工具之一。它适宜于塑料、橡胶绝缘电线、电缆芯线的剥皮。

剥线钳的规格有 140mm（适用于剥削直径为 0.6mm、1.2mm 和 1.7mm 的铝、铜线）和 160mm（适用于剥削直径为 0.6mm、1.2mm、1.7mm 和 2.2mm 的铝、铜线）。

剥线钳的钳柄上套有额定工作电压 500V 的绝缘套管。

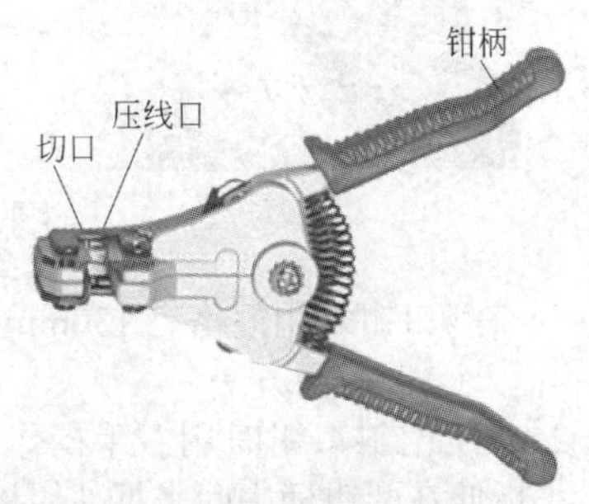

图 3-40　剥线钳的结构

（2）使用方法

剥线钳由钳头和钳柄两部分组成，如图 3-40 所示。钳头部分由压线口和切口构成，分为 0.5 ～ 3mm 的多个直径切口，用于剥削不同规格的芯线。

剥线时，将待剥绝缘层的线头置于钳头的刃口中（刃口直径比导线直径稍大），用手将两钳柄一捏，然后一松，绝缘皮便与芯线脱开，如图 3-41 所示。扫二维码观看操作视频。

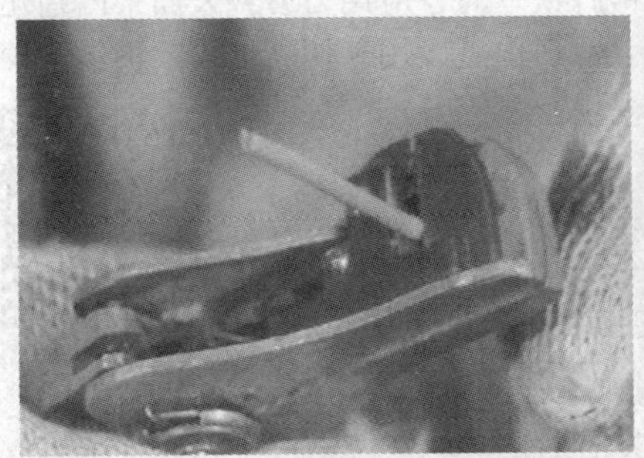
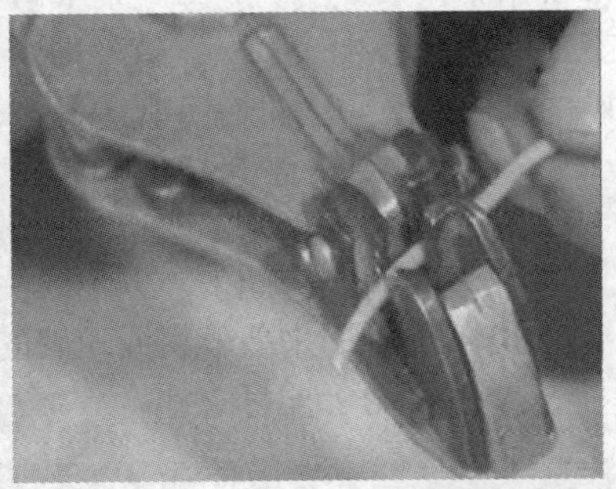
图 3-41　剥线钳的使用

（3）使用注意事项

使用剥线钳时，选择的切口直径必须大于线芯直径，即电线必须放在大于其芯线直径的切口上切剥，否则会切伤芯线。

3.2.1.4 斜口钳

（1）选用

斜口钳主要用于剪切导线以及元器件多余的引线，还常用来代替一般剪刀剪切绝缘套管、尼龙扎线卡等，如图 3-42 所示。

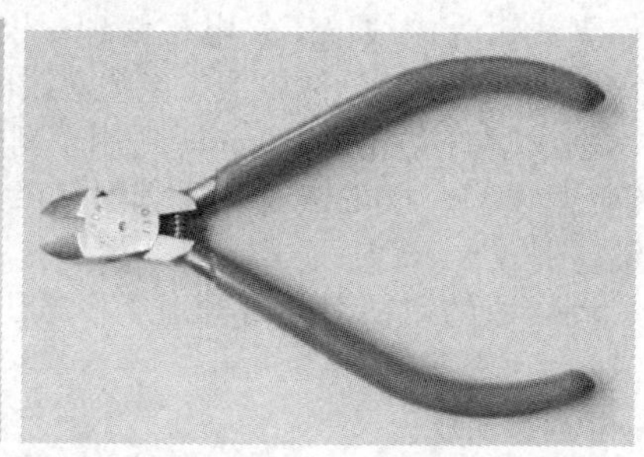

图 3–42 斜口钳

斜口钳常用规格有 130mm、160mm、180mm 和 200mm 四种。

（2）使用方法

使用斜口钳时用右手操作。将钳口朝内侧，便于控制钳切部位，用小指伸在两钳柄中间来抵住钳柄，张开钳头，这样分开钳柄灵活。

斜口钳专用于剪断较粗的金属丝、线材及电线电缆等。

斜口钳的刀口可用来剖切软电线的橡皮或塑料绝缘层。钳子的刀口也可用来切剪电线、铁丝。剪 8 号镀锌铁丝时，应用刀刃绕表面来回割几下，然后只需轻轻一扳，铁丝即断。铡口也可以用来切断电线、钢丝等较硬的金属线。扫二维码可观看操作视频。

（3）使用注意事项

① 斜口凹槽朝外，防止断线碰伤眼睛。

② 剪线时头应朝下，以免线头剪断时，伤及本身。

③ 不可以用来剪较粗或较硬的物体，以免伤及刀口。

④ 不可用于捶打物件。

3.2.2 试电笔

（1）选用

试电笔也称测电笔，简称电笔，是一种用来检验导线、电器和电气设备的金属外壳是否带电的电工工具。试电笔具有体积小、重量轻、携带方便、使用方法简单等优点，是电工必备的工具之一。

目前，常用的试电笔有钢笔式试电笔、螺丝刀式试电笔和感应式试电笔等多种，如图 3-43 所示。扫二维码观看操作视频。

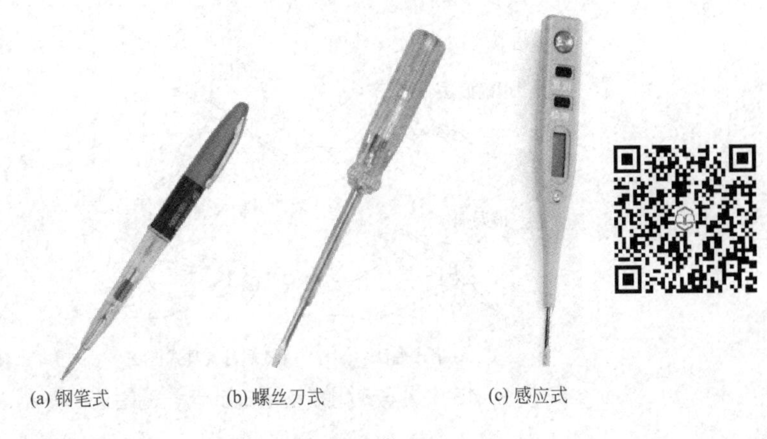

(a) 钢笔式　(b) 螺丝刀式　(c) 感应式

图 3-43　试电笔

① 钢笔式试电笔的形状为书写用的钢笔，最大的优点是因为它有一个挂鼻，所以便于使用者随时随地随身携带。

② 螺丝刀式试电笔的形状为一字螺丝刀，可以兼作试电笔和一字螺丝刀用。

③ 感应式试电笔采用感应式测试，无需物理接触，可检查控制线、导体和插座上的电压或沿导线检查断路位置（特别适合于检查墙壁上暗敷设的导线），如图 3-44 所示。有的感应式试电笔还有听觉和视觉双重提示，因此极大地保障了操作者的人身安全。

图 3-44　感应式试电笔应用示例

（2）钢笔式和螺丝刀式试电笔的使用方法

试电笔的工作原理是被测带电体通过电笔、人体与大地之间形成的电位差超过 60V 以上时（其电位不论是交流还是直流），电笔中的氖气管在电场的作用下会发出红色光。

使用钢笔式和螺丝刀式试电笔时，人手接触电笔的部位一定要在试电笔的金属端盖或挂鼻，而绝对不是试电笔前端的金属部分，如图 3-45 所示。

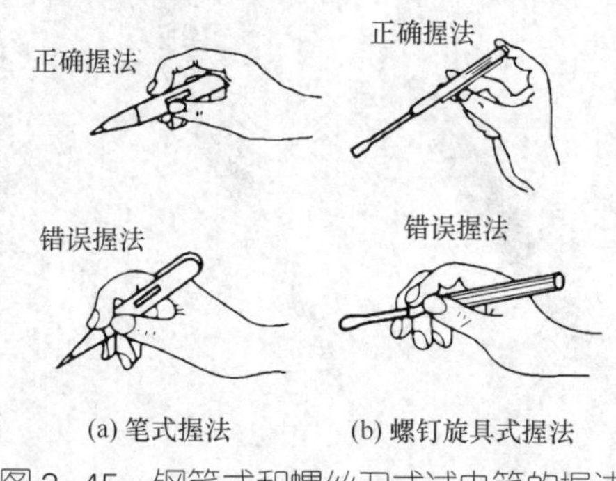

(a) 笔式握法　(b) 螺钉旋具式握法

图 3-45　钢笔式和螺丝刀式试电笔的握法

使用试电笔时，要让试电笔氖气管的小窗背光，以便看清它测出带电体带电时发出的红光，如图 3-46 所示。如果试电笔氖气管发光微弱，切不可就断定带电体电压不够高，也许是试电笔或带电体的测试点有污垢，也可能测试的是带电体的地线，这时必须擦干净测电笔或者重新选测试点。反复测试后，氖气管仍然不亮或者微亮，才能最后确定测试体确实不带电。

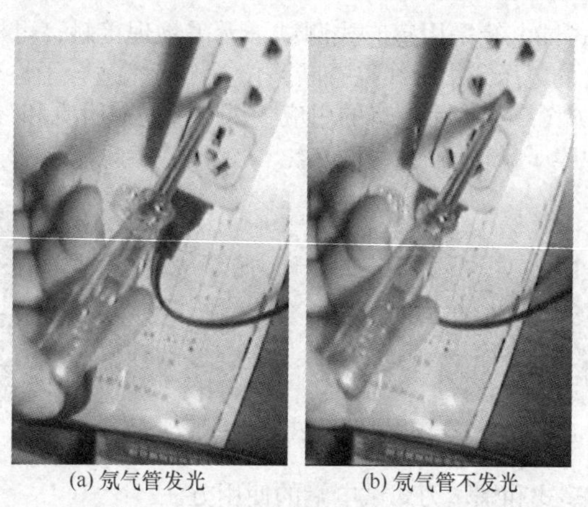

(a) 氖气管发光　(b) 氖气管不发光

图 3-46　观察氖气管的发光情况

注意：普通低压试电笔的电压测量范围在 60 ～ 500V。低于 60V 时电笔的氖气管可能不会发光显示，高于 500V 的电压严禁用普通低压试电笔去测量，以免产生触电事故。

钢笔式和螺丝刀式试电笔除了可用来测量区分相线与中性线之外，还具有一些特殊用途（辅助测量），见表 3-3。

表 3-3　巧用试电笔

用　途	操作说明
区别交、直流电源	当测试交流电时，氖气管两个极会同时发亮，而测试直流电时，氖气管只有一极发光，把试电笔连接在正、负极之间，发亮的一端为电源的负极，不亮的一端为电源的正极
估计电压的高低	有经验的电工可凭借自己经常使用的试电笔氖管发光的强弱来估计电压的大约数值，氖气管越亮，说明电压越高
判断感应电	在同一电源上测量，正常时氖气管发光，用手触摸金属外壳会更亮，而感应电发光弱，用手触摸金属外壳时无反应
检查相线是否碰壳	用试电笔触及电气设备的壳体，若氖管发光，则有相线碰壳漏电的现象
作为零线监视器	把试电笔一头与零线相连接，另一头与地线连接，如果零线断路，氖管即发亮
判断电气接触是否良好	测量时若氖管光源闪烁，则表明为某线头松动，接触不良或电压不稳定

（3）数显感应式试电笔的使用方法

① 交流验电：手触直测钮，用笔头测带电体，有数字显示者为火线，反之为零线，如图 3-47 所示。

② 线外估测零火线及断点：手触检测钮，用笔头测带电体绝缘层，有符号显示为火线，反之为零线；沿线移动符号消失为导线的断点位置。

③ 自检：手触直测钮，另一手触笔头，发光管亮者证明试电笔本身正常（以下测量均要用手触直测钮）。

④ 测电气设备的通断（不能带电测量）：手触被测设备一端，测另一端，

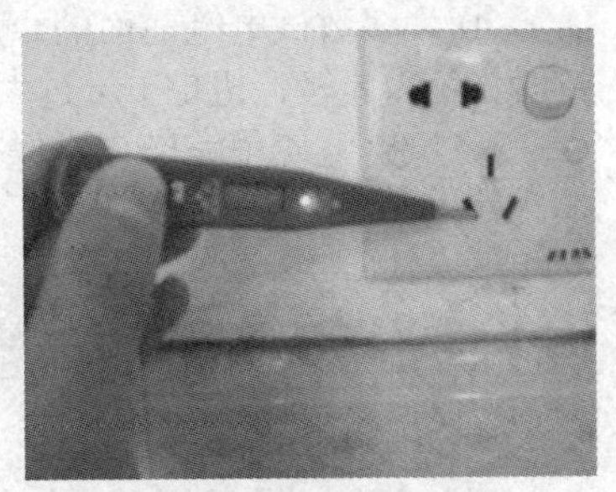

图 3-47　交流电测量

亮者为设备通，反之为断。

⑤ 测电池容量：手触电池正极，笔头测负极，不亮者为电池有电，亮者为无电。

⑥ 测电子元器件

a. 测小电容器：手触电容器的一个极，用试电笔测另一极，闪亮一下为电容器正常，对调位置测量，同上。如均亮或均不亮，证明电容器短路（或容量过大）或断路。

b. 测二极管：手触二极管的一个极，用试电笔测另一极，亮者，手触极为正极，反之为负极。双向均亮或均不亮，则二极管短路或断路。

c. 测三极管：轮流用手触三极管的一个极，分别测另两个极，直至全亮时，手触极为基极，该三极管为NPN型。测某极，手触另两个极，亮者，所测极为基极，该三极管为PNP型。

在使用数显感应试电笔时，如果试电笔自检失灵，要打开后盖检查电池是否正常或接触是否良好。

（4）使用注意事项

① 使用试电笔之前，首先要检查电笔内有无安全电阻，然后直观检查试电笔是否损坏，有无受潮或进水现象，检查合格后才能使用。

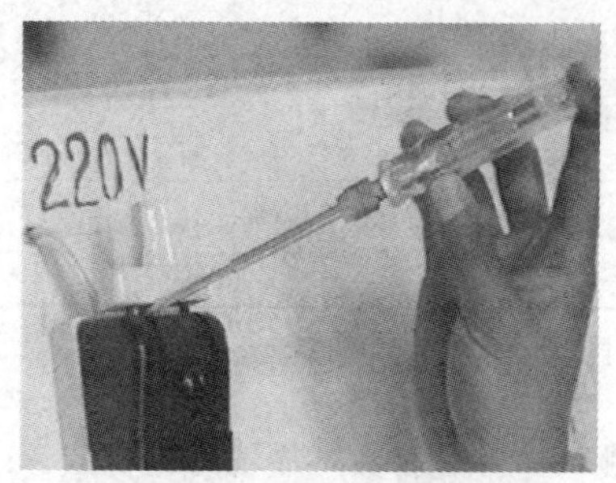

图3-48 检查试电笔的好坏

② 在使用试电笔测量电气设备是否带电之前，先要将试电笔在已知有电源的部位试一试氖气泡是否能正常发光。能正常发光，才能使用，如图3-48所示。

③ 在明亮的光线下或阳光下测试带电体时，应当注意避光，以防光线太强不易观察到氖气泡是否发亮，以免造成误判。

④ 大多数试电笔前面的金属探头都制成小螺丝刀形状，在用它拧螺钉时，用力要轻，扭矩不可过大，以防损坏。

⑤ 试电笔使用完毕，要保持试电笔清洁，并放置在干燥、防潮、防摔碰处。

3.2.3 螺丝刀

（1）选用

螺丝刀是一种紧固和拆卸螺钉的工具，习惯称为起子，按其头部形状不同，可分为一字形和十字形两种，如图 3-49 所示。

扫二维码可观看操作视频。

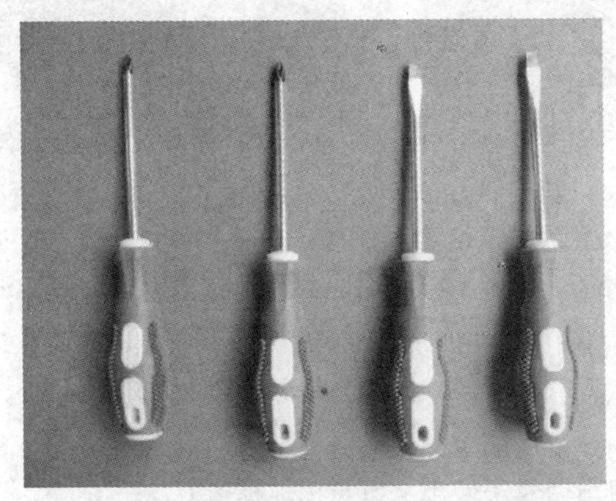

图 3-49　螺丝刀

螺丝刀的规格很多，其标注方法是先标杆的外直径，再标杆的长度（单位都是 mm）。如“6×100”就是表示杆的外直径为 6mm，长度为 100mm。

近年来，还出现了多用组合式、冲击式和电动式等新型螺丝刀，如图 3-50 所示，可根据需要进行选用。

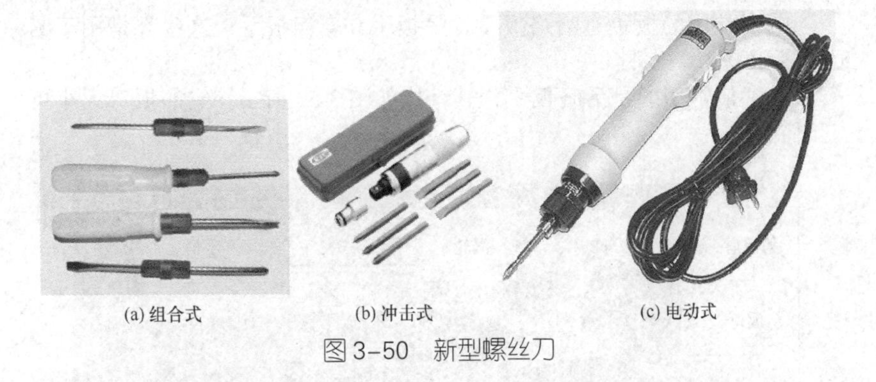

(a) 组合式　(b) 冲击式　(c) 电动式

图 3-50　新型螺丝刀

（2）使用方法

螺丝刀有两种握法，如图 3-51 所示。使用螺丝刀时，应将螺丝刀头部放至螺钉槽口中，并用力推压螺钉，平稳旋转旋具，特别要注意用力均匀，不要在槽口中蹭动，以免磨毛槽口。

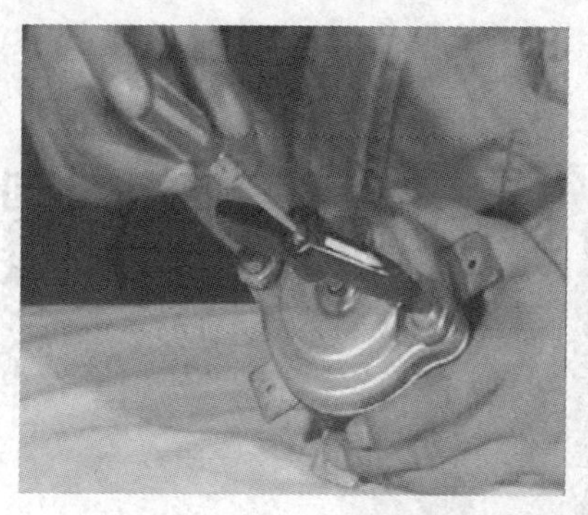

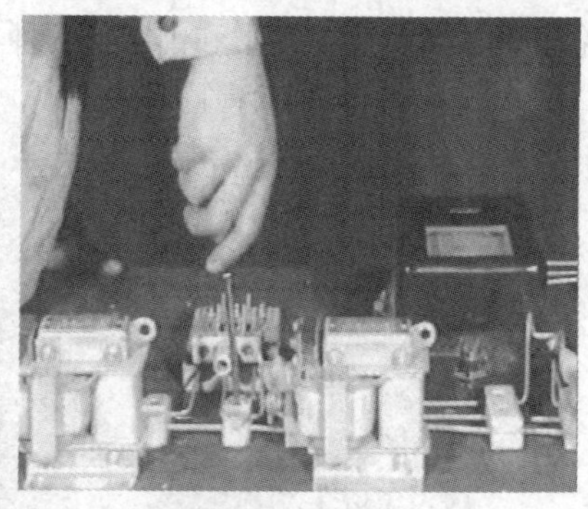

图 3-51　螺丝刀的两种握法

（3）使用注意事项

① 应根据螺钉的规格选用不同规格的螺丝刀。

② 不要把螺丝刀当做錾子使用，以免损坏螺丝刀。

③ 电工带电作业时，最好是使用塑料柄或木柄的螺丝刀，且应注意检查绝缘手柄是否完好。绝缘手柄已经损坏的螺丝刀不能用于带电作业。

3.2.4 扳手

（1）选用

电工常用的扳手有活络扳手、呆扳手和套筒扳手，这些都是用于紧固和拆卸螺母的工具。

电工最常用的是活络扳手，其结构如图 3-52 所示，它的扳口大小可以调节。

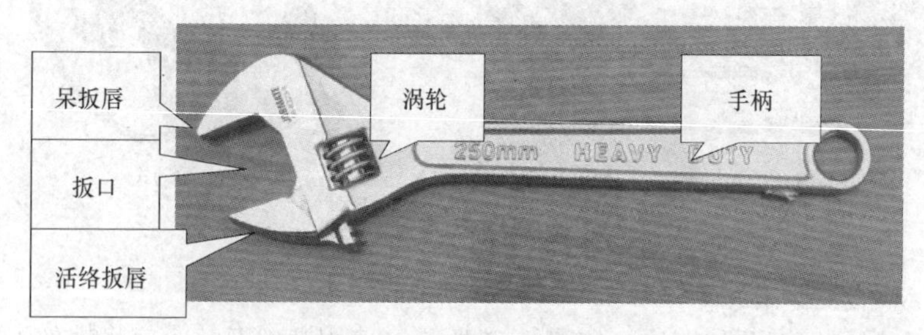

图 3-52　活络扳手的结构

常用活络扳手的规格有 200mm、250mm、300mm 三种，使用时应根据螺母的大小来选配。

电工还经常用到呆扳手（亦叫开口扳手），它有单头和双头两种，其开口与螺钉头、螺母尺寸相适应，并根据标准尺寸做成一套，以便于根据需要选用，如图 3-53 所示。

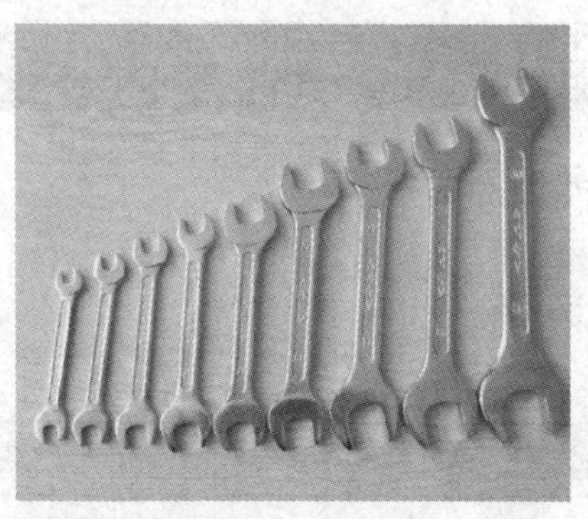

图 3-53　呆扳手

（2）活络扳手的使用方法

① 使用时，右手握手柄。手越靠后，扳动起来越省力，如图 3-54 所示。

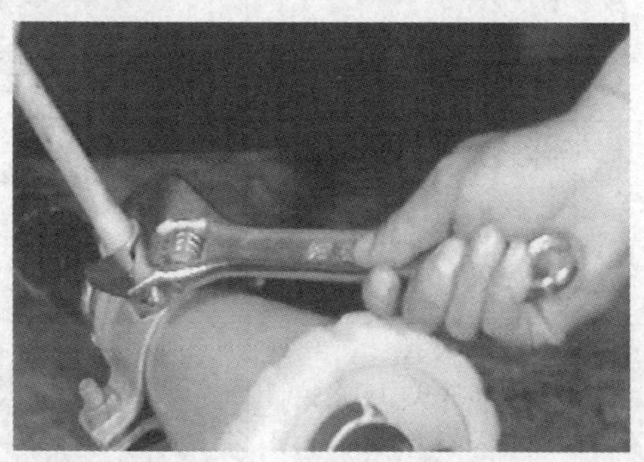

图 3-54　活络扳手的使用

② 扳动小螺母时，因需要不断地转动蜗轮，调节扳口的大小，所以手要握在靠近呆扳唇处，并用大拇指调制蜗轮，以适应螺母的大小。

（3）活络扳手使用注意事项

① 活络扳手的扳口夹持螺母时，呆扳唇在上，活扳唇在下。活扳手切不可反过来使用。

② 在扳动生锈的螺母时，可在螺母上滴几滴机油，这样就好拧动了。切不可采用钢管套在活络扳手的手柄上来增加扭力，因为这样极易损伤活络扳唇。

③ 不得把活络扳手当锤子用。

3.2.5 电烙铁

3.2.5.1 电烙铁的选用

电烙铁的种类有：内热式电烙铁、外热式电烙铁、恒温式电烙铁和吸锡式电烙铁，见表 3-4。

表 3-4 电烙铁的种类

种类	优 缺 点	图 示
内热式电烙铁	优点：升温快、重量轻、耗电省、体积小、热效率高 缺点：功率较小（一般在 50W 以下）	
外热式电烙铁	优点：功率较大，烙铁头使用寿命较长 缺点：升温较慢，体积较大，不适于焊接小型器件	
恒温式电烙铁	优点：装有带磁铁式的温度控制器，便于控制烙铁头的温度 缺点：成本较高	
吸锡式电烙铁	优点：是将活塞式吸锡器与电烙铁融为一体的拆焊工具，它具有使用方便、灵活、适用范围宽等优点 缺点：一次只能拆下一个焊接点	

合理地选用电烙铁的功率及种类，对提高焊接质量和效率有直接的关系。选用电烙铁时，可从以下几个方面进行考虑。

① 焊接集成电路、晶体管及受热易损元器件时，应选用 20W 内热式或 25W 外热式电烙铁。

② 焊接导线及同轴电缆时，应先用 45 ～ 75W 外热式电烙铁，或 50W 内热式电烙铁。

③ 焊接较大的元器件时，如大电解电容器的引线脚，金属底盘接地焊片等，应选用 100W 以上的外热式电烙铁。

3.2.5.2　使用方法

电烙铁是手工焊接中最常用的工具，作用是将电能转换成热能对焊接点部位进行加热焊接，其焊接是否成功很大一部分是看对它的操控怎么样了，因此从某种角度上来说电烙铁的使用依靠的是一种手法感觉。

（1）电烙铁的握法

电烙铁的握法一般有三种，如图 3-55 所示。

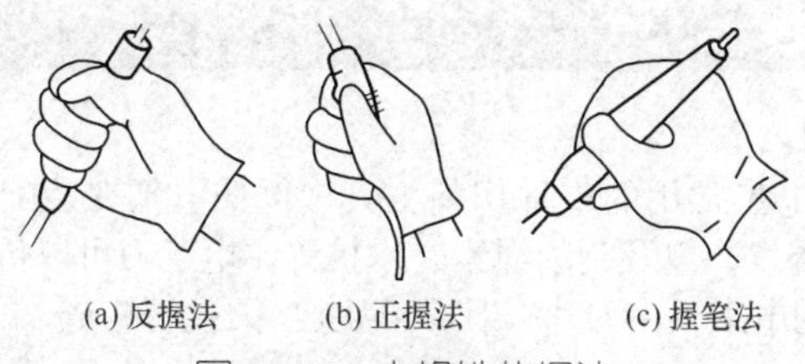

(a) 反握法　(b) 正握法　(c) 握笔法

图 3-55　电烙铁的握法

① 反握法：即用五指把电烙铁的柄握在掌内。此法适用于大功率电烙铁，焊接散热量大的被焊件。

② 正握法：适用于较大的电烙铁，弯形烙铁头的一般也用此法。

③ 握笔法：即用握笔的方法握电烙铁，此法适用于小功率电烙铁，焊接散热量小的被焊件。

（2）电烙铁使用前的处理

在使用前，先通电给烙铁头“上锡”。其方法是：首先用锉刀把烙铁头按需要锉成一定的形状，然后接上电源，当烙铁头温度升到能熔锡时，将烙铁头在松香上沾涂一下，等松香冒烟后再沾涂一层焊锡，如此反复进行 2 ～ 3 次，使烙铁头的刃面全部挂上一层锡后即可使用。

3.2.5.3 电烙铁使用注意事项

① 根据焊接对象合理选用不同类型的电烙铁。使用前，应认真检查电源插头、电源线有无损坏，并检查烙铁头是否松动。

② 电烙铁不宜长时间通电而不使用（俗称空烧），这样容易使烙铁芯加速氧化而烧断，缩短其寿命，同时也会使烙铁头因长时间加热而氧化，甚至被“烧死”不再“吃锡”。一般来说，10min 以上不使用电烙铁时，也应切断电烙铁的电源。

③ 使用过程中不要任意敲击。

④ 电烙铁不使用时放在烙铁架上，以免烫坏其他物品。

⑤ 电烙铁应保持干燥，不宜在潮湿或淋雨环境使用。

⑥ 电烙铁使用过程中，要注意检查烙铁温度和是否漏电。

⑦ 使用外热式电烙铁要经常将铜头取下，清除氧化层，以免日久造成铜头烧死。

⑧ 烙铁头上焊锡过多时，可用布擦掉。不可乱甩，以防烫伤他人。

⑨ 电烙铁在焊接时，最好选用松香焊剂，以保护烙铁头不被腐蚀。

3.2.6 电工刀

（1）选用

电工刀是电工常用的一种切削工具，例如电工在装配、维修工作中割削电线绝缘外皮，以及割削绳索、木桩等。电工刀可以折叠，尺寸有大小两号。普通的电工刀由刀片、刀刃、刀把、刀挂等构成，如图 3-56 所示。

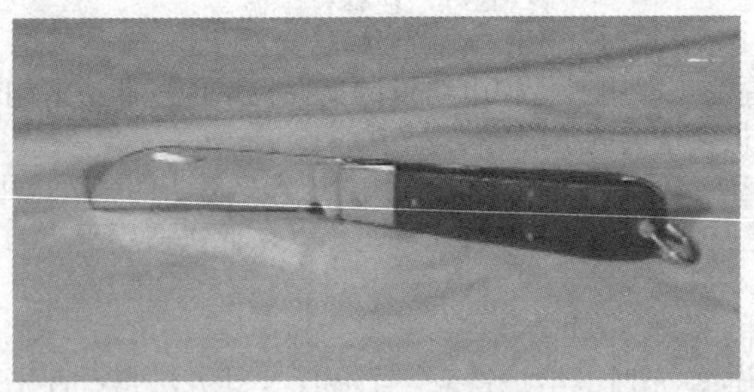

图 3-56 普通电工刀

多功能电工刀除了有刀片外，还有锯片、锥子、扩孔锥等，使用起来非常方便。例如在硬杂木上拧螺丝很费劲时，可先用多功能电工刀上的锥子锥个洞，这时拧螺丝便省力多了。

有的多功能电工刀除了刀片以外，有的还带有尺子、锯子、剪子和开瓶扳手等工具。

（2）使用方法

下面以电工刀剥削导线为例，介绍电工刀的使用操作方法，见表3-5。

表3-5　电工刀的使用操作方法

步骤	操作方法	图　示	步骤	操作方法	图　示
1	打开刀片		3	刀刃成45°角度剥削导线	
2	右手握住刀把		4	关闭刀片	

（3）使用注意事项

① 使用电工刀时刀口一定要朝人体外侧，切勿用力过猛，以免不慎划伤手指。

② 电工刀的手柄一般是不绝缘的，因此严禁用电工刀带电操作电气设备。

③ 一般情况下，不允许用锤子敲打刀背的方法来剖削木桩等物品。

④ 电工刀不用时，注意要把刀片收缩到刀把内，防止刀刃割伤别的物品或伤人。

⑤ 电工刀的刀刃部分要磨得锋利才好剥削电线。但不可太锋利，太锋利容易削伤线芯；磨得太钝，则无法剥削绝缘层。磨刀刃一般采用磨刀石或油磨石，磨好后再把底部磨点倒角，即刃口略微圆一些。

3.2.7　其他电工工具

电工操作需要使用的工具比较大，下面简要介绍几种比较常用的电工工具，见表3-6。

表 3-6　其他电工工具及其使用

名　称	图　示	使用说明
钢锯	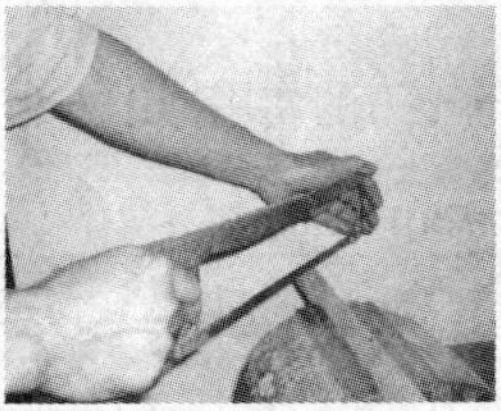	钢锯是用来锯割物件的工具。安装锯条时，锯齿要朝前方，锯弓要上紧。锯条一般分为粗齿、中齿和细齿三种。粗齿适用于锯削铜、铝和木板材料等，细齿一般可锯较硬的铁板及穿线铁管和塑料管等
千分尺	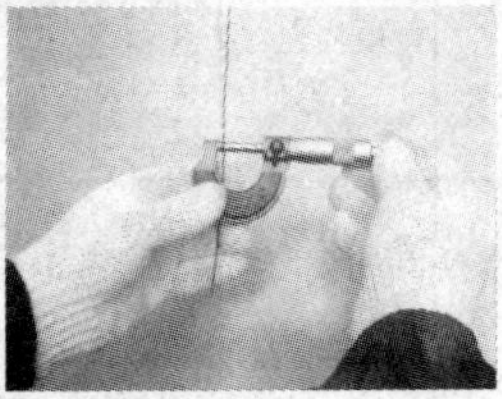	千分尺是电工用于测量漆包线外径的专用工具。使用时，将被测漆包线拉直后放在千分尺砧座和测微杆之间，然后调整微螺杆，使之刚好夹住漆包线，此时就可以读数了。读数时，先看千分尺上的整数读数，再看千分尺上的小数读数，二者相加即为铜漆包线的直径尺寸。千分尺整数刻度一般 1 小格为 1mm，旋转小数刻度一般每格为 0.01mm
转速表		转速表是用于测试电气设备的转速和线速度。使用时，先要用眼观察电动机转速，大致判断其速度，然后把转速表的调速盘转到所要测的转速范围内。若没有把握判断电动机转速时，要将速度盘调到高位观察，确定转速后，再向低挡调，以使测试结果准确。测量转速时，手持转速表要保持平衡，转速表测试轴与电动机轴要保持同心，逐渐增加接触力，直到测试指针稳定时再记录数据
手电钻		手电钻是用于钻孔的电动工具。在装钻头时要注意钻头与钻夹保持在同一轴线，以防钻头在转动时来回摆动。在使用过程中，钻头应垂直于被钻物体，用力要均匀，当钻头被被钻物体卡住时，应立即停止钻孔，检查钻头是否卡得过松，重新紧固钻头后再使用。钻头在钻金属孔过程中，若温度过高，很可能引起钻头退火，为此，钻孔时要适量加些润滑油

续表

名 称	图 示	使 用 说 明
电锤		电锤是用于钻孔的电动工具。电锤使用前应先通电空转一会儿，检查转动部分是否灵活，待检查电锤无故障时方能使用；工作时应先将钻头顶在工作面上，然后再启动开关，尽可能避免空打孔；在钻孔过程中，发现电锤不转时应立即松开开关，检查出原因后再启动电锤。用电锤在墙上钻孔时，应先了解墙内有无电源线，以免钻破电线发生触电。在混凝土中钻孔时，应注意避开钢筋
喷灯		在使用喷灯前，应仔细检查油桶是否漏油、喷嘴是否堵塞、漏气等。根据喷灯所规定使用的燃料油的种类，加注相应的燃料油，其油量不得超过油桶容量的 3/4，加油后应拧紧加油处的螺塞。喷灯点火时，喷嘴前严禁站人，且工作场所不得有易燃物品。点火时，在点火碗内加入适量燃料油，用火点燃，待喷嘴烧热后，再慢慢打开进油阀；打气加压时，应先关闭进油阀。同时，要注意火焰与带电体之间的安全距离
手摇绕线机	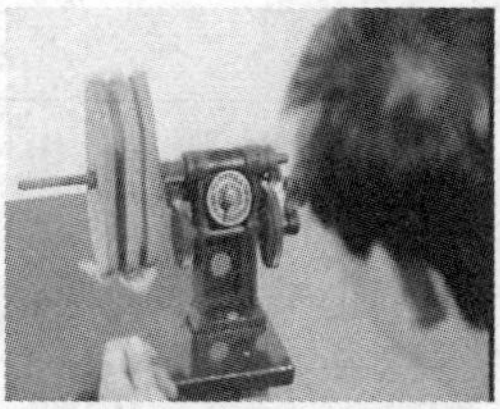	手摇绕线机主要用来绕制电动机的绕组、低压电器的线圈和小型变压器的线圈。使用手摇绕线机时要注意：要把绕线机固定在操作台上；绕制线圈要记录开始时指针所指示的匝数，并在绕制后减去该匝数
拉具		拉具是用于拆卸皮带轮、联轴器以及电动机轴承、电动机风叶的专用工具。使用拉具拉电动机皮带轮时，要将拉具摆正，丝杆对准机轴中心，然后用扳手上紧拉具的丝杠，用力要均匀。在使用拉具时，如果所拉的部件与电动机轴间锈死，要在轴的接缝处浸些汽油或螺栓松动剂，然后用铁锤敲击皮带轮外圆或丝杆顶端，再用力向外拉皮带轮

续表

名称	图示	使用说明
脚扣		脚扣是用于电力杆塔的攀登工具。使用前，必须检查弧形扣环部分有无破裂、腐蚀，脚扣皮带有无损坏，若已损坏应立即修理或更换。不得用绳子或电线代替脚扣皮带。在登杆前，对脚扣要做人体冲击试验，同时应检查脚扣皮带是否牢固可靠
蹬板		蹬板是用于电力杆塔的攀登工具。使用前，应检查外观有无裂纹、腐蚀，并经人体冲击试验合格后再使用；登高作业动作要稳，操作姿势要正确，禁止随意从杆上向下扔蹬板；每年对蹬板绳子做一次静拉力试验，合格后方能使用
梯子		梯子有人字梯和直梯，用于登高作业。使用方法比较简单，梯子要安稳，注意防滑；同时，梯子安放位置与带电体应保持足够的安全距离
錾子		錾子是用于打孔或对已生锈的小螺栓进行錾断的一种工具。使用时，左手握紧錾子（注意錾子的尾部要露出约4cm），右手握紧手锤，再用力敲打
紧线器		紧线器是在架空线路中用来拉紧电线的一种工具。使用时，将镀锌钢丝绳绕于右端滑轮上，挂置于横担或其他固定部位，用另一端的夹头夹住电线，摇柄转动滑轮，使钢丝绳逐渐卷入轮内，电线被拉紧而收缩至适当的程度

3.3 常用电工仪表的选用与使用

电工最常用的测量工具有万用表、钳形电流表、兆欧表等电工仪表。在电气设备的安装、调试、维修和使用中，电工必须借助于电工仪表对各种电量进行测量，以此作为对电气设备性能定性分析的依据。

3.3.1 万用表的选用与使用

万用表是最基本、最常用的电工仪表，它包括指针式万用表和数字式万用表两大类。在测量电路的电阻、电流、电压时，一般首先使用的是万用表。表 3-7 列出了指针式万用表和数字式万用表的比较。

表 3-7　指针式万用表和数字式万用表的比较

项　目	指针式万用表	数字式万用表
测量值显示线	表针的指向位置	液晶显示屏显示数字
读数情况	很直观、形象（读数值与指针摆动角度密切相关）	间隔 0.3s 左右数字有变化，读数不太方便
万用表内阻	内阻较小	内阻较大
使用与维护	结构简单，成本较低，功能较少，维护简单，过流过压能力较强，损坏后维修容易	内部结构多采用集成电路，因此过载能力较差，损坏后一般不容易修复
输出电压	有 10.5V 和 12V 等，电流比较大，可以方便地测试可控硅、发光二极管等	输出电压较低（通常不超过 1V），对于一些电压特性特殊的元件测试不便（如可控硅、发光二极管等）
量程	手动量程，挡位相对较少	量程多，很多数字式万用表具有自动量程功能
抗电磁干扰能力	差	强
测量范围	较小	较大
准确度	相对较低	高

续表

项　目	指针式万用表	数字式万用表
对电池的依赖性	电阻量程必须要有表内电池	各个量程必须要有表内电池
重量	相对较重	相对轻
价格	价格差别不太大	

3.3.1.1 指针式万用表的选用

指针式万用表的主要特点是准确度较高，测量项目较多，操作简单，价格低廉，携带方便，目前仍是国内最普及、最常用的一种电测仪表。

选用指针式万用表，主要从其准确度、灵敏度、电流表的内阻、测量功能、外观与操作方便性和过载保护装置等方面去选择。

（1）选择万用表的准确度

万用表的精度一般用准确度表示，它反映了仪表基本误差的大小。准确度愈高，测量误差愈小。万用表的准确度分 7 个等级：0.1、0.2、0.5、1.0、1.5、2.5、5.0。近年来随着仪表工业的迅速发展，我国已能制造 0.05 级的指示仪表。

准确度等级反映了仪表基本误差的大小。国产 MF18 型万用表测量直流电压（DCV）、直流电流（DCA）和电阻（Ω）的准确度都是 1.0 级，可供实验室使用。目前仍被广泛使用的 500 型万用表则属于 2.5 级仪表。需要指出，受分压器、分流器、整流器等电路的影响，同一块万用表各挡的基本误差也不尽相同。

一般万用表的准确度多为 2.5 级（如 MF47、MF30 等），如图 3-57 所示。

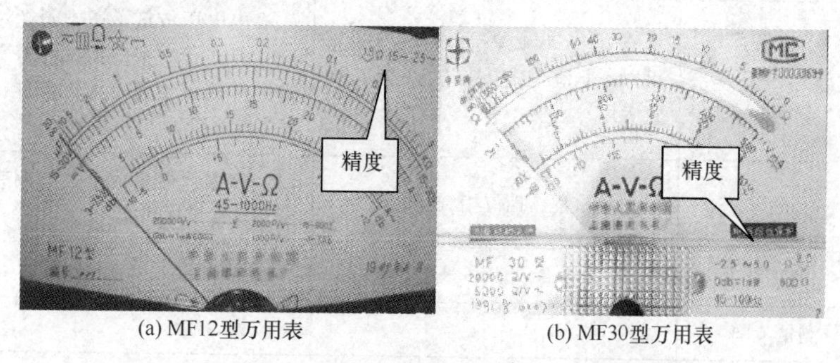

(a) MF12型万用表　　(b) MF30型万用表

图 3-57　万用表的准确度在表盘上的表示法

万用表的基本误差有两种表示方法。对于直流和交流电压挡、电流挡，是以刻度尺工作部分上限的百分数表示的，这些挡的刻度呈线性或接近于线性。对于电阻挡，因刻度呈非线性，故改用刻度尺总弧长的百分数来表示基本误差。

万用表说明书或表盘上注明的电阻挡基本误差值，仅对欧姆刻度尺的中心位置（即欧姆中心）适用，其余刻度处的基本误差均大于此值。

万用表的基本误差范围见表 3-8，具体数值可从万用表的表盘上查出。

表 3-8　万用表的基本误差范围

测量项目	符号	基本误差 /%	测量项目	符号	基本误差 /%
直流电压	DCV	±1.0 ～ ±2.5	交流电流	ACA	±1.5 ～ ±5.0
自流电流	DCA	±1.0 ～ ±2.5	电阻	Ω	±1.5 ～ ±5.0
交流电压	ACV	±1.5 ～ ±5.0	电平	dB	±2.5 ～ ±5.0

（2）选择万用表的灵敏度

万用表的灵敏度可分为表头灵敏度和电压灵敏度（含直流电压灵敏度和交流电压灵敏度）两个指标。

万用表所用表头的满量程值 I_g（即满度电流），称作表头灵敏度，I_g 一般为 9.2 ～ 200μA，I_g 愈小，说明表头灵敏度愈高。高灵敏度表头一般小于 10μA，中灵敏度表头通常为 30 ～ 100μA，超过 100μA 就属于低灵敏度表头。

万用表的电压灵敏度等于电压挡的等效内阻与满量程电压的比值，其单位是 Ω/V 或 kΩ/V，简称每伏欧姆数，该数值一般标在仪表盘上，如图 3-58 所示。

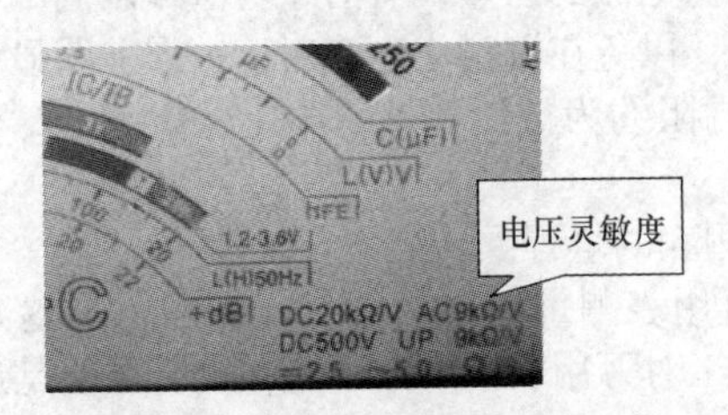

图 3-58　万用表的电压灵敏度

直流电压灵敏度是万用表的主要技术指标，交流电压灵敏度受整流电路的影响，一般低于直流电压灵敏度。例如，500 型万用表的直流电压灵敏度为 20kΩ/V，交流电压灵敏度则降低到 4kΩ/V；电压灵敏度愈高，万用表的内阻（即仪表输入电阻）愈高，可以测量内阻的信号电压就愈高。

指针式万用表灵敏度的选用技巧如下。

① 若两块万用表所选择的量程相同而电压灵敏度不同，那么用它们分别测量同一个高内阻电源电压时，电压灵敏度高的那块表测量误差较小。

② 对同一块万用表而言，电压量程愈高，内阻愈大，所引起的测量误差就愈小。

为了减小测量高内阻电源电压的误差，有时宁可选择较高的电压量程，以增大万用表的内电阻。当然量程也不宜选得过高，以免在测量低电压时因指针偏转角度太小而增加读数误差。对于低内阻的电源电压（例如 220V 交流电源），可选用电压灵敏度较低的万用表进行测量。换句话说，高灵敏万用表适合于电子测量，而低灵敏度万用表适合于电工测量。

③ 当万用表电压挡的内阻比被测电源的内阻大 100 倍以上时，就不必考虑万用表对被测电源的分流作用。

（3）选择万用表的内阻

理想情况下，万用表电流挡的内阻应等于零，但实际上却做不到。由于内阻的存在，使用万用表测量电流时必然有一定的电压降，从而产生测量误差。

电流挡的内阻越小，测量电流时万用表所消耗的电功率也越少。

① 在电流挡量程相同的情况下，万用表的内阻愈小，其满度压降就愈低，测量电流的误差也愈小。对同一块万用表而言，各电流挡的满度压降值可以不相同。

② 对于同一块万用表，电流量程越大，内阻越小，测量误差也越小。因此，为了减小测量电流的误差，有时宁可选择较高的电流量程。当然量程也不宜选得过高，以免在测量小电流时读数误差明显增大。

③ 当电流挡内阻约为被测电路总电阻的 1% 时，不必考虑万用表压降对测量的影响。

（4）选择万用表的量程及功能

一般来说，万用表测量的项目越多，量程范围越大，万用表越好，价格越高。维修电工对万用表的要求不是很高，主要是进行一些简单的测量，对量程功能的要求比较简单，因此可选择普及型万用表。电子产品维修工测量的项目比较多，对量程功能的要求比较高，因此应根据需要选择量程及功能比较多的万用表。

表 3-9 列出了万用表的测量功能及测量范围。其中，电阻挡为有效量程，括号内的数值是少数万用表所能达到的指标。

表 3-9　万用表的测量功能及测量范围

测量功能		测量范围
基本功能	直流电压 /DCV	0 ～ 500V（0 ～ 2.5kV，0 ～ 25kV）
	交流电压 /ACV	0 ～ 500V（0 ～ 2.5kV）
	直流电流 /DCA	0 ～ 500mA（0 ～ 5A，0 ～ 10A）
	交流电流 /ACA	0 ～ 500mA（0 ～ 5A，0 ～ 10A）
	电阻 /Ω	0 ～ 20MΩ（0 ～ 200MΩ）
	音频电平 /dB	-20 ～ 0 ～ +56dB
派生功能	电容（C）	1000pF ～ 0.3μF（0 ～ 10000μF）
	电感（L）	0 ～ 1H（20 ～ 1000H）
	晶体管（h_{FE}）	0 ～ 200（0 ～ 300，0 ～ 500）
	音频功率（P）	0.1 ～ 12W，扬声器阻抗为 8Ω
	电池负载电压（BATT）	0.9 ～ 1.5V，电池负载为 12Ω
	蜂鸣器（BZ）	当被测线路电阻小于 30Ω 时蜂鸣器发声，如 KT7244 型万用表
	交流大电流测量功能 /ACA	6A/15A/60A/150A/300A（例如 7010 型万用表）

（5）选择万用表的机械及传动机构

在测量时，指针在偏转过程中会由于惯性的影响不能迅速停止在指示位置上，指针在指示位置左右摆动会给测量带来影响。这就要求表头的可动部分在测量中能迅速停止在稳定的偏转位置上，并且要求稳定的时间越短越好，即阻尼性能要好。

在检查机械传动机构时还有两点要注意：一是平衡特性，即把万用表平着放、立着放，表针静止的位置差别越小越好；二是量程选择开关旋转时要清脆有力，定位要准确。

（6）选择万用表的外观与操作方便性

万用表的外观设计也很重要。目前常见的万用表有便携式、袖珍式、超薄袖珍式（例如国产7003型）、折叠式、指针/数字双显示（如7032型）等多种类型。

选择大刻度盘的万用表，有助于减小读数误差。有些万用表的刻度盘上带反射镜，能减小视差。新型万用表的表笔和插口都增加了防触电保护措施，插口改成隐埋式，表面无金属裸露部分。

从使用角度看，所有的开关、旋钮均应转动灵活、接触良好，操作力求简便。大多数万用表只用一只转换开关，操作比较方便。也有些万用表将功能开关与量程开关分别设置，或把两者组合设置，通过适当的配合来选择测量项目及量程。由上海第四电表厂生产的MF64、MF368A/B型万用表都增加了正、负极性转换开关，在测量负电压时可避免出现指针反打现象。

（7）选择万用表的过载保护装置

新型万用表采用了多种保护措施，除用保险管做线路保护之外，还增加了表头过载保护电路，能大大减少因误操作引起的事故。

由硅二极管构成的表头保护电路如图3-59所示。VD_1、VD_2为两只1N4148型玻封开关二极管，其代用型号为2CK43、2CK44、2CK70、2CKT1、2CK72、2CK83等。VD_1、VD_2反极性与表头并联，表头的满度压降一般低于0.15V。从硅二极管的伏安特性上可以看出，当正向电压在0～0.15V时，正、反向电流都截止，仅当正向电压超过正向导通电压（约0.6～0.7V）时才导通。如果正向电流继续增大，硅二极管的压降就基本稳定在正向导通电压上。图中的VD_1起保护表头的作用，即使误拨电流挡去测电压，也不至于烧坏表头，因为表头上还串联着限流电阻，当硅二极管导通时，电压主要降落在限流电阻上，故一般不会烧表头，但可能烧毁分流电阻或限流电阻。

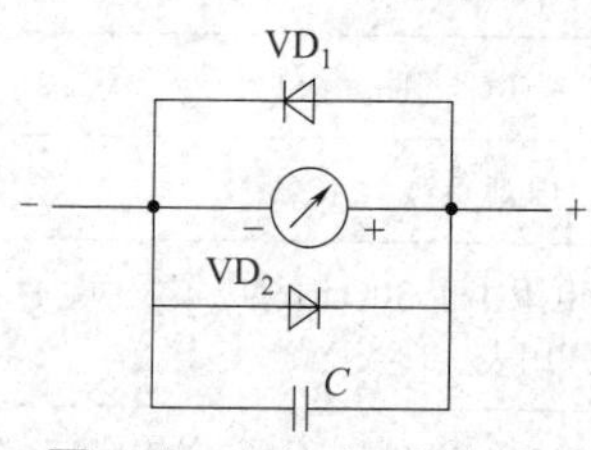

图3-59　由硅二极管构成的表头保护电路

VD_2的作用是当两支表笔位置插反了而又发生过载时能起到保护表头的作用。电容器C能滤除由输入端引入的高频干扰，容量可选0.022μF。有时为了滤除低频干扰，还可再并联一只4.7～47μF的电解电容，以消除指针的抖动现象。

由于锗二极管的导通压降为0.15～0.2V，与表头的满度压降很接近，而且它的反向漏电流较大，因此不宜采用。

需要注意的是，即使增加了保护电路，仍有过载的可能性，操作人员必须小心谨慎，避免因误操作而使仪表损坏。

3.3.1.2　数字式万用表的选用

数字式万用表的型号很多，功能差异较大。挑选适合自己工作需要的数字式万用表，除了首先做外观检查，转换开关要试一下手感是否舒适之外，一般还应重点考虑以下几个方面的问题。

（1）选择显示位数和准确度

显示位数和准确度是数字万用表的两个最基本也是最重要的指标。两者之间关系紧密，一般来讲，万用表显示位数越高，其准确度也就越高，反之相反。显示位数有两种方式，即计数显示和位数显示。计数显示是万用表显示位数范围的实际表达，只不过由于人们习惯于传统叫法，一般用位数显示表达。例如，3000 位计数显示，表示万用表最高显示值可到 3999，而 1000 位计数显示只能到 1999。在测量 220V 交流电压时，可明显看到 3000 位显示比 1000 位后多 1 个小数位显示，这样在分辨率上高一个数量级。在测量、调试高灵敏的微小电信号中，高灵敏度的万用表将会发挥更大的作用。

值得说明，选用万用表时，应根据测量精度的要求，选用准确度合适的数字万用表，以保证测量误差限定在允许的范围之内。

（2）选择万用表的功能和测量范围

不同型号的万用表，生产厂家都会设计不同的功能和测量范围。一般来讲，普通的数字万用表都能测试交、直流电压，交、直流电流，电阻，线路通断等，但是有的万用表为了降低成本，不设置交流电流测试功能。在此基础上，有的万用表考虑使用方便，增加了其他一些功能，例如二极管测试挡，晶体三极管放大倍数（h_{FE}）测试挡，电容、频率、温度测试挡等。现在由于电子技术的发展，有些厂家在传统参数和元器件测试的基础上，增加了更先进的功能，例如占空比测试，dB 值测试，最大、最小值记录保持功能等。有的仪表还有 IEEE-488 接口（可程控仪器和自动测试系统设计的专用接口）或 RS-232 接口（串行通信接口，可实现投影机与中控设备的连接，实现远程操控与指令编写）等功能。总之，万用表的功能将随着测试的需要，生产厂家将会创造更多、更优越的功能，但是在追求万用表功能的基础上，也不能忽视其测量范围。

（3）选择万用表的种类

现在很多数字万用表都具有手动量程和自动量程选择，有的还有过量程能力，在测量值超过该量程但未达到最大值时可不用换量程，从而提高准确度和分辨力。

① 普及型数字万用表结构、功能较为简单，一般只有 5 个基本测量功能：DCV、ACV、DCA、ACA、Ω 及 h_{FE}。这种万用表的价格低廉，精度一般为三位半，如 DT-830、DT-840 等，如图 3-60 所示。

② 多功能型数字万用表较普及型数字万用表主要是增加了一些实用功能，如电容容量、高电压、大电流的测量等，有些还有语音功能，如 DT-870、DT-890、DT-9205 等型。

③ 高精度、多功能型数字万用表精度在四位半及以上，如图 3-61 所示。除常用测量电流、电压、电阻、三极管放大系数等功能外，还可测量温度、频率、电平、电导及高电阻（可达 10000MΩ）等，有些还有示波器功能、读数保持功能。常见型号有 DT-930F、DT930F+、DT-980 等。

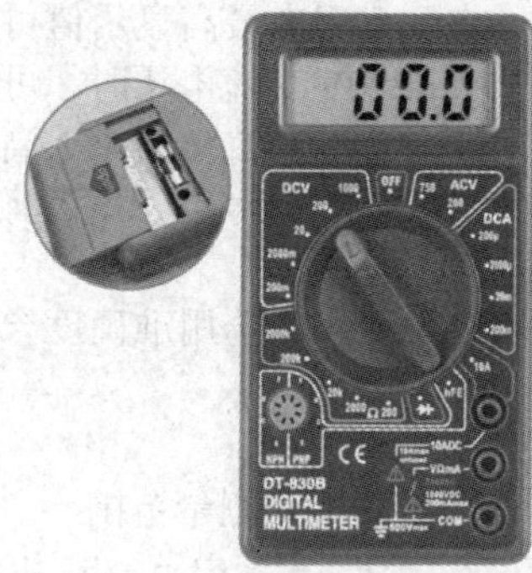

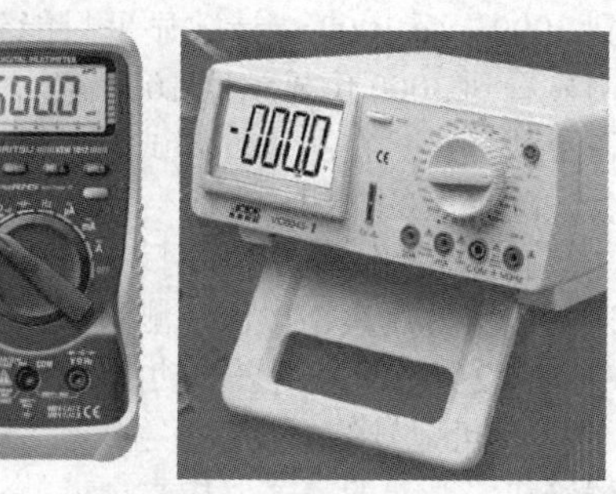

图 3-60 三位半万用表示例　　图 3-61 高精度、多功能型数字万用表

高精度、智能化数字万用表内部带微处理器（CPU），是具有数据处理、故障自检等功能的数字万用表，可通过标准接口（如 IEEE-488、RS-232、USB 接口等）与计算机、打印机连接。采用自动校准（AUTO CAC）技术，能对全部测量项目和量程进行自动校准，并能显示极值和各项测量误差。

④ 专用数字仪表是指专用于测量某一物理量的数字仪表，如数字电容表、电压表、电流表、电感表、电阻表等。常见袖珍式专用仪表如 DM-6013、DM-6013A 数字电容表；DM6243/DL6243 数字式电容电感表，数字功率计，DM6040D 型 LCR 测量仪（可测电感、电容和电阻）；数字温度计、数字绝缘电阻测试仪等，如图 3-62 所示。

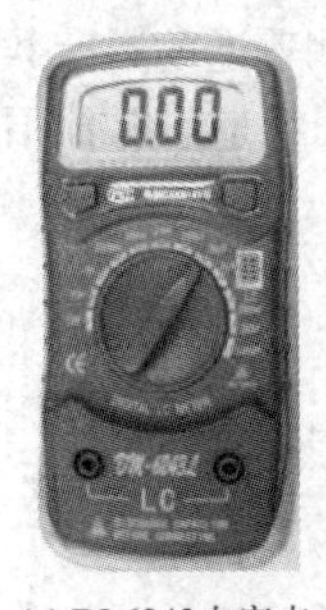

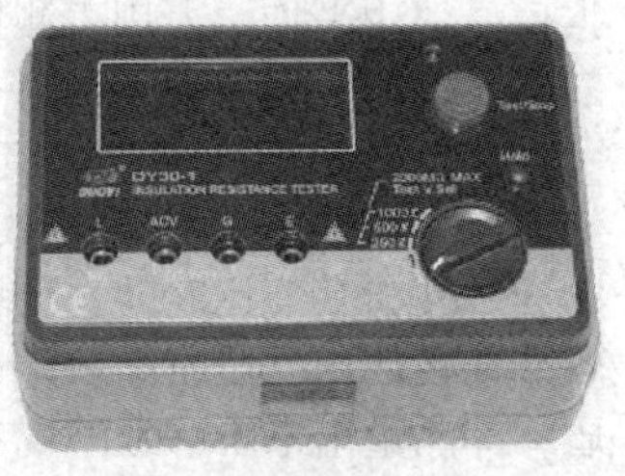

(a) DL6243电容表　　(b) 数字功率表　　(c) 数字电阻表

图 3-62　专用数字仪表

⑤ 模拟数字双显示数字万用表采用数字量和模拟量同时显示，可以观察正在变动的量值参数，弥补数字表对检测对象在不稳定状态时出现的不断跳字的缺陷，兼有模拟表与数字表的优点，如图 3-63 所示。

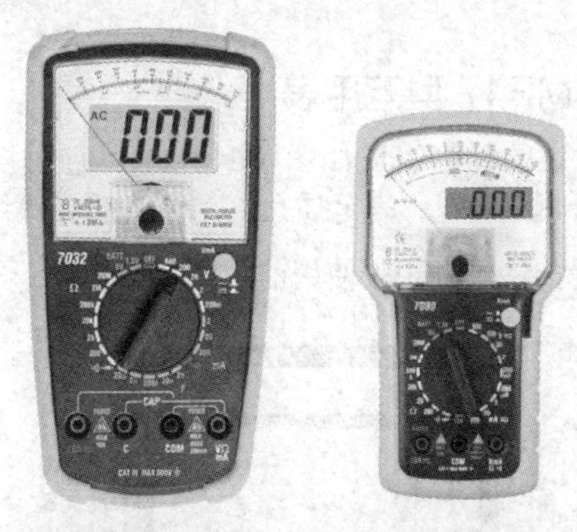

图 3-63　模拟数字双显示数字万用表

（4）选择万用表的测量方法和交流频率响应

一般来讲，万用表的测量方法主要对交流信号测量而言。我们知道，交流信号有很多种类型和各种复杂情况，并且伴随交流信号频率的改变，会出现各种频率响应，影响万用表的测量。万用表对交流信号的测量，一般有两种方法，即平均值和真有效值测量。平均值测量一般是对纯正弦波而言，它采用估算平均的方法测量交流信号，而对非正弦波信号将会出现较大的误差。同时，如果正弦波信号出现谐波干扰时，其测量误差也会有很大改变。真有效值测量是用波形的瞬时峰值再乘以 0.707 来计算电流与电压，保证在失真和噪声系统中的精确读数。如果需要检测普通的数字数据信号，用平均值万用表测量，不会达到真实的测量效果。同时，交流信号的频率响应也至关重要，有的可高达 100kHz。

（5）选择万用表的稳定性和安全性

与大多数仪器一样，数字万用表本身也有测量稳定性，其测量结果的准确性与其使用时间、环境温度、湿度等有关。如果万用表的稳定性比较差，在使用一段时间后，有时就会出现测量同一信号时，其结果自相矛盾，即测量结果不一致的现象。

万用表的安全性非常重要，有些万用表设置了比较完善的保护功能，如插错表笔线时，会自动产生蜂鸣报警、短路保护等。所以对于数字万用表的选购，不要盲目贪图便宜，要实用、好用才行。

总而言之，在选择数字万用表时，要根据实际工作需要出发，在保证测量准确度、测量范围满足要求的前提下，尽可能有较多的功能，以便今后可以扩展使用。另外还应了解其安全性能及性能价格比等因素。

3.3.1.3 认识 MF47 型万用表

MF47 型万用表的外部组成如图 3-64 所示。它由提把、表头、测量选择开关、欧姆挡调零旋钮、表笔插孔、晶体管插孔等组成。

扫二维码观看指针式万用表使用前的检查操作。

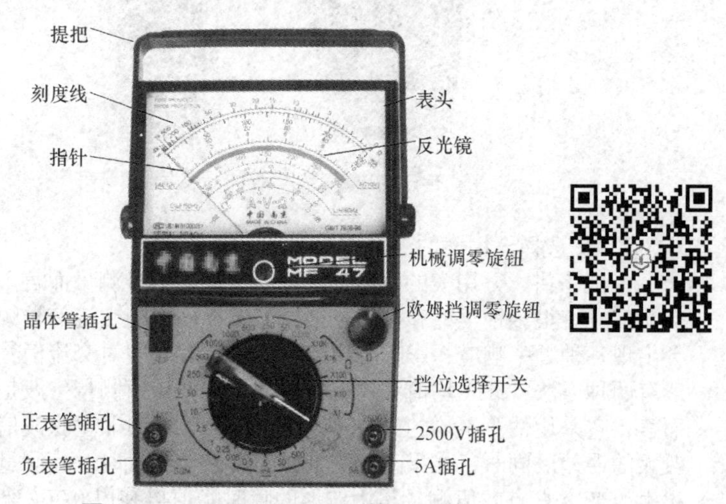

图 3-64 MF47 型万用表的外部结构

（1）刻度线和反光镜

万用表面板上部为微安表头。表头的下边中间有一个机械调零器，用以校准表针的机械零位。表针下面的标度盘上共有7条刻度线，从上往下依次是：电阻刻度线、电压电流刻度线、10V电压刻度线、晶体管β值刻度线、电容刻度线、电感刻度线、电平刻度线，如图3-65所示。

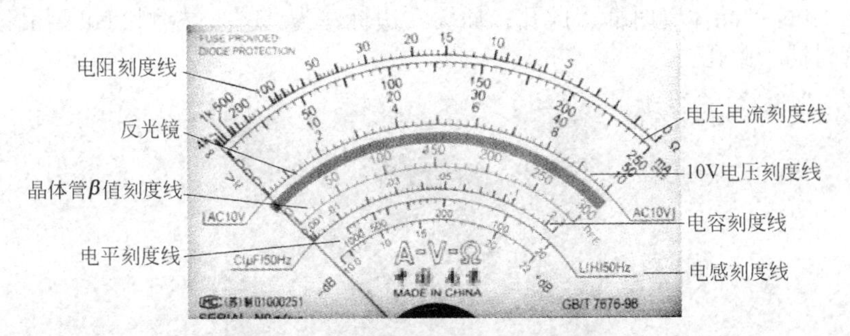

图3-65　标度盘刻度线和反光镜

标度盘上还装有反光镜，用以消除视觉误差。

（2）量程选择开关

面板下部中间是量程选择开关，只需转动一下旋钮即可选择各个量程挡位，使用方便，如图3-66所示。测量选择开关指示盘与表头标度盘相对应，按交流红色、晶体管绿色、其余黑色的规律印制成三种颜色，以免使用中搞错。

图3-66　MF47型万用表量程挡位

（3）插孔

MF47型万用表共有4个表笔插孔，如图3-67所示。面板左下角有正、负表笔插孔，一般习惯上将红表笔插入正插孔，黑表笔插入负插孔。面板右下角有 2500V 和 5A 专用插孔，当测量 2500V 交、直流电压时，正表笔应改为插入 2500V 插孔；当测量 5A 直流电流时，正表笔应改为插入 5A 插孔。面板下部右上角是欧姆挡调零旋钮，用于校准欧姆挡“0Ω”的指针位置。面板下部左上角是晶体管插孔，插孔左边标注为“N”，检测 NPN 型晶体管时插入此孔；插孔右边标注为“P”，检测 PNP 型晶体管时插入此孔。

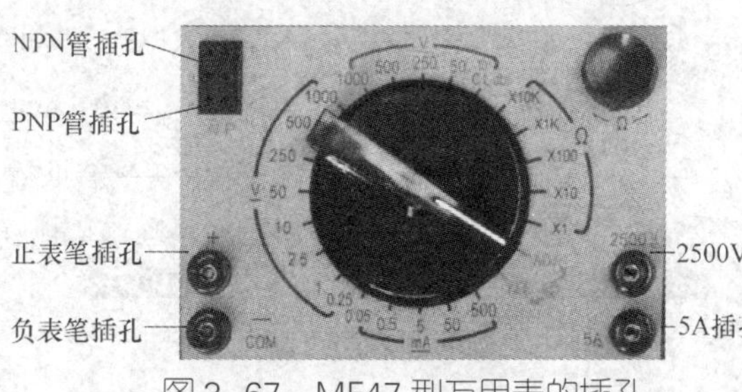

图 3-67　MF47 型万用表的插孔

3.3.1.4　MF47 万用表的使用方法

（1）测量电阻

测量电阻必须使用万用表内部的直流电源。打开背面的电池盒盖，右边是低压电池仓，装入一枚 1.5V 的 2 号电池；左边是高压电池仓，装入一枚 15V 的层叠电池，如图 3-68 所示。也有的厂家生产的 MF47 型万用表 R×10k 挡使用的是 9V 层叠电池。

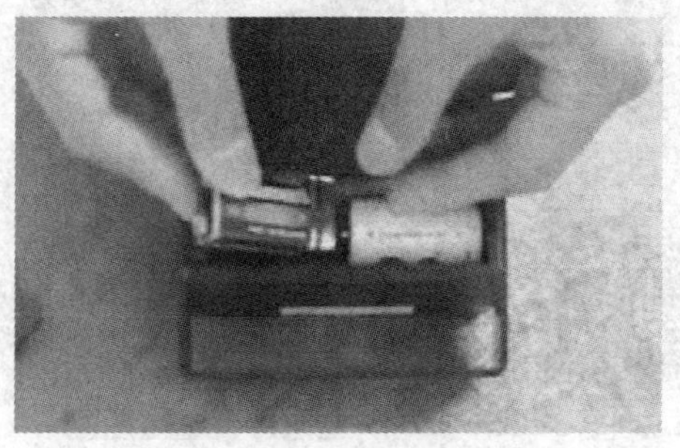

图 3-68　安装电池

指针式万用表测量电阻的方法可以总结为如下口诀。

操作口诀

测量电阻选量程，两笔短路先调零。
旋钮到底仍有数，更换电池再调零。
断开电源再测量，接触一定要良好。
两手悬空测电阻，防止并联变精度。
要求数值很准确，表针最好在格中。
读数勿忘乘倍率，完毕挡位电压中。

测量电阻选量程——测量电阻时，首先要选择适当的量程。量程选择时，应力求使测量数值应尽量在欧姆刻度线的 0.1 ～ 10 之间的位置，这样读数才准确。

一般测量 100Ω 以下的电阻可选“R×1”挡，测量 100 ～ 1000 的电阻可选“R×10”挡，测量 1 ～ 10kΩ 可选“R×100”挡，测量 10 ～ 100kΩ 可选“R×1k”挡，测量 10kΩ 以上的电阻可选“R×10k”挡。

两笔短路先调零——选择好适当的量程后，要对表针进行欧姆调零。注意，每次变换量程之后都要进行一次欧姆调零操作，如图 3-69 所示。

图 3-69　欧姆调零的操作方法

旋钮到底仍有数，更换电池再调零——如果欧姆调零旋钮已经旋到底了，表针始终在 0Ω 线的左侧，不能指在“0”的位置上，说明万用表内的电池电压较低，不能满足要求，需要更换新电池后再进行上述调整。

断开电源再测量，接触一定要良好——如果是在路测量电阻器的电阻值，必须先断开电源再进行测量，否则有可能损坏万用表，如图 3-70 所示。换言之，不能带电测量电阻。在测量时，一定要保证表笔接触良好（用万用表测量电路其他参数时，同样要求表笔接触良好）。

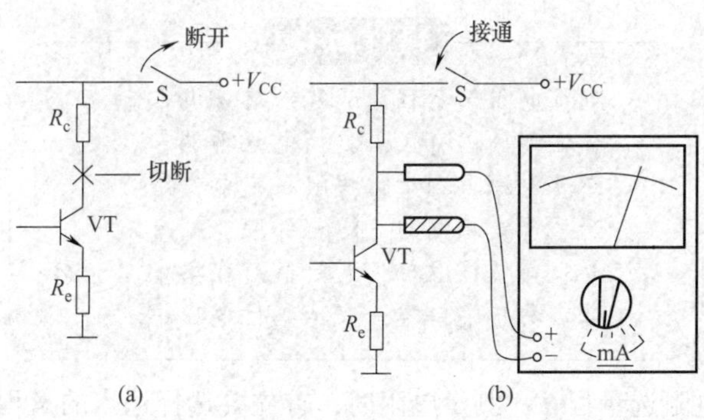

图 3-70　断开电源后才能进行电阻值测量

两手悬空测电阻，防止并联变精度——测量时，两只手不能同时接触电阻器的两个引脚。因为两只手同时接触电阻器的两个引脚，等于在被测电阻器的两端并联了一个电阻（人体电阻），所以将会使得到的测量值小于被测电阻的实际值，影响测量的精确度。

要求数值很准确，表针最好在格中——量程选择要合适，若太大，不便于读数；若太小，无法测量。只有表针在标度尺的中间部位时，读数最准确。

读数勿忘乘倍率——读数乘以倍率（所选择挡位，如 R×10、R×100 等），就是该电阻的实际电阻值。例如选用 R×100 挡测量，指针指示为 40，则被测电阻值为

$$40\times100\Omega=4000\Omega=4k\Omega$$

完毕挡位电压中——测量工作完毕后，要将量程选择开关置于交流电压最高挡位，即交流 1000V 挡位。

扫二维码观看相操作视频。

（2）测量交流电压

测量 1000V 以下交流电压时，挡位选择开关置所需的交流电压挡，如图 3-71 所示。测量 1000～2500V 的交流电压时，将挡位选择开关置于“交流 1000V”挡，正表笔插入“交直流 2500V”专用插孔。

指针式万用表测量交流电压的方法及注意事项可归纳为以下口诀。

操作口诀

量程开关选交流，挡位大小符要求。
确保安全防触电，表笔绝缘尤重要。
表笔并联路两端，相接不分火或零。
测出电压有效值，测量高压要换孔。
表笔前端莫去碰，勿忘换挡先断电。

AD电压挡

(a) AC电压挡位

(b) 测量220V交流电压

图3-71 测量交流电压

量程开关选交流，挡位大小符要求——测量交流电压，必须选择适当的交流电压量程。若误用电阻量程、电流量程或者其他量程，有可能损坏万用表。此时，一般情况是内部的保险管损坏，可用同规格的保险管更换。

确保安全防触电，表笔绝缘尤重要——测量交流电压必须注意安全，这是该口诀的核心内容。因为测量交流电压时人体与带电体的距离比较近，所以特别要注意安全。如果表笔有破损、表笔引线有破碎露铜等，应该完全处理好后才能使用。

表笔并联路两端，相接不分火或零——测量交流电压与测量直流电压的接线方式相同，即万用表与被测量电路并联，但测量交流电压不用考虑哪个表笔接火线，哪个表笔接零线的问题。

测出电压有效值，测量高压要换孔——用万用表测得的电压值是交流电的有效值。如果需要测量高于1000V的交流电压，要把红表笔插入2500V插孔。不过，在实际工作中一般不容易遇到这种情况。

（3）测量直流电压

测量1000V以下直流电压时，挡位选择开关置于所需的直流电压挡，如图3-72所示。测量1000～2500V的直流电压时，将挡位选择开关置于“直流1000V”挡，正表笔插入“交直流2500V”专用插孔。

指针式万用表测量直流电压的方法及注意事项可归纳为如下口诀。

操作口诀

确定电路正负极，挡位量程先选好。
红笔要接高电位，黑笔接在低位端。
表笔并接路两端，若是表针反向转，
接线正负反极性，换挡之前请断电。

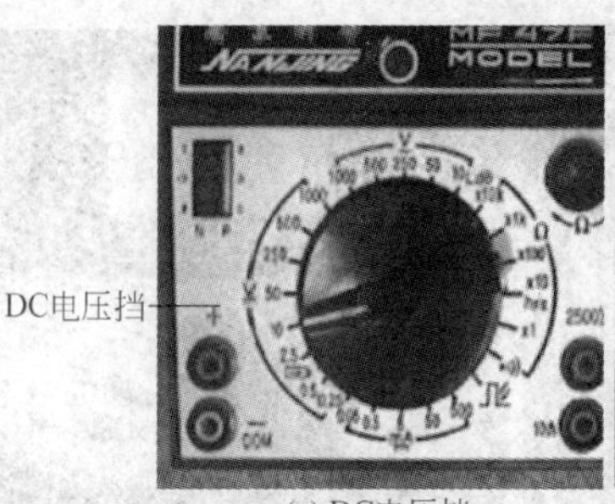

(a) DC电压挡

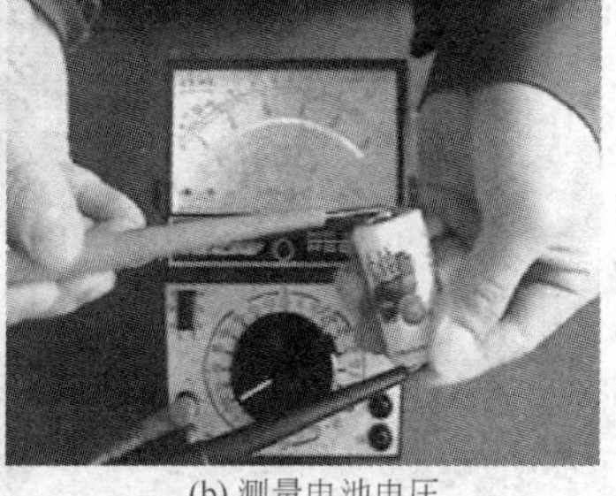

(b) 测量电池电压

图 3-72　测量直流电压

确定电路正负极，挡位量程先选好——用万用表测量直流电压之前，必须分清电路的正负极（或高电位端、低电位端），注意选择好适当的量程挡位。

电压挡位合适量程的标准是：表针尽量指在满偏刻度的 2/3 以上的位置（这与电阻挡合适倍率标准有所不同，一定要注意）。

红笔要接高电位，黑笔接在低位端——测量直流电压时，红笔要接高电位端（或电源正极），黑笔接在低位端（或电源负极）。

表笔并接路两端，若是表针反向转，接线正负反极性——测量直流电压时，两只表笔并联接入电路（或电源）两端。如果表针反向偏转，俗称打表，说明正负极性搞错了，此时应交换红、黑表笔再进行测量。

换挡之前请断电——在测量过程中，如果需要变换挡位，一定要取下表笔，断电后再变换电压挡位。

（4）测量直流电流

一般来说，指针式万用表只有直流电流测量功能，不能直接用指针式万用表测量交流电流。

MF47 型万用表测量 500mA 以下直流电流时，将挡位选择开关置所需的“mA”挡。测量 500mA ～ 5A 的直流电流时，将挡位选择开关置于“500mA”挡，正表笔插入“5A”插孔，如图 3-73 所示。

指针式万用表测量直流电流的方法及注意事项可归纳为以下口诀。

操作口诀

量程开关拨电流，确定电路正负极。
红色表笔接正极，黑色表笔要接负。
表笔串接电路中，高低电位要正确。
挡位由大换到小，换好量程再测量。
若是表针反向转，接线正负反极性。

量程开关拨电流，确定电路正负极——指针式万用表都具有测量直流电流的功能，但一般不具备测量交流电流的功能。在测量电路的直流电流之前，需要首先确定电路正、负极性。

红色表笔接正极，黑色表笔要接负——这是正确使用表笔的问题，测量时，红色表笔接电源正极，黑色表笔接电源的负极，如图3-74所示为测量电池电流的方法。

图3–73　MF47型万用表的直流量程

图3–74　测量电池电流的方法

表笔串接电路中，高低电位要正确——测量前，应将被测量电路断开，再把万用表串联接入被测电路中，红表笔接电路的高电位端（或电源的正极），黑表笔接电路的低电位端（或电源的负极），如图3-75所示。这与测量直流电压时表笔的连接方法完全相同。

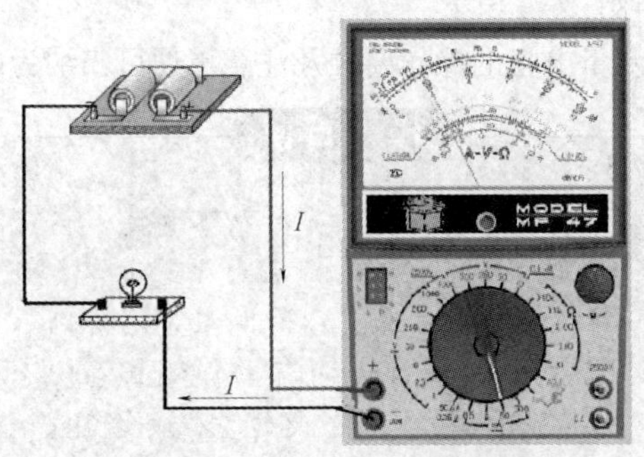

图3–75　万用表测直流电流

万用表置于直流电流挡时，相当于直流表，内阻会很小。如果误将万用表与负载并联，就会造成短路，烧坏万用表。

挡位由大换到小，换好量程再测量——在测量电流之前，可先估计一下电路电流的大小，若不能大致估计电路电流的大小，最好的方法是挡位由大换到小。

若是表针反向转，接线正负反极性——在测量时，若是表针反向偏转，说明正负极性接反了，应立即交换红、黑表笔的接入位置。

扫二维码观看操作视频。

3.3.1.5 指针式万用表使用注意事项

① 使用万用表时，注意不要用手触及测试笔的金属部分，以保证安全和测量的准确度。

② 在测量较高电压或大电流时，不能带电转动转换开关，否则有可能使开关烧坏。

③ 不能带电测量电阻，因为欧姆挡是由干电池供电的，被测电阻不允许带电，以免损坏表头。

④ 万用表在用完后，应将转换开关转到“空挡”或“OFF”挡。若表盘上没有上述两挡时，可将转换开关转到交流电压最高量限挡，以防下次测量时因疏忽而损坏万用表。

⑤ 在每次使用前，必需全面检查万用表的转换开关及量限开关的位置，确定没有问题后再进行测量。

扫二维码观看操作视频。

3.3.1.6 数字万用表的使用

（1）测量电阻

数字万用表测量电阻的操作要领及注意事项可归纳为以下口诀。

操作口诀

仪表电压要富足，先将电路电关闭。
红笔插入 V/Ω 孔，量程大小选适宜。
精确测量电阻值，引线电阻先记录。
笔尖测点接触好，手不接触测点笔。
若是显示数字“1”，超过量程最大值。
若是数字在跳变，稳定以后再读数。

仪表电压要富足，先将电路电关闭——为了不影响测量结果的准确性，使用前要检查数字万用表的电池电压是否足够。测量在路电阻时（在电路板上的电阻），应先把电路的电源关断，若带电测量很容易损坏万用表。当检查被测线路的阻抗时，要保证移开被测线路中的所有电源，所有电容放电。被测线路中，如有电源和储能元件，会影响线路阻抗测试的准确性。

注意：禁止用电阻挡测量电流或电压（特别是交流 220V 电压），否则容易损坏万用表。

红笔插入 V/Ω 孔，量程大小选适宜——测量时，将黑表笔插入 COM 插孔，红表笔插入 V/Ω 插孔，如图 3-76 所示，然后将量程开关置于合适的欧姆量程。准备工作完成后，即可进行电阻测量操作。

图 3-76　测量电阻时表笔的插法

精确测量电阻值，引线电阻先记录——在使用 200Ω 电阻挡时，如果需要精确测量出电阻值，应先将两支表笔短路，测量出两支表笔引线的电阻值，并做好记录，然后进行电阻测量，每一次测量的显示数字减去表笔引线的电阻值，就是实际电阻值。当然，如果对测量结果的准确性要求不高，可免去这一操作步骤。在使用 200Ω 以上的电阻挡测量时，由于被测量电阻的阻值比较大，表笔的引线电阻可不予考虑。

笔尖测点接触好，手不接触测点笔——测量操作时，表笔笔尖与被测量电阻引脚要接触良好。如果电阻引脚已氧化、锈蚀，应先予以刮干净，让其露出光泽，再进行测量。操作者的两手不要同时碰触两支表笔的金属部分或被测量物件的两端，否则，会引起测量误差增大。

若是显示数字“1”，超过量程最大值——如果被测电阻值超出所选择量程的最大值，显示屏将显示过量程“1”，此时应选择更高的量程（当没有连接好时，例如开路情况，显示为“1”为正常现象）。

若是数字在跳变，稳定以后再读数——对于大于 1MΩ 或更高的电阻，要几秒钟后读数才能稳定，这是正常现象。等待数字稳定不再跳变即可读数。

扫二维码观看操作视频。

（2）测量电流

数字万用表测量电流的操作要领及注意事项可归纳为以下口诀。

操作口诀

万用电表测电流，红笔插孔很重要。
电流大小不清楚，最大量程来测量。
表笔串联电路中，表笔极性不重要。
由于表笔已带电，安全操作最重要。

万用电表测电流，红笔插孔很重要——数字万用表串联电流时，黑表笔插入 COM 插孔中，红表笔插入哪一个插孔（mA 或者 A）则要根据被测电流的大小而定。

电流大小不清楚，最大量程来测量——当要测量的电流大小不清楚的时候，可先用最大的量程来测量（例如 20A 插孔），然后再逐渐减小量程来精确测量。测量电流时，切忌过载。

表笔串联电路中，表笔极性不重要——数字万用表测量电流时，应将表笔串联入被测量电路中，表笔的极性可以不考虑，因为数字万用表能够自动识别并显示被测电流的极性。从显示屏上有无"-"号显示来确定直流电压或直流电流的极性。没有"-"号显示，则红表笔为测试源正端，黑表笔为负端。如果有"-"号显示，则表示红表笔接的是负端，如图 3-77 所示。扫二维码可观看操作视频。

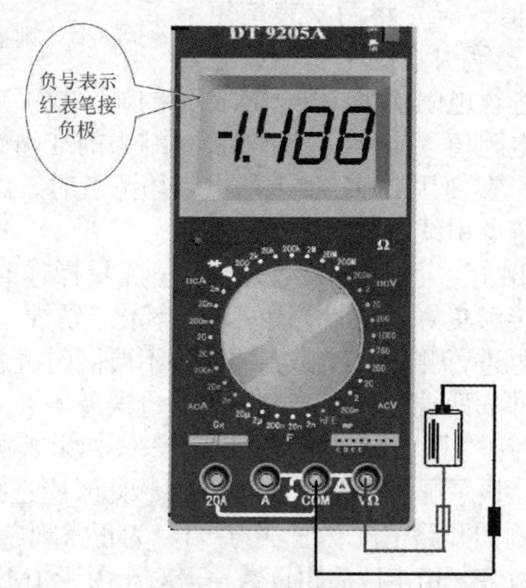

图 3-77　测直流电压时表笔的连接不管极性

由于表笔已带电，安全操作最重要——万用表测量电流、电压都属于带电作业，应特别注意接触表笔及表笔引线是否完好，如有破损，应在测量之前恢复好绝缘层。人手及身体的其他部位不能接触带电体。必要时，要有人监护。

（3）测量电压

数字万用表的电压量程可分为直流电压量程和交流电压量程，其基本操作方法及注意事项可归纳为以下口诀。扫二维码观看操作视频。

操作口诀

表笔插入相应孔，直流交流要分析。
不知被测电压值，量程从大往小移。
量程必须选择好，过载测量符号溢。
表笔并联测电压，接触良好防位移。
确保表笔绝缘好，最好右手握表笔。
直流电压的测量，红笔测正黑负极。
红黑表笔极性反，“-”号表红测负极。
交流电压不分极，握笔安全为第一。
正在通电测量时，禁忌换挡出问题。
数字跳变为正常，稳定之后读数值。

表笔插入相应孔，直流交流要分析——数字万用表测量电压时，将黑表笔插入COM插孔，红表笔插入V/Ω插孔；根据被测电量是直流电压还是交流电压，将量程选择开关置于直流电压挡或交流电压挡。

不知被测电压值，量程从大往小移——如果不知被测电压的大小范围，可先将量程选择开关置于最大量程，根据情况并逐一置于较低一级的量程挡。注意，减小量程挡时，表笔应从待测量处移开。

量程必须选择好，过载测量符号溢——电压量程一定要必须选择合适，量程过大会影响测量结果；量程过小时显示屏只显示“1”，表示过量程，此时功能开关应置于更高量程。

表笔并联测电压，接触良好防位移——测量电压时，两支表笔应分别并联在被测电源（例如测开路电压时）或电路负载上（例如测负载电压降时）的两个电位端。如果被测量电极表面有污物或锈迹，应首先处理干净再进行测量。握笔的手不能有晃动，保证表笔与被测量电极保持良好接触。

确保表笔绝缘好，最好右手握表笔——表笔及表笔引线绝缘良好，否则在测量几百伏及以上的电压时有触电危险。右手握表笔操作起来比较顺利。一些初学者喜欢用两个手拿表笔，这是个不良习惯。使用万用表无论进行任何电量测量时，都应该养成单手握笔操作的好习惯，最好是用右手握表笔。

直流电压的测量，红笔测正黑负极。红黑表笔极性反，“-”号表红测负极——虽然数字万用表有自动转换极性的功能，为了减少测量误差，测量时最好是红表笔接被测量电压的正极，黑表笔接被测量电压的负极。

如果两支表笔极性接反了，此时显示屏上显示电压数值的前面有一个“-”号，表示此次测量红表笔接的是被测量电压的负极。

交流电压不分极，握笔安全为第一——测量交流电压时，红黑表笔可以不分极性。由于交流电压比较高，尤其是测量220V以上的交流电压时，握笔的手一定不能去接触笔尖金属部分，否则会发生触电事故。

正在通电测量时，禁忌换挡出问题——在使用万用表测量电压，尤其是测量较高电压时，无论什么原因都禁忌拨动量程选择开关，否则容易损坏万用表的电路及量程开关的触点。

数字跳变为正常，稳定之后读数值——由于数字万用表的电压量程的输入阻抗比较大，在测量开始时可能会出现无规律的数字跳变现象。这是正常现象，可稍等片刻，数值即可稳定，然后再读数。

3.3.1.7 使用数字万用表的注意事项

① 使用前要检查仪表，如果发现任何异常情况，如表笔裸露、机壳破损、液晶显示器无显示等，不要进行使用。严禁使用没有后盖和后盖没有盖好的仪表，否则有电击危险。扫二维码观看操作视频。

② 表笔破损必须更换，并换上同样型号或相同电气规格的表笔。

③ 当万用表正在测量时，不要接触裸露的电线、连接器、没有使用的输入端或正在测量的电路。

④ 测量高于直流60V或交流30V以上的电压时，必须小心谨慎，手指不要超过表笔挡手部分，否则有触电的危险。

⑤ 在不能确定被测量的大小范围时，将功能量程开关置于最大量程位置。不要测量高于允许输入值的电压或电流。

⑥ 进行在线电阻、电容、二极管或电路通断测量之前，必须首先将电路中所有电源关断并将所有电容器放电。

⑦ 不要随意改变仪表内部接线，以免损坏仪表和危及安全。

⑧ 禁止在测量高电压（220V以上）或大电流（0.5A以上）时拨动量程开关，以防止产生电弧，烧毁开关触点。

3.3.2 钳形电流表的选用与使用

钳形电流表是一种不需要中断负载运行（不断开载流导线）的条件下测量低压线路上的交流电流大小的携带式仪表，它的最大特点是无需断开被测电路，就能够实现对被测导体中电流的测量，所以特别适合于不便于断开线路或不允许停电的测量场合。

3.3.2.1　钳形电流表的选用

（1）根据测量电流的性质选择钳形电流

整流系钳形电流表只适于测量波形失真较低、频率变化不大的工频电流，否则将产生较大的测量误差。电磁系钳形电流表由于其测量机构可动部分的偏转性质与电流的极性无关，因此它既可用于测量交流电流，也可用于测量直流电流，但准确度通常都比较低。钳形电流表的准确度主要有 2.5 级、3 级、5 级等几种，应当根据测量技术要求和实际情况选用。

（2）根据测量场所的电磁干扰强度选择钳形电流表

数字式钳形电流表读数直观方便，并有许多扩充了测量功能，如测量电阻、二极管、电压、有功功率、无功功率、功率因数、频率等参数。但是，数字式钳形电流表在测量场合的电磁干扰比较严重时，显示出的测量结果可能发生离散性跳变，从而难以确认实际电流值。使用指针式钳形电流表，由于磁电系机械表头本身所具有的阻尼作用，使得其本身对较强电磁场干扰的反应比较迟钝，充其量也就是表针产生小幅度的摆动，其示值范围比较直观，相对而言读数不太困难。

3.3.2.2　钳形电流表的使用

（1）使用前的检查

① 重点检查钳口上的绝缘材料（橡胶或塑料）有无脱落、破裂等现象，包括表头玻璃罩在内的整个外壳完好与否，这些都直接关系着测量安全并涉及仪表的性能问题。

② 检查钳口的开合情况，要求钳口开合自如（图 3-78），钳口两个结合面应保证接触良好，如钳口上有油污和杂物，应用汽油擦干净；如有锈迹，应轻轻擦去。

③ 检查零点是否正确，若表针不在零点时可通过调节机构调准。

④ 多用型钳形电流表还应检查测试线和表笔有无损坏，要求导电良好、绝缘完好。

图 3-78　检查钳口开合情况

⑤ 数字式钳形电流表还应检查表内电池的电量是否充足，不足时必须更新。

（2）使用方法

① 在测量前，应根据负载电流的大小先估计被测电流数值，选择合

适量程，或先选用较大量程的电流表进行测量，然后再据被测电流的大小减小量程，使读数超过刻度的1/2，以获得较准的读数。

② 在进行测量时，用手捏紧扳手使钳口张开，被测载流导线的位置应放在钳口中心位置，以减少测量误差，如图3-79所示。然后，松开扳手，使钳口（铁芯）闭合，表头即有指示。注意，不可以将多相导线都夹入钳口测量。

③ 测量5A以下的电流时，如果钳形电流表的量程较大，在条件许可时，可把导线在钳口上多绕几圈（图3-80），然后测量并读数。线路中的实际电流值为读数除以穿过钳口内侧的导线匝数。

图3-79　载流导线放在钳口中心位置

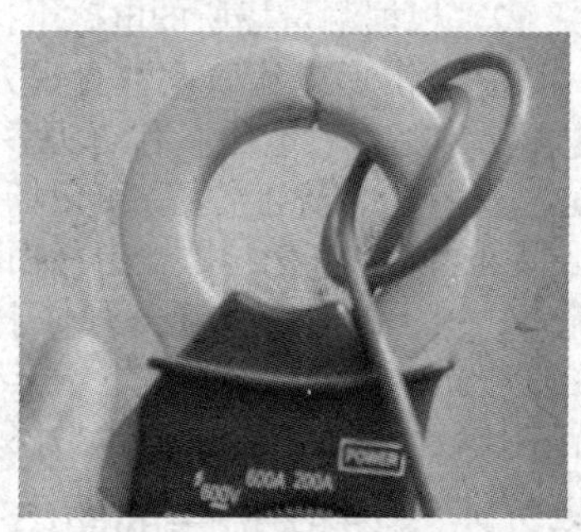

图3-80　测量5A以下电流的方法

④ 在判别三相电流是否平衡时，若条件允许，可将被测三相电路的三根相线同方向同时放入钳口中，若钳形电流表的读数为零，则表明三相负载平衡；若钳形电流表的读数不为零，说明三相负载不平衡。

3.3.2.3　钳形电流表使用注意事项

① 某些型号的钳形电流表附有交流电压刻度，测量电流、电压时，应分别进行，不能同时测量。

② 钳型表钳口在测量时闭合要紧密，闭合后如有杂音，可打开钳口重合一次。若杂音仍不能消除时，应检查磁路上各接合面是否光洁，有尘污时要擦拭干净。

③ 被测电路电压不能超过钳形表上所标明的数值，否则容易造成接地事故，或者引起触电危险。

④ 在测量现场，各种器材均应井然有序，测量人员应戴绝缘手套，穿绝缘鞋。身体的各部分与带电体之间至少不得小于安全距离（低压系统安全距离为0.1～0.3m）。读数时，往往会不由自主地低头或探腰，这时

要特别注意肢体，尤其是头部与带电部分之间的安全距离。

⑤ 测量回路电流时，应选有绝缘层的导线进行测量，同时要与其他带电部分保持安全距离，防止相间短路事故发生。测量中禁止更换电流挡位。

⑥ 测量低压熔断器或水平排列的低压母线电流时，应将熔断器或母线用绝缘材料加以相间隔离，以免引起短路。同时应注意不得触及其他带电部分。

⑦ 对于数字式钳形电流表，尽管在使用前曾检查过电池的电量，但在测量过程中，也应当随时关注电池的电量情况，若发现电池电压不足（如出现低电压提示符号），必须在更换电池后再继续测量。能否正确地读取测量数据，直接关系到测量的准确性。如果测量现场存在电磁干扰，就必然会干扰测量的正常进行，故应设法排除干扰。

⑧ 对于指针式钳形电流表，首先应认准所选择的挡位，其次认准所使用的是哪条刻度尺。观察表针所指的刻度值时，眼睛要正对表针和刻度以避免斜视，减小视差。数字式表头的显示虽然比较直观，但液晶屏的有效视角是很有限的，眼睛过于偏斜时很容易读错数字，还应当注意小数点及其所在的位置，这一点千万不能被忽视。

⑨ 测量完毕，一定要把调节开关放在最大电流量程位置，以免下次使用时，不小心造成仪表损坏。

钳形电流表的基本使用方法及注意事项可归纳为如下口诀。

操作口诀

不断电路测电流，电流感知不用愁。
测流使用钳形表，方便快捷算一流。
钳口外观和绝缘，用清一定要检查。
钳口开合应自如，清除油污和杂物。
量程大小要适宜，钳表不能测高压。
如果测量小电流，导线缠绕钳口上。
带电测量要细心，安全距离不得小。

3.3.3 兆欧表的选用与使用

3.3.3.1 兆欧表的选用

选择一只合适的兆欧表（俗称摇表），对测量结果的准确性和正确分析电气设备的绝缘性能以及安全状况非常重要，因此必须认真对待。兆欧表的选用，通常从选择兆欧表的电压和测量范围这两方面来考虑。

（1）选择兆欧表电压的原则

兆欧表的额定电压一定要与被测电力设备或者线路的额定电压相适应。电压高的电力设备，对绝缘电阻值要求大一些，须使用电压高的兆欧表来测试；而电压低的电力设备，它内部所能承受的电压不高，为了设备安全，测量绝缘电阻时就不能用电压太高的兆欧表。

一般选择原则是：500 V 以下的电气设备，应选用 500 ～ 1000V 的兆欧表；瓷瓶、母线、刀闸等电气设备，应选用 2500V 以上的兆欧表。

（2）选择兆欧表测量范围的原则

要使测量范围适应被测绝缘电阻的数值，避免读数时产生较大的误差。如有些兆欧表的读数不是从零开始，而是从 1MΩ 或 2MΩ 开始。这种表就不适用于测定处在潮湿环境中的低压电气设备的绝缘电阻。因为这种设备的绝缘电阻有可能小于 1MΩ，使仪表得不到读数，容易误认为绝缘电阻为零，而得出错误结论。

3.3.3.2　兆欧表的使用方法

① 将被测设备脱离电源，并进行放电，再把设备清扫干净（双回线，双母线，当一路带电时，不得测量另一路的绝缘电阻）。

② 测量前应对兆欧表进行校验，即做一次开路试验（测量线开路，摇动手柄，指针应指于“∞”处）和一次短路试验（测量线直接短接一下，摇动手柄，指针应指“0”），两测量线不准相互缠交，如图 3-81 所示。

扫二维码观看操作视频。

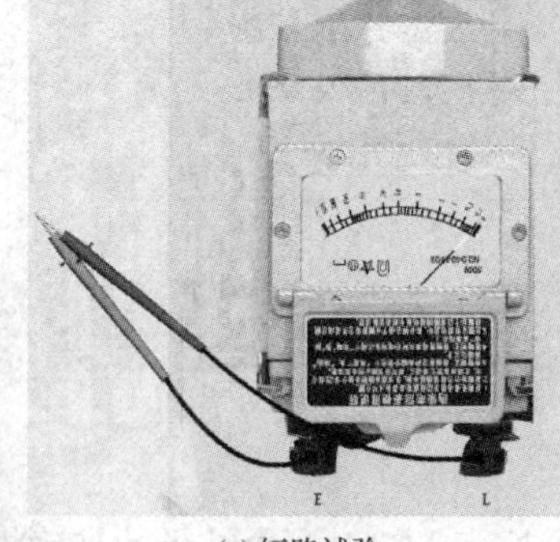

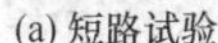
(a) 短路试验

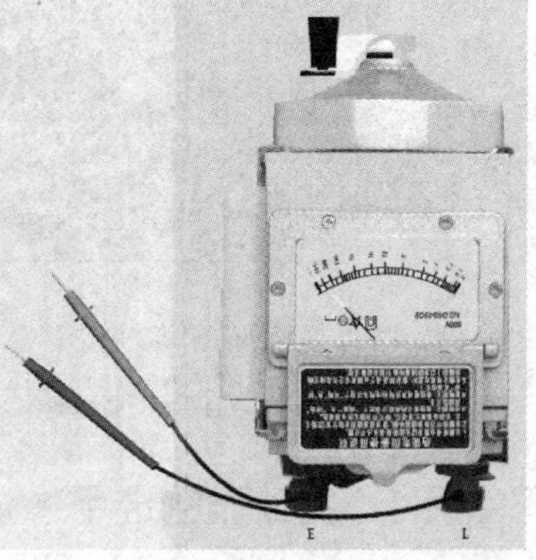

(b) 开路试验

图 3-81　兆欧表校验

③ 正确接线。一般兆欧表上有三个接线柱：一个为线接线柱，标号为“L”；一个为地接线柱，标号为“E”；另一个为保护或屏蔽接线柱，标号为“G”。在测量时，“L”与被测设备和大地绝缘的导体部分相接，“E”与被测设备的外壳或其他导体部分相接。一般在测量时只用“L”和“E”两个接线柱，但当被测设备表面漏电严重、对测量结果影响较大而又不易消除时，例如空气太潮湿、绝缘材料的表面受到浸蚀而又不能擦干净时就必须连接“G”端钮，如图 3-82 所示。同时，在接线时还须注意不能使用双股线，应使用绝缘良好且不同颜色的单根导线，尤其对于连接“L”接线柱的导线必须具有良好绝缘。

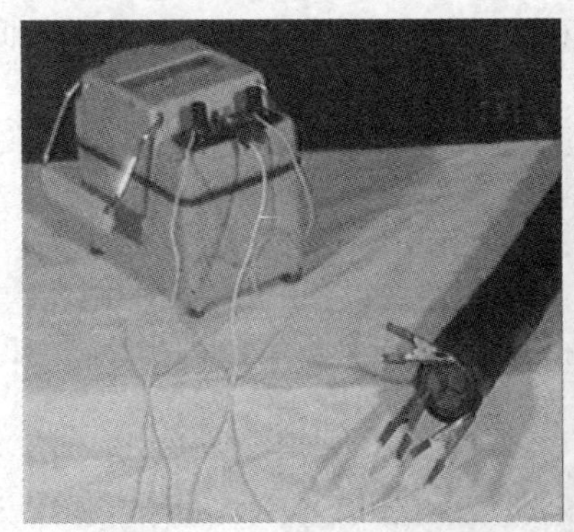

图 3-82　兆欧表接线示例

④ 在测量时，兆欧表必须放平。如图 3-83 所示，左手按住表身，右手摇动兆欧表摇柄，以 120r/min 的恒定速度转动手柄，使表指针逐渐上升，直到出现稳定值后，再读取绝缘电阻值（严禁在有人工作的设备上进行测量）。

图 3-83　摇动发电机手柄的方法

⑤ 对于电容量大的设备，在测量完毕后，必须将被测设备进行对地放电（兆欧表没停止转动时及放电设备切勿用手触及）。

3.3.3.3 兆欧表使用注意事项

兆欧表本身工作时要产生高电压，为避免人身及设备事故，必须重视以下几点注意事项。

① 不能在设备带电的情况下测量其绝缘电阻。测量前被测设备必须切断电源和负载，并进行放电；已用兆欧表测量过的设备如要再次测量，也必须先接地放电。

② 兆欧表测量时要远离大电流导体和外磁场。

③ 与被测设备的连接导线，要用兆欧表专用测量线或选用绝缘强度高的两根单芯多股软线，两根导线切忌绞在一起，以免影响测量准确度。

④ 测量过程中，如果指针指向“0”位，表示被测设备短路，应立即停止转动手柄。

⑤ 被测设备中如有半导体器件，应先将其插件板拆去。

⑥ 测量过程中不得触及设备的测量部分，以防触电。

⑦ 测量电容性设备的绝缘电阻时，测量完毕，应对设备充分放电。

⑧ 测量过程中手或身体的其他部位不得触及设备的测量部分或兆欧表接线桩，即操作者应与被测量设备保持一定的安全距离，以防触电，如图 3-84 所示。

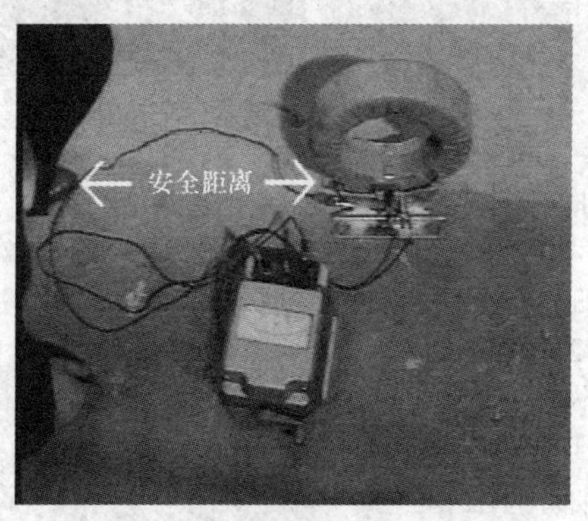

图 3-84 注意保持安全距离

⑨ 数字式兆欧表多采用 5 号电池或者 9V 电池供电，工作时所需供电电流较大，故在不使用时务必要关机，即便有自动关机功能的兆欧表。建议用完后就手动关机。

⑩ 记录被测设备的温度和当时的天气情况，有利于分析设备的绝缘电阻是否正常。

扫二维码观看兆欧表使用的安全注意事项。

兆欧表的基本操作方法及使用注意事项可归纳为如下口诀。

操作口诀

使用兆欧表，首先查外观。
玻璃罩完好，刻度易分辨。
指针无扭曲，摆动要轻便。
其次校验表，标准有两个。
短路试验时，指针应指零。
开路试验时，针指无穷大。
第三是接线，分清被测件。
三个接线柱，必用 L 和 E；
若是测电缆，还要接 G 柱。
为了保安全，以下要注意。
引线要良好，禁止有绕缠。
进行测量时，勿在雷雨天。
测量线路段，必须要停电。
电容和电缆，一定先放电。
摇表放水平，远离磁场电。
匀速顺时摇，一百二十转。
摇转一分钟，读数较准确。
测量过程中，勿碰接线钮。

扫二维码观看兆欧表摇测电动机相对地的绝缘、摇测电动机相间绝缘的操作。

第 4 章 常用低压电器

4.1 刀开关的作用

4.1.1 HK 系列胶盖闸的使用

图 4-1 HK 型刀闸（胶盖闸）

胶盖刀闸开关即 HK 系列开启式负荷开关（以下称刀开关），它由闸刀和熔丝组成（如图 4-1 所示），刀开关有二极、三极两种，具有明显断开点，熔丝起短路保护作用。它主要用于电气照明线路、电热控制回路，也可用于分支电路的控制，并可作为不频繁直接启动及停止小型异步电动机（4.5kW 以下）之用。胶盖闸刀开关的技术数据见表 4-1。

表 4-1 胶盖闸刀开关的技术数据

型号	额定电流	极数	额定电压 /V	控制功率 /kW	熔体线径 /mm
HK1	15	2	220	1.5	1.45 ～ 1.59
	30	2	220	3.0	2.3 ～ 3.52
	60	2	220	4.5	3.36 ～ 4
	15	3	380	2.2	1.45 ～ 1.59
	30	3	380	4.0	2.3 ～ 3.52
	60	3	380	5.5	3.36 ～ 4

续表

型号	额定电流	极数	额定电压 /V	控制功率 /kW	熔体线径 /mm
HK2	10	2	250	1.1	0.25
	15	2	250	1.5	0.41
	30	2	250	3.0	0.56
	15	3	380	2.2	0.45
	30	3	380	4.0	0.71
	60	3	380	5.5	1.42

4.1.2 HS、HD 系列开关板用刀闸

HS、HD 系列开关板用刀闸如图 4-2 所示，可在额定电压交流 500V、直流 440V、额定电流 1500A 以下。用于工业企业配电设备中，作为不频繁地手动接通和切断或隔离电源用。

图 4-2 HD、HS 系列刀闸

HS、HD 系列开关板用刀闸的技术数据见表 4-2。

表 4-2 HS、HD 系列开关板用刀闸的技术数据

型号	结构形式	转换方向	极数	额定电流	接线
HD11	中央手柄式	单投	1、2、3	200、400	板前接线
		单投	1、2、3	200、400、600、1000	板后接线

续表

型号	结构形式	转换方向	极数	额定电流	接线
HS11	中央手柄式	双投	1、2、3	200、400、600、1000	板后接线
HD13	中央正面杠杆操作机构	单投	1、2、3	200、400、600、1000、1500	板前接线 板后接线
HS13	中央正面杠杆操作机构	单投	1、2、3	200、400、600、1000	板前接线
		双投	1、2、3	200、400、600、1000	板后接线
HD14	侧面操作手柄	单投	3	200、400、600	侧面操作

4.1.3 HH 系列封闭式负荷开关

图 4-3 HH 系列封闭式负荷开关

HH 系列封闭式负荷开关（俗称铁壳开关）如图 4-3 所示，适用于工矿企业、农业排灌、施工工地、电焊机和电热照明等各种配电设备中，作为手动不频繁的接通和分断负荷电路，开关内部装有熔断器具有短路保护功能，也可作为交流异步电动机的不频繁直接启动及分断用。HH 系列封闭式负荷开关的技术数据见表 4-3。

表 4-3 HH 系列封闭式负荷开关的技术数据

型号	额定电流/A	极限通断能力			熔断器极限分断能力			控制功率/kW
		通断电流/A	cosφ	T 通断次数	分断电流/A	cosφ	分断次数	
HH3-15/3	15	60	0.4	10	750	0.4	2	3.0
HH3-30/3	30	120			1500			7.5
HH3-60/3	60	240			3000			13
HH3-100/3	100	250	0.8					
HH3-200/3	200	300						

续表

<table>
<tr><th rowspan="2">型号</th><th rowspan="2">额定电流/A</th><th colspan="3">极限通断能力</th><th colspan="3">熔断器极限分断能力</th><th rowspan="2">控制功率/kW</th></tr>
<tr><th>通断电流/A</th><th>cosφ</th><th>T 通断次数</th><th>分断电流/A</th><th>cosφ</th><th>分断次数</th></tr>
<tr><td>HH4-15/3
HH4-15/3Z</td><td>15</td><td>60</td><td rowspan="2">0.5</td><td rowspan="3">10</td><td>750</td><td>0.8</td><td rowspan="3">2</td><td>3.0</td></tr>
<tr><td>HH4-30/3
HH4-30/3Z</td><td>30</td><td>120</td><td>1500</td><td>0.7</td><td>7.5</td></tr>
<tr><td>HH4-60/3
HH4-60/3Z</td><td>60</td><td>240</td><td>0.4</td><td>3000</td><td>0.6</td><td>13</td></tr>
</table>

4.1.4 HR 系列刀熔开关

HR3 型熔断器式刀开关是 RTO 型有填料熔断器和刀开关的组合电器如图 4-4 所示。因此具有熔断器和刀开关的基本性能。适用于交流 50Hz、380V 或直流电压 440V，额定电流 100 ~ 600A 的工业企业配电网络中，作为电气设备及线路的过负荷和短路保护用。一般用于正常供电的情况下不频繁地接通和切断电路，常装配在低压配电柜，电容器柜及车间动力配电箱中。HR 系列开关的技术数据见表 4-4。

图 4-4　HR 系列刀熔开关

表 4-4　**HR** 系列开关的技术数据

<table>
<tr><th rowspan="2">型　号</th><th colspan="2">开关分断能力 /A</th><th colspan="3">熔断器分断能力 /A</th></tr>
<tr><th>交流 380V</th><th>直流 440V</th><th>熔丝额定电流</th><th>交流 380V</th><th>直流 440V</th></tr>
<tr><td>HR3-100</td><td>100</td><td>100</td><td>30、40、50、60、80、100</td><td>50000</td><td>25000</td></tr>
</table>

续表

型号	开关分断能力 /A		熔断器分断能力 /A		
	交流 380V	直流 440V	熔丝额定电流	交流 380V	直流 440V
HR3-200	200	200	80、100、120、150、200	50000	25000
HR3-400	400	400	150、200、250、300、350、400	50000	25000
HR3-600	600	600	350、400、450、500、550、600	50000	25000
HR3-1000	1000	1000	700、800、900、1000	50000	25000

4.2 自动开关的作用

4.2.1 塑壳断路器的应用

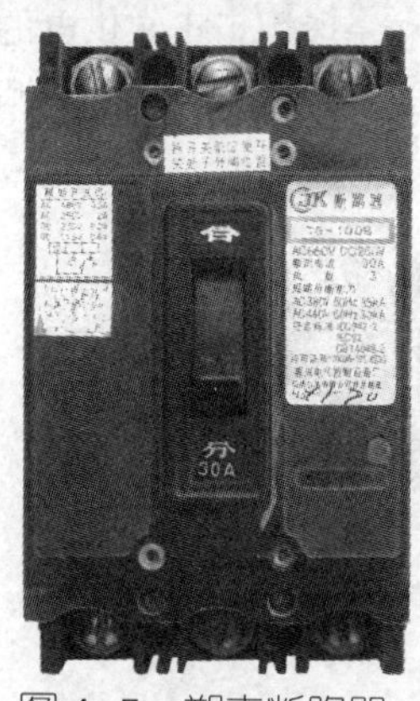

图 4-5 塑壳断路器

塑壳断路器适用于交流 50Hz、380V 电路中，配电用断路器在配电网络中用来分配电能和作线路及电源设备的过载和短路保护之用。

保护电动机用断路器用来保护电动机的过载和短路，亦可分别作为电动机不频繁启动及线路的不频繁转换之用，塑壳断路器如图 4-5，它既能带负荷通断电路，又能在短路、过负荷和低电压（或失压）时自动跳闸，其功能是当线路上出现短路故障时，其电磁过流脱扣器动作，使开关跳闸；如线路出现过负荷现象，其串联在一次线路的热元件（热脱扣器），使双金属片弯曲，也使开关跳闸，断路器内部构造如图 4-6 所示。

但塑壳断路器断开时没有明显的断开点。目前常使用塑壳断路器有国产型号有 DZ——塑料外壳式；DW——万能式；DZX——塑料外壳式限流型；DWX——万能式限流型；DZL——漏电断路器等系列。

扫二维码观看断路器的选用与检测视频。

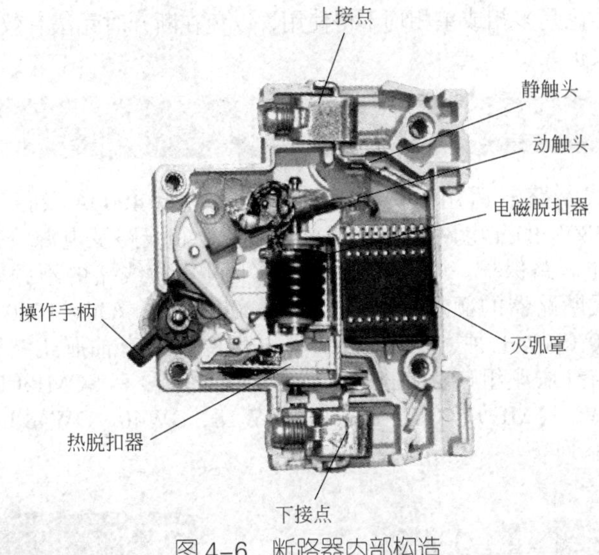

图 4-6　断路器内部构造

4.2.2　塑壳断路器使用中的安全注意事项

① 塑壳断路器的额定电压应与线路电压相符，断路器的额定电流和脱扣器整定电流应满足最大负荷电流的需要。

② 塑壳断路器的极限通断能力，应大于被保护线路的最大短路电流。

③ 塑壳断路器的类型选用应适合线路工作特点，对于负荷启动电流倍数较大，而实际工作电流较小，且过电流整定倍数较小的线路或设备，一般应选用延时型断路器，因为它的过电流脱扣器为热元件组成，具有一定的延时性。对于短路电流相当大的线路，应选用限流型自动开关。如果开关选择不当，就有可能使设备或线路无法正常运行。

④ 塑壳断路器使用中一般不可以自己调整过电流脱扣器的整定电流。

⑤ 线路停电后恢复供电时，禁止自行启动的设备，不宜单独使用塑壳断路器控制，而应选用带有失压保护的控制电器或采用交流接触器与之配合使用。

⑥ 如塑壳断路器缺少部件或部件损坏，不得继续使用。特别是灭弧

罩损坏，不论是多相或单相均不得使用，以免在断开时无法有效地熄灭电弧而使事故扩大。

4.2.3 框架式断路器应用

框架式断路器适用于交流 50Hz，额定电流 4000A 及以下，额定工作电压 380V 的配电网络中，用来分配电能和线路及电源设备的过负载、欠压和短路保护。在正常工作条件下可作为线路的不频繁分合之用。框架式断路器的额定的电流规格有 200、400、630、1000、1600、2500、4000（A）七种，1600A 及以下的断路器具有抽屉式结构，由断路器本体与抽屉座组成。如图 4-7 所示。主要型号有 SCM1（CM1）、DW10、DW17（ME）、CW、DW15、DW18、DW40、DW48（CB11）、DW914 等系列。

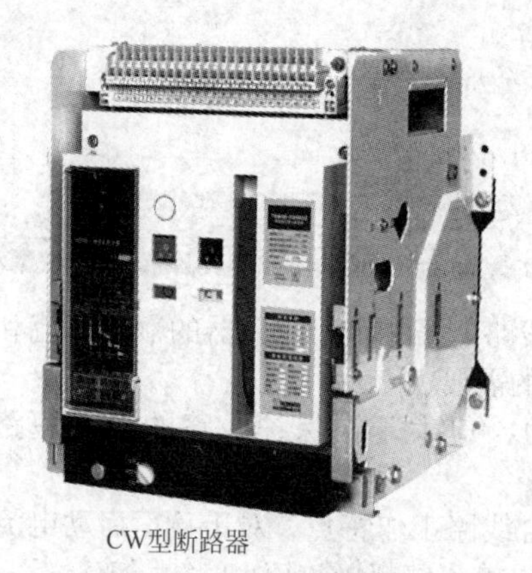

CW型断路器

DW15型断路器

图 4-7 常用框架式断路器

框架式断路器为立体布置，由触头系统、操作系统、过电流脱扣器、分励脱扣器、欠压脱扣器等部分组成。其过电流脱扣器有热 - 电磁式、电磁式、电子式三种。热 - 电磁式过流电流脱扣器具有过载长延时动作和短路瞬时动作保护功能，电磁式瞬时脱扣器是由拍合式电磁铁组成，主回路穿过铁芯，当发生短路电流时，电磁铁动作使断路器断开。电子式脱扣器有代号 DT1 和 DT3 两种，DT1 由分立元件组成，DT3 型由集成电路组成。两者都具有过负荷长延时、短路短延时、短路瞬时保护和欠电压保护功能。DT3 型还具有故障显示和记忆过负载报警功能。

4.2.4　框架式低压断路器的安装要求

（1）框架式低压断路器的安装，应符合产品技术文件的规定，当无明确规定时，应垂直安装，其倾斜度不应大于 50°。

（2）断路器与熔断器配合使用时，熔断器应安装在负荷侧。

（3）低压断路器操作机构的安装应符合下列要求

① 操作手柄或传动杠杆的开合位置应正确，操作力不应大于产品的规定值。

② 电动操作机构接线应正确，在合闸过程中开关不应跳跃，开关合闸后，限制电动机或电磁铁通电时间的联锁装置应及时动作，电动机或电磁铁通电时间不应超过产品规定值。

③ 开关辅助触点动作应正确可靠，接触应良好。

④ 抽屉式断路器的工作、试验、隔离三个位置的定位应明显，并应符合产品技术文件的规定。

⑤ 抽屉式断路器分段式抽拉应无卡阻，机械联锁应可靠。

不同系列断路器技术数据见表 4-5 ～表 4-13。

表 4-5　C45、DPN、NC100 系列断路器技术数据

型号	极数	额定电压/V	额定电流/A	分断能力/kA	脱扣电流	最大连接导线截面	寿命/次	符合标准
C45	1、2、3、4	240/415	1、3、6、10、16、20、25、32、40	6	C 型 (5 ～ 10)I_n	25mm²	2000	IEC898
			50、63	4.5				
C45AD			1、3、6、10、16、20、25、32、40	4.5	D 型 (10 ～ 14)I_n	25mm²		
DPN	2（1P+N）	240	3、6、10、16、20	4.5	C 型 (5 ～ 10)I_n	25mm²		IEC947-2
NC100H	1、2、3、4	240/415	50、63	10	C 型 (5 ～ 10)I_n D 型 (10 ～ 14)I_n	35mm²		
			80、100			50mm²		
NC100LS	3、4		40、50、63	36	D 型 (10 ～ 14)I_n	35mm²		

表 4-6　**S250S、S270** 系列断路器技术数据

系列号	极数	额定电流/A	分断能力/kA	顺势脱扣电流					寿命
				B	C	D	K	Z	
S250S	1、2、3、4	1.6、2、3、4	6000	—	$(5\sim10)I_n$	—	—	—	20000
		6、8、10、16、20、25、32、40		$(3\sim5)I_n$					
		50、63	4500						
S270	1、2、3、4、1+N、3+N	1.6、2、3、4	10000	—	$(5\sim10)I_n$	$(10\sim20)I_n$	$(8\sim12)I_n$	$(2\sim3)I_n$	
		6、8、10、16、20、25、32、40、50、63		$(3\sim5)I_n$					

表 4-7　**E4CB** 系列断路器技术数据

型号	极数	额定电压/V	额定电流/A	短路分断能力		顺势脱扣特性			连接导线截面/mm²	寿命
				交流	直流	型式	试验电流	动作时间		
E4CB	1 2 3 4	230/400	2、4、6、10、16、20、25、32	6	6 48V/1P 110V/2P	B 型	$3I_n$ $5I_n$	<0.1s	25	10000
			40、50、63	6		C 型	$5I_n$ $10I_n$		36	
			80、100、125	10	10 125V/2P 250V/4P	D 型	$10I_n$ $20I_n$		70	

表 4-8　PX300 系列断路器技术数据

额定电流	极数	额定电压 /V	频率	分断能力 /kA	顺势脱扣电流	辅助触头
6、10、16、20、23、32、40、50、63	1P 1P+ N 2P、3P 3P+N	240/415	50、60	1000	B 型 3 ～ 10I_n C 型 5 ～ 10I_n D 型 10 ～ 20I_n	6A/230V 2A/400

表 4-9　PX200C 系列断路器技术数据

型号	极数	额定电压 /V	壳架额定电流 /A	额定电流 I_n /A	分断能力 /kA		瞬时脱扣电流
					6 ～ 40A	50 ～ 63A	
PX200C-63/1	1	240/415	63	6、10、16、20、25、32、40、50、63	6	4.5	2 型 (4 ～ 7)I_n D 型 (4 ～ 7)I_n
PX200C-63/2	2	240			10	10	
		415			6	4.5	
PX200C-63/3	3	415			6	4.5	
PX200C-63/4	4	415			6	4.5	

表 4-10　3VE1、3VE3、3VE4 系列断路器技术数据

型号	壳架额定电流 /A	额定电流 I_n /A	长延时瞬时脱扣电流调整范围 /A	瞬时脱扣电流整定值 /A
3VE1	20	5	3.2 ～ 5	60
		6.3	4 ～ 6.3	75
		8	58	96
		10	6.3 ～ 10	120
		12.5	8 ～ 12.5	150
		16	10 ～ 16	192
		20	14 ～ 20	240
3VE3	32	10	6.3 ～ 10	120
		12.5	8 ～ 12.5	150
		16	10 ～ 16	192
		20	12.5 ～ 20	240
		25	16 ～ 25	300
		32	22 ～ 32	380

续表

型号	壳架额定电流/A	额定电流 I_n/A	长延时瞬时脱扣电流调整范围/A	瞬时脱扣电流整定值/A
3VE4	63	10 16 25 32 40 50 63	6.3 ~ 10 10 ~ 16 16 ~ 25 22 ~ 32 28 ~ 40 36 ~ 50 45 ~ 63	120 192 300 380 480 600 760

表 4-11　H 系列断路器技术数据

型号	壳架额定电流/A	脱扣器额定电流 I_n/A	分断能力/kA						瞬时脱扣电流整定值/A	
			交流 380V				直流 250V			
			P-1	cosφ	P -2	cosφ	P-1	时间常数/s	高定值	低定值
HFB-150	150	15、20、25、30、35、40、50、70、90、100、12、150	22	0.25	10	0.5	20	15		
HKB-250	250	70、90、100、125、150、175、200、225、250	28	0.25	18	0.3	20	15	$10I_n$	$5I_n$
HLA-600	600	250、300、350、400、500、600	35	0.25	30	0.25	20	15	$10I_n$	$5I_n$

表 4-12　TG 系列塑壳断路器技术数据

型　号	额定电流/A	脱扣器额定电流/A	绝缘电压(AC/DC)/V	通断能力（AC 380V）	
				通断电流/kA	cosφ
TG-30	30	15，20，30	660/250	30	0.15 ~ 0.20

续表

型　号	额定电流 /A	脱扣器额定电流 /A	绝缘电压 (AC/DC) /V	通断能力（AC 380V）	
				通断电流 /kA	cosφ
TG-100B	100	15，20，30，40，50，60，75，100	660/250	30	0.15 ～ 0.20
TG-225	225	125，150，175，200，225	660/250	40	0.15 ～ 0.20
TG-400B	400	250，300，350，400	660/250	42	0.15 ～ 0.20
TG-100BA	100	15，20，30，40，50，60，75，100	660/250	18	0.15 ～ 0.20
TG-225BA	225	125，150，175，200，225	660/250	25	0.15 ～ 0.20
TG-400BA	400	250，300，350，400	660/250	30	0.15 ～ 0.20

表 4-13　TO 系列塑壳断路器技术数据

型号	额定电流 /A	过电流脱扣器电流 /A	电压 /V	电流有效值 /kA	过电流脱扣器电流倍数
TO-100BA	100	15，20，30，40，50，60，75，100	660/440	6/8	$10I_n$
TO-225BA	225	125，150，175，200，225	660/440	15/20	$10I_n$
TO-400BA	400	250，300，350，400	660/440	18/25	$(5 \sim 10)I_n$
TO-600BA	600	450，500，600	660/440	18/25	$(5 \sim 10)I_n$

4.3 接触器的作用

交流接触器是一种广泛使用的开关电器。在正常条件下，可以用来实现远距离控制或频繁的接通、断开主电路。接触器主要控制对象是电动机，可以用来实现电动机的启动、正、反转运行等控制。也可用于控制其他电力负荷。如：电热器、电焊机、照明支路等。接触器具有失压保护功能，有一定过载能力，但不具备过载保护功能。交流接触器在电路中的图形符号如图 4-8 所示。

工作原理：构造如图 4-9 所示，交流接触器具有一个套着线圈的静铁芯，一个与触头机械地固定在一起的动铁芯（衔铁）。当线圈通电后静铁芯产生电磁引力使静铁芯和动铁芯吸合在一起，动触头随动铁芯的吸合与静触头闭合而成接通电路。当线圈断电或加在线圈上的电压低于额定值的 40% 时，动铁芯就会因电磁吸力过小而在弹簧的作用下释放，使动静触头自然分开。

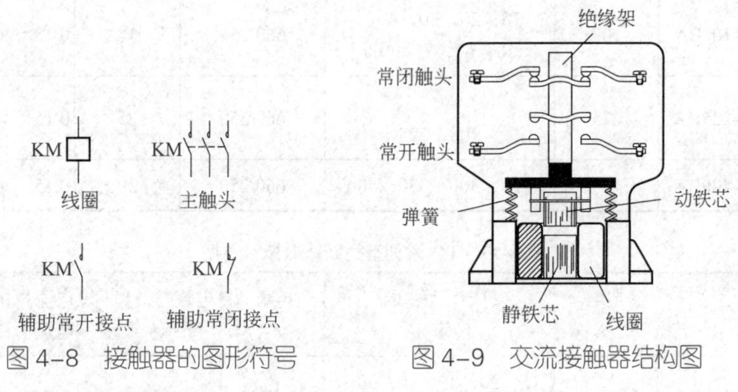

图 4-8 接触器的图形符号　　图 4-9 交流接触器结构图

接触器的种类很多，国产的型号主要有 CJ10、CJ12、CJ20、CJ22、CJ24、B 系列等，还有引进的新系列如 3TH、3TB 等。

4.3.1 接触器的使用及维护

① 安装前应查对核实线圈额定电压，然后将铁芯极面上防锈油脂擦净。

② 安装时一般应垂直安装，其倾斜角不得超过 5°，有散热孔的接触器，应将散热孔放在上下位置，以利于散热降低线圈的温度。

③ 接触器安装接线时，不应把零件掉入接触器内部，以免引起卡阻烧毁线圈。

④ 接触器应定期进行检修。在维修触头时，不应破坏触头表面的合金层。

扫二维码观看接触器的组装视频。

4.3.2 接触器的安装及使用

接触器使用寿命的长短，工作的可靠性，不仅取决于产品本身的技术性能，而且与产品的使用维护是否得当有关。在安装、调整时应注意以下各点：

① 安装前应检查产品的铭牌及线圈上的数据（如额定电压、电流、操作频率等）是否符合实际使用要求。接触器使用之前应认真检查额定电压，接触器额定电压指的是线圈电压而不是所控制电路的电压。

② 用于分合接触器的活动部分，要求产品动作灵活无卡住现象。

③ 当接触器铁芯极面涂有防锈油时，使用前应将铁芯极面上的防锈油擦净，以免油垢黏滞而造成接触器断电不释放。

④ 安装接线时，应注意勿使螺钉、垫圈、接线头等零件遗漏，以免落入接触器内造成卡住或短路现象。安装时，应将螺钉拧紧，以防振动松脱。

⑤ 检查接线正确无误后，应在主触头不带电的情况下，先使吸引线圈通电分合数次，检查产品动作是否可靠，然后才能投入使用。

⑥ 用于可逆转换的接触器，为保证联锁可靠，除装有电气联锁外，还应加装机械联锁机构。

⑦ 触头表面应经常保护清洁，不允许涂油，当触头表面因电弧作用而形成金属小珠时，应及时清除。当触头严重磨损后，应及时调换触头。但应注意，银及银基合金触头表面在分断电弧时生成的黑色氧化膜接触电阻很低，不会造成接触不良现象，因此不必锉修，否则将会大大缩短触头寿命。

⑧ 原来带有灭弧室的接触器，决不能不带灭弧室使用，以免发生短路事故，陶土灭弧罩易碎，应避免碰撞，如有碎裂，应及时调换。

扫二维码观看交流接触器的选用与检测视频。

4.4 启动器的作用

4.4.1 启动器的分类

控制电动机启动和停止用的电器。电动机启动时，启动电流要超过电动机额定电流很多倍，启动电流大时线路的电压暂时要有所降低。线路容量较大的情况下电压降低不多，对线路上的其他电器设备的工作影响不大，因此，中小容量的交流电动机可采用直接启动方式。如果线路电压降低较多，一方面会影响线路上其他设备的运行，另一方面电动机的启动转矩将减小，启动发生困难，甚至启动失败，因此，需要采用启动器。

启动器按操作方式分为手动和自动两类。交流电动机的手动启动器中比较常用的有星 - 三角启动器，它属于降压启动方式。在启动时，先将交流三相电动机的绕组接成星形，使每相绕组的外加电压降低为相电压，以减小启动电流的冲击。启动过程中手动操作将三相绕组转换成三角形接法，将每相电压升高到线电压后完成启动。

自动操作启动器又分为直接启动和减压启动两种。常用的直接启动器是电磁启动器，具有失压和过载保护功能。直接启动器又分不可逆和可逆两种。不可逆启动器只能完成电动机的启动和停止功能；可逆启动器可完成正向旋转启动、反向旋转启动及停止功能。自动减压启动器有自耦减压启动器、频敏启动器和综合启动器等。

4.4.2 磁力启动器

磁力启动器是由电磁接触器和过载保护元件等组合而成的一种启动器。又称磁力启动器。由于它是直接把电网电压加到电动机的定子绕组上，使电动机在全电压下启动，所以又称直接启动器。当电网和负载对启动特性均没有特殊要求时，常采用电磁启动器。因其不仅操作控制方便，而且具有过载和失压保护功能。

过载保护指当电动机的负荷超过其额定负荷、并且超过一定的容许时间时，电磁启动器能够自动分断电动机电源。

失压保护指电磁启动器接通电源，将电动机启动并投入正常运行后，遇到电源断电时，电磁启动器能够自动分断电路，以防止电源重新有电时电动机自行启动，从而免除设备受到损害和人员受到伤害。

电磁启动器分为不可逆和可逆的两种。前者用于启动无需反转的电动机；后者用于需要反转的电动机。电磁启动器用按钮操作。不可逆电磁启动器有“启动”和“停止”两个按钮；可逆电磁启动器有“正转”“反转”和“停止”3 个按钮。

为防止可逆启动器中的正常控制接触器和反转控制接触器同时通电，以致发生电源短路，在控制电路中一般设有电气联锁，有时还要增设机械联锁，以保证只有当启动器中的一个接触器处于断开位置时，另一个接触器才有可能通电动作，而电动机也只向一个方向运转。

磁力启动器按其结构形式分开启式和防护式。使用时只需接通电源线和电动机线即可，如图 4-10 所示具有结构紧凑、安装方便的优点。

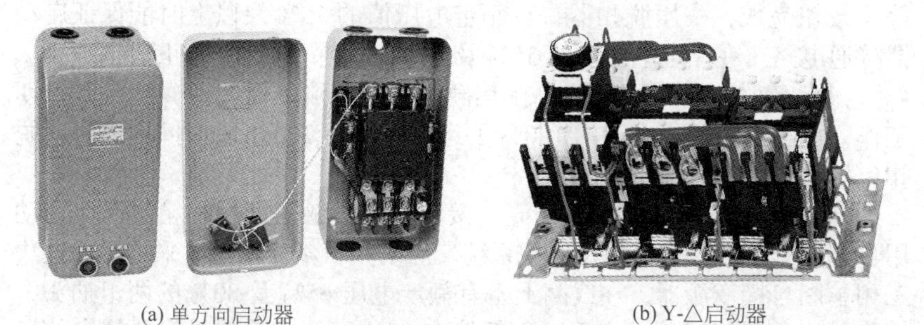

(a) 单方向启动器　　(b) Y-△启动器

图 4-10　单方向启动器

4.4.3 自耦降压启动器

自耦降压启动器，是根据自耦变压器的原理设计的。它的原副线圈共用一个绕组，绕组中引出两组电压抽头，分别对应不同的电压，供电动机在具体条件下降压启动时选用，从而使电动机获得适当启动电流。常用的型号有：QJ3 型、QJ10 型、如图 4-11 所示。自耦降压启动器仅适用于长期工作制或间断长期工作制的电动机的启动，不适宜于频繁启动的电动机。

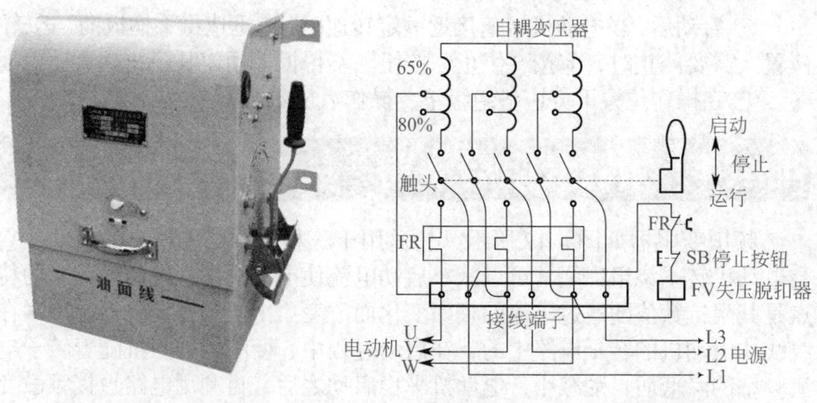

(a) 油浸式自耦降压启动器外形　　(b) QJ3型自耦降压启动器接线原理图

图 4-11　油浸式自耦降压启动器外形和接线原理图

启动器有过负荷脱扣和失压脱扣等保护，过负荷保护是以带有手动复位的热继电器来实现的，失压保护由失压脱扣器来完成，停止运行通过停止按钮完成，失压脱扣器，在额定电压值的 75% 及以上时能保证启动器接通电路。在额定电压值的 35% 及以下时能保证脱扣，切断电路。

过负荷脱扣的热继电器，在其额定工作电流下运行时，能保证长期工作。如在额定工作电流的 120% 下运行时，在 20min 的时间内能自动脱扣，切断电路。

自耦降压启动器由金属外壳、接触系统（触头浸在油箱里）、启动用自耦变压器、操作机构及保护系统。启动用自耦变压器，采用星形接法三相单圈自耦变压器，在线圈上备有额定电压 65% 及 80% 的两组抽头，供降压启动时接线用。出厂时一般接在 65% 抽头上，如果需要较大的启动转矩，可改接在 80% 抽头上。

自耦降压启动器安装及使用要求：

① 自耦降压启动器的容量应与被启动电动机的容量相适应。

② 安装的位置应便于操作。外壳应有可靠的接地或接零。

③ 第一次使用，要在油箱内注入合格的变压器油至油位线（油量不可过多或过少）。

④ 如发生启动困难，可将抽头接在 80% 上（出厂时，预接在 65% 抽头上）。

⑤ 连续多次启动时间的累计达到厂家规定的最长启动时间（根据容量不同，一般在 30 ～ 60s），再次启动应在 4h 以后。

⑥ 两次启动间隔时间不应少于 4min。

⑦ 启动后，当电动机转速接近额定转速时，应迅速将手柄扳向“运转”位置。需要停止时，应按“停止”按钮。不得扳手柄使其停止。

⑧ 在操作位置下方应垫绝缘垫，操作人应戴手套。

4.4.4 频敏变阻启动器

频敏变阻器如图 4-12 所示，它适用于三相绕线式电动机的启动，它与电动机转子绕组串联，可以减小启动电流使电动机平稳地启动，它的特点是其阻抗数值随通过电流的频率变化而改变。由于频敏变阻器是串联在绕线式电动机的转子电路中的，在启动过程中，变阻器的阻抗随着转子电流频率的降低而自动减小，电动机平稳启动之后，再利用电路短接频敏变阻器，使电动机正常运行。频敏变阻器由数片厚钢板和线圈组成，线圈为星形接线。

使用频敏变阻启动器时应注意以下几点。

① 启动电动机时，启动电流过大或启动太快时，可换接在匝数较多的线圈接头，匝数增多，启动电流和启动转矩会相应减小。

② 当启动转速过低时，切除频敏变阻器时冲击电流过大，则可换接到匝数较少的接线端子上，启动电流和启动转矩也会相应增大。

图 4-12　频敏变阻器的外形

③ 频敏变阻器需定期进行清除表面积尘，检测线圈对金属壳的绝缘电阻。

4.4.5 软启动器

软启动器是一种集电机软启动、软停车、轻载节能和多种保护功能于一体的新颖电机控制装置如图 4-13 所示，国外称为 Soft Starter。它的主要构成是串接于电源与被控电机之间的三相反并联晶闸管及其电子控制电路。运用不同的方法，控制三相反并联晶闸管的导通角，使被控电机的输入电压按不同的要求而变化，就可实现不同的功能。

运用串接于电源与被控电机之间的软启动器，控制其内部晶闸管的导通角，使电机输入电压从零以预设函数关系逐渐上升，直至启动结束，赋予电机全电压，即为软启动，在软启动过程中，电机启动转矩逐渐增加，转速也逐渐增加。软启动一般有下面几种启动方式。

① 斜坡升压软启动。这种启动方式最简单，不具备电流闭环控制，仅调整晶闸管导通角，使之与时间成一定函数关系增加。其缺点是，由于不限流，在电机启动过程中，有时要产生较大的冲击电流使晶闸管损坏，对电网影响较大，实际很少应用。

② 斜坡恒流软启动。这种启动方式是在电动机启动的初始阶段启动电流逐渐增加，当电流达到预先所设定的值后保持恒定（$t_1 \sim t_2$ 阶段），直至启动完毕。启动过程中，电流上升变化的速率是可以根据电动机负载调整设定。电流上升速率大，则启动转矩大，启动时间短。

该启动方式是应用最多的启动方式，尤其适用于风机、泵类负载的启动。

③ 阶跃启动。开机，即以最短时间，使启动电流迅速达到设定值，即为阶跃启动。通过调节启动电流设定值，可以达到快速启动效果。

④ 脉冲冲击启动。在启动开始阶段，让晶闸管在极短时间内，以较大电流导通一段时间后回落，再按原设定值线性上升，连入恒流启动。

该启动方法，适用于重载并需克服较大静摩擦的启动场合。

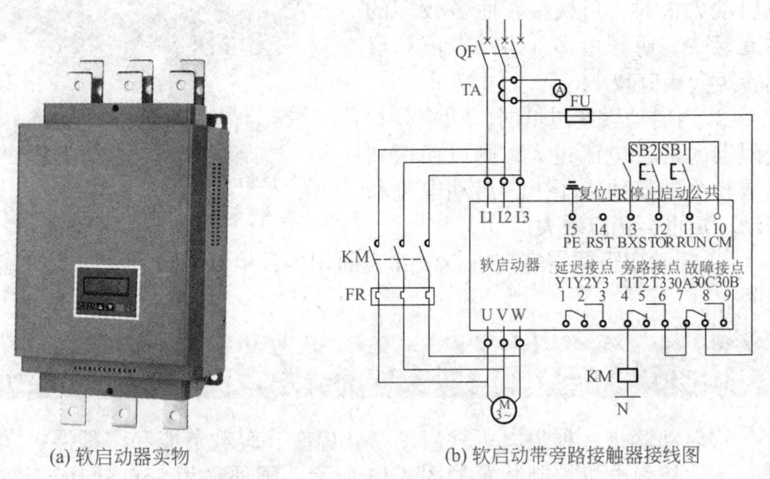

(a) 软启动器实物　　(b) 软启动带旁路接触器接线图

图 4-13　软启动器实物及软启动带旁路接触器接线图

4.5 热继电器

4.5.1 热继电器的作用

热继电器是由流入热元件的电流产生热量，使有不同膨胀系数的双金属片发生形变，当形变达到一定距离时，就推动连杆动作，使控制电路断开，从而使接触器失电，主电路断开，实现电动机的过载保护。热继电器作为电动机的过载保护元件，以其体积小、结构简单、成本低等优点在生产中得到了广泛应用，如图 4-14 所示。

热继电器的作用是：主要用来对异步电动机进行过载保护，它的工作原理是过载电流通过热元件后，使双金属片加热弯曲去推动动作机构来带动触点动作，从而将电动机控制电路断开实现电动机断电停车，起到过载保护的作用。鉴于双金属片受热弯曲过程中，热量的传递需要较长的时间，因此，热继电器不能用作短路保护，而只能用作过载保护。热继电器的符号为 FR，热继电器的电路符号如图 4-15。

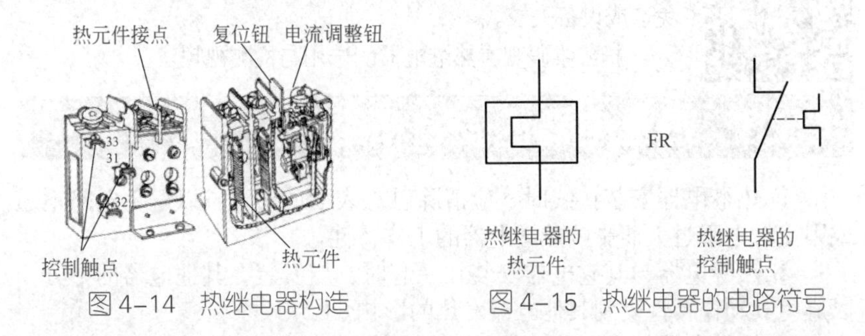

图 4–14　热继电器构造　　图 4–15　热继电器的电路符号

4.5.2 热继电器正确选用及安全使用

热继电器的合理选用与正确使用直接影响到电气设备能否安全运行。因此，在选用与使用中应着重注意以下问题：

类型选用：一般轻载启动，长期工作制的电动机或间断长期工作的电动机，可选用两相结构的热继电器，当电源电压均衡性和工作条件较差的可选用三相结构的热继电器，对于定子绕组为三角形接线的电动机可选用带断相保护装置的热继电器，型号可根据有关技术要求和与交流接触器的配合相适应。

① 热继电器额定电流的选择；热继电器的动作电流可在其额定电流的 60% ～ 100% 的范围内调节，热继电器的额定电流可按被保护电动机额定电流的 1.1 ～ 1.5 倍选择。热继电器的保护动作电流整定值一般应等于电动机的额定电流。

② 与热继电器连接的导线截面应满足最大负荷电流的要求，连接应紧密，防止接点处过热传导到热元件上，造成动作值的不准确。

③ 热继电器在使用中，不能自行变动热元件的安装位置或随便更换热元件。

④ 热继电器故障动作后，必须认真检查热元件及触点是否有烧坏现象，其他部件有无损坏，确认完好无损时才能再投入使用。

⑤ 具有反接制动及通断频繁的电动机，不宜采用热继电器保护。

热继电器动作后的复位时间，当处于自动复位时，热继电器可在 5min 内复位，当调为手动复位时，则在 3min 后，按复位键能使继电

器复位。

⑥ 安装在电路中的热继电器不能随意改变复位形式，以免造成设备失控。

扫二维码观看热继电器的选用与检测视频。

4.5.3 热继电器的安装和维护

① 热继电器安装接线时，应清除触点表面的污垢，以避免电路不通或因接触电阻过大而影响热继电器的工作特性。

② 热继电器与其它电器安装在一起时，应安装在其他电器的下方，以避免其动作特性受到其他电器发热的影响。

③ 热继电器的主回路连接导线不宜太细，避免因连接端子和导线发热影响热继电器正常工作。

4.6 中间继电器的作用

中间继电器（图 4-16）在继电保护和自动控制系统中主要有以下作用。

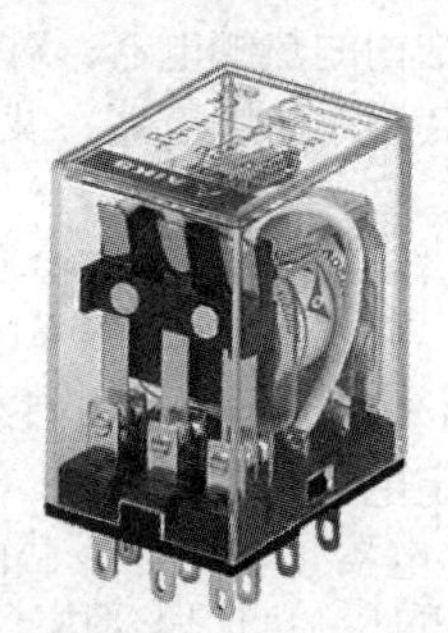

图 4-16　中间继电器

① 隔离：控制系统的输出信号与负载端电气隔离。

② 转换：比如控制系统信号为 DC24V，但负载电路使用 AC220V 或 380V 供电。

③ “放大”：控制器输出的信号的带负载的能力往往有限，在 mA 或者数 A 的级别，如果有需要更大电流的负载，只能通过中间继电器来转换。

④ 便于维护。即使是满足负载电流要求的输出端，但因为集成在控制器内部，如果损坏，更换维修比较麻烦，但如果通过中间继电器，控制器输出端的负载只是继电器的线圈，减轻了控制器输出端的负载，从而降低损坏的概率。而当中间继电器触点因为频繁使用而损坏时，很容易通过简单的插拔完成更换。

⑤ 增加触点数量和转化控制功能。中间继电器的符号见图 4-17。

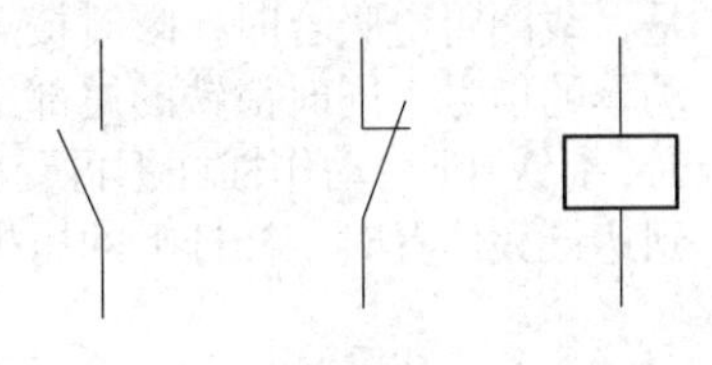

图 4-17　中间继电器的符号

4.7 时间继电器的作用

时间继电器是控制线路中常用电器之一。它的种类很多，在交流电路中使用较多的有空气阻尼式时间继电器、电子式时间继电器，时间继电器在电路中的符号如图 4-18 所示。

图 4-18　时间继电器在电路中的符号

空气阻尼式时间继电器，有通电延时型和断电延时型两种，图 4-19 是通电延时型时间继电器，其动作过程是，线圈不通电时，线圈的衔铁释放压住动作杠杆，延时和瞬时接点不动作，当线圈得电吸合后，衔铁被吸合，衔铁上的压板首先将瞬时接点按下，触点动作发出瞬时信号，这是由于衔铁吸合动作杠杆不受压力，在助力弹簧作用下慢慢的动作（延时），动作到达最大位置杠杆上的压板按动延时接点，接点动作发出延时信号，直至线圈无电释放，动作结束。

图 4-20 是断电延时型时间继电器特点是线圈是倒装的，其动作过程是，线圈得电吸合时，瞬时接点受衔铁上的压板动作，接点动作发出瞬时动作的信号，同时衔铁的尾部压下动作杠杆，延时接点复位，当线圈失电时，衔铁弹回，动作杠杆不再受压而在助力弹簧的作用下，开始动作（延时）到达最大位置时，杠杆上的压板按动延时接点，接点动作发出延时信号。

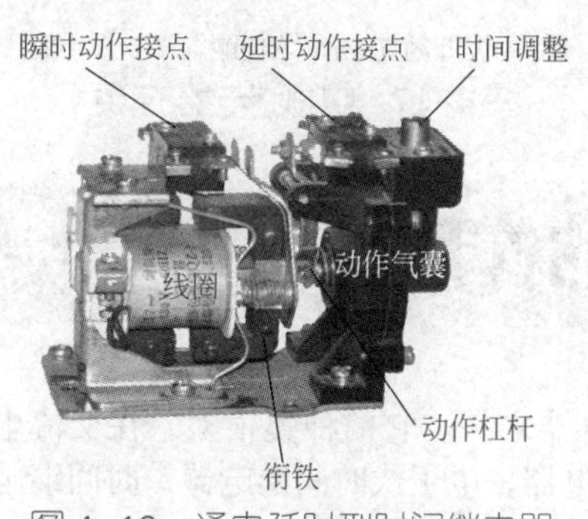

图 4-19　通电延时型时间继电器

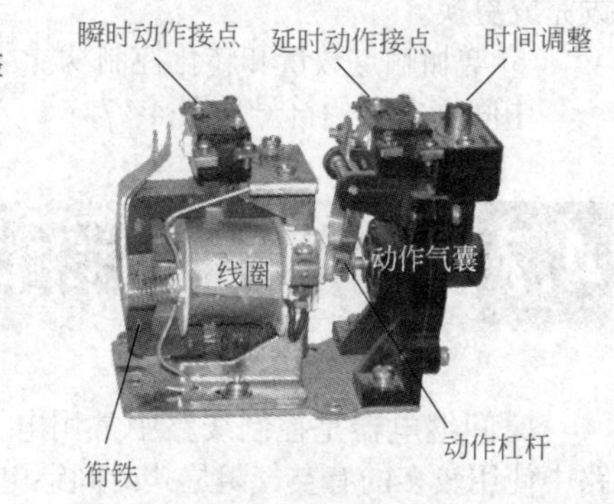

图 4-20　断电延时型时间继电器

电子式时间继电器如图 4-21，它是通过电子线路控制电容器充放电的原理制成的。它的特点是体积小，延时范围宽可达 0.1 ～ 60s、1 ～ 60min。它具有体积小、重量轻、精度高、寿命长等优点。

晶体管时间继电器

晶体管时间继电器底座

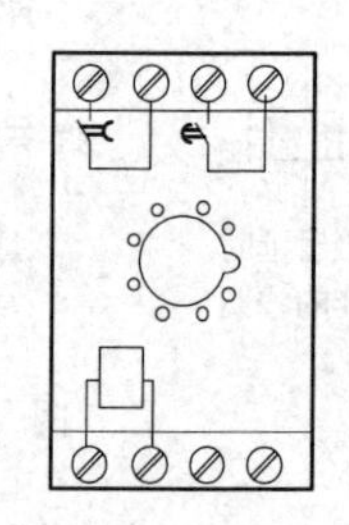

底座接线示意图

图 4-21　电子式时间继电器

第 5 章 交流异步电动机

5.1 三相异步电动机的用途、分类和构造

5.1.1 异步电动机的用途和分类

异步电机是交流电机的一种，又叫感应电机，主要作电动机使用，在特殊情况下才作为发电机使用。

由于异步电动机结构简单、制造容易、价格低廉、坚固耐用，所以是工农业中用得最多的一种电动机，它的容量从几十瓦到几千千瓦。在工业方面，广泛用于中小轧钢设备、切削机床、轻工机械、卷扬机和鼓风机等。在农业中，可用于水泵、脱粒机、粉碎机和其它加工机械。在日常生活中，可用于电扇、冷冻机、医疗机械等。

异步电动机的缺点是它的功率因数较低，调速性能差，在一定程度上限制了它的应用。

异步电动机按定子绕组的相数分为单相异步电动机和三相异步电动机。在没有三相电源或所需功率较小时用单相电动机。三相异步电动机有鼠笼式异步电动机和绕线式异步电动机两种基本类型。笼式又分为单笼、双笼和深槽式。绕线式异步电动机，它的转子和定子都是三相绕组，可接成星形或三角形。

5.1.2 三相异步电动机的型号

三相异步电动机的型号由产品代号、规格代号、特殊环境代号和补

充代号等四个部分组成。它们的排列顺序为：

产品代号——规格代号——特殊环境代号

（1）产品代号含义（扫二维码看相关视频。）

由电机类型代号、电机特点代号、设计序号和励磁方式代号等四个小节顺序组成。

① 类型代号是表征电机的各种类型而采用的汉语拼音字母。

Y——异步电动机 、T——同步电动机、TF——同步发电机、Z——直流电动机、ZF——直流发电机

② 特点代号是表征电机的性能、结构或用途，也采用汉语拼音字母表示。

B——隔爆型用、YT——轴流通风机上用、YEJ——电磁制动式、YVP——变频调速式、 YD——变极多速式、TZD——起重机用、O——封闭式

③ 设计序号是指电机产品设计的顺序，用阿拉伯数字表示。对于第一次设计的产品不标注设计序号，对系列产品所派生的产品按设计的顺序标注。

④ 励磁方式代号分别用字母表示，S 表示三次谐波，J 表示晶闸管，X 表示相复励磁。

（2）规格代号含义

主要用中心高、机座长度、铁芯长度、极数来表示。

① 中心高指由电机轴心到机座底角面的高度；根据中心高的不同可以将电机分为大型、中型、小型和微型四种。

H 在 45 ～ 71mm 的属于微型电动机；*H* 在 80 ～ 315mm 的属于小型电动机；

H 在 355 ～ 630mm 的属于中型电动机；*H* 在 630mm 以上属于大型电动机。

② 机座长度用国际通用字母表示：

S——短机座、M——中机座、L——长机座

③ 铁芯长度用阿拉伯数字 1、2、3、4 由长至短分别表示。

④ 极数分 2 极、4 极、6 极、8 极等。

（3）特殊环境代号规定

“高”原用 G、船（“海”）用 H 、户“外”用 W 、化工防“腐”用 F 热带用 T 、湿热带用 TH、干热带用 TA

（4）常用电机系列代号含义（表 5-1）

表 5-1　常用电机系列代号含义

序号	系列代号	系列名称	代号含义
1	Y、Y2	三相异步电动机	Y：异步电机　2：第二次改进设计
2	YZR、YZ	起重冶金用三相异步电动机	Z：起重冶金　R：绕线转子
3	YZRW	冶金及起重用涡流制动绕线式三相异步电动机	W：涡流制动
4	YG	轨道用三相异步电动机	G：轨道
5	YD	变极多速三相异步电动机	D：多速
6	YCT	电磁调速电动机	C：电磁　T：调速
7	YA	增安型三相异步电动机	A：增安
8	YB	隔爆型三相异步电动机	B：隔爆
9	YXJ	摆线针轮减速三相异步电动机	XJ：行星摆针轮减速
10	YEL	电磁制动三相异步电动机	EJ：圆盘型直流电磁制动器
11	YZD	起重用多速三相异步电动机	D：多速
12	TR、JR	绕线转子三相异步电动机	J：老型号三相异步电动机
13	JS	三相异步电动机（中型）	S：铸铝转子
14	YK	大型高压电动机	K：快速
15	YKK	高压三相异步电动机	KK：封闭带 空 / 空冷却器
16	TK	同步电动机	T：同步电动机　K：配空压机
17	TDMK	矿山磨机用大型交流三相同步电动机	D：电动机　M：磨机　K：矿山
18	Z2　Z4	小型直流电机	Z：直流　2、4：改型次数
19	YS	三相异步电动机（分马力）	YS：取代　　AO　2

5.1.3 异步电动机的结构

异步电动机主要由定子和转子组成。定、转子中间是空气隙。此外还有端盖、轴承、机座等部件（见图 5-1）。（扫二维码看相关视频。）

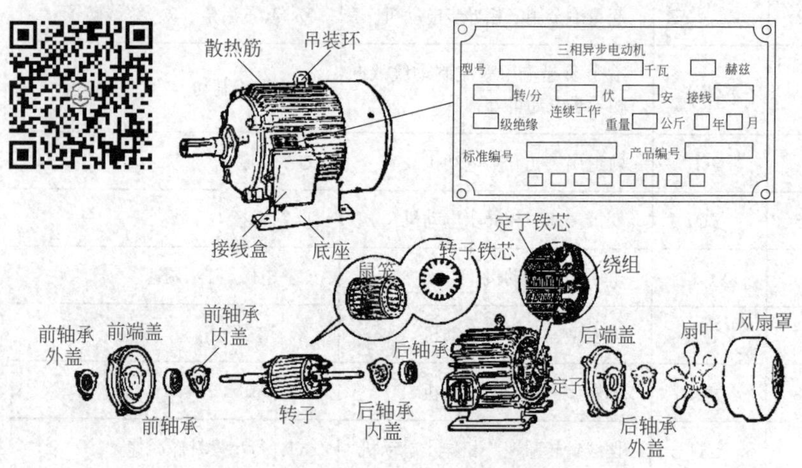

图 5-1 异步电动机的结构

（1）定子

定子是异步电动机的不动部分，由机座、定子铁芯和定子绕组构成。机座是电动机的外壳，起支撑作用；定子铁芯是磁路的一部分；三相绕组是定子的电路部分，用以产生旋转磁场。三相绕组的六根引出线接到机座上的接线盒中，根据需要可分别接成星形或三角形，如图 5-2 所示。

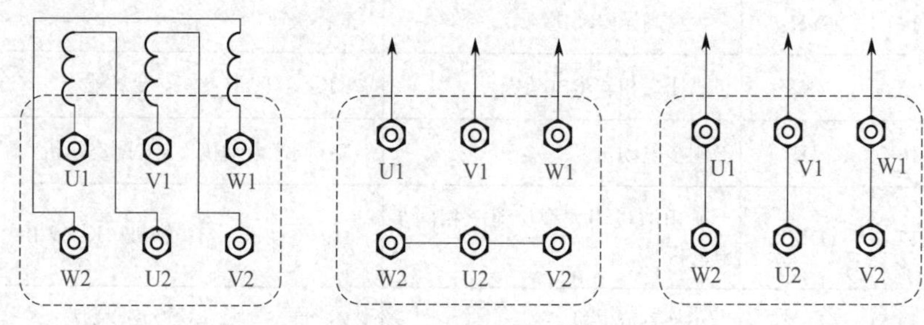

(a) 三个绕组的引出线排列　(b) 定子绕组的星形连接　(c) 定子绕组的三角形连接

图 5-2 电动机的接线

（2）转子

转子是电动机的转动部分。转子由转轴、转子铁芯、转子绕组、风扇等组成。转子绕组分鼠笼式转子绕组和绕线式转子绕组，它们是转子的电路部分。鼠笼转子绕组可用铜条压进铁芯的槽沟内，两端用端环连接而成。也可用熔化了的铝液直接浇铸在转子铁芯槽沟内，连同端环一次铸成。

绕线式转子绕组是在转子铁芯的槽内放置对称的三相绕组，三相绕组对小容量的接成三角形，大容量的接成星形。绕组的三根引出线接到轴上三个彼此绝缘的铜制滑环上，用一套电刷引出来。

5.1.4　异步电动机的结构形式

根据不同的冷却方式和保护方式，异步电机的结构有开启式、防护式、封闭式和防爆式。

开启式电动机的带电部分和旋转部分没有遮盖，散热好、造价低，但铁屑、灰尘、水滴易进入机内。

防护式能防止从上面或与垂直线成 45° 的水滴、铁屑等掉入电机内，冷却方式为装在轴上的风扇迫使冷空气从端盖进入电机，用于比较干燥，灰尘不多，没有腐蚀性和爆炸性气体的场所。

封闭式异步电动机的电机内部的空气和机壳外的空气相互隔开，电机内部的热量通过机壳及铸在机座外的冷却片散出来。在机座外的转轴上装有风扇和风罩。这种电机用在尘土较多的潮湿场所。

防爆式电动机是一种全封闭的电机，把电机内部与外界易燃、易爆的气体隔离，多用在汽油、酒精、天然气、煤气等易燃、易爆气体的场所。

电机与低压电器一样，其外壳的防护等级有两种形式。第一种是对固体异物的侵入，或人体触及其带电部分或运动部分的防护；第二种是对水侵入的防护，电动机的防护等级表示如图 5-3 所示。

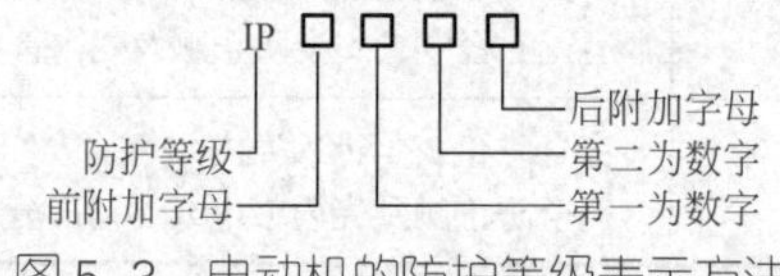

图 5-3　电动机的防护等级表示方法

IP 为防护标志。即：电动机或低压电器的外壳防护等级标志字母。

前附加字母为电机产品的附加字母，如：W 表示气候防护式电机；R 表示管道通风式电机。

第一位数字表示第一种防护形式的等级代号，即防固体异物进入内部、防人体触及内部带电或运动部分的防护等级；第一种防护分为 7 级，其防护性能见表 5-2。

第二位数字表示第二种防护形式的等级代号，即防水进入其内部的防护等级，第二种防护分为 9 级，其各级防护性能见表 5-3。

当仅考虑一种防护形式时，另一位数字则用“X”代替。

后附加字母也是电机产品的附加字母，即 S 表示在静止状态下进行第二种防护形式试验的电机；M 表示在运转状态下进行第二种防护形式试验的电机。

表 5-2　第一种防护分级

防护等级	简　称	防　护　性　能
0	无防护	没有专门的防护
1	防护大于 50mm 的固体	能防护直径大于 50mm 的固体异物进入壳内；能防止人体的某一大面积部分偶然或意外地触及壳内带电或运行部分，但不能防止有意识地接近这些部分
2	防护大于 12mm 的固体	能防止直径大于 12mm、长度不大于 80mm 的固体异物进入壳内
3	防护大于 2.5mm 的固体	能防止直径大于 2.5mm 的固体异物进入壳内；能防止厚度（或直径）大于 2.5mm 的工具、金属线等触及壳内带电或运动部分
4	防止大于 1mm 的固体	能防止直径大于 1mm 的固体异物进入壳内；能防止厚度（或直径）大于 1mm 的工具、金属线等触及壳内带电部分或运动部分
5	防尘	不能完全防止尘埃进入，但进入量不能达到妨碍产品正常运行的程度，安全防止触及壳内带电或运动部分
6	尘密	完全防止灰尘进入壳内 完全防止触及壳内带电或运动部分

表 5-3　第二种防护分级

防护等级	简　称	防　护　性　能
0	无防护	没有专门的防护

防护等级	简　称	防　护　性　能
1	防滴	垂直的滴水无有害影响
2	15° 防滴	与垂直线成 15° 范围内的滴水，无有害影响
3	防淋水	与垂直线成 60° 范围内的滴水，无有害影响
4	防溅	任何方向的溅水对产品应无有害影响
5	防喷水	任何方向的喷水对产品应无有害影响
6	防海浪或防强力喷水	强力的海浪或强力喷水对产品应无有害影响
7	浸入	产品在规定的压力和时间下浸在水中，浸水量产品应无有害影响
8	潜水	能按制造厂规定的条件，长期潜水，进水量产品应无有害影响

5.2 电动机工作原理

5.2.1 电动机的旋转磁场

三相异步电动机的定子绕组是三相对称的。也就是说，三相绕组的线圈数及匝数均相同，且在空间沿定子铁芯的内圆均匀分布，分别以 U1—U2、V1—V2、W1—W2 表示。如将三相绕组按 Y 形连接后至三相电源上，在三相绕组内就会流过三相对称电流。

$$i_A=I_m\sin\omega t$$

$$i_B=I_m\sin(\omega t-120°)$$

$$i_C=I_m(\omega t+120°)$$

每相绕组中的电流均将产生磁场，三相绕组就会产生一个合成磁场，此合成磁场就是一个旋转磁场，下面以几种特殊的时刻用作图的方法加以证明。

为了分析方便，假定每相绕组电流的正方向是从首端 U1、V1、W1

流入（用◎表示），由末端 U2、V2、W2 流出（用 × 表示）。如电流实际方向与假定的正方向相同时，其值为正，否则为负。磁场的方向则根据电流的流向以右手螺旋定则来确定。

根据右手螺旋定则可以确定合成磁场的方向为由上向下，和电流达最大值的 A 相绕组的轴线相一致。利用上述方法还可作出 ωt=90°+120°、ωt=90°+240°、ωt=90°+360° 三个特殊瞬间的电流和合成磁场的方向，如图 5-4 所示。

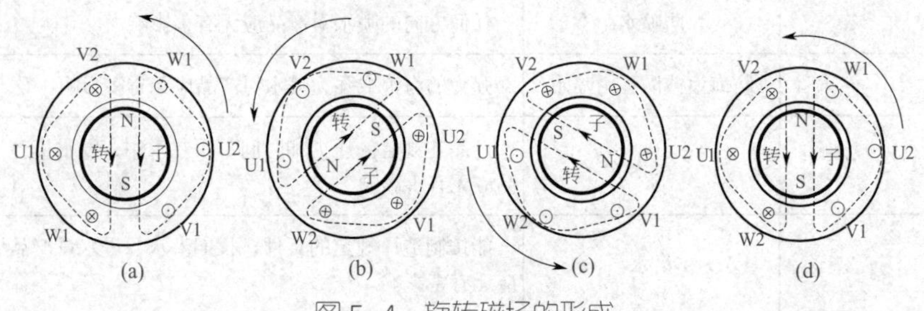

图 5-4　旋转磁场的形成

通过上述分析：由图不难看出，三相绕组电流产生的合成磁场是一个随时间变化在空间旋转的磁场，即所谓旋转磁场。

5.2.2　三相异步电动机的极对数与同步转速

图 5-5 是一个四极电机（两对磁极 P=2）绕组分布示意图和磁场分布随时间的变化图。每相绕组有两组线圈（如 A 相绕组由 U1—U2 与 u1—u2 组成），每相绕组的始边（U1、V1、W1）在定子空间相隔 60° 空间角。对两对极电动机电流变化一周期，磁场转过半圈，还可以有三对极、四对极等电动机，电动机旋转磁场转速 n_0 与三相电源的频率 f，定子磁极对数 P 之间有如下关系。

$$n_0=\frac{60f}{P}$$

式中　n_0——旋转磁场每分钟的转速（同步转速）；

f——定子绕组的电流频率；

P——磁极对数。

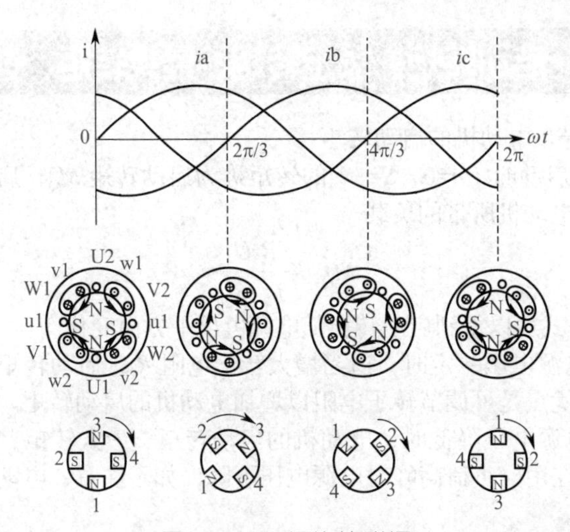

图5-5　四极旋转磁场

因为 n_0 与 f 保持恒定的关系，故称为同步转速。由于我国采用工频 f=50Hz，因此 P=1时，n_0=3000转；P=2时，n_0=1500转；P=3时，n_0=1000转；P=4时，n_0=750转。

5.2.3　转差率

当三相异步电动机正常运行时，转子转速 n 将永远小于旋转磁场的同步转速 n_0。因为如 $n=n_0$ 时，转子转速与旋转磁场的转速相同，转子导体将不再切割旋转磁场的磁力线，因而不会产生感应电动势，也就没有电流，电磁转矩为零，电动机将不能转动。由此可见，与 n_0 的差异是产生电磁转矩，是确保电动机持续运转的重要条件，因此称其为异步电动机。

异步电动机的上述特性一般用转差率 S 来表示，即：

$$S=\frac{n_0-n}{n_0}\times100\%$$

转差率是分析三相异步电动机运行特性的一个重要数据。电动机启动机，n=0，S=1；同步时，$n=n_0$，S=0；电动机在额定条件下运行时，其转差率 S=0.02 ～ 0.06。

5.2.4 启动转矩、额定转矩、最大转矩、过载能力

（1）异步电动机的启动转矩

电动机启动时（n=0，S=1）的转矩称为启动转矩 M_Q，启动转矩必须大于启动时电动机所带的负载。

$$M_Q=K\frac{R_2U_1^2}{R_2^2+x_{20}^2}$$

① 由公式可以得到启动转矩随电源电压平方而变化。

② 当电源电压一定时，适当增大转子电阻 R_2，启动转矩会增大。绕线式转子的优点是可调节转子电阻以增加电动机的启动转矩。

③ 当电源电压降低时，电动机的启动转矩、最大转矩、过载能力都急剧减小，在用电负荷高峰时电源电压下降，如不注意，电动机可能因过载运行烧毁。

（2）异步电动机的额定转矩

额定转矩是电动机在额定负载时的转矩。电动机处于额定负载状态附近运行时，其转差率为 0.02 ～ 0.06，其转速随负载变动的变化不大。

从电机产品目录中可查到启动转矩 M_Q 与额定转矩 M_N 之比值 λ_S，一般为

$$\lambda_S=\frac{M_Q}{M_N}=1.0\sim 2.4$$

（3）异步电动机的最大转矩

异步电动机转矩有一最大值，称为最大转矩 M_{max}，又称临界转矩。电动机转差率 0 ～ S_m 区运行为稳定运行。若负载增大一点，电机转速 n 下降（转差率 S 增大），电机转矩增大以平衡负载。S_m ～ 1 间为电动机的不稳定区。设电动机运行于该区某一状态，若负载增大一点，转速 n 将下降，如果转矩将进一步降低，直至电动机停止转动，俗称闷车，闷车后电动机电流马上升高至启动电流值，电机严重过热，以至烧坏。

（4）异步电动机的过载能力

三相异步电动机的最大转矩 M_{max} 应大于其额定转矩 M_N，定义电动机最大转矩与额定转矩之比：

$$\lambda=\frac{M_{max}}{M_N}$$

电动机的过载能力，电机产品目录中给出 λ 在 1.8 ～ 2.2。

5.3 笼型电动机的调速

笼型电动机可用改变电源频率 f 和改变极对数 P 来调速。

① 改变电源频率。这种调速需要一套频率可变的电源，因而设备复杂，成本很高。近年来，利用晶体闸流管实现交流变频技术取得一些新进展。

② 改变磁极对数。三相异步电动机定子绕组的接法不同，可有不同的旋转磁场的极对数 P。图 5-6 中定子每相绕组由两个线圈组成（图中只画出一相绕组的两个线圈），当两个线圈串联时 [图 5-6（a）]，定子旋转磁场是两对磁极（P=2）；如果将两个线圈并联 [图 5-6（b）]，则定子磁场是一对磁极（P=1）。由式可见，改接三相定子绕组，以改变极对数，就改变了电动机的转速 n。磁极只能成对变化，这种调速方法是有级的。若在定子上安装两套极对数不同的绕组，其中一套或两套可以改变极对数，可有三种或四种不同的转速。这种可以改变极对数的异步电动机称为多速电动机。

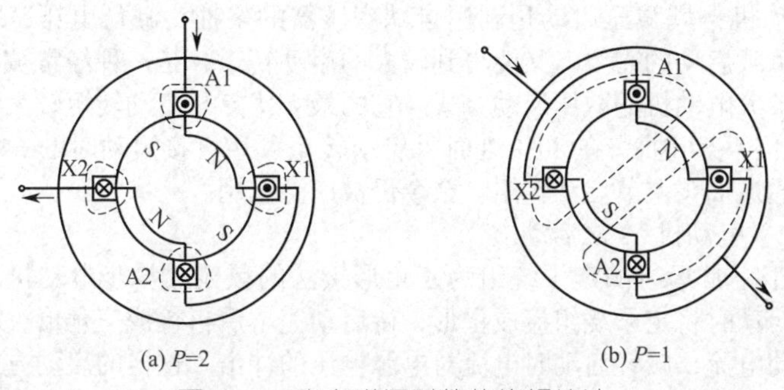

(a) P=2　　(b) P=1

图 5-6　改变磁极对数的绕组接法

5.4 异步电动机的启动方式

笼型异步电动机的启动方式有两类，一类是直接启动，一类是降压启动。

5.4.1 直接启动

直接启动又叫全压启动，是将电动机的定子绕组直接接到为电动机额定电压的电源上启动。

直接启动方式的优点是方法简单、操作方便、设备便宜、启动转矩较大、启动快；其缺点是启动电流大，一般为额定电流的 4 ～ 7 倍，易造成电网电压波动大，影响同一电源其他负载的运行，影响的程度取决于电动机的容量与电源（变压器）容量的比例大小。一台异步电动机能否直接启动与以下因素有关：

① 供电变压器的容量大小；

② 电动机启动的频繁程度；

③ 电动机与供电变压器间的距离；

④ 同一变压器供电的负载种类及允许电压波动的大小。

5.4.2 降压启动

（1）电动机自耦减压启动

电动机自耦减压启动是利用自耦变压器的多抽头减低电压，既能适应不同负载启动的需要，又能得到较大的启动转矩，是一种经常被用来启动容量较大电动机的减压启动方式。它的最大优点是启动转矩较大，当其自耦变压器绕组抽头在 80% 处时，启动转矩可达直接启动时的 64%。并且可以通过抽头调节启动转矩。至今仍被广泛应用。

（2）电动机 Y- △启动

对于正常运行的定子绕组为三角形接法的鼠笼式异步电动机来说，如果在启动时将定子绕组接成星形，待启动完毕后再接成三角形，就可以降低启动电流，减轻启动时电流对电源电压的冲击。这样的启动方式称为星三角减压启动，简称为星 - 三角启动（Y- △启动）。采用星 - 三角启动时，启动电流只是原来按三角形接法直接启动时的 1/3。如果直接启动时的启动电流以 6 ～ 7 倍额定电流计算，则在星三角启动时，启动电流才是 2 ～ 2.3 倍。这就是说采用星三角启动时，启动转矩也降为原来按三角形接法直接启动时的 1/3。这种启动适用于空载或者轻载启动的设备。并同任何别的减压启动方法相比较，其结构最简单检修方便，价格也最便宜。

（3）延边三角形启动

这种启动方式是近年来出现的一种新型启动方式。采用这种方式启动的电动机。每相定子绕组除须引出首尾端头外，还需引出一个中间抽头，即需有九个出线端头。它利用变更绕组的接法而达到降压启动的目的。启动时，把定子绕组的一部分接成△形，另一部分接成 Y 形接在△形的延长边上，故称为延边三角形也称边外三角形，如图 5-7（a）所示。当转速接近额定转速时又接成△形使每相绕组均在额定电压下工作。如图 5-7（b）所示。

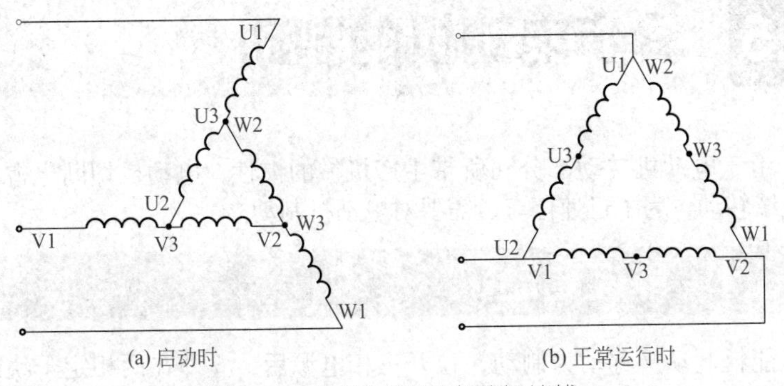

图 5-7　延边三角形电动机接线

（4）电动机软启动器

这是利用了晶闸管的移相调压原理来实现对电动机的调压启动，主要用于电动机的启动控制，启动效果好但成本较高。因使用了晶闸管元件，晶闸管工作时谐波干扰较大，对电网有一定的影响。另外电网的波动也会影响可控硅元件的导通，特别是同一电网中有多台可控硅设备时。因此晶闸管元件的故障率较高，因为涉及电力电子技术，因此对维护技术人员的要求也较高。

（5）电动机变频器启动

变频器是现代电动机控制领域技术含量最高，控制功能最全、控制效果最好的电机控制装置，它通过改变电源的频率来调节电动机的转速和转矩。因为涉及电力电子技术，微机技术，因此成本高，对维护技术人员的要求也高，因此主要用在需要调速并且对速度控制要求高的领域。

在以上几种启动控制方式中，星 - 三角启动，自耦减压启动因其成本低，维护相对于软启动和变频控制容易，目前在实际运用中还占有很大的比重。但因其采用分立电气元件组装，控制线路接点较多，在其运行中，故障率相对还是比较高。从事电气维护的技术人员都知道，很多故障都是电气元件的触点和连线接点接触不良引起的，在工作环境恶劣（如粉尘，潮湿）的地方，这类故障比较多，检查起来颇费时间。另外有时根据生产需要，要更改电机的运行方式，如原来电机是连续运行的，需要改成定时运行，这时就需要增加元件，更改线路才能实现。有时因为负载或电机变动，要更改电动机的启动方式，如原来是自耦启动，要改为星三角启动，也要更改控制线路才能实现。

5.5 异步电动机的制动

由于电动机转动部分和所带生产机械的惯性，电动机切断电源后还会继续转动，为了迅速停车，需要对电动机制动。

5.5.1 能耗制动

能耗制动又称动力制动，拉开三相电源后，立即在两相定子绕组上加以直流电源，于是定子绕组产生一个静止（不转动）磁场，转子在这个磁场中旋转切割该磁力线产生感应电动势和感应电流，转子感应电流与该静磁场所产生的转矩阻碍转子继续转动，即制动作用。其原理如图 5-8 所示。

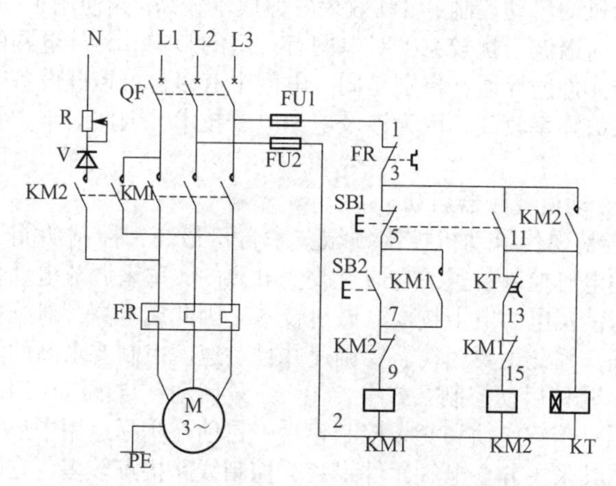

图 5-8 异步电动机能耗制动控制电路

5.5.2 反接制动

在电动机停车时，将接到电源的三根导线中的任意两根对调位置，使旋转磁场反向旋转。按三相异步电动机的转动原理，这一转矩与停车时电动机的转动方向相反，因而起制动作用。当转速接近零时，利用速度继电器将电源切断，否则电动机将反转，如图 5-9 所示。

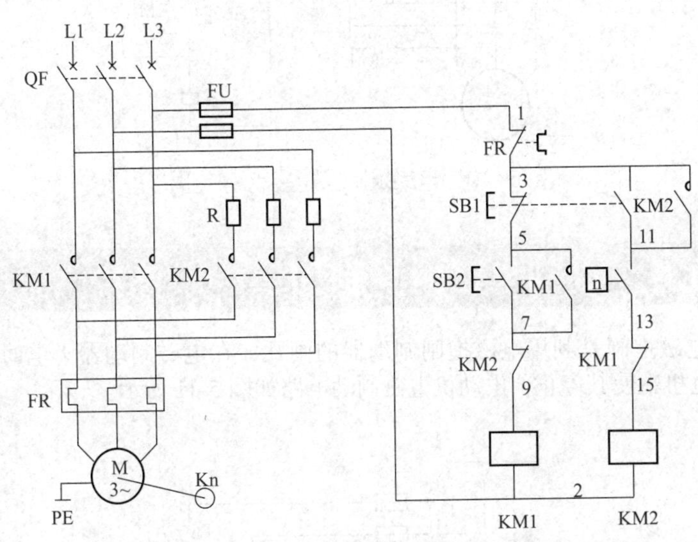

图 5-9　异步电动机反接制动原理图

5.5.3 短接制动电路

在电动机切断电源停止运行的同时，将定子绕组短接，由于转子有剩磁的存在，形成了一个旋转磁场，在电动机旋转惯性作用下磁场切割定子绕组，并在定子绕组中产生感应电动势，由于定子绕组已被接触器的常闭触头短接，所以在定子绕组回路中有感应电流，该电流又与旋转磁场相互作用，产生制动转矩，迫使电动机停止转动。原理图如图 5-10 这种制动方法适用于小容量的高速电动机及制动要求不高的场合，短接制动的优点是无需增加控制设备，简单易行。

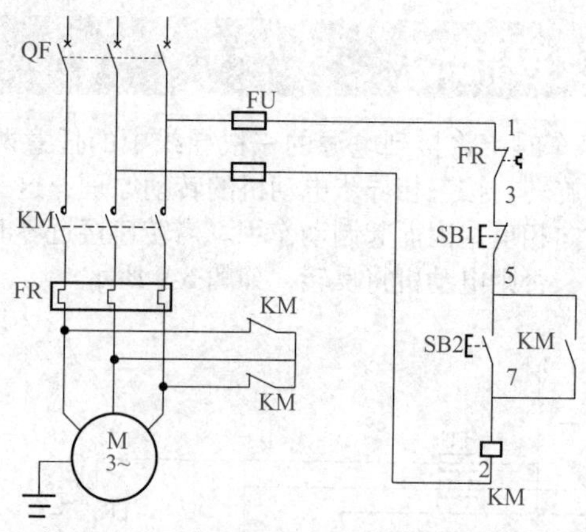

图 5-10 电动机定子短接制动原理图

5.5.4 机械电磁抱闸制动

电磁抱闸是利用电磁抱闸制动器的闸瓦，在电磁制动器无电时紧紧抱住电机轴使其停止，电动机电磁制动电路如图 5-11 所示。

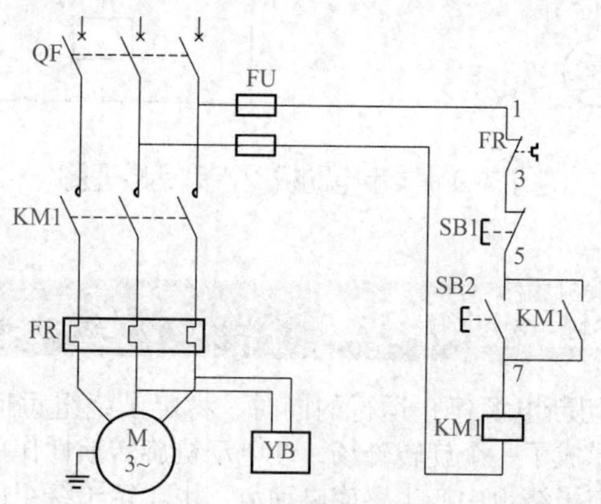

图 5-11 电动机电磁制动电路原理图

5.5.5 电容制动电路

电容制动电路是当电动机切断电源后，立即给电动机定子绕组接入电容器来迫使电动机迅速停止转动的方法叫电容制动。电容制动的工作原理，当旋转的电动机断开交流电源时，电动机转子内仍有剩磁，随着转子的惯性转动，有一个随转子转动的旋转磁场，这个磁场切割定子绕组产生感应电动势，并通过电容器回路形成感生电流，该电流产生的磁场与转子绕组中感生电流相互作用，产生一个与旋转方向相反的制动转矩，使电动机受制动而迅速停止转动，电气原理图如图 5-12。

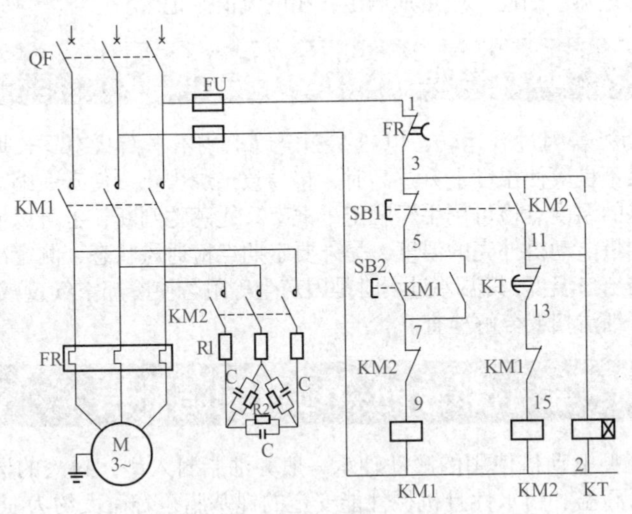

图 5–12　电动机电容制动电路原理图

5.6 电动机日常维护

5.6.1 电压检测

电源变动在额定电压 10% 以内及额定频率 5% 以内，而两者同时变动时，其绝对值之和在 10% 以内时，电动机可以在额定功率下使用。电压变动过大时会导致电动机转矩变化与温度上升而引起故障，所以电源应尽量保持额定值。

5.6.2 电流检测

电动机在额定电流以上运转时，线圈温度会升高，导致绝缘劣化、寿命缩短或线圈烧损，因此应减轻负载使其在额定电流以下工作。另外，三相电动机各相间电压不平衡时，会产生不平衡电流，使温度上升不均衡，产生局部过热。因此，应定期测定各相电流值并记录。

5.6.3 温升与通风状态的点检

电动机若因过载运转，电压在额定以上或不平衡状态下长期运行，以及通风不良等使温度上升过高时，将导致绝缘劣化，使寿命缩短。运转中电动机的温度点检可用手轻触定子框架，凭感觉判断，也可以使用电子测温计测量电动机外壳的温度，另外要定期点检通风状态，测定冷却空气的进口与出口温度，其温差过大时是因灰尘等附着使冷却空气量减少导致，所以应仔细清扫或分解检查。

5.6.4 轴承部分的点检及油脂补给

中小型电动机使用的滚动轴承一般为油脂封入型，封入的油脂一般是具有耐高温、耐水性且机械性能安定的锂基脂，寿命大约为 30000h 的运转时间，油脂的寿命可说是轴承的寿命。油脂不能加不同铭牌的油脂，同样也不能加的过多，过多会使电机通风性能下降，使电机温升，烧电机；也不能过少：过少会使电机轴承润滑效果不好，增加磨损。

① 采用双屏蔽或双密封轴承设计的电机通常不需要更换润滑脂，这是一种典型的用润滑延长寿命的设计。

② 所有其他开式或单屏蔽或单密封轴承，应定期更换润滑脂以清除以变质、泄露或被污染的润滑脂。一般来讲，轴承运行条件（温度、使用连续性、润滑脂的注入量、轴承尺寸和转速、密封有效性及润滑脂在特殊应用方面的适应性等）决定润滑脂的更换周期。

通常情况下，决定何时更换轴承油脂应参考过去的使用经验，或参考设备制造厂和润滑脂供应商的建议。大多数用于滚动轴承的润滑脂更换周期为两周至两年不等，但许多滚动轴承会在年度检修停机期间更换一次润滑脂。

一般情况下，连续运行的轻负荷至中负荷电机，要求至少每年更换一次润滑脂，同时按照每高于标准推荐温度 10℃，润滑脂更换周期减少一半的原则进行。

5.6.5　异味

线圈引出线等过热或烧损时，可以由绝缘漆、橡胶等烧焦的臭味或污烟等现象发现事故。另外，皮带滑动或轴承烧热也可以由异臭发现问题，日常点检时应特别注意。

5.6.6　振动和异常声音

普通振动可以用手碰触定子框架，异常声音可用耳朵或使用听音棒，需要详细资料时则应使用振动计，若发现与日常状态不同时，应详细检查。振动原因除因基础不良、转子不平衡、轴承异常、或由其他机械的传递振动等机械原因之外，尚有电源电压不平衡、气隙不均匀引起电磁力等电气原因。异常声音则一般以轴承异常、结构件共鸣或基础松弛等为主要原因。日常点检时，经常要在现场走动，听听每个电机的声音，看看是否有异常振动。

5.6.7　绝缘电阻测试

电动机放置高湿度的空气中、停止时间较长或周围温度剧变时，因绝缘物的吸湿将使电气特性下降。此外，绝缘物表面所附着的水分或绝缘物的污损也会使绝缘电阻下降。因此，定期点检或分解设备，以及长时间停用的电动机在使用前，必须以兆欧表测定绝缘电阻。通常在测定低电压电动机时使用 500V 兆欧表，而高电压电动机则使用 1000V 及以上相应等级的兆欧表。

第 6 章 单相异步电动机

单相交流电动机只有一个绕组，转子是鼠笼式的。当单相正弦电流通过定子绕组时，电动机就会产生一个交变磁场，这个磁场的强弱和方向随时间作正弦规律变化，但在空间方位上是固定的，所以又称这个磁场是交变脉动磁场。这个交变脉动磁场可分解为两个以相同转速、旋转方向互为相反的旋转磁场，当转子静止时，这两个旋转磁场在转子中产生两个大小相等、方向相反的转矩，使得合成转矩为零，所以电动机无法旋转。

当我们用外力使电动机向某一方向旋转时（如顺时针方向旋转），这时转子与顺时针旋转方向的旋转磁场间的切割磁力线运动变小；转子与逆时针旋转方向的旋转磁场间的切割磁力线运动变大。这样平衡就打破了，转子所产生的总的电磁转矩将不再是零，因此单相交流电动机必须另外设计使它产生旋转磁场，转子才能转动。

常见的单相电动机分为分相式单相交流电动机（图 6-1）、罩极式单相交流电动机（图 6-2）、电容分相式单相交流电动机（图 6-3）、单相串激单相交流电动机（图 6-4）等。

图 6–1　分相式单相交流电动机

图 6–2　罩极式单相交流电动机

图 6-3　电容分相式单相交流电动机

图 6-4　单相串激单相交流电动机

6.1 电容分相式单相交流电动机

6.1.1 电容分相式单相交流电动机旋转原理

单相交流电动机只有一个绕组，转子是鼠笼式的。单相电不能产生旋转磁场，要使单相电动机能自动旋转起来，我们可在定子中加上一个启动绕组 B，启动绕组 B 与主绕组 A 在空间上相差 90°。主绕组 A 直接接于交流电，由于线圈是电感性电路（所以 i_a 滞后电压 u），启动绕组 B 与电容器串联成容性电路（i_b 超前电压 u），使得与主绕组的电流在相位上近似相差 90°，即所谓的分相原理，如图 6-5 所示。这样两个在时间上相差 90° 的电流通入两个在空间上相差 90° 的绕组，将会在空间上产生（两相）旋转磁场，如图 6-6 所示 i_a、i_b 的波形图和磁场分布图，在这个旋转磁场作用下，转子就能自动启动。

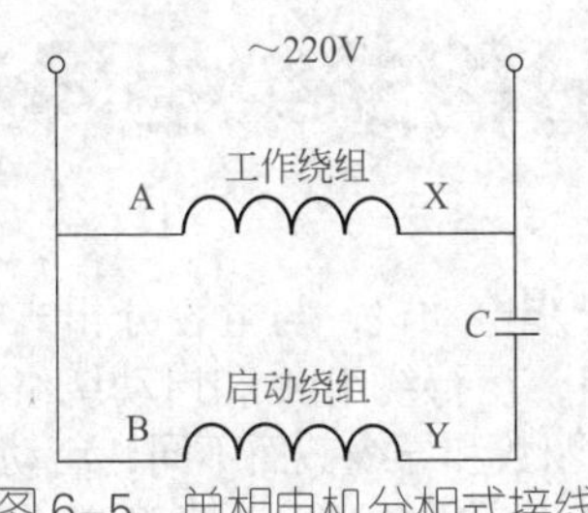

图 6-5　单相电机分相式接线

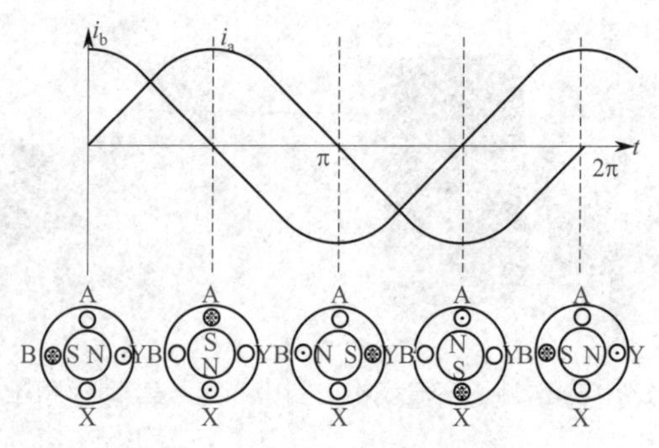

图 6-6　两相旋转磁场的产生

6.1.2 电容分相式单相交流电动机的接线

该类电动机可分为电容分相启动电机和永久分相电容电机，按电容器在线路中接线的不同（如图 6-7），电容式电动机分为电容启动式（a）、电容运行（b）和兼有电容启动和电容运行（c）三种型式。

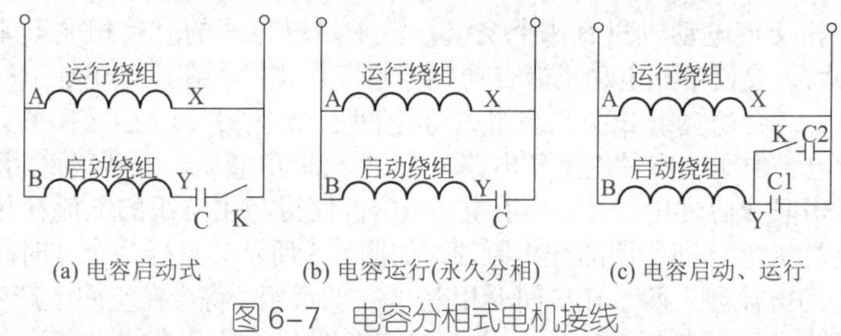

图 6-7　电容分相式电机接线

6.2 电阻分相式单相异步电动机

电阻分相式单相异步电动机，与电容分相式电动机结构基本相同，定子上也是有两套绕组，运行绕组 A 和启动绕组 B，它们在空间上相差 90°，但是两个绕组的圈数和导线截面不同，启动绕组导线较细圈数多，使其阻抗大于运行绕组，接通电源后，绕组 B 中的电流 i_b 超前于运行绕组 A 中的电流 i_a 一个相位角 ϕ，如图 6-8。从而在定子空间形成一个启动磁场，当转速达到额定转速的 75% 左右时，由离心开关 K 断开启动绕组，电动机仅在运行绕组的磁场作用下旋转运行。

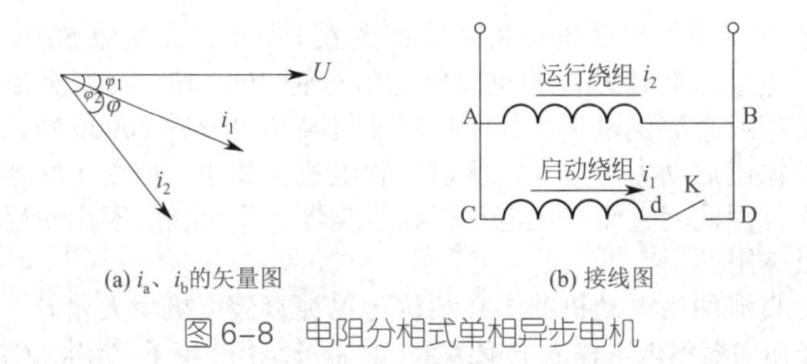

图 6-8　电阻分相式单相异步电机

电阻分相式电动机反转时，只需颠倒启动绕组或运行绕组，两个绕组中任意一组的两个线端，就可以使电动机翻转。

6.3 罩极式单相异步电动机

罩极式单相交流电动机，它的结构简单，其电气性能略差于其他单相电机，但由于制作成本低，运行噪声较小，对电器设备干扰小，所以被广泛应用在电风扇等小型家用电器中，罩极式电动机只有主绕组，没有副绕组（启动绕组），它在电机定子的两极处各设有一副短路环，也称为电极罩极圈（图 6-9）。当电动机通电后，主磁极部分的磁场产生的脉动磁场感应短路而产生二次电流，从而使磁极上被罩部分的磁场，比未罩住部分的磁场滞后些，因而磁极构成旋转磁场，电动机转子便旋转启动工作。罩极式单相电动机还有一个特点，即可以很方便地转换成二极或四极转速，以适应不同转速电器配套使用。

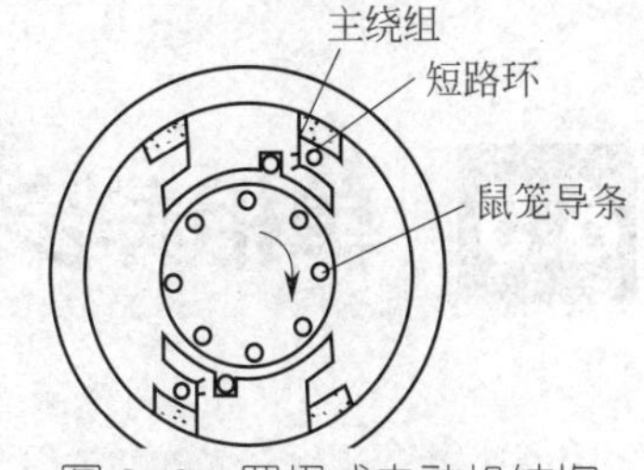

图 6-9　罩极式电动机结构

6.4 单相串激电动机

一般常用单相串激电动机实物如图 6-4 所示，在交流 50Hz 电源中运行时，电动机转速较高的也只能达每分钟 3000 转。而交直流两用电动机在交流或直流供电下，其电机转速可高达每分钟 20000 转，同时其电动机的输出启动力矩也大，所以尽管电机体积小，但由于转速高、输出功率大，因此交直流两用电动机在吸尘器、手电钻、家用粉碎机等电器中得以应用。

交、直流两用电动机的内在结构与单纯直流电机无大差异，均由电机电刷经换向器将电流输入电枢绕组，其磁场绕组（定子）与电枢绕组（转子）构成串联形式（如图 6-10）。为了充分减少转子高速运行时电刷与换向器间产生的电火花干扰，而将电机的磁场线圈制成左右两只，分别串联在电枢两侧。

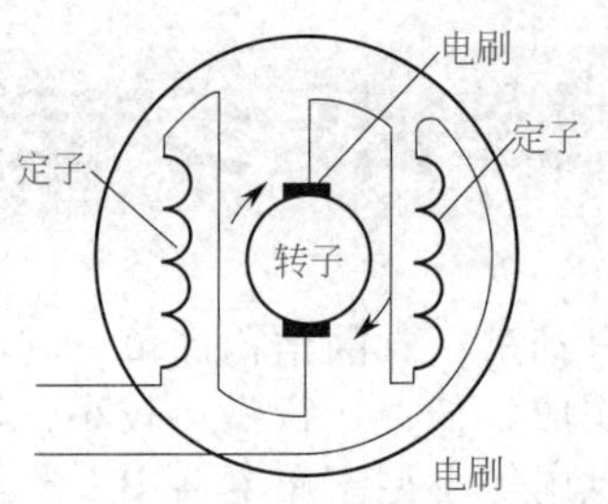

图 6-10 单相串激电动机构造

6.5 单相异步电动机的反转

6.5.1 电容分相式单相交流电动机的反转

分相式电动机共有两组线圈，一组是运行线圈，一组是启动线圈，颠倒着两组线圈中任意一组的两个线端，或调换电容器的连接，就可以使电动机翻转，如图 6-11 所示。

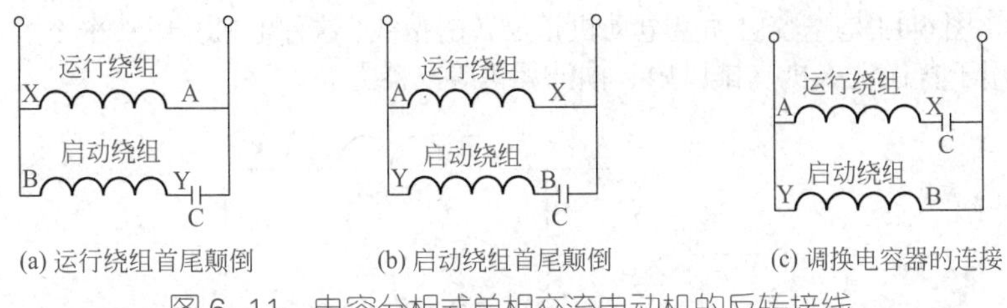

图 6-11　电容分相式单相交流电动机的反转接线

6.5.2　电阻分相式电动机反转

电阻分相式电动机反转时，只需颠倒启动绕组或运行绕组，两个绕组中任意一组的两个线端，就可以使电动机翻转。

6.5.3　罩极式电动机的反转

罩极式电动机只要将电动机的定子铁芯取出换个方向就可以反转。

6.5.4　串激电动机的反转

串激电动机切换转向时，只要切换开关将磁场线圈反接，即能实现电机转子的逆转或顺转。

6.6　单相电动机接线

图 6-12 是电容启动型电动机单方向运行的接线。

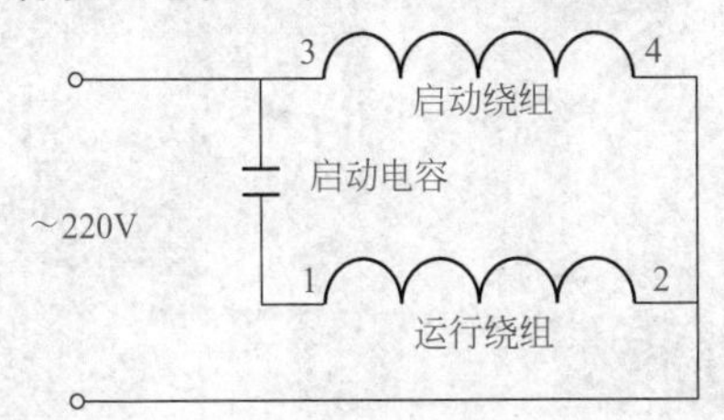

图 6-12　电容启动型电动机运行接线

图 6-13 是电容启动型电动机正反转的接线，这种电机一般功率不大，多用于普通洗衣机、排风扇、抽油烟机等电器上。

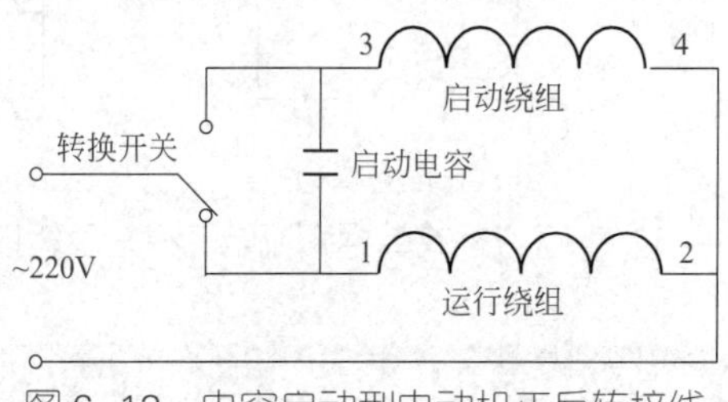

图 6–13　电容启动型电动机正反转接线

分相启动式电动机的接线如图 6-14 和图 6-15，分相启动式电动机的功率较大，小型水泵电机、卷帘门电机、小型食品加工机械等。分相启动式电动机正反转控制比较麻烦，不像电容启动电机接线简单。

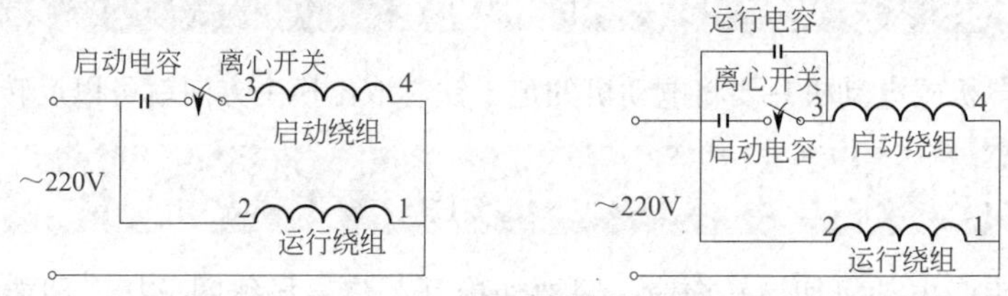

图 6–14　分相启动式电容启动接线　　图 6–15　分相启动式电容启动运行接线

分相启动式单相电动机的接线端子盒如图 6-16 所示，有六个接线端子，电动机的电容和主副绕组和离心开关的连接如图 6-17 所示，利用两个连接板不同的接法实现电动机的正转和反转运行。

图 6–16　分相启动式单相电动机接线盒

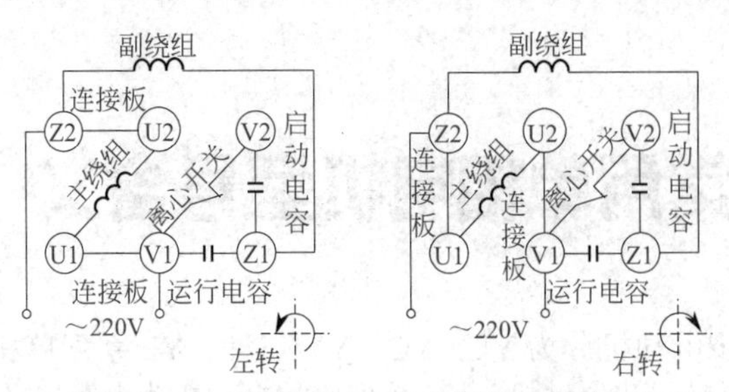

图6-17 分相式单相电机端子盒的接法

分相启动式单相电动机正反转接线原理图如图6-18所示，想实现单相电动机正反转运行，接线时需要将电机接线盒内的连接板拆除，再通过接触器的连接以实现正反转运行。线路特点：由于需要利用接触器的触点改变连接板的接法，热继电器FR不应安装在接触器的后面，要装在接触器的前面，这样接线比较简单，KM1吸合时电机左转连接，U1、V1通过一个主触点接通，Z2、U2通过两个主触点接通，KM2吸合时电机右转连接，V1、U2通过一个主触点接通，U1、Z2通过两个主触点接通。

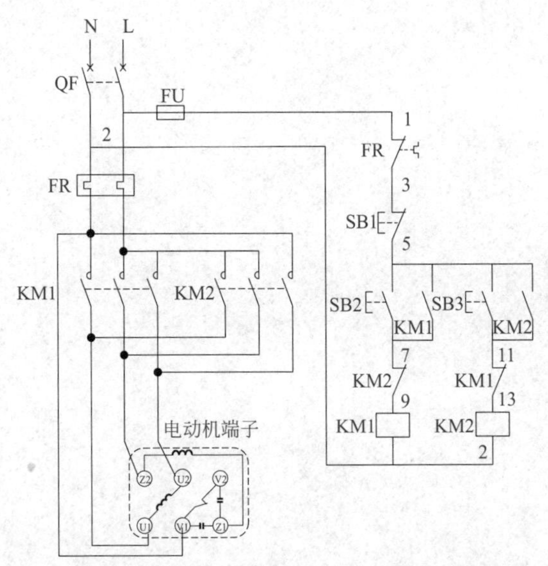

图6-18 分相启动式单相电动机正反转接线原理图

6.7 常用单相电机型号含义

单相异步电动机分为 YL、YC、YY 三种，YL 系列单相电动机为电容启动电容运转异步电动机；YC 系列单相电动机为电容启动电动机；YY 系列单相电动机为电容运转异步电动机。YL、YC 系列单相电动机，具有出力大、启动性能好（一般为≥ 1 倍额定转矩）；YY 系列单相电动机，启动力矩较小（一般为≤ 0.5 倍额定转矩）。

第 7 章 常用电动机控制电路

7.1 电动机单方向运行电路

电动机单方向运行是应用的最多的控制电路，日常的水泵、风机等都是单方向电路，也是电工必须掌握的基本电路，电动机单方运行电路原理图如图 7-1。

扫二维码观看单方向控制电路的安装视频。

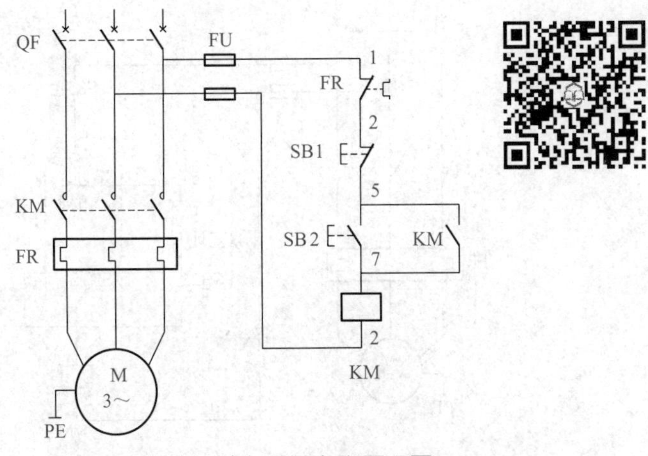

图 7-1 电动机单方运行电路原理图

工作过程：按下控制启动按钮 SB2，接触器 KM 线圈得电铁芯吸合，主触点闭合使电动机得电运行，KM 的辅助常开接点也同时闭合实现了电路的自锁，电源通过 FU1 → SB1 的常闭→ KM 的常开接点→接触器的线圈→ FU2，松开 SB2，KM 也不会断电释放。当按下停止按钮 SB1 时，

SB1常闭接点打开，KM线圈断电释放，主、辅接点打开，电动机断电停止运行。FR为热继电器，当电动机过载或因故障使电机电流增大，热继电器内的双金属片会温度升高使FR常闭接点打开，KM失电释放，电动机断电停止运行，从而实现过载保护。

7.2 电动机两地控制单方向运行电路

为了操作方便，一台设备有几个操纵盘或按钮站，各处都可以进行操作控制。要实现多地点控制则在控制线路中将启动按钮并联使用，而将停止按钮串联使用。

扫二维码观看相关视频。

图7-2是电动机两地控制线路原理图。两地启动按钮SB12、SB22并联，两地停止按钮SB11、SB21串联。

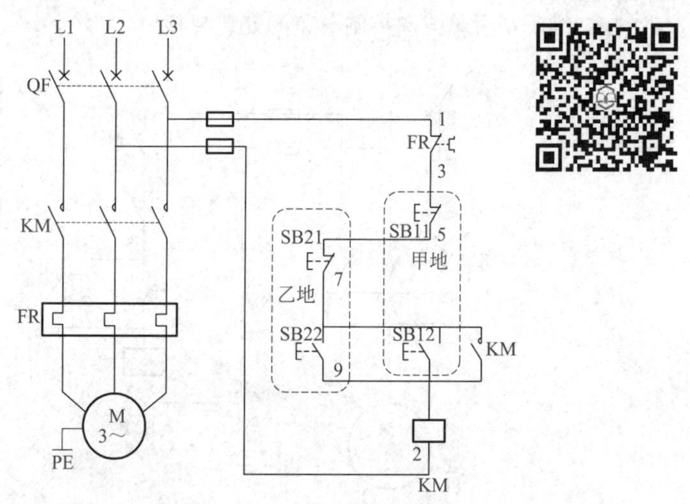

图7-2　电动机两地控制线路原理图

控制过程如下：

① 电动机启动；按下启动按钮SB12或SB22（以操作方便为原则）交流接触器KM线圈通电吸合，主触头闭合，电动机运行。同时KM辅

助常开触点自锁。

② 电动机停止；按下停止按钮 SB11 或 SB21（以方便操作为原则）接触器 KM 线圈失电，KM 的触点全部释放，电动机停止。

7.3 电动机单方向运行带点动的控制电路一

电动机单方向运行带点动的控制电路是一种方便的控制电路，电动机可以单独地点动工作，又可以长期运行，原理图如图 7-3 所示。需要运行时，按下按钮 SB2，接触器 KM 线圈得电吸合，其 KM 辅助触点闭合实现自锁电机得电运行。需要点动时按下 SB3 时 KM 吸合电动机得电运行，但由于其常闭触点断开接触器 KM 自锁回路，接触器 KM 无法实现自锁，SB3 的常开触点接通时 KM 得电吸合，松开 SB3，KM 就失电，电动机断开电源而停车。

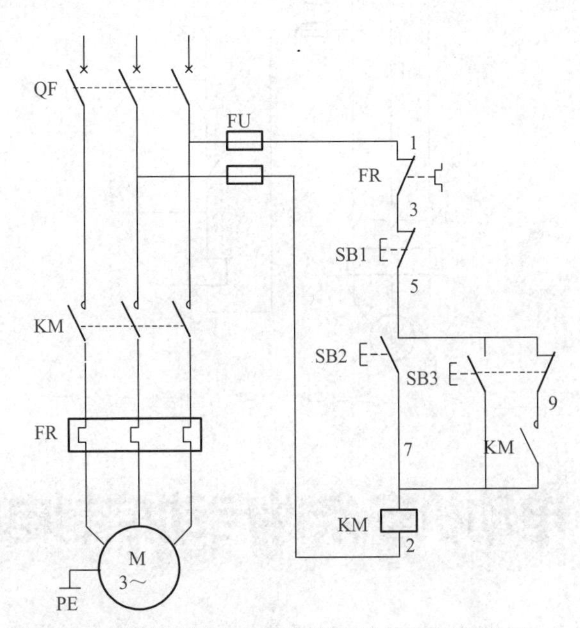

图 7-3　电动机单方向运行带点动的控制电路（一）

7.4 电动机单方向运行带点动的控制电路二

工作过程如图 7-4 所示，控制电路中增加了一个扳把开关 SA，点动时将手动开关 SA 打开，置于断开位置，断开接触器 KM 的自锁电路，按下启动按钮 SB，接触器 KM 线圈得电吸合，其主触头闭合，电动机运行，虽然 KM 线圈辅助常开触点也闭合，但因为 KM 辅助常开触点与手动开关 SA 串联，而 SA 已打开使自锁环节失去作用，一旦松开按钮 SB 则 KM 线圈立即失电，主触头断开，电动机停止运行。

正常运行将手动开关 SA 置于闭合位置，按下启动按钮 SB，接触器 KM 线圈得电并自锁，其主触头闭合，电动机运行，将手动开关 SA 断开，KM 线圈失电，主触头立即断开，电动机停止运行。

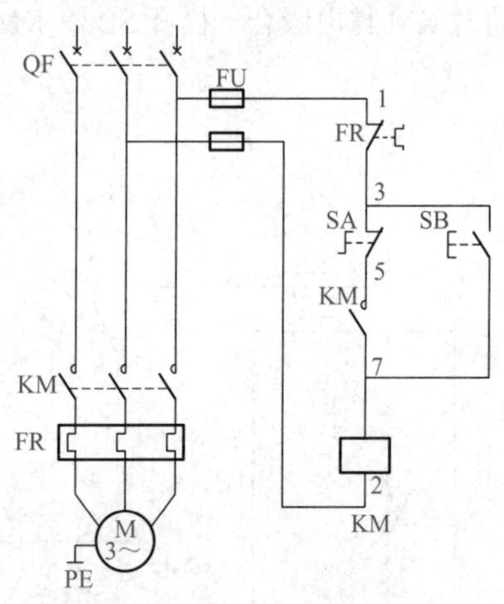

图 7-4　电动机单方向运行带点动的控制电路（二）

7.5 电动机多条件启动控制电路

多条件启动电路只是在启动时要求各处达到安全要求设备才能工作，

但运行中其他控制点发生了变化，设备不停止运行，这与多保护控制电路不一样。图 7-5 是原理图。为了保证人员和设备的安全，往往要求两处或多处同时操作才能发出主令信号，设备才能工作。要实现多信号控制，在线路中需要将启动按钮（或其他电器元的常开触点）串联。

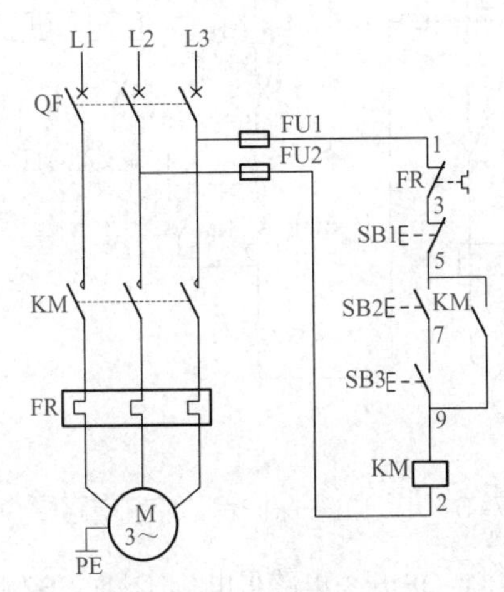

图 7–5　电动机多条件启动控制电路原理图

工作过程：这是以两个信号为例的多信号控制线路，启动时只有将 SB2、SB3 同时按下，交流接触器 KM 线圈才能通电吸合，主触点接通，电动机开始运行。而电动机需要停止时，可按下 SB1，KM 线圈失电，主触点断开，电动机停止运行。

7.6 电动机多保护启动控制电路

电动机多保护启动电路是机械设备的外围辅助设备必须达到工作要求时电动机才可以启动的电路，如图 7-6 中的 SQ 是一个限位开关起到位置保护作用，辅助设备未达到位置要求，电动机不能启动。根据工作需要，也可以是压力、温度、液位等多种控制，当需要多种保护时可将各种辅助保护设备的常开接点串接起来即可。

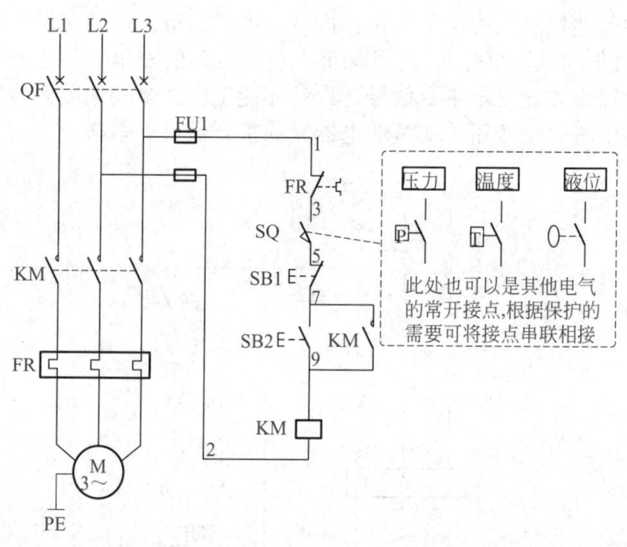

图 7-6　电动机多保护启动控制电路原理图

启动过程是，合上 QF 开关电路得电，但这时 SB2 启动按钮不起作用，因为辅助保护的 SQ 常开接点未闭合，只有当辅助设备达到位置要求时，SQ 常开接点闭合，SB2 按钮在起作用。如果在运行当中辅助设备的位置发生了变化 SQ 接点立即断开，KM 接触器线圈断电释放，KM 接触器主触点断开电动机停止运行，从而达到保护的目的。

7.7 三相异步电动机正、反向点动控制电路

三相异步电动机正、反向点动控制电路如图 7-7 所示，点动控制电路是在需要设备动作时按下控制按钮 SB1，接触器 KM1 线圈得电主触点闭合设备开始工作（正转），松开按钮后接触器线圈断电，主触头断开设备停止。反转时按下控制按钮 SB2，接触器 KM2 线圈得电主触点闭合设备开始工作（反转），松开按钮后接触器线圈断电，设备停止。为了防止 KM1 和 KM2 同时动作造成电源短路，KM1 与 KM2 利用辅助常闭接点互锁，此种控制方法多用于小型起吊设备的电动机控制。

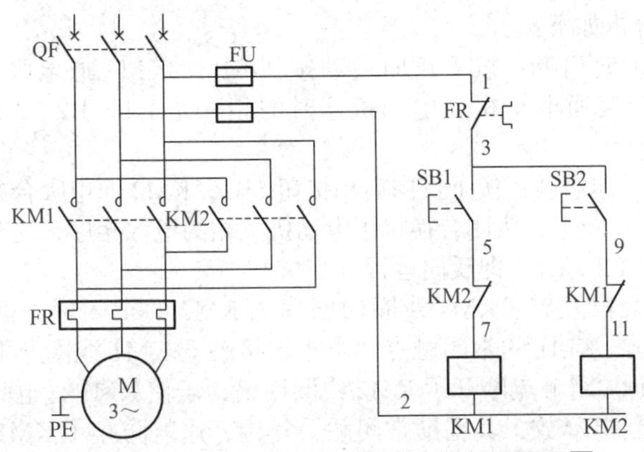

图 7–7　电动机正、反向点动控制电路原理图

7.8 电动机正反转运行控制电路

为了使电动机能够正转和反转，可采用两只接触器 KM1、KM2 换接电动机三相电源的相序，但两个接触器不能吸合，如果同时吸合将造成电源的短路事故，为了防止这种事故，在电路中应采取可靠的互锁，如图 7-8 所示，电路是采用按钮互锁和接触器互锁的双重互锁的电动机正、反两方向运行的控制电路。

扫二维码看电动机正反转控制电路安装视频。

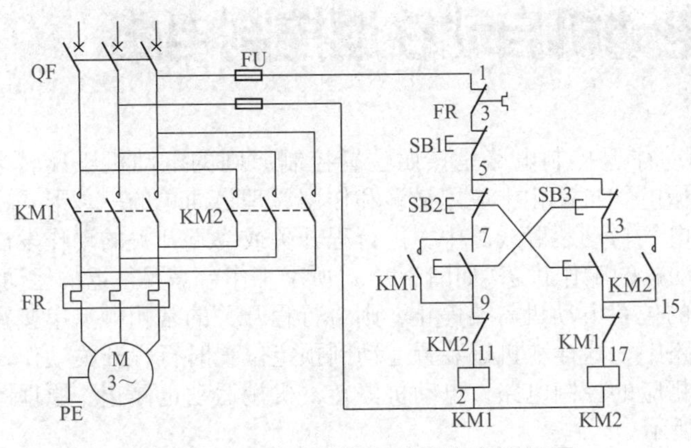

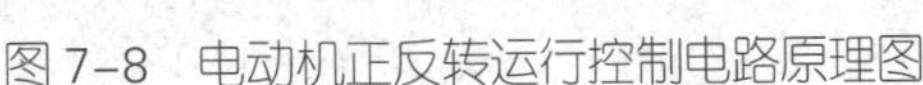
图 7–8　电动机正反转运行控制电路原理图

线路分析如下：

（1）正向启动：按下正向启动按钮 SB3，KM1 通电吸合并自锁，主触头闭合接通电动机，电动机这时的相序是 L1、L2、L3，即正向运行。

（2）反向启动：按下反向启动按钮 SB2，KM2 通电吸合并通过辅助触点自锁，常开主触头闭合换接了电动机三相的电源相序，这时电动机的相序是 L3、L2、L1，即反向运行。

① 接触器互锁：KM1 线圈回路串入 KM2 的常闭辅助触点，KM2 线圈回路串入 KM1 的常闭触点。当正转接触器 KM1 线圈通电动作后，KM1 的辅助常闭触点断开了 KM2 线圈回路，若使 KM1 得电吸合，必须先使 KM2 断电释放，其辅助常闭触头复位，这就防止了 KM1、KM2 同时吸合造成相间短路，这一线路环节称为互锁环节。

② 按钮互锁：在电路中采用了控制按钮操作的正反传控制电路，按钮 SB2、SB3 都具有一对常开触点，一对常闭触点，这两个触点分别与 KM1、KM2 线圈回路连接。例如按钮 SB2 的常开触点与接触器 KM2 线圈串联，而常闭触点与接触器 KM1 线圈回路串联。按钮 SB3 的常开触点与接触器 KM1 线圈串联，而常闭触点与 KM2 线圈回路串联。这样当按下 SB2 时只能有接触器 KM2 的线圈可以通电而 KM1 断电，按下 SB3 时只能有接触器 KM1 的线圈可以通电而 KM2 断电，如果同时按下 SB2 和 SB3 则两只接触器线圈都不能通电。这样就起到了互锁的作用。

7.9 电动机自动往返控制电路

电动机自动往返控制电路是按照位置控制原则的电动机正反转电路，是生产机械电气自动化中应用最多和作用原理最简单的一种形式，在位置控制的电气自动装置线路中，由行程开关或终端开关的动作发出信号来控制电动机的工作状态。如图 7-9（a）所示工作台需要往返的运动。

若在预定的位置电动机需要停止，则将行程开关的常闭触点串接在相应的控制电路中，这样在机械装置运动到预定位置时行程开关动作，常闭触点断开相应的控制电路，电动机停转，机械运动也停止。原理图如图 7-9（b）所示。

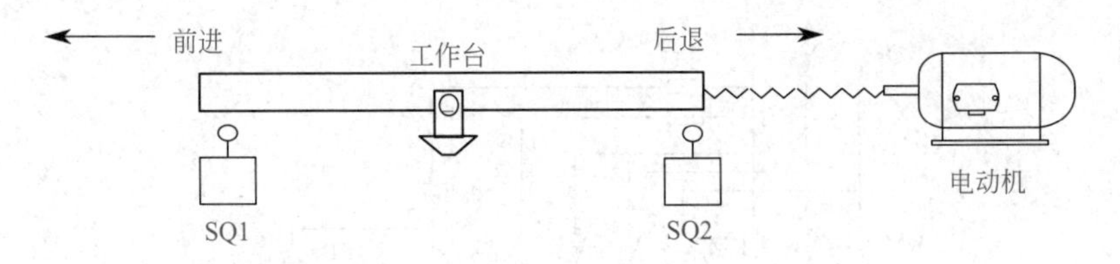

(a) 机械往返运动

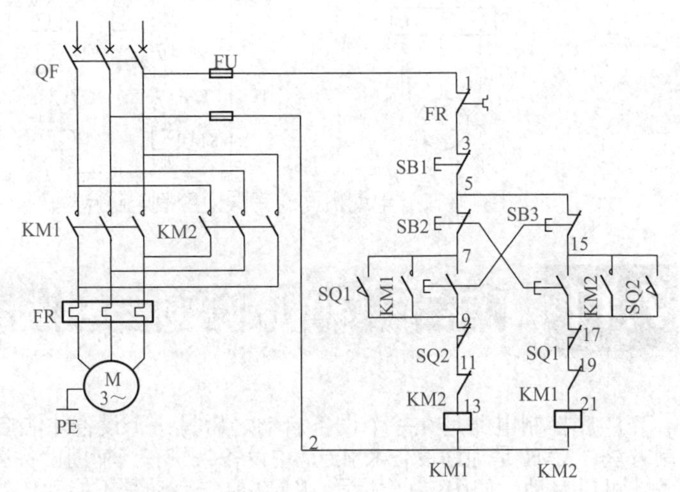

(b) 电动机自动往返控制电路原理图

图 7-9　电动机自动往返控制电路

若需停止后立即反向运动，则应将此行程开关的常开触点并接在另一控制回路中的启动按钮处，这样在行程开关动作时，常闭触点断开了正向运动控制的电路，同时常开触点又接通了反向运动的控制电路。

7.10 电动机可逆带限位控制电路

电动机可逆带限位控制电路是一种带有位置保护的控制电路，这种电路多用在具有往返于机械运动的设备上，为了防止设备在运动时超出运动位置极限，在极限位置装有限位开关 SQ，当设备运行到极限位置时 SQ 动作使之能够停止，原理图如图 7-10 所示。

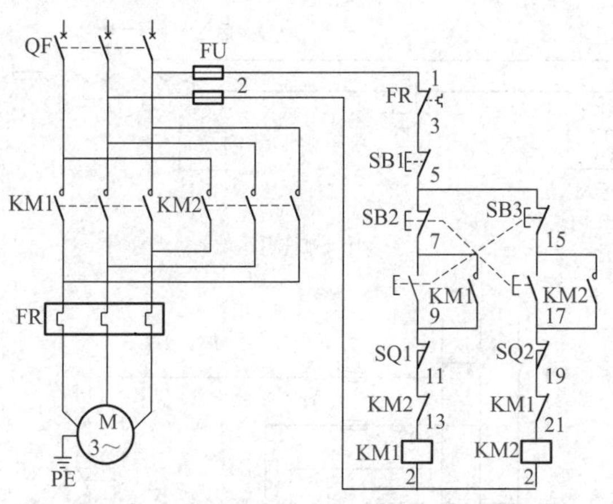

图 7-10　电动机可逆带限位控制电路原理图

7.11 两台电动机顺序启动控制电路

顺序控制电路是在一个设备启动之后另一个设备才能启动的一种控制方法，KM1 是辅助设备 KM2 是主设备，只有当辅助设备运行之后主设备才可以启动，如图 7-11 所示，KM2 要先启动是不能动作的，因为 SB2

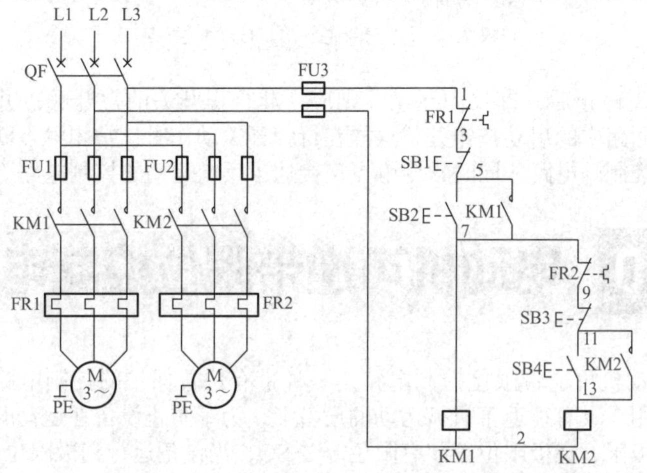

图 7-11　两台电动机顺序启动控制电路原理图

和 KM1 是断开状态，只有当 KM1 吸合实现自锁之后，SB4 按钮才有控制电源起作用，能使 KM2 通电吸合，这种控制多用于大型空调、制冷等设备的主、辅设备的控制电路。

7.12 两台电动机顺序停止控制电路

顺序停止电路是启动时不分先后，但停止时必须按照顺序停止的控制方法，如图 7-12 所示。

扫二维码观看两台电动机顺启逆停的电路视频。

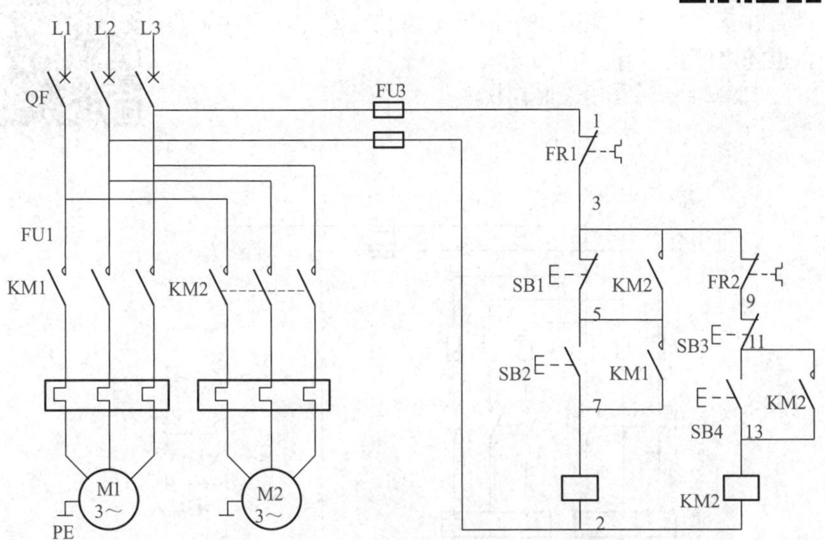

图 7-12　两台电动机顺序停止控制电路原理图

启动时，按控制按钮 SB2 或 SB4 可以分别使接触器 KM1 或 KM2 线圈得电吸合，主触点闭合，M1 或 M2 通电电机运行工作。接触器 KM1、KM2 的辅助常开触点同时闭合电路自锁。停止时，按控制按钮 SB3，接触器 KM2 线圈失电，电机 M2 停止运行。若先停电机 M1 按下 SB1 按钮，由于 KM2 没有释放，KM2 常开辅助触点与 SB1 的常闭触点并联在一起并呈闭合状态，所以按钮 SB1 断开时不起作用。只有当接触器 KM2 释放之后，KM2 的常开辅助触点断开，按钮 SB1 才起作用。但是电机 1（KM1）由于故障造成热继电器 FR1 动作，两个电机 KM1、KM2 全都失电而停止运行。

7.13 两台电动机顺序启动、顺序停止电路

顺序启动、停止控制电路是在一个设备启动之后另一个设备才能启动运行的一种控制方法，常用于主、辅设备之间的控制，如图 7-13 所示，当辅助设备的接触器 KM1 启动之后，主要设备的接触器 KM2 才能启动，主设备 KM2 不停止，辅助设备 KM1 也不能停止。但辅助设备在运行中因某原因停止运行（如 FR1 动作），主要设备也随之停止运行。

扫二维码观看相关操作视频。

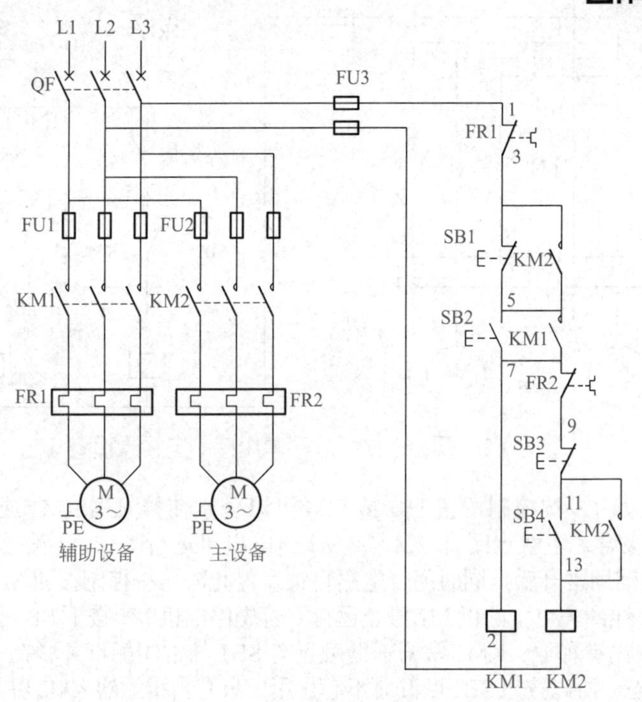

图 7-13　两台电动机顺序启动、顺序停止电路

7.14 先发出开车信号再启动的电动机控制电路

先发出开车信号再启动的电动机控制电路也是一种顺序控制电路，一些大型设备所带动运行的部件移动范围很大，需要在启动前发出工作信号，如图 7-14 经过一段时间再启动电动机，以便告知工作人员及维修人员远离设备，以防事故的发生。例如大型的传送带启动时需要告诉传送带另一端人员做好安全准备工作。

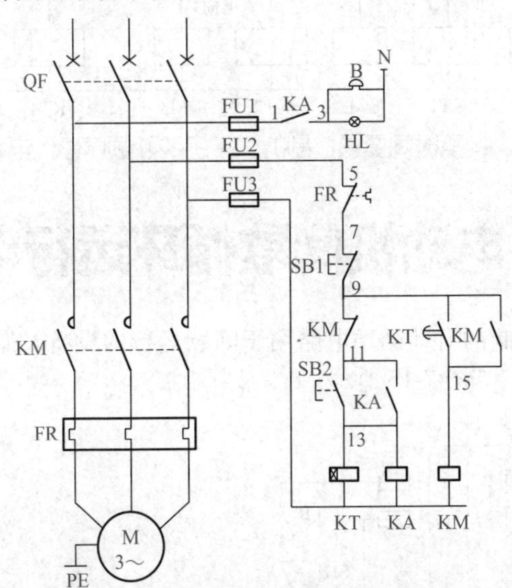

图 7–14　先发出开车信号再启动的电动机控制电路原理图

7.15 按照时间要求控制的顺序启动、顺序停止电路

有三台电动机 M1、M2、M3，当 M1 启动时间过 t_1 以后 M2 启动，再经过时间 t_2 以后 M3 启动；停止时 M3 先停止，过时间 t_3 以后 M2 停止，

再过时间 t_4 后 M1 停止的电气控制原理图如图 7-15 所示。

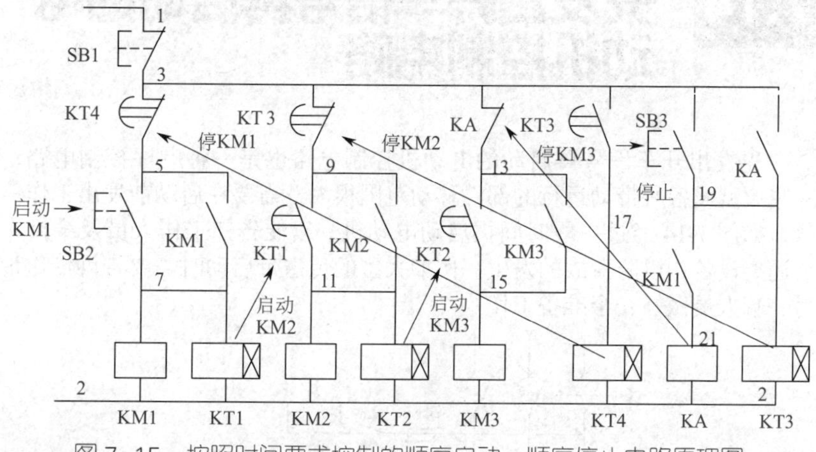

图 7-15　按照时间要求控制的顺序启动、顺序停止电路原理图

7.16 电动机间歇循环运行电路

按时间控制的自动循环电路用于间歇运行的设备，如自动喷泉用的就是这种电路，如图 7-16 所示。

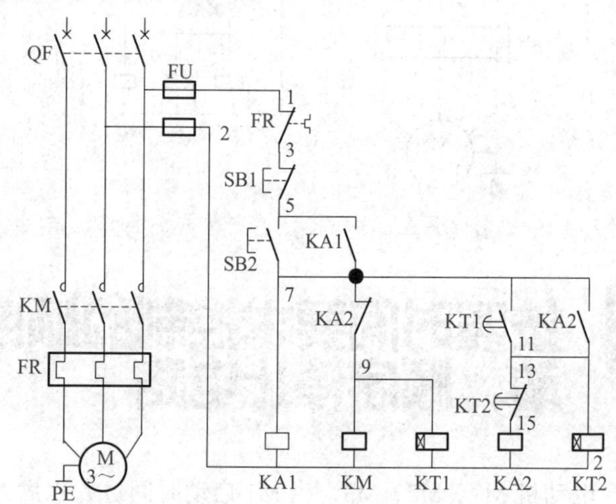

图 7-16　电动机间歇循环运行电路原理图

按下启动按钮 SB2，中间继电器 KA1 得电吸合并自保，接触器 KM 通过中间继电器 KA2 的常闭触点得电吸合，电动机运行，同时时间继电器 KT1 得电开始计时。计时时间到，KT1 的延时闭合触点接通，KA2 和 KT2 得电吸合，KA2 的常闭触点断开 KM 线路，电动机停止运行，KT2 开始延时，KT2 延时时间到，其延时断开触点打开 KA2 线圈，KA2 失电复位，KM 又得电，电动机又开始运行。KT1 再次计时，反复循环运行，KT1 是电动机运行时间计时，KT2 是电动机停止时间计时。停止时按下 SB1 按钮，中间继电器 KA1 失电断开，间歇循环停止。

7.17 电动机断相保护电路

运行中的三相 380V 电动机缺一相电源后，变成两相运行，如果运行时间过长则有烧毁电动机的可能。为了防止缺相运行烧毁电动机，可以采用多种保护方案。图 7-17（a）所示为一种三相电动机断相保护电路原理图，当电动机运行时发生断相后三相电压不平衡时，断相保护电路板如图 7-17（b）上的桥式整流则有电压输出，当输出的直流电压达到中间继电器 KA 动作值时，KA 动作，于是 KA 与 KM 自锁触点串联的常闭触点断开，使 KM 线圈断电其主触头全部释放，电动机停止。

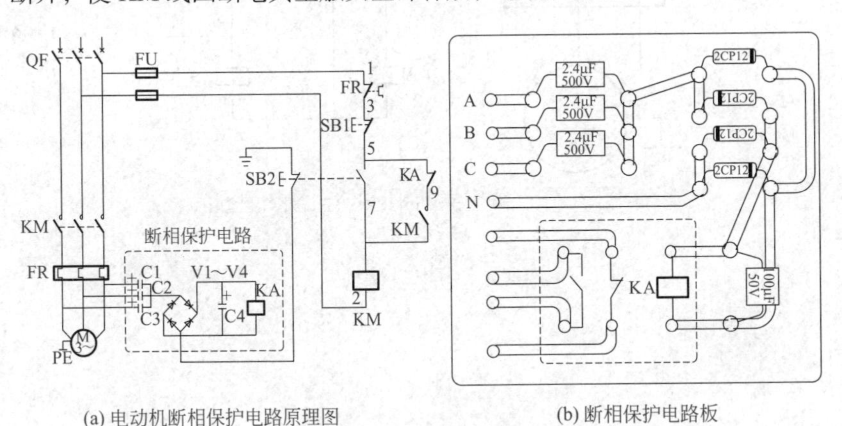

(a) 电动机断相保护电路原理图　　(b) 断相保护电路板

图 7-17　电动机断相保护电路

C1 ～ C3—2.4μF/500V；V1 ～ V4—2CP12×4；C4—100μF/50V；KA—直流 12V 继电器

7.18 继电器断相保护电路

在一般的电动机控制电路中加装一个中间继电器KA，与接触器一起连接到三相电路中，这样不论三相电源中断哪一相，接触器KM都会断电，从而起到保护电动机的作用。原理图见图7-18。

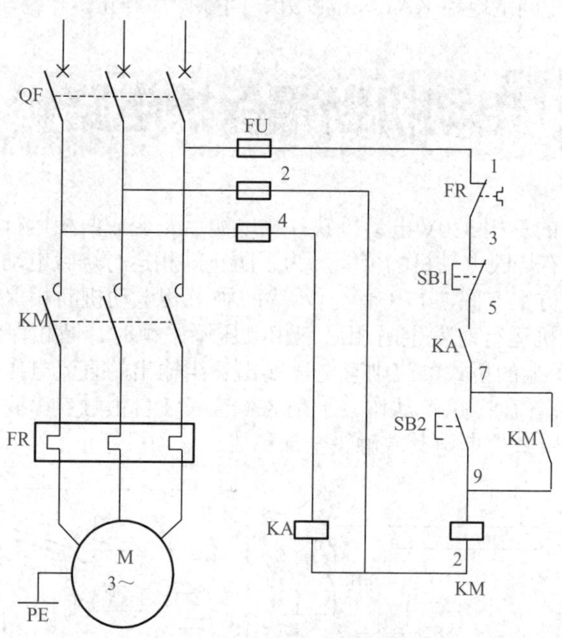

图7-18 继电器断相保护电路原理图

第 8 章 直流电动机

8.1 直流电机铭牌的含义

直流电机铭牌见图 8-1。

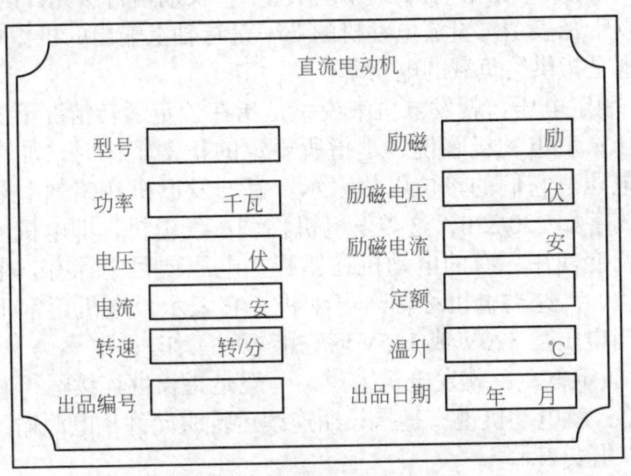

图 8-1 直流电机铭牌

（1）型号：表示直流电机属于哪一类别

国产电机型号一般采用大写的英文的汉语拼音字母的阿拉伯数字表示，其格式为：

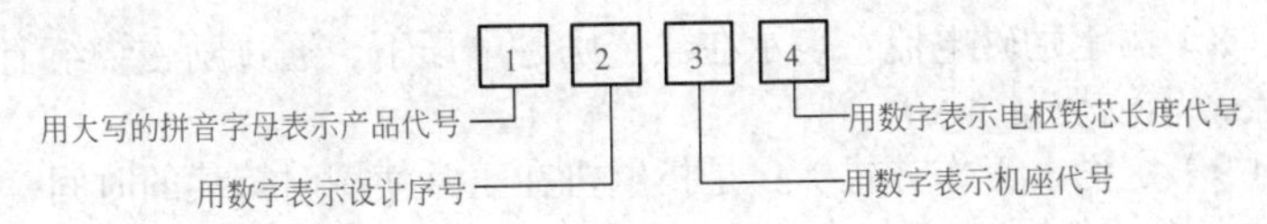

第一部分字符含义如下：

Z 系列：一般用作直流电动机（如 Z2、Z3、Z4 等系列）

ZY 系列：永磁直流电动机

ZJ 系列：精密机床用直流电动机

ZT 系列：广调速直流电动机

ZQ 系列：直流牵引电动机

ZH 系列：船用直流电动机

ZA 系列：防爆安全型直流电动机

ZKJ 系列：挖掘机用直流电动机

ZZJ 系列：冶金起重机用直流电动机

第三部分机座长度用国际通用字母表示：

S——短机座：M——中机座：L——长机座

第四部分铁芯长度用阿拉伯数字 1、2、3、4、…由长至短分别表示。

（2）额定功率：指电机在预定情况下，长期运行所允许的输出功率，单位一般以千瓦表示。直流电动机的功率是指轴上输出的机械功率，而直流发电机则是指供给负载的电功率。

（3）额定电压：就发电机来说，是指在预定运转情况下发电机两端的输出电压；就电动机来说，是指所规定的正常工作时，加在电动机两端的输入电压。它们的单位以伏表示。有的发电机在铭牌上电压项目中标有两个数字如 220/320，这类发电机称调压发电机，即电机可以在这电压范围内调变使用。有的电动机在铭牌上电压项目中标有三个数字（如 185/220/320），这类电机称幅压电动机，它表示该电机正常工作电压是 220V，但当电压是 320V 或 185V 时它能短时工作。

（4）额定电流：就发电机来说，一般是指长期连续运行时允许供给负载的电流；就电动机说，是指长期连续运行时允许从电源输入的电流。它们的单位用安表示。

（5）额定转速：电压、电流和输出功率都取决于额定值时的转子旋转的速度，单位用转 / 分表示。

（6）励磁：表示励磁的方式。

（7）额定励磁电压：表示加在励磁绕组两端的额定电压，单位是伏（V）。

（8）额定励磁电流：表示在额定励磁电压下，通过励磁绕组上的额定电流，单位是安（A）。

（9）定额（工作方式）：是指电机在正常使用时持续的时间，一般分连续、断续与短时三种。

（10）额定温升：表示电机在额定情况下，电机所允许的工作温度减去环境温度的数值，单位是℃。

8.2 直流电机的使用与维护

8.2.1 直流电机使用前的准备与检查

① 先用压缩空气或“皮老虎”吹净电机内部灰尘、电刷粉末等，清除污垢杂物。

② 拆除与电机连接的一切接线（包括变阻器仪表等），用 500V 兆欧表，测量绕组对机壳的绝缘电阻，若小于 0.5 兆欧时，则须用绕组的干燥法进行处理，处理后重新检测绕组绝缘电阻，合格后才可通电运行。

③ 认真检查换向器表面是否光洁，如发现有机械损伤或火花灼痕，应按“换向器的保养法”进行处理。

④ 检查电刷是否磨损得太短，刷握的压力是否适当，刷架位置是否符合规定的标记，其具体要求参阅“电刷的使用及研磨”。

⑤ 电机在额定负载下，换向器上不得有大于 $1\frac{1}{2}$级的火花出现，火花等级可参阅“火花等级的鉴别”。

⑥ 电机运转时，应注意测量轴承温度，并倾听其转动声音，如有异声可按交流电机维护中轴承的保养方法进行处理。

8.2.2 换向器的保养

换向器表面应很光洁，不得有机械损伤或火花灼痕。如有轻微的灼痕时，可用 00 号砂布在旋转着的换向器上细细研磨。如果换向器表面出现严重灼痕或粗糙不平，表面不圆或有局部凹凸现象时，则应拆下电枢进行重新车削。车削时，车削速度不大于 1.5m/s，最后一刀切削深度进刀量不大于 0.1 毫米。车削完后，用挖沟工具将片间云母下刻 1 ～ 1.5mm，如图 8-2 所示。清除换向器表面的切屑及毛刺等杂物，最后将整个电枢吹净装配。云母挖削的工具见图 8-3。

换向器在负载下长期运转后，表面会产生一层坚硬的深褐色的薄膜，这层薄膜能保护换向器不受磨损，因此要保存这层薄膜，不应磨去。

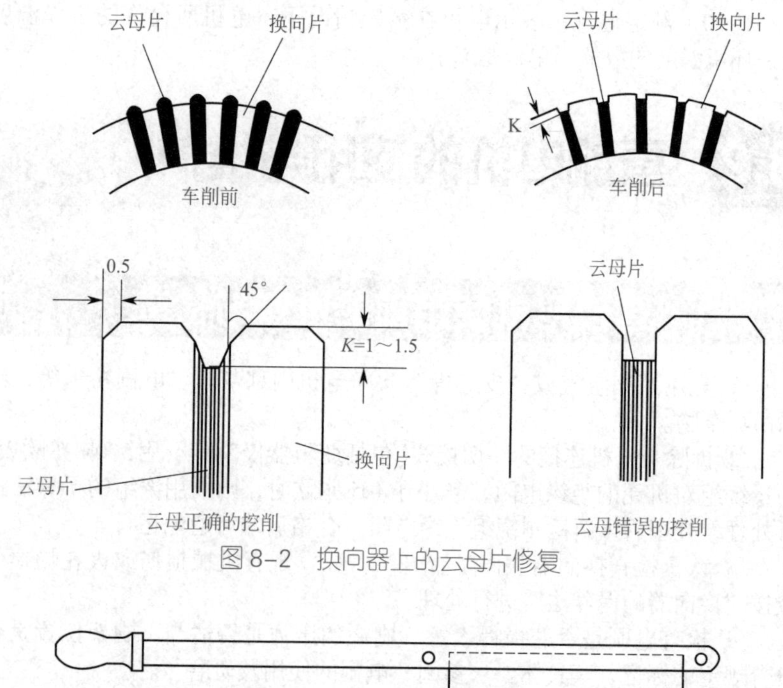

图 8-2 换向器上的云母片修复

图 8-3 云母挖削的工具

8.2.3 电刷的使用和研磨

电刷与换向器工作面应有良好的接触，正常的电刷压力为 0.15 ～ 0.25kg/cm^2（±10%）（可用弹簧秤测量），电刷与刷握框的配合不宜过紧，而须留有不大于 0.15mm 左右的间隙。

电刷磨损或碎裂时，须换以相同规格（牌号及尺寸）的电刷，新电刷装配好后应研磨光滑，以达到与换向器相吻合的接触面。

研磨电刷的接触面，须用 0 号砂布，砂布的宽度为换向器的长度，砂布的长度为换向器的周长，然后再找一块橡皮胶，橡皮胶一半贴住砂布的一端，橡皮胶的另一半按转子旋转方向贴在换向器上，如图 8-4，然后转动转子即行。用这种方法研磨电刷，一般接触面可达 90% 以上。

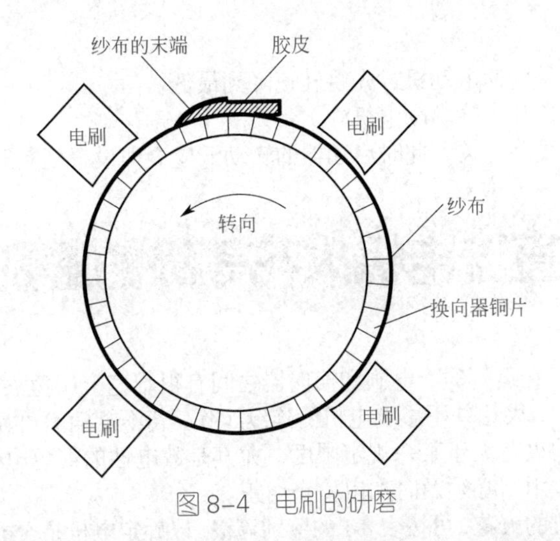

图 8-4　电刷的研磨

8.2.4　绕组的干燥处理

电机的绝缘电阻如果低于 0.5MΩ 时，需要进行干燥处理。这里主要介绍电流干燥法，打开机盖上各通风窗，拆开并励绕组出线头，将电枢、串励、换向极绕组接成串联，通入直流电压，使不超过铭牌标出的额定电流的 50% ～ 60%，此时所加的电压约为额定值的 3% ～ 6%，一般加热温度不超过 70℃。

对他励电机如采用这种方法时，应事先用外力阻止轴的转动。因为励磁电源虽已切断，但由于它还具有剩磁，所以容易造成高速运转。

8.2.5　直流电动机的启动与停车

启动：

① 检查线路情况（接线及测量仪表的连接等），检查启动器的弹簧是否灵活、转动臂是否在开断位置。

② 如果是变速电动机，则将调速器调节到最低转速位置。

③ 合上线路开关，在电动机负载下，开动启动器，在每个控制触点上停留约 2s，直到最后一点，转动臂被低压释放器吸住位置。

④ 如果是变速电动机，可调节调速器，直到转速达到需要的数值。

停车:

① 如果是变速电动机，先将转速降到最低。

② 断开负载（除串励电机外）。

③ 切断线路开关，此时启动器的转动臂应立即设置到断开位置。

8.3 直流电机火花等级的鉴别

直流电机在运行时，电刷和换向器之间有很难完全避免火花的产生，在一定程度上，火花并不影响电机的连续工作，若不能消除可允许其存在，如果所发生的火花大于某一规定限度，尤其是放电性的红色电弧火花，则将产生破坏作用，必须及时加以检查纠正。

直流电机的火花，可按表 8-1 的鉴别等级，以确定电机是否能继续工作。

表 8-1 直流电机火花的等级

火花等级	电刷的火花程度	换向器及电刷的状态	允许的运行方式
1	无火花	换向器上没有黑痕及电刷上没有灼痕	允许长期连续运行
$1\frac{1}{4}$	电刷边缘仅有小部分有微弱的点状火花，或有非放电性的红色小火花		
$1\frac{1}{2}$	电刷的边缘大部分或全部有轻微的火花	换向器上有黑痕出现，但不扩展，用汽油擦其表面即能除去，同时在电刷上有轻微的灼痕	
2	电刷的边缘大部分或全部有较强烈的火花	换向器上有黑痕出现，用汽油不能除去，同时在电刷上有的灼痕，如短时间出现这一级火花，换向器上不出现灼痕，电刷不致被烧焦或损坏	仅在短时间过载或短时冲击负载时允许出现
3	电刷的整个边缘有强烈的火花即环火，同时有大火花飞出	换向器上的黑痕很严重，用汽油不能擦除，同时电刷上有灼痕，如在这一级火花下短时运行，则换向器上将出现灼痕，同时电刷将被烧焦或损坏	仅在直接启动或逆转的瞬时间允许存在，但不得损坏换向器及电刷

8.4 直流电动机的接线图

（1）直流他励直流电动机的接线（如图 8-5）

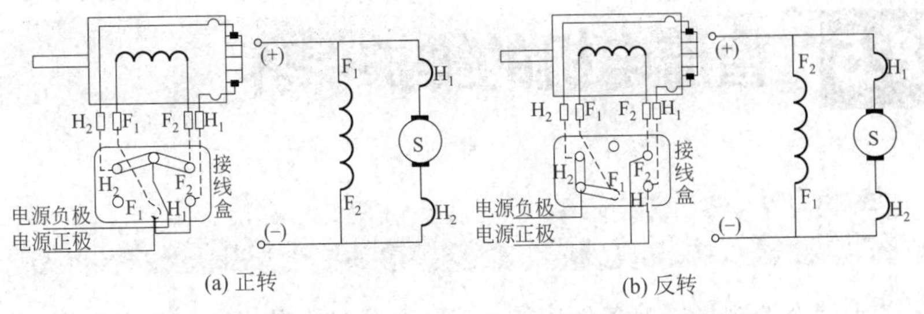

图 8-5　直流他励直流电动机的接线图和原理图

（2）直流串励直流电动机的接线（如图 8-6）

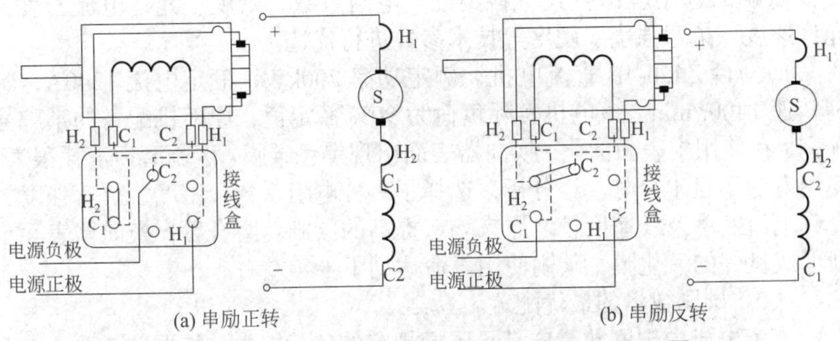

图 8-6　直流串励直流电动机的接线图和原理图

（3）直流复励直流电动机的接线（如图 8-7）

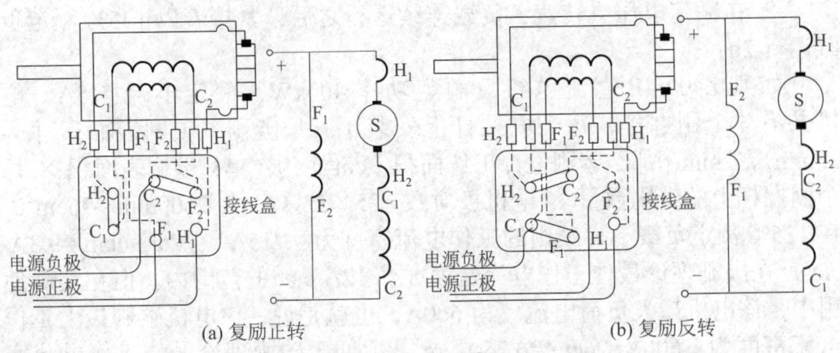

图 8-7　直流复励直流电动机的接线图和原理图

8.5 直流电机的维护保养

8.5.1 短期维护

水泥企业现场工况条件比较恶劣，如维护保养不当，就会出现直流电机换向变差的情况。根据现场实际工况条件优选碳刷，正确调整碳刷，可以使电机恢复正常的换向，确保电机的正常运行。

（1）碳刷的选用

碳刷的选用应综合其材料类别、电阻系数、密度、允许电流密度、允许速度、抗弯强度、硬度等技术参数进行优选。

如一台 Z450-4B 直流电机，额定功率 700kW，额定电流 1240A，最高转速 1400r/min。该电机实际负荷为 90% 额定值，原随机配备的某牌号碳刷，在使用中表面油化，换向器表面出现黑色碳膜，碳刷磨损消耗很大，使用寿命不足 1 个月。经分析，选择了一种电阻系数、密度、抗弯强度、允许电流密度及线速度较之原来均有提高的碳刷。磨合后，换向器表面重新形成良好的氧化膜，碳刷使用寿命达到了半年左右。

（2）碳刷数量的最优配置

直流电机中碳刷数量应满足国标规定的负荷能力。按照《Z 系列中型直流电动机技术条件》ZBK23 001—89 中的要求，金属轧机用直流电动机应能承受如下连续过载：

① 在额定电压、转速下，带 115% 额定负载连续运行；

② 在额定电压、转速、负载连续运行之后，紧接着以 125% 额定负载运行 2h。

如某 Z400-4B 直流电机，额定功率 400kW，额定电流 715A。电机共有 4 个刷握杆，每个刷握杆上安装了 6 只碳刷，碳刷表面尺寸为 25mm×32mm。那么碳刷设计工作面积（cm^2）为：单只碳刷表面积 × 每个刷握杆上的碳刷数量 × 电机极对数 $=25\times32\times6\times2=9600mm^2=96cm^2$，在 125% 额定负载下，碳刷的工作电流密度为：$715A\times1.25\div96cm^2=9.3A/cm^2$，在碳刷理论最佳工作电流密度 8 ～ $12A/cm^2$ 的范围内。但在实际使用中，该电机最大负荷电流仅为 600A，也就是说，该电机碳刷最大工作电流密度为：$600A=96cm^2=6.25A/cm^2$。远低于碳刷理论最佳工作电流密度的下限值 $8A/cm^2$。

碳刷工作电流密度过小，会造成电机换向器表面出现线状和槽状刻痕，缩短换向器的车削处理周期，缩短电机的使用寿命。反之，碳刷工作电流密度过大，则会造成碳刷及换向器表面发热、换向火花大。对碳刷数量进行调整后，有效地避免了换向器表面的现状和槽状刻痕现象。

（3）碳刷的布置

直流电机换向器刷握杆上的碳刷一般是平均布置的。但在需要对碳刷数量进行调整时，就必须重新布置。直流电机刷握杆上装有 8 只碳刷，如需减少碳刷使用数量，则要依次去掉 1#、8#、2#、7# 轨道的碳刷。如果换向器表面出现线状和槽状刻痕，或局部有烧灼痕迹，为了改善换向，应把碳刷移到空闲且状况较好的轨道上。

（4）刷架中心线的调整

电机制造厂一般把碳刷定位在磁极几何中性线上，进行两个转动方向的调整。刷架中心线的调整应仔细，并做好相应的标记。刷架每次移动不得超过 2mm，调整后需在正常负荷下运行至少 5min，以确定刷架调整位置是否适当。如果换向状况变好，则以此为基点再进行微调，每次在正常负荷下至少运行 5min，直到找到最佳换向状态。

如果在第一次调整后，换向状况变差，则需向相反方向调整刷架。对直流电机来说，沿电枢旋转方向移动刷架，会减少换向补偿效果；反之，如果逆着电枢旋转方向移动刷架，则换向补偿作用加强。如果刷架调整对换向没有明显的改善，则应该把碳刷刷架移回到初始标记位置上。

8.5.2 预防性维护

短期维护的一些方法可以排除直流电机出现的突发性换向故障，但为了保证直流电机长期稳定、可靠的运行，预防性的、周期性的维护是必要的。

定期检查和维护可以降低电机的故障维护费用并保持电机的良好运行状态。也可以根据直流电机的实际运行情况和工况条件适当修改。

为了保持直流电机良好的换向性能，应从以下几个方面对碳刷进行日常检查、更换。

① 确认碳刷辫螺钉是紧固的，刷辫不影响碳刷的自由运动；

② 确保碳刷辫不接触到电机内部非绝缘部分；

③ 检查碳刷能否在刷握内自由移动，弹簧的位置必须正确，功能正常；

④ 刷握离换向器表面的距离应一致；

⑤ 碳刷换型时，必须同时更换所有的碳刷，不允许不同牌号、材质的碳刷混用；

⑥ 在调整或更换碳刷前后，必须跟踪观察电机的运行状况；

⑦ 更换的碳刷应适合换向器表面曲线。

对换向器表面的清洁，应使用干燥纯净的压缩空气吹扫，不能使用任何液体溶剂，它们会造成换向器表面、云母、玻璃无纬带等材料的烧蚀。工业酒精也应尽量避免使用。

换向器玻璃无纬带中渗入污物后，其片间电压作用于污物上，电流流过，造成发热、烧灼，烧焦的无纬带在自身缠绕张力的作用下易断裂，引起内部器件的损坏。为此，一旦发现无纬带烧焦、燃烧，就必须予以更换。

换向器有轻微条纹或凹槽，可以采取研磨或抛光方式处理。可用干净粗布擦拭换向器，有利于形成和保持换向器氧化膜。

当换向器表面异常粗糙，有较深的条状、槽状磨痕，换向时噪声很大，换向火花严重，或者出现碳刷磨损加剧，则需要对换向器进行车削处理。

8.6 直流电机维修中所遇到的较典型问题及处理

8.6.1 换向器火花太大

现象：换向器火花大，电刷下的火花超过所允许的火花等级（1.5 级），换向器和电刷过热。

分析原因：①电刷位置不在中性线上。②换向器表面不光洁、凸凹不平、槽中的云母片突出。③电刷架上碳精在圆周上的分布不等分，电刷间电流分配不均匀，刷握松动，电刷与刷握内框配合太紧。④电刷的牌号、尺寸不符，质量不好。⑤电刷和换向器接触不良，电刷压力大小不均。⑥换向磁极绕组接反或短路。⑦电机过载，电枢绕组短路或接地，换向片脱焊。⑧电机底脚松脱产生振动。

处理方法：

（1）调整电刷中性线位置

将电刷粗调至位于对应的两只主磁极中间（即对应换向磁极）位置。在电枢静止时，将一中间指零的毫伏表（也可用万用表 mV 挡替代）接到相邻两组电刷上，电机的他激励磁绕组通过开关 K 接到 1.5 ～ 3V 的直流电源上，当开闭开关 K 即交替通、断励磁绕组的电流时，因电枢内产生感应电势其毫伏表的指针会左右偏摆，将整个电刷框架在换向器圆周方向左右慢慢移动，直到毫伏表指针不再摆动为止，此时刷架的位置就是电刷的中性位置。按经验，为了进一步改善换向、减轻火花，还可顺发电机旋转方向偏移 1 ～ 1.5 片换向片进行微调。

（2）清理换向器

用 00 号玻璃砂布打磨换向器表面，保证其光洁度，若表面过于粗糙或凸凹严重时，应在车床上进行精车，其光洁度不应低于 *Ra*3.2。

（3）调整更换电刷

调整刷架的相对位置，保证刷架相互等分，同一刷臂上的刷握应在一条直线上。

调整各电刷的压力应在 0.015 ～ 0.025MPa，且与换向器表面接触良好。

换电刷时应使牌号、尺寸、质量与原电刷相符。电梯直流电机电刷一般选用 DS-14。

（4）检查磁极极性

用指南针验证主磁极和换向极的极性顺序，当顺着电机旋转方向时：发电机为 n-N-s-S；电动机为 n-S-s-N。

（5）用绝缘摇表检查绕组是否接地

用毫伏表测量换向器相邻换向片之间的直流电压判断有否短路（短路时电压为零）。

（6）用毫伏表测量电枢换向器的换向片间电压是否呈周期性变化

如出现某两片之间电压很大，说明该处有脱焊现象，须重焊。

8.6.2 直流发电机电压低

现象：直流发电机端电压低于额定电压，严重时不能发出电压。

分析原因：

① 电机的励磁绕组（电机接成他励励磁）中没有励磁电压或励磁电压低于额定值，其励磁绕组回路接触不良或断路。

② 反激磁场绕组自始至终接在电路中未断开。

③ 电刷不在正常位置，电刷接触不良，换向器云母槽中有炭末。

④ 电枢绕组、电刷及连接线等有短路、断路或接地。

⑤ 发电机转速较额定转速低。

⑥ 换向磁极绕组接反。

⑦ 过载。

处理方法：

① 用万用表检查励磁绕组本身的通断情况和电阻值（与正常值进行比较），测量输入励磁绕组的励磁电压（该电压由可控硅整流输出）是否正常。

② 反激磁场绕组的正常接入时间只能在电梯减速制动的适当时刻接入，从而起削弱主磁场改善制动舒适感的作用。

③ 用指南针验证换向极极性。

④ 检查处理绕组的短路、断路、接地等故障。

⑤ 检查处理发电机转速过低和过载故障。

8.6.3 直流电动机转速异常

现象：直流电动机转速过高（或过低）。

分析原因：

① 直流发电机输至直流电动机的电枢电压过高（或过低），使电动机转速升高（或降低），从而提高（或降低）了电梯的运行速度。

② 直流电动机的励磁电压低（或高）于额定值，产生弱（强）励磁，使电动机转速升高（或降低）。

③ 电刷不在中性线上。

④ 电机过载引起电机转速降低。

⑤ 枢绕组及连线中有短路或接地等故障。

处理方法：

① 测量直流电动机的电枢电压，找出电压过高或过低的原因，并采取措施排除。

② 测量直流电动机的励磁电压和电流，其电压和电流应符合铭牌数据。励磁电压高于额定值时电机转速低，反之形成弱励磁转速升高。

③ 调整电刷应在中性位置。

④ 排除电机过载和绕组短路、接地等故障。

8.6.4 电机电枢冒烟

分析原因：

① 电机长期过载，电机温升超过容许温升。

② 换向器或电枢短路，产生短路电流。

③ 负载短路产生电流增加。

④ 扫膛（电枢和定子相摩擦）。

⑤ 电动机端电压过低，输出力矩降低。

处理方法：

① 检查电机长期过载的原因：电梯曳引机是否抱轴和机械卡阻。

② 检查负载短路处，一般要检查电机正、负电刷架的两个刷架有否电气搭连，换向器的云母槽是否被电刷炭末填充而短接，电枢绕组绝缘是否破损而造成短路。

③ 测量电枢和定子间的气隙是否均匀，检查轴承（尤其是滑动轴承）的磨损情况，排除扫膛。

④ 电动机端电压过低可以测量发电机输出电压的高低来判断。

8.6.5　电机正反转方向的火花不一样

现象：电机运转时，两个旋向的火花不一致。

分析原因：

① 电刷不在中性位置。

② 电刷架上各电刷臂之间的距离不等分。

处理方法：

① 检查调整电刷的中性位置。

② 电刷架在空间的相对位置应等分、对称，使之在换向器的圆周上等距离。

8.6.6　换向器片烧焦发黑

现象：电机换向器圆周上，每隔一定角度（例如磁极为 4 极时，则相隔 180°）的换向片烧焦发黑，清除后仍是这几片发黑。

分析原因：

① 发黑烧焦的换向片与电枢绕组之间的焊接不良。

② 这些换向片连接的电枢绕组有断路故障。

③ 连接到这些换向片上的均压线焊接不良或有断路故障。

处理方法：对症处理

8.6.7　电机振动

现象：电机有不正常的振动和响声。

分析原因：

① 电机的地基不平，电机安装不符合要求。

② 机轴颈与轴套间隙过小或过大。

③ 轴承装配不好或轴承本身质量差。

④ 电机轴弯曲、转子变形，扫膛。

⑤ 电机的频繁正、反转使转子上的平衡块甩出或脱落，造成电机平衡超差。

处理方法：

① 找平地基，重新安装调整电机水平度。

② 滑动轴承的轴颈与铜套的间隙过大，不能形成油楔，影响轴颈的悬浮力而造成“拍轴”。间隙过小则产生研磨，一般来说，轴颈和轴套的间隙取 0.05 ～ 0.1mm 比较合适。

③ 检查滚动轴承本身的质量和装配质量。

④ 测量电枢和定子的间隙，排除扫膛。

⑤ 将电枢上动平衡块复原，必要时进行动平衡校验。

8.6.8 机壳漏电

分析原因：

① 电机绕组绝缘电阻过低。

② 进出线头碰壳。

③ 接地装置不良。

④ 绝缘损坏碰壳。

处理方法：

① 用 500V 摇表测试电机绕组绝缘电阻，其值不应低于 0.5MΩ，低于此值应对绕组进行干燥处理，使其恢复绝缘电阻值。

② 除进出线碰壳故障。

③ 摇测接地电阻，其值不大于 4Ω，检查接地保护装置。

④ 当电机绝缘有损坏时，应局部修复或重绕绕组。

第 9 章 电力变压器

9.1 变压器的作用

在电能的生产和使用过程中，发电厂距用电负荷中心距离较远，发电厂发出的电能必须将电压升高，经输电线路、配电线路和变压将电能输送到用户。在电力系统中的发电、输电、配电、用电过程中需将电压升高或降低，变压器就是升高电压和降低电压的电气设备，其作用是将某一等级的交流电压和电流变换成另一等级的交流电压和电流。它由绕在同一铁芯上的两个或两个以上的绕组组成，绕组之间是通过磁场变化而联系。

合理地确定输、配电线路的电压等级，是电力网主要经济指标之一。发电机输出的电压，受发电机绝缘水平限制，一般为 6.3、10、10.5（kV），最高不超过 20kV，这样的电压等级不能够大容量、远距离输送电能，因为输送一定功率的电能时，电压越低，则电流越大，这样其大部分功率消耗在输电线路的电阻上。所以大容量远距离的电能输送，必须用升压变压器将发电机的端电压升高到几十千伏至几百千伏，以降低输送电流，减少输电线路上的功率损失，减小导线截面，将电能远距离、大功率地输出。

输电线路将高电压输送到电力网经地区降压变压器将几十千伏或几百千伏高电压降到各种不同的电压等级，满足各类负荷的额定电压的需要。

9.2 变压器的工作原理

变压器的基本工作原理就是电磁感应原理。变压器的原绕组（一次）

接通交流电源，在绕组内流过交变电流产生磁势，在磁势的作用下，铁芯中产生交变磁通，即原绕组从电源吸取电能转变成磁能，在闭合的铁芯中原绕组、副绕组同时切割磁力线，由于电磁感应作用，分别在原、副绕组上产生感应电动势 E_1 和 E_2。如此时将副绕组与外电路负荷接通，在副绕组感应电动势作用下，便有电流通过负载，铁芯中的磁能又转变成电能。变压器在传递电能的过程中，铁芯中的交变磁场通过原、副绕组每一线匝中都产生相同的感应电势，变压器原、副绕组的匝数不同，所产生的感应电势也不同，这就是变压器变换交流电压、电流的原理。如图 9-1 所示为单相变压原理图。

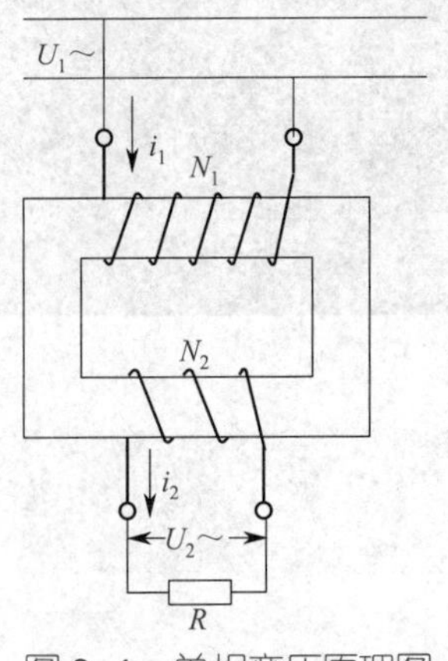

图 9-1 单相变压原理图

根据电磁感应定律可以导出：

一次侧绕组感应电动势值 $E_1(U_1)=4.44fN_1B_mS\times10^{-8}$（V） （9-1）

二次侧绕组感应电动势值 $E_2(U_2)=4.44fN_2B_mS\times10^{-8}$（V） （9-2）

9.3 变压器的铭牌与技术参数

9.3.1 变压器的铭牌

变压器铭牌是制造厂家为用户提供的规定基本参数、有关变压器的性能和使用条件的说明书。变压器的铭牌上标有型号和额定的技术数据等。

变压器的型号由两部分组成，前一部分用汉语拼音字母组成，代表变压器的类别、结构、特征和用途；后一部分用数字组成，代表变压器的容量（kVA）和高、低压绕组的电压等级（kV）。

此外，还制定了噪声要求不大于 60dB（额定电压，额定频率，额定负载运行时，在变压器一米范围内 2/3 高度的平均值）。电力变压器的分类和表示符号见表 9-1。扫下页二维码看相关视频。

表 9-1　电力变压器的分类和表示符号

序　号	分　　类	类　　别	表示符号
1	相数	单相 三相	D S
2	绝缘介质	油浸 空气（干式） 固体绝缘	不标 G C
3	冷却方法	自冷 风冷 水冷	AN AF WF
4	循环方式	自然循环 强迫循环	N F 或 D
5	绕组数	三卷 自耦	S O
6	调压方式	有载调压	Z

9.3.2　变压器的技术参数

额定容量（额定视在功率）：是指在额定工作状态下，变压器输出能力的保证值 S_e（kVA）。

额定电压（额定线电压）：是指空载时，一次线圈和二次线圈在额定分接位置（高压侧抽头位置）上，各自端子之间的保证电压值 U_{e1}、U_{e2}（V 或 kV）。

额定电流（额定线电流）：是指在额定容量下，变压器线圈允许长时间连续通过原、副边线圈的工作电流 I_{e1}、I_{e2}（A）。

阻抗电压（短路电压）：是指副边短路，而原边电流达到额定值时，原边上所施加的电压 U_{d1}。一般以原边额定电压的百分数表示，即 $U_{d1}\%$。此参数在变压器运行中很重要，是考虑短路电流和继电保护特性的依据。

短路损耗 P_{du}（铜损）：是指副边短路，原边电流达到额定值时产生的损耗（W、kW）。

空载电流 I_0%（激磁电流）：是指空载运行时，原边线圈中通过的电流 I_0。一般以原边额定电流的百分比表示。

空载损耗 P_0（铁损）：是指变压器空载运行时产生的损耗 P_o（W、kW）。

连接组别：是指为表明变压器两侧线电压的相位关系，将变压器的接线分为若干组，称为联接组别，如 Y、yn0、Y、d11。

额定频率：是指变压器原边电量变化的频率（Hz）。

温升：是指额定工作状态下，变压器温度允许超出周围环境温度的差值 t（℃）。

9.3.3 变压器接线标号

变压器的接线标号见表 9-2。

表 9-2 变压器的接线标号

名　称	GB 1094—85		
	高压	中压	低压
星形接法	Y	Y	Y
星形接法中性点引出	YN	Yn	Yn
三角形接法	D	d	d
曲折型接线	Z	Z	Z
曲折型接线中性点引出	ZN	Zn	Zn
接线组别	用 0 ～ 11		
接线标号间	用逗号		

9.4 变压器的结构

（1）铁芯

和绕组一样，铁芯也是变压器最基本的组成部分。它的磁导率很高，其作用是导磁，通过电磁感应把电能从原端送到次端。

为了降低变压器的损耗，并在相同的激磁电流下形成最强的磁场，要求铁芯的磁导率要高，铁芯要使用软磁性材料，电阻率也要高。电力变压器的铁芯都采用硅钢片，每片厚度为0.35～0.5mm，片间有良好的绝缘。硅钢片按一定的规律叠好后，用穿钉紧紧地夹紧在一起，形成一个整体铁芯。穿钉和铁芯也要有良好的绝缘。

（2）绕组

一是绕组的导线外皮的绝缘性能要好，要能在规定的温度下工作到规定的年限；二是绕组的机械强度要高，以免在可能发生的短路电流到来时，强大的电磁力使绕组变形；三是绕组的散热条件要好，这就是使绕组中留有适当的空隙，以便冷却介质能及时地把热量带走。据此，线圈的绕法就有了多种式样，有筒形绕组和螺旋式绕组。

电力变压器一般都有两个绕组，一个高压绕组，一个低压绕组。对于配电变压器，高压绕组是一次绕组，低压绕组是二次绕组。通常，低压绕组紧靠铁芯，高压绕组绕在低压绕组外面。大、中型电力变压器有的有三个绕组，除了高、低压绕组外，还有一个中压绕组。

（3）油箱

油箱是变压器的外壳，用钢板焊接而成。变压器的铁芯和绕组都装在油箱内。因而油箱起了保护变压器铁芯和绕组的作用。油箱是密封的，里面盛满了变压器油。油对变压器是十分重要的。首先油能提高绕组的绝缘强度，干燥的油能够防止绕组受潮。另外变压器在工作中，绕组和铁芯都会发热，这个热量如果不及时散出去，就会使发热部分的温度不断升高，使其自身受到损害。油的对流作用会把发热部分的热量带走，通过油箱外部的散热管散到变压器外面的空气中去。这样，发热部分的温度就被限制在确定的范围之内。还有当绕组出现某些故障，如匝间短路时油能够在一定程度上熄灭可能产生的电弧。运行中的变压器若出现缺油故障，会导致变压器发生严重事故。

（4）油枕

油枕是一个圆筒形的油桶，安装在变压器一侧的上方，装有油管与油箱连在一起，见图9-2。油枕里也盛有一定数量的变压器油。油枕里的油对在变压器里的油起缓冲作用，使用油枕后，油箱里的油不与环境空气直接接触，因而不易受潮和氧化。

油枕上还有一些附属器件：

① 油位计：又叫油面计，是位于油枕侧面、与油枕连通的一根玻璃管，可以看到油枕中的油位。根据上面标注的各种温度下的油面线，可以判断变压器内的油量是否正常。

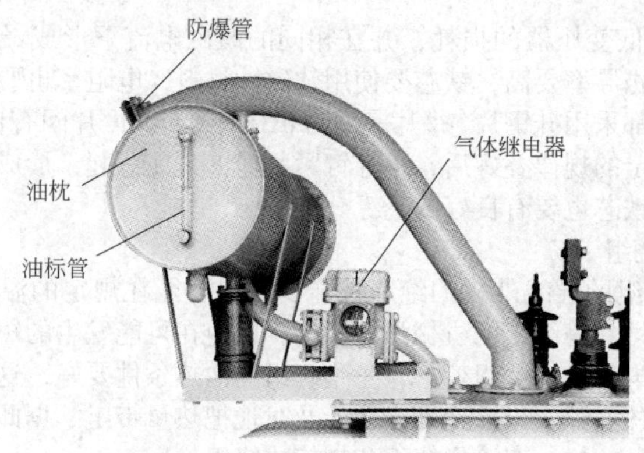

图 9-2　油枕、油标管、防爆管

② 注油孔：位于油枕上方，当变压器缺油时，补充的油由此孔加入变压器油。

③ 集污器：位于油枕下方，受潮的油密度增加，沉入油枕底部的集污器内，然后可以通过放油阀放出。

（5）防爆管

防爆管是位于油箱上部的一根倾斜向上的管子。管口弯曲向下，并用膜片密封。当变压器内部发生重大故障时，变压器油剧烈分解，产生大量气体，使得油箱内部压力急剧升高。巨大的内部压力首先冲破防爆管的膜片，油气从防爆管喷出，从而保护了变压器。

（6）呼吸器

呼吸器是油枕内的空气与外部大气相通的渠道。油枕内的油面随油温的变化而变化，而形成呼吸作用。为了防止外部的潮湿空气进入油枕内，在呼吸器中装入硅胶。硅胶具有吸收空气中水分的能力。外部的潮湿空气通过呼吸器进入油枕时，必须经过硅胶层，空气中的水分可以被硅胶吸收，这样，进入油枕中的空气变得干燥。吸足水分的硅胶由蓝色为粉红色。受潮的硅胶经烘烤后可以除去水分，重新使用，其颜色又由粉红色变为蓝色。呼吸器的外形见图 9-3，呼吸器与油枕的连接见图 9-4。

（7）绝缘套管

绝缘套管是变压器的绕组与外部线路的连接的过渡装置。它的中间是导体，外部包有瓷绝缘。不论高压绕组还是低压绕组，都要用绝缘套管将导电部分与变压器外壳隔开，10kV 以下的绝缘套管是实心瓷质的，35kV 及以上的绝缘套管内部充满绝缘油，以加强绝缘性能。

图 9-3　呼吸器的外形

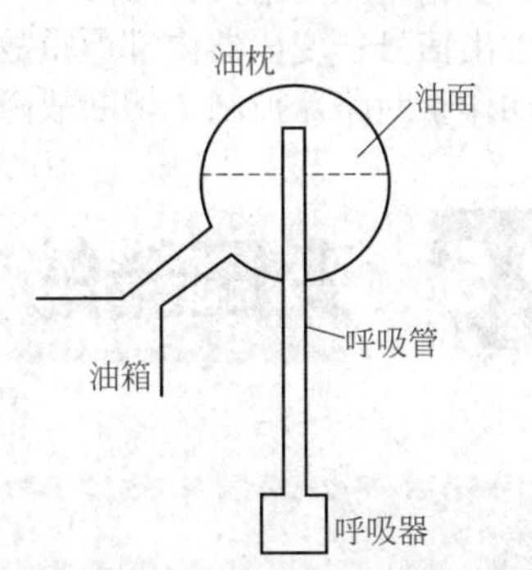

图 9-4　呼吸器与油枕的连接

（8）分接开关

分接开关是变压器调整变压比的装置，变压器的一次绕组一般有 3～5 个分接抽头挡位，三个分接头中间为分接头额定电压，相邻的分接头相差 ±5%，五个分接头的变压器相邻分接头相差 ±2.5%，分接开关有有载调压和无激磁调压两种，选用时根据负荷的要求而定。分接开关装于变压器端盖的部位，经传动杆伸入变压器油箱内与高压绕组的抽头相连接，改变分接开关的位置，调整低压绕组的电压。

图 9-5　瓦斯继电器外形

（9）瓦斯继电器

瓦斯继电器是一种非电量的气体继电器，装于变压器油箱和油枕连接管上如图 9-5 所示，是变压器内部故障的保护装置。变压器运行中故障时，油箱内压力增大，故障不严重时油箱内压力增大瓦斯继电器的接点接通发出信号；变压器内部严重故障时油箱内压力剧增，瓦斯继电器接点接通动作于断路器掉闸，切断故障变压器电源，防止故障延伸扩大。

9.5 变压器的实用计算

9.5.1 变压器的额定容量、额定电压、电流计算

（1）单相变压器额定容量

$$S_e=U_{1e}\cdot I_{1e}=U_{2e}\cdot I_{2e} \tag{9-3}$$

（2）三相变压器额定容量

$$S_e=\sqrt{3}\,U_{1e}\cdot I_{1e}=\sqrt{3}\,U_{2e}\cdot I_{2e} \tag{9-4}$$

（3）三相变压器额定电压

三相变压器绕组可以得到两种电压即线电压和相电压，三相绕组任意两条相线之间的电压称为线电压，线电压用 U_L 来表示，三相变压器线电压有 U_{UV}、U_{VW}、U_{WU}。三相绕组每个绕组两端的电压称为相电压，相电压用 U_ϕ 来表示，三相变压器的相电压有 U_U、U_V、U_W。

变压器星形接线电压关系： $U_L=\sqrt{3}\,U_\phi$

变压器三角形接线电压关系： $U_L=U_\phi$

（4）变压器的额定电流

变压器的额定电流是指三相变压器的线电流，三角形接线的变压器线电流为相电流的$\sqrt{3}$倍，星形接线的线电流等于相电流，不用换算。

变压器的额定电流可按下式计算：

$$I_{1e}=\frac{S}{\sqrt{3}U_{1e}} \tag{9-5}$$

$$I_{2e}=\frac{S}{\sqrt{3}U_{2e}} \tag{9-6}$$

在实际工作中，为了方便地了解变压器有无过载现象或选择变压器的一、二次熔丝，可采用变压器一、二次额定电流口算方法计算变压器额定电流。

一次额定电流 $I_{1e}\approx S\times 0.06$　　二次额定电流 $I_{2e}\approx S\times 1.5$

因为$I_{1e}=\frac{S}{\sqrt{3}U_{1e}}$为 0.0578，取近似值 0.06　$I_{2e}=\frac{S}{\sqrt{3}U_{2e}}$为 1.443，取近似值 1.5

例　已知变压器容量 1000kVA，变压比 10/0.4，计算一、二次额定电流。

解　口算法：一次额定电流　$I_{1e}≈1000×0.06=60$（A）

二次额定电流　$I_{2e}≈1000×1.5=1500$（A）

按公式计算：$I_{1e}=\frac{1000}{\sqrt{3}\times 10}=57.8\text{A}$　$I_{2e}=\frac{1000}{\sqrt{3}\times 0.4}=1443\text{A}$

（5）计算变压器不同挡位电压值

油浸式三相变压器变压等级一般为三挡，10.5/0.4、10/0.4、9.5/0.4。

即变压比：Ⅰ挡 $K_1=10.5/0.4=26.25$

Ⅱ挡 $K_2=10/0.5=25$

Ⅲ挡 $K_3=9.5/0.4=23.5$

干式三相变压器变压等级一般为五挡，10.5/0.4、10.25/0.4、10/0.4、9.75/0.4、9.5/0.4。

即变压比：Ⅰ挡 $K_1=10.5/0.4=26.25$

Ⅱ挡 $K_2=10.25/0.5=25.625$

Ⅲ挡 $K_3=10/0.4=25$

Ⅳ挡 $K_4=9.75/0.4=24.375$

Ⅴ挡 $K_5=9.5/0.4=23.5$

变压器的二次电压值，取决于一次电压值和分接开关的位置，变压器一、二次电压根据分接开关的位置可以互换算其实际电压值。

$U_1=KU_2$　（已知 U_2 值求 U_1 值）

$U_2=U_1/K$　（已知 U_1 值求 U_2 值）

例　变压器一次电压为 10000V，分接开关在Ⅰ挡位置。计算变压器二次控制电压，若在Ⅱ挡二次电压是多少。

解　已知变压器的变压比 $K_1=26.5$　$K_2=25$

Ⅰ挡时二次电压 $U_2=U_1/K_1=10000/26.5=375\text{V}$

Ⅱ挡时二次电压 $U_2=U_1/K_2=10000/25=400\text{V}$

由此可见若将变压器二次电压提高，应将分接开关挡位由低往高调整。

9.5.2　变压器的损耗

变压器的一次绕组从电源获得有功功率 P_1，除在变压器的内部消耗一小部分损耗外其余全部转变为输出功率 P_2 变压器的效率是很高的。变压器的损耗包括变压器的铜损和变压器的铁损两部分。

（1）损耗计算

变压器的铁损 P_t 当变压器一次侧加上交流额定电压时，铁芯中产生交变磁通，从而在铁芯中产生磁滞损失和涡流损失，总称铁损（空载损耗）。通过变压器空载实验可得出铁损，它近似为额定电压下的空载损耗 P_0 即为铁损 P_t。

变压器的空载损耗
$$P_0=I_0^2R_1+P_t \tag{9-7}$$

因变压器空载电流 I_0 和一次绕组电阻 R_1 都比较小，所以 $I_0^2R_1$ 可忽略不计，因此变压器的空载损耗基本上等于铁损。当电源电压一定时，铁损基本是个恒定值，与负荷电流大小和性质无关。

（2）变压器的铜损 P_{to}

变压器的一、二次绕组都有一定的电阻（R_1、R_2），当有电流流过时，就产生一定的电能损耗，这就是铜损。

由于铜损 $P_{to}=I_1^2R_1+I_2^2R_2$，因此变压器的铜损主要决定于负荷电流大小。

又由于
$$P_{to}=I_1^2R_1+I_2^2R_2=\left(\frac{I_2}{I_{2e}}\right)^2P_{du} \tag{9-8}$$

式中，P_{du} 为变压器短路损耗，用短路试验测得

当设变压器的负载系数$K=\frac{I_2}{I_{2e}}$表示在任一负载下二次电流与二次额定电流之比。

将式（9-8）改为：
$$P_{to}=K^2P_{du} \tag{9-9}$$

由式（9-9）得出变压器的铜损与负载系数平方成正比，因此变压器的铜损决定于负载大小和负载性质。只要知道负载电流大小就可以计算在这一负载时变压器的铜损。

（3）变压器的效率 η 计算

变压器的效率 η 为变压器输出功率 P_2 和输入功率 P_1 的百分比。可用下式计算：
$$\eta=\frac{P_2}{P_1}\times100\% \tag{9-10}$$

因为输入功率
$$P_1=P_2+P_t+P_{to}$$

所以
$$\eta=\frac{P_2}{P_2+P_t+P_{to}}\times100\% \tag{9-11}$$

变压器的效率一般都在 95% 以上，当变压器的负荷功率因数 $\cos\phi$ 为一定值时，变压器的效率与负载系数的关系，称为变压器效率曲线，它表示变压器效率与负载大小的关系，如图 9-6 所示。

从曲线可看出，当变压器输出功率为零时，效率也为零，随输出功率增大，效率上升，直至到最大值，然后又降低。这因为变压器的铁损基本上不变，是一个定值（即空载损失），而铜损则与负荷电流的平方成正比变化，当负荷电流大到一定程度后，铜损很快增大使效率下降。当变压器的铜损与铁损相等时，变压器这时的效率达到最大值。

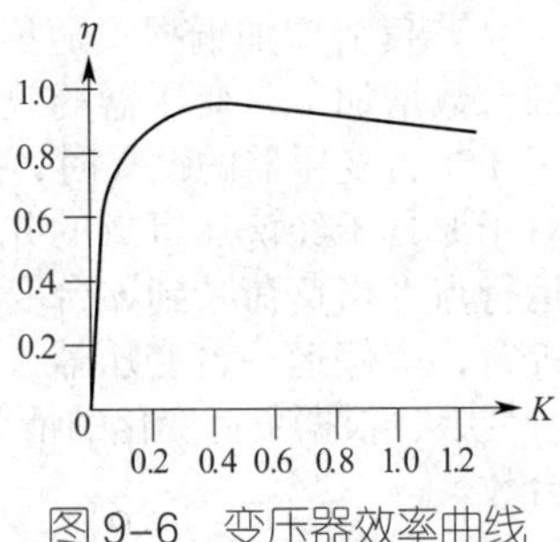

图 9-6　变压器效率曲线

根据 $$P_{to}=P_t=K^2P_{du}$$

所以效率最高时的负载系数为：$K=\sqrt{\dfrac{P_t}{P_{du}}}$

变压器的最高效率一般在 $K=\dfrac{I_2}{I_{2e}}=0.5\sim0.6$。

9.5.3　变压器的经济运行

变压器的经济运行，就是对多台变压器并列运行时采用的最经济运行方式。它是根据一昼夜一年四季中负荷的变化，控制投入运行变压器的台数，使其损耗为最小运行状态。

由于变压器运行中当铁损和铜损相等时，效率最高，这时变压器带的负载最经济。故以它作为判断变压器经济运行的依据。对于 n 台型式和容量相同的变压器并列运行，其最经济运行点应满足以下条件：

$$n\left(\frac{S^2}{nS_e}\right)(P_d+KQ_d)=n(P_k+KQ_k) \tag{9-12}$$

式中　S——总负荷，kV·A；

S_e——一台变压器的额定容量，kV·A；

n——运行变压器的台数；

P_k——变压器空载运行时有功损耗（铁损），kW；

Q_k——变压器空载运行时无功损耗，kvar；

P_d——变压器短路有功损耗（铜损），kW；

Q_d——变压器短路无功损耗，kvar；

K——无功经济当量系数。

若负荷增加铜损（随负荷平方增加）就要大于铁损（随投入变压器的台数增加），变压器的效率开始降低。当 n 台变压器的铜损大于或等于 $n+1$ 台变压器的铁损时，投入一台变压器就可以达到新的经济运行点，对于原处于经济运行点的并联变压器，若负荷减少时，也会偏离于经济运行点。当负荷减到 n 台变压器的铜损比 $n-1$ 台变压器的铁损还小或相等时，应停运一台变压器，使其回到经济运行点运行。将式（9-12）进行变换，根据负荷变化的情况，计算出同型号、同容量变压器并列运行的台数。

当负荷增加时$S \geqslant S_e\sqrt{n(n+1)\dfrac{P_k+KQ_k}{P_d+KQ_d}}$投入 $n+1$ 台比较经济；

当负荷减少时$S \leqslant S_e\sqrt{n(n-1)\dfrac{P_k+KQ_k}{P_d+KQ_d}}$投入 $n-1$ 台比较经济。

9.6 变压器运行与维护

在电力系统中，电力变压器是重要电气设备之一，应用广泛。为了提高变压器的利用率，使变压器接近满载运行，需要将一些变压器投入或退出运行，运行中为了检修或退出故障变压器，必须要求把备用变压器投入运行，然后退出检修或故障变压器。电气运行人员要掌握变压器有关运行知识，加强运行中的变压器巡视检查，并做好经常的维护、检修工作，定期进行预防性试验，了解变压器的完好情况，及时发现、消除绝缘缺陷，保证安全供电、变压器可靠运行，防止造成设备损坏及重大事故。

9.6.1 变压器并列运行

工厂变配电所，从供电的安全、可靠和经济运行考虑，两台或多台变压器并列运行是非常有利的，在电力系统中广泛的采用变压器并列运行方式。因为采用两台或多台变压器并列运行，当运行中的某台变压器发生故障时，可将故障变压器退出运行，由其他变压器供电，保证重要负荷不中断电源，从而提高了供电的可靠性；并且在运行中可根据负荷的变化，调整投入或退出变压器运行的台数，以达到减少电能的损耗，提高变压器工作效率，实现经济运行；可以根据用电容量增加的需要，分期安装变压器，减少初次投资和设备的备用容量。

（1）变压器并列运行的条件

变压器并列运行必须满足并列运行的条件，否则会造成设备的损坏及发生重大事故。

在母线上或经过线路后，将两台或更多台变压器一次侧和二次侧同性极的端子互相连接，这种运行方式称为变压器的并列运行。

正常并列运行的变压器应该是，在空载时，并列回路间没有循环电流，也就是没有铜损耗，在带负荷时，各变压器绕组的负荷电流，按容量成正比分配，防止发生过负荷或欠负荷、负荷不均，使并列变压器的容量得到充分利用。

为了达到上述目的，并列运行的变压器，必须满足下列条件：

① 变压器的接线组别相同。

② 变压器的变比相等（允许有 ±0.5% 的差值）。

③ 变压器的短路电压（百分阻抗）相等（允许有 ±10% 差值）。除满足以上三个条件外，对于并列运行变压器的容量比，一般不宜超过 3 ∶ 1。

变压器并列运行要求就是保证一次与二次绕组间的电势相同、相位相同、内阻一致。

以上并列运行条件中，前两个条件保证了变压器空载运行时绕组内不会有环流，第三个条件保证了带负荷运行时，负荷分配与容量成正比，同时，考虑到容量不同的变压器其短路电压值也不同，容量大的变压器短路电压值小（负荷分配与短路电压值成反比），因此对容量比有一定的要求，不允许超过 3 ∶ 1。

（2）并列前和运行中，要注意的事项

① 变压器在初次并列前，首先要确认各台变压器的分接开关要在相同的挡位上，且要与一次电源电压实际值相适应，此外还要经过核相。核相的目的是在一次接线确定之后，找出并确认二次的对应相，把对应的相连接在一起。

② 初次并列运行的变压器，要密切注视各台的电流值，观察负荷电流的分配是否与变压器的容量成正比。否则不宜并列运行。

③ 并列运行的变压器要考虑运行的经济性，但又要注意，不宜过于频繁地切掉或投入变压器。

9.6.2　变压器的过载运行

在不影响变压器正常使用寿命的前提下，在一定时间内，有条件

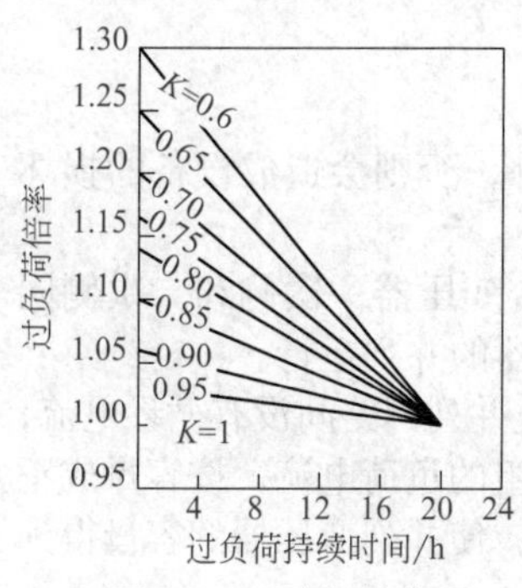

图 9-7 过负荷的程度和持续时间

地允许变压器在一定范围内过负荷运行，称为正常过负荷运行。符合这个前提的情况有以下两种：

① 如果在正常情况下变压器是欠负荷运行，那么，在高峰时间里，变压器允许短时间过负荷。根据北京供电局编《北京地区电气设备运行管理规程》的相应规定，过负荷的程度和持续时间见图 9-7。

如果缺乏准确资料，可根据变压器上层的油温，按表 9-3 给出的标准执行。

表 9-3 油浸变压器过负荷倍数及允许的过负荷持续时间

过负荷倍数	过负荷前上层油的温度（时：分）/℃					
	18	24	30	36	42	48
1.05	5:50	5:25	4:50	4:00	3:00	1:30
1.10	3:50	3:25	2:50	2:10	1:25	0:10
1.15	2:50	2:25	1:50	1:20	0:35	
1.20	2:05	1:40	1:15	0:45		
1.25	1:35	1:15	0:50	0:25		
1.30	1:10	0:50	0:30			
1.35	0:55	0:35	0:15			
1.40	0:40	0:25				
1.45	0:25	0:10				
1.50	0:15					

② 如果变压器在夏季（指六、七、八月）的最高负荷低于变压器的容量，那么在冬季（指十一、十二、一、二月）允许过负荷使用，其原则是：夏季的负荷每低于变压器的额定容量 1%，则冬季可过负荷 1% 运行。但最大不能超过 15%。

以上两种情况可叠加使用，但最大的过负荷值，室外变压器不得超过 30%，室内变压器不得超过 20%。

9.6.3 变压器的事故过负荷运行

所谓事故过负荷运行，是指在特殊的情况下，必须让变压器在短时间内较多地超负荷运行。例如，并列运行的变压器，其中有一台发生故障而退出运行，而负荷又不能减少，则另一台即处于事故过负荷运行中。变压器允许的事故过负荷程度和运行时间，通常应按制造厂家的要求执行。假若没有相应资料，可按表 9-4 的规定处理。

表 9-4　油浸式变压器允许事故过负荷的倍数和时间

过负荷倍数	1.30	1.45	1.60	1.75	2.00
允许持续时间 /min	120	80	45	20	10

9.6.4 变压器初次运行

变压器是电力系统中主要的电气设备。对于工业企业，它是整个动力的心脏。变压器的正常运行是至关重要的。一台新安装的电力变压器由于未知因素很多，因此在第一次送电前和送电后的一段时间，必须特别注意以下事项，以保证变压器能够正常运行。

① 一台新装的变压器，必须具备有效的产品合格证明和完整的技术档案资料，并仔细检查技术资料所标明的各项技术指标均应合格。

② 新安装的油浸式变压器，在首次送电之前，应进行吊芯检查，从外观上确认变压器的质量。这一点对于经长途运输或出厂后长时间未投入运行的变压器尤为重要。

③ 吊芯后的变压器应按规定进行交接试验，各项指标均应合格。

④ 变压器初送电时，应按规定做全压冲击合闸试验（新变压器 5 次，大修后的 3 次），合格后方可作空载运行。变压器的各项保护必须完好、准确、可靠。

⑤ 变压器空载运行 24h 后，如未发现任何异常现象，方可逐步加上负载，同时，密切注意观察变压器的运行状态。对反映运行情况的各项数据，如电压、电流、温度、声音等，应做记录。

⑥ 试运行期间的变压器，瓦斯保护的掉闸压板应放在试验位置上。

⑦ 大修后的变压器应视为新装变压器。停止运行半年以上的变压器，

需测量绕组的绝缘电阻，并做油的绝缘强度试验。

9.7 变压器运行中的巡视检查

9.7.1 运行监视

变压器在运行中处于负荷情况下，为了了解变压器的运行情况，及时发现运行中的异常情况，必须对运行中的变压器进行监视。这种监视的方法是依靠仪表、继电保护装置、信号设备等将变压器运行情况反映给运行管理人员，更重要的是要靠运行管理人员去观察、监听、巡视来发现一些仪表、保护装置、信号设备所不能反映的问题，如：运行环境、接点、声响等。即使是仪表装置所反映的情况，也需要通过巡视检查来掌握和分析。所以，对于运行中变压器的巡视检查是必要的。

根据规程的规定巡视检查的项目包括以下内容：

（1）变压器外部检查

① 检查变压器有无漏油和渗油；油标管所反映的油色及油量情况；

② 检查瓷套管是否清洁，有无破损裂纹及放电烧伤等情况；

③ 检查变压器声响是否正常：有无变化、杂音等；

④ 检查变压器一、二次母线连接是否正常；

⑤ 检查变压器运行的温度及温升；

⑥ 检查瓦斯继电器运行是否正常，有无动作；

⑦ 检查防爆管隔膜是否完好，应无裂纹及存油；

⑧ 检查呼吸器应畅通，硅胶吸潮不应达到饱和（通过观察硅胶是否变色来鉴别）；

⑨ 检查变压器外壳接地应良好；

⑩ 检查冷却装置运行情况是否正常。对于强迫油循环水冷或风冷变压器，应检查油温、水温、压力等是否符合规定。冷却器中，油压应比水压高 1 ～ 1.5 大气压。冷却器出水中不应有油，水冷却器部分应无漏水。

（2）变压器负荷情况的检查

① 室外安装的变压器，如没有固定电流表时，应测量最大负荷及代表性负荷；

② 室内安装的变压器装有电流表、电压表的，应记录小时负荷，并

应画出日负荷曲线；

③ 测量三相电流的平衡情况，对Y，Yn0连接的变压器，其中性线上的电流不应超过低压绕组额定电流的25%；

④ 变压器的运行电压不应超过额定电压的±5%。如超出允许范围，应调整变压器分接开关的位置，使二次电压保持正常。

（3）变压器停电清扫

运行中的变压器除巡视检查外，还应有计划的定期进行停电清扫，清扫检查内容如下：

① 清扫瓷套管、变压器外壳及有关附属设备；

② 检查母线及接线端子等连接点接触情况及瓦斯继电器控制导线绝缘及压接情况；

③ 检查变压器外壳及中性点导线及压接情况；

④ 摇测变压器绝缘电阻及接地电阻。

（4）变压器巡视检查周期要求：

① 变压器容量在560kVA及以上而且无人值班的，应每周巡视检查一次，变压器容量在560kVA以下的可适当延长巡视检查周期，但变压器在每次合闸前及拉闸后应检查一次；

② 有人值班的，每班应检查变压器的运行情况；

③ 强迫油循环水冷或风冷变压器，有无值班人员，均应每小时巡视检查一次；

④ 负荷急剧变化或变压器受到短路故障后，及室外变压器运行条件恶化，应进行特殊巡视检查及增加巡视检查次数。

（5）变压器异常运行及常见故障

变压器在电力系统中属于重要设备，一旦发生事故，造成停电损失巨大，所以，在运行工作中一个主要内容是及时发现运行中的异常现象，通过分析，找出原因，从而防止异常现象扩大为事故，可以及时采取措施，防止事故发生或缩小发生故事时的影响。

1）变压器异常运行的现象分析

① 运行声音不正常：正常的运行声音应当是平淡、低沉的交流震动声，运行声音随电压高低有变化，但变化不大。如发现运行声音有突然变化，应当认为是不正常的，需要及时分析原因，运行中：突然声调升高，可能原因有：运行电压升高，电压波形有变化，大容量动力设备启动、过载。运行中声音由低沉变为嘶哑声，可能原因是铁芯松动，结构上有螺钉或其他配件松动，有放电声音是绝缘损坏。此外，系统短路或接地时，通过很大的短路电流，使变压器有很大的噪声，系统上发生铁磁谐振时，变压器

发出粗细不匀的噪声。

② 在正常运行情况下，油温不断升高，以致超过允许值，原因是：绕组局部有层间或匝间短路，分接开关接触不良，接触电阻加大，冷却系统故障，或缺油；铁芯片间绝缘或穿芯螺钉绝缘破坏，铁损增大；运行环境发生突然变化，通风情况不利，二次回路中有大电阻的短路；油本身发生故障等。

③ 三相电压不平衡，变压器运行中三相电压超过允许值或其中一相、二相有升高或降低现象，而不是正常的负荷压降原因有：一相断路，保险丝熔断或一相断线；绕组局部发生匝间短路，造成三相电压不平衡，三相负载不平衡，引起中性点位移，使三相电压不平衡，系统发生铁磁谐振，造成三相电压不平衡等。

④ 变压器呼吸器或防爆管喷油，是由于二次系统突然短路，而保护拒动使变压器温度升高，以致油箱内压力增大而喷油，喷油后使油面降低，有可能引起瓦斯保护动作；另外变压器内部有短路，油枕出气孔有堵塞现象，油的正常呼吸作用不能正常进行，造成喷油。

⑤ 油面降低，在油位计上看不见油面时，则无法判断油面的实际高度，油的缺少可能危及到运行的安全，应当把这种情况列为不正常情况予以注意、解决。油面降低的原因有：油箱缺陷渗漏油；油节门关闭不紧；采取油样时忽视及时检查油面情况；油面计的假象；取油后未加油等。

⑥ 油色显著变化，这种情况在取油样时或检修时发现，油含有碳粒和水分，油的酸值增高，闪点降低，随之绝缘强度下降，易引起绕组与外壳击穿。发现后应作为不正常现象处理，其原因是：运行中多次发生短路或经常过负荷运行，油温经常较高，油的老化现象加剧，油质劣化的结果。

⑦ 继电保护动作：无论是一次或二次的保护设备动作时，表明设备存在问题，要认真对待检查运行情况，找出动作原因，特别是瓦斯动作时，更应认真分析原因。有时可能是保护设备本身误动；但在没有充分理由时，不能盲目分析为误动，以免发生事故，造成故障扩大和不必要的损失。

2）气体继电器动作的原因分析

① 因滤油、加油和冷却系统不严密，致使空气进入变压器；

② 油面下降或漏油致使油面缓慢降低；

③ 变压器内部故障，产生少量气体；

④ 变压器内部短路；

⑤ 保护装置二次回路故障；

⑥ 过负荷或过电压运行。

气体继电器动作后当外部检查未发现变压器有异常现象时，应查明气体继电器中气体的性质；

如气体不燃，而且是无色无味的，而混合气体中大部分是惰性气体，氧气含量大于 16%，油的闪点不低，则说明是空气进入继电器内，此时变压器可继续运行。

气体可燃，则说明变压器内部有故障，应根据气体继电器内积聚的气体性质来鉴定变压器的内部故障性质，如气体的颜色为：

黄色不易燃的，其中一氧化碳含量大于 1% ～ 2%，为木质绝缘损坏；

灰色和黑色易燃的，其中氢气含量在 30% 以下，有焦油气味，油的闪点降低，则说明油因过热分解或油过热发生过闪络故障；

浅灰色带有强烈臭味可燃气体，是纸或纸板绝缘损坏。

如上述分析对变压器内的潜伏性故障还不能作出正确判断时，则可采用相色分析，分析时从氢、烃类，一氧化碳、二氧化碳、乙炔等的含量变化判断变压器内部故障。

当氢、烃类含量剧增，而一氧化碳、二氧化碳，含量变化不大，为裸金属过热性故障（分接开关接点过热）。

当一氧化碳、二氧化碳含量剧增时，为固体绝缘物过热（木质、纸、纸板）。

当氢、烃类气体增加外，乙炔含量很高，为匝间短路或铁芯多点接地等放电性故障。

当变压器的差动保护和瓦斯保护同时动作，在未查明原因和消除故障前不准合闸送电。

3）瓷套管闪络放电和爆炸

瓷套管密封不严，进水受潮而损坏；套管的电容芯子质量不过关，内部游离放电；或瓷套管表面严重污秽，及瓷套管有裂纹等，均会造成瓷套管闪络放电和爆炸等事故。

4）分接开关故障

变压器油箱有异常声音，温度高，瓦斯保护发出信号，测量绕组直流电阻，其阻值不平衡，油的闪点降低，上述原因都可能因分接开关故障所致，分接开关故障有以下原因。

① 分接开关触头弹簧压力不足，触头滚轮压力不均，使有效接触面积减小，以及因镀银层的机械强度不够严重磨损而引起分接开关烧毁。

② 分接开关接触不良，经受不住短路电流冲击而发生故障。

③ 分接开关长期未切换，表面产生氧化油膜，造成触头切换时接触

不良。

④ 切换分接开关挡位时，由于分接头位置切换错误，产生电弧，造成开关烧毁。

⑤ 分接开关相间距离不够，或绝缘材料性能降低，在过电压情况下发生放电或短路造成烧毁。

为了防止分接开关故障，在切换挡位或变压器检修时，应测量分接开关分接头电阻，其阻值相差不超过 2%，每次切换时，应将分接开关手柄转动 5 次以上，消除触头接触部分的氧化膜及油垢。

9.7.2 变压器故障原因简析

在发生上述的现象时，列为变压器异常运行，应当进行检查分析，必要时要使变压器停止运行，检查要配合必要的试验项目和进行解体检查，分析判断。一定要把原因查清，再进一步判断是否影响运行，经过分析，才能确定将变压器是否再次投入运行，并在运行中加强监视。

变压器故障原因按发生的部位，可分为四类：电路故障，磁路故障，介质物故障，结构部件故障。电路故障主要是指线环和引线故障，其原因是绝缘老化、受潮、分接开关触点接触不良，过电压击穿二次系统短路引起的故障及材料质量，制造工艺不良可能发生刺透磕破绝缘而形成匝间或层间短路。磁路故障一般指铁芯，轭铁夹件与铁芯间的绝缘损坏以及铁芯接地不良引起的放电等。介质物故障是指变压器运行中套管发生损坏，常常会引起相地间或相间短路，如变压器运行环境不清洁，有化学或其它污染，套管表面附着一层不利于运行的污秽层，在遇到潮湿时，会产生电离而扩大为表面放电烧伤瓷釉，如果电弧不迅速熄灭将扩大为相对地间或相间闪络。结构故障主要是机械性故障如连焊断裂，销钉失效，或安装错误，使用中无法操作或操作时内外不一致，甚至操作后没电等，以及油箱漏油、渗油、油箱膨胀变形等。

9.8 变压器运行保护装置

变压器在运行中可能发生的电路故障原因有过电流和过电压两种。变压器运行保护装置亦分为两类即过电流保护和过电压保护。

9.8.1 过电流故障

所谓过电流是指超过变压器允许的负荷电流。允许负荷，包括了许可超负荷范围。产生过电流的原因有：

① 二次线路短路。变压器二次线路包括：低压送电网及低压电气设备，这些设备运行中可能是设备本身原因或外界因素原因造成相间或相地间短路，而发生过电流。

② 电气设备损坏：用电设备、电动机、电炉等设备，由于内部绝缘损坏，引起了相间或相地间短路而发生过电流。

③ 由于不正常的使用电气设备也可能引起过电流，如：大容量电动机无启动设备运行，电动机重载启动，电动机不对称启动（二相启动）或三相负荷分配不平衡超过允许范围等原因，都可能造成网络上的过电流运行。

④ 变压器本身因二次网络上或内部结构上的缺陷原因，造成绝缘损坏形成了短路。变压器二次短路所引起的后果除对二次线环有损害外，对一次线环也有影响。

上述各种过电流运行的形成，对变压器安全运行都会带来直接影响。有些时候即使当时故障后果不一定反映出来，但对变压器产生的累积性病因，会导致使用寿命的降低或在一定时间后暴发事故。

9.8.2 过电流运行对变压器的影响

（1）电流的热作用

变压器正常运行时，内部发热是由于内部的铜损和铁损形成的。其中铁损部分是恒定部分和运行中电气参数无直接影响，而铜损部分则为 I^2 的函数。正如我们知道的：

$$P=I^2R$$

$$Q=0.24I^2Rt$$

损失的大小即发热的大小都和 I^2 成正比，在过电流时由于电流 I 的骤增，相应地发热量大大增加，在经过一定时间后变压器温升将达到不允许的程度。过大的温升对变压器的绝缘是很不利的。温升对于绝缘的损坏是有累积性的，最后，过电流运行将导致变压器寿命的缩短。

（2）机械力作用

变压器二次短路后，短路电流一方面造成发热，另一方面产生电磁机械力。变压器在短路时机械力很大，如果线圈结构不好，就会引起绕组的损坏，机械力的大小主要决定于短路电流的大小。

机械力的作用分为两种：一种为轴向机械力作用，另一种为幅向机械力作用。

无论幅向力或轴向力作用于变压器时都会引起线环窜动、移位、变形以致损坏绝缘。

9.8.3 过电流保护的作用

① 防止变压器二次线路或电气设备发生短路引起过电流超过了允许值而损坏变压器本身，包括热损坏及机械力损坏；

② 防止变压器二次侧发生过电流而反映在一次网络上；

③ 防止变压器设备本身发生损坏时，影响一次网络运行安全及本身损坏的扩大，而及时切断电源。

9.8.4 变压器过电流保护的种类

（1）熔丝保护

变压器容量在 560kVA 以下的变压器，从经济角度考虑一般不采用继电器保护方式，而是用熔丝作为保护方式，在运行中可以收到保护要求的效果。

熔丝的选择要求：

① 变压器二次熔丝的选择要求：

熔丝的容量电流 $I_R=(1.0 \sim 1.2)I_{2e}$

② 变压器一次熔丝选择要求：

变压器容量为 100kVA 以下：熔丝的容量电流 $I_R=(2 \sim 3)I_{1e}$

变压器容量为 100kVA 以上：熔丝的容量电流 $I_R=(1.5 \sim 2)I_{1e}$

（2）继电保护装置

继电保护装置，通过使用继电器元件组成成套装置配合开关电器实现保护。其方式可分为：

① 过电流保护，过电流保护又可分为定时限过电流保护和反时限过电流保护两种。过电流保护是为防止负荷侧线路发生短路引起过电流而损坏变压器。

② 过电流速断保护和差动保护，用于较大容量的变压器，防止因变压器内部故障引起短路，短路电流损坏变压器。

③ 瓦斯保护，用于中小型变压器，作为变压器内部故障的保护装置。

9.8.5 过电压保护

在运行的电气线路上，电压突然升高到超过允许值时，称为过电压。

（1）过电压的种类

大气过电压，又叫雷电过电压，这种过电压主要是由于大气中有雷电现象，电力线路或设备产生电磁感应而生成的，其过电压的数值，可达400kV，大气过电压根据其工作原理不同可分为：直接雷击过电压和感应雷击过电压两种。大气过电压对电力线路和设备具有极大的破坏性，其中大电流可达到200kA。

操作过电压，又叫内部过电压。这种过电压是由于系统中在合上或切断大容量电感或电容时产生的；或者是系统发生短路或电弧接地故障产生的。其过电压数值为额定电压的 3 ～ 4 倍。

过电压对变压器的破坏作用。主要是损坏绝缘，其中包括变压器的主绝缘，层间绝缘和匝间绝缘。变压器在制造时，应考虑到绝缘水平能承受一定大小的过电。但对于超过设计考虑的过电压，变压器本身无能为力，需要采取特殊的措施。

（2）如何解决过电压问题

改进变压器内部结构，加强绝缘，提高设备本身的耐过电压能力，同时设法使变压器在过电压的过渡过程中尽量使其电压得以平均分布，主要措施为：

① 加强线环端部的绝缘强度或线环首尾的绝缘强度。

② 加强瓷套管或引线的主绝缘。

③ 在进线上使用滤波设备或电抗器线圈，控制和改变过电压的波形和电压尖峰值。

④ 采用绝缘配合的方法，在设备进线处安装使用避雷设备——各种避雷器。

第10章 变配电及低压电路安装要求

10.1 负荷等级及供电要求

供配电系统是指从取得电源到将电能分送到各用电设备及用电对象的系统。

供配电系统的基本要求：

① 满足用电设备及用电对象对供电可靠性和电能质量的要求。

② 系统接线方式应力求简单可靠，运行灵活，检修维护方便。

③ 一、二次设备及元件应安全可靠，系统操作安全，以保证系统安全运行。

④ 保证一定的备用容量，以保持系统经常在额定功率下运行，同时考虑适于今后的发展。

⑤ 以最少投资，最低成本提供充足、可靠、质量合格的电能，以保证系统经济运行。

10.1.1 负荷分级

电力负荷是对用电设备及用电对象的总称。电力负荷分级的目的，是满足用电设备及用电对象对供电可靠性的具体要求，构成安全、经济、合理的供配电系统。

电力负荷等级，是根据其重要性和突然中断供电所造成的政治影响、经济损失的程度来划分的，分为下列三级。

（1）一级负荷

① 中断供电将造成人身伤亡的。

② 中断供电将在政治、经济上造成重大损失的。如重大设备损坏且

难以修复、重大产品报废，用重要原料生产的产品大量报废、重点企业的连续生产过程被打乱需要长时间才能恢复等。

③ 中断供电影响有重大政治、经济意义的用电单位的正常工作，如重要通信、铁路枢纽、广播及电视台、主要宾馆等。

④ 中断供电将造成公共场所秩序严重混乱的。

（2）二级负荷

① 中断供电将在政治、经济上造成较大损失的。如主要设备损坏，大量减产，大量产品报废，连续生产过程被打乱需要较长时间才能恢复，企业内运输停顿等。

② 中断供电将影响重要用电单位的正常工作的。如通信、铁路枢纽、大型影剧院、商场等。

③ 中断供电将造成公共场所秩序混乱的。

（3）三级负荷

凡不属于一级和二级负荷者均为三级负荷。如部分非连续性生产的中小型企业，停电仅影响产量或导致少量废品等的用电单位，一般民用建筑等。

工业常用重要用电设备及民用建筑的负荷分级见表 10-1 和表 10-2。

表 10-1　工业常用重要用电设备及民用建筑一级负荷

序号	名　称	用电设备名称
1	电厂锅炉车间	吸风机，送风机，一次风机，给粉机，回炉车间转式空气预热器
2	电厂汽机车间	射水泵、凝结水泵、循环水泵等主要泵类，机车间汽机系统，给水除氧系统，水冷系统水泵励磁机，硅整流通风机
3	炼铁车间	高炉鼓风机，热风炉助燃风机，水冲渣，炉体冷却水泵，开口机，泥炮等
4	转炉炼钢车间	吹氧管及烟罩升降机构，炉体倾动机构、钢水包车，渣罐车，冷却用水泵，废气净化引风机等
5	轧钢车间	大型连续钢板轧机，加热炉助燃风机，冷却用水泵
6	矿山	矿井主排水泵，主通风机，矿井竖井载人提升机等
7	给排水设施	大城市主要水厂，主要供水站，特别重要的污水、雨水泵站，工厂全厂取水泵，加压泵，消防水泵

续表

序号	名　　称	用电设备名称
8	重点企业中总蒸发量超过10t/h的锅炉房	鼓风机，给水泵，软化水泵，引风机，二次鼓风机
9	重点企业中总排气量超过40m³/min的空压站	离心式压缩机，润滑油泵
10	重要办公建筑	客梯电力、主要办公室、会议室、总值班室、档案室及主要通道照明
11	一二级旅馆	人员集中的宴会厅、会议厅、餐厅、主要通道等
12	科研院所和高等学校	重要实验室
13	地市级以上气象台	气象雷达、电报及传真、卫星接收机、机房照明和主要业务计算机电源
14	计算机中心	主要业务用的计算机系统电源
15	大型博物馆	展览馆，防盗信号、珍贵展品的照明
16	甲等剧场	舞台照明、舞台机械电力、广播系统、转播新闻摄影照明
17	重要图书馆	计算机检索系统
18	市级以上体育馆	电子计分系统、比赛场地、主席台、广播
19	县级以上医院	诊室、手术室、血库等救护科室用电
20	银行	计算机系统电源、防盗信号电源
21	大型百货商店	计算机系统电源、营业厅照明
22	广播电台、电视台	广播机房电源、计算机电源
23	火车站	站台、天桥、地下通道
24	飞机场	航管设备设施、安检设备、候机楼、站坪照明、航班预报系统
25	水运客运站	通讯枢纽、导航设备、收发讯台

续表

序号	名　　称	用电设备名称
26	电话局、卫星地面站	设备机房电力
27	监狱	警卫照明

表 10-2　工业常用重要用电设备及民用建筑二级负荷

序号	名称	用电设备名称
1	电厂锅炉车间	磨煤机、给煤机、排粉机、二、三次风机、螺旋输粉机
2	电厂汽机车间	射水回收泵等各类水泵、汽机系统油泵类、氢冷系统油泵、排风机、热网系统中的泵类
3	炼铁车间	上料皮带、料仓及皮带系统、热风炉各种阀门、出铁场吊车、除尘装置
4	转炉炼钢车间	运料及上料装置、煤气回收风机、连铸机传动装置等
5	轧钢车间	其他类型轧钢机、加热炉推钢、出钢机构、酸洗线、剪切线、电镀线等
6	给排水设施	大城市多水源水厂、中小城市水厂、大中城市的污水泵站全厂浊环水泵、给水净化设施、污水净化设施
7	重点企业中总排气量超过 $40m^3/min$ 的空压站	空气压缩机、独立励磁机
8	热煤气站	鼓风机、发生炉传动机构
9	冷煤气站	鼓风机、排风机、冷却通风机、发生炉传动机构、冷却塔风扇、高压整流器、双皮带系统的机械化输煤系统
10	热处理车间	井式炉专用淬火起重机、井式炉油槽抽油泵
11	大型电机试验站	主要机组、辅助机组
12	高层住宅	客梯电力、生活水泵电力、主要通道照明
13	一二级旅馆	普通客房照明

续表

序号	名称	用电设备名称
14	地市级以上气象台	客梯电力
15	计算机中心	客梯电源
16	大型博物馆、展览馆	展览照明
17	重要图书馆	辅助用电
18	县级以上医院	客梯照明
19	银行	营业厅、门厅照明
20	大型百货商店	扶梯、客梯电力
21	广播电台	电视台
22	水运客运站	港口作业区
23	电话局、卫星地面站	客梯、楼道照明
24	冷库	冷库内的设施

10.1.2 供电要求

供电要求是根据负荷性质、容量、规模及当地电网条件所确定的。要求如下。

（1）一级负荷的供电要求

一级负荷应由两个电源供电，两个电源的要求应符合下列条件之一。

① 两个电源之间无联系；

② 两个电源之间有联系，但发生任何一种故障时应符合下列要求：

a．两个电源的任何部分应不致同时受到损坏；

b．在允许中断供电时间内的一级负荷。仍有一个电源不中断供电；

c．两个电源均中断供电时。应能在允许中断供电时间内，迅速恢复一个电源的供电，特殊要求应考虑取得第三电源或备用电源，做到迅速恢复供电；

d．根据一级负荷允许中断供电的时间，确定备用电源手动或自动方式的投入。

（2）二级负荷的供电要求

当所在地区供电条件允许且投资不高时，二级负荷应由两个电源供电，并尽可能引自不同的变压器和母线段。应做到发生任何一种故障时，不致中断供电或能迅速恢复。

（3）三级负荷的供电要求

三级负荷对供电无特殊要求，一般按其容量大小确定。

（4）保安负荷的供电

保安负荷是指工业企业一级负荷中在突然中断供电时，会造成人身伤亡或重大设备损坏者。

保安电源是指在发生上述事故时，为保证安全停产，供保安负荷应急使用的可靠电源。其容量取决于保安负荷的大小。保安负荷的大小则根据企业安全停产所必需的用电设备进行计算，并应尽可能与实际相符，在缺乏准确的保安负荷资料时，对于一般大、中型企业的保安负荷估算，可取总计算最大负荷的 10% ～ 15%。

企业在工作电源中断时，为保证对保安负荷的供电，并防止对保安电源的扰动，应及时切除所有不重要的负荷。如根据供电系统接线情况，装设可靠的自动解列装置及根据需要装设自动按频率减负荷装置。

保安电源应与工作电源处于不同的地理位置，在接线上有足够的独立性，不应受工作电源的影响。其线路敷设应尽可能与工作电源线路分开敷设，以提高其供电可靠性。电源与线路经常处于准备状态，确保应急投入。保安电源取自独立供电的其他电源点或专用柴油发电机组。

（5）应急备用电源

根据国家《高层民用建筑设计防火规范》的有关要求，为确保楼宇及其他民用建筑的消防设施和其他重要负荷的用电，应设置自备应急柴油发电机组，以当外部电网中断供电时，保证停电期间消防用电和事故照明等负荷的需要。对于其内部的其他重要设施，如金融、通信、楼宇管理，新闻情报枢纽的处理，计算机网络布线系统，计算中心等，除设有应急发电机组外，还应设置不间断电源装置（简称 UPS），以提供可靠的备用电源。

自备应急柴油发电机组的发电机输出电压一般为 400/220V，其供电范围如下：

① 消防设备用电；

② 楼梯及客房走道照明用电的 50%；

③ 重要场所的动力、照明、空调用电；

④ 电梯设备、生活水泵；

⑤ 冷冻室及冷藏室的有关用电；

⑥ 中央控制室及经营管理计算机系统；

⑦ 保安、通信设施和航空障碍灯用电；

⑧ 重要的会议厅堂和演出场所用电。

自备应急柴油发电机的容量一般按一级负荷的容量确定。个别重要的民用建筑，可按其一级负荷和部分二级负荷来确定机组容量。机组容量通常按变压器容量的 10% ～ 20% 选择。发电机组采用三相四线制工作方式，单台时发电机中性点直接接地，多台并列时，发电机中性点经中性线电抗器与接地线连接，或采用中性线经刀开关与接地线连接。

自备应急柴油发电机组与电力系统联锁，应在系统电源故障后的 10 ～ 15s 内自启动。

不间断电源装置的容量应大于正常情况下负荷的最大容量，允许过负荷的能力应大于最大冲击电流。

10.2 供电方式与电压选择

10.2.1 供配电系统

工业与民用的供配电系统要求简单可靠，同一电压等级的配电级数不宜超过二级。对用电单位进行两回电源线路供电时，一般应采用同级电压供电。因各级负荷的不同需要或受当地供电条件所限时，也可采用不同等级电压进行供电。

同时供电的两回及以上供配电线路，当其中一个回路中断供电时，其余的线路应有供给全部一级及二级负荷的能力。

高压供配电线路深入负荷中心，并将各级降压变配电所建在尽量靠近负荷中心的位置，可节约大量有色金属，降低电能损耗，提高电压质量。

工业与民用供配电系统的基本特点为：

① 工业企业宜采用放射式及树干式相结合的供配电系统。例如大型企业宜以放射式为主，小型企业宜以树干式为主。

由企业内部总变配电所向主要生产单位变配电所及高压用电设备供电，一般采用放射式。厂区配电线路采用树干式配电时，每条线路上经常供电的变压器装接总容量不宜大于 2300kVA。在采用架空树干式时，用户不宜超过 5 个。采用电缆树干式时，用户不宜超过 2 个。

② 城市民用建筑供配电系统应根据城市规划及电网发展，宜采用环网式为主的供配电系统。根据负荷等级、容量大小、线路走廊等，也可采用放射式或树干式供配电系统。

6 ～ 10kV 高压供电半径一般不超过 5 ～ 10km，低压供电半径一般不超过 250m。

在用电单位内部，为了保证一级和二级负荷的供电可靠性，以及在假日或周期性、季节性轻负荷时能切除部分变压器，距离不超过 250m 的 6 ～ 10kV 变电所低压侧宜敷设联络线，其容量按较大变压器容量的 10% 以上确定。

变配电所一般采用双分段的单母线接线系统。个别大容量的用电设备，宜由上级变电所直接供电。也可由单独的母线供电。

应急电源供电系统的每个回路与用电设备的另一供电电源回路的切换，应在末级配电箱中自动切除。

10.2.2　变、配电系统

（1）对供电电压等级确定

对于工厂企业供电电压的确定主要是由其用电容量大小和输送电能的距离等因素决定。

① 一般输送功率在 100kW 以下或供电距离在 0.6km 以内采用 0.38/0.22kV 供电。

② 输送功率在 100 ～ 1200kW 或供电距离在 4 ～ 15km 采用 6kV 供电。

③ 输送功率在 200 ～ 2000kW 或供电距离在 6 ～ 20km 采用 10kV 供电。

④ 输送功率在 1000 ～ 10000kW 或供电距离在 20 ～ 70km 采用 35kV 供电。

⑤ 输送功率在 10000 ～ 50000kW 或供电距离在 50 ～ 150km 采用 110kV 供电。

确定供电电压时，需要对各种方案进行技术经济比较，从中选出较为合理的供电电压等级使投资和年运行费用尽可能最低。

（2）变配电所的供电方式

供电方式可分以下几种。

1）按供电系统的电压高低可分为：

① 高压供电——以 6kV 及以上的电压供电。

② 低压供电——以 0.38kV 及以下的电压供电。

2）按供电电源的相数可分为：

① 单相制供电——即采用一条相线和一条零线，供给照明、电热等单相负荷。

② 两相或三相制供电——即采用两条或三条相线供给电焊机、电炉及电动机等负荷。

3）按电源引入方式可分为：

① 架空线引入——适用于周围环境空旷和投资较低的地方。

② 电缆引入——适用于周围环境拥挤，架空线引入不安全或有碍观瞻以及对供电可靠性要求较高的地方。

③ 直配引入——由供电变电所或开关站以专用线路或电缆直接引入用户，适用于用电性质较重要或负荷较大的用户。

④ 公用线上引入——由公用配电线上引入用户。

此外，按供电电源的路数又可分为单路电源供电，双路电源供电及多路电源（指三路及以上）供电。这要根据用电负荷的重要程度，用电容量大小等因素来决定。

（3）对变配电所主接线的基本要求

① 安全包括设备安全和人身安全。要满足这一点，必须按照国家标准和范围规定，正确选择电气设备及正常情况下的监视系统和故障情况下的保护系统，考虑到各种保障人身安全的技术措施。

② 可靠就是变电所的接线应满足不同类型负荷的不中断供电要求。

用很多办法都可以达到电力装置的工作可靠。例如，可将电力装置分成几部分，正常时并联运行，当电力装置一部分发生故障时，它就自动被切断，而非故障部分仍保持运行。为了使装置可靠，接线应力求简单清晰，电气元件少。

③ 灵活是利用最少的切换，能适应不同运行方式。例如负荷不均衡时，能自由切除不需要的变压器，而在最大负荷时，又能方便地投入，以利于经济运行。检修时操作简单，不致中断供电。

④ 经济是在满足以上要求的条件下，保证需要的设计投资最少。但不要以为投资最少的设计方案最好，因为有时设计投资限额可能会影响可靠性和灵活性，以致引起工厂停电，造成更大的经济损失。

确定接线方式还应考虑满足现在和将来发展的需要。

（4）变配电所高压线路的接线方式

变配电所高压线路的接线方式，分为单回路放射式、双回路放射式和具有公共备用线的放射式。

单回路放射式如图 10-1，就是由企业总降压变电所（或总配电所）6～10kV 母线上引出一回路线直接接在车间变电所或高压用电设备、沿线路无分支接其他负荷，各车间变电所也无联系。

这种形式接线的优点是：线路敷设简单，操作维护方便，保护简单。

其缺点是：总降压变电所的出线较多，需要的高压设备（开关柜）亦多，投资较大，另外造成架空线路出线困难。特别是当一线路或开关故障时，由该线路供电的负荷断电，故单回路放射式供电可靠性不高。

近年来这种接线在 10～35kV 电源进线回路采用自动重合闸装置，当线路发生暂时性故障时，在断电器作用下开关自动跳闸，但经过极短的时间后开关自动重合闸。如暂时性故障已消除，则能继续送电，如是永久性故障，则开关重合闸后又立即跳闸，这一套装置称为自动重合闸装置（ZCH），可以提高供电可靠性，但可靠性仍然较差，不能保证不中断电源供电。

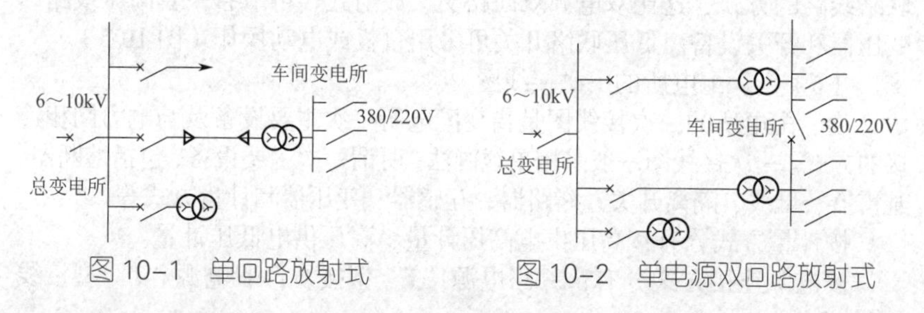

图 10-1　单回路放射式　　图 10-2　单电源双回路放射式

为了提高供电可靠性，可采用双回路放射式接线系统。双回路放射式接线按电源数目分，可分为单电源双回路放射式（如图 10-2）和双电源双回路放射式（如图 10-3）两种。在单电源放射式中，当一条线路发生故障时，另一条线路可以继续供电，并负担全部重要负荷。每个回路，每台变压器的容量按照原则选择，但当电源发生故障时仍要停电。在双电源双回路放射式系统中（又称双电源双回路交叉放射式）两路放射式线路连接在不同的母线上，在任何一线路或电源发生故障时，均能保证供电的不中断。双路交叉放射式系统，从电源到负荷都是双套设备，均投入运行并相互备用，其可靠性很高，适用于一级负荷，但投资大，出线和维修都很困难和复杂。

具有公共备用线放射式系统（图 10-4）能保证在某一线路发生故障时，经过短时间停电“倒闸操作”后使备用电源代替工作电源而恢复供电，但此系统投资和有色金属消耗量均大，供电可靠性有所提高，但仍不能保证连续性供电，因投入公共备用线路的操作过程中仍需短时间停电。

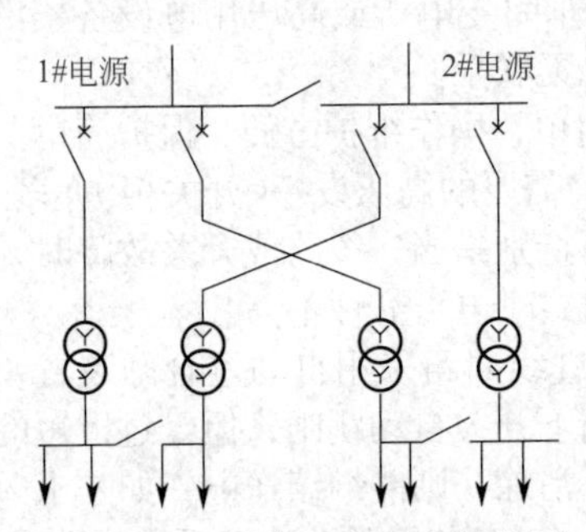

图 10-3　双电源双回路放射式

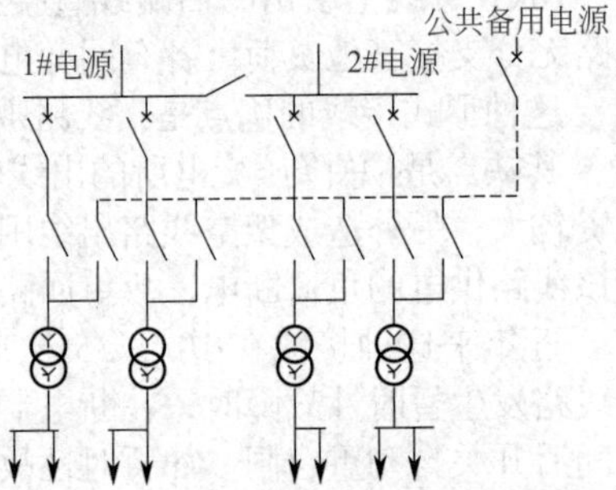

图 10-4　具有公共备用线放射式系统

此外，为提高单回路放射式系统的供电可靠性，也有采用具有低压联络线路的方式，这比双电源双回路交叉放射式，可节省一套高压线路、变压器和开关设备。低压联络开关可采用自投或电动操作（图 10-5）。

（5）变、配电所的一次接线图

变、配电所的一次接线图是指变配电所一次主要设备及与电力网相连接的方式。一次接线图一般采用单线画法。所谓一次主要设备，包括熔断器、避雷器、母线、隔离开关、断路器、互感器、变压器和计量方式等 。

按计量方式分有：高压供电高压计量、高压供电低压计量。

按电源连接方式分有：一路电源“T”型接线，双电源“T”型接线（图 10-6）。

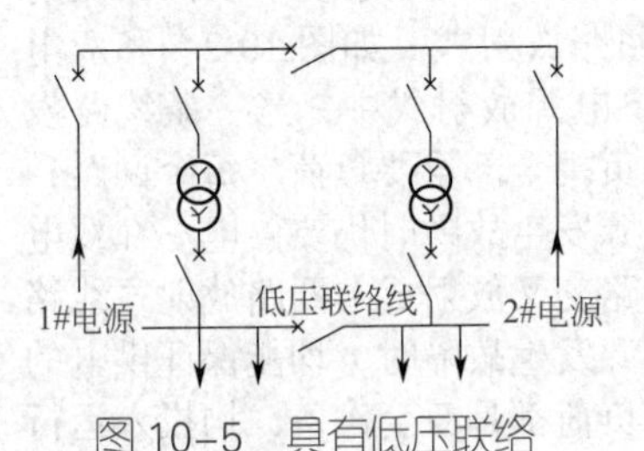

图 10-5　具有低压联络的单回路放射式

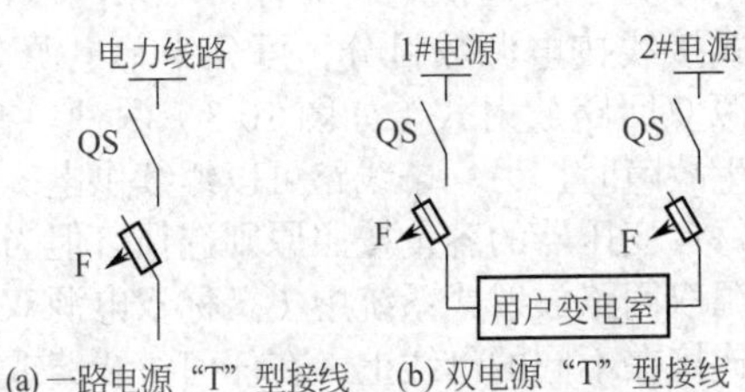

(a) 一路电源“T”型接线　(b) 双电源“T”型接线

图 10-6　变、配电所电源连接方式

1）高供低量系统

高供低量系统容量不超过 500kVA，安装方式有室外柱上变压器式和室内变压器两种，这种系统控制比较简单，投资少。一般用于要求不高三级负荷用电单位。图 10-7 是一种柱上安装的变压器供电系统，这种供电方式容量一般不超过 315kVA。图 10-8 是室内安装的变压器，一般容量不超过 500kVA。

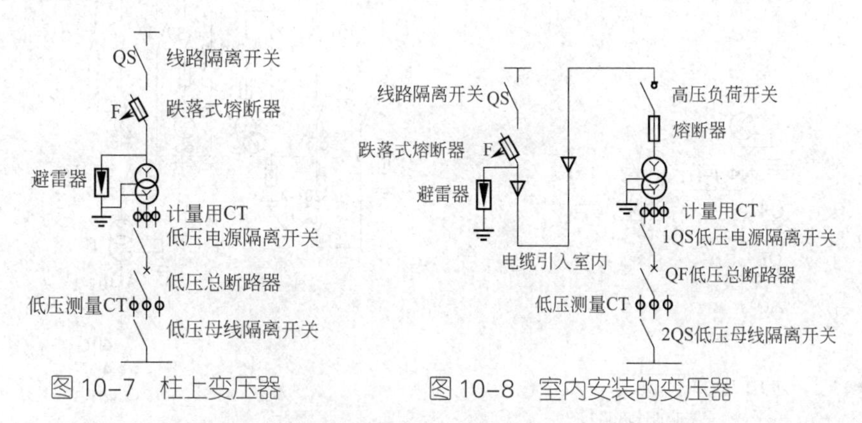

图 10-7　柱上变压器　　图 10-8　室内安装的变压器

低压计量方式：如图 10-9，采用的是光力合一的计量方式，此种方法一般用于小型企事业单位或商铺，计量的 CT 的电流比应等于或略大于变压器的二次电流；图 10-10 是光力分开计量，此种计量方式多用于小型生产单位，计量的力 CT 和光 CT 的电流比的和应等于或略大于变压器的二次电流；图 10-11 是光力子母表的计量方式，母表的 CT 电流比应等于或略大于变压器的二次电流，子表的 CT 应小于母表的 CT 电流比。

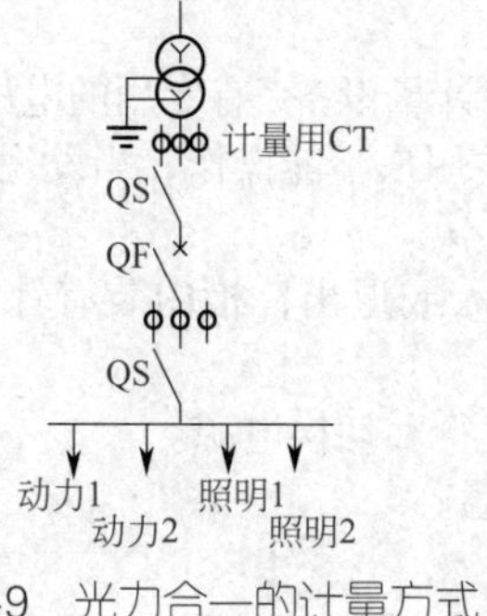

图 10-9　光力合一的计量方式

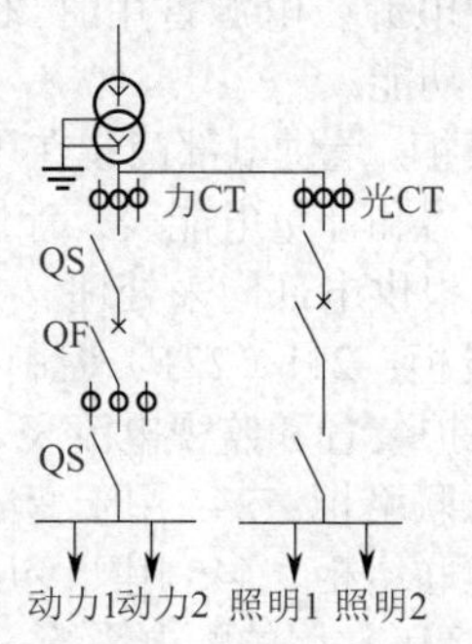

图 10-10　光力分开计量方式

2）高供高量系统

高供高量系统有完整的高压配电装置。

电源引入：表示用户高压电源的引入方式，101（102）10kV 架空线路接入隔离开关，21（22）为跌落式熔断器，电缆引入户内，电缆的前端有避雷器防止雷电过电压侵入。

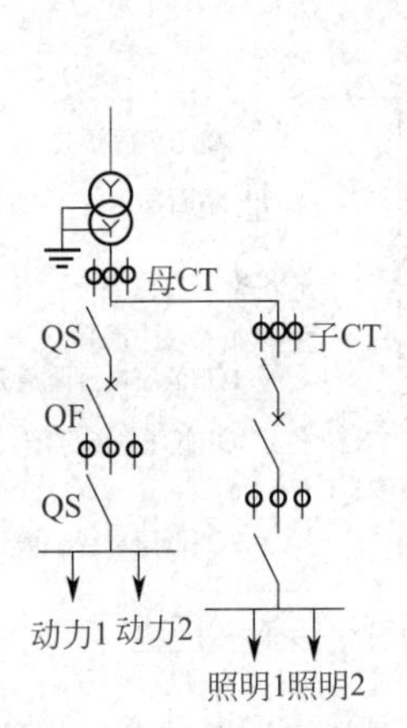

图 10–11　光力子母表的计量方式

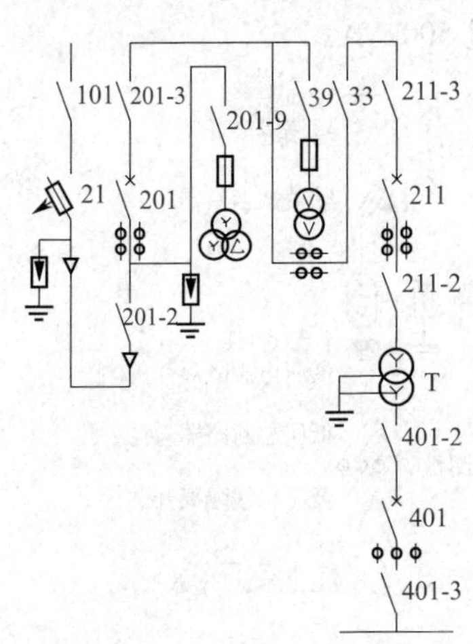

图 10–12　一路电源单母线一台变压器系统

主进柜：201（202）负责全变配电室的保护，电源备用时 201（202）必须拉开。

PT 柜：201-9（202-9）负责监视电源电压，并为高压柜提供仪表、继电保护电源，电源备用时 201-2、201-9（202-2、202-9）不操作，保留电源监视功能。

计量柜：是供电部门装在用户的电费计量设备，有专用的电压互感器、电流互感器和计量电能表，计量柜的开关用户不能操作，当发现异常时应当立即上报供电部门来处理。

出线柜：211（221）控制变压器投入或退出，柜内装有针对变压器的继电保护装置和监视电流表。

高压联络柜：245 用于变压器并列运行和切换电源。

低压联络柜；445 用于变压器并列运行。

3）高压常用的配电系统

① 一路电源单母线一台变压器系统如图 10-12 所示，适用于用电要

求不高的三级负荷用电单位。

② 一路电源单母线两台变压器如图 10-13 所示，适用于用电要求不高负荷变化比较大的三级负荷用电单位，根据用电的变化两台变压器可以一用一备，也可以并列运行。

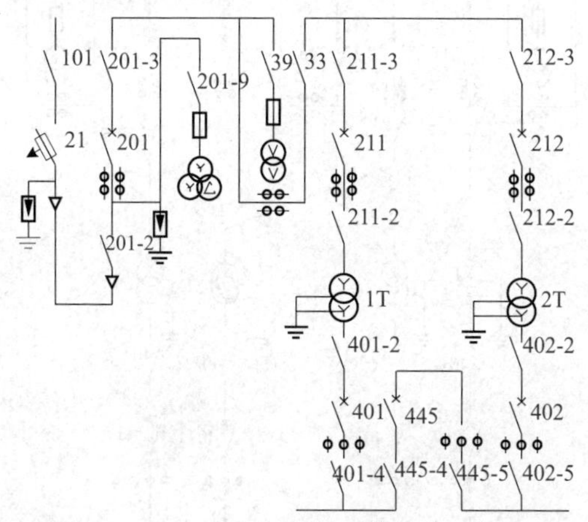

图 10-13　一路电源单母线两台变压器

③ 双电源单母线系统如图 10-14 所示。

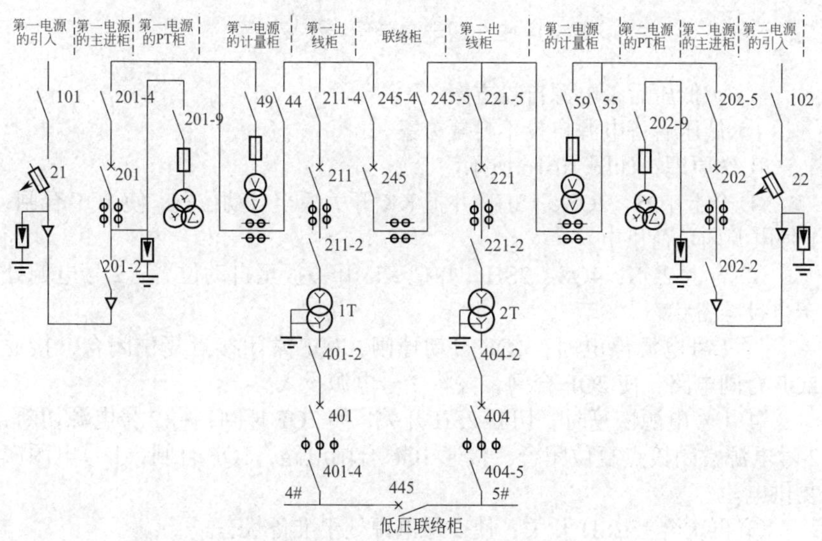

图 10-14　双电源单母线系统

④ 双电源单母线交叉系统如图 10-15 所示。

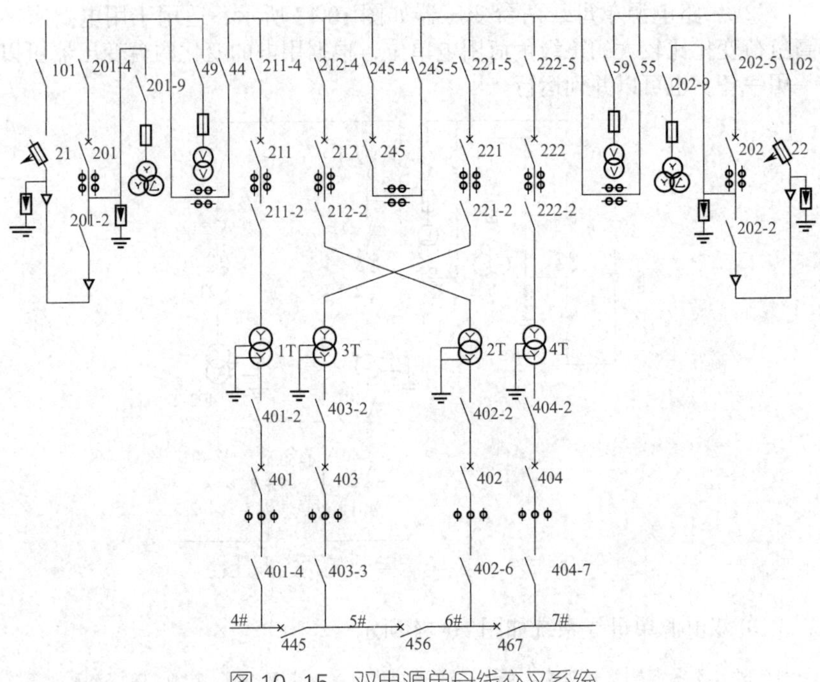

图 10-15　双电源单母线交叉系统

（6）低压后备电源自投方案

1）低压后备电源自投不自复方案一

工作原理：如图 10-16 所示。

① 合上 1QS、2QS、1SH，并把 KK 开关扳至自动位置，使 1QF 合闸，1 号电源向负荷供电。

② 合上 2QS、4QS、2SH，并把 KK 开关扳至自动位置，2 号电源处于自投准备状态。

③ 1 号电源停电时，1QF 自动掉闸，1QF 常闭接点复位闭合，接通 2QF 合闸电路，使 2QF 合闸，并将 2 号电源投入。

④ 1 号电源恢复时，切断 2SH 开关，使 2QF 掉闸，将 2 号电源切断，2 号电源常闭接点复位闭合，接通 1QF 合闸电路，1QF 合闸，1 号电源恢复供电。

⑤ 再次合上 2SH 开关，使 2 号电源处于准备状态。

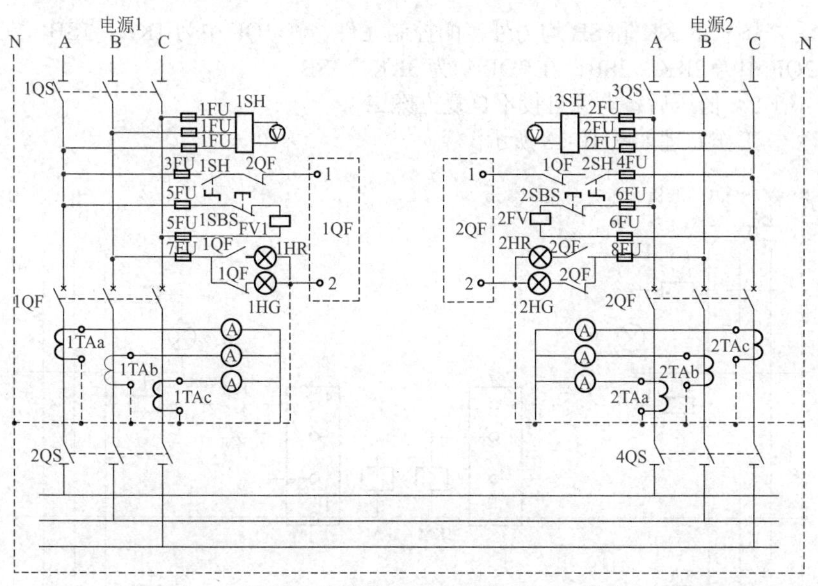

图 10-16　低压后备电源自投不自复方案一接线原理图

注：虚线内为 DW 型断路器（电动机合闸）内部接线，DW 型断路器电动机合闸接线见图 10-17。

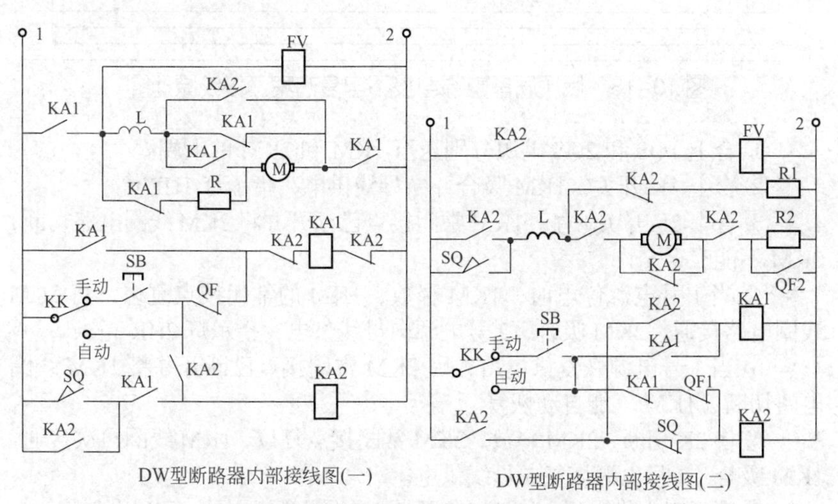

图 10-17　DW 型断路器内部接线图

图中的 KK 和 SB 均为外接的控制元件，在 1QF 中为 1KK、1SB，在 2QF 中为 2KK、2SB，在 3QF 中为 3KK、3SB。

2）低压后备电源自投不自复方案二

工作原理如图 10-18 所示。

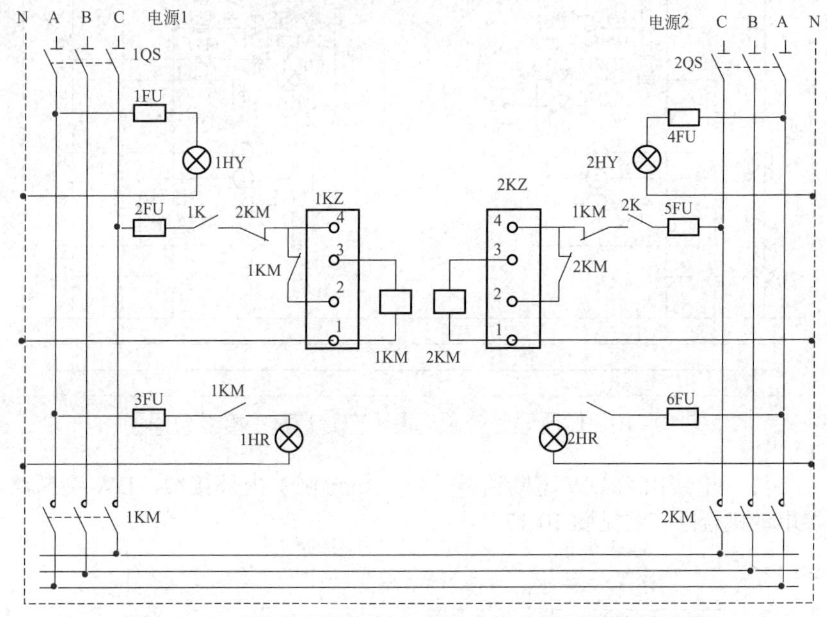

图 10-18 低压后备电源自投不自复方案二接线原理图

① 合上 1QS 和 2QS 电源分别送至 1KM 和 2KM 的上端。

② 合上 1K 开关，1KM 吸合并向母线供电，指示灯 1HR 亮。

③ 合上 2K 开关，由于 1KM 常闭接点已断开并将 2KM 线圈电路切断，2KM 不能吸合。

④ 当 1 号电源停电时，1KM 释放，1KM 的常闭接点复位，将 2KM 线圈电路接通，2KM 吸合，2 号电源向母线供电，指示灯 2HR 亮。

⑤ 当 1 号电源恢复供电后，因 2KM 常闭接点已断开并将 1KM 线圈电路切断，1KM 不能自动恢复。

⑥ 将 2K 切断，2KM 释放，2KM 常闭接点复位，1KM 线圈再次接通，1KM 吸合，1 号电源恢复向母线供电。

⑦ 恢复正常供电后，合上 2K 开关，2 号电源再次处于备用状态。

注：KZ 是交流接触器无声运行节电器，如图 10-19 所示。

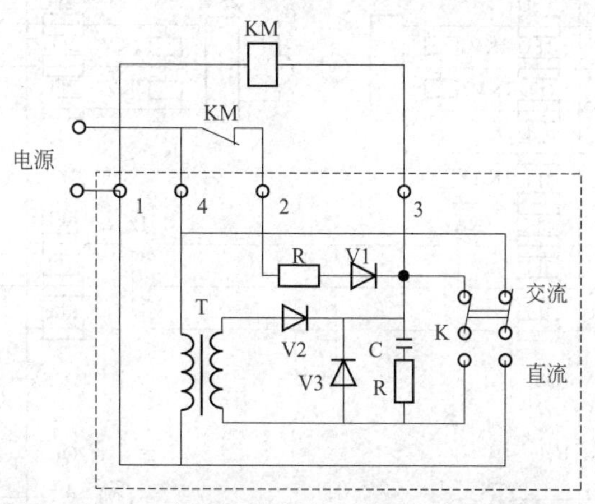

图 10-19　交流接触器无声运行节电器原理图

交流接触器无声运行节电器，可以配各种型号的交流接触器变交流为直流运行，从而节约电能并消除运行噪声。节电器电源电压为 220V 或 380V，图中的 1、4 端子接电源，2、4 端子连接接触器的辅助常闭接点，1、3 端子连接接触器的线圈。

3）低压备用电源自投自复方案

工作原理如图 10-20、图 10-21 所示。

正常供电时：合上 1QS、3QS，并把 1SA 扳至自动位置，使 1QF 合闸，1 号电源向负荷供电。再合上 2QS、4QS，并把 2SA 和 2KK（图 10-17 中）扳至自动位置，2 号电源处于自投准备状态。

1 号电源停电时：1KT 失电。1KT 的瞬时常开接点闭合，使 1QF 的分励线圈 1FV2 得电，1QF 自动调闸，1KT 的延时闭合接点接通 2QF 的合闸控制，使 2QF 合闸，2 号电源自动投入运行。

1 号电源恢复时：1KV1 和 1KV2 得电使 1KT 得电吸合，2KT 失电，2KT 的瞬时常开接点闭合，使 2QF 的分励线圈 2FV2 得电，2QF 自动调闸，2KT 的延时闭合接点接通 1QF 的合闸控制，使 1QF 合闸，1 号电源恢复运行。

当 1 号电源供电时，因负荷侧发生故障 1QF 跳闸，但由于 1KV1 和 1KV2 仍然得电吸合，故 1KT 仍然带电，故 2QF 不能投入，待故障排除后先将 1SA 扳至零位，取消 3KA 的自锁，然后再把 1SA 扳至自动位置，则 1 号电源恢复供电。

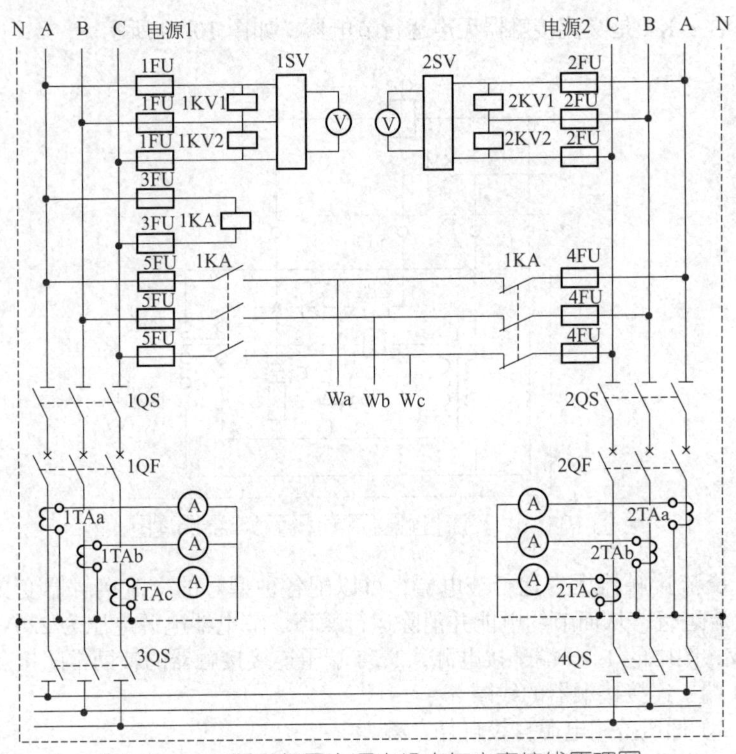

图 10-20 低压备用电源自投自复方案接线原理图

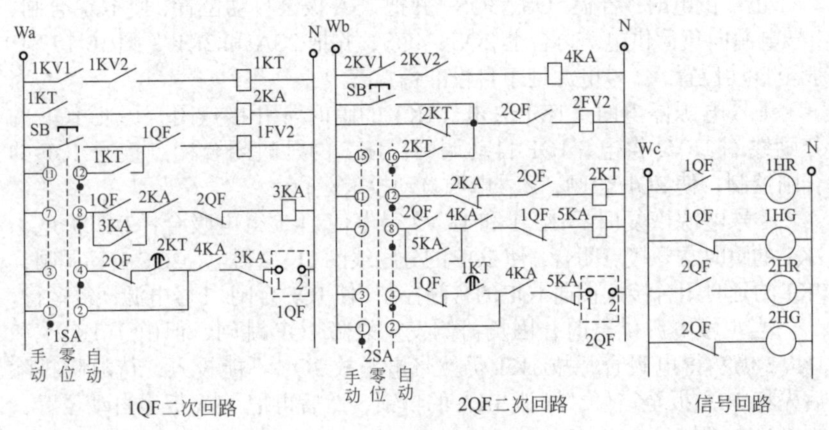

图 10-21 断路器接线原理图

4）低压 40 ～ 100A 两路电源互投装置方案一

工作原理如图 10-22 所示。

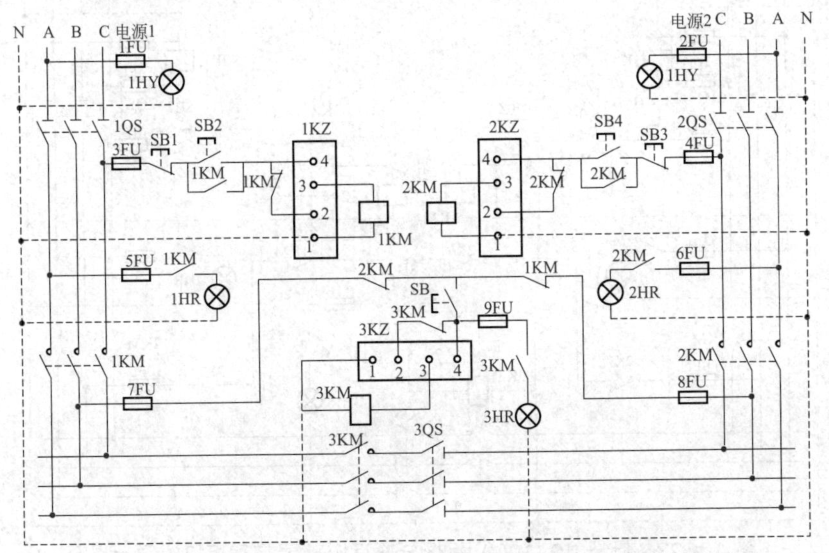

图 10–22　低压 40~100A 两路电源互投装置方案一接线原理图

正常供电时，合上 1QS 和 2QS，操作 SB2 和 SB4 使 1KM 和 2KM 投入，1、2 电源分别向所带负荷供电，合上 3QS 母线联络开关 3KM 处于准备状态。

当 1 号电源停电时，1KM 释放，1KM 的常闭接点复位闭合，接通 3KM 线圈电路，使 3KM 投入 2 号电源负担全部负荷。

当电源恢复供应时，操作 SB2，1KM 又开始吸合，在吸合过程中 1KM 的常闭接点先断开 3KM 线圈电路，3KM 释放，1KM 投入恢复运行。

2 号电源停电时，动作过程与 1 号电源相同。

5）低压 40 ～ 100A 两路电源互投装置方案二

工作原理如图 10-23 所示。

1、2 号电源正常供电时，指示灯 1HY、2HY 亮，中间继电器 1KA 和 2KA 得电吸合。合上 1QS 和 2QS、SB1 和 SB2，使 1KM 和 2KM 得电吸合，1、2 电源分别向各自的负荷供电。

合上 3QS，由于 1KM、2KM、1KA、2KA 的常闭接点均断开，将 3KM 线圈电路切断，3KM 不能吸合，处于准备状态。

当 1 号电源停电时，1KA 和 1KM 释放，1KA 和 1KM 常闭接点复位，接通 3KM 电路，3KM 得电吸合，2 号电源负担全部负荷，指示灯 3HR 亮。

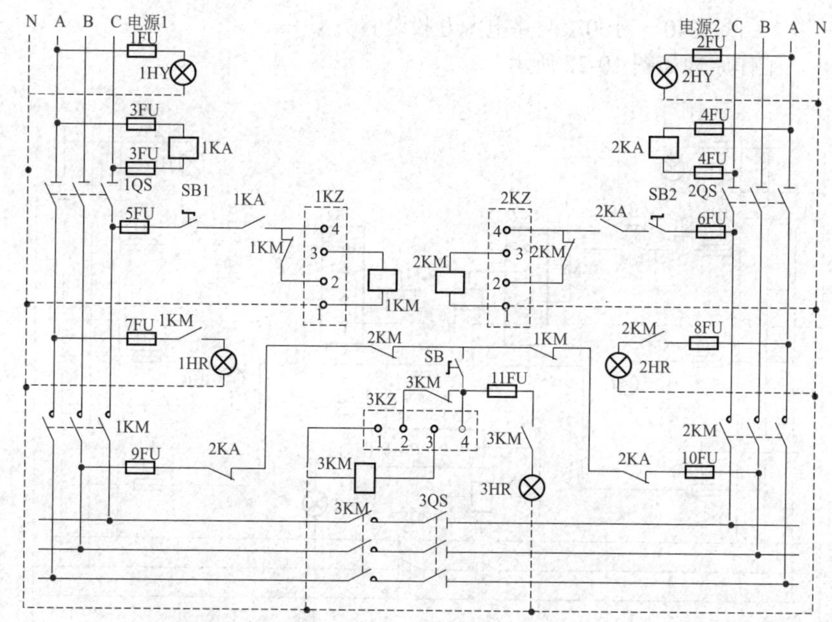

图 10-23 低压 40~100A 两路电源互投装置方案二接线原理图

1 号电源恢复电源后，1KA 再次吸合，常闭接点又断开 3KM 的线路，3KM 失电释放，1KA 的常开接点闭合，使 1KM 吸合，恢复正常供电。

当负荷侧发生故障使 1KM 跳闸时，由于 1KA 仍处于吸合状态，3KM 不能吸合。

2 号电源停电时，动作过程与 1 号电源相同。

6）低压两路电源互投装置方案

工作原理如图 10-24 所示。

正常供电时，合上 1QS、3QS，并把 3SH 和 1KK 扳至自动位置（接通），1QF 合闸，1 号电源向左侧母线供电。

合上 2QS、4QS，并把 4SH 和 2KK 扳至自动位置（接通），2QF 合闸，2 号电源向右侧母线供电。

合上 5QS、6QS，并把 5SH 和 3KK 扳至自动位置（接通），联络开关 3QF 处于自投准备状态。

电源停电时，1 号电源停电时 1QF 自动跳闸，1QF 的常闭接点复位闭合使 3QF 合闸，2 号电源带全负荷。2 号电源停电时与 1 号电源停电时动作相同。

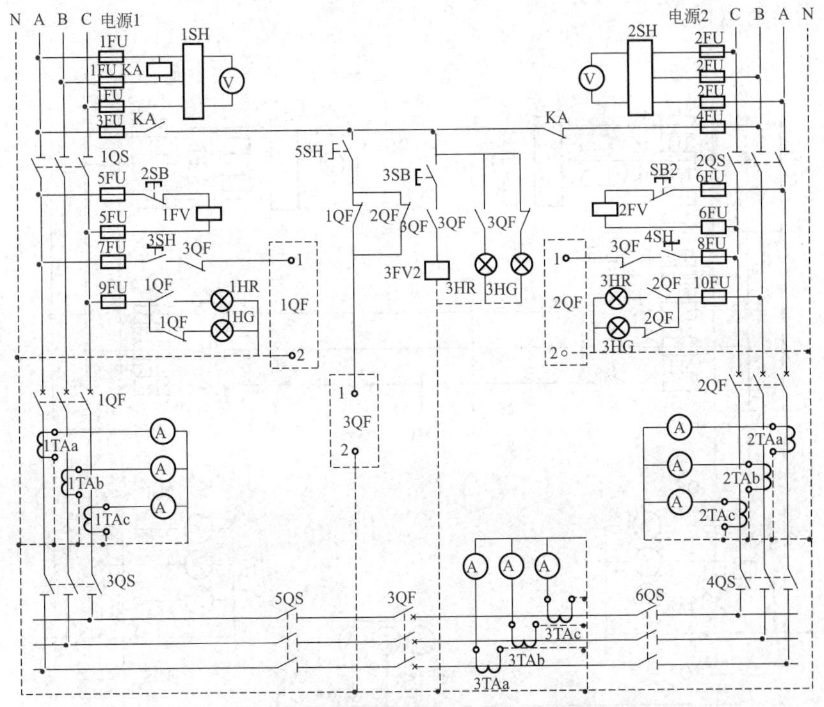

图 10-24　低压两路电源互投装置方案接线原理图

电源恢复时，必须按下控制按钮 3SB 是分励线圈 3FV2 通电，3QF 掉闸，1 号电源恢复向负荷供电。2 号电源恢复时与 1 号电源恢复时动作相同。

7）低压两路电源互投自复装置方案

低压两路电源互投自复装置方案如图 10-25 所示。

正常供电时；合上 1QS、3QS，并把 1SA 和 1KK 扳至自动位置（接通），1QF 合闸，1 号电源向左侧母线供电。

合上 2QS、4QS，并把 2SA 和 2KK 扳至自动位置（接通），2QF 合闸，2 号电源向右侧母线供电。

合上 5QS、6QS，并把 3SA 和 3KK 扳至自动位置（接通），3QF 处于自投准备状态。

电源停电时；1KT 的延时闭合接点接通，分励线圈 1FV2 得电，1QF 自动掉闸，同时 1KT 的一对延时闭合接点接通，使 3QF 合闸 2 号电源带全负荷运行。

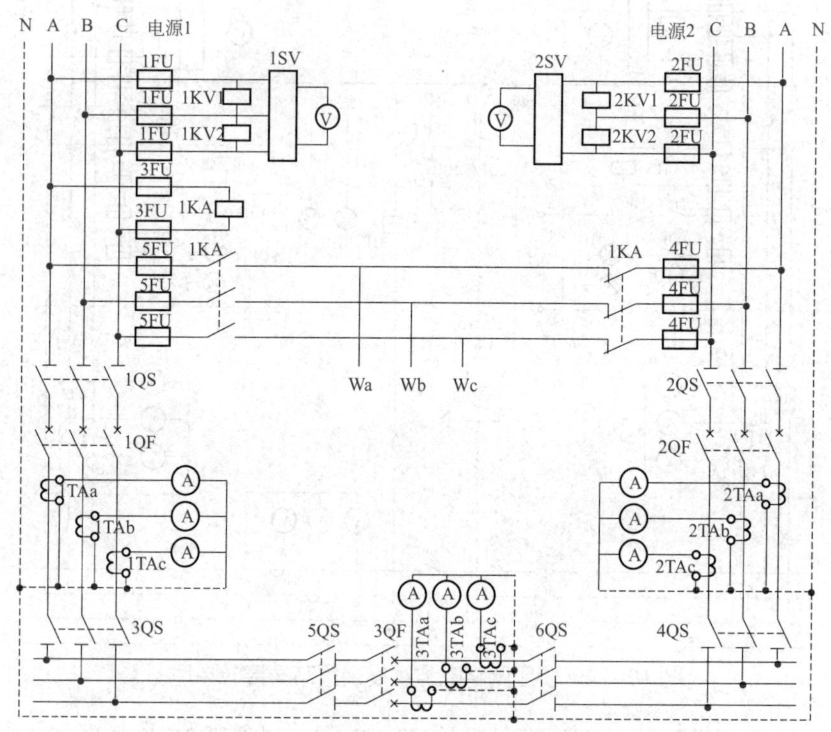

图 10-25 低压两路电源互投自复装置方案接线原理图

2 号电源停电时与 1 电源停电时动作相同。

电源恢复时；1KV1 和 1KV2 得电，使分励线圈 3FV2 得电，3QF 掉闸，同时 1KT 的另一副延时闭合接点接通 2KA，2KA 动作其常开接点闭合，使 1QF 合闸 1 号电源恢复向负荷供电。

2 号电源恢复时与 1 电源恢复时动作相同。

低压两路电源互投自复装置断路器见图 10-26。

8）备用电源自投手复装置控制方案

备用电源自投手复装置控制方案工作原理如图 10-27 所示。

正常供电时，合上 1QS、2QS、3QS、4QS，先把 1SA 和 2SA 扳至手动位置。1 号电源合闸时把 1SA 扳至自动位置，1QF 合闸向负荷供电。

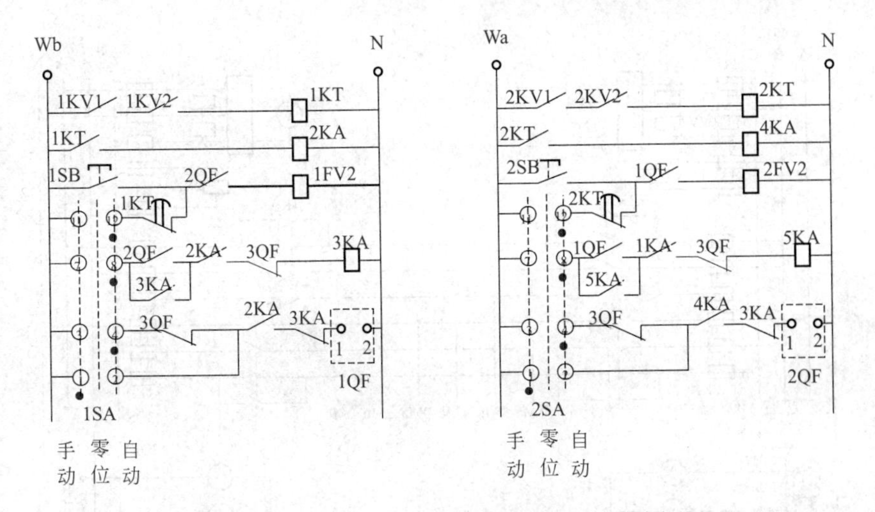

1QF二次回路接线图

2QF二次回路接线图

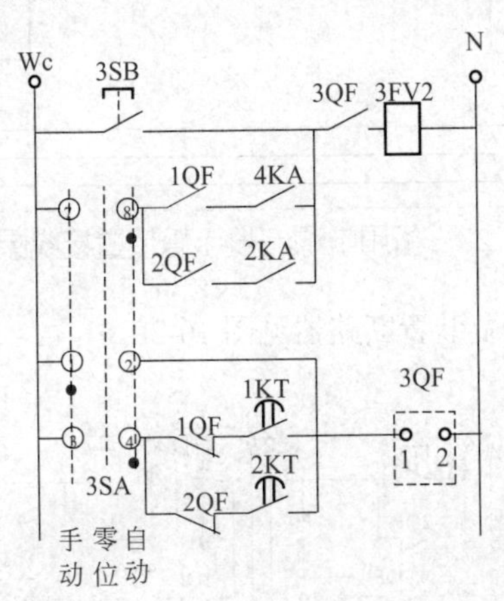

3QF二次回路接线图

图 10-26　低压两路电源互投自复装置断路器接线图

然后再把 2SA 扳至自动位置，2 号电源处于自投准备状态。

当 1 号电源停电时，1QF 掉闸，1QF 的常闭接点复位，接通 2QF 的合闸电路，2QF 合闸，将 2 号电源投入运行。

1 号电源恢复电源时，按下 4SB 使 2QF 掉闸，2QF 的常闭接点复位接通 1QF 的合闸电路，1QF 合闸，则 1 号电源恢复正常供电。

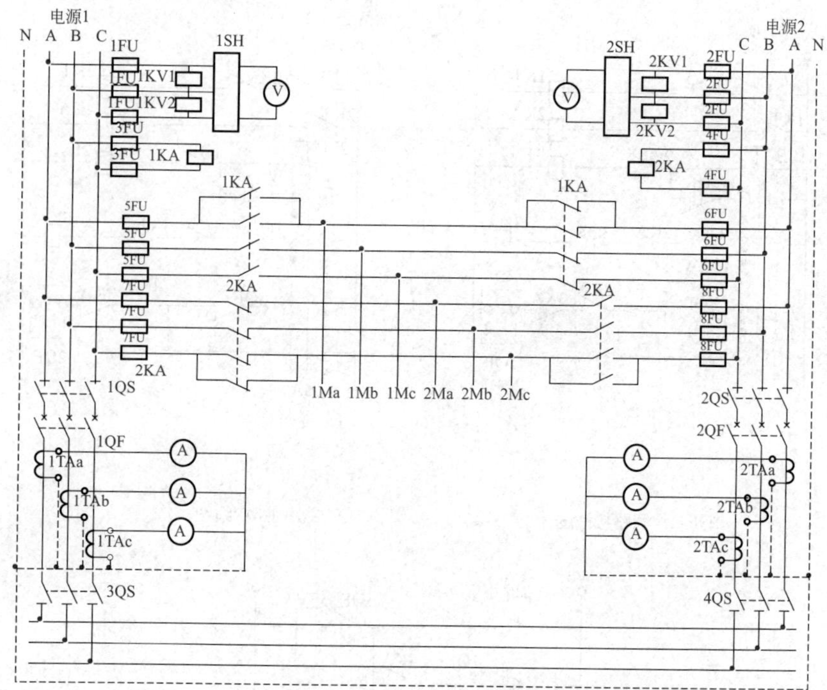

图 10-27 备用电源自投手复装置接线原理图

备用电源自投手复装置断路器见图 10-28。

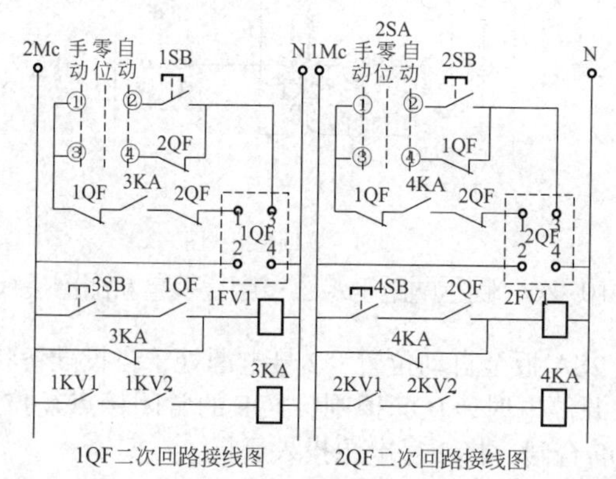

图 10-28 备用电源自投手复装置断路器接线图

注：虚线内 QF 的接线见图 10-29

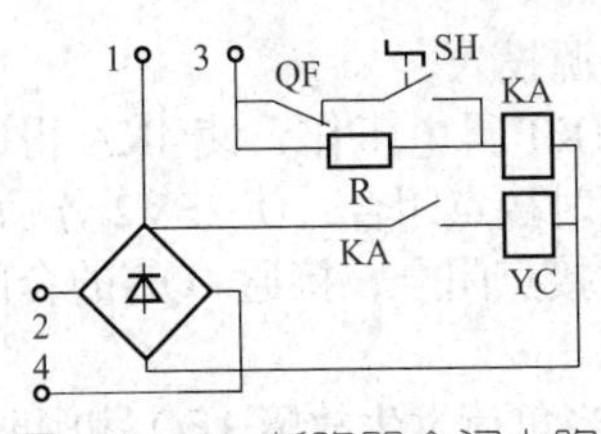

图 10-29　断路器合闸电路

9）备用电源自投自复控制方案

备用电源自投自复控制方案如图 10-30 所示。

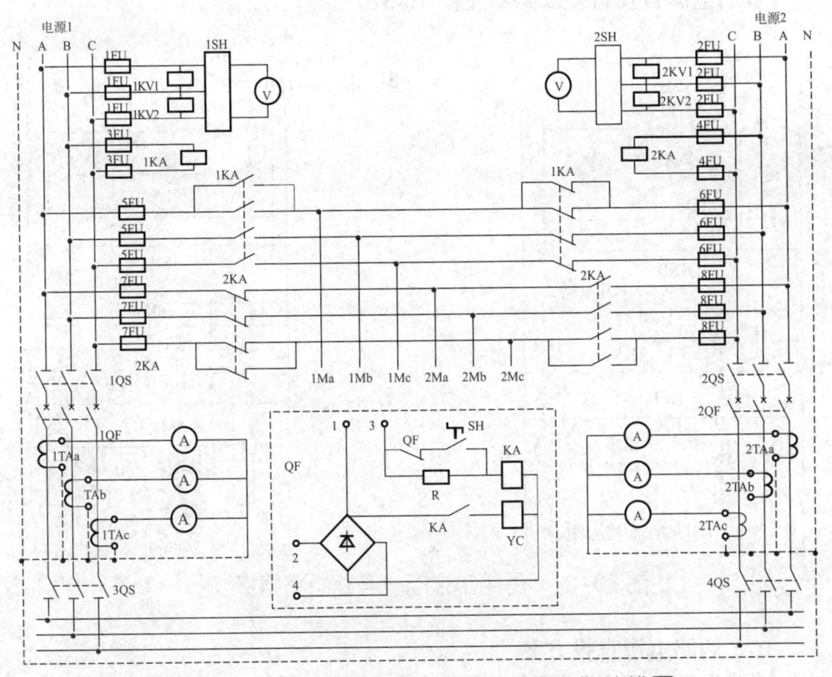

图 10-30　备用电源自投自复主回路控制接线图

正常供电时：将 1SA 和 2SA 扳至手动位置。合上 1QS、3QS 并将 1SA 转到自动位置，1QF 合闸，1 号电源向负荷供电。再合上 2QS 和 4QS 并将 2SA 转到自动位置，2 号电源处于自投准备状态。

1 号电源停电时：1KT 失电，1KT 的接点闭合，使 1FV2 分励线圈得电，1QF 掉闸，同时 1KT 的另一对延时接点闭合，接通 2QF 的合闸电路，使 2QF 合闸，将 2 号电源投入。

1 号电源恢复时：1KT 得电工作，使 4KA 得电，4KA 的常闭接点断开 2KT 电路，2KT 的延时接点闭合，使 2FV2 分励线圈通电，2QF 掉闸，同时 2KT 的另一对延时接点闭合，接通 1QF 的合闸电路，使 1QF 合闸，则 1 号电源恢复供电。

负荷发生故障时：当负荷发生故障 1FQ 跳闸时，由于 1KV1 和 1KV2 仍然保持吸合，1KT 带点，所以 2QF 不能投入。当故障排除后，将 1SA 转至零位，消除 5KA 的自保，然后再把 1SA 转至自动位置，则 1 号电源恢复正常供电。

备用电源自投自复断路器见图 10-31。

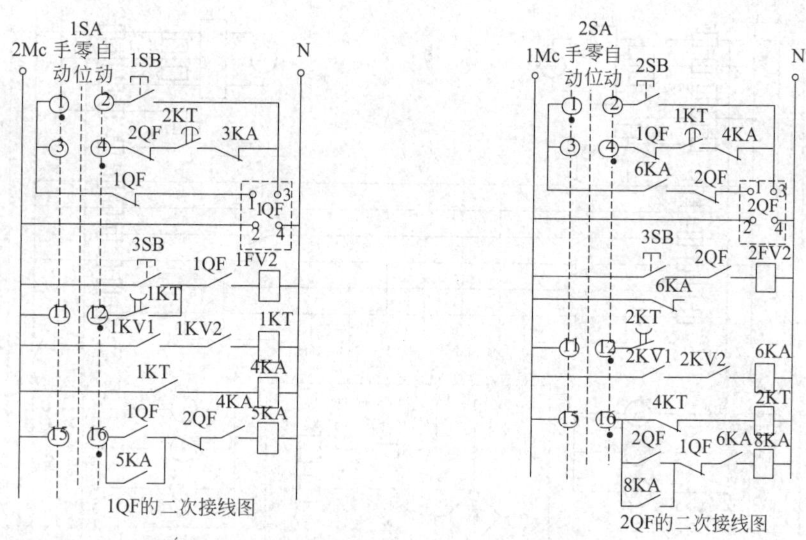

图 10-31　备用电源自投自复断路器接线图

10）两路电源自投方案

两路电源自投方案如图 10-32 所示，工作过程如下。

正常供电时：将 1SA、2SA、3SA 扳至手动位置，合上 1QS 和 3QS，再将 1SA 扳至自动位置，1QF 合闸，1 号电源向左侧母线负荷供电。然后合上 2QS 和 4QS，再将 2SA 扳至自动位置，2QF 合闸，2 号电源向右侧母线负荷供电。合上 5QS 和 6QS，将 3SA 扳至自动位置，联络开关 3QF 处于自投准备状态。

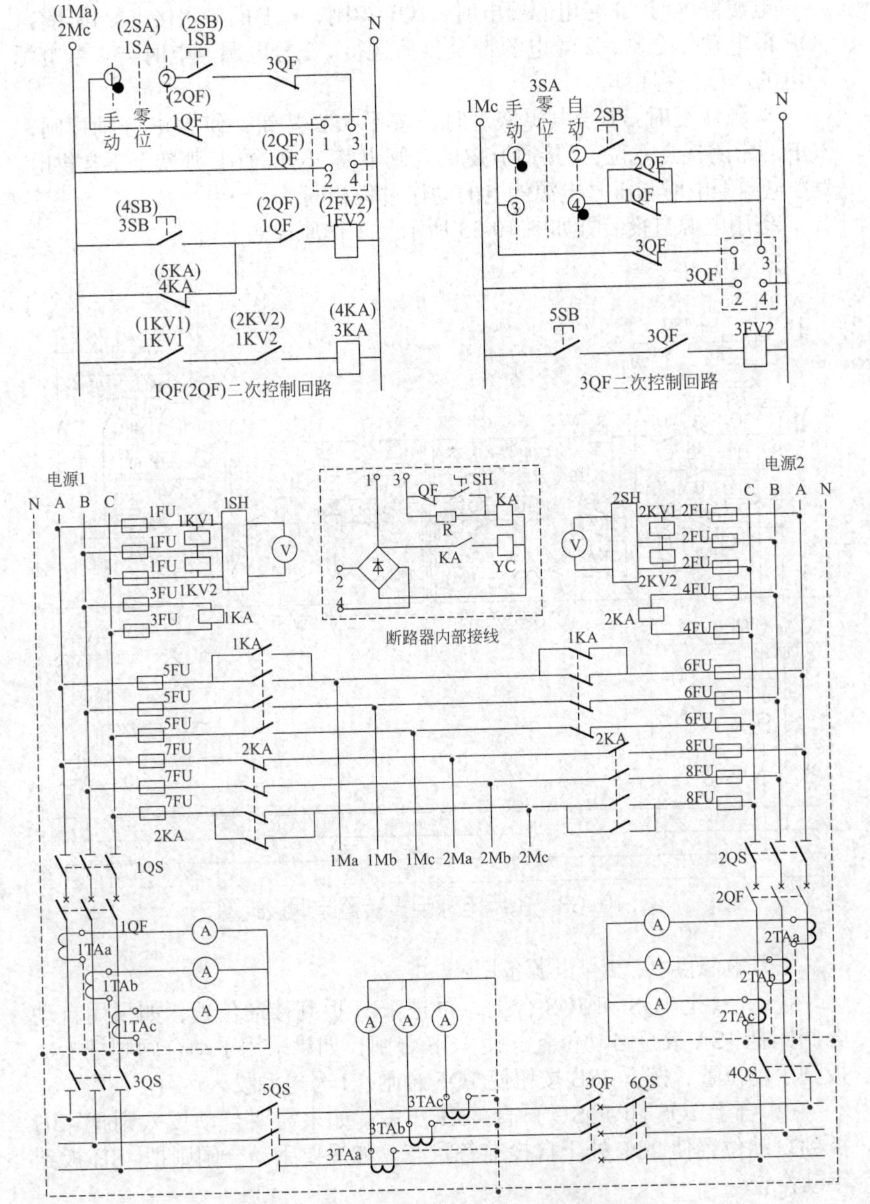

图 10-32　两路电源自投方案接线原理图

电源停电时：1号电源停电时，1QF掉闸，1QF的常闭接点复位闭合，3QF得电动作合闸，2号电源带全负荷运行。2号电源停电时与1号电源停电的动作过程相同。

电源恢复时：1号电源恢复时，按下5SB按钮，使3QF分励掉闸，3QF的常闭接点复位，又接通1QF的合闸电路，1QF合闸，则恢复正常供电。2号电源停电时与1号电源停电的动作过程相同。

备用电源自投装置如图10-33所示。工作原理如下。

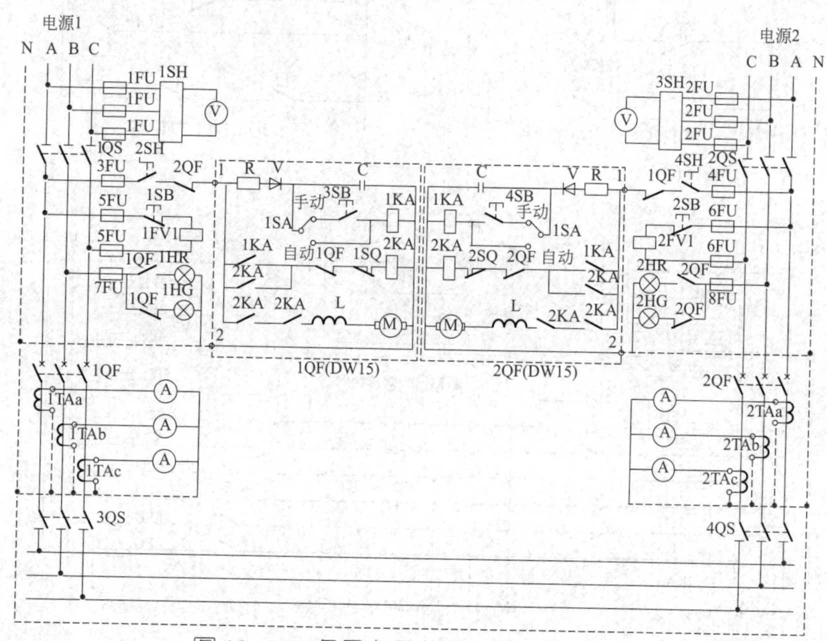

图10-33 备用电源自投装置原理接线图

1号电源供电，2号电源备用：

① 先合上1QS和3QS合上，再把1SH扳到接通位置，如果用自动合闸则把1SA扳至自动位置，使1QF合闸，如果采用手动合闸则把1SA扳到手动位置，按下3SB按钮使1QF合闸，1号电源投入运行。

② 合上2QS和4QS，再合4SH开关，如果需要自动投入则把4SH扳到自动位置使2QF处于自投准备状态，如果要手动合闸则把4SH扳到手动位置。

电源停电或故障时：

当 1 号电源停电或故障时，1QF 自动掉闸，1QF 的常闭接点复位，接通 2QF 的控制电源，2QF 动作合闸，将 2 号电源自动投入。

当 2 号电源停电或故障时，2QF 自动掉闸，2QF 的常闭接点复位，接通 1QF 的控制电源，1QF 动作合闸，将 1 号电源自动投入。

10.3 供电电压等级

电压等级是根据 GB 156—80《额定电压》划分，标准中所列的额定电压适用于直流系统和 50Hz 交流的系统中电气设备和电子设备。3kV 以下的设备与系统的额定电压见表 10-3。

表 10-3　3kV 以下的设备与系统的额定电压（GB 156—80）　V

直流电压		单相交流电压		三相交流电压	
受电设备	供电设备	受电设备	供电设备	受电设备	供电设备
1.5	1.5	6	6	36	36
2	2	12	12	42	42
3	3	24	24	100+	100+
6	6	36	36	127*	133*
12	12	42	42	220/380	230/400
24	24	100+	100+	380/600	400/690
36	36	127*	133*	1140**	1200**
48	48	220	230		
60	60				
72	72				
115	115				
220	230				

续表

直流电压		单相交流电压		三相交流电压	
受电设备	供电设备	受电设备	供电设备	受电设备	供电设备
400△、440	400△、460				
800△	800△				
1000△	1000△				

注：1. 直流电压为平均值，交流电压为有效值。

2. 斜线“/”之上为相电压，斜线之下为线电压，无斜线的为线电压。

3. 带“+”号的只用于电压互感器、继电器等控制系统电压。

4. 带“△”号为单台供电的电压，带“*”号为矿井下、热工仪表和机床控制系统、“**”只限于煤矿井下及特殊场所使用的电压。

《安全电压》根据（GB 3805—83）中规定：安全电压等级指为触电事故而采用的由特定电源供电的电压系列。电压系列的上限值在任何情况下，在两导体间或任一导体与地之间均不得超过交流（50 ~ 500Hz）有效值 50V。

安全电压额定值的等级为：42、36、24、6（V）。当电气设备使用不超过 24V 的安全电压时。必须采取防止直接接触带电体的保护措施。

10.4 对供电系统的要求

供电系统的故障或电气参数不合要求，会给用户造成麻烦；用户的故障或用户的某些设备运行也能够使供电系统受到影响（如用户将高次谐波或超前的电流反馈至电网）。因此，供电部门与用户都有责任为实现上述目标而协调工作。对供电系统的主要要求如下。

（1）供电要可靠

用户希望供电系统能够连续地供电，即使供电系统出现局部故障，对某些重要用户的供电也不能中断。为实现这一要求，对电力网的结构要有周密地考虑、对其运行也有很高的要求。此外，为防止某些发电机组因检修或故障停机影响电力网的正常运行，在电力系统中应至少有 10% ~ 15% 的备用容量。

（2）供电质量要合格

所谓供电质量合格，就是电气参数应合格，以保证用户的电气设备都能正常地运行。这里所说的电气参数主要有电压、频率、波形、三相电压对称性等。实际上，用户所使用的电气设备，在其设计时大多是以供电系统中合格的电气参数为依据的。当其运行时如果这些参数得不到满足，轻者达不到设计的出力、严重时可能造成设备的损坏。

（3）要安全、经济、合理地运行

为实现此项目标，就要供、用电双方协调管理，采取必要的技术措施（如无功补偿、装定量器等）和组织措施（如合理地调度和运行管理等）。

（4）电力网运行调度应灵活

电力网的容量越大，供电的可靠性越高，同时出现局部故障的机会也越多，其调度管理的复杂程度也越大。为不使局部故障影响到电力网的正常运行，使故障停电或检修停电影响的范围尽可能地小，就要求在调度管理上有尽可能大的灵活性。

10.5 供电电能的质量指标

供电电能的质量指标主要有电压、频率、波形和三相电压的对称性及可靠性。其中前三项指标为技术性的，后一项是运行调度指标。

（1）电压指标

用户受电端电压偏离额定值的幅度不应超过：

① 35kV 及以上用户和对电压质量有特殊要求的用户：±5%。

② 10kV 及以下用户和低压电力用户：±7%。

③ 低压照明用户：-10% ～ +7%。

电压变化幅度按下式计算

$$\Delta U=\frac{U_L-U_n}{U_n}\times 100\%$$

式中　ΔU——偏离额定电压的百分数；

U_L——受电端实测电压，kV；

U_n——供电的额定电压，kV。

输电距离越大，采用的额定电压等级也应越高。一般说来，每千伏电压合理的输送距离在一公里上下，这还要看采用的导线截面及输送电力的大小而定。

低电压对发电、供电设备及输电系统的影响：

① 使发电、供电设备（各级主变）出力下降，损耗相对增大。

② 电力网线损增大。

③ 使整个供电系统稳定性下降。严重时可导致系统解列（当无法止住电压的持续下降时，可能迫使电力网上所有的发电机组同时停机）形成大面积停电，唯一解救的办法就是拉路限电，以制止电压的下降。

低电压对用户的影响：

① 电动机启动困难，甚至无法启动。

② 电动机转速下降，电流增大，温升过高，严重时可能烧坏电动机。

③ 用电设备达不到额定出力。

④ 使装有欠压保护的设备停机或无法启动。

⑤ 灯具的发光效率降低，气体放电型灯具可能无法启动，即使勉强启动工作，寿命也会下降。

⑥ 使无线电发射及接收设备的工作质量下降。

（2）频率指标

我国规定，供电系统的频率标称值为50Hz；运行中允许偏差的绝对值应不大于下述要求。

① 电力网容量在3000MW及以上者：±0.2Hz。

② 电力网容量在3000MW以下者：±0.5Hz。

低频率对发电、供电设备及电力网的影响：

① 频率降低，意味着发电机已经过载，其转速也相应地低，作为原动力的汽轮机在低转速下作超负荷运行，有可能使汽轮机叶片因共振而断裂。

② 发电设备出力下降。一般说来，频率每降低1Hz，出力要下降3%。

③ 各级主变出力不足。因激磁电流随频率的下降而提高，损耗相应增加。

④ 使电力网对事故的应变能力下降，严重时能造成电网的解列，形成大面积停电。

低频率对用户的影响：

① 使电动机转速下降（频率每降低1%转速至少下降1%）。造成电动机所拖动的设备产量也成比例地下降，使成本相对提高。

② 电动机转速下降，出力达不到额定值。

③ 使某些以电力网额定频率为“标准值”的设备工作不正常。

④ 使无线电发射及接收设备工作质量下降。

（3）波形及三相电压对称性

电力网上的工频电压应是准确的正弦波形；三相电压应相等且相位上互差 120°。

如果电压波形不是正弦波形，我们称作波形失真（可用失真度仪测出）或叫做波形畸变。

波形的畸变（即含有高次谐波）对电力系统中补偿电容器的运行非常不利。因为电容器对高次谐波的容抗小，可使电容器的工作电流超过额定值；高次谐波又能使电容器的介质损耗增大，引起过热，严重时会使电容器爆裂造成严重事故。高次谐波还可使变压器铁损及绝缘油的介质损耗增加引起过热。

波形畸变及三相电压对称性的破坏，对用户及供电系统的运行都是不利的。一般说来三相电压的不对称不应超过额定电压的 5%，只要加强管理是不难做到的；而波形畸变则较难治理。

（4）可靠性要求

可靠性的要求，实际上就是要求电力网对用户连续地提供质量合格的电能，尽可能不对用户停电，一般要求，对 35kV 及以上系统每年停电应不超过一次；对 10kV 系统每年停电不超过三次；对重要用户的停电应提前七天通知。

10.6 低压线路

10.6.1 各种导线连接的基本要求

① 连接要接触紧密、稳定性好，接头电阻不得大于同截面、同长度导线电阻的 1.2 倍。

② 接头要牢固，其机械强度不小于同截面导线的 80%。

③ 接头应耐腐蚀，导线之间焊接时，应防止残余熔剂熔渣的化学腐蚀。

④ 铜、铝导线相接时，应采用铜、铝过渡连接管，并采取措施防止受潮、氧化及铝铜之间产生电化腐蚀。

⑤ 接头恢复的绝缘强度应与原导线一致。

10.6.2 各种导线的连接方法

（1）独股铜芯导线的直接连接（图 10-34）

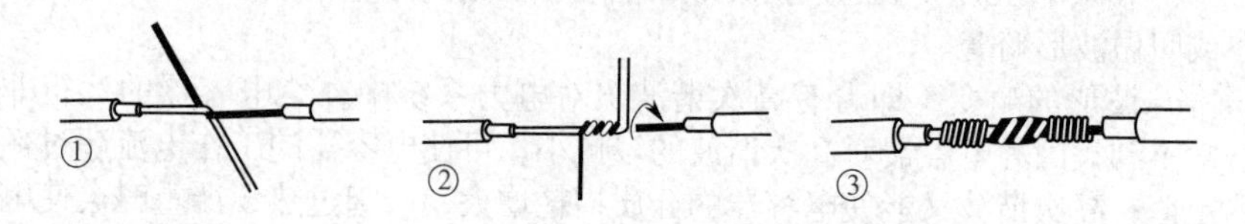

①先把两个线头互相交合3圈　②然后扳直线头,将每个线头在另一个线芯上紧密缠绕5～6圈　③缠好后剪去多余的线头,用克丝钳钳平切口的毛刺

图 10-34　独股铜芯导线的直接连接

（2）独股铜芯导线的分支连接方法（图 10-35）

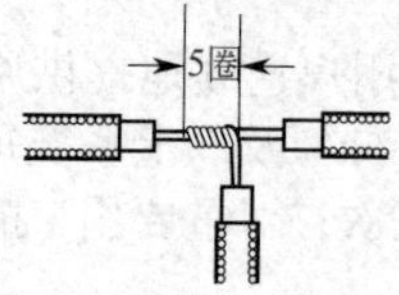

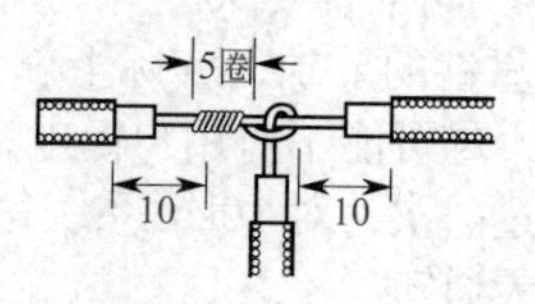

接法一：把支线的线头与干线线芯十字相交，距离根部留出 5mm，然后按顺时针方向紧密缠绕 5 圈，切去多余的线芯，用克丝钳钳平切口上毛刺。

接法二：导线截面较小时应先环绕一个结，然后把支线扳直，距离根部留出 5mm，然后按顺时针方向紧密缠绕 5 圈，切去多余的线芯，用克丝钳钳平切口上毛刺。

图 10-35　独股铜芯导线的分支连接方法

（3）不同截面导线的对接

如图 10-36 所示，将细导线在粗导线线头上紧密缠绕 5 ～ 6 圈，弯曲粗导线头的头部，使它紧压在缠绕层上，再用细线头缠绕 3 ～ 5 圈，切去多余线头，钳平切口毛刺。

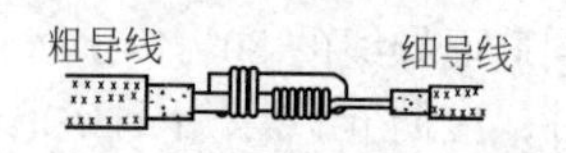

图 10-36　不同截面导线的对接

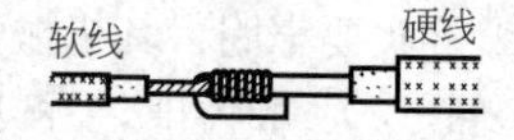

图 10-37　软、硬线的对接

（4）软、硬线的对接

如图 10-37 所示，先将软线拧紧，将软线在单股线线头上紧密缠绕 5 ～ 6 圈，弯曲单股线头的端部，使它压在缠绕层上，以防绑线松脱。

（5）导线头的并接

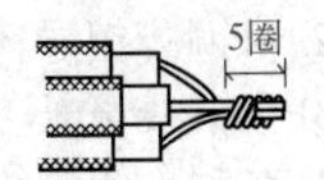

图 10-38　导线头的并接

如图 10-38 所示，同相导线在接线盒内的连接是并接也称倒人字连接，将剥去绝缘的线头并齐捏紧，用其中一个线芯紧密缠绕另外的线芯 5 圈，切去线头，再将其余线头弯回压紧在缠绕层上，切断余头钳平切口毛刺。

（6）单股线与多股线的连接（图 10-39）

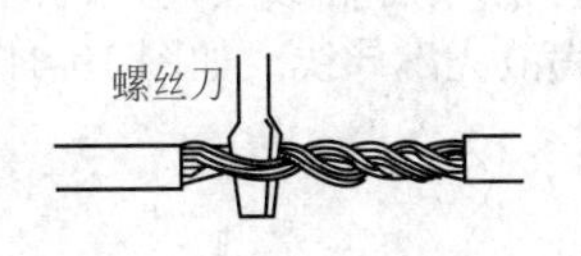

1.用螺丝刀将多股线分成两半

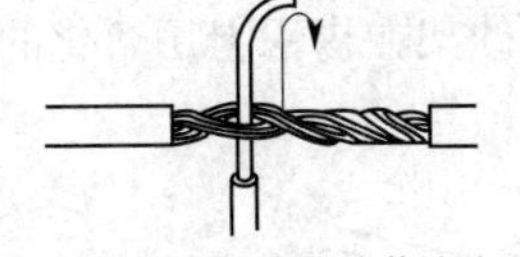

2.将单股线插入多股线芯,留有3mm距离以便于包扎绝缘

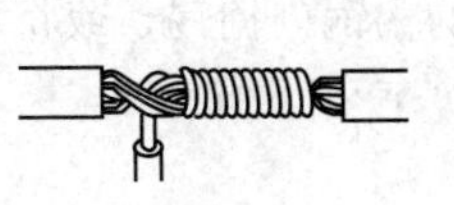

3.将单股线按顺时针方向紧密缠绕10圈,切去余线,钳平切口上的毛刺

图 10-39　单股线与多股线的连接

（7）导线用连接管的连接

如图 10-40 所示，选用适合的连接管，清除接管内和线头表面的氧化层，导线插入管内并露出 30mm 线头，然后用压接钳进行压接，压接的坑数根据导线截面大小决定，一般户内接线不少于 4 个。

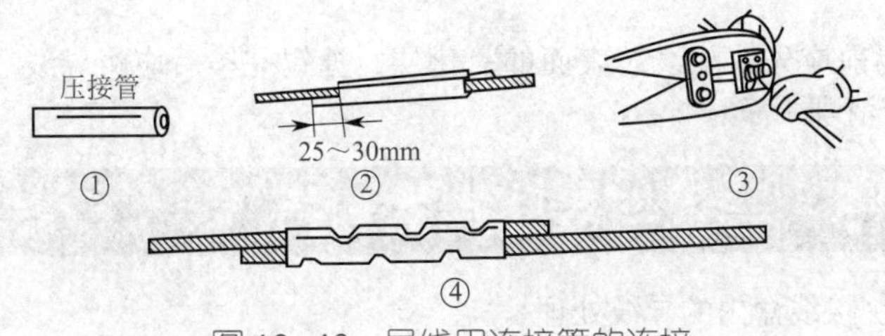

图 10-40　导线用连接管的连接

（8）铜、铝导线连接

铜、铝导体由于其各自的物理、化学、特性的不同，在通常环境，接头易产生电化学反应而遭腐蚀，使接触电阻明显增大，因而不允许铜、铝直接连接。当确实需要铜、铝连接施行时，应按照下列方法连接：

① 使用铜、铝过渡连接管（一端为铜、一端为铝，中间用闪光焊焊接在一起的连接套管）进行压接或焊接；

② 对铜、铝导体的接触面先进行搪锡处理，再进行连接；

③ 在铜线鼻子上搪锡再与铝线鼻子连接；

④ 在铜、铝导线接头处垫锡箔（或搪过锡的薄铜片）再相接。

（9）导线接头搪锡

搪锡也称涮锡，是导线连接中一项重要的工艺，在采用缠绕法连接的导线连接完毕后，应将连接处加固搪锡，搪锡的目的是加强连接的牢固和防氧化并有效地增大接触面积，提高接线的可靠性。

小截面的导线可用电烙铁搪锡，大截面的导线搪锡是将线头放入熔化的锡锅内搪锡，或将导线架在锡锅上用熔化的锡液浇淋导线。如图 10-41 所示。

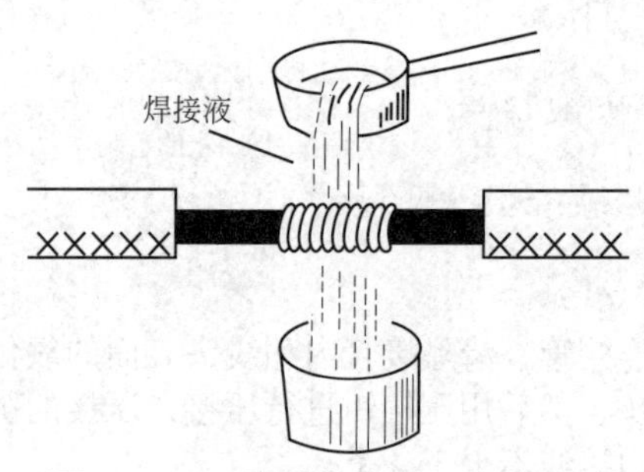

图 10-41　将锡液浇淋到导线接头

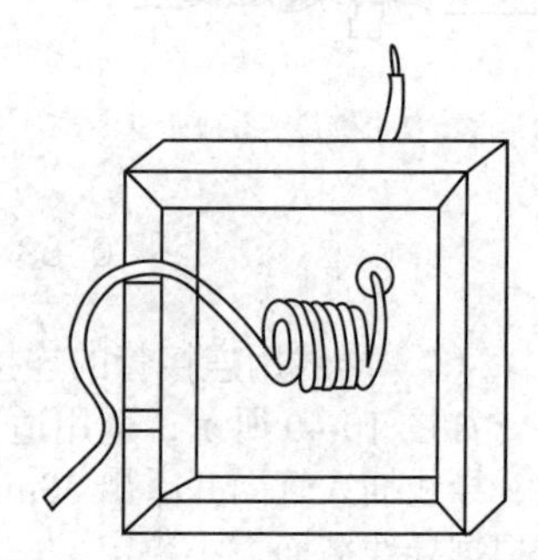

图 10-42　接线盒内的导线处理

搪锡前应先清除线芯表面的氧化层，搪锡完毕后应将导线表面的助焊剂残液清理干净。

10.6.3　导线与接线端的连接

（1）接线盒内的导线处理

接线盒内的导线应留有一定余量，便于再次剥削线头，否则线头断裂后将无法再与接线端连接，留出的线头应盘绕成弹簧状（图 10-42），使之安装开关面板时接线端不会应受力而松动。

（2）针型孔接线端的连接

① 将导线端头绝缘削去，使线芯的长度稍长于压线孔的深度，将线芯插入压接孔内拧紧螺钉即可，如图 10-43（a）、（b）所示。

② 若压线孔是两个压紧螺钉，应先拧紧外侧螺钉再拧紧内侧螺钉，两个螺钉的压紧程度应一致。

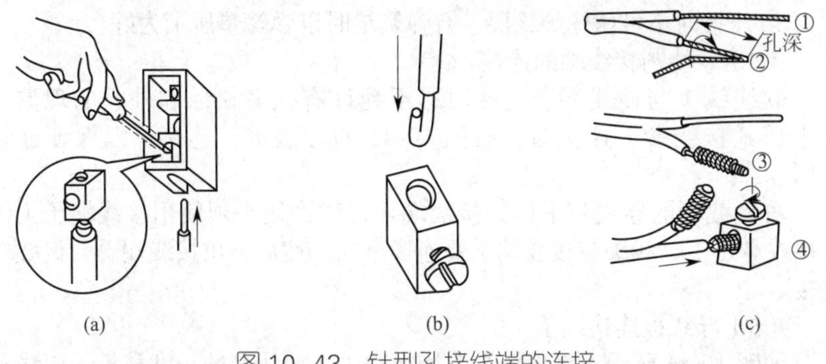

图 10-43　针型孔接线端的连接

③ 导线截面较小时，应先将线芯弯折成双股后再插入压线孔压紧，如图 10-43（c）所示。

a．剖削绝缘层，将软线拧紧。

b．按接线孔深度回折线芯，成并列状态。

c．将折回的线头按顺时针方向紧密缠绕。

d．缠绕到线芯头剪去余端，钳平毛刺插入接线孔拧紧螺钉。

④ 对多股软线应先将线芯拧紧，弯曲回来自身缠绕几圈再插入孔中压紧。如果孔径较大时，可选用一根合适的导线在拧紧的线头上缠绕一层后，在进行压紧。

⑤ 导线的绝缘层应与接线端保持适当的距离，切不可相离得太远，使线芯裸露过多；也不可把绝缘层插入接线端内；更不应把螺钉压在绝缘层上。

（3）导线用螺钉压接法

① 如图 10-44 所示，小截面的单股导线用螺钉压接在接线端时，弯曲方向应与螺钉的拧紧方向一致，圆圈的内径不可太大或太小，以防拧紧螺钉时散开，在螺钉帽较小时，应加平垫圈。

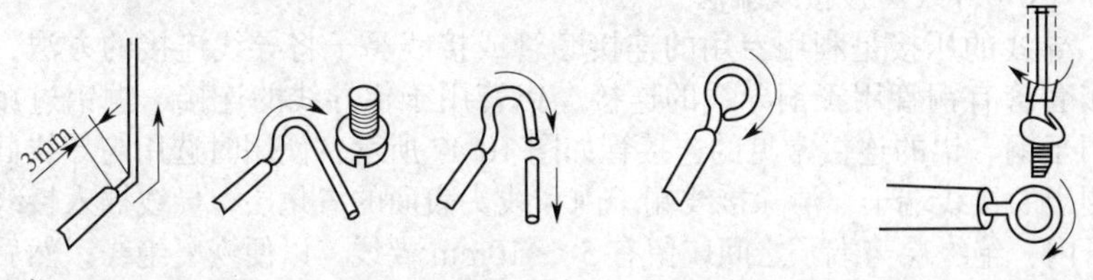

(a) 离绝缘层 2～3mm 折角　(b) 略大于螺丝直径弯圆弧　(c) 剪去余线　(d) 修正圆圈呈圆形　(e) 顺时针安装并拧紧

图 10-44　导线用螺钉压接法

② 压接时不可压住绝缘层，有弹簧垫时以弹簧垫压平为好。

（4）软线与接线端的连接

软线线头与接线端子连接时，不允许有线芯松散和外露的现象，在平压式接线端上连接时，按图 10-45 的方法进行连接，以保证连接牢固。

较大截面的导线与平压式接线端连接时，线头须使用接线端子（俗称接线鼻子），线头与接线端子要连接牢固，然后再由接线端子与接线端连接。

（5）导线板连接端子

如图 10-46 所示，将导线端头绝缘削去，使线芯的长度稍长于压线孔的深度，将线芯插入压接孔内拧紧螺钉即可。当一个接线孔内压接两条线时，应先用压接头将线头压接在一起后再与端子连接，以防线芯相互支撑造成接触面不够。

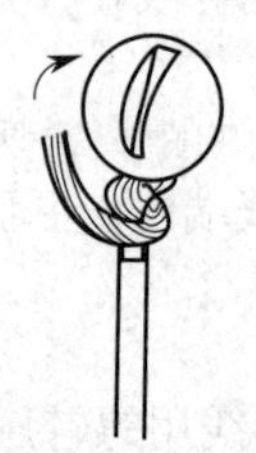
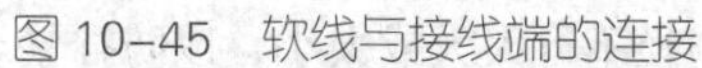
图 10-45 软线与接线端的连接

图 10-46 导线板连接端子

（6）导线压接接线端法

导线的压接是利用专用的连接套管或接线鼻子将导线连接的方法，连接套管有铜管用于铜导线的连接、铝管用于铝导线的连接、铜铝过渡管用于铜、铝的连接常见的连接管如图 10-47 所示，使用时选用与导线截面相当的接线端子，清除接线端子内和线头表面的氧化层，导线插入接线端子内，绝缘层与端子之间应留有 5 ～ 10mm 裸线，以便恢复绝缘，然后用压接钳进行压接，压接时应使用同截面的六方型压模。压接后的形状如图 10-48 所示。

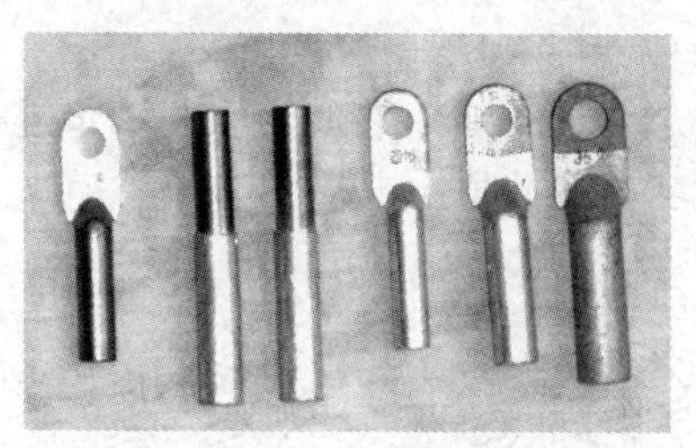

图 10–47　常用的连接管

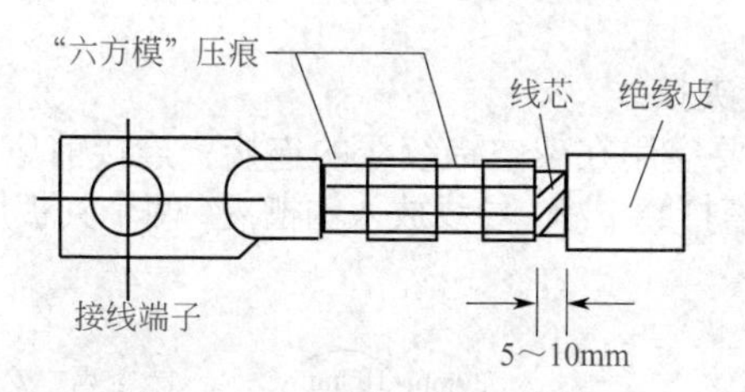

图 10–48　导线压接接线鼻子

（7）多股导线盘压接法（图 10-49）

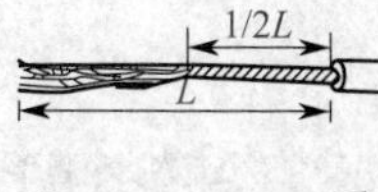

① 根据所需的长度剥去绝缘层,将1/2线芯重新拧紧。

② 将拧紧的部分,向外弯折,然后弯曲成圆弧。

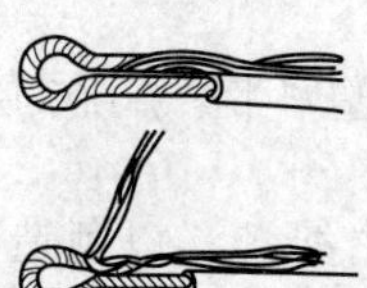

③ 弯成圆弧后,将线头与原线段平行捏紧。

④ 将线头散开按2、2、3分成组,板直一组线垂直与线芯缠绕。

⑤ 按多股线对接的缠绕法,缠紧导线。

⑥ 加工成型。

图 10–49　多股导线盘压接法

（8）瓦型垫接线端子

将绝缘层的线芯弯成U形，将其卡入瓦型垫进行压接，如果是两个线头，应将两个线头都弯成U形，对头重合后卡入瓦型垫内压接，如图10-50。

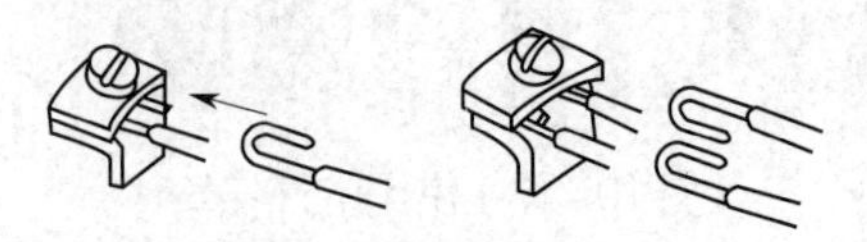

图10–50 瓦型垫接线端子

（9）并沟线夹接线

并沟线夹主要应用在架空铝绞线的连接，连接前应先用钢丝刷将导线表面和线夹沟槽打磨干净，导线放入沟槽内，两个夹板用螺钉拧紧即可，如图10-51所示。

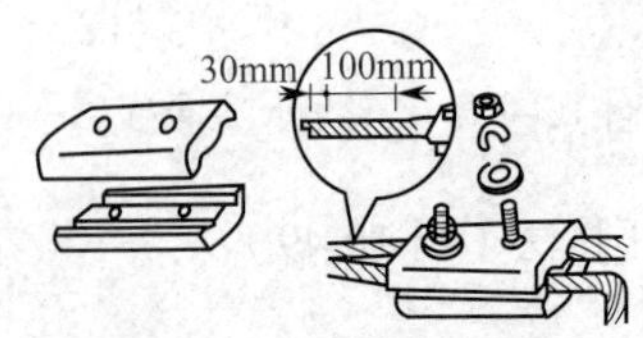

图10–51 并沟线夹接线

10.6.4 导线绝缘包扎

包扎绝缘时应注意以下几点。

① 当电压为380V的线路导线包扎绝缘时，应先用塑料带紧缠绕2层，再用黑胶布缠绕2层。

② 包缠绝缘带时不能马虎工作，更不允许漏出线芯，以免造成事故。

③ 包缠时绝缘带要拉紧，缠绕紧密、结实，并粘接在一起无缝隙以免潮气侵入，造成接头氧化。

（1）直导线绝缘的包扎方法

① 在距绝缘切口两根带宽处起头，先用自粘性橡胶带包扎两层。便于密封防止进水。

② 包扎绝缘带时，绝缘带应与导线成45°～55°的倾斜角度，每圈应重叠1/2带宽缠绕。

③ 包扎一层自粘胶带后，再用黑胶布从自粘胶带的尾部向回包扎一层，也是要每圈重叠 1/2 的带宽。如图 10-52 所示。

（2）导线分支连接后的绝缘包扎

① 如图 10-53 所示，在主线距绝缘切口两根带宽处开始起头，先用自粘性橡胶带包扎两层。便于密封防止进水，如图 10-53（a）所示。

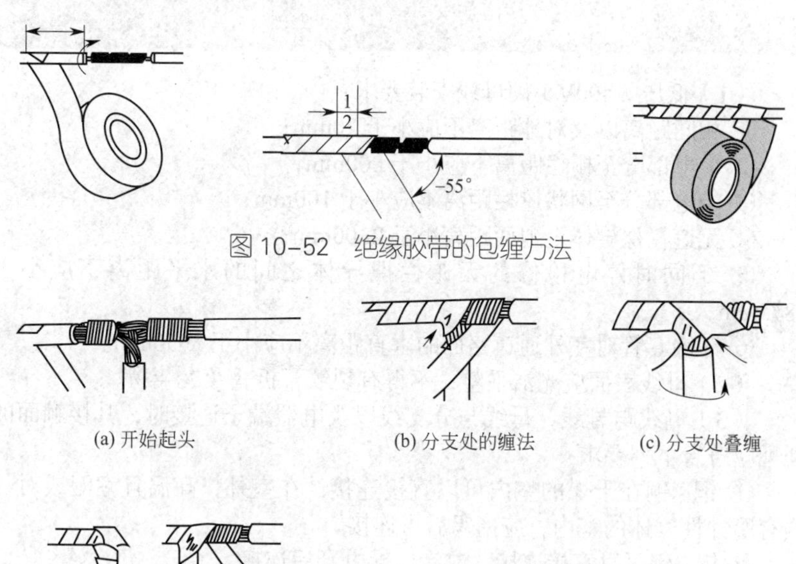

图 10–52　绝缘胶带的包缠方法

(a) 开始起头　(b) 分支处的缠法　(c) 分支处叠缠

(d) 再支线上包缠　(e) 再缠黑胶布

图 10–53　导线分支连接后的绝缘包扎

② 包扎到分支线处时，用一只手指顶住左边接头的直角处，使胶带贴紧弯角处的导线，并使胶带尽量向右倾斜缠绕。如图 10-53（b）所示。

③ 当缠绕右侧时，用手顶住右边接头直角处，胶带向左缠与下边的胶带成 × 状态，然后向右开始在支线上缠绕。方法同直线应重叠 1/2 带宽。如图 10-53（c）所示。

④ 在支线上包缠好两层绝缘，回到主干线接头处，贴紧接头直角处向导线右侧包扎绝缘。如图 10-53（d）所示。

⑤ 包至主线的另一端后，再用黑胶布按上述的方法包缠黑胶布即可。如图 10-53（e）所示。

10.7 低压硬母线的安装

10.7.1 安装要求

（1）低压（400V）硬母线安装要求：

① 相间距离以及对地距离不应小于 20mm；

② 带电部分至栅栏距离不应小于 800mm；

③ 带电部分至网状遮栏距离不应小于 100mm；

④ 无遮栏裸导体至地面距离小于 2300mm；

⑤ 不同时停电检修的无遮栏裸导体之间的水平距离不应小于 1875mm；

⑥ 穿墙套管对室外通道路面的垂直距离不应小于 3650mm。

（2）母线表面应光洁平整，不得有裂纹，折叠及夹杂物。

（3）母线与母线，母线与分支线以及电器端子连接时，其接触面的处理应符合下列要求：

① 铜 - 铜在干燥的室内可以直接连接；在室外，高温且潮湿或对母线有腐蚀性气体的室内，应搪锡后再连接。

② 铝 - 铝可以直接连接，或涂以导电膏后连接。

③ 铜 - 铝在干燥的室内，铜导体应搪锡后进行连接；在室外或特别潮湿的室内，应采用铜铝过渡接头并涂以导电膏后进行连接。

（4）母线的排列顺序，如设计无特别规定时，应符合以下规定（面对配电屏正面看）：

① 上下排列的母线，由上而下分别为 L1、L2、L3，直流母线的排列是上正下负。

② 水平排列的母线，由内而外分别为 L1、L2、L3，直流母线的排列是内正外负。

③ 由母线引下的分支线，由左至右分别为 L1、L2、L3，直流母线的排列左正右负。

（5）母线应按下列要求涂刷相色漆或色标：三相交流母线涂色，L1 相为黄色，L2 相为绿色，L3 相为红色，N 线为黑色；直流母线涂色，正母线为赭色，负母线为蓝色。

（6）母线连接处和母线与电器端头的连接处以及所有连接处 10mm

以内的地方不应涂刷油漆；供携带型接地线连接用的接触面上，不刷漆部分的长度应为母线的宽度或直径，但不小于 50mm，并在此处两端刷宽度为 10mm 的黑色带。

10.7.2　硬母线弯曲

硬母线安装需要弯曲时，应按照图 10-54 的要求处理。

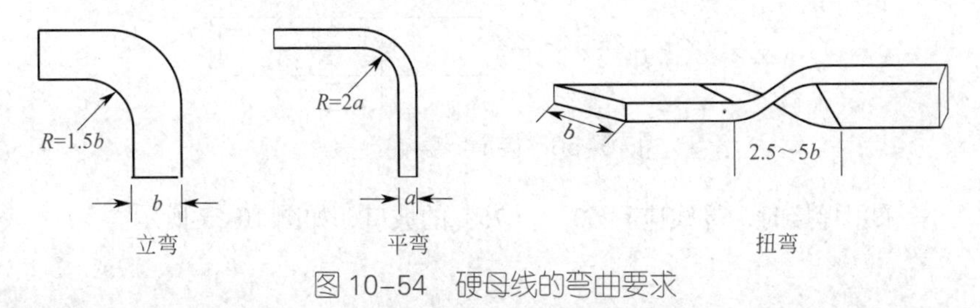

图 10-54　硬母线的弯曲要求

10.7.3　硬母线固定的要求

① 母线固定金具与支持绝缘子间的固定应平整牢固，不应使其所支持的母线受到额外应力；

② 交流母线的固定金具或支持金属不应成闭合磁路，如图 10-55（a）；

③ 采用绝缘夹板固定时，应保持 1.5 ～ 2mm 的间隙如图 10-55（b）；

④ 采用螺钉固定时母线应开长孔，孔的长度应是孔径的 2 倍。如图 10-55（c）；

⑤ 母线固定装置应无棱角和毛刺。

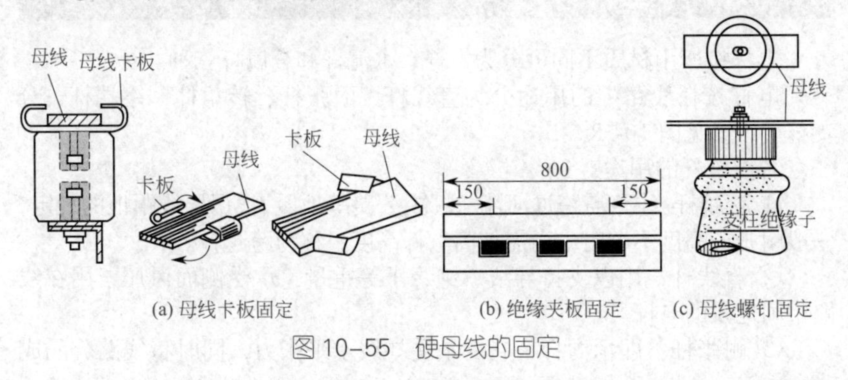

图 10-55　硬母线的固定

10.7.4 硬母线连接的方式

硬母线常用的连接方法有螺栓连接和焊接，采用螺栓连接时如图 10-56 所示，连接的长度不得小于母线的宽度；120mm 母排应使用 M18 的螺栓、80 ～ 100mm 母排应使用 M16 的螺栓、25mm 母排应使用 M10 的螺栓。

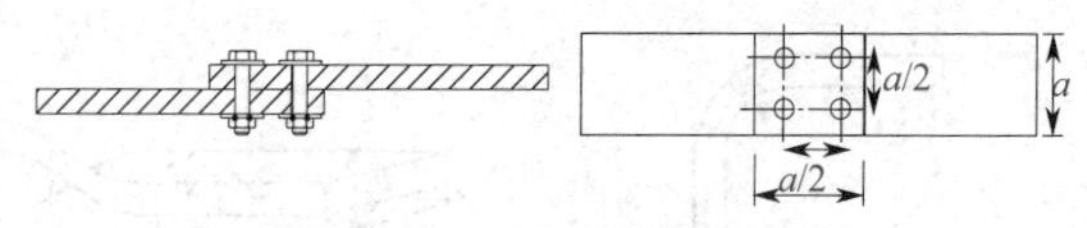

图 10-56　硬母线螺栓连接

采用焊接时，母线应有 60° ～ 75° 的坡口，如图 10-57 所示。

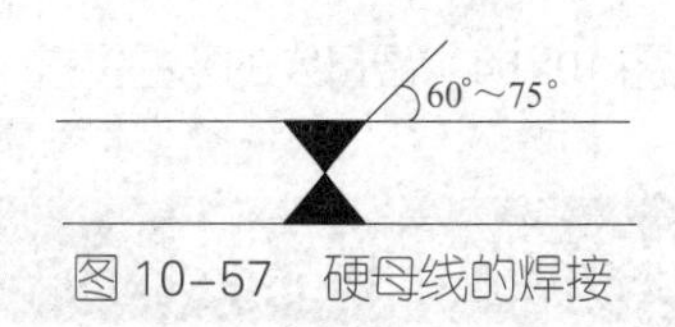

图 10-57　硬母线的焊接

10.8 架空线路的安装要求

10.8.1 电杆

电杆按所用材质不同可分为木杆、水泥杆和金属杆三种。

电杆按在线路中的用途分为直线杆、耐张杆、转角杆、终端杆、分支杆等，参见图 10-58。

各类电杆的用途：

① 跨越杆：线路需跨过河流、铁路、公路等地段，根据导线距地的规定，一般耐张杆高度不够时，尚需加高电杆高度，称为跨越杆。

② 直线杆：用以支持导线、绝缘子等重量，承受侧面风压，用在线路中间地段的电杆。

③ 耐张杆：即承力杆，它要承受导线水平张力，同时将线路分隔成

若干段，以加强整个线路的机械强度。

④ 转角杆：为线路转角处使用的电杆。有直线转角杆（轻型转角，一般在 30° 以下）和耐张转角杆（重型转角一般不小于 45°）两种。转角杆正常情况下，除承受导线垂直荷重外，还要承受内角平分线方向导线全部拉力的合力。

⑤ 终端杆：为线路始末端处电杆。除承受导线的垂直荷重和水平风力外，还承受线路方向全部导线拉力。

⑥ 分支杆：有分支线的电杆，正常情况下除承受直线杆所承受的荷重外，还承受分支导线垂直荷重和分支线方向的全部拉力。

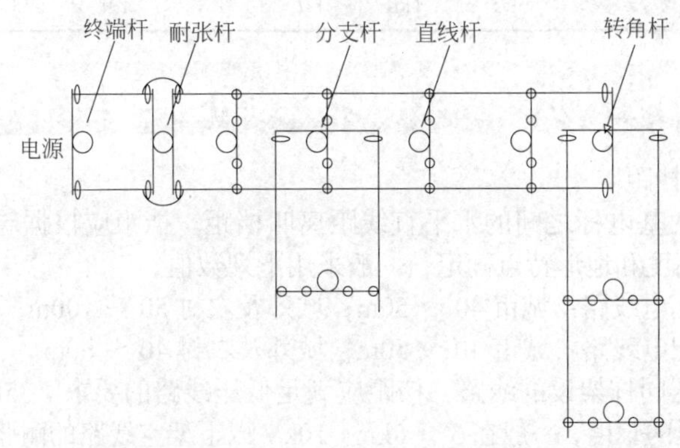

图 10–58　各种电杆的用途

10.8.2 电杆的长度与埋深

（1）电杆长度的选择

要根据横担的安装位置、上下横担间距离，最低一层导线对地面的允许垂直距离和电杆埋深等因素综合确定，然后再取标准长度和电杆。

一般电杆长度可由下式确定（单位：m）：

$$L=L_1+L_2+L_3+L_4+L_5$$

式中　L——电杆长度；

L_1——横担距杆顶距离，$L_1 \geqslant 0.3$m；

L_2——上下横担之间距离；

L_3——下层横担导线的弧垂；

L_4——下层导线对地面最小垂直距离；

L_5——电杆埋设深度。

（2）电杆埋深

电杆的埋设深度，应根据电杆长度、承受力的大小和土质情况来做规定。一般 15m 以下电杆，埋设深度为杆长的 1/10+0.7m，但最浅不应小于 1.5mm；变台电杆不应小于 2m；在土质松软、流沙、地下水位较高的地带，电杆基础还应做加固处理，一般电杆埋深，参见表 10-4。

表 10-4　电杆埋设深度

杆长 /m	8.0	9.0	10	11.0	12.0	13.0	15.0
埋设深度 /m	1.5	1.6	1.7	1.8	1.9	2.0	2.3

10.8.3　10kV 及以下架空线路的档距及导线间距

（1）档距

相邻两基电杆之间的水平直线距离叫档距。档距应根据导线对地距离、电杆高度和地形特点确定，一般采用下列数值。

高压配电线路：城市 40 ～ 50m；城郊及农村 50 ～ 100m。

低压配电线路：城市 40 ～ 50m；城郊及农村 40 ～ 60m。

高低压同杆架设的线路，档距应满足低压线路的要求。35kV 架空线路的耐张段的长度，一般在 3 ～ 5km；10kV 以下架空线路的耐张段长度，不宜大于 2km。

（2）导线间距

架空线路导线的线间距离，应根据运行经验确定，如无可靠运行经验时，不应小于表 10-5 所列数值。目前通用设计一般采用下列数值：

3 ～ 10kV 线路导线间距不应小于 0.8m；1kV 以下，不应小于 0.4m，靠近电杆的两导线水平距离不小于 0.5m。

表 10-5　架空线路导线的线间距离

线路电压	电杆档距 /m								
	40 以下	50	60	70	80	90	100	110	120
1kV 以下导线间距	0.3	0.4	0.45	0.5					
3 ～ 10kV 导线间距	0.6	0.65	0.7	0.75	0.80	0.9	1.0	1.05	1.15

10.8.4　横担的安装与导线排列

（1）横担的安装要求

① 直线电杆横担应安装在负荷侧；

② 转角杆、分支杆、终端杆以及受导线张力不平衡的地方，横担应安装在张力的反方向侧；

③ 多层横担均应装在同一侧；

④ 有弯曲的木杆，横担应装在弯曲侧，并使弯曲部分与线路方向一致；

⑤ 横担安装应水平且与线路方向垂直，其倾斜度，不大于 1%；

⑥ 安装瓷横担时，要垫两层油毡；

⑦ 紧固横担和绝缘子等各部位所用的螺栓，需要经过热镀锌等防腐处理。螺栓直径不应小于 M16mm；螺栓垂直安装时，应从下往上穿，连接螺栓螺纹，应露出螺母 2 ～ 3 扣；开口销子垂直安装时，应从上往下穿。

（2）横担安装距离一般规定

横担的长度选择见表 10-6。来自同一电源的高、低压线路允许同杆架设，其横担间最小垂直距离参见表 10-7。线路用绝缘子和横担种类及数量参见表 10-8，每一杆上的回路数不应超过：仅有高压（6 ～ 10kV）线路时一至两个回路；仅有低压（380/220V）线路时一至四个回路；高、低压同杆架设时一至四个回路（其中允许有高压两回路）。

表 10-6　横担长度选择　mm

横担材料	低压线路			高压线路		
	二线	四线	六线	二线	水平排列四线	陶瓷横担头
铁横担	700	1500	2300	1500	2240	800

表 10-7　同杆架设线路横担之间的最小垂直距离　mm

上下横担电压等级 /kV	直线杆	分支或转角杆
10kV/10kV	800	500（450/600）
10kV/0.4kV	1200	300
0.4/0.4kV	600	300
10kV 与通信线路间	2000	2000
0.4kV 与通信线路间	600	600

（3）架空导线排列

1）架空线路导线排列形式

35kV 线路的，一般采用三角形排列或水平排列；6 ～ 10kV 线路导线，一般采用三角形排列或水平排列；多回路线路的导线排列宜采用三角、水平混合排列或垂直排列方式。1kV 以下线路导线多为水平排列。

表 10-8 线路用绝缘子和横担种类及数量

杆 型	转角角度	横担组装形式
直线杆	0° ～ 15°	单横担，单针式绝缘子
终端杆	—	双横担，悬式绝缘子
直线耐张杆	—	双横担，悬式绝缘子
转角耐张杆	10° ～ 15°	双横担，双针式绝缘子
	30° ～ 45°	双横担，悬式绝缘子
	45° ～ 90°	井字横担，悬式绝缘子

2）架空线路相序排列规定

① 高压电力线路，面向负荷从左侧起 A、B、C、（L1、L2、L3）；

② 低压线路在同一横担架设时，导线的相序排列，面向负荷从左侧起 L_1、N、L_2、L_3；

③ 有保护零线在同一横担架设时，导线的排列相序，面向负荷从左侧起 L_1、N、L_2、L_3、PE；

④ 动力线照明线，在两个横担分别架设时，动力线在上，照明线在下。

上层横担：面向负荷从左侧起 L1、L2、L3；

下层横担：面向负荷从左侧起 L1（L2、L3）N、PE。

在两个横担架设时，最下层横担，面向负荷，最右边的导线为保护零线 PE。

（4）架空线路最小允许截面

架空导线在运行中，除受自身重量的载荷以外，还承受温度变化及覆冰、风压等外加载荷。这些载荷将使导线承受的拉力大大增加，甚至造成断线事故。其截面越小，承受载荷的能力越低。为保证安全，使导线有一定的抗拉强度，在大风、覆冰或低温等条件下，不致发生断线，架空导线最小截面见表 10-9。

表 10-9　架空导线最小截面　　　mm²

导线种类	35kV 线路	3 ～ 10kV 线路		0.4kV 线路	接户线	
		居民区	非居民区		6 ～ 10kV	0.4kV
铝绞线及铝合金线	35	35	25	16	绝缘线 25mm²	绝缘线 6mm²
钢芯铝绞线	35	25	16	16		
铜线	35	16	16	直径 $\phi 3.2$	绝缘线 16mm²	绝缘线 4.0mm²

（5）低压接户线的安装

① 接户线应使用绝缘导线，其长度不应超过 25m。在偏僻的地方不应超过 40m。

② 接户线最小截面：铜绝缘导线为 2.5mm²，多股铝绝缘导线为 10mm²。

③ 接户线在最大弧垂时，对路面的中心垂直距离不应小于下列数值；交通要道为 6m。通车困难的街道和一般胡同为 3.5m。

④ 接户线不宜跨越建筑物。如需跨越时，对建筑物最高点的垂直距离不应小于 2.5m。

⑤ 接户线与建筑物有关部分的距离不应小于下列数值：

a．与建筑物凸出部分的距离为 150mm；

b．与窗户或阳台的水平距离为 800mm；

c．与上方窗户（阳台）的垂直距离为 800mm；

d．与下方阳台的垂直距离为 2500mm；

e．与接户线下方窗户垂直距离为 300mm。

⑥ 接户线与通信线路交叉时，其垂直距离不应小于以下数值：

a．接户线在通信线路上方为 600mm；

b．接户线在通信线路下方为 300mm。

如果不能满足上述距离要求时，应采取防护措施。

⑦ 接户线与树枝在最大风偏时最小净空距离不应小于 300mm。

⑧ 接户线不宜从变台杆引出，专用变压器由附杆引出接户线时，应采用截面 10mm² 及以上的多股导线。

⑨ 接户线与配电线路的夹角在 45° 及以上时应在配电线路的电杆上装设横担。

⑩ 接户线不应有接头。

（6）高压接户线的安装

1）高压接户线各部电气距离及导线截面要求

① 接户线的档距不宜超过 25m，档距超过 25m 时，应加设接户杆。

② 导线线间距离≥ 0.45m。

③ 导线对地距离≥ 4.5m。

④ 宜采用绝缘导线：铜芯绝缘线≥ 16mm^2；铝芯绝缘线≥ 25mm^2。

⑤ 避雷器接地引下线，由避雷器接地端至接地干线一段宜采用绝缘导线，接地干线，宜采用裸导线：铜绞线≥ 16mm^2；钢绞线≥ 35mm^2。

⑥ 避雷器接地电阻≤ 5Ω（单纯避雷装置要求时）。

2）10kV 及以下接户线的安装要求

① 档距内导线不应有接头。

② 两端所设绝缘子安装时，应防止瓷裙积水。

③ 两端遇有铜铝连接时，应设有可靠的过渡措施。

④ 两个不同电源引入的接户线，不宜同杆架设。

⑤ 接户线当采用绑扎固定时，其绑扎长度应符合规定。

第11章 变配电所倒闸操作及安全巡视

11.1 变、配电所的倒闸操作

11.1.1 变、配电所的电气设备运行术语

变配电所的电气设备运行状态有四种，为了安全管理四种状态有明确的定义；四种状态开关位置如图11-1所示。

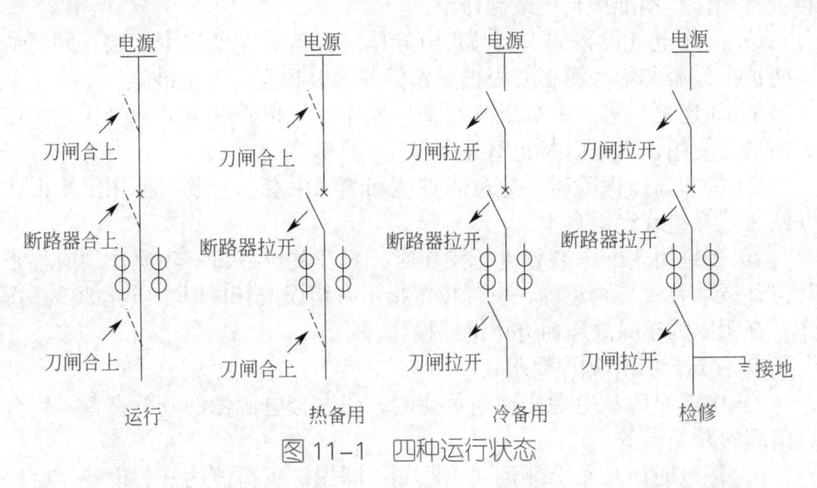

图11-1 四种运行状态

① 运行状态：是指某个电路中的一次设备（隔离开关和断路器）均处于合闸位置，电源至受电端的电路得以接通而呈运行状态。

② 热备用状态：是指某电路中的断路器已断开，而隔离开关（隔离

电器）仍处于合闸位置。

③ 冷备用状态：是指某电路中的断路器及隔离开关（隔离电器）均处于断开位置。

④ 检修状态：是指某电路中的断路器及隔离开关均已断开，同时按照保证安全的技术措施的规定悬挂了临时接地线（或合上了接地刀闸），并悬挂标示牌和装设好临时遮栏，处于停电检修的状态。

11.1.2 倒闸操作安全技术要求

① 倒闸操作应由两人进行，一人操作，一人监护。特别重要和复杂的倒闸操作，应由电气负责人监护，高压倒闸操作应戴绝缘手套，室外操作应穿绝缘靴、戴绝缘手套。

② 重要的或复杂的倒闸操作，值班人员操作时，应由值班负责人监护。

③ 倒闸操作前，应根据操作票的顺序在模拟板上进行核对性操作。操作时，应先核对设备名称、编号，并检查断路设备或隔离开关的原拉、合位置与操作票所写的是否相符。操作中，应认真监护、复诵，每操作完一步即应由监护人在操作项目前划“√”。

④ 操作中发生疑问时，必须向调度员或电气负责人报告，弄清楚后再进行操作。不准擅自更改操作票。

⑤ 操作电气设备的人员与带电导体应保持规定的安全距离，同时应穿防护工作服和绝缘靴，并根据操作任务采取相应的安全措施。

⑥ 如逢雨、雪、大雾天气在室外操作，无特殊装置的绝缘棒及绝缘夹钳禁止使用，雷电时禁止室外操作。

⑦ 装卸高压保险时，应戴防护镜和绝缘手套，必要时使用绝缘夹钳并站在绝缘垫或绝缘台上。

⑧ 在封闭式配电装置进行操作时，对开关设备每一项操作均应检查其位置指示装置是否正确，发现位置指示有错误或怀疑时，应立即停止操作，查明原因排除故障后方可继续操作。

⑨ 停送电操作顺序要求：

a．送电时应从电源侧逐向负荷侧，即先合电源侧的开关设备，后合负荷侧的开关设备。

b．停电时应从负荷侧逐向电源侧，即先拉负荷侧的开关设备，后拉电源侧的开关设备。

c．严禁带负荷拉合隔离开关，停电操作应先分断断路器，后分断隔离开关，先断负荷侧隔离开关，后断电源侧隔离开关的顺序进行，送电操作的顺序与此相反。

d. 变压器两侧断路器的操作顺序规定如下：停电时，先停负荷侧断路器，后停电源侧断路路器；送电时顺序相反。变压器并列操作中应先并合电源侧断路器，后并合负荷侧断路器，解列操作顺序相反。

⑩ 双路电源供电的非调度用户，严禁并路倒闸。

⑪ 倒闸操作中，应注意防止通过电压互感器、所用变压器、微机、UPS 等电源的二次侧返送电源到高压侧。

11.1.3 倒闸操作票应填写的内容

① 分、合断路器；
② 分、合隔离开关；
③ 断路器小车的拉出、推入；
④ 检查开关和刀闸的位置；
⑤ 检查带电显示装置指示；
⑥ 投入或解除自投装置；
⑦ 检验是否确无电压；
⑧ 检查接地线是否装设或拆除；
⑨ 装、拆临时接地线；
⑩ 挂、摘标示牌；
⑪ 检查负荷分配；
⑫ 安装或拆除控制回路或电压互感器回路的保险；
⑬ 切换保护回路；
⑭ 检查电压是否正常。

11.1.4 怎样执行倒闸操作

在执行倒闸操作时，值班人员接到倒闸操作的命令且经复述无误后，应按下列步骤及顺序进行。

① 操作准备，必要时应与调度联系，明确操作目的、任务和范围，商议操作方案，草拟操作票，准备安全用具等；

② 正值班员传达命令，正确记录并复述核对；

③ 操作人填写操作票；

④ 监护人审查操作票；

⑤ 操作人、监护人签字；

⑥ 操作前，应根据操作票内容和顺序在模拟图板上进行核对性模拟操作，监护人在操作票的操作项目右侧内打蓝色“√”；

⑦ 按操作项目、顺序逐项核对设备的编号及设备位置；

⑧ 监护人下达操作命令；

⑨ 操作人复述操作命令；

⑩ 监护人下“准备执行”命令；

⑪ 操作人按操作票的操作顺序进行倒闸操作；

⑫ 共同检查操作电气设备的结果，如断路器、刀闸的开闭状态，信号及仪表变化等；

⑬ 监护人在该操作项目左端格内打红色“√”；

⑭ 整个操作项目全部完成后，向调度回“已执行”令；

⑮ 按工作票指令时间开始操作，按实际完成时间填写操作终了时间；

⑯ 值班负责人、值班长签字并在操作票上盖“已执行”令印；

⑰ 操作票编号、存档；

⑱ 清理现场。

11.2 变、配电所（室）设备安全巡视

11.2.1 变、配电所（室）设备安全巡视的要求

变配电所（室）设备巡视是保证安全运行的最基本工作，可以及时地发现事故隐患，在设备巡视时，值班人员为保证自身的安全应做到：

① 对设备进行巡视检查时，通过值班人员的观察和必要的仪器辅助（红外测温仪等），认真分析。发现异常现象时，要及时处理，并做好记录。对于重大异常现象及时报告上级或有关部门。

② 对新投入运行或大修后投入运行的设备的试运行阶段（一般为72h）应加强巡视，确认无异常情况后，方可按正常巡视周期进行巡视。

③ 巡视检查工作可由一人进行，但应遵守《电气安全工作规程》的有关规定，不得做与巡视无关的其他工作。

④ 变（配）电所室内进行巡视检查时，还应对以下项目进行检查：

a. 变（配）电所的暖气装置应无漏水或漏气现象；

b. 变（配）电所的门、窗应完整，开闭应灵活；

c. 变（配）电所的正常照明和事故照明应完整齐全；

d. 变（配）电室出入口应设置高度不低于 400mm 的防鼠挡板。

⑤ 巡视检查一般必须两人进行，巡视检查期间，不得打开电气设备遮栏进行工作，对工作量不大，在符合下列条件时，准许打开遮栏或越过遮栏进行工作：

a. 带电部分在工作人员的前面或一侧；

b. 人体对带电部分的最小距离为 6kV 及以下 ≥ 35cm；10kV ≥ 70cm；

c. 接地情况良好；

d. 6 ~ 10kV 系统没有单相接地现象。

变配电设施巡视检查时，凡是人体容易接触的带电设备（如高压开关、变压器等）应设置牢固的遮栏，并挂上“止步，高压危险”的警告牌。

⑥ 巡视检查时，应带常用工具、穿绝缘鞋、戴绝缘手套、手电筒及记录本等，以备使用。

⑦ 高压设备发生接地时，室内不得接近故障点 4m 以内，室外不得接近故障点 8m 以内在上述范围内人员，必须穿绝缘靴；接触设备外壳和构架时，应戴绝缘手套。

11.2.2　巡视检查中发现异常应当如何处理？

运行中的高压配电装置发生异常情况时，值班员应迅速、正确地进行判断和处理。凡属供电部门调度所调度的设备发生异常，应报告调度所值班调度员，如威胁人身安全或设备安全运行时，应先进行处理，然后立即向有关部门和领导报告。变配电系统事故处理时全体运行值班人员应做到：

① 尽量限制事故发展，切除事故的根源，并解除对人身和设备安全的威胁。

② 尽可能保持对用电设备的正常供电，尽快对已停用的用电部位恢复供电，优先对一、二级负荷恢复供电。

③ 调整配电系统的运行方式，保持其安全运行。

④ 发生事故，值班人员应及时口头汇报有关领导，然后，详尽撰写事故报告。

11.2.3　变、配电所发生全站无电的正确处理

（1）电源有电，电源断路器掉闸时

① 各分路断路器的继电保护装置均未动作，应详细检查设备，排除故障后方可恢复送电；

② 分路断路器的继电保护装置已动作，不论掉闸与否，可按越级掉闸处理。

（2）电源无电时

① 电源断路器的继电保护装置已动作而未掉闸者，应立即拉开电源断路器，检查所内设备，查明故障。待故障排除后、电源有电时，方可恢复送电或倒用备用电源供电；

② 本变、配电所无故障者，可倒用备用电源供电，但应先拉开停电路的断路器，后合备用电源断路器。

11.2.4 高压断路器掉闸的正确处理

高压断路器是由继电保护电路控制的开关，掉闸后应按下列规定处理：

① 配出架空线路的开关掉闸可允许手动试送两次，但第二次试送应与第一次试送掉闸后隔一分钟。开关掉闸时，喷油严重者，不准试送。

② 变压器、电容器及全线为电缆的线路掉闸不允许试送，待查明故障原因排除后，方可试送。

③ 开关越级掉闸

a. 分路开关保护动作未掉闸，而造成电源开关掉闸者，应先拉开所有分路开关，试送电源开关，后试送无故障各分路开关。故障路试送前，应先查明原因。

b. 分路开关与电源开关同时掉闸者，应先拉开无故障的分路开关，试送电源开关，后试送各分路开关。在试送故障分路开关前，应检查两级继电保护的配合情况。

11.2.5 高压断路器在运行中发生异常的处理

（1）合闸后，开关内部有严重的打火、放电等异常声音，应方即拉开，停电检查原因。

（2）高压少油断路器因漏油造成严重缺油者，应立即解除继电保护（断开掉闸压板），同时取下操作保险，并将所带负荷倒出或在负荷端停掉负荷后，进行停电处理。

（3）高压开关的瓷瓶或套管发生闪络、断裂及其他严重损伤时，应立即停电处理。

（4）高压开关分、合闸失灵时，进行下列检查：

1）二次回路方面

① 操作保险或主合闸保险是熔断，接触是否良好。

② 回路中有无断线或接头处接触不良。

③ 开关辅助接点和CD操动机构的直流接触器的接点是否接触不良。

④ 直流电压是否过低。

⑤ 继电器的接点是否断开。

⑥ 操作手把接点是否接通等。

2）操动机构方面

① 分、合闸铁芯是否动作失灵。

② 脱扣三联板中间连接轴的位置过高或过低。

③ 合闸托架与滚轴卡紧，传动轴、杆松脱。

④ 分闸顶杆太短等。

11.2.6　隔离开关异常运行及事故处理

① 隔离开关及引线接头处发热变色时，应立即减少负荷，并迅速停电进行处理。

② 隔离开关拉不开时，不要猛力强行操作，可对开关手把进行试验性的摇动，并注意瓷瓶和操作机构，找出卡紧处。

③ 当发生带负荷错拉隔离开关，而刀片刚离刀闸口有弧光出现时，这时应立即将隔离开关合上。如已拉开，不准再合。

④ 当发生带负荷错合隔离开关时，无论是否造成事故，均不准将错合的隔离开关再错拉开。

11.2.7　电压、电流互感器异常运行及事故处理

① 电压互感器一次侧熔体熔断而二次侧熔体未熔断时，应摇测绝缘电阻值。如绝缘电阻值合格，可更换熔体后试送电，如再次熔断则应进行试验。

② 电压互感器二次侧熔体熔断时，可更换合格的熔体后试送电，如再次熔断，应立即查找线路上有无短路现象。

③ 电流互感器发生异常声响，表计指示异常，二次回路有打火现象，应立即停电检查二次侧是否开路或减少负荷进行处理。

④ 瓷套管表面发生放电或瓷套管破裂、漏油严重及冒烟等现象，应立即停电处理。

11.2.8 10kV 配电系统一相接地故障的处理

10kV 系统一般为不接地系统、在某些变配电所中装有绝缘监察装置。这套装置包括三相五柱式电压互感器、电压表、转换开关、信号继电器等。其原理参见电压互感器部分。

（1）单相接地故障的分析判断

① 10kV 系统发生一相接地时，接在电压互感器二次开口三角形两端的继电器，发生接地故障的信号。值班人员，根据信号指示应迅速判明接地发生在哪一段母线，并通过电压表的指示情况，判明接地发生在哪一相。

② 当系统发生单相接地故障时，故障相电压指示下降，非故障相电压指示升高，电压表指针随故障发展而摆动。

③ 弧光性接地，接地相电压表指针摆动较大，非故障相电压指示升高。

（2）处理步骤

① 调度户应立即把接地故障情况报告上级调度所和地区变配电站；非调度户应报告上级地区变配电站。

② 查找接地，原则上先检查变配电所内设备状况有无异常，判明接地点部位。检查重点是有无瓷绝缘损坏、小动物电死后未移开以及电缆终端头有无击穿现象等。

③ 如变配电所内未查出故障点，在上级调度员或值班员的指令下可采用试拉各路出线开关的方法查故障。试拉路时，可根据现场规程的规定，先拉三级负荷，对一、二级负荷尽可能可能采取倒路方式维持运行。

④ 如试拉出线开关时，发现故障发生在电缆出线应及时报告有关领导或部门查处。

⑤ 如试拉出线开头，发现接地故障发生在出线架空线路上应报告有关领导或部门沿线查找，从速处理。

（3）注意事项

① 查找接地故障时，严禁用隔离开关直接断开故障点。

② 查找接地故障时，应有两人协同进行，并穿好绝缘戴绝缘手套、使用绝缘拉杆等安全用具，防止跨步电压伤人。

③ 系统接地运行时间不超过 2h。

④ 通过拉路试验、确认与接地故障无关的回路应恢复运行，而故障

回路必须待故障消除后方可恢复运行。

11.2.9 变压器异常的处理

① 值班人员发现运行中变压器有异常现象（如漏油、油枕内油面高度不够、温度不正常、音响不正常、瓷绝缘破损等）时，应设法尽快排除，并报告领导和记入值班运行记录簿。

② 变压器运行中发生以下异常情况时，应立即停止运行。

a. 变压器内部声音很大，很不均匀，有严重放电声和撞击声。

b. 在正常冷却条件下，变压器温度不断上升。

c. 防爆管喷油。

d. 油色变化过甚，油内出现炭质。

e. 套管有严重的破损和放电现象。

③ 变压器过负荷超过允许值时，值班人员应及时调整和限制负荷。

④ 变压器油的温升超过许可限度时，值班人员应判别原因，采取办法使其降低，并检查：

a. 温度表明否正常。

b. 冷却装置是否良好。

c. 变压器室通风是否良好。

⑤ 变压器油面有显著降低时，应立即补油，并解除重瓦斯继电器所接的掉闸回路。

因温度上升，油面升高时，如油面高出油位指示计限度，则应放油、使其降低油面、以免溢油。

⑥ 变压器的瓦斯、速断保护同时动作掉闸，未查明原因和消除故障之前，不得送电。

⑦ 变压器瓦斯保护信号装置动作时，应查明瓦斯继电信号装置动作的原因。

⑧ 变压器开关故障掉闸后，如检查证明不是由于内部故障引起，则故障消除后可重新投入运行。

⑨ 变压器发生火灾，首先应将所有开关和刀闸拉开，并将备用变压器投入运行。

⑩ 变压器在运行中，当一次熔丝熔断后，应立即进行停电检查。检查内容应包括外部有无闪络、接地、短路及过负荷等现象，同时应摇测绝缘电阻。

第12章 照明电路

12.1 灯具的安装与电源

12.1.1 灯具的控制

安装灯具时，每个用户都要安装熔断器，作为短路保护用。电灯开关要安装在火线上，这样开关断开时，灯头就不带电，以防触电。对螺口灯座，还应将中性线（零线、地线）与铜螺套连接，将火线与中心簧片连接。

白炽灯常用的安装形式为固定吊线式，吊灯的导线应采用绝缘软线，在挂线盒及灯座罩盖内将导线打结，以免导线线芯直接承受吊灯的重量而拉断。常用的灯具照明线路见表12-1。

表12-1　常用的灯具照明线路

线路图	特点及用途
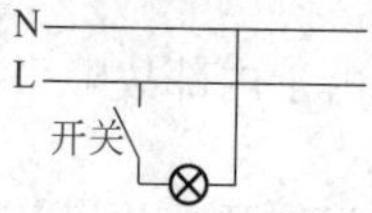 N L 开关	一只单联开关控制一只灯具，开关应接在相线上，以保证修理时的人身安全
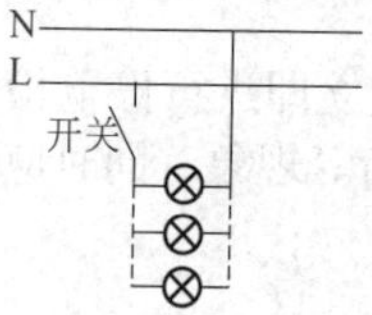 N L 开关	一只单联开关控制多只灯具，同时开。闭。连接多只灯具时应注意总容量，不能超过开关的额定值

续表

线路图	特点及用途
N L 开关	一只单联开关控制一只灯具并与插座连接
N L 开关1 开关2	用两只双联开关，在两个地方控制一个灯具，适用于楼梯上下或走廊两端
N L 开关1 开关2 开关3	用两只双联开关和一只三联开关，在三个地方控制一个灯具，适用于楼梯上下或走廊两端

常见灯具不安全（错误）接线如图 12-1 所示。

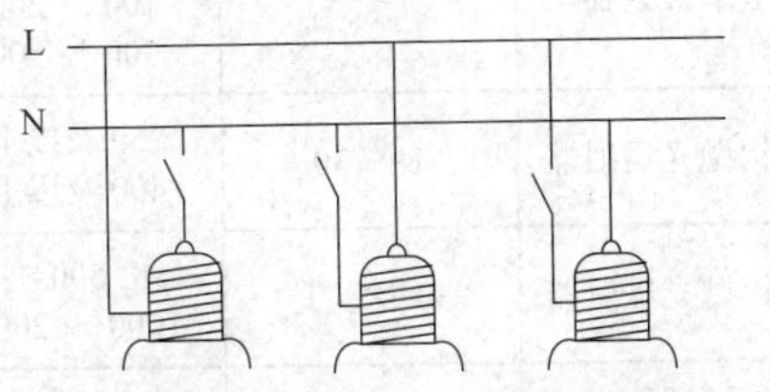

图 12–1 常见灯具不安全（错误）接线

12.1.2 灯具固定

① 灯具质量 1kg 以下，可用软线吊灯，软线吊灯的软线两端应作保护扣，两端芯线应搪锡。

② 灯具质量 1 ～ 3kg，应采用吊链或管安装。吊链灯具的灯线不应受拉力，灯线应与吊链交叉在一起。

③ 灯具质量超过 3kg，应采用专用预埋件或吊钩，并应能承受 10 倍灯具重量。

12.1.3 照明灯具的悬挂高度

① 潮湿、危险场所，相对湿度 85% 以上，环境温度 40℃以上或有导电尘埃、导电地面，灯头距地不得小于 2.5m。

② 一般场所、办公室、商店；当白炽灯不大于 60W，日光灯不大于 40W 时，灯头距地不得小于 2m。

③ 灯头必须距地 1m 的照明灯具（工作台灯例外），需采用安全电压 36V 及以下。

④ 室外安装的灯具，距地面的高度不应小于 3m，当在墙上安装时，距地面的高度不应小于 2.5m。各种照明器最低悬挂高度见表 12-2。

表 12-2　各种照明器最低悬挂高度

灯源种类	反射器类型	保护角 /（°）	灯泡容量 /W	最低悬挂高度 /m
白炽灯	搪瓷反射器	10 ～ 30	100 及以下 150 ～ 200 300 ～ 500 500 以上	2.5 3.0 3.5 4.0
	乳白玻璃漫射器		100 及以下 100 ～ 200 300 ～ 500	2.0 2.0 3.0
高压水银灯	搪瓷、铝抛光反射器	1 ～ 30	250 及以下 400 及以上	5.0 6.0
卤钨灯	搪瓷、铝抛光反射器	30 及以上	500 1000 ～ 2000	6.0 7.0
荧光灯	无反射器		40 及以下	2.0
金属卤化灯	搪瓷、铝抛光反射器	10 ～ 30 30 以上	400 1000	6.0 14.0 以上
高压钠灯	搪瓷、铝抛光反射器	10 ～ 30	250 400	6 7

12.1.4 霓虹灯的安装要求

① 灯管应完好，无破裂；

② 灯管应采用专用的绝缘支架固定；且必须牢固可靠，专用支架可

采用玻璃管制成，固定后的灯管与建筑物、构筑物表面的最小距离不应小于 20mm；

③ 霓虹灯专用变压器所供灯管长度不应超过允许负载长度；

④ 霓虹灯专用变压器的安装位置应隐蔽，且方便检修，但不应装在吊顶内，并不应被非检修人员触及，明装时，其高度不应小于 3m，当小于 3m 时，应采取防护措施，在室外安装时，应采取防水措施；

⑤ 霓虹灯专用变压器的二次导线和灯管间的连接线应采用额定电压不低于 15kV 的高压尼龙绝缘导线；

⑥ 霓虹灯专用变压器的二次导线与建筑物、构筑物表面的距离不应小于 20mm。

12.1.5　灯头的接线

① 灯具组装时，必须分清相线与零线，螺口灯头，中心弹簧片经开关后接于相线；灯口螺纹接线端接于零线，软导线端应涮锡，顺时针盘圈接入；

② 灯头线不准有接头，一般环境导线绝缘强度不得低于 250V；有爆炸性危险场所不得低于 500V。工业厂房最小截面应不低于 0.5mm^2；

③ 软线吊灯，需套塑料管，吊链灯导线需编在吊链内，灯头与吊盒两端打保险扣，不应使线芯受力；

④ 吊杆灯钢管内径不得小于 10mm，钢管壁厚度不应小于 1.5mm。

12.1.6　吊扇的安装

① 吊扇挂钩应采用镀锌钢件，安装牢固，吊扇挂钩的直径不应小于吊扇悬挂销钉的直径，且不得小于 8mm；

② 吊扇悬挂销钉应装设防振橡胶垫，销钉的防松装置应齐全、可靠；

③ 吊扇扇叶距地面高度不应小于 2.5m；

④ 吊扇组装时，应符合下列要求：

a．严禁改变扇叶角度；

b．扇叶的固定螺钉应装设防松装置；

c．吊杆之间、吊杆与电机之间的螺纹连接，其啮合长度每端不得小于 20mm，且应装设防松装置；

d．吊扇应接线正确，运转时扇叶不应有明显颤动。

12.1.7 壁扇的安装

① 壁扇底座可采用尼龙塞或膨胀螺栓固定，尼龙塞或膨胀螺栓的数量不应少于两个，且直径不应小于 8mm，壁扇底座应固定牢固；

② 壁扇的安装，其下侧边缘距地面高度不应小于 1.8m，且底座平面的垂直偏差不应大于 2mm；

③ 壁扇防护罩应扣紧，固定可靠，运转时扇叶和防护罩均不应有明显的颤动和异常声响。

12.1.8 照明电压与供电系统

（1）照明电压

照明电源普遍用在中性点接地的 380/220V 三相四线制系统（TN-C）或三相五线制系统（TN-S）。从安全考虑，供电电压的选择原则如下：

① 一般房间无论是正常照明还是局部照明固定安装的灯具，均采用对地电压不大于 250V 的电压，即 220V 电压；

② 事故照明电压一般也采用 220V，以便与工作照明线路互相切换；

③ 在潮湿及有爆炸危险的环境，一般照明也常用 220V 电压，但必须采用与环境特性相适应的灯具，安装高度必须在 2.5m 以上；

④ 一般场所的局部照明和移动照明宜采用 36V 或 24V 电压；

⑤ 恶劣工作环境，如坑道、金属容器中，移动照明应采用 12V 工作电压。

（2）照明供电系统

① 建筑物内无变电所时，其供电系统，如图 12-2。

② 建筑物内有 1 个变电所时，其供电系统如图 12-3。

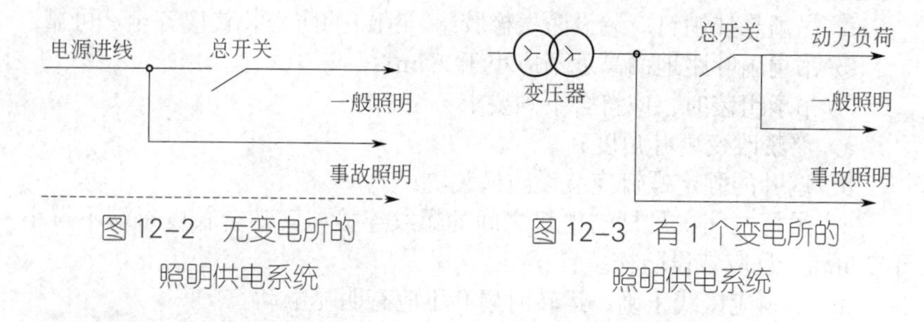

图 12-2 无变电所的照明供电系统

图 12-3 有 1 个变电所的照明供电系统

③ 建筑物内有 2 个变电所时，其供电系统如图 12-4。

④ 事故照明要求自动切换时，其供电系统如图 12-5。

⑤ 全部照明自动切换到事故照明电源时，其供电系统如图 12-6。

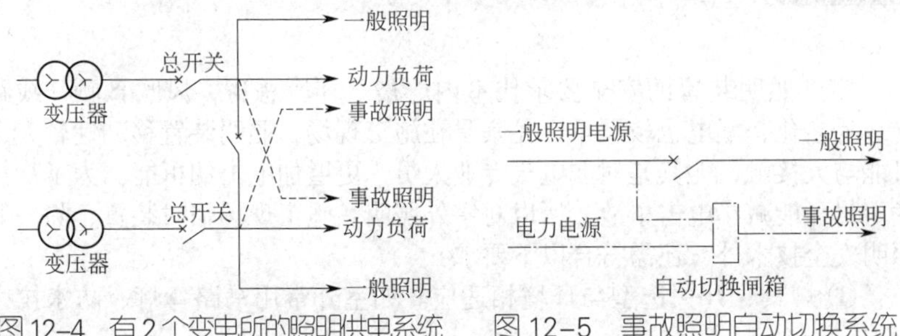

图 12-4　有 2 个变电所的照明供电系统　　图 12-5　事故照明自动切换系统

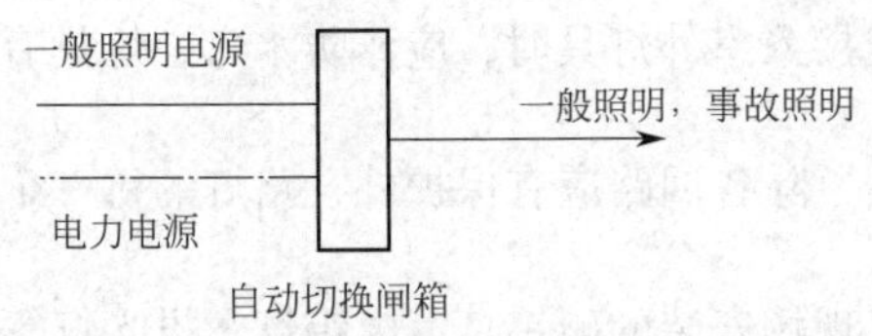

图 12-6　全部照明自动切换到事故照明电源

（3）照明配电箱（板）的要求

① 照明配电箱（板）内的交流、直流或不同电压等级的电源，应具有明显的标志；

② 照明配电箱（板）不应采用可燃材料制作，在干燥无尘的场所，采用的木制配电箱（板）应经阻燃处理；

③ 导线引出面板时，面板线孔应光滑无毛刺，金属面板应装设绝缘保护套；

④ 照明配电箱（板）应安装牢固，其垂直偏差不应大于 3mm，暗装时，照明配电箱（板）四周应无空隙，其面板四周边缘应紧贴墙面，箱体与建筑物、构筑物接触部分应涂防腐漆；

⑤ 照明配电箱底边距地面高度应为 1.5m，照明配电板底边距地面高度不应小于 1.8m；

⑥ 照明配电箱（板）内，应分别设置中性线和保护地线（PE 线）汇流排，中性线和保护线应在汇流排上连接，不得绞接，应采用内六方螺栓连接并应有编号；

⑦ 照明配电箱（板）上应标明用电回路名称。

12.2 室外照明装置的安装要求

室外照明装置的安全要求比室内严格。环境恶劣，风吹日晒，线路绝缘易老化，漏电也较严重，尤其是在施工现场，照明装置移动性较大，可能与人接触，尤其是对非电气专业人员，更增加电击的可能。为了从技术上尽可能减小电击事故，所以对室外照明及施工现场临时装置，除一般照明安全技术外，还需符合以下要求：

① 灯具、开关选型与环境相适应。如室外常用马路弯灯、防水拉线开关。

② 固定安装的灯具，应符合最低高度要求，例如路灯距地不低于5.5m。

③ 明敷导线接入室外灯具时，应作防水弯，灯具有可能进水者，应打泄水孔。

④ 室外照明，除各回路应有保护外，路灯的每一个灯具，尚应单独装设熔断器保护。

⑤ 室外施工现场安装的碘钨灯、卤钨灯、投光灯等，应有稳固的支持支架，灯具安装应牢固，灯泡离易燃物应大于0.3m。其金属支架应可靠地接地（或接零）。

⑥ 室外照明配电箱，插座箱应制成密闭式或有安全可靠的防雨措施。

12.3 临时照明和移动照明装置的要求

① 临时照明线路，必须由现场电工按照电气安装规程妥善安装，不许私拉乱接，并且应经常检查，完工后立即拆除。

② 施工现场照明电压如下规定：

a. 施工现场固定安装的照明装置，采用220V；

b. 一般场所工作手携行灯的局部照明应利用行灯变压器供电，采用36V；

c. 工作面狭窄，特别潮湿场所和金属容器中，应采用12V或以下电压。

③ 经常搬动的碘钨灯，金属支架应平稳牢固，并应有可靠接地（接零）

保护，或装漏电保开关，其灯具距地应不低于 2.5m。

④ 临时用电线路应使用绝缘导线，户内临时线路的导线，必须安装在离地 2m 以上的支架上；户外临时线路必须安装在距地 2.5m 以上的支架上，导线中间连接头、终端连接头均需采取防拉断措施，系一个防拉断扣，接头要分线错开包扎。

12.4 开关与插座

① 安装在同一建筑物、构筑物内的开关，应采用同一系列的产品，开关的通断位置应一致，且操作灵活、接触可靠。

② 拉线开关距地面应为 2 ～ 3m，视房间高度而定，但距天棚应为 0.3m 为宜；距出入口水平距离应为 0.15 ～ 0.2m 工业厂房里不宜用拉线开关。

③ 并列安装的相同型号开关距地面高度应一致，高度差不应大于 1mm，同一室内安装的开关高度差不应大于 5mm，并列安装的拉线开关的相邻间距不应小于 20mm。

④ 扳把开关距地面应为 1.2 ～ 1.4m，距出入口水平距离应为 0.15 ～ 0.2m。扳把开关应使操作柄扳向下时接通电路，扳向上时断开电路，与空气开关恰巧相反，传统作法，久沿至今，不要装反。

⑤ 相线应经开关控制，民用住宅严禁装设床头开关。

⑥ 明装插座距地面应不低于 1.8m，暗装插座应不低于 0.3m，儿童活动场所应用安全插座，同一场所安装的插座高度应一致。

⑦ 车间及试验室的插座安装高度距地面不应小于 0.3m，特殊场所暗装的插座不应小于 0.15m，同一室内安装的插座高度差不应大于 5mm，并列安装的相同型号的插座高度差不应大于 1mm。

⑧ 落地插座应具有牢固可靠的保护盖板。

⑨ 插座的接线应符合下列要求：

a．单相三孔插座，面对插座的右孔与相线相接，左孔与中性线相接，如图 12-7；

b．单相三孔、三相四孔及三相五孔插座的保护接地线均应接在上孔，插座内的接地端子不得与中性线端子连接；

c．当交流、直流或不同电压等级的插座安装在同一场所时，应有明显的区别，且必须选择不同结构、不同规格和不能互换的插座，其配套的插头、应按交流、直流或不同电压等级区别使用；

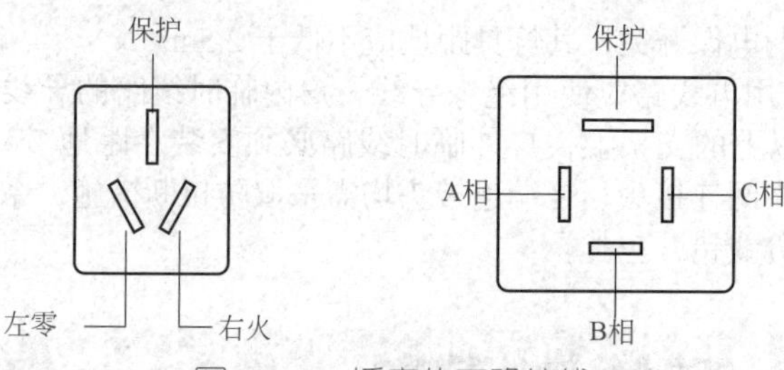

图 12-7　插座的正确接线

d．同一场所的三相插座，其接线的相位必须一致；

e．有爆炸危险场所，应使用防爆插座；

f．有爆炸危险场所，应使用防爆开关；

g．施工现场，移动式用电设备，插座必须带保护接地（接零）线，室外应有防雨设施。

12.5 照明线路的布线

（1）护套线安装

护套线分为塑料护套线和铅皮线两种，适用户内或户外，耐潮性能好，抗腐蚀性能强，线路整齐美观，相对造价也较低，在照明线路上广泛被采用。其安装规定如下：

① 护套线最小截面：户内使用时，铜≥ $0.5mm^2$，铝线≥ $1.5mm^2$；户外使用时，铜线≥ $1.0mm^2$，铝线≥ $2.5mm^2$。

② 导线连接必须装接线盒，或借助电气设备的接线端子进行连接。电气设备每一接线端子一般不超过两个接线头。接线盒中通常有瓷接头、保护盖等。其瓷接头有双线、三线和四线等，按线路要求选用。

③ 护套线可采用钢精卡子固定，其分为 0、1、2、3、4 号多种，号码越大其长度越长，按需要选用。钢精卡子又分为用小铁钉固定、粘接剂固定两种。

④ 护套线固定点间距离，直线部分间距为 0.2m；转角前后各应安装一个固定点；两线十字交叉时，在交叉四个方向，各装一固定点，穿入管前、后均应装一固定点。

⑤ 护套线在同一平面转弯时，应保持垂直，弯曲半径应是护套线宽

度或外径的3～4倍，在同一敷设场所，应保持一致。

⑥ 护套线距地面应≥0.15m，穿墙、穿楼板应加钢管或硬塑料管保护。

⑦ 采用铅皮电缆时，整个铅皮应连接成一体，并应妥善接地。

⑧ 塑料护套线允许敷设在空心楼板的孔中；不允许直接埋设在水泥抹面层中，或石灰粉刷层中。

（2）管线配线

用钢管（水煤气管或电线管）或硬塑料管敷设导线的线路称为管配线，管配线分为明配、暗配两种形式。其中钢管具有良好的防潮、防火、防爆性能，塑料管具有良好防潮、耐腐蚀性。两者都具备一定的抗机械损伤能力，是一种比较安全可靠的敷设方法。目前工矿企业广泛采用。其安装要求如下：

① 穿管导线，其绝缘强度不得低于交流500V，导线最小截面铜芯应≥1mm^2（控制、信号线除外）铝芯应≥2.5mm^2。

② 无论明设或暗设钢管必须经过防腐处理。其最小壁厚：钢管明设应≥1mm；钢管暗设或敷设在潮湿、有腐蚀性场所、或埋地敷设应≥2.5mm，塑料管明设应≥2mm，暗设应≥3mm。具有强腐蚀性的化工生产车间、或高频车间宜采用硬塑料管配线。

采用硬塑料管，一律选用难燃材质，其氧气指数在27%以上。当前采用的高压聚乙烯、聚丙烯软管，其氧气指数在26%以下，系可燃性材料，工程中禁止使用。

③ 线管的管径选择，应按所穿入导线总截面（包括绝缘层）来决定，使导线在管内所占截面，不应超过管子有效截面的40%，且管子直径应≥13mm。各种规格的线管，允许穿入导线根数如表12-3。

表12-3　电线管穿线的根数

导线根数和管径 导线截面/mm^2	焊接管内径					电线管标称直径（外经）				
	2根	3根	4根	6根	9根	2根	3根	4根	6根	9根
1	13	13	13	16	25	13	16	16	19	25
1.5	13	16	16	19	25	13	16	19	25	25
2.5	16	16	16	19	25	16	16	19	25	25
4	16	19	19	25	32	16	19	25	25	32
6	19	19	19	25	32	16	19	25	25	32
10	19	25	25	32	51	25	25	32	38	51
16	25	25	32	38	51	25	32	32	38	51
25	32	32	38	51	64	32	38	38	51	64
35	32	38	51	51	64	32	38	51	64	64
50	38	51	51	64	76	38	51	64	64	76

④ 穿入管内的导线不准有接头，只允许在接线盒处进行导线连接。

⑤ 不同电压不同回路的导线，不准穿入同一管中；同一台设备所使用的多台电机线路，或同一台电机使用的控制、信号回路的导线则允许同管敷设，但导线的绝缘等级，应满足最高一级电压的要求。

⑥ 除直流回路导线或接地线外，不准在钢管中穿入单根导线；三芯电缆并联做单芯使用时，也不准穿入钢管，以免管壁形成闭合磁路，增加电能损耗，且易发热损坏导线绝缘。

⑦ 钢管连接应采用管箍、硬塑料管连接可用套接。

⑧ 钢管配线，应采用相应的钢质接线盒，（近年来生产的铸铁接线盒也可）；塑料管配线，应采用相应的塑料接线盒，严禁塑料管采用钢质接线盒。钢管进入接线盒时，盒外加装锁母，盒内装护口，在吊顶内敷设时，盒内、外均加锁母紧固，管口应光滑无毛刺。

⑨ 具有蒸汽、腐蚀性气体、多尘及油、水汽可能渗入管内场所，管线连接处应密封。钢管敷设线路，在管接头、接线盒间用 $\phi 6 \sim \phi 8$ 钢筋焊接跨接线，使所有管线必须连成一整体，并妥善接地。

⑩ 为便于导线安装和维护，接线盒的位置安装如下：

a．无转角时，在管线全长每 30m 处。

b．有一个转角时，在每 20m 处。

c．有两个转角时，在每 12m 处。

d．有三个转角时，在每 8m 处。

转角地点均应装接线盒。管线转弯其曲率半径规定为：明敷管线应≥线管外径的 4 倍；暗敷管线应≥线管外径的 6 倍；埋设混凝土内应≥线管外径的 10 倍，并且拐弯处不能拐成死弯（弯曲后夹角应≥ 90°）。

12.6 导线种类及选择

导线种类很多，要根据使用环境和使用条件来选择，如潮湿和腐蚀性气体厂房，宜选用塑料绝缘导线，以提高绝缘水平和抗腐蚀能力；车间生活室、办公室比较干燥清洁房间，可采用橡皮绝缘导线，或塑料绝缘电线；经常移动用电器具的引线、吊灯线应采用多股软线。不同环境常用导线电缆敷设方式见表 12-4。

表 12-4　不同环境下导线电缆敷设方式

环境特征	线路敷设方式	导线型号
正常干燥环境	1. 绝缘线磁珠夹板或铝皮卡子明配线 2. 绝缘线、裸线瓷瓶明配线 3. 绝缘线穿管明配或暗配线 4. 电缆明敷设	BBLX、BLV、BLVV BBLX、BLV、LJ、LMY BBLX、BLV ZLL、ZLL_{11}、VLV、YJV、XJV、ZLQ
潮湿的环境	1. 绝缘线瓷瓶明配 >3.5m 2. 绝缘线穿钢管、塑料管明或暗设 3. 电缆明设	BBLX、BLV BBLX、BLV ZLL_{11}、VLV、YJV、XJV
多尘环境	1. 绝缘线瓷瓶明设 2. 绝缘线穿钢管、塑料管明或暗设 3. 电缆明设或地沟敷设	BBLX、BLV、BLVV BBLX、BLV ZLL、ZLL_{11}、VLV、YJV、XJV、ZLQ
有腐蚀性环境	1. 绝缘线穿钢管、塑料管明或暗设 2. 电缆明设	BBLX、BLV、BV VLV、YJV、XJV
有火灾危险环境	1. 绝缘线穿钢管、塑料管明或暗设 2. 电缆明设	BBLX、BLV ZLL、ZLQ、VLV、YJLV、XLV、XLHF
有爆炸危险环境	1. 绝缘线穿钢管、塑料管明或暗设 2. 电缆明设 3. 电缆地沟敷设	BBX、BV ZQ_{20}、VV_{20} ZQ_{2}、VV_{2}

第 13 章 临时用电与电工安全

13.1 临时用电安全要求

13.1.1 有关人员须知

① 非专业电气工作人员，严禁乱动电气设备。

② 各操作人员使用各种电气设备时，必须认真执行安全操作规程，并服从电工的安全技术指导。

③ 凡需新培养电工时，必须向专业主管部门申报，经批准后新学员应先考取电工学习证，并由正式电工带领方可参加电工工作。

④ 任何单位、任何个人，不得指派无电工操作证人员进行电气设备的安装、维修等工作。

⑤ 各级领导要坚持按电工操作证中批准的工作范围分配电工工作，不得指派其从事超越批准范围外的工作。

⑥ 各级领导应重视电工提出的有关安全用电的合理意见，不得以任何理由强行让电工进行违章作业。

⑦ 在各项工程的施工组织设计中，必须就暂设用电问题提出方案并画出平面图，在开工前，应向专业人员进行详细交底。

在各道工序或单项任务的安全交底中，应填写必要的安全用电内容。

⑧ 专业电工必须认真执行各有关规程和规定，自觉抵制来自任何方面的违章作业指令。

⑨ 专业电工有权制止一切违章操作及违章用电行为，必要时可向有关部门报告。

⑩ 专业电工应端正工作态度，主动配合用电单位共同完成各种生产任务。

13.1.2　变、配电设施

① 配电变压器应按照（电气安装工程施工图册）进行正式安装。

② 柱上变台宜装设围栏；室外地上变台必须装设围栏。围栏要严密，并应在明显部位悬挂“高压危险”警告牌。围栏内应设有操作台。

③ 变台围栏内应保持整洁，不得种植任何植物。变台外廊 4m 之内不得码放材料、堆积杂物等。位于沟槽沿线的所有变台近旁均不得堆积土方。

④ 变压器运行时除应进行日常巡视检查外，每年还应在三月十五日前、七月十五日前及十一月十五日前各进行一次停电清扫和检查。在特殊环境中运行的变压器，应酌情增加清扫检查次数。

⑤ 接线组别为 Y，yn0 的变压器，其中性线电流不得超过低压侧相线额定电流的 25%。

⑥ 变、配电室内应备有电气灭火器材和安全用具，不得存放其他杂物。

⑦ 变、配电室内带电体与人体应留有安全距离或采取妥善的隔离措施。

⑧ 位于行道树间的变台，在最大风向时，其带电部位与树梢间的最小距离应不小于 2m。

⑨ 室外变台应设总配电箱，配电箱安装高度底口距地面一般为 1.3m，其引出引入线应穿管敷设，并做防水弯头。配电箱应保持完好，并应具有良好的防雨性能。箱门必须加锁。

⑩ 变压器的引线采用电缆时，不应将电缆及终端头直接靠变压器身安装。

13.1.3　低压配电线路

① 外线架设应按（电气工程安装标准）及（电气安装工程施工图册）施工。

② 水泥电杆不应掉灰露筋、环裂或弯曲；木杆、木横担不应糟朽、劈裂；电杆不得有倾斜、下沉及杆基积水等现象。

③ 沟槽沿线的架空线路，其电杆根部与槽、坑边沿应保持安全距离，必要时应采取有效的加固措施。

④ 施工现场内一般不得架设裸导线。小区建筑施工如利用原有架空线路为裸导线时，应根据施工情况采取防护措施。

架空线路与施工建筑物的水平距离一般不得小于 10m；与地面的垂直距离不得不小于 6m；跨越建筑物时与其顶部的垂直距离不得小于 2.5m。

⑤ 塔式起重机附近的架空线路，应在臂杆回转半径及被吊物 1.5m 以外，达不到此要求时，应采取有效的防护措施。

⑥ 各种绝缘导线均不得成束架空敷设。无条件做架空线路的工程地段，应采用护套缆线，缆线易受损伤的线段应采取保护措施。

⑦ 各种配电线路禁止敷设在树上。各种绝缘导线的绑扎，不应使用裸导线。

⑧ 所有固定设备的配电线路均不得沿地面明敷设，地埋敷设必须穿管（直埋电缆除外），管内不得有接头，管口应密封。

⑨ 配电线路每一支路的始端必须装设断路开关和有效的短路及过载保护。

⑩ 高层建筑施工用的动力及照明干线垂直敷设时，应采用护套缆线。当每层设有配电箱时，缆线的固定间距每层不应少于两处；直接引至最高层时，每层不应少于一处。

⑪ 遇大风、大雪及雷雨天气时，应立即进行配电线路的巡视检查工作，发现问题及时处理。

⑫ 暂时停用的线路应及时切断电源。工程竣工后，配电线路应随即拆除。

13.1.4 接地、接零及防雷保护

① 所有电气设备的金属外壳以及和电气设备连接的金属构架必须采取妥善的接地或接零保护。

② 当外借电源时，应首先了解外借电力系统中电气设备采用何种保护，方可确定采用接地或接零保护，不可盲目行事。

③ 工作零线兼做接零保护时，零线应不小于相线截面的 1/2。零线不得装设开关及熔断器。

④ 电气设备的接地线或接零线应使用多股铜线，禁止使用独股铝线。

⑤ 接地线或接零线中间不得有接头，与设备及端子连接必须牢固可靠、接触良好，压接点一般应设在明显处，导线不应承受拉力。

⑥ 采用接零保护的单相 220V 电气设备，应设有单独的保护零线，不得利用设备自身的工作零线兼做接零保护。

⑦ 接地装置及防雷保护装置的做法及要求，应符合电气工程安装标准的各项规定。

⑧ 施工现场及临时生活区的下列设施均应装设防雷保护装置：高度在 20m 及以上的井字架、高大架子；塔吊及高大机具；高烟囱、水塔等。大模板施工中模板就位后，要及时用导线与建筑物接地线连接。

⑨ 塔式起重机的轨道，一般应设两组接地装置；对塔线较长的轨道每隔 20m 应补做一组接地装置。

扫二维码看相关视频。

13.1.5　常用电气设备

① 凡未经检查合格的电气设备均不得安装和使用。使用中的电气设备应保持正常工作状态，绝对禁止带故障运行。

② 凡露天使用的电气设备，应有良好的防雨性能或有妥善的防雨措施。

凡被雨淋、水淹的电气设备应进行必要的干燥处理，经摇测绝缘合格后，方可再行使用。

③ 配电箱应坚固、完整、严密，箱门上喷涂红色“电”字或红色危险标志。使用中的配电箱内禁止放置杂物。

④ 配电盘的盘面布置及一般做法，应符合（电气安装工程施工图册）及（电气工程安装标准）的有关要求。

⑤ 配电箱内必须装设零线端子板。

⑥ 配电箱内所有配线要绝缘良好，排列整齐，绑扎成束并固定在盘面上。导线剥头不得过长并压接牢固，配电箱、盘的操作面其操作部位不得有带电体明露。

⑦ 各种开关、熔断器、热继电器等的选择，其额定容量应与被控制的用电设备容量相匹配。

⑧ 各种开关、接触器等，均应动作灵活，其触点应接触良好，不得存在严重烧蚀等现象。

⑨ 具有三个及以上回路的配电箱、盘，应装设总开关，各分路开关均应标有回路名称。

⑩ 三相胶盖闸一般只可作为断路开关使用。使用三相胶盖闸时，应加装熔断器；胶盖闸内不许设置熔丝。

⑪ 熔丝的选择应符合规程要求。三相设备的熔丝，大小应一致，熔丝不得划刻，禁止使用其他导线代替熔丝。

⑫ 导线进口配电箱的线段应加强绝缘强度，并应采取固定措施，以防压接点受力。

⑬ 落地式配电箱的设置地点应平整，防止碰撞、物体打击、水淹及土埋。配电箱附近不得堆放杂物。

⑭ 在繁华地段施工时，不宜采用落地式配电箱，若采用时应有防护措施（如增设围栏等）。

⑮ 杆上或杆旁架设的配电箱，安装要牢固，并应便于操作和维修。电源引下线采用一般绝缘导线时应穿管敷设，并应做防水弯头，加固定点。

⑯ 光力合一的流动配电箱，一般应装设四极漏电开关或防零线断线的安全保护装置。

⑰ 用电设备至配电箱之间的距离，一般不应大于 5m。固定式配电箱至流动闸箱之间的距离，最大不应超过 40m。

⑱ 配电箱、盘应经常进行巡视和检查，其内容有：开关、熔断器的接点处是否过热变色；配线是否破损；各部连接点是否牢固；各种仪表指示是否正常等。发现缺陷及时处理。此外，还应经常进行清扫除尘工作。

⑲ 每台电动机均应装设控制和保护设备，不得用一个开关同时控制两台以上的设备。

使用三相胶盖闸控制插销的数量不应超过两个，且每个插销应装设熔断器。

⑳ 凡直接启动的电动机均应按(电气工程安装标准)的有关规定执行。

㉑ 电焊机的外壳应完好，其一、二次侧接线柱防护罩安装要牢固。

㉒ 电焊机一次电源线宜采用橡套缆线，其长度一般不应大于 3m。当采用一般绝缘导线时应穿塑料软管或胶皮管保护。

㉓ 多台电焊机集中使用的场合，当须拆除其中某台电焊机时，断电后应在其一次侧先行验电，确认无电后方可进行拆除工作。

㉔ 露天使用的电焊机应有防潮措施，机下应用干燥物体垫起，机上有防雨罩。位于沟槽附近的焊机应防止土埋。

㉕ 凡移动式设备及手持电动工具，必须装设漏电保护装置。

㉖ 电流型漏电保护装置的额定漏电动作电流不得大于 30mA，动作时间不得大于 0.1s。电压型漏电保护装置的额定漏电动作电压，不得大于 36V。

㉗ 漏电保护装置应定期检验，保持动作灵敏，性能可靠。

㉘ 凡移动式设备和手持电动工具，其电源线必须使用三芯（单相）或四芯（三相）橡套缆线。接线时，缆线护套应进设备的接线盒并加固定。

㉙ 各种电动工具使用前均应进行严格检查，其电源线不应有破损、老化等现象，其自身附带的开关必须安装牢固，动作灵敏可靠。禁止使用

金属丝绑扎开关或有带电体明露。插头、插座应符合相应的国家标准。

㉚ 施工现场的茶炉、烘炉等使用单相鼓风机时，应采用空气开关控制。

㉛ 采用潜水泵排水时，应根据制造厂家规定的安全注意事项操作。当潜水泵运行时，其半径 30m 水域内不得有人作业。

㉜ 施工现场消防泵房的电源，必须引自变压器二次总闸或现场电源总闸的外测，其电源线宜采用暗敷设。

13.1.6　照明

① 施工现场及临时设施的照明灯线路的敷设，除护套缆线外，应分开设置或穿管敷设。

② 办公室、宿舍的灯，每盏应设开关控制，工作棚、场地可采取分路控制，但应使用双极开关。灯具对地面垂直距离不应低于 2.5m。

③ 灯头与易燃物的净距一般不小于 300mm，聚光灯、碘钨灯等高热灯具与易燃物应保持安全距离。

④ 流动性碘钨灯采用金属支梁安装时，支梁应稳固，并应采取接地或接零保护。

⑤ 局部照明灯、行灯及标灯，供电电压不应超过 36V，在潮湿的场所及金属容器、金属管道内工作的照明灯电压，不应超过 12V。行灯电源线应使用橡套缆线，不得使用塑料软线。

⑥ 顶管施工管内照明灯电压一般可采用 36V，严禁采用 220V。

⑦ 顶管棚及顶管工作坑内照明不宜使用碘钨灯，所有 220V 照明灯电源线不得使用塑料软线，必须使用橡套缆线。

⑧ 低灯电源应接在配电箱总开关外侧。

⑨ 行灯变压器使用双圈的，一、二次侧均应加熔断器，一次电源线应使用三芯橡套缆线，其长度不应超过 3m。行灯变压器必须有防雨防水措施，其金属外壳及二次线，均应接地或接零。

13.1.7　起重机械设备

① 起重机械的所有电气保护装置，在安装前应逐项进行检查，证明其完整无损，方可安装。安装后需经试验无误后方可使用。

② 为防止触电事故的发生，起重机械电器设备在安装调试时，应采用可靠的安全防护措施。

③ 起重机安装完毕后，应对地线进行严格检查，使起重机轨道和起

重机机身接地电阻值不得大于4Ω。

④ 采用电缆供电的起重机，如轨道长度大于电缆长度，应设电缆放完的限位开关。

13.2 电气安全标示牌的应用

标示牌的主要作用是提醒和警告，悬挂标示牌可提醒有关人员及时纠正将要进行的错误操作和做法，警告人员不要误入带电间隔或接近带电部分。标示牌按其性质分为四类七种：标示牌的应用要求见表13-1。

表13-1 标示牌的应用要求

类别	样式	规格	悬挂地点
禁止类	禁止合闸 有人工作	200mm×100mm 或 80mm×50mm，白底红字	一经合闸即可送电到施工的断路器和隔离开关的操作手柄上
	禁止合闸 线路有人工作	200mm×100mm 或 80mm×50mm，红底白字	一经合闸即可送电到施工的断路器和隔离开关的操作手柄上
警告类	禁止攀登 高压危险	200mm×250mm，白底红字，中间有危险标示	上下铁架邻近可能上下的另外的铁架上； 运行中变压器的梯子上； 输电线路的塔、杆上； 室外高压变压器台支柱杆上
	止步 高压危险	200mm×250mm，白底红字，中间有危险标示	工作地点邻近带电设备的遮栏、横梁上； 室外工作地点的围栏上； 室外电气设备的架构上； 禁止通行的通道上； 高压试验地点

续表

类别	样式	规格	悬挂地点
准许类	在此工作	200mm×250mm，绿底中有直径 210mm 白圈，圈中黑字	室内或室外允许工作地点或施工设备上
	由此上下	200mm×250mm，绿底中有直径 210mm 白圈，圈中黑字	允许工作人员上下的铁梯子上
提醒类	已接地	240mm×120mm，绿底黑字	已接接地线开关操作手柄上

常用的标示牌分为四类七种外，还有一些悬挂在特定地点的标示牌。如“禁止推入，有人工作！”“有电危险，请勿靠近！”等。

13.3 触电急救

13.3.1 使触电者脱离电源的方法

（1）触电者触及低压带电设备，救护人员应设法迅速切断电源。如关闭电源开头（如图 13-1），拔出电源插头等，或使用绝缘工具干燥的木棒、木板、绳索等不导电的东西解脱触电者（如图 13-2），也可抓住触电者干燥而不贴身的衣服，将其拉开（切记要避免碰到金属物体和触电者的裸露身躯），还可戴绝缘手套解脱触电者。另外，救护人员可站在绝缘垫上或干木板上，为使触电者与导电体解脱，在操作时最好用一只手进行操作。

如果电流通过触电者入地，并且触电者紧握电线，可设法用干木板塞到其身下，与地隔离，也可用干木把斧子或有绝缘柄的钳子等将电线弄断，用钳子剪断电线最好要分相，一根一根地剪断，并尽可能站在绝缘物体或干木板上操作。

图 13-1　迅速拉开电源开关

图 13-2　用干燥木棒使触电者脱离电源

（2）触电者触及高压带电设备，救护人员应迅速切断电源或用适合该电压等级的绝缘工具（戴绝缘手套，穿绝缘靴并用绝缘棒）解脱触电者，救护人员在抢救过程中应注意保护自身与周围带电部分必要的安全距离。

如果触电发生在架空线杆塔上，可采用抛挂足够截面积的适当长度的金属短路线的方法，使电源开头跳闸，抛挂前，将短路线一端固定在铁塔或接地引下线上，另一端系重物，抛掷短路线时，应注意防止电弧伤人或断线危及人员安全，同时还要注意再次触及其他有电线路的可能。

如果触电者触及断落在地上的带电高压导线，要先确认线路是否无电，救护人在未做好安全措施（如穿绝缘靴或临时双脚并紧跳跃以接近触电者）前，不得接近以断线点为中心的 8 ～ 10m 的范围内，防止跨步电压伤人（图 13-3）救护人员将触电者脱离带电导线后，应迅速将其带至 20m 以外再开始进行心肺复苏急救，只有在确认线路已经无电时，才可在触电者离开触电导线后，立即就地进行急救。

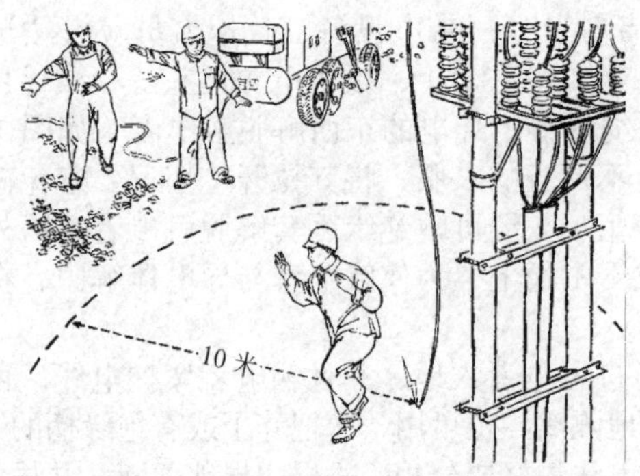

图 13-3　带电高压导线落地防止跨步电压

13.3.2　触电后状态简单诊断

解脱电源后，病人往往处于昏迷状态，情况不明，故应尽快对心跳和呼吸的情况作一判断，看看是否处于“假死”状态，因为只有明确的诊断，才能及时正确地进行急救。处于“假死”状态的病人，因全身各组织处于严重缺氧的状态，情况十分危险，故不能用一套完整的常规方法进行系统检查。只能用一些简单有效的方法，判断一下，看看是否“假死”及“假死”的类型，这就达到了简单诊断的目的（如图 13-4）。

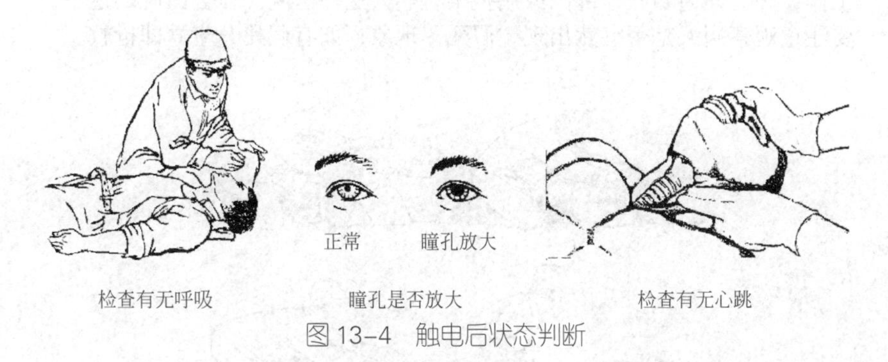

图 13-4　触电后状态判断

其具体方法如下：将脱离电源后的病人迅速移至比较通风、干燥的地方，使其仰卧，将上衣与裤带放松。

① 观察一下有否呼吸存在，当有呼吸时，我们可看到胸部和腹部的肌肉随呼吸上下运动。用手放在鼻孔处，呼吸时可感到气体的流动。相反，无上述现象，则往往是呼吸已停止。

② 摸一摸颈部的动脉和腹股沟处的股动脉，有没有搏动，因为当有心跳时，一定有脉搏。颈动脉和股动脉都是大动脉，位置比较浅，所以很容易感觉到它们的搏动，因此常常作为是否有心跳的依据。另外，在心前区也可听一听是否有心声，有心声则有心跳。

③ 看一看瞳孔是否扩大，当处于“假死”状态时，大脑细胞严重缺氧，处于死亡的边缘，所以整个自动调节系统的中枢失去了作用，瞳孔也就自行扩大，对光线的强弱再也起不到调节作用，所以瞳孔扩大说明了大脑组织细胞严重缺氧，人体也就处于“假死”状态。通过以上简单的检查，我们即可判断病人是否处于“假死”状态。并依据“假死”的分类标准，可知其属于“假死”的类型。

13.3.3 触电后的处理方法

① 病人神志清醒，但感乏力、头昏、心悸、出冷汗，甚至有恶心或呕吐。此类病人应就地安静休息，减轻心脏负担，加快恢复；情况严重时，小心送往医疗部门，请医护人员检查治疗。

② 病人呼吸、心跳尚在，但神志昏迷。此时应将病人仰卧，周围的空气要流通，可做牵手人工呼吸法（图 13-5），帮助触电者尽快恢复，并注意保暖。除了要严密地观察外，还要作好人工呼吸和心脏挤压的准备工作，并立即通知医疗部门或用担架将病人送往医院。在去医院的途中，要注意观察病人是否突然出现“假死”现象，如有假死，应立即抢救。

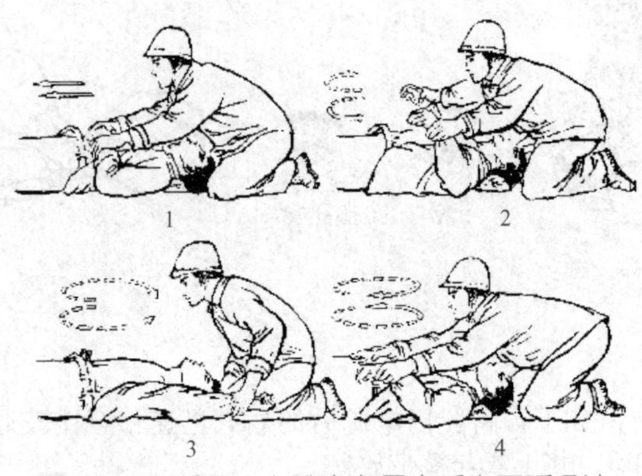

图 13-5 呼吸、心跳尚在用牵手人工呼吸法

③ 如经检查后，病人处于假死状态，则应立即针对不同类型的“假死”进行对症处理。心跳停止的，则用体外人工心脏挤压法来维持血液循环；如呼吸停止，则用口对口的人工呼吸法来维持气体交换。呼吸、心跳全部停止时，则需同时进行体外心脏挤压法和口对口人工呼吸法，同时向医院告急求救。在抢救过程中，任何时刻抢救工作不能中止，即便在送往医院的途中，也必须继续进行抢救，一定要边救边送，直到心跳、呼吸恢复。

第 14 章 PLC 控制器与变频器的应用

14.1 PLC 的结构组成

目前 PLC 生产厂家很多，PLC 的结构虽然由于生产厂家不同而有些差异，但其基本组成大致相同（如图 14-1 所示），PLC 主要包括中央处理器、电源、输入和输出四部分。

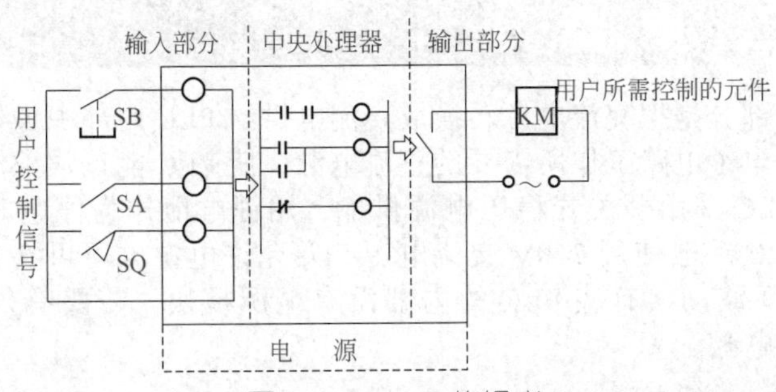

图 14–1 PLC 的组成

14.1.1 中央处理器部分

中央处理器（也称 CPU）是 PLC 的大脑，它包括中央处理器、系统程序存储器、用户程序存储器。中央处理器完成 PLC 的各种逻辑运算、数值计算、信号变换等任务，并发出管理、协调 PLC 各部分工作的控制信号，PLC 一般由控制电路、运算器和寄存器组成，其主要用途是处理和运算用户的程序，监视中央处理器和输入、输出部件全部信号状态并作出逻辑判断，按控制要求根据各种输入状态变化成输出信号给有关部件，指挥 PLC 的行状态或作出应急处理。

系统程序存储器主要存储系统管理的监控程序，对用户的控制程序做编译处理。系统程序是永远固化在 PLC 内部的，用户是不能修改的。用户程序存储器是用来存放由编程器或磁带输入的用户控制程序，用户控制程序是根据生产过程和生产要求由用户自己编制的应用程序，它可以通过编程器修改。

为便于了解 PLC 的逻辑控制功能，我们可将 PLC 看成是由很多个电子式继电器、定时器和计数器的组成体，这些继电器、定时器、计数器在 PLC 统称为等效继电器或软继电器，它们在梯形图中的符号如图 14-2 所示，它们的动作原理与继电器元件动作一样。

图 14-2 PLC 的梯形图符号

14.1.2 电源部分

电源部分是把交流电源转换成直流电供给 PLC 内部中央处理器、存储器等电子电路工作所需要的直流电源，使 PLC 能正常工作，目前大部分 PLC 采用开关式稳压电源供电，用锂电池作为停电时的后备电源，PLC 一般使用 220V 交流电源，并允许电源电压可在 +10% ～ -15% 之间波动，有些 PLC 的内部没有电源模块，需要有外部提供 24V 直流电源。

14.1.3 输入部分

输入部分是由输入端子、接口电路和输入状态寄存器（输入继电器）组成。PLC 的输入接口电路一般由光耦合电路和微电脑的输入接口电路组成。当由限位开关、操作按钮、传感器等发出的输入信号或由电位器、热电耦、测速发电机等传来的连续变化的模拟输入信号，送进输入部分后被转换成中央处理器能够接收的处理数字信号存储起来，并适时地传送给中央处理器。输入部分的最大特点是输入元件的控制接点可以全是常开或常闭接点，并联接入 PLC 的输入端，可以不用考虑控制顺序和互锁关系。

14.1.4　输出部分

输出部分由输出端子和输出状态寄存器（输出继电器）组成，中央处理器把 PLC 执行用户程序规程中产生的输出信号，转换成现场被控设备能接受的控制信号储存起来，并适时送给外部执行设备，如用于驱动接触器、电磁阀、指示灯、数显装置、报警装置等。

14.2　PLC 的工作原理

14.2.1　工作方式

PLC 实际是一种存储程序的控制器，是采用周期循环扫描的工作方式，用户首先根据其具体的要求编制好工作程序，然后输入到 PLC 的用户程序存储器中，用户程序是由若干条指令组成，指令在存储器中是按照步骤序号顺序排列的，PLC 运行工作时，CPU 对用户程序作周期性扫描，CPU 从第一条指令开始顺序逐条地执行用户程序，直到用户指导用户程序结束，然后又返回第一条指令，开始新的一轮扫描。在每次扫描过程中，还要完成对输入信号的采集和对输出状态的刷新等工作如图 14-3 所示，PLC 就这样周而复始地重复上述的扫描循环。

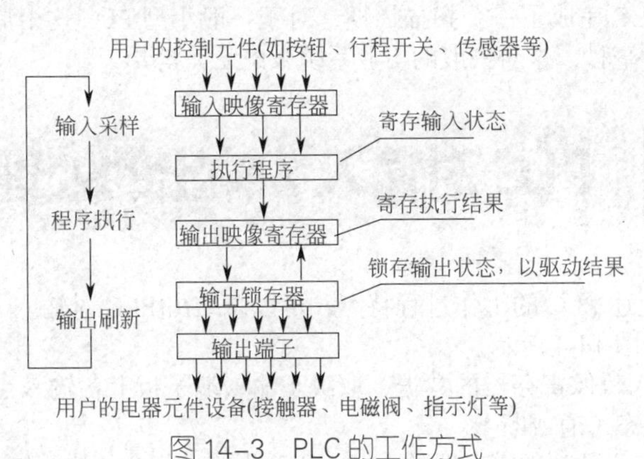

图 14-3　PLC 的工作方式

14.2.2 输入采样阶段

PLC 在输入采样阶段，首先是按照顺序将所有输入端的输入信号状态（“0”或“1”，表现在接线端上是否有外加电压），读取并输入到映像寄存器中，这个过程成为对输入信号的采样或称输入刷新。随即关闭输入端口，接着进入程序执行阶段，在程序执行阶段即使输入状态有变化，输入映像寄存器的内容也不会改变，输入信号变化的状态只能在下个扫描周期的输入采样阶段被读入。

14.2.3 程序执行阶段

在程序执行阶段 PLC 对用户程序扫描，在扫描每一条指令时，所需的输入状态（条件）可以从输入映像寄存器中读取，从元件映像寄存器读入当前的输入状态后，按程序进行相应的逻辑运算，并将结果再存入映像元件寄存器中。所以对每一个元件（PLC 内部的输出的软继电器）来说，元件寄存器的内容会随着程序的执行过程而变化。

14.2.4 输出刷新阶段

当所有指令执行完毕，元件映像寄存器中所有输出继电器的状态（接通或断开）在输出刷新阶段转存到输出锁存器，并通过一定的方式输出并驱动外部负载（用户输出设备），这才是 PLC 的实际输出，通过以上三个阶段，PLC 完成了一个扫描周期。对于一般小型 PLC 这个周期只有几毫秒、几十毫秒，这对一般的工业系统来说无关紧要。

14.3 PLC 对输入 / 输出的处理规则

根据上述 PLC 的工作过程特点，可以总结出 PLC 对输入 / 输出的处理规则，如图 14-4 所示。

① 输入映像寄存器的数据，取决于输入端子板上各输入点在一个刷新期间的状态（通或断）。

② 输出元件映像寄存器的内容由程序中输出指令的执行结果决定。

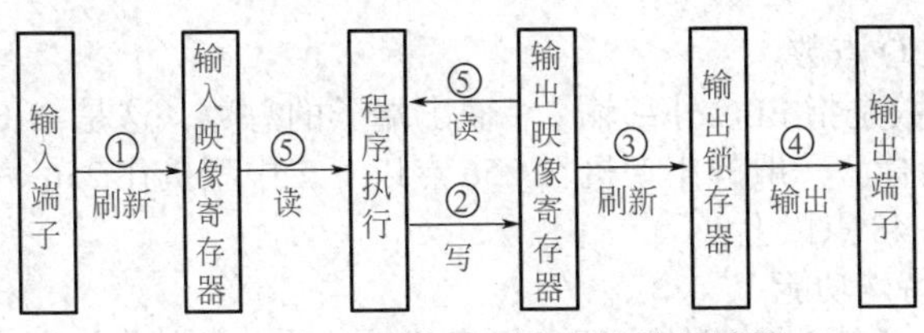

图 14-4　PLC 输入 / 输出的处理规则

③ 输出寄存器中的数据，由上一个工作周期输出刷新阶段的输出映像寄存器的数据来决定。

④ 输出端子板上各输出端的 ON（通）/OFF（断）状态，由输出寄存器的内容来决定。

⑤ 程序执行中所需的输入、输出状态，由输入映像寄存器和输出映像寄存器读出。

14.4 PLC 的技术指标

PLC 的技术指标很多，主要有四个基本应用技术指标，即存储器容量、编程语言、扫描速度、I/O 点数和特殊功能。

（1）存储器容量

存储量通常以字为单位表示，1024 个字为 1K 字，对于一般的逻辑操作指令，每一条指令占 1 个字；定时 / 计数、移位指令每一条占 2 个字；数据操作指令每一条占 2～4 个字。在 PLC 中程序指令是按“步”存放的(一条指令往往不只一“步”）。例如一个内存容量为 1000 步的 PLC，可推知其内存为 2KB，一般的小型机的内存为 1K 到几 K、大型机的内存为几十 K 到 2MB。

（2）编程语言

不同的 PLC 编程语言不通，互不兼容，但具有相互转换的可移植性。编程语言的指令条数是一个衡量 PLC 软件功能强弱的主要指标，指令越多，说明功能越强。

（3）扫描速度

一般用执行 1000 步指令所需的时间来衡量，如 ms/ 千步，有时也以执行一步指令的时间计算，如 μs/ 步。

（4）I/O 点数

I/O 点数是指 PLC 外部输入 / 输出端子的总数，这是 PLC 最重要的一项技术指标。一般的小型机在 256 点以下，中型机在 256 ～ 2048 点，大型机在 2048 点以上。

（5）特殊功能

PLC 除了基本功能外，还有很多特殊功能，例如自诊断功能、通讯联网功能、监视功能、高速计数功能、远程 I/O 等。特殊功能越多则 PLC 系统配置软件开发就越灵活，越方便，适应性越强。

14.5 PLC 内部的等效继电器

PLC 内部控制电路和继电器的电路一样，也需要各种继电器来完整控制电路的工作，与其不同的是这些继电器均为无触点的电子电路，按其功能等效为继电器、定时器、计数器等，并通过程序将各器件连接起来，按习惯我们仍然称作继电器、定时器、计数器等，但它们并不是实际的元件实体，为了在实际工作过程中便于识别各种器件，就必须用字母加编号以便识别。最常用的继电器有以下几种：字母 X 表示输入继电器；字母 Y 表示输出继电器；字母 M 表示辅助（中间）继电器；字母 T 表示定时器；字母 C 表示计数器；字母 S 表示状态继电器。

一般常用 PLC 编码的方法：每个编程元件的编码是由字母和数字组成；数字则采用八进制的编号即 0 ～ 7。如输入继电器 X 的编号：

X0 ～ X7　　X000 ～ X007　　X400 ～ X417
X10 ～ X17　　X010 ～ X017　　X410 ～ X417
X20 ～ X27　　X020 ～ X27　　X420 ～ X427

14.5.1 输入继电器（X）

输入继电器是 PLC 从外部设备接收信号的接口，如图 14-5 所示，它的线圈与输入端子相连接，它有无数对常开和常闭触点供编程使用，输入继电器只能由外部信号驱动，而不能用内部程序驱动。在梯形图中只有它的触点而不能有它的线圈，图 14-6 是输入继电器的应用等效电路。

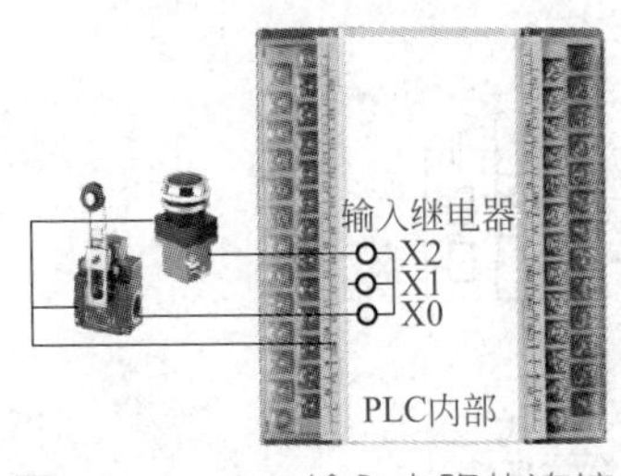

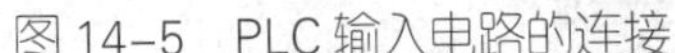

图 14-5　PLC 输入电路的连接

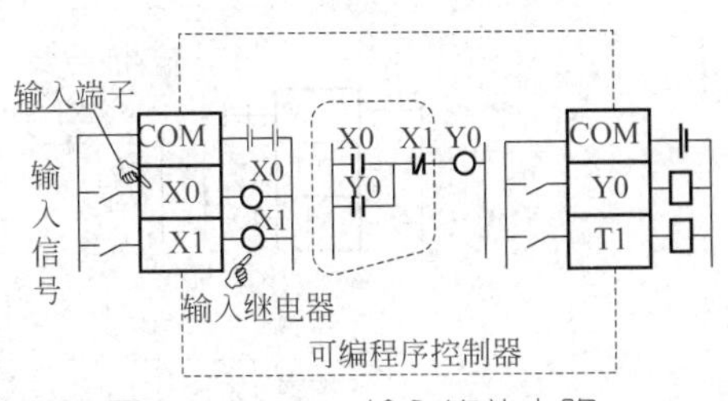

图 14-6　PLC 输入等效电路

输入继电器可以控制 PLC 内部的 Y 输出继电器、M 辅助继电器、T 定时器、C 计数器、S 状态继电器，但不可以控制 X 输入继电器。

14.5.2　输出继电器（Y）

输出继电器的作用是将 PLC 的输出信号，通过它的一对硬件输出触点（也是主触点）驱动外部负载（如图 14-7 所示），可以连接接触器的线圈、电磁铁、指示灯等，输出继电器除了有一对主触点外还有无数个辅助常开、常闭触点供编程使用，输出继电器的辅助触点可以控制 PLC 内部的 Y 输出继电器、M 辅助继电器、T 定时器、C 计数器、S 状态继电器，但不可以控制 X 输入继电器，图 14-8 是输出继电器应用的等效电路。

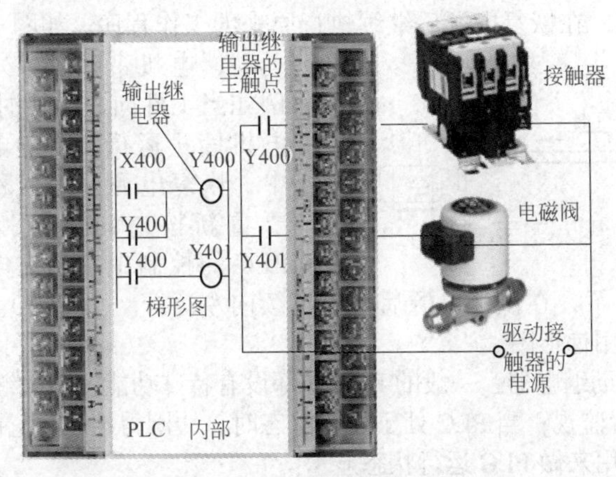

图 14-7　PLC 输出电路的连接

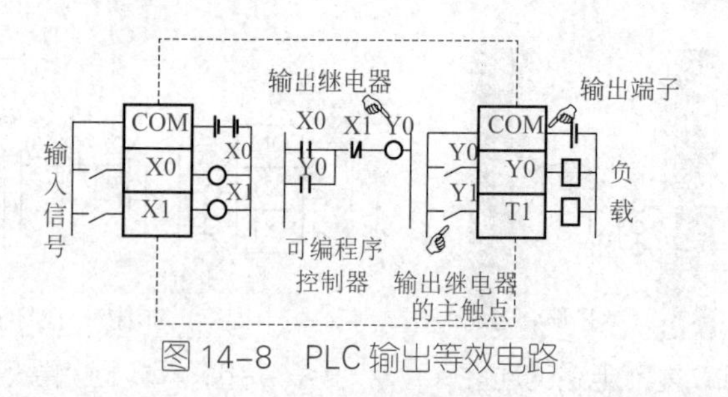

图 14-8 PLC 输出等效电路

14.5.3 辅助继电器（M）

PLC 的内部有很多辅助继电器，其作用相当于继电控制电路中的中间继电器，辅助继电器和 PLC 外部没有任何直接联系，它的线圈和常开常闭触点只能在 PLC 内部编程使用，触点可以无限次的使用。但它与输出继电器不同，辅助继电器的触点不能直接驱动外部设备，外部负载只能由输出继电器触点驱动。辅助继电器有普通型继电器、失电保持型和特殊功能型三大类。

通用型辅助继电器：通用型辅助继电器有无数个常开和常闭触点，其作用相当于中间继电器，可供 PLC 内部编程随意使用。

失电保持型辅助继电器：失电保持型辅助继电器在 PLC 的运行过程中不管什么原因停电，失电保持辅助继电器由内部的锂电池供电仍然保持原来的状态，在恢复电源后继续执行原来的工作程序。如图 14-9 的机械运动，电机带动工件左右运行，例如当工件向左运行时突然停电，电机停止运行，在继电控制电路中，恢复电源后电机不能工作需要重新按左向运行按钮，可在 PLC 的控制中利用失电保持继电器就不一样了，在恢复电源后可以继续向左运行。图 14-10 是保持辅助继电器的应用梯形图。

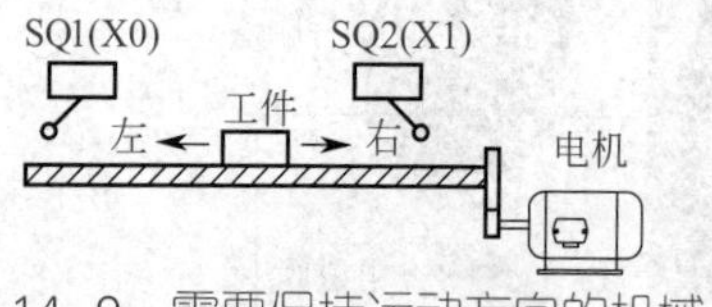

图 14-9 需要保持运动方向的机械

特殊辅助继电器：一般的 PLC 内部设有特殊功能的辅助继电器。

① 运行监视；当 PLC 处于运行状态时，线圈得电时，它的触点供编程使用，可用来做 PLC 运行状态显示。

② 提供初始化脉冲；主要是在 PLC 接通电源瞬间产生一个单脉冲，常用来实现控制系统的上电复位。

③ 可以产生 100ms 时钟脉冲，供 PLC 内的计时器使用。周期为 0.1s，脉宽为 0.5ms。

④ 停止时保持输出；当 PLC 处于停止状态时，可以保持输出状态不变。

⑤ 输出全部禁止；当遇到紧急特殊情况时，禁止全部输出功能停止。

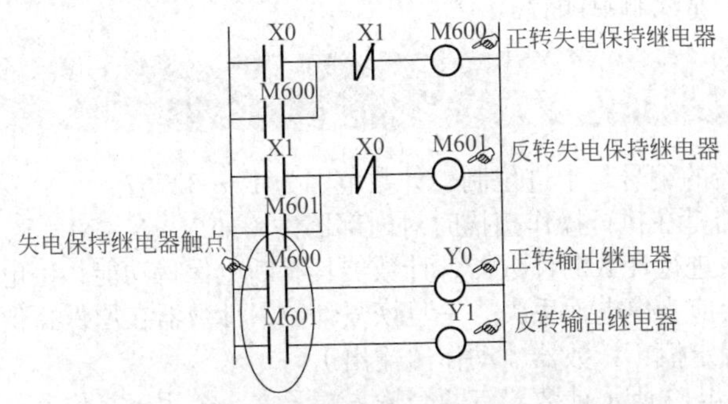

图 14-10　保持辅助继电器的应用梯形图

14.5.4　定时器（T）

定时器在 PLC 中的作用相当于一个时间继电器，PLC 可以为用户最多提供 256 个定时器，定时器也能提供无数对触点，但定时器仅供内部编程使用，不能与输入、输出电路连接。

定时器的编号是十进位，定时器的延时时间由编程中的设定值（K）决定，TMY=1s（秒）、TMX=0.1（s）、TMR=0.01（s）三个等级，定时范围为 K1 ～ K9990，即为 0.1 ～ 999s。图 14-11 是定时器应用的方法。

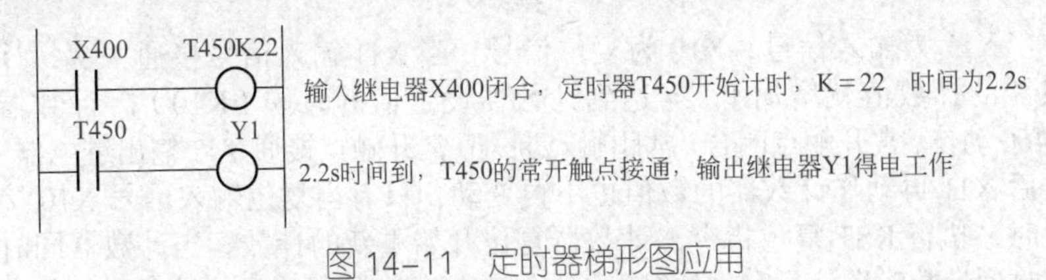

图 14-11　定时器梯形图应用

定时器在使用中应注意以下问题：

① 在同一程序中，每个定时器只能使用一次。

② 定时器的定时时间等于时间常数乘以该定时器时钟精度。如 TMX 定时其 1K=0.1s，设 =500，时间就等于 500×0.1=50s。

③ 定时器为减 1 计数形式，每当输入触点由断开到接通瞬间开始减数，就是设定的 K 值，当时间常数减为 0 时，定时器开关动作，常开触点闭合，常闭触点断开。而当定时器输入触点再断开时定时器复位，常开触点断开，常闭触点闭合。

14.5.5 计数器（C）

计数器的编号是十进位制，计数范围为 1 ～ 32767。

计数器是在执行操作扫描时对内部器件（如 X、Y、M、S、T 和 C）的动作次数进行计数的计数器，计数器具有断电保持功能，停电后所记录的数据不会应为停电而丢失，一旦恢复计数，计数器在原保持值上继续计数，直到设定值，计数器才动作（输出）。

如图 14-12 所示计数器有两个输入端子，一个用于复位，一个用于计数，两个输入端子可以分开设置。

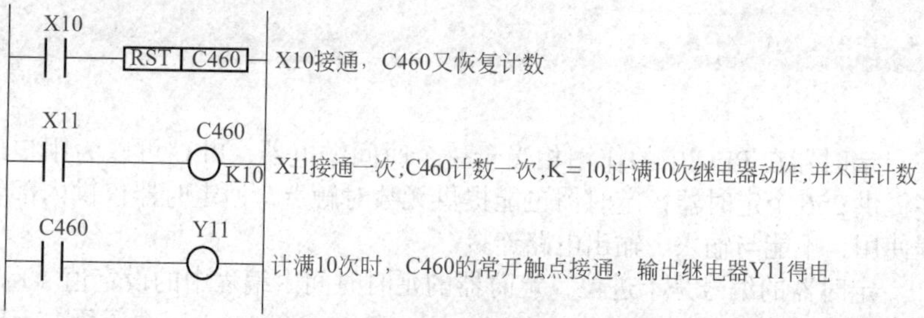

图 14-12　计数器的应用

X11 为输入信号，X10 为复位信号，当 X11 输入信号接通一次，计数器的计数值就增加 1，当达到计数器设定值的时候（K10），计数器 C460 动作，常开触点闭合，常闭触点断开，常开触点接通 Y11 输出继电器。之后 X11 再动作计数器的数值也不再变动，只有当复位输入信号 X10 接通时，执行 RST 复位指令，计数器复位开始重新的计数。当计数器同时接收到计数触发信号和复位触发信号时，则复位信号优先，计时器复位不计数。即使断电或工作方式由运行状态切换到编程状态，计数器也不会复位，必须在复位端有触发信号时，计数器才复位。

14.6 PLC 的基本指令

PLC 是按照用户控制要求编写的程序进行工作的，程序的编写就是用一定的编程语言把一个控制任务描述出来，尽管不同厂家的 PLC 所采用的编程语言不太一样，但程序的表达方式基本上有四种，梯形图、指令表、流程图和高级语言，其中使用最多的是梯形图、指令表和流程图。

14.6.1 梯形图语言

梯形图在形式上沿用了继电控制原理图的形式，采用常开触点、常闭触点和线圈等图形符号，并增加功能块等图形语言，梯形图比较形象直观，对于电气工作人员来说容易接受，也是目前使用最多的一种编程语言，图 14-13 是一个运行控制电路的继电控制电路与 PLC 控制比较。

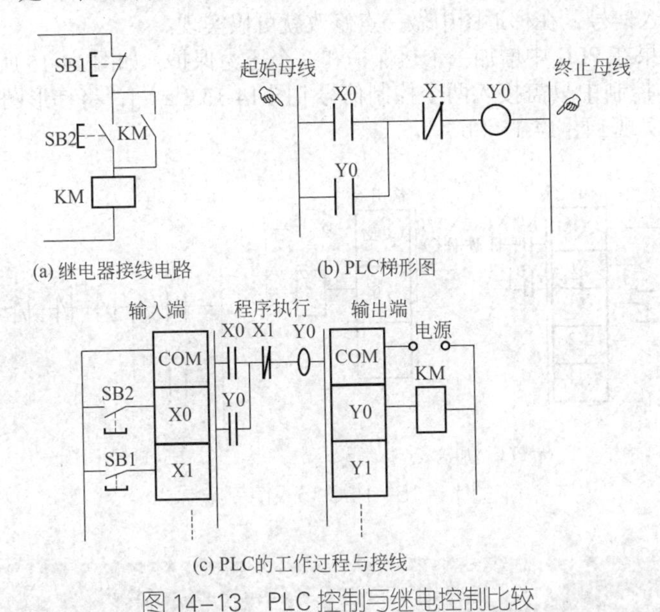

(a) 继电器接线电路

(b) PLC梯形图

(c) PLC的工作过程与接线

图 14-13　PLC 控制与继电控制比较

（1）继电器电路工作时：按下 SB2 启动按钮，常开触点接通，接触器KM线圈得电吸合，其辅助的常开触点闭合自锁，接触器KM运行工作，停止时按下SB1按钮，常闭触点断开，接触器KM失电停止工作。

（2）PLC梯形图：X0是常开输入触点，X1是输出常闭触点，Y0表示输出继电器，其工作状态受X0、X1信号控制，逻辑上与继电器电路相同，而X0、X1等表示的可能外部开关（硬开关触点），也可以是内部软开关或触点。

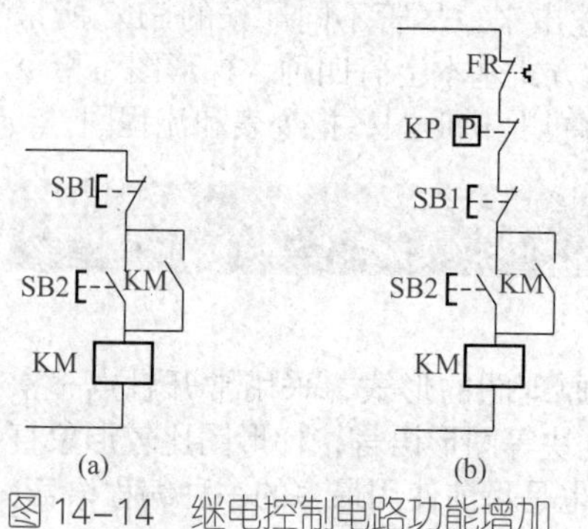

图14-14 继电控制电路功能增加

由此看出PLC的工作接线很简单，只是将外部的设备连接到输入端或输出端即可，而且对外部触点使用可不受形式的限制，一般都是用常开触点作为信号控制。

梯形图的修改极为方便，如要在图14-14（a）的电路中增加保护功能时，在继电控制电路中增加控制元件和改动控制接线如图14-14（b），但在PLC控制中只需增加一个输入信号，在梯形图中做一点修改就可以实现。

如果在PLC中增加一个热保护和一个压力保护（如图14-15所示），在PLC控制中只需接入两个控制信号[图14-15（a）]，将梯形图修改一下即可实现[图14-15（b）]。

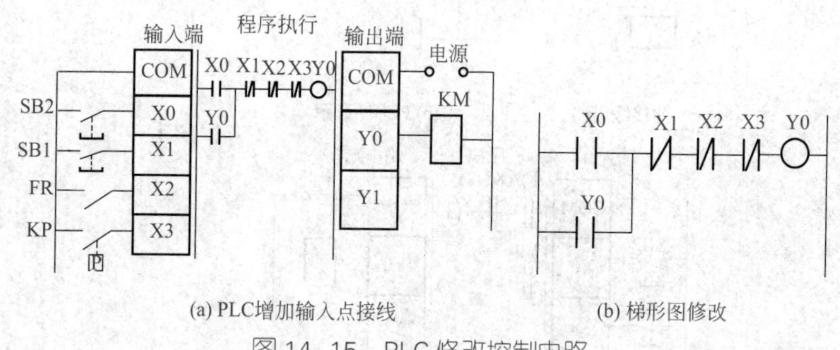

图14-15 PLC修改控制电路

14.6.2 梯形图的编写格式

① 梯形图按行从上至下编写，每一行从左至右顺序编写。PLC程序

执行顺序与梯形图的编写顺序一致。

② 图左边垂直线为开始母线，右边垂直线为终止线，每一逻辑行必须从开始母线开始，终止母线可以省略。

③ 梯形图中的触点有两种，常开触点┤├，常闭触点┤/├，它们既可以表示外部开关也可以表示内部软开关或触点。这与传统控制图一样，每一个开关都有自己的标记编号以示区别。同一个标记编号可以重复使用，次数不限，这也是 PLC 区别于传统继电控制的一大优点。

④ 梯形图的右侧必须连接输出元素，输出元素用圆圈表示，同一输出元素只能使用一次。

⑤ 梯形图中的触点可以任意串联、并联，而输出线圈只能并联，不能串联。

⑥ 程序结束时应有结束语，一般用“ED”表示。

14.6.3　指令表

梯形图虽然直观、简便，但需要有计算机才可以输入和显示图像符号，这在一些小型机上难以实现，还必须借助符号语言来表达 PLC 的各种功能的命令，这就是指令，而由指令构成的并能完成控制任务的指令组合，如图 14-16 所示为指令表的含义。

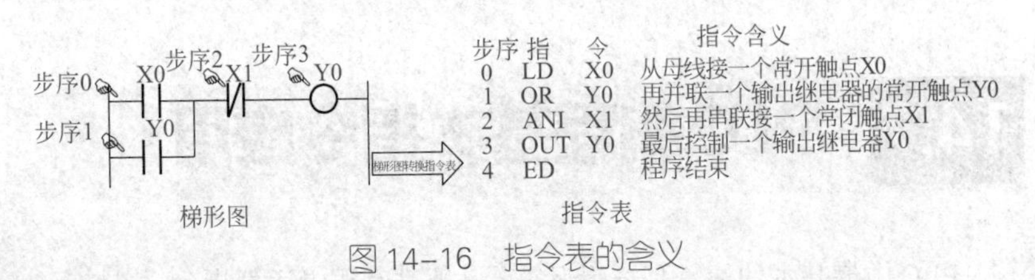

图 14-16　指令表的含义

指令表的编写：一个步序只能编写一个功能指令，指令的内容一定要表明所要连接的触点的接法和继电器的编号。

14.6.4　流程图

流程图是一种描述所要控制系统功能的图解表示法（如图 14-17 所示），主要由“步骤”（设备动作要求）、“转移”（由此有关的控制要求）、“有向线段”（关联动作走向）等组成，可以得到控制系统的静态表示方法，并可以从中分析到潜在的故障，流程图用约定几何图形、有向线段和简单文字说明并描述 PLC 的处理过程和程序的执行步骤。

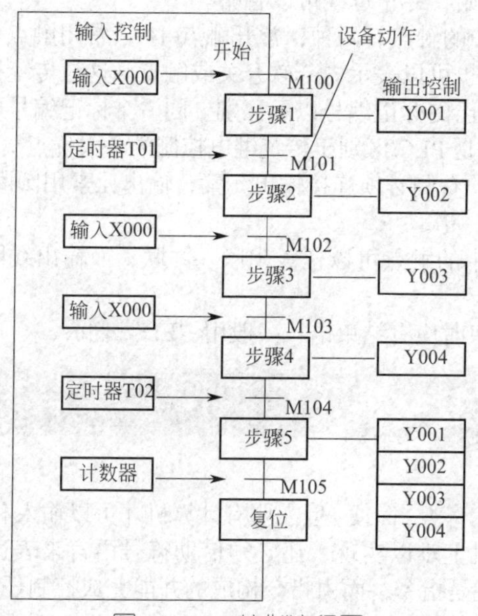

图 14-17　控制流程图

14.7 PLC 编程基本指令应用

PLC 中最基本的运算是逻辑运算，一般都有逻辑运算指令，如与、或、非等，这些指令再加上“输入”“输出”“结束”等指令就构成了 PLC 的基本指令。各个厂家基本指令用的符号也不相同，下面以三菱系列的 PLC 指令系统为主介绍指令的应用方法。

14.7.1 程序开始和输出指令

（1）LD 指令（称为取指令）

是程序开始时必须使用的指令，LD 指令表示从开始母线接一个常开触点，如图 14-18 所示输入端 X0 有输入信号时 X0 接通，输入端无信号时 X0 断开，与继电电路中的按钮很相似，按下按钮有信号，抬手立即没有信号。

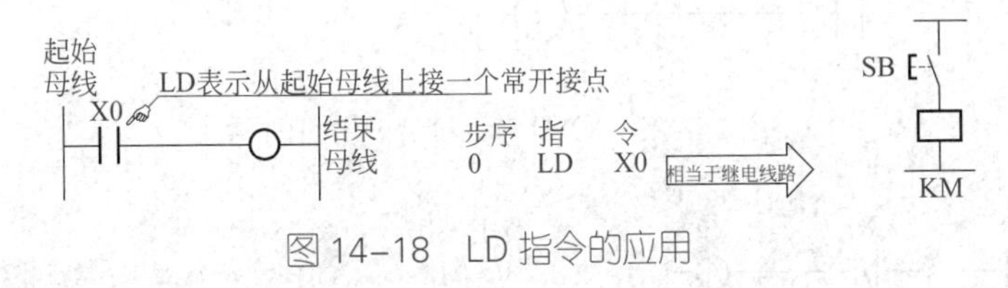

图 14-18　LD 指令的应用

其他厂家 PLC 的取指令：ST（松下）、LD（西门子）、LD（欧姆龙）、LOAD（LG）、ORG（日立）。

（2）LDI 指令（称为取反指令）

是程序开始时必须使用的指令，“取反”是表示从开始母线接一个常闭触点，如图 14-19 所示，当输入端 X0 无信号时 X0 触点接通，当输入端有信号输入时 X0 断开。

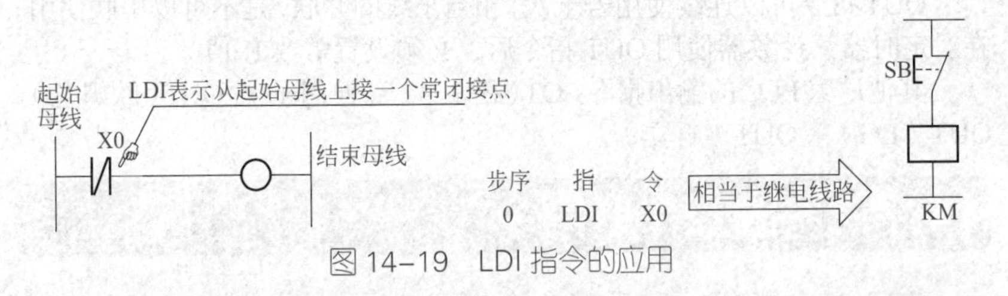

图 14-19　LDI 指令的应用

其他厂家 PLC 的取反指令：ST/（松下）、LDN（西门子）、LDNOT（欧姆龙）、LOAD NOT（LG）、ORG NOT（日立）。

（3）LD、LDI 的用法

LD、LDI 指令只能用于将触点接到开始母线上，所控制的目标元件可以是输出继电器 Y、辅助继电器 M、时间继电器 T、计数器 C、状态继电器 S，不可以控制输入继电器 X、LD、LDI 指令还可以与 ANDB 并联电路块、ORB 串联电路块指令配合使用，用于分支回路的起点。

（4）OUT 指令（输出指令）

是将各个触点连接电路控制一个指定线圈，如图 14-20 表示 X0 触点接通时 Y0 输出继电器得电工作，PLC 的输出端有控制信号输出，可以带动负载工作，OUT 指令是针对输出继电器 Y、辅助继电器 M、定时器 T、计数器 C 的驱动指令，不能对输入继电器使用。OUT 可以连续使用，表示控制多个元件，如图 14-21 所示。

步序	指	令
0	LD	X0
1	OUT	Y0

图 14-20　OUT 指令单独使用的应用

步序	指	令	含 义
0	LD	X0	开始接一个常开触点X0
1	OR	Y0	再并联一个常开触点Y0
2	ANI	X1	然后串联一个常闭触点X1
3	OUT	Y0	控制一个输出继电器Y0
4	OUT	Y1	再控制一个输出继电器Y1
5	OUT	M0	再控制一个辅助继电器M0
6	OUT	T0	再控制一个时间继电器T0

图 14-21　OUT 指令连续使用

OUT 指令可以连续使用若干次，相当于线圈并联，是不可以串联使用。在对定时器、计数器使用 OUT 指令后，必须设置常数 K 值。

其他厂家 PLC 的输出指令：OT（松下）、=（西门子）、OUT（欧姆龙）、OUT（LG）、OUT（日立）。

14.7.2　触点串联指令

（1）AND 指令（“与”指令）

AND 指令是逻辑“与”运算，是表示在电路中串联一个常开触点，“与”的应用含义如图 14-22 所示，当 X0 与 X1 同时接通时输出继电器 Y0 才可以得电，AND 串联常开指令可以连续使用，只要有常开触点串联就可以用 AND 指令。

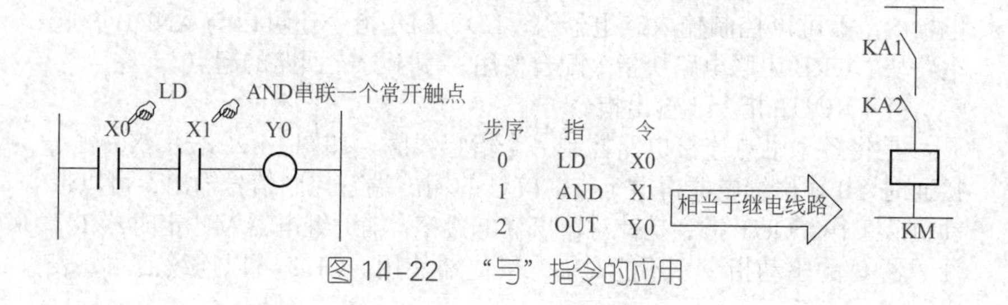

图 14-22　“与”指令的应用

其他厂家 PLC 的“与”指令：AN（松下）、A（西门子）、AND（欧姆龙）、AND（LG）、AND（日立）。

（2）ANI 指令（“与反”指令）

ANI 指令是逻辑“与反”指令，是表示在电路中串联一个常闭触点，表示在电路中串联一个常闭触点，如图 14-23 是 X0 常开接通与 X1 常闭不动作时可以接通 Y0，ANI 串联常闭指令可以连续使用，只要有常闭触点串联就可以用 ANI 指令。

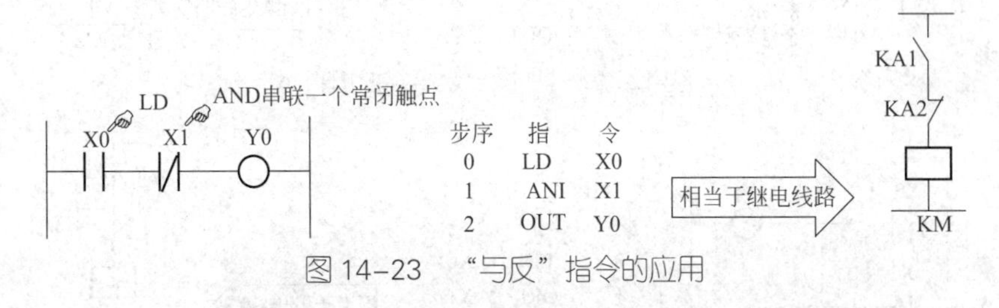

图 14-23　“与反”指令的应用

其他厂家 PLC 的“与反”指令：AN/（松下）、AN（西门子）、ANDNOT（欧姆龙）、AND NOT（LG）、AND NOT（日立）。

（3）触点串联指令 AND、ANI 的使用

① AND、ANI 指令主要用于单个触点的串联，控制的目标元件为输出继电器 Y、辅助继电器 M、时间继电器 T、计数器 C、状态继电器 S。

② AND、ANI 指令均用于单个触点的串联，串连触点的数目没有限制。该指令可以重复多次使用。

使用 OUT 指令后，不能再通过触点对其他线圈使用 OUT 指令。

14.7.3　触点并联指令

（1）OR 指令（“或”指令）

“或”指令，是表示并联一个常开触点，如图 14-24 所示在电路中 X0 或 X1 任何一个触点接通 Y0 都可以得电，OR 指令可以连续使用，只要并联一个常开触点就使用一次 OR 指令。

其他厂家 PLC 的“或”指令：OR（松下）、O（西门子）、OR（欧姆龙）、OR（LG）、OT（日立）。

（2）ORI 指令（“或非”指令）

“或非”指令，是表示在电路中并联一个常闭触点，如图 14-25 所示，

或 X0 有信号而接通或 X1 无信号而不动作 Y0 才可以得电，ORI 指令可以连续使用，只要并联一个常闭触点就使用一次 ORI 指令。

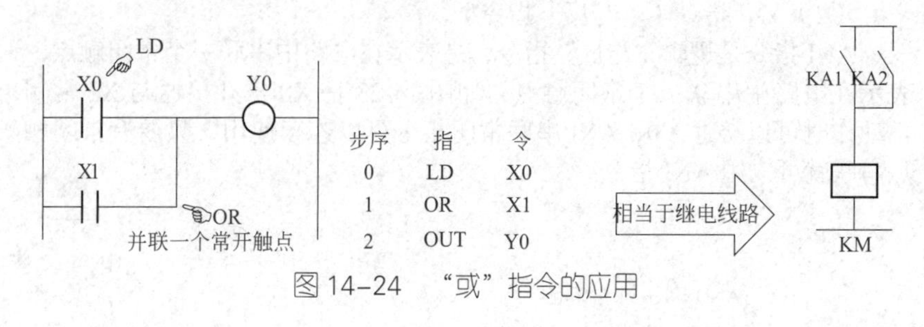

图 14-24 “或”指令的应用

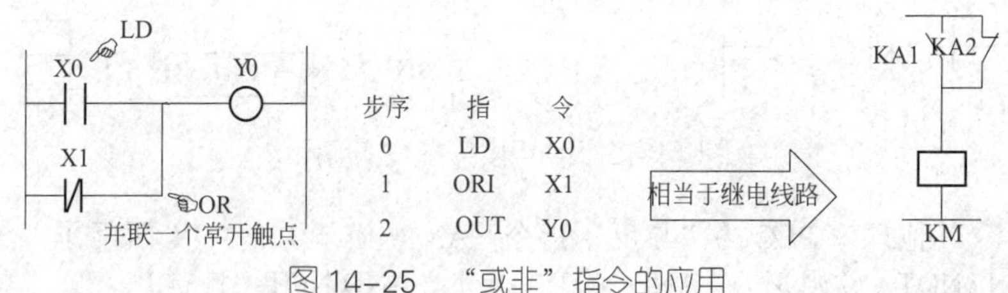

图 14-25 “或非”指令的应用

其他厂家 PLC 的“或非”指令：OR/（松下）、OR（西门子）、ORNOT（欧姆龙）、OR NOT（LG）、OR NOT（日立）。

（3）OR、ORI 指令用法说明

① OR、ORI 指令只能用于一个触点的并联连接，若要将两个以上触点串联的电路并联连接时，不能使用此指令，要用后面讲到的 ORS 指令。

② OR、ORI 指令并连触点时，必须从开始母线使用与前面的触点指令并联连接，并联连接的次数不限。

14.7.4 END 指令（结束指令）

END 指令是无条件结束的指令，是一个独立指令，没有元件编号。

如图 14-26 所示，当整个程序从 0 步序开始一直到最后一步指令结束，程序结束时应当使用 END 指令，表示整个程序完成。对于步序很多的程序在调试过程中，也可以分段插入 END 指令，再逐段调试，在该程序调试好以后，删去 END 指令。

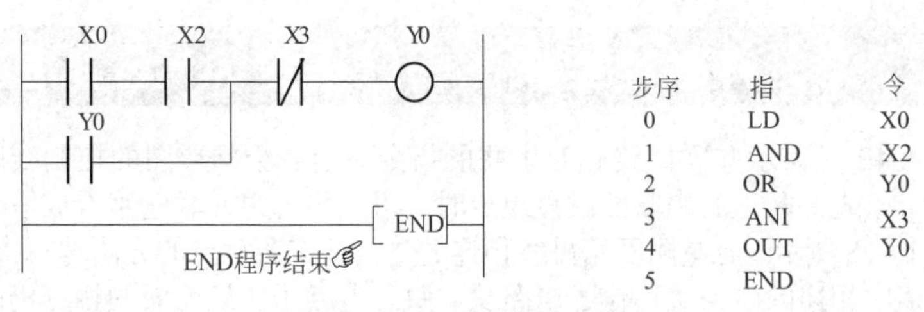

图 14-26　END 指令的应用

其他厂家 PLC 的结束指令：ED（松下）、MEND（西门子）、END（欧姆龙）、END（LG）。

14.7.5　串联电路块的并联指令 ORB 的应用

ORB 是表示串联回路相互并联的指令，当一个梯形图的控制线路是由多个串联分支电路并联组成的，如图 14-27 所示是由三个串联电路组成的并联控制电路，我们可以将每一组串联电路看作一个与左侧开始母线连接的电路块，应按照触点串联的方法编写指令，下面再依次并联已经串联的电路块。每一个电路块的第一触点要使用 LD 或 LDI 指令，表示新的一个电路块的开始，其余串联的触点仍要使用 AND 或 ANI 指令，每一块电路编写完毕后，加一条 ORB 指令作为该指令的结束并与上一个电路块并联，对并联的支路数没有使用限制，ORB 可以无限量的使用。

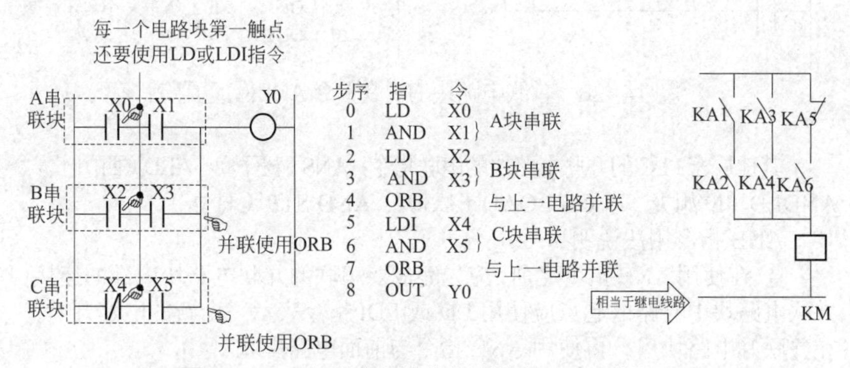

图 14-27　串联电路块的并联指令 ORB 的应用

其他厂家 PLC 的串联电路块的并联指令：ORS（松下）、OLD（西门子）、ORLD（欧姆龙）、AND LOAD（LG）、OR STR（日立）。

14.7.6 并联电路块的串联指令 ANB 的应用

ANB 是表示并联回路相互串联的指令，当一个梯形图的控制线路是由若干个先并联、后串联的触点组成时，可以将每组并联电路看成一个块如图 14-28 所示，与左侧开始母线相连的电路块按照触点的方法编写指令，其后依次相连的电路块称作子电路块。每个电路子块最前面的触点仍使用 LD 或 LDI 指令表示一个新的电路开始，其余各并联的触点用 OR 或 ORI 指令，每个子电路块的指令编写完后，加一条 ANB 指令，表示这个并联线路块与前一个电路块串联。

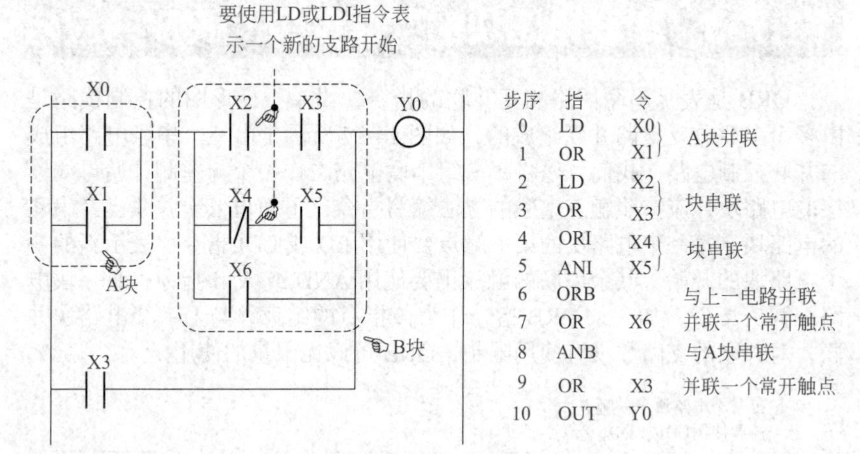

图 14-28 并联电路块的串联指令 ANB 的应用

其他厂家 PLC 的并联电路块的串联指令：ANS（松下）、ALD（西门子）、ANDLD（欧姆龙）、OR LOAD（LG）、AND STR（日立）。

ANB 指令用法说明：

① 在使用 ANB 指令之前，应先完成要串联的并联电路块内部的连接，并联电路块中支路的起点应使用 LD 或 LDI 指令表示一个新的电路开始，在并联好电路块后，再使用 ANB 指令与前面电路串联。

② 若有多个并联电路块，应顺次用 ANB 指令与前面电路串联，ANB 的使用次数可以不受限制。

③ ANB 指令是一条独立指令，不带元件号。

14.7.7　多重输出电路指令

这组指令是将先前的触点存储起来，用于后面再连接的电路使用。MPS 是进栈指令，表示在此以前的触点（程序）已经储存可以为其他支路继续使用。MRD 读栈指令，表示继续使用已经储存的触点（程序）指令，再连接一个控制支路。MPP 出栈指令，表示以前的触点（程序）最后一次使用，如图 14-29 所示。多重输出电路指令可以简化梯形图便于分析控制过程，如图 14-30 所示。

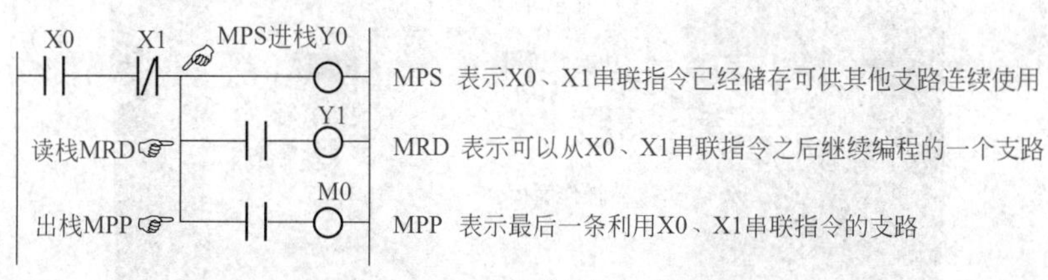

图 14-29　多重输出指令使用

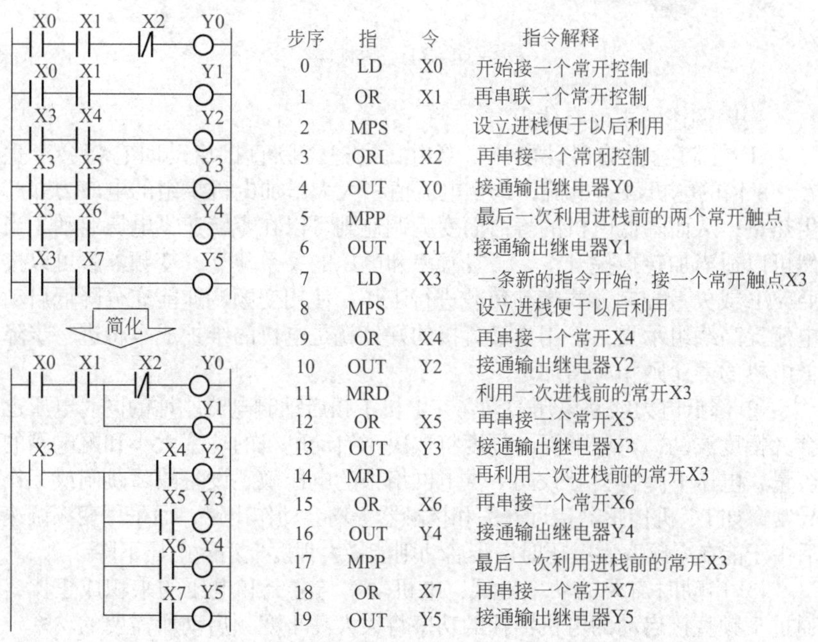

步序	指	令	指令解释
0	LD	X0	开始接一个常开控制
1	OR	X1	再串联一个常开控制
2	MPS		设立进栈便于以后利用
3	ORI	X2	再串接一个常闭控制
4	OUT	Y0	接通输出继电器Y0
5	MPP		最后一次利用进栈前的两个常开触点
6	OUT	Y1	接通输出继电器Y1
7	LD	X3	一条新的指令开始，接一个常开触点X3
8	MPS		设立进栈便于以后利用
9	OR	X4	再串接一个常开X4
10	OUT	Y2	接通输出继电器Y2
11	MRD		利用一次进栈前的常开X3
12	OR	X5	再串接一个常开X5
13	OUT	Y3	接通输出继电器Y3
14	MRD		再利用一次进栈前的常开X3
15	OR	X6	再串接一个常开X6
16	OUT	Y4	接通输出继电器Y4
17	MPP		最后一次利用进栈前的常开X3
18	OR	X7	再串接一个常开X7
19	OUT	Y5	接通输出继电器Y5

图 14-30　利用多重输出简化梯形图与指令含义

14.8 变频器的基础知识

变频调速已被公认为是最理想、最有发展前途的调速方式之一，采用通用变频器构成的变频调速传动系统，有着其他装置无法比拟的优点。通用变频器如图 14-31。

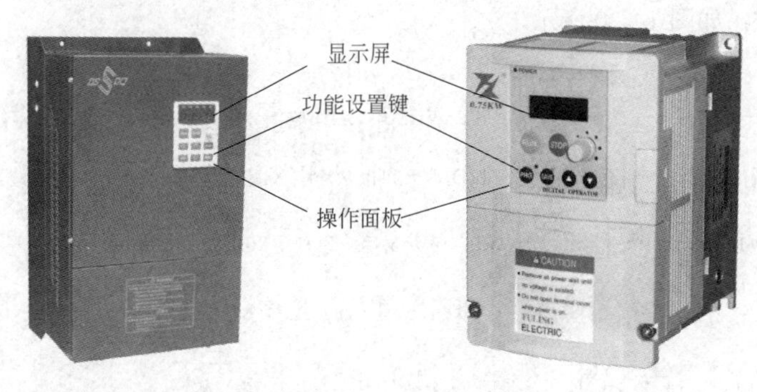

图 14-31　变频器

变频调速的主要有优点。

① 控制电机的启动电流：当电机通过工频直接启动时它将会产生 7 ～ 8 倍的电机额定电流，这个电流值将大大增加电机绕组的电应力并产生热量，从而降低电机的寿命而变频调速则可以在零转速零电压启动（当然可以适当加转矩提升），一旦频率和电压的关系建立，变频器就可以按照 V/F 或矢量控制方式带动负载进行工作，使用变频调速能充分降低启动电流提高绕组承受力，用户最直接的好处就是电机的维护成本将进一步降低电机的寿命则相应增加。

② 降低电力线路电压波动：在电机工频启动时电流剧增的同时电压也会大幅度波动，电压下降的幅度将取决于启动电机的功率大小和配电网的容量，电压下降将会导致同一供电网络中的电压敏感设备故障跳闸或工作异常，如 PC 机传感器接近开关和接触器等均会动作出错，而采用变频调速后由于能在零频率零电压时逐步启动则能最大程度上消除电压下降。

③ 启动时需要的功率更低：电机功率与电流和电压的乘积成正比，通过工频直接启动的电机消耗的功率将大大高于变频启动所需要的功率，在一些工况下其配电系统已经达到了最高极限，其直接工频启动电机所

产生的电涌就会对同网上的其他用户产生严重的影响，从而将受到电网运营商的警告，甚至罚款如果采用变频器进行电机起停，就不会产生类似的问题。

④ 可控的加速功能：变频调速能在零转速启动并按照用户的需要进行光滑地加速，而且其加速曲线也可以选择（直线 S 形加速或者自动加速），而通过工频启动时对电机或相连的机械部分轴或齿轮都会产生剧烈的振动，这种振动将进一步加剧机械磨损和损耗降低机械部件和电机的寿命，另外变频启动还能应用在类似灌装线上以防止瓶子倒翻或损坏。

⑤ 可调的运行速度：运用变频调速能优化工艺过程，并能根据工艺过程迅速改变，还能通过远程控制 PLC 或其他控制器来实现速度变化。

⑥ 可调的转矩极限：通过变频调速后能够设置相应的转矩极限来保护机械不致损坏，从而保证工艺过程的连续性和产品的可靠性，目前的变频技术使得不仅转矩极限可调甚至转矩的控制精度都能达到 30mm 左右，在工频状态下电机只能通过检测电流值或热保护来进行控制而无法像在变频控制一样设置精确的转矩值来动作。

⑦ 受控的停止方式：如同可控的加速一样，在变频调速中，停止方式可以受控并且有不同的停止方式可以选择（减速停车、自由停车、减速停车直流制动），同样它能减少对机械部件和电机的冲击从而使整个系统更加可靠，寿命也会相应增加。

⑧ 节能：离心风机或水泵采用变频器后都能大幅度地降低能耗，这在十几年的工程经验中已经得到体现，由于最终的能耗是与电机的转速成立方比，所以采用变频后投资回报就更快。

⑨ 可逆运行控制：在变频器控制中要实现可逆运行控制无须额外的可逆控制装置，只需要改变输出电压的相序即可，这样就能降低维护成本和节省安装空间。

⑩ 减少机械传动部件：由于目前矢量控制变频器加上同步电机就能实现高效的转矩输出，从而节省齿轮箱等机械传动部件，最终构成直接变频传动系统从而就能降低成本和空间，提高稳定性。

14.9 变频器的分类

变频器即电压频率变换器，是一种将固定频率的交流电变换成频率、电压连续可调的交流电，以供给电动机运转的电源装置。目前国内外变频器的种类很多，可按以下几种方式分类。

（1）按变换环节分类

1）交流→直流→交流变频器

交→直→交变频器首先将频率固定的交流电整流成直流电，经过滤波，再将平滑的直流电逆变成频率连续可调的交流电。由于把直流电逆变成交流电的环节较易控制，因此在频率的调节范围内，以及改善频率后电动机的特性等方面都有明显的优势，目前，此种变频器已得到普及。

2）交流→交流变频器

交→交变频器把频率固定的交流电直接变换成频率连续可调的交流电。其主要优点是没有中间环节，故变换效率高。但其连续可调的频率范围窄，一般为额定频率的1/2以下，故它主要用于低速大容量的拖动系统中。

（2）按电压的调制方式分类

1）PAM（脉幅调制）

它是通过调节输出脉冲的幅值来调节输出电压的一种方式，调节过程中，逆变器负责调频，相控整流器或直流斩波器负责调压。目前，在中小容量变频器中很少采用这种方式。

2）PWM（脉宽调制）

它是通过改变输出脉冲的宽度和占空比来调节输出电压的一种方式，调节过程中，逆变器负责调频调压。目前普遍应用的是脉宽按正弦规律变化的正弦脉宽调制方式，即PWM方式。中小容量的通用变频器几乎全部采用此类型的变频器。

（3）按滤波方式分类

1）电压型变频器

在交→直→交变压变频装置中，当中间直流环节采用大电容滤波时，直流电压波形比较平直，在理想情况下可以等效成一个内阻抗为零的恒压源，输出的交流电压是矩形波或阶梯波，这类变频装置叫作电压型变频器。一般的交→交变压变频装置虽然没有滤波电容，但供电电源的低阻抗使它具有电压源的性质，也属于电压型变频器。

2）电流型变频器

在交→直→交变压变频装置中，当中间直流环节采用大电感滤波时，直流电流波形比较平直，因而电源内阻抗很大，对负载来说基本上是一个电流源，输出交流电流是矩形波或阶梯波，这类变频装置叫作电流型变频器。有的交→交变压变频装置用电抗器将输出电流强制变成矩形波或阶梯波，具有电流源的性质，它也是电流型变频器。

（4）按输入电源的相数分类

1）三进三出变频器

变频器的输入侧和输出侧都是三相交流电，绝大多数变频器都属于此类。

2）单进三出变频器

变频器的输入侧为单相交流电，输出侧是三相交流电，家用电器里的变频器都属于此类，通常容量较小。

（5）按控制方式分类

1）U/F 控制变频器

U/F 控制是在改变变频器输出频率的同时控制变频器输出电压，使电动机的主磁通保持一定，在较宽的调速范围内，电动机的效率和功率因数保持不变。因为是控制电压和频率的比，所以称为 U/F 控制。它是转速开环控制，无需速度传感器，控制电路简单，是目前通用变频器中使用较多的一种控制方式。

2）转差频率控制变频器

转差频率控制需检测出电动机的转速，构成速度闭环。速度调节器的输出为转差频率，然后以电动机速度与转差频率之和作为变频器的给定输出频率。转差频率控制是指能够在控制过程中保持磁通 Φ_m 的恒定，能够限制转差频率的变化范围，且能通过转差频率调节异步电动机的电磁转矩的控制方式。与 U/F 控制方式相比，加减速特性和限制过电流的能力得到提高。另外，还有速度调节器，它是利用速度反馈进行速度闭环控制。速度的静态误差小，适用于自动控制系统。

3）矢量控制方式变频器

上述的 U/F 控制方式和转差频率控制方式的控制思想都建立在异步电动机的静态数模型上，因此动态性能指标不高。采用矢量控制方式的目的，主要是为了提高变频调速的动态性能。矢量控制方式基于电动机的动态数学模型，分别控制电动机的转矩电流和励磁电流，基本上可以达到和直流电动机一样的控制特性。

14.10 变频器应用场合

（1）空调负载类

写字楼、商场和一些超市、厂房都有中央空调，在夏季的用电高峰，空调的用电量很大。在炎热天气，北京、上海、深圳空调的用电量均占峰电 40% 以上。因而用变频装置，拖动空调系统的冷冻泵、冷水泵、风机是一项非常好的节电技术。目前，全国出现不少专做空调节电的公司，其中主要技术是变频调速节电。

（2）泵类负载

泵类负载包括水泵、油泵、化工泵、泥浆泵、砂泵等，有低压中小容量泵，也有高压大容量泵。

（3）破碎机类负载

冶金矿山、建材应用不少破碎机、球磨机，该类负载采用变频后效果显著。

（4）大型窑炉煅烧炉类负载

冶金、建材、烧碱等大型工业转窑（转炉）以前大部分采用直流、整流子电机、滑差电机、串级调速或中频机组调速。由于这些调速方式或有滑环或效率低，近年来，不少单位采用变频控制，效果极好。

（5）压缩机类负载

压缩机也属于应用广泛类负载。低压的压缩机在各工业部门都普遍应用，高压大容量压缩机在钢铁（如制氧机）、矿山、化肥、乙烯都有较多应用。采用变频调速，均带来启动电流小、节电、优化设备使用寿命等优点。

（6）轧机类负载

在冶金行业，过去大型轧机多用交 - 交变频器，近年来采用交 - 直 - 交变频器，轧机交流化已是一种趋势，尤其在轻负载轧机，如宁夏民族铝制品厂的多机架铝轧机组采用通用变频器，满足低频带载启动，机架间同步运行，恒张力控制，操作简单可靠。

（7）卷扬机类负载

卷扬机类负载采用变频调速，稳定、可靠。铁厂的高炉卷扬设备是主要的炼铁原料输送设备。它要求制动平稳，加减速均匀，可靠性高。原多采用串级、直流或转子串电阻调速方式，效率低、可靠性差。用交流变频器替代上述调速方式，可以取得理想的效果。

（8）转炉类负载

转炉类负载，用交流变频替代直流机组简单可靠，运行稳定。

（9）辊道类负载

辊道类负载，多在钢铁冶金行业，采用交流电机变频控制，可提高设备可靠性和稳定性。

许多自来水公司的水泵、化工和化肥行业的化工泵、往复泵、有色金属等行业的泥浆泵等采用变频调速，均产生非常好的效果。

（10）吊车、翻斗车类负载

吊车、翻斗车类负载转矩大且要求平稳，正反频繁且要求可靠。变频装置控制吊车、翻斗车可满足这些要求。

14.11 变频器的接线形式

变频器在使用时应接在接触器的后面（如图 14-32 所示），输入端连接接触器的出线端，变频器的输出端连接热继电器。

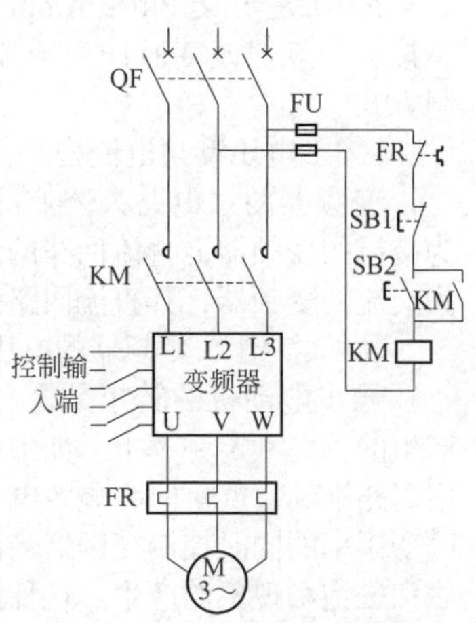

图 14-32　变频器的连接

（1）电源侧断路器

作用：用于变频器、电动机与电源回路的通断，并且在出现过流或短路事故时能自动切断变频器与电源的联系，以防事故扩大。

选择方法：如果没有工频电源切换电路，由于在变频调速系统中，电动机的启动电流可控制在较小范围内，因此电源侧断路器的额定电流可按变频器的额定电流来选用。如果有工频电源切换电路，当变频器停止工作时，电源直接接电动机，所以电源侧断路器应按电动机的启动电流进行选择。

（2）电源侧交流接触器

作用：电源一旦断电，自动将变频器与电源脱开，以免在外部端子控制状态下重新供电时变频器自行工作，以保护设备的安全及人身安全；在变频器内部保护功能起作用时，通过接触器使变频器与电源脱开。当然，变频器即使无电源侧的交流接触器（MC）也可使用。使用时请注意以下事项：

① 不要用交流接触器进行频繁地启动或停止（变频器输入回路的开闭寿命大约为 10 万次）。

② 不能用电源侧的交流接触器停止变频器。

14.12 变频器主要疑难解答

（1）什么是变频器？

变频器是利用电力半导体器件的通断作用将工频电源变换为另一频率的电能控制装置。

（2）PWM 和 PAM 的不同点是什么？

PWM 是英文 Pulse Width Modulation（脉冲宽度调制）缩写，按一定规律改变脉冲列的脉冲宽度，以调节输出量和波形的一种调值方式。

PAM 是英文 Pulse Amplitude Modulation（脉冲幅度调制）缩写，是按一定规律改变脉冲列的脉冲幅度，以调节输出量值和波形的一种调制方式。

（3）电压型与电流型有什么不同？

变频器的主电路大体上可分为两类：电压型是将电压源的直流变换为交流的变频器，直流回路的滤波是电容；电流型是将电流源的直流变换为交流的变频器，其直流回路滤波是电感。

（4）为什么变频器的电压与电流成比例的改变？

异步电动机的转矩是电机的磁通与转子内流过电流之间相互作用而产生的，在额定频率下，如果电压一定而只降低频率，那么磁通就过大，磁回路饱和，严重时将烧毁电机。因此，频率与电压要成比例地改变，即改变频率的同时控制变频器输出电压，使电动机的磁通保持一定，避免弱磁和磁饱和现象的产生。这种控制方式多用于风机、泵类节能型变频器。

（5）电动机使用工频电源驱动时，电压下降则电流增加；对于变频器驱动，如果频率下降时电压也下降，那么电流是否增加？

频率下降（低速）时，如果输出相同的功率，则电流增加，但在转矩一定的条件下，电流几乎不变。

（6）采用变频器运转时，电机的启动电流、启动转矩怎样？

采用变频器运转，随着电机的加速相应提高频率和电压，启动电流被限制在 150% 额定电流以下（根据机种不同，为 125% ～ 200%）。用工频电源直接启动时，启动电流为 6 ～ 7 倍，因此，将产生机械电气上的冲击。采用变频器传动可以平滑地启动（启动时间变长）。启动电流为额定电流的 1.2 ～ 1.5 倍，启动转矩为 70% ～ 120% 额定转矩；对于带有转矩自动增强功能的变频器，启动转矩为 100% 以上，可以带全负载启动。

（7）V/f 模式是什么意思？

频率下降时电压 V 也成比例下降，这个问题已在回答（4）说明。V 与 f 的比例关系是考虑了电机特性而预先决定的，通常在控制器的存储装置（ROM）中存有几种特性，可以用开关或标度盘进行选择。

（8）按比例地改 V 和 f 时，电机的转矩如何变化？

频率下降时完全成比例地降低电压，那么由于交流阻抗变小而直流电阻不变，将造成在低速下产生地转矩有减小的倾向。因此，在低频时给定 V/f，要使输出电压提高一些，以便获得一定地启动转矩，这种补偿称增强启动。可以采用各种方法实现，有自动进行的方法、选择 V/f 模式或调整电位器等方法。

（9）在说明书上写着变速范围 6 ～ 60Hz，即 10 ：1，那么在 6Hz 以下就没有输出功率吗？

在 6Hz 以下仍可输出功率，但根据电机温升和启动转矩的大小等条件，最低使用频率取 6Hz 左右，此时电动机可输出额定转矩而不会引起严重的发热问题。变频器实际输出频率（启动频率）根据机种为 0.5 ～ 3Hz。

（10）对于一般电机的组合是在 60Hz 以上也要求转矩一定，是否可以？

通常情况下时不可以的。在 60Hz 以上（也有 50Hz 以上的模式）电压不变，大体为恒功率特性，在高速下要求相同转矩时，必须注意电机与变频器容量的选择。

（11）所谓开环是什么意思？

给所使用的电机装置设速度检出器（PG），将实际转速反馈给控制装置进行控制的，称为“闭环”，不用 PG 运转的就叫做“开环”。通用变频器多为开环方式，也有的机种利用选件可进行 PG 反馈。

（12）实际转速对于给定速度有偏差时如何办？

开环时，变频器即使输出给定频率，电机在带负载运行时，电机的转速在额定转差率的范围内（1% ～ 5%）变动。对于要求调速精度比较高，即使负载变动也要求在近于给定速度下运转的场合，可采用具有 PG 反馈功能的变频器（选用件）。

（13）如果用带有 PG 的电机，进行反馈后速度精度能提高吗？

具有 PG 反馈功能的变频器，精度有提高。但速度精度的值取决于 PG 本身的精度和变频器输出频率的分辨率。

（14）失速防止功能是什么意思？

如果给定的加速时间过短，变频器的输出频率变化远远超过转速（电角频率）的变化，变频器将因流过过电流而跳闸，运转停止，这就叫做失速。为了防止失速使电机继续运转，就要检出电流的大小进行频率控制。当加速电流过大时适当放慢加速速率。减速时也是如此。两者结合起来就是失速功能。

（15）有加速时间与减速时间可以分别给定的机种，和加减速时间共同给定的机种，这有什么意义？

加减速可以分别给定的机种，对于短时间加速、缓慢减速场合，或者对于小型机床需要严格给定生产节拍时间的场合是适宜的，但对于风机传动等场合，加减速时间都较长，加速时间和减速时间可以共同给定。

（16）什么是再生制动？

电动机在运转中如果降低指令频率，则电动机变为异步发电机状态运行，作为制动器而工作，这就叫做再生（电气）制动。

（17）是否能得到更大的制动力？

从电机再生出来的能量贮积在变频器的滤波电容器中，由于电容器的容量和耐压的关系，通用变频器的再生制动力为额定转矩的10% ~ 20%。如采用选用件制动单元，可以达到50% ~ 100%。

（18）请说明变频器的保护功能？

保护功能可分为以下两类：

① 检知异常状态后自动地进行修正动作，如过电流失速防止，再生过电压失速防止。

② 检知异常后封锁电力半导体器件PWM控制信号，使电机自动停车。如过电流切断、再生过电压切断、半导体冷却风扇过热和瞬时停电保护等。

（19）为什么用离合器连续负载时，变频器的保护功能就动作？

用离合器连接负载时，在连接的瞬间，电机从空载状态向转差率大的区域急剧变化，流过的大电流导致变频器过电流跳闸，不能运转。

（20）在同一工厂内大型电机一启动，运转中变频器就停止，这是为什么？

电机启动时将流过和容量相对应的启动电流，电机定子侧的变压器产生电压降，电机容量大时此压降影响也大，连接在同一变压器上的变频器将做出欠压或瞬停的判断，因而有时保护功能（IPE）动作，造成停止运转。

（21）什么是变频分辨率？有什么意义？

对于数字控制的变频器，即使频率指令为模拟信号，输出频率也是有级给定。这个级差的最小单位就称为变频分辨率。

变频分辨率通常取值为0.015 ~ 0.5Hz，例如，分辨率为0.5Hz，那么23Hz的上面可变为23.5、24.0（Hz），因此电机的动作也是有级的跟随。

这样对于像连续卷取控制的用途就造成问题。在这种情况下，如果分辨率为 0.015Hz 左右，对于 4 级电机 1 个级差为 1r/min 以下，也可充分适应。另外，有的机种给定分辨率与输出分辨率不相同。

（22）装设变频器时安装方向是否有限制。

变频器内部和背面的结构考虑了冷却效果的，上下的关系对通风也是重要的，因此，对于单元型在盘内、挂在墙上的都取纵向位，尽可能垂直安装。

（23）不采用软启动，将电机直接投入到某固定频率的变频器时是否可以？

在很低的频率下是可以的，但如果给定频率高则同工频电源直接启动的条件相近。将流过大的启动电流（6 ～ 7 倍额定电流），由于变频器切断过电流，电机不能启动。

（24）电机超过 60Hz 运转时应注意什么问题？

① 机械和装置在该转速下运转要充分可能（机械强度、噪声、振动等）。

② 电机进入恒功率输出范围，其输出转矩要能够维持工作（风机、泵等轴输出功率于速度的立方成比例增加，所以转速少许升高时也要注意）。

③ 产生轴承的寿命问题，要充分加以考虑。

④ 对于中容量以上的电机特别是 2 极电机，在 60Hz 以上运转时要与厂家仔细商讨。

（25）变频器可以传动齿轮电机吗？

根据减速机的结构和润滑方式不同，需要注意若干问题。在齿轮的结构上通常可考虑 70 ～ 80Hz 为最大极限，采用油润滑时，在低速下连续运转关系到齿轮的损坏等。

（26）变频器能用来驱动单相电机吗？可以使用单相电源吗？

基本上不能用。对于调速器开关启动式的单相电机，在工作点以下的调速范围时将烧毁辅助绕组；对于电容启动或电容运转方式的，将诱发电容器爆炸。变频器的电源通常为 3 相，但对于小容量的，也有用单相电源运转的机种。

（27）变频器本身消耗的功率有多少？

它与变频器的机种、运行状态、使用频率等有关，但要回答很困难。不过在 60Hz 以下的变频器效率为 94% ～ 96%，据此可推算损耗，但内藏再生制动式（FR-K）变频器，如果把制动时的损耗也考虑进去，功率消耗将变大，对于操作盘设计等必须注意。

（28）为什么不能在 6 ～ 60Hz 全区域连续运转使用？

一般电机利用装在轴上的外扇或转子端环上的叶片进行冷却，若速度降低则冷却效果下降，因而不能承受与高速运转相同的发热，必须降低在低速下的负载转矩，或采用容量大的变频器与电机组合，或采用专用电机。

（29）使用带制动器的电机时应注意什么？

制动器励磁回路电源应取自变频器的输入侧。如果变频器正在输出功率时制动器动作，将造成过电流切断。所以要在变频器停止输出后再使制动器动作。

（30）想用变频器传动带有改善功率因数用电容器的电机，电机却不动，请说明原因。

变频器的电流流入改善功率因数用的电容器，由于其充电电流造成变频器过电流（OCT），所以不能启动，作为对策，请将电容器拆除后运转，甚至改善功率因数，在变频器的输入侧接入 AC 电抗器是有效的。

（31）变频器的寿命有多久？

变频器虽为静止装置，但也有像滤波电容器、冷却风扇那样的消耗器件，如果对它们进行定期的维护，可望有 10 年以上的寿命。

（32）变频器内藏有冷却风扇，风的方向如何？风扇若是坏了会怎样？

对于小容量也有无冷却风扇的机种。有风扇的机种，风的方向是从下向上，所以装设变频器的地方，上、下部不要放置妨碍吸、排气的机械器材。还有，变频器上方不要放置怕热的零件等。风扇发生故障时，由电扇停止检测或冷却风扇上的过热检测进行保护。

（33）滤波电容器为消耗品，那么怎样判断它的寿命？

作为滤波电容器使用的电容器，其静电容量随着时间的推移而缓缓减少，定期地测量静电容量，以达到产品额定容量的 85% 时为基准来判断寿命。

（34）装设变频器时安装方向是否有限制。

应基本收藏在盘内，问题是采用全封闭结构的盘外形尺寸大，占用空间大，成本比较高。其措施有：

① 盘的设计要针对实际装置所需要的散热；

② 利用铝散热片、翼片冷却剂等增加冷却面积；

③ 采用热导管。

第15章 机床电气线路检修

15.1 X62W型万能铣床电气线路的分析

X62W型万能铣床电气控制线路如图15-1所示。

15.1.1 主电路

有三台电动机，M1是主轴电动机，M2是进给电动机，M3是冷却泵电动机。

① 主轴电动机M1通过换相开关SA4与接触器KM1配合，能实现正、反转控制，与接触器KM2、制动电阻器*R*及速度继电器的配合，能实现串电阻瞬时冲动和正、反转反接制动控制，并能通过机械机构进行变速。

② 进给电动机M2通过接触器KM3、KM4与行程开关及KM5、牵引电磁铁YA配合，可实现进给变速时的瞬时冲动、三个相互垂直方向的常速进给和快速进给控制。

③ 冷却泵电动机M3只需正转。

④ 电路中FU1作机床总短路保护，也兼作主轴电动机M1的短路保护；FU2作为M2、M3及控制、照明变压器一次侧的短路保护；热继电器FR1、FR2、FR3分别作M1、M2、M3的过载保护。

15.1.2 控制电路

（1）主轴电动机的控制

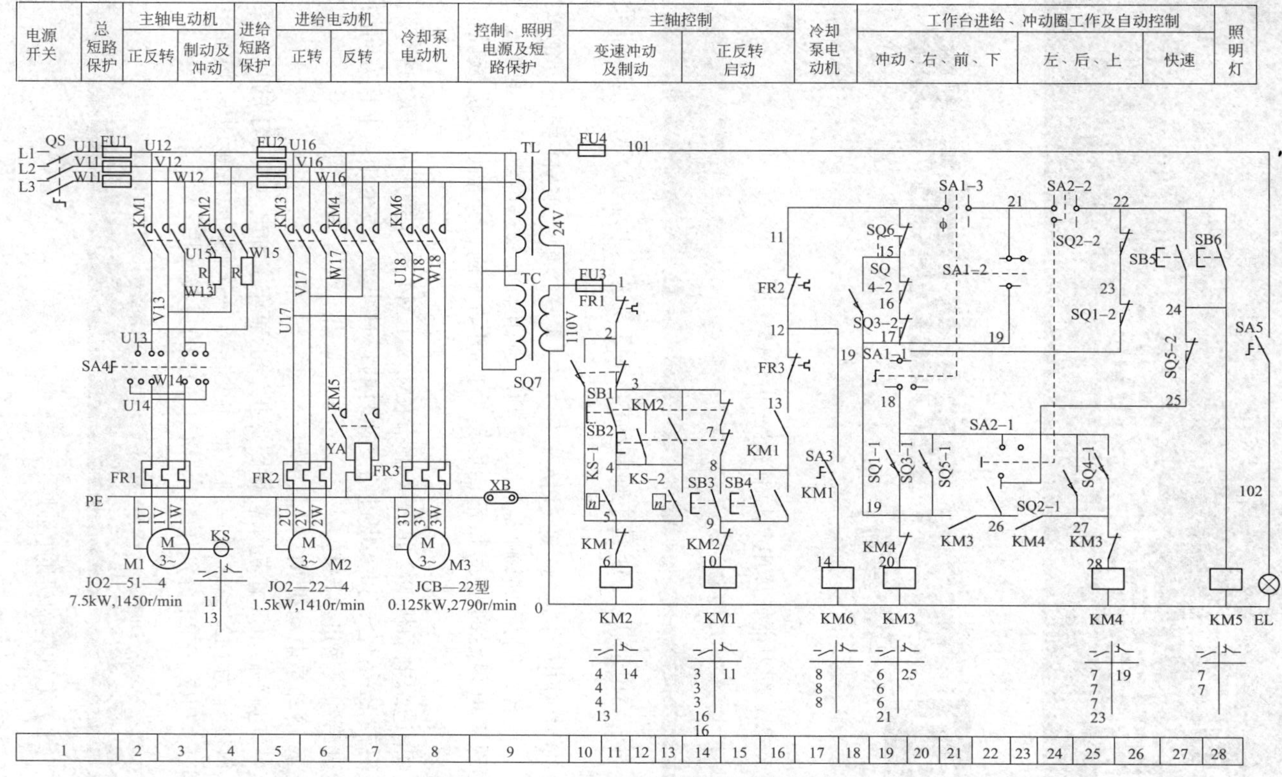

图 15-1 X62W 型万能铣床电气原理图

① 主轴电动机的两地控制由分别装在机床两边的停止按钮和启动按钮 SB1、SB3 与 SB2、SB4 完成。

② KM1 是主轴电动机启动接触器，KM2 是反接制动和主轴变速冲动接触器，SQ7 是与主轴变速手柄联动的瞬时动作行程开关。

③ 主轴电动机启动之前，要先将换相开关 SA4 扳到主轴电动机所需要的旋转方向，然后再按启动按钮 SB3 或 SB4，完成启动。

④ M1 启动后，速度继电器 KS 的一副常开触点闭合，为主轴电动机的停转制动做好准备。

⑤ 停车时，按停车按钮 SB1 或 SB2 切断 KM1 电路，接通 KM2 电路，进行串电阻反接制动。当 M1 转速低于 120r/min 时，速度继电器 KS 的一副常开触点恢复断开，切断 KM2 电路，M1 停转，完成制动。

⑥ 主轴电动机变速时的瞬时冲动控制，是利用变速手柄与冲动行程开关 SQ7 通过机械上的联动机构完成的。

（2）工作台进给电动机的控制

工作台在三个相互垂直方向上的运动由进给电动机 M2 驱动，接触器 KM3 和 KM4 由两个机械操作手柄控制，使 M2 实现正反转，用以改变进给运动方向。这两个机械操作手柄，一个是纵向（左、右）运动机械操作手柄，另一个是垂直（上、下）和横向（前、后）运动机械操作手柄。纵向运动机械操作手柄与行程开关 SQ1、SQ2 联动，垂直及横向运动机械操作手柄与行程开关 SQ3、SQ4 联动，相互组成复合联锁控制，使工作台工作时只能进行其中一个方向的移动，以确保操作安全。这两个机械操作手柄各有两套，都是复式的，分设在工作台不同位置上，以实现两地操作。

机床接通电源后，将控制圆工作台的组合开关 SA1 扳到断开位置，此时不需圆工作台运动，触点 SA1-1（17-18）和 SA1-3（11-21）闭合，而 SA1-2（19-21）断开，再将选择工作台自动与手动控制的组合开关 SA2 扳到手动位置，使触点 SA2-1（18-25）断开，而 SA2-2（21-22）闭合，然后启动 M1，这时接触器 KM1 吸合，使 KM1（8-13）闭合，就可进行工作台的进给控制。

① 工作台纵向（左、右）运动的控制　工作台纵向运动由纵向运动操作手柄控制。手柄有三个位置：向左、向右、零位。当手柄扳到向右或向左位置时，手柄的联动机构压下行程开关 SQ1 或 SQ2，使接触器 KM3 或 KM4 动作，控制进给电动机 M2 的正、反转。工作台左右运动的行程，可通过调整安装在工作台两端的挡铁位置来实现。当工作台纵向运动到极限位置时，挡铁撞动纵向运动操作手柄，使它回到零位，工作台停止运动，从而实现了纵向极限保护。

② 工作台垂直（上、下）和横向（前、后）运动的控制　工作台的垂直和横向运动，由垂直和横向运动操作手柄控制。手柄的联动机械一方面能压下行程开关 SQ3 或 SQ4，同时能接通垂直或横向进给离合器。其操作手柄有五个位置：上、下、前、后和中间位置，五个位置是联锁的。工作台的上下和前后运动的极限保护是利用装在床身导轨旁与工作台座上的挡铁，将操纵十字手柄撞到中间位置，使 M2 断电停转。

③ 工作台快速进给控制　当铣床不作铣切加工时，为提高劳动生产效率，要求工作台能快速移动。工作台在三个相互垂直方向上的运动都可实现快速进给控制，且有手动和自动两种控制方式，一般都采用手动控制。

当工作台作常速进给移动时，再按下快速进给按钮 SB5（或 SB6），使接触器 KM5 得电吸合，接通牵引电磁铁 YA，电磁铁通过杠杆使摩擦离合器合上，减少中间传动装置，使工作台按原运动方向作快速进给运动。松开快速进给按钮时，电磁铁 YA 断电，摩擦离合器断开，快速进给运动停止，工作台仍按原常速进给时的速度继续运动。可见快速移动是点动控制。

④ 进给电动机变速时瞬动（冲动）控制　变速时，为使齿轮易于啮合，进给变速也设有变速冲动环节。进给变速冲动是由进给变速手柄配合进给变速冲动开关 SQ6 实现的。需要进给变速时，应将转速盘的蘑菇形手轮向外拉出并转动转速盘，将所需进给量的标尺数字对准箭头，然后再把蘑菇形手轮用力拉到极限位置并随即推回原位。在将蘑菇形手轮拉到极限位置的瞬间，其连杆机构瞬时压下行程开关 SQ6，使 SQ6 的常闭触点 SQ6（11-15）断开，常开触点 SQ6（15-19）闭合，使 KM3 得电，电动机 M2 正转。由于操作时只使 SQ6 瞬时压合，所以 KM3 是瞬时接通的，故能达到 M2 瞬时转动一下，从而保证变速齿轮易于啮合。由于进给变速瞬时冲动的通电回路要经过 SQ1 ～ SQ4 四个行程开关的常闭触点，因此，只有当进给运动的操作手柄都在中间（停止）位置时，才能实现进给变速冲动控制，以保证操作时的安全。同时，与主轴变速时冲动控制一样，电动机的通电时间不能太长，以防止转速过高，在变速时打坏齿轮。

（3）圆工作台运动的控制

为铣切螺旋槽、弧形槽等曲线，X62W 型万能铣床附有圆形工作台及其传动机构，可安装在工作台上。圆形工作台的回转运动也是由进给电动机 M2 经传动机构驱动的。

圆工作台工作时，首先将进给操作手柄扳到中间（停止）位置，然后将组合开关 SA1 扳到接通位置，这时触点 SA1-1（17-18）及 SA1-3（11-21）断开，SA1-2（19-21）闭合。按下主轴启动按钮 SB3 或 SB4，则接触器 KM1 与 KM3 相继吸合，主轴电动机 M1 与进给电动机 M2 相继启动并运转，进给电动机仅以正转方向带动圆工作台做定向回转运动。由于圆工作台控制电路是经行程开关 SQ1 ～ SQ4 四个行程开关的常闭触点形成闭合回路的，所以操作任何一个长方形工作台进给手柄，都将切断圆工作台控制电路，实现了圆工作台和长方形工作台的联锁。若要使圆工作台停止转动，可按主轴停止按钮 SB1 或 SB2，则主轴与圆工作台同时停止工作。

（4）冷却泵电动机的控制与照明电路

冷却泵电动机 M3 通常在铣削加工时由转换开关 SA3 操作。扳至接通位置时，接触器 KM6 得电，M3 启动，输送切削液，供铣削加工冷却用。机床照明由照明变压器 TL 输出 24V 安全电压，由转换开关 SA5 控制照明灯 EL。

15.1.3　电气元件明细表

X62W 型万能铣床电气元件明细表见表 15-1。

表 15-1　X62W 型万能铣床电气元件明细表

代　号	名　称	型号与规格	件数	备　　注
M1	主轴电动机	J02-51-4、7.5kW、1450r/min	1	380V、50Hz、T2
M2	进给电动机	J02-22-4、1.5kW、1410r/min	1	380V、50Hz、T2
M3	冷却泵电动机	JCB-22、0.125kW、2790r/min	1	380V、50Hz
KM1、KM2	交流接触器	CJ0-20、110V、20A	2	
KM3 ~KM6		CJ0-10、110V、10A	4	
TC	控制变压器	BK-150、380/110V	1	
TL	照明变压器	BK-50、380/24V	1	
SQ1、SQ2	位置开关	LX1-11K	2	开启式
SQ3、SQ4		LX2-131	2	自动复位
SQ5 ～ SQ7		LX3-11K	3	开启式

续表

代　号	名　称	型号与规格	件数	备　注
QS	组合开关	HZ1-60/E26、三极、60A	1	
SA1		HZ1-10/E16、三极、10A	1	
SA2		HZ1-10/E16、二极、10A	1	
SA4		HZ3-133、三极	1	
SA3、SA5		HZ10-10/2、二极、10A	2	
SB1、SB2	按　钮	LA2、500V、5A	2	红色
SB3、SB4		LA2、500V、5A	2	绿色
SB5、SB6		LA2、500V、5A	2	黑色
R	制动电阻器	ZB2、1.45W、15.4A	2	
FR1	热继电器	JR0-40/3、额定电流 16A	1	整定电流 14.85A
FR2		JR10-10/3、热元件编号 10	1	整定电流 3.42A
FR3		JR10-10/3、热元件编号 1	1	整定电流 0.415A
FU1	熔断器	RL1-60/35、熔体 35A	3	
FU2 ～ FU4		RL1-15、熔体 10A（3 只）、6A 和 2A（各 1 只）	5	
KS	速度继电器	JY1、380V、2A	1	
YA	牵引电磁铁	MQ1-5141、线圈电压 380V	1	拉力 150N
EL	低压照明灯	K-2、螺口	1	配灯泡 24V、40W

15.2 X62W 型万能铣床电气线路检修

从 X62W 型万能铣床电气控制线路分析中可知，它与机械系统的配合十分密切，例如进给电动机采用电气与机械联合控制，整个电气线路的正常工作往往与机械系统正常工作是分不开的。因此，在出现故障时，正确判断是电气故障还是机械故障以及对电气与机械相配合情况的掌握，是迅速排除故障的关键。同时，X62W 型万能铣床控制线路联锁较多，这也是其易出现故障的一个方面。下面以几个实例来叙述 X62W 型万能铣床的常见故障及其排除方法。

15.2.1 主轴的制动故障检修

（1）主轴停车制动效果不明显或无制动

首先检查按下停止按钮 SB1 或 SB2 后，反接制动接触器 KM2 是否吸合，如 KM2 不吸合，可先操作主轴变速冲动手柄，若有冲动，则故障范围就缩小到速度继电器和按钮支路上。若 KM2 吸合，则故障就可能是在主电路的 KM2、R 制动支路上，可能是二相或三相断路，使主轴停车无制动；或者是速度继电器过早断开，使 KM2 过早断开，造成主轴停车制动效果不明显。可见，这个故障较多是由于速度继电器 KS 发生故障引起的。速度继电器的两对常开触点是用胶木摆杆推动动作的，如果胶木摆杆断裂，将使 KS 常开触点不能正常闭合，使主轴停车无制动。另外，KS 轴伸端圆销扭弯、磨损或弹性连接件损坏，螺钉、销钉松动或打滑等，都会使主轴停车无制动。若 KS 常开触点过早断开，则可能是 KS 动触点的反力弹簧调节过紧或 KS 的永久磁铁转子的磁性衰减等，这些故障会使主轴停车效果不明显。

（2）主轴停车后短时反向旋转

一般是由于速度继电器 KS 动触点弹簧调整得过松，使触点复位过迟，导致在反接的惯性作用下主轴电动机出现短时反向旋转。

（3）主轴变速时无瞬时冲动

可能是冲动行程开关 SQ7 在频繁压合下，开关位置改变以致压不上或触点接触不良。

（4）按下停止按钮后主轴不停

产生该故障的原因可能有：接触器 KM1 主触点熔焊、反接制动时两相运行、启动按钮 SB3 或 SB4 在启动后绝缘被击穿损坏。

（5）工作台不能快速进给

常见原因是牵引电磁铁 YA 电路不通，如线圈烧毁、线头脱落或机械卡死。如果按下 SB5 或 SB6 后接触器 KM5 不吸合，则故障在控制电路部分；若 KM5 能吸合，且牵引电磁铁 YA 也吸合正常，则故障大多为机械故障，如杠杆卡死或离合器摩擦片间隙调整不当。

（6）工作台控制电路的故障

这部分电路故障较多，现仅举一例说明。工作台能够纵向进给但不能横向或垂直进给。从故障现象看，工作台能够纵向进给，说明进给电动机 M2、主电路、接触器 KM3、KM4 及与纵向进给相关的公共支路都正常，这样就缩小了故障范围。操作垂直和横向进给手柄无进给，可能是由于该手柄压合的行程开关 SQ3 或 SQ4 压合不上，也可能是 SQ1 或 SQ2 在纵向操纵手柄扳回中间位置后不能复位，引起联锁故障，致使 22-23-17 支路被切断，无法接通进给控制电路。

15.2.2 继电器的检修

继电器是一种根据外界输入的信号如电气量（电压、电流）或非电气量（热量、时间、转速等）的变化接通或断开控制电路，以完成控制或保护任务的电器。继电器有三个基本部分，即感测机构、中间机构和执行机构。检修各种继电器装置，主要就是检修这三个基本部分。

（1）感测机构的检修

① 电磁式继电器　对于电磁式（电压、电流、中间）继电器而言，其感测机构即为电磁系统。电磁系统的故障，主要集中在线圈及动、静铁芯部分。

a. 线圈故障检修　线圈故障通常有：线圈绝缘损坏；受机械损伤形成匝间短路或接地；由于电源电压过低，动、静铁芯接触不严密，使通过线圈电流过大，线圈过热以至于烧毁。其修理时，应重绕线圈。

如果线圈通电后衔铁不吸合，可能是线圈引出线连接处脱落，使线圈断路。检查出脱落处后焊接上即可。

b. 铁芯故障检修　铁芯故障主要有：

- 通电后，衔铁吸不上。这可能是由于线圈断线，动、静铁芯被卡住，动、静铁芯之间有异物，电源电压过低等造成的。应区别情况修理。

● 通电后，衔铁噪声大。可能是由于动、静铁芯接触面不平整或有油污造成的。修理时，应取下线圈，锉平或磨平其接触面；如有油污应用汽油进行清洗。噪声大可能是由于短路环断裂引起的，修理或更换新的短路环即可。

● 断电后，衔铁不能立即释放。这可能是由于动铁芯被卡住、铁芯气隙太小、弹簧劳损和铁芯接触面有油污等造成的。检修时应针对故障原因区别对待，或调整气隙，使其保持在 0.02 ～ 0.05mm 或更换弹簧或用汽油清洗油污。

② 热继电器　对热继电器而言，其感测机构是热元件。其常见故障是热元件烧坏或热元件误动作、不动作。

a. 热元件烧坏　这可能是由于负载侧发生短路或热元件动作频率太高造成的。检修时应更换热元件，重新调整整定值。

b. 热元件误动作　这可能是由于整定值太小、未过载就动作，或使用场合有强烈的冲击及振动，使其动作机构松动脱扣而引起误动作造成的。

c. 热元件不动作　这可能是由于整定值太大，使热元件失去过载保护功能，以致过载很久仍不动作。检修时应根据负载工作电流来调整整定电流。

（2）执行机构的检修

大多数继电器的执行机构都是触点系统。通过它的“通”与“断”，来完成一定的控制功能。触点系统的故障一般有触点过热、磨损、熔焊等。引起触点过热的主要原因是容量不够，触点压力不够，表面氧化或不清洁等；引起磨损加剧的主要原因是触点容量太小，电弧温度过高使触点金属汽化等；引起触点熔焊的主要原因是电弧温度过高或触点严重跳动等。触点的检修顺序如下。

① 打开外盖，检查触点表面情况。

② 如果触点表面氧化，对银触点可不作修理，对铜触点可用油光锉锉平或用小刀轻轻刮去其表面的氧化层。

③ 如触点表面不清洁，可用汽油或四氯化碳清洗。

④ 如果触点表面有灼伤烧毛痕迹，对银触点可不必整修，对铜触点可用油光锉或小刀整修。不允许用砂布或砂纸来整修，以免残留砂粒，造成接触不良。

⑤ 触点如果熔焊，应更换触点。如果是因触点容量太小造成的，则应更换容量大一级的继电器。

⑥ 如果触点压力不够，应调整弹簧或更换弹簧来增大压力。若压力

仍不够，则应更换触点。

（3）中间机构的检修

① 对空气式时间继电器而言，其中间机构主要是气囊。其常见故障是延时不准。这可能是由于气囊密封不严或漏气，使动作延时缩短，甚至不延时；也可能是气囊空气通道堵塞，使动作延时变长。修理时，对于前者应重新装配或更换新气囊，对于后者应拆开气室清除堵塞物。

② 对速度继电器而言，其胶木摆杆属于中间机构。如反接制动时电动机不能制动停转，就可能是胶木摆杆断裂。检修时应予以更换。

15.2.3 电缆的故障检修

（1）电缆常见故障

① 线路故障　主要包括断线和不完全断线故障。

② 绝缘故障　包括绝缘损坏或击穿，如相间短路、单相接地等。

③ 综合故障　兼有以上两种故障。

（2）故障原因的分析

电缆产生故障的原因很多，电缆常见故障如下。

① 机械损伤　电缆直接受到外力损伤，如基建施工时受挖掘工具的损伤，或由于电缆铅包层的疲劳损坏、铅包龟裂、弯曲过度、热胀冷缩等引起电缆的机械损伤。

② 绝缘受潮　由于设计或施工不良，使水分浸入，造成绝缘受潮，绝缘性能下降。绝缘受潮是电缆终端头和中间接线盒最常见的故障。

③ 绝缘老化　电缆中的浸渍剂在电热作用下化学分解，使介质损耗增大，导致电缆局部过热，绝缘老化造成击穿。

④ 电缆击穿　由于设计不当，电缆长期过热，使电缆过热击穿或由于操作过电压，造成电缆过电压击穿。

⑤ 材料缺陷　材料质差引起，如电缆中间接线盒或电缆终端头等附件的铸铁质量差，有细小裂缝或砂眼，造成电缆损坏。

⑥ 化学腐蚀　由于电缆线路受到酸、碱等化学腐蚀，使电缆击穿。

（3）电缆故障的检测

① 无论何种电缆，均须在电缆与电力系统完全隔离后，才可进行鉴定故障性质的试验。

② 鉴定故障性质的试验，应包括每根电缆芯的对地绝缘电阻、各电缆芯间的绝缘电阻和每根电缆芯的连续性。

③ 鉴定故障性质可用兆欧表试验。电缆在运动或试验中已发现故障，

兆欧表不能鉴别其性质时，可用高压直流来测试电缆芯间及芯与铅包间的绝缘。

④ 电缆二芯接地故障时，不允许利用另一芯的自身电容做声测试验。

⑤ 电缆故障的测寻方法可参照表 15-2 进行。测出故障点距离后，应根据故障的性质，采用声测法或感应法定出故障点的确切位置。充油电缆的漏油点可采用流量法和冷冻法测寻。

表 15-2　测寻电缆故障点的方法

故障情况		电桥法	感应法	脉冲反射示波器法	脉冲振荡示波器法
接地电阻小于10kΩ	单相	○	△①	△②	○
	二相　短路接地	○	△①	△②	○
接地电阻小于10kΩ	三相　短路接地	△③	△①	△②	○
	护层接地	○	△①	△②	○
高阻接地		△	×	×	○
断　　线		△	×	○	×
闪　　络		×	×	×	○

① 结合烧穿法，电阻小于 1000Ω。

② 结合烧穿法，电阻小于 100Ω（电缆波阻抗值的 2 ～ 3 倍）。

③ 放全长临时线，或借用其他电缆芯作回线。

注：○ 表示推广方法；△表示可用方法；× 表示不用方法。

（4）故障点的精测方法

① 感应法　感应法原理是当音频电流经过电缆线时，在电缆周围产生电磁波，当携带感应接收器沿电缆线路移动时，可以听到电磁波的音响。在故障点，音频电流突变，电磁波的音响也发生突变。该方法适用于寻找断线、相间低电阻短路故障，不适用于寻找高电阻短路及单相接地故障。

② 声测法　声测法原理是利用电容器充电后经过球隙向故障线芯放电，故在故障点附近用拾音器可判断故障点的准确位置。

15.2.4 故障处理措施

① 发现电缆故障部位后，应按《电业安全工作规程》的规定进行处理。

② 清除电缆故障部分后，必须进行电缆绝缘的潮气试验和绝缘电阻试验。检验潮气用油的温度为150℃。对于橡塑电缆则以导线内有无水滴作为判断标准。

③ 电缆故障修复后，必须核对相位，并做耐压试验，合格后，才可恢复运行。

15.3 Z3040型摇臂钻床电气线路检修

15.3.1 主要结构及运动形式

（1）主要结构

摇臂钻床主要由底座、内立柱、外立柱、摇臂、主轴箱、工作台等组成，如图15-2所示。内立柱固定在底座上，在它外面套着空心的外立柱，外立柱可绕着不动的内立柱回转一周。摇臂一端的套筒部分与外立柱滑动配合，借助于丝杠，摇臂可沿着外立柱上下移动，但两者不能作相对转动（由于该丝杠与外立柱连成一体，而升降螺母固定在摇臂上），因此摇臂将与外立柱一起相对内立柱回转。主轴箱是一个复合的部件，它具有主轴部分及主体运动和进给运动的全部传动机构和操作机构，包括主传动电动机在内。主轴箱

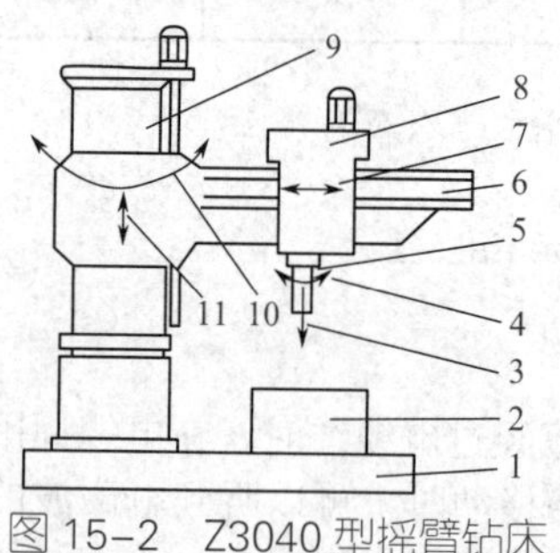

图15-2 Z3040型摇臂钻床结构及运动情况示意图

1—底座；2—工作台；3—主轴纵向进组；4—主轴旋转主运动；5—主轴；6—摇臂；7—主轴箱沿摇臂径向运动；8—主轴箱；9—内外立柱；10—摇臂回转运动；11—摇臂垂直运动

可沿着摇臂上的水平导轨作径向移动。当进行加工时，主轴箱紧固在摇臂导轨上，外立柱紧固在内立柱上，摇臂紧固在外立柱上，然后进行钻削加工。

（2）运动形式

主轴的旋转运动为主运动，主轴的垂直运动为进给运动，摇臂沿外立柱的升降运动、主轴箱沿摇臂径向移动、摇臂与外立柱一起相对于内立柱的回转运动为辅助运动。

15.3.2 电力拖动形式及控制要求

摇臂钻床可在大、中型零件上进行钻孔、扩孔、铰孔、攻螺纹等多种形式的加工，因此要求它的主轴的旋转运动和进给运动有较大的调速范围，且用一台三相笼型异步电动机拖动主轴的转速和进刀量用变速箱改变。钻床加工螺纹时，主轴需要正反转。摇臂钻床主轴的正反转用机械方法变换，故主轴电动机只作单方向运转。摇臂沿外立柱的升降运动由一台摇臂升降电动机拖动。摇臂、外立柱、主轴箱的松开与夹紧由一台液压泵电动机拖动。摇臂的回转和主轴箱的径向移动采用手动操作。钻床加工时，用冷却泵电动机供给切削液冷却钻头和工件。摇臂钻床的主轴旋转和摇臂升降不允许同时进行，以保证安全生产。

15.3.3 电气控制线路分析

Z3040 型摇臂钻床电气控制线路如图 15-3 所示。Z3040 型摇臂钻床的主轴旋转运动和进给运动由 M1 拖动，主轴的正反转通过机械转换，因此 M1 只有单方向运转，由 KM1 控制；摇臂的升降由 M2 拖动，M2 必须能正反转，由 KM2、KM3 控制；摇臂、主轴箱、外立柱的松开与夹紧由 M3 供给压力油实现，M3 必须能正反转，由 KM4、KM5 控制；M4 供给切削液对加工刀具进行冷却。

（1）M1 的启、停控制

要 M1 启动，合上 Q1，此时如果外立柱、主轴箱是夹紧的，则 SQ4 的常开触点（101-103）闭合，指示灯 HL2 亮，SQ4 的常闭触点（101-102）断开，指示灯 HL1 不亮。按下 SB2，KM1 得电自保，M1 启动运转，同时由于 KM1 的常开辅助触点（101-104）闭合指示灯 HL3 亮。要 M1 停车，按下 SB1，KM1 失电，M1 停转，HL3 灭。

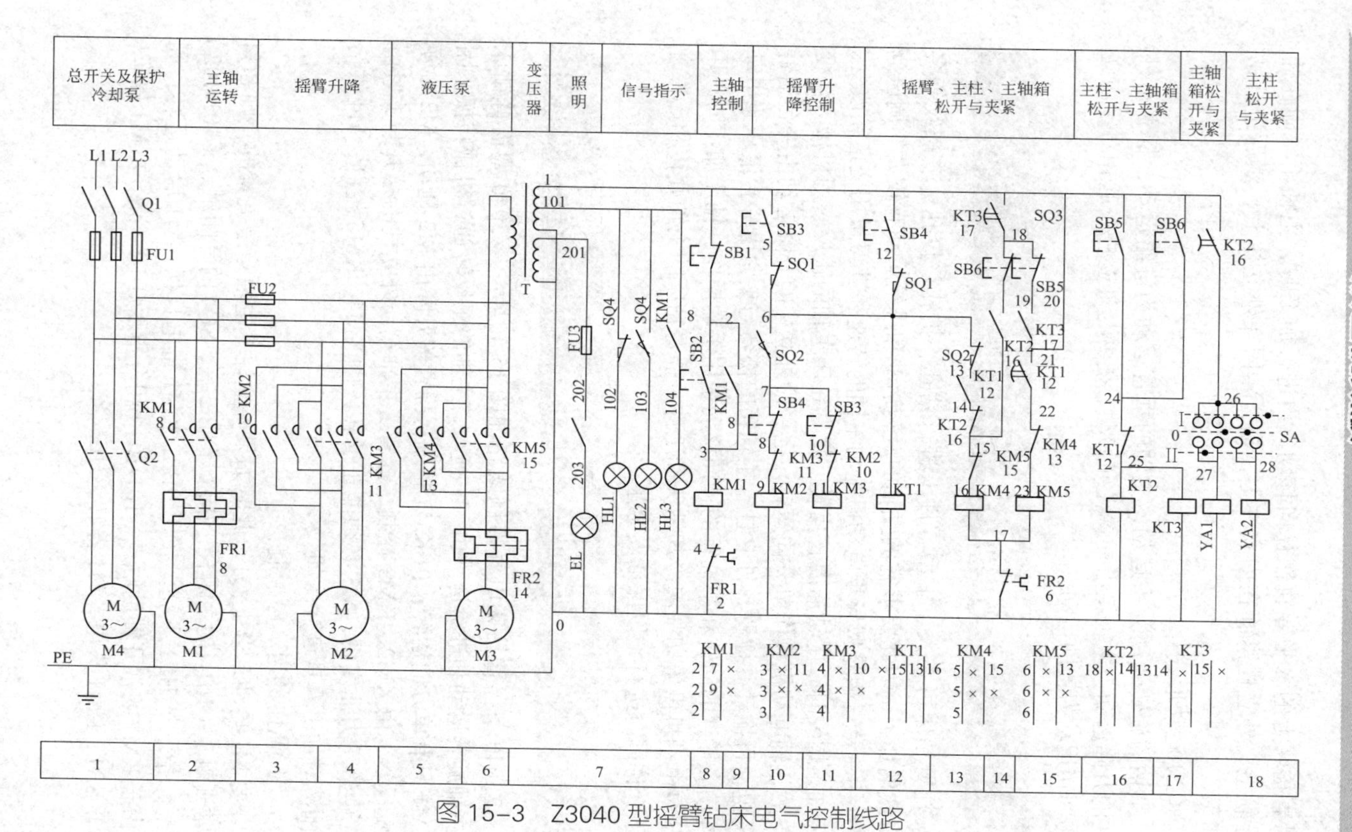

图15-3 Z3040型摇臂钻床电气控制线路

（2）摇臂的升、降控制

摇臂松开时，SQ2 的常开触点（6-7）闭合，SQ2 的常闭触点（6-13）断开，SQ3 的常闭触点（1-21）闭合；摇臂夹紧时，SQ2 的常开触点（6-7）断开，SQ2 的常闭触点（6-13）闭合，而 SQ3 的常闭触点（1-21）断开。SQ1（5-6）、SQ1（12-6）分别为摇臂升降限位行程开关。要想让摇臂上升，按下 SB3，其常闭触点（7-10）先断开，起机械联锁作用，其常开触点（1-5）后闭合，KT1 得电。KT1 得电后，其断电延时复位的常闭触点（21-22）先断开，起电联锁作用，瞬动常开触点（13-14）后闭合，因为摇臂是夹紧的，所以 KM4 得电。KM4 得电后，其常闭触点（22-23）先打开，起电联锁作用，其常开主触点后闭合，M3 正转，压力油经分配阀体进入摇臂的松开油腔，推动活塞使摇臂松开。摇臂松开后，SQ3 常闭触点（1-21）复位，活塞杆通过弹簧片使 SQ2（6-13）断开，KM4 失电，SQ2（6-7）闭合，KM2 得电。KM2 得电后，其常开主触点先复位，M3 停转；其常闭辅助触点后复位，为 KM5 得电作准备。KM2 得电后，其常闭触点（10-11）先断开，起电联锁作用，其常开主触点后闭合，M2 正转，摇臂上升。当摇臂上升到位时，松开 SB3，KM2、KT1 失电。KM2 失电后，M2 停转，摇臂停止上升。KT1 失电后，到达其整定时间，其延时复位的常闭触点（21-22）复位，KM5 得电。KM5 得电后，其常闭辅助触点（15-16）先打开，起电联锁作用；其常开主触点后闭合，M3 反转，压力油经分配阀体进入摇臂夹紧腔，摇臂夹紧，夹紧到一定程度，活塞杆通过弹簧片使常闭的 SQ3（1-21）打开，KM5 失电，M3 停转，完成了摇臂的松开→上升→夹紧动作。

摇臂自动夹紧程度由 SQ3 控制，如果夹紧机构液压系统出现故障不能夹紧，则 SQ3（1-21）断不开，或者 SQ3（1-21）安装调整不当，摇臂夹紧后仍不能压下 SQ3，这都会使 M3 处于长期过载状态，易将 M3 烧毁，为此 M3 用 FR2 作长期过载保护。摇臂的下降过程与上升过程相似。

（3）立柱、主轴箱的松开与夹紧控制

外立柱、主轴箱的松开与夹紧，由转换开关 SA 预选。当 SA 扳到“Ⅰ”位时，为外立柱的松开与夹紧；当 SA 扳到“Ⅱ”位时，为主轴箱的松开与夹紧；当 SA 在“0”位时，外立柱与主轴箱同时松开与夹紧。立柱、主轴箱的松开由复合按钮 SB5 通过 KT2、KT3、KM4 点动控制；立柱、主轴箱的夹紧由复合按钮 SB6 通过 KT2、KT3、KM5 点动控制。要主轴箱松开，先将 SA 扳到“Ⅱ”位，触点（26-27）接通，触点（26-28）断开。然后按下 SB5，其常闭触点先断开，起机械联锁作用；其常开触点后闭合，KT2、KT3 同时得电。KT2 得电后，其断电延时复位的常开触点（1-26）瞬时闭合，电磁铁 YA1 得电。瞬动的常开触点 KT2（15-19）、KT3（20-21）

也瞬时闭合。经过 1 ～ 3s 后，KT3 的通电延时闭合的常开触点（1-18）闭合，KM4 通过 1-18-19-15-16-17-0 通电，其常闭辅助触点（22-23）先断开，起电联锁作用，其常开主触点后闭合，M3 正转，压力油经分配阀体到达主轴箱液压缸，推动活塞使主轴箱松开。主轴箱的夹紧与主轴箱的松开相似。要立柱松开，先将 SA 扳到“Ⅰ”位，触点（26-28）闭合，触点（26-27）断开。然后按下 SB5，KT2、KT3 同时得电。KT2 得电后，其断电延时复位的常开触点（1-26）瞬时闭合，YA2 得电。KT2、KT3 的瞬动常开触点（15-19）、（20-21）也瞬时闭合。到达 KT3 的整定时间，其通电延时闭合的常开触点（1-18）闭合，KM4 通电，M3 正转，压力油经分配阀体到达外立柱液压缸，推动活塞使立柱松开。外立柱松开后，活塞杆使 SQ4 的常开、常闭触点均复位，HL1 亮，HL4 灭。立柱的夹紧与松开相似。

15.4 T68 型卧式镗床电气线路检修

15.4.1 工作原理

（1）机床概况

T68 型卧式镗床有两台电动机 M1 和 M2。电动机 M1 控制主轴运转和进给，系双速异步电动机，正反转和变速由接触器控制。电动机 M2 是快速移动电动机。该镗床主要由床身、前立柱、镗头架、工作台、后立柱和尾架等部分组成。床身是一个整体的铸件，在它的一端固定有前立柱，在前立柱的垂直导轨上装有镗头架，可沿导轨垂直移动。镗头架中装有主轴部分、主轴变速箱、进给箱与操纵机构等部件。后立柱的尾架用来支持装夹有镗轴上的镗杆末端，它与镗头架同时升降，保证两者的轴心在同一轴线上。后立柱可沿床身导轨在镗轴的轴线方向调整其位置。工作台安置在床身的导轨上，它由下溜板、上溜板和可转动的工作台组成。工作台可以在平行于（纵向）和垂直于（横向）镗轴轴线方向移动，并可绕垂直的轴线转动。

（2）电路特点及控制要求

① 主电动机拖动镗轴旋转和旋盘的运动作为主运动，并具有工作台、镗轴的轴向进给。

② 镗头架、工作台和尾架的快速移动，由单独的电动机拖动。

③ 为适应各种工件的加工工艺，主轴应有较大的调速范围，多采用交流电动机驱动的滑移齿轮有级变速系统。

④ 在变速时，为防止顶齿现象，要求主轴系统作低速断续冲动。

⑤ 由于镗床各部件之间的运动较多，所以必须有联锁保护以及过载和限位保护等。

（3）电路工作原理（如图 15-4 所示）

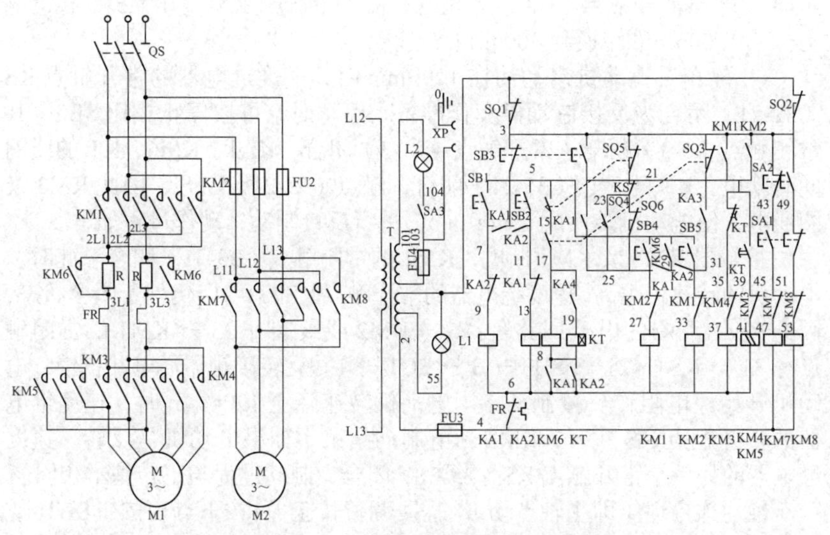

图 15-4　T68 型卧式镗床电气原理图

① 开车准备　接通电源开关 QS，选择所需要的主轴变速和进给量。

② 主轴电动机启动　按下按钮 SB，中间继电器在 KA1 线圈通电吸合并自锁，它的三个常开触点（5-7、6-8、25-29）均闭合，常闭触点（13-11）断开，与 KA2 联锁。触点 KA1（6-8）闭合后，接通接触器 KM6 线圈电路，其电流回路是：2 → FU3 → FR → 6 → KA1 常开触点→ 8 → KM6 线圈→ 17 → SQ3 → 15 → SQ5 → 5 → SQ3 → 3 → SQ1 → 1。KM6 通电吸合，常开触点（29-5）闭合。中间继电器 KA1 另一个触点（25-29）和 KM6 触点（29-5）闭合后，接通电动机正转电路。接触器 KM1 通电吸合，KM1 的常闭触点（33-31）断开，对 KM2 进行联锁，KM1 触点（21-3）闭合后，接触器 KM3 的线圈电路接通，其电流回路是：6 → KM3 线圈→ 37 → KM4 常闭触点→ 35 → KT 延时断开常闭触点→ 21 → KM1 常

开触点→ 3 → SQ1 → 1。KM3 通电吸合，主触点把电动机 M1 接成△，按 1500r/min 作正向运转。如需电动机反转，可先停车后，再按反转按钮 SB2，其控制情况与上述基本相似。电动机作 1500r/min 运转时，可将变速开关 KA4（19-17）断开；选择的速度为 3000r/min 时，KA4 闭合。在 KA1（或 KA2）的常开触点（6-8）闭合时，KT 将与 KM6 同时通电，由于 KT 的延时作用，接触器 KM3 线圈先通电，电动机 M1 先按 1500r/min 转起来。在 KT 的延时作用完毕后，延时断开的常闭触点（35-21）断开，延时闭合的常开触点（39-21）闭合，KM3 断电，KM4、KM5 吸合，电动机从 1500r/min 转换到 3000r/min 运转。

③ 停车　电动机启动约在 120r/min 时，速度继电器的常开触点 KS（31-21）闭合为反接制动停车作准备。停车时，可按停止按钮 SB3，其常闭触点（5-3）断开，常开触点（21-3）闭合，KA1、KM6、KT 的线圈同时断电，KT 的触点（35-21）闭合，触点（39-21）断开，因此 KM3 线圈通电，使电动机转换成 1500r/min，进行反接制动，动作过程如下。

接触器 KM6 及 KM1 断电，KM1 的常闭触点（33-31）闭合。此时，电动机的转速仍很高，速度继电器的常开触点 KS（31-21）仍处于闭合状态，因此 KM2 线圈的电流回路是：6 → KM2 线线圈→ 33 → KM1 的常闭触点→ 31 → KS → 21 → SB3 → 3 → SQ1 → 1。反转接触器通电并自锁，电动机开始经电阻作反接制动。当电动机转速降至 120r/min 时，速度继电器的常开触点 KS 断开，KM3 断电制动结束。如果电动机是反转，速度继电器的另一个常开触点 KS（25-21）闭合，制动过程与正转基本相同。

④ 主轴调整（即主轴点动）　需要调整转速，可按下点动按钮 SB4（或 SB5），接触器 KM1（或 KM2）、KM3 接通电动机主电路经电阻接成△按 1500r/min 转动。SD4（或 SB5）松开时，主轴电动机自然停止。

⑤ 主轴变速　主轴有 18 种转速，是用变速操纵盘和变速手柄通过机械和电气的联锁来实现的。在变速时必须先拉出变速手柄（不必要按停止按钮），这时开关 SQ5 断开，KM6 断电，其常开触点（29-5）断开，KM1 断电，速度继电器的常开触点 KS（31-21）仍借助电动机 M1 的惯性闭合，接触器 KM2 接通，电动机反接制动。停车后 KS（31-21）打开，另一触点（23-21）闭合，目的是在齿轮啮合不好时，给 M1 低速转动准备条件。变速齿轮卡住，手柄推合不上时，开关 SQ6 闭合，由于 KS（23-21）已闭合，接触器 KM1 和 KM3 通电吸合，当速度达到 120r/min 以下时，KS 在闭合状态，电动机重新启动，这样重复动作，直至齿轮啮合后方能推合手柄。齿轮啮合后，重新将开关 SQ5 闭合，交流接触器 KM6、KM1、KM3（或 KM4、KM5）接通，电动机启动并按选择速度运转。

⑥ 进给变速　与主轴变速基本相同，只要推上进给变速手柄压下开关 SQ3 和 SQ4 即可。

⑦ 快速移动　为了缩短辅助时间，机床设有快速移动机构，由电动机 M2 拖动。用手柄压下开关 SA1（或 SA2），使接触器 KM7（或 KM8）的线圈通电，快速电动机就按正向（或反向）旋转并带动机械部分快速移动。手柄松开时，电动机停转快速移动停止。

⑧ 联锁保护装置　开关 SQ1 和 SQ2 并接在主电动机 M1 及快速电动机 M2 的控制电路中，开关 SQ1 与手柄用机械机构连接着，此手柄操纵工作台进给及主轴箱进给装置。手柄动作时，开关 SQ2 断开，便不能开动机床或进行快速移动，从而进行联锁。

15.4.2 电气元件明细表

T68 型卧式镗床电气元件明细表见表 15-3。

表 15-3　T68 型卧式镗床电气元件明细表

代　号	名　　称	用　　途	型号与规格	件数
KM1	交流接触器	主轴正转	CJO-40	1
KM2		主轴反转	CJO-40	1
KM6		主轴制动	CJO-20	1
KM3		主轴低速	CJO-40	1
KM4、KM5		高轴高速	CJO-40	2
KM7		快速移动正转	CJO-20	1
KM8		快速移动反转	CJO-20	1
FR	热继电器	主轴电动机过载保护	FR2-1	1
KA1	中间继电器	接通主轴正转	JZ4-44，线圈电压 127V	1
KA2	中间继电器	接通主轴反转	ZJ4-44	1
KT	时间继电器	主轴调整延时启动	线圈电压为 127V 整定值为 7s	1
KS	速度继电器	主轴反接制动	JY-1	
R	电阻元件	主轴电动机反接制动	ZB-9，0.9Ω	8
T	变压器	控制和照明两用	BK-300VA，380V/127V/36V/6.3V	1

续表

代 号	名 称	用 途	型号与规格	件数
SA1、L	照明开关、灯具	局部照明	JC6-2	1
L1	信号灯	电源接通指示灯	AD38-22 或 DZ99-4，绿色灯罩	
SB5	按钮	主轴反转点动	LA2	1
SB4 SB2 SB5 SB6	按钮	主轴正转点动 主轴反转启动 主轴正转启动 主轴停止	LA2 LA2 LA2 LA2	1 1 1 1
SQ1 SQ2 SQ3 SQ4	限位开关	主轴进刀与工作台互锁 主轴进刀与工作台移动互锁 进给速度变换 进给速度变换	LX1-11J 防溅式 LA3-11K 开启式 LX1-11K 开启式 LX1-11K 开启式	1 1 1 1
SQ5 SQ6 KA3 SA2 SA1	限位开关	主轴速度变换 主轴速度变换 接通高速 快速移动正转 快速移动反转	LX1-11K 开启式 LX1-11K 开启式 LX5-11 开启式 LX3-1K 开启式 LX3-11K 开启式	1 1 1 1 1
XP	接插器	工作照明		1

15.4.3 故障分析

（1）常见故障与检修

T68 型卧式镗床控制电路的某一个工作状态要涉及几个电器同时动作。例如，主轴电动机 1500r/min 正转，必须在 KA1 继电器、KM6、KM1、KM3 等接触器动作后才能完成。因此，采用强迫闭合法检查电路故障就比较方便。

① 主轴电动机正转方向不能启动　当选好所需要手柄及进给量，按下正转按钮 SB1 后，继电器 KA1 不动作，可看机床照明灯和电源信号灯是否亮。灯亮，说明电源电压正常。然后用两种方法检查电路故障。

按顺序强迫闭合相应的电器检查故障点。

a. 强迫闭合继电器 KA1，看 KM6、KM1、KM3 是否闭合，主轴电动机是否运转。可能有三种情况出现：一是强迫闭合 KA1 后，其他接触器均无反应，故障原因可能是熔断器 FU3 熔断；SB3、FR 接触不良；SQ1 和 SQ2 都在动作位置。二是当松开 KA1 后，它不再跳开，其他接触器和电动机都正常工作，故障原因是正转启动按钮 SB1 接触不良；KA1 本身的机械部分有卡住的现象。三是强闭合时，其他电器和电动机都工作，松开后也随之停止工作，故障原因可能是 KA1 的线圈电路断路；继电器 KA2 的常闭触点（9-7）接触不良。

b. 经检修，继电器 KA1 吸合，但电动机不转，可强迫闭合 KM6，看其所控制电器是否动作。如动作正常，说明接触器 KM6 本身或控制电路断路，如 KA1 触点（6-8）、SQ3 触点（17-15）、SQ5 触点（15-5）中有触点接触不良。

c. 如果 KA1、KM6 吸合，看 KM1 是否吸合，电动机是否运转。KM1 吸合，KM3 不吸合（选用 1500r/min 时），故障在 KM3 电路或其本身。如有关电器工作正常，电动机不转，故障在 M1 的主电路。如 KM1 不吸合，可强迫闭合 KM1，这时电动机正常运行，故障在 KM1 及其电路。首先对关键电器进行强迫闭合，就可把有关电路分成两段或几段进行检查。例如，按下按钮 SB1，电动机不转，应首先分清故障的大体部位。可将接触器 KM1 强迫闭合，注意观察电动机 M1。如电动机开始运转，说明 KM1 以下的电路（指 KM3 及其控制电路）正常，故障在 KM1 以上的电路。这样就把电路分成两大部分。另外，还可以用操作按钮来检查故障。例如按启动按钮 SB1，电动机不转，可再按点动按钮 SB4。如电动机转动，故障在 KM1 以上的电路中。

② 主轴电动机低速能工作但不能转换成高速挡　首先看时间继电器 KT 是否吸合。如不吸合可将其强迫闭合，待延时完毕，看速度是否变换，主轴电动机是否停车。当发现既不变速也不停车时，说明微动开关调整的位置不正确。这时，可将时间继电器衔铁松开，做第二种实验，即直接用螺丝刀头部按压微动开关触杆。如电动机转速可以变换，证明前面的判断是正确的，可调动微动开关，减小它与触杆的距离。若转速不但不能变换而且电动机停转，说明微动开关触点（39-21）接触不良或接触器 KM3 的常闭触点闭合不好。为了进一步确定故障点，把 KM3 触点（41-39）暂时短接，然后进行上述实验。如情况同上，证明微动开关触点接触不良，否则是 KM3 常闭触点接触不良。还可能出现时间继电器吸合后，接触器 KM4、KM5 有一个吸合、而另一个不吸合的现象。考虑到 KM4、KM5

是并联运行的两个接触器，所以故障原因是不吸合的那个接触器连线松动或本身故障。

（2）检修注意事项

由于 T68 型镗床主轴电动机的主电路较一般电动机的主电路复杂，它既有正反转控制，又可进行两种速度的切换，在制动时电路中还要串联电阻，所以主电路中的触点较多。如其中一个触点接触不良，就可导致电动机两相运转。电动机两相运动表现形式有两种，一种是明显的两相运转，电动机强烈的振动或发生比较明显的“嗡嗡”声而不转。其原因是熔断器 FU1 某相熔断；接触器 KM1、KM2、KM3、KM4、KM5 之中某触点接触不良；热继电器的感温元件烧断或连接导线开路等。另一种是不明显的两相运动，电动机有较小的振动且有轻微的“嗡嗡”声，转速没有明显下降。造成这种故障的原因一般是接触器 KM6 的主触点（2L1-3L1 或 2L3-3L4）中某触点接触不良。这种情况下很容易将电阻 R 烧断。

第 16 章 家用电器维修

16.1 液晶电视机基本维修技能

16.1.1 焊接与拆焊

（1）导线的焊接工艺

① 剥线　如图 16-1、图 16-2 所示。

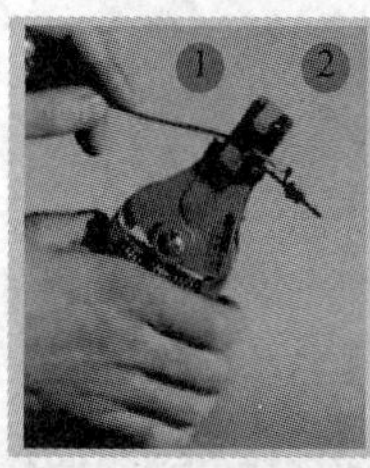
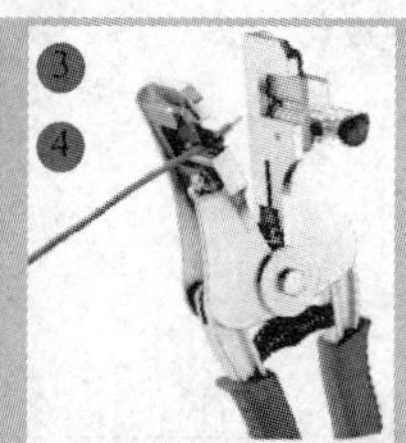

① 根据缆线的粗细型号，选择相应的剥线刀口。
② 将准备好的电缆放在剥线工具的刀刃中间，选择好要剥线的长度。
③ 握住剥线工具手柄，将电缆夹住，缓缓用力使电缆外表皮慢慢剥落。
④ 松开工具手柄，取出电缆线，这时电缆金属整齐露在外面，其余绝缘塑料完好无损。

图 16-1

第2种剥线方法：通电的电烙铁剥线。
用通电的电烙铁头对着需要剥离的导线进行划剥，另一只手同时转动导线，把导线划出一道槽，最后用手剥离导线。
导线若原来已经剥离了，最好剪掉原来的，因为原来的往往已经有污垢或氧化了，不容易吃锡。

图 16-2

② 导线吃锡（镀锡） 如图 16-3 所示。

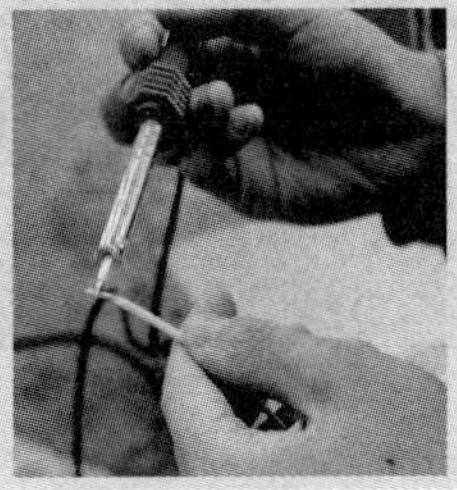

吃锡后的导线头若有些过长，可适当剪去一些。

导线先进行吃锡，是为了方便之后的焊接。剥离的导线头可以放在松香盒中或直接拿在手中吃锡。

图 16-3

③ 导线的焊接 如图 16-4 所示。

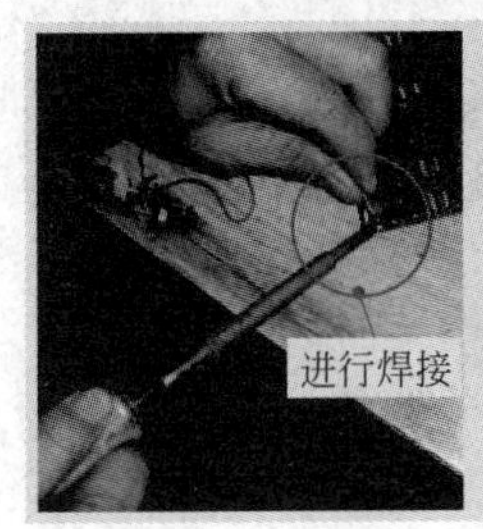

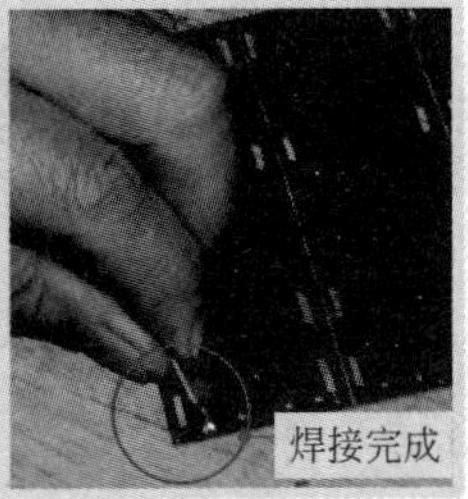

导线头对准所要焊接的部位，一般采用带锡焊接法进行焊接。

焊接完成后，手不要急于脱离导线，待焊点完全冷却后，手再撤离，这样做是为防止接头出现虚焊。

图 16-4

（2）元件的焊接工艺

① 焊接前工具、器材的准备 如图 16-5 所示。

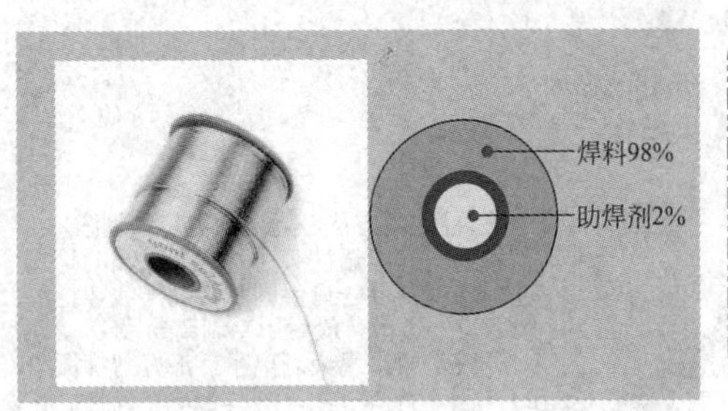

手工烙铁焊接经常使用管状焊锡丝(又称线状焊锡、焊锡)。管状焊锡丝由助焊剂与焊锡制作在一起做成管状，焊锡管中夹带固体助焊剂。助焊剂一般选用特级松香为基质材料，并添加一定的活化剂。

助焊剂有助于清洁被焊接面，防止氧化，增加焊料的流动性，使焊点易于成形，提高焊接质量。

图 16-5

② 焊前焊件的处理 如图 16-6 ~图 16-8 所示。

测量就是利用万用表检测准备焊接的元器件是否质量可靠，若有质量问题或已损坏，就不能焊接、更换了。

图16-6　测量元器件的好坏

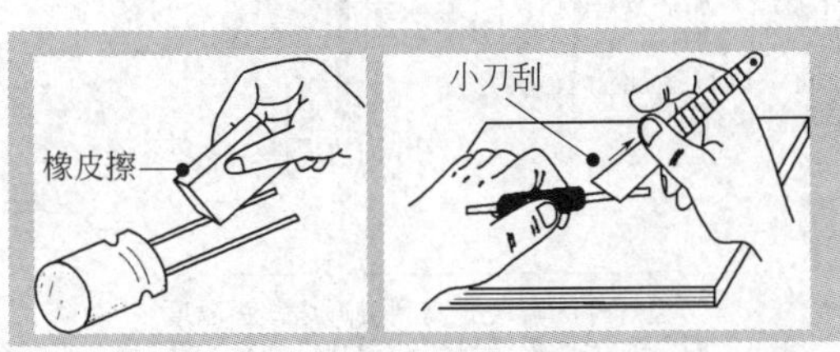

刮引脚就是在焊接前做好焊接部位的表面清洁工作。对于引脚没有氧化或污垢的新元件可以不做这个处理。

一般采用的工具是小刀、橡皮擦或废旧钢锯条(用折断后的断面)等。

图16-7　刮引脚

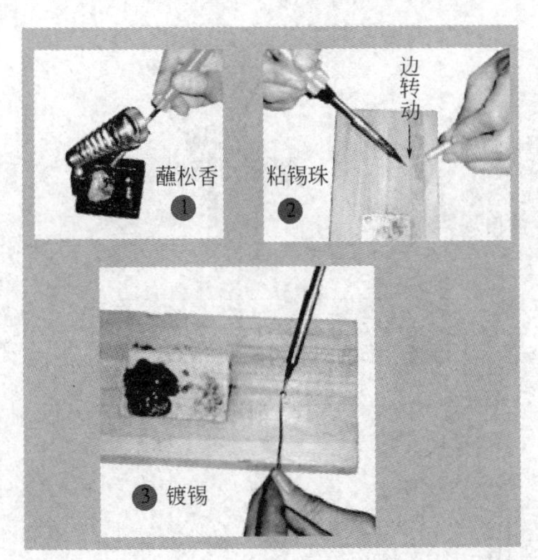

镀锡的具体做法是：发热的烙铁头蘸取松香少许(或松香酒精溶液涂在镀锡部位)，再迅速从储锡盒粘取适量的锡珠，快速将带锡的热烙铁头压在元器件上，并转动元器件，使其均匀地镀上一层很薄的锡层。

图16-8　镀锡

③ 焊接技术：手工焊接方法常有送锡法（见图 16-9）和带锡法（见图 16-10）两种。

送锡焊接法，就是右手握持电烙铁，左手持一段焊锡丝而进行焊接的方法。送锡焊接法的焊接过程通常分成五个步骤，简称“五步法”，具体操作步骤如下。

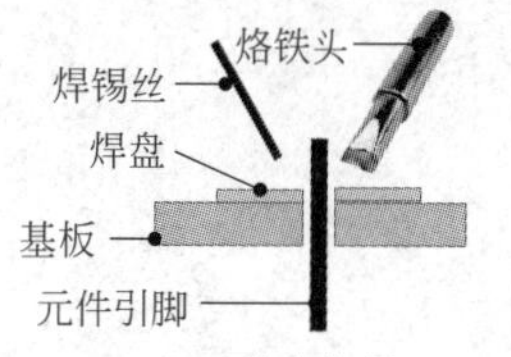

(a) 准备施焊

准备阶段应观察烙铁头吃锡是否良好，焊接温度是否达到，插装元器件是否到位，同时要准备好焊锡丝。

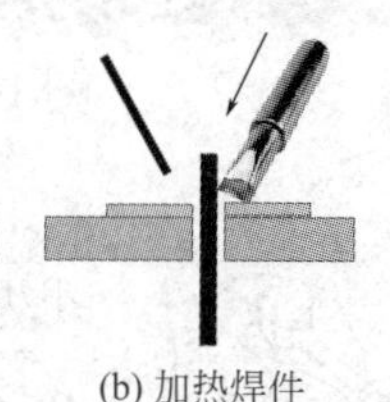

(b) 加热焊件

右手握持电烙铁，烙铁头先蘸取少量的松香，将烙铁头对准焊点(焊件)进行加热。加热焊件就是将烙铁头给元器件引脚和焊盘同时加热，并要尽可能加大与被焊件的接触面，以提高加热效率、缩短加热时间，保护铜箔不被烫坏。

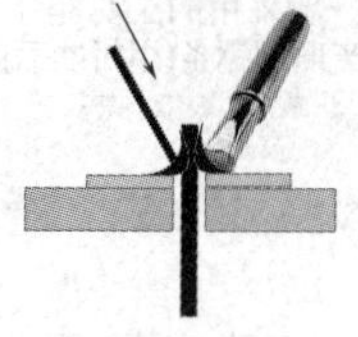

(c) 熔化焊料

当焊件的温度升高到接近烙铁头温度时，左手持焊锡丝快速送到烙铁头的端面或被焊件和铜箔的交界面上，送锡量的多少，根据焊点的大小灵活掌握。

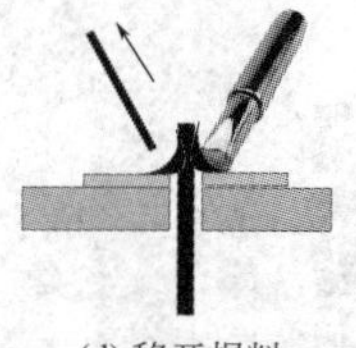

(d) 移开焊料

适量送锡后，左手迅速撤离，这时烙铁头还未脱离焊点，随后熔化的焊锡从烙铁头上流下，浸润整个焊点。当焊点上的焊锡已将焊点浸湿时，要及时撤离焊锡丝，不要让焊盘出现“堆锡”现象。

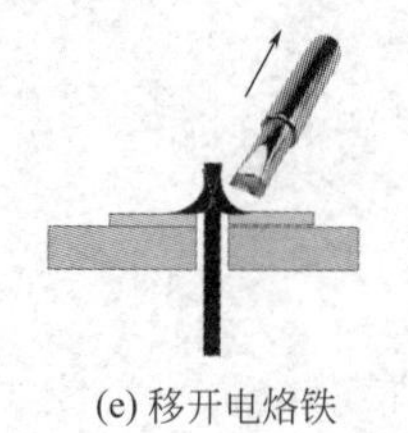

(e) 移开电烙铁

送锡后，右手的烙铁就要做好撤离的准备。撤离前若锡量少，再次送锡补焊；若锡量多，撤离时烙铁要带走少许。烙铁头移开的方向以45° 为最佳。

图 16-9　送锡法

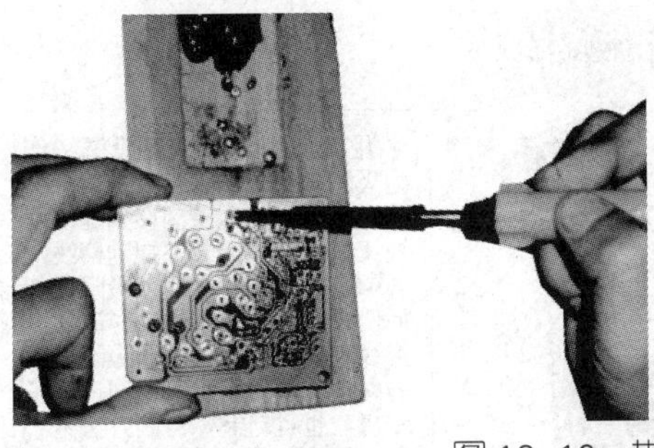

① 烙铁头上先蘸适量的锡珠，将烙铁头对准焊点(焊件)进行加热。
② 当烙铁头上熔化后的焊锡流下时，浸润到整个焊点时，烙铁迅速撤离。
③ 带锡珠的大小，要根据焊点的大小灵活掌握。焊后若焊点小，再次补焊；若焊点大，用烙铁带走少许。

图 16-10　带锡法

（3）拆焊工艺

常见的拆焊工具有以下几种：医用空心针头（图 16-11）、金属编织网（图 16-12）、手动吸锡器（图 16-13）、电热吸锡器、电动吸锡枪、双用吸锡电烙铁等。

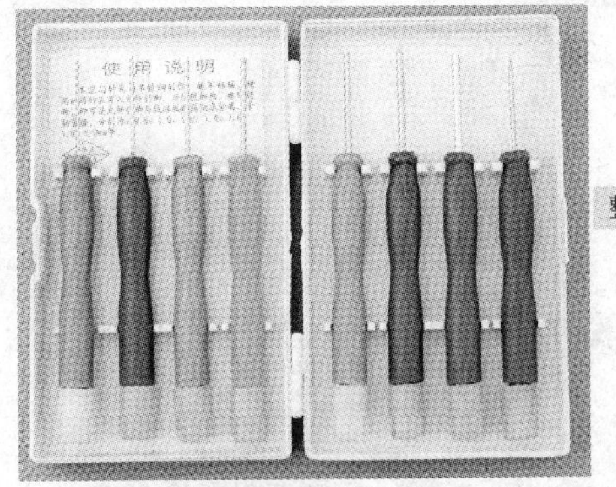

整盒针头

使用时，要根据元器件引脚的粗细选用合适的空心针头，常备有9～24号针头各一只，操作时，右手用烙铁加热元器件的引脚，使元件引脚上的锡全部熔化，这时左手把空心针头左右旋转刺入引脚孔内，使元件引脚与铜箔分离，此时针头继续转动，去掉电烙铁，等焊锡固化后，停止转动并拿出针头，就完成了脱焊任务。

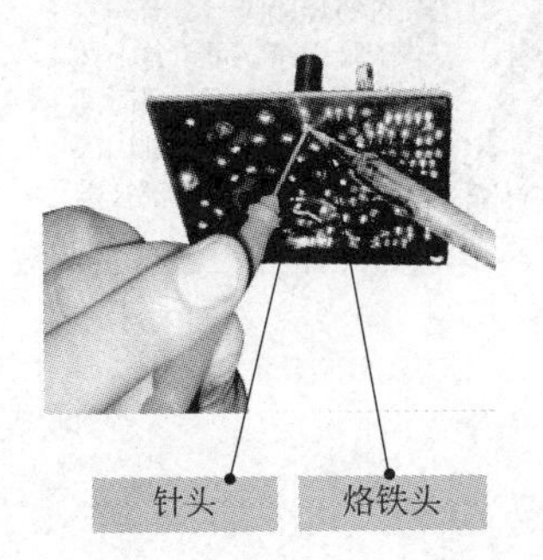

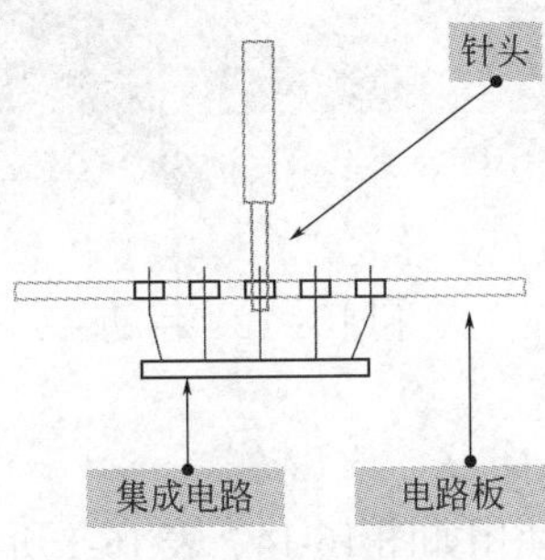

图 16-11　空心针头

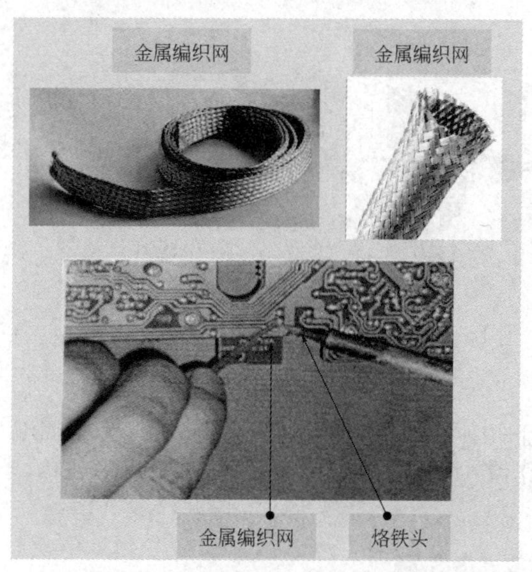

用金属编织线或多股铜线作为吸锡器，先用电烙铁把焊点上的锡熔化，使锡转动移到编织网线或多股铜线上，并拽动网线，各脚上的焊锡即被网线吸附，从而使元件的引脚与线路脱离。当网线吸满锡后，剪去已吸附焊锡的网线。金属编织吸锡网市场有专售，也可自制，自制方法是：取一段钢丝网(如屏蔽网)，拉直后浸上松香即可。

图 16-12　金属编织网

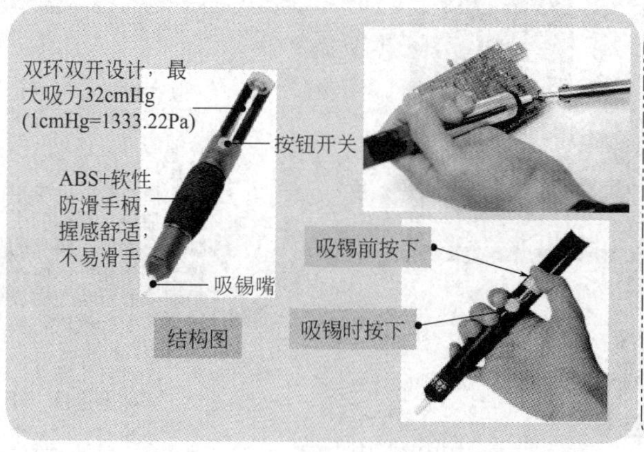

使用时，先把吸锡器末端的滑杆压入，直至听到“咔”声，则表明吸锡器已被锁定。再用烙铁对焊点加热，使焊点上的焊锡熔化，同时将吸锡器靠近焊点，按下吸锡器上面的按钮即可将焊锡吸上。若一次未吸干净，可重复上述步骤。在使用一段时间后必须清理，否则内部活动的部分或头部被焊锡卡住。

图 16-13　手动吸锡器

（4）热风枪的使用

热风枪结构及使用如图 16-14、表 16-1 所示。

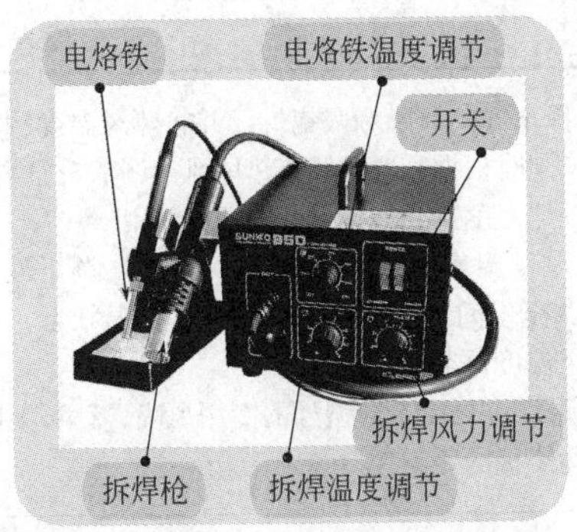

图 16-14　热风枪

表 16-1　热风枪特点、使用及注意事项

特点	热风拆焊器是新型锡焊工具，主要由气泵、印制电路板、气流稳定器、外壳和手柄等部件组成。它用喷出的高热空气将锡熔化，优点是焊具与焊点之间没有硬接触，所以不会损伤焊点与焊件，最适合高密度引脚及微小贴片元件的焊接
特点	①瞬间可拆下各类元器件，包括分立、双列及表面贴片 ②热风头不用接触印制电路板，使印制电路板免受损伤 ③所拆印制电路板过孔及器件引脚干净无锡（所拆处如同新印制电路板），方便第二次使用 ④热风的温度及风量可调，可适用于各类印制电路板 ⑤一机多用，热风加热，拆焊多种直插、贴片元件，适用于热缩管处理、热能测试等多种需要热能的场合
焊接技巧	①在焊接时，根据具体情况可选用电烙铁或热风枪。通常情况下，元件引脚少、印制板布线疏、引脚粗等选用电烙铁；反之，选用热风枪 ②在使用热风枪时，一般情况下将风力旋钮（AIR CAPACITY）调节到比较小的位置（2～3 挡），将温度调节旋钮（HEATER）调节到刻度盘上 5～6 挡的位置 ③以热风枪焊接集成电路（集成块）为例，把集成电路和电路上焊接位置对好，若原焊点不平整（有残留锡点）选用平头烙铁修理平整。先焊四角，以固定集成电路，再用热风焊枪吹焊四周。焊好后应注意冷却，在未冷却前不要去动集成电路，以免其发生位移。冷却后，若有虚焊，应用尖头烙铁进行补焊

续表

热风头使用	电源开关打开后，根据需要选择不同的风嘴和吸锡针，并将热风温度调节按钮“HEATER”调至适当的温度，同时根据需要再调节热风风量调节按钮“AIR CAPACITY”调到所需风量，待预热温度达到所调温度时即可使用 若短时不用热风头，应将热风风量调节按钮“AIR CAPACITY”调至最小、热风温度调节按钮“HEATER”调至中间位置，使加热器处在保温状态，再使用时调节热风风量调节按钮和热风温度调节按钮即可 注意：针对不同封装的集成电路，应更换不同型号的专用风嘴；针对不同焊点大小，选择不同温度风量及风嘴距板的距离
拆卸技巧	在拆卸时根据具体情况可选用吸锡器或热风枪 以热风枪拆卸集成电路为例，步骤如下： ①根据不同的集成电路选好热风枪的喷嘴，然后往集成电路的引脚周围加注松香水 ②调好热风温度和风速。通常经验值为温度300℃，气流强度3～4m/s ③当热风枪的温度达到一定程度时，把热风枪头放在需焊下的元件上方大概2cm的位置，并且沿所焊接的元件周围移动。待集成电路的引脚焊锡全部熔化后，用镊子或热风枪配备的专用工具将所集成电路轻轻用力提起
注意事项	使用前，应将机箱下面最中央的红色螺钉拆下来，否则会引起严重的问题 使用前，必须接好地线，以泄放静电 禁止在焊铁前端网孔放入金属导体，否则会导致发热体损坏及人体触电 在热风焊枪内部，装有过热自动保护开关，枪嘴过热保护开关自动开启，机器停止工作。必须把热风风量按钮AIR CAPACIT调至最大，延迟2min左右，加热器才能工作，机器恢复正常 使用后，要注意冷却机身。关电后，发热管会自动短暂喷出冷风，在冷却阶段，不要拔去电源插头 不使用时，请把手柄放在支架上，以防意外

16.1.2 液晶电视机故障判断与检查方法

16.1.2.1 询问与观察法在检修中的应用

（1）询问法

在接故障的待修机时，首先必须向电视机用户了解情况，询问故障发生的现象、经过、使用环境、出现的频率及检修情况等，这就是询问法。

询问法就是仔细听取用户反映彩电使用情况和对相关故障的叙述，因用户最了解详细情况。详细询问用户故障发生前后彩电的表现情况，做到心中有数，这有利于判断故障部位，对锁定目标元器件非常有帮助，为迅速解决问题创造有利条件。

例如，初期故障现象的具体情况，是否存在其他并发症状，是逐渐发生的还是突然出现的，或是有无规律间歇出现的等。这些情况的了解将有助于检修工作，可以节省很多维修时间，犹如医生对病人诊病一样，先要问清病情，才能对症下药。使用情况和检修史的了解，对于检修外因引起的故障，或经他人维修而未修复的彩电尤为重要。根据用户提供的情况和线索，再认真地对电路进行分析研究（这一点对初学者尤其重要），弄通弄懂其电路原理和元器件的作用，做到心中有数，有的放矢。

维修工作通常由观察故障现象开始，通过询问了解故障发生的经过、现象及彩电使用、检修情况，再经仔细观察和外部检查，试机验证用户的叙述后，确认故障现象并用简明语言（或行话）将故障现象准确地描述出来。

（2）观察法

观察法就是在询问的基础上，进行实际观察。观察法又称直观检查法，主要包括看、听、闻、查、摸、振等形式。

① 看　观察电视机或部件、外部结构等。观察时应遵循先外而后内，先不通电而后通电的原则，即先观看各种按钮、指示灯、输出、输入插头等，而后再打开后壳看内部，保险管是否烧毁，元器件是否有烧焦、炸裂，插排、插头是否接触良好等。

先看电视外壳有无损伤或各操作按键有无残缺不全，若有此情况，表明是人为性故障；然后打开后盖，观察机内元件有无残缺、断线、脱焊、变色、变形及烧坏等情况。肉眼观察烧黑的地方，看有无连接线松动及元器件击穿的情况。

② 听　开机后细听机内是否有交流哼声、打火声、噪声及其他异常响声。

③ 闻　用鼻子闻机内有无烧焦气味、变压器清漆味等。如闻到机内散发出一种焦臭味，则可能为大功率电阻及大功率晶体管等烧毁；如闻到一种鱼腥味，则可能为高压部件绝缘击穿等。

④ 查　细查保险、电源线是否断，印制板是否断裂或损坏，元器件引脚是否相碰、断线或脱焊，印制板上原来维修过什么部位等。

⑤ 摸　通电一段时间关机后，摸大电流或高电压元器件是否为常温、有温升或烫手，如电源开关管、大功率电阻，若常温表明可能没有工作；若有温升，表明已经工作；若特别烫手，表明工作电流大，可能有故障。

用手触摸关键部件，观察供电部分发热情况（数字板）；特别是对老化几小时后出现的软故障情况比较实用。

⑥ 振　在通电的情况下，轻轻用螺丝刀的木柄敲击被怀疑的单元电路或部件，看故障是否出现。

观察法的具体过程如下：

① 先了解故障情况　检修液晶彩电时，不要急于通电检查。首先应向使用者了解彩电故障前后的使用情况（如故障发生在开机时，还是在工作中突然或逐渐发生的，有无冒烟、焦味、闪光、发热现象；故障前是否动过开关、按钮、插件等）及气候环境情况。

② 外观检查　首先在不加电情况下进行通电前检查。检查按键、开关等是否正确，电线、电缆插头是否有松动，印制电路板铜箔是否有断裂、短路、断路、虚焊、打火痕迹，元器件有无变形、脱焊、相碰、烧焦、漏液、胀裂等现象，熔丝是否烧断或接触不良，开关变压器、电线有无焦味、断线等。

然后再通电检查。通电前检查如果正常或排除了异常现象后，就可通电检查。通电检查时，在开机的瞬间应特别注意指示灯、背光灯等是否正常，机内有无冒烟等；断电后开关模块外壳、开关变压器、集成电路等是否发烫。若均正常，即可进行测量检查。在通电检查时，动作要敏捷，注意力要高度集中，并且要眼、耳、鼻、手同时并用，发现故障后立即关机，防止故障扩大，同时，一定要注意人身安全。

最后在确认无短路的情况下通电观察，是否是修机用户所描述的故障现象。去伪存真，防止使用者因操作不当而造成的假象，或使用者所描述的故障现象与实际故障现象不符。

通过询问与观察，可以把故障发生的范围缩小到某个系统，甚至某个单元电路，接下来就需要借助各种仪表、工具，动手检查这部分电路。

16.1.2.2　电阻法在检修中的应用

电阻检查法是利用万用表各电阻挡测量彩电集成电路、晶体管各脚和各单元电路的对地电阻值，以及各元件的自身电阻值来判断彩电的故障。它对检修开路或断路故障和确定故障元件最有实效。

① 电阻法判断测量元器件　电路中的元器件质量好坏及是否损坏，绝大多数是用测量其电阻阻值大小来进行判别的。当怀疑印制电路板上某个元器件有问题时，应把该元器件从印制板上拆焊下来，用万用表测其电阻值，进行质量判断。若是新元器件，在上机焊接前一定要先检测，后焊接。

适用于电阻法测量的元器件有：各种电阻、二极管、三极管、场效应管、插排、按键及印刷铜箔等。电容、电感要求不严格的电路，可做粗略判断；

若电路要求较严格，如谐振电容、振荡定时电容、开关变压器等，一定要用电容表（或数字表）等做准确测量。

② 正反电阻法　裸式集成电路（没上机前或印制板上拆焊下）可测其正反电阻（开路电阻），粗略地判断故障的有无，是判断集成块好坏的一种行之有效的方法，如图 16-15 所示。

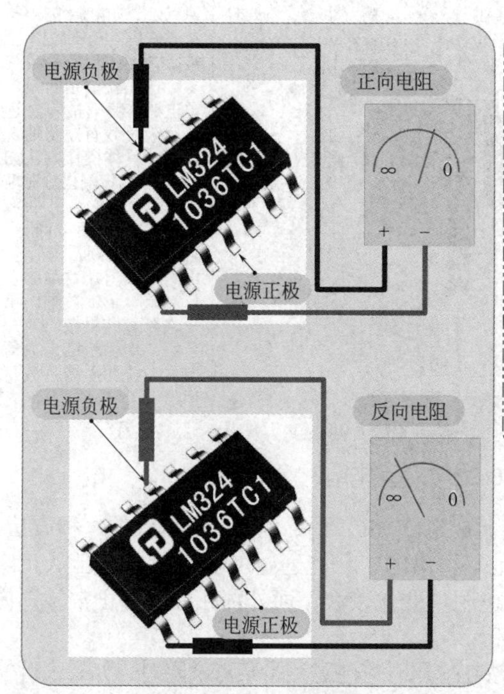

本书在没有特殊说明的情况下，正反向电阻测量是指：黑表笔接测量点，红表笔接地，测量的电阻值叫作正向电阻；红表笔接测量点，黑表笔接地，测量的电阻值叫作反向电阻。使用开路电阻测量时，应选择合适的连接方式，并交换表笔做正反两次测量，然后分析测量结果才能做出正确的判断。

测正向电阻时，红表笔固定接在地线的端子上不动，用黑表笔按顺序(或测几个关键脚)逐个测量其他各脚，且一边做好记录数据。测反向电阻时，只需交换一下表笔即可。

图 16–15　正反电阻法操作

测量完毕后，就可对测量数据进行分析判断。如果是裸式测量，各端子（引脚）电阻约为 0Ω 或明显小于正常值，可以肯定这个集成电路击穿或严重漏电；如果是在机（在路）测量，各端子电阻约为 0Ω 或明显小于正常值，说明这个集成块可能短路或严重漏电，要断开此引脚再测空脚电阻后，再做结论。另外也可能是相关外围电路元件击穿或漏电。

③ 在路电阻法　在路电阻法是在不加电的情况下，用万用表测量元器件电阻值来发现和寻找故障部位及元件。它对检测开路或短路故障以及确定故障元件最有实效。实际测量时可以做“在路”电阻测量和裸式（脱焊）电阻测量。如测量电源插头端正反向电阻，将它和正常值进行比较，

若阻值变小，则有部分元器件短路或击穿；若电阻值变大，可能内部断路。如图 16-16 所示。

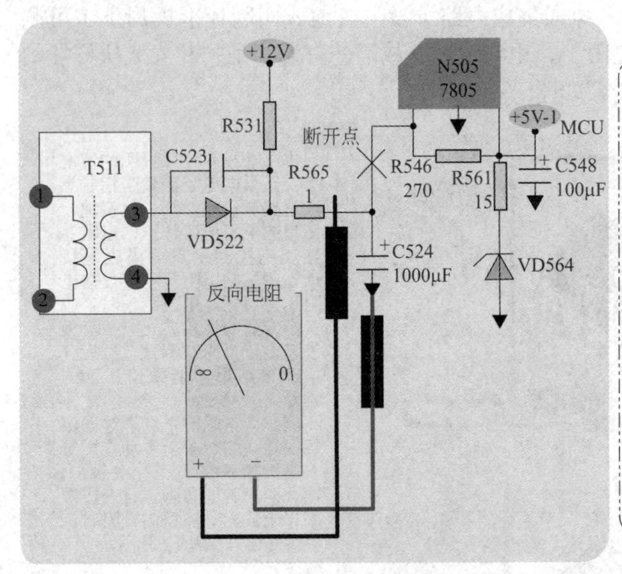

在路电阻法在检修电源电路故障时，较为快速有效。如电源电压(整流滤波后、稳压后)不正常，输出电压偏低许多，这里就要判断是电源电路本身有故障，还是后级负载有短路情况发生，具体操作方法如下：① 测该输出端对地的正反电阻，记下数据；② 脱开负载(脱开限流电阻或划断铜箔)，再测该输出端对地的正反电阻，记下数据同第一次测量结果做比较。若第二次测量结果数值增大，说明后级负载有短路。

图 16-16　在路电阻法操作

在路电阻法在粗略判断集成电路（IC）时，也是行之有效的一种方法，IC 的在路电阻值通常厂家是不给出的，只能通过专业资料或自己从正常同类机上获得。如果测得的电阻值变化较大，而外部元件又都正常，则说明 IC 相应部分的内电路损坏。

在路电阻法和整机电阻法在应用时应注意测量某点电阻时，如果表针快速地从左向右，之后又从右向左慢慢移动，这是测量点有较大的电容之故。这种情况是电容充放电。遇到这种情况，要等电容充放电完毕后，再读取电阻值，即表针停止移动，再看电阻值为多少。一般情况下电路中有较大充电现象存在的测量点不会存在漏电与短路故障，尤其是测量之初表针快速从最左打到最右，之后慢慢从右向左移动的情况。

16.1.2.3　电压法在检修中的应用

电压检查法是通过测量电路的供电电压或晶体管的各极、集成电路各脚电压来判断故障的。因为这些电压是判断电路或晶体管、集成电路工作状态是否正常的重要依据。将所测得的电压数据与正常工作电压进行比较，根据误差电压的大小，就可以判断出故障电路或故障元件。一般来说，误差电压较大的地方，就是故障所在的部位。

按所测电压的性质不同，电压法常有：直流电压法和交流电压法。直流电压法又分静态直流和动态直流电压两种，判断故障时，应结合静态和动态两种电压进行综合分析。

① 静态直流电压　静态是指电视机不接收信号条件下的电路工作状态，其工作电压即静态电压。测量静态直流电压一般用检查电源电路的整流和稳压输出电压、各级电路的供电电压、晶体管各极电压及集成电路各脚电压等来判断故障。因为这些电压是判断电路工作状态是否正常的重要依据。将所测得的电压与正常工作电压进行比较，根据误差电压的大小，就可判断出故障电路或故障元件。如图 16-17 所示。

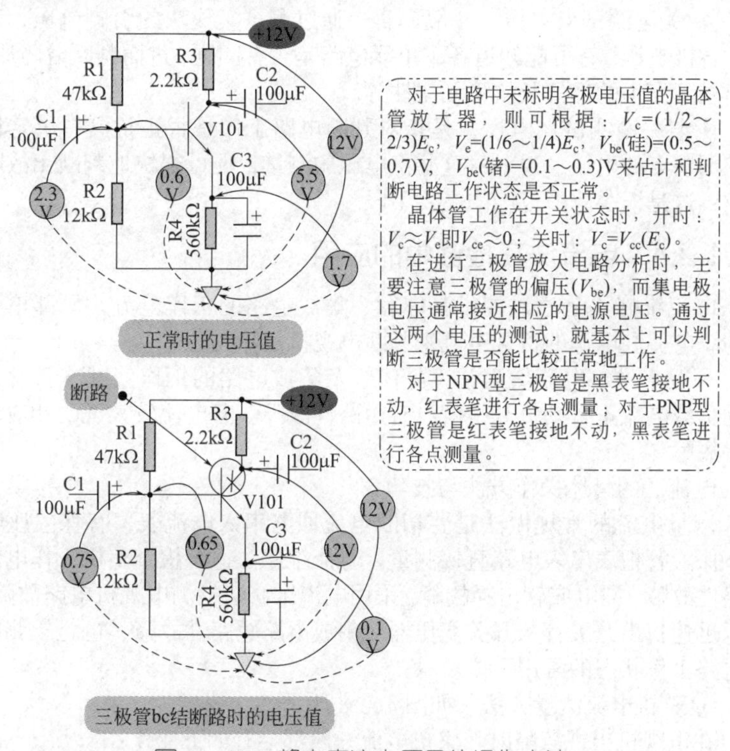

图 16-17　静态直流电压具体操作方法

② 动态直流电压　动态直流电压便是电视机在接收信号情况下电路的工作电压，此时的电路处于动态工作之中。电路中有许多端点的静态工作电压会随外来信号的进行而明显变化，变化后的工作电压便是动态电压。

显然，如果某些电路应有这种动态、静态工作电压变化，而实测值没有变化或变化很小，就可立即判断该电路有故障。该测量法主要用来检查判断仅用静态电压测量法不能或难以判断的故障。

③ 交流电压法　在电视机维修中，交流电压法主要用在测量整流器之前（或开关变压器的次级绕组）的交流电路中。在测量中，前一测试点有电压且正常，而后一测试点没有电压，或电压不正常，则表明故障源就在这两测试点的区间，再逐一缩小范围排查。

在测量过程中，一定要注意人、机（万用表、电视机）的安全，并根据实际电压的范围，合理选择万用表的挡位转换。在转换挡位时，一定不要在带电的情况下进行转换，至少一表笔应脱离测试点。

④ 关键测试点电压　一般而言，通过测试集成块的引脚电压、三极管的各极电压，有可能知道各个单元电路是否有问题，进而判断故障原因、找出故障发生的部位及故障元器件等。

所谓关键测试点电压，是指对判断电路工作是否正常具有决定性作用的那些点的电压。通过对这些点电压的测量，便可很快地判断出故障的部位，这是缩小故障范围的主要手段。

16.1.2.4　电流法在检修中的应用

电流维修法是通过测量晶体管、集成电路的工作电流，局部单元电路的总电流和电源的负载电流来判断电视机故障的。

一般来说，电流值正常，晶体管及集成电路的工作就基本正常；电源的负载电流正常则负载中就没有短路性故障。若电流较大说明相应的电路有故障。

电流法的具体操作方法与技巧：

测量电流的常规做法是要切断电流回路串入电流表，有保险座时宜取下保险管把表串入电路直接测量。电流维修法适合检查整机工作电流、短路性故障、漏电或软击穿故障。采用电流维修法检测电视机电路故障时，可以迅速找出开关管、开关变压器、集成电路短路性故障，也是检测电视机电路工作状态的常用手段。

① 整机电流测量方法　如图 16-18 所示。

在电视机出现故障时，整机电流一般都会有如下变化：

a. 电流偏小。若实测电流比估算值小一半以上，说明负载工作不正常，如电源本身损坏、背光灯驱动电路有故障等，可能发生断路性故障较大；

b. 电流偏大。实测电流偏大 1A 以上，甚至更大时，往往内部电路有短路情况发生。这种情况，应认真仔细排查。

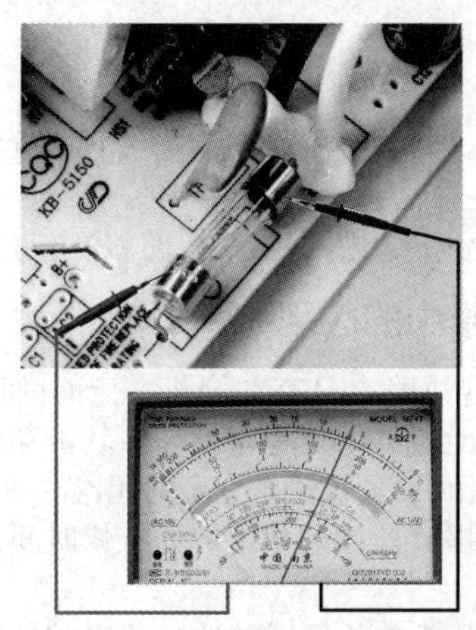

图 16-18　整机电流测量

② 负载电流测量法　如图 16-19 所示。

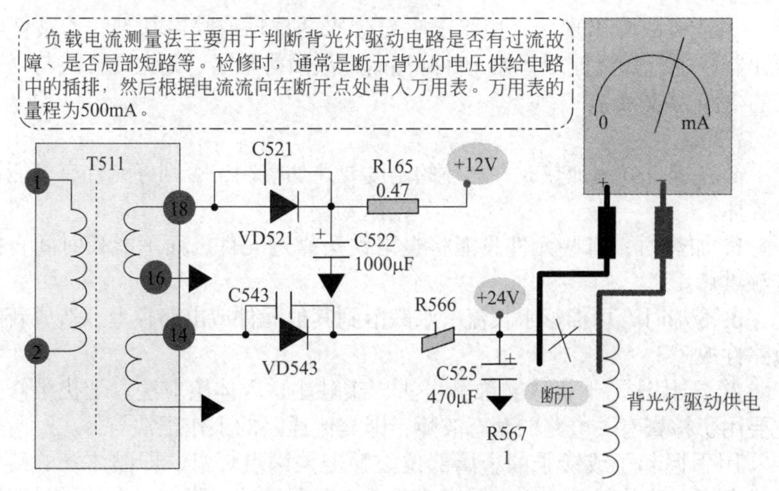

图 16-19　负载电流测量

测量负载电流的目的：测量负载电流的目的是检查、判断负载中是否存在短路、漏电及开路故障，同时也可判断故障在负载还是电源。应注意的是，电源一般有多路电压输出和相应的负载，测量时应考虑到各负载支路电流对总电流的影响。一般先测量容易发生故障的支路电流。若需检查总负载电流是否正常，则可以测量所有负载回路的电流，然后将各路电流相加即可。

测量结果与说明的问题如下：

a. 测量时表针快速从最左端打到最右端说明后级有严重的击穿或短路故障；

b. 无电流即表针不动，这表明所测量的后级电路就没有工作。

16.1.2.5 其他方法在检修中的应用

① 加热法与冷却法。有些故障，只有在开机一定时间后才能表现出来，这种情况一般是由某个元器件的热稳定性差、软击穿或漏电所引起。经过分析，推断出被怀疑元件，通过给被怀疑的元器件加热或冷却，来诱发故障现象尽快出现，以提高检修效率，节约维修时间，缩小故障范围。

当开机没有出现故障时，用发热烙铁或热吹风机对被怀疑的元器件进行提前加热，如元件受热后，故障现象很快暴露出来了，则该元件为故障器件。

当开机故障出现后，用镊子夹着带水的棉球或喷冷却剂，给被怀疑的元器件进行降温处理，如元件降温后，故障排除了，则该元件或与之有关的电路为故障源。

注意：

a. 在进行局部加热时，加热的温度要严加控制，否则好元件有可能被折腾坏。

b. 加热时，有些元件只能将电烙铁头靠近元件，而不能长时间直接接触烘烤。

c. 冷却时，忌棉球水长流、水跌落到其他元件或电路板上，造成新的短路性故障。

② 干扰法。干扰法又称触击法、碰触法、人体感应法。干扰维修法主要用于检查有关电路的动态故障，即交流通路的工作正常与否。

用手握起子或镊子的金属部位去触击关键点焊盘，即晶体管的某电极或集成电路的某输出输入引脚或某关键元器件的引脚，触击的同时，通过观察荧光屏图像（或杂波）和喇叭中的声音（或噪声）的反应，来判断故障。此法最适合检查高、中频通道及伴音通道等，检查的顺序一般是从后级逐步向前级检查，检查到无杂波反应和噪声的地方，那么在这点到前一检查点之间就是大致的故障部位。

如果用起子触击时反应不明显，可改用指针式万用表表笔触击，即将万用表置于 $R\times1$ 或 $R\times10$ 挡，红表笔接地，用黑表笔触击电路的焊盘。

也可采用外接天线的信号线作为探极，来触击焊盘。这样做会使输入的信号更强些，反应会更加明显。

注意：

a. 在运用此法时应注意安全，不熟悉电路的维修人员最好不要用；同时，在碰触过程中，不要与其他焊盘短路而引起新的短路性故障。

b. 荧光屏上和喇叭中的反应程度因机型或触击点而异，只有积累一定的经验之后，使用起来才会得心应手 。

c. 该方法检查时隐时现或接触不良的故障也很有效。它既可以使故障快速出现，又可能使故障立即消失，便于即时检查和排除故障。

d. 必要时，应解除无信号静噪或伴音静噪，即脱开无信号静噪或伴音静噪的控制电路。

③ 敲击法。该方法是检查虚焊、接触不良性故障行之有效的手段。彩电出现接触不良性故障，常表现为时正常时不正常：有时短时间频繁出现、有时长时间不出现、拍打机壳或机板出现时好时坏；有时打开机壳就好，盖上机壳又出现故障等。遇到上述种种情况，就必须人为地使故障频繁地重新出现，以便于快速确定故障范围和部位。

手握起子的金属部位，用其绝缘柄有目的地轻轻敲打所怀疑的部位，使故障再次出现。当敲击某部分时，故障现象最频繁、灵敏，则故障在这个部位的可能性就最大。当发现该部位造成故障的可能性较大后，可用手指轻轻摇晃、按压怀疑的元器件，以找到接触不良的部位；也可采用放大镜仔细观察印制电路板上的焊盘是否脱焊、铜箔是否断裂、插排是否接触良好等。必要时，也可用两手轻轻弯折电路板，以观察故障的变化情况。

注意：

a. 注意人身安全。有些部位或元器件属于高电压范围，在具体操作时应注意人机的安全问题。

b. 敲击时应注意用力的适度，防止用力过大而敲坏元器件造成该元件永久性损坏，或敲斜元器件使其与相邻元器件相碰造成短路现象发生。

c. 某些部件或部位的敲击、摇晃要慎之又慎。如显像管的尾板安装在电子枪上时，注意敲击或摇晃尾板造成显像管炸裂。

④ 代换法。代换法主要有等效代换法、元件代换法和单元电路整体代换法。

a. 元件代换法。元件代换法是用规格相近、性能良好的元件，代替故障机上被怀疑而又不便测量的元件、器件来检查故障的一种方法。如果将某一元件替代后，故障消除了，就证明原来的元件确实有毛病；如果代替无效，则说明判断有误，或同时还有造成同一故障的元件存在。这时可重复使用此法检查。

b. 等效代换法。等效代换法是在大致判断了故障部位后还不能确定故障的原因时，对某些不易判断的元器件故障（如电感局部短路、集成电路性能变差等），用同型号或能互换的其他型号的元器件或部件进行代换。在缺少测量仪器仪表时，往往用等效代换法能迅速排除故障。

c. 单元电路整体代换法。当某一单元电路的印制板严重损坏（如铜箔断裂较严重或印制板烧焦），或某一元器件暂时短缺，而又具备其他代换条件，可采用单元电路整体代换法。如用电源模块代换开关电源等。

有条件的情况下，可以代换电源板、数字板、高频板、背光板、屏、LVDS 数据线、软件等，这种方法维修快。

注意：

a. 代换的元器件应确认是良好的，否则将会造成误判而走弯路。

b. 对于因过载而产生的故障，不宜用该方法，只有在确信不会再次损坏新元器件或已采取保护措施的前提下才能代换。

⑤ 波形法。检修液晶彩电，不能简单用万用表测量芯片各脚电压来判断芯片工作是否正常；也无法用普通示波器对 SDA 线与 SCL 线上的波形时序参数进行定量分析，这是因为总线通道波形的即时周期不一样，普通示波器也无法清晰稳定地显示波形轨迹。因此，很难判断信号数据是否正常传送，各智能总线是否按原有的通信协议和 CPU 进行有效联络等。但有一点可以肯定，即示波器可以判断总线上有无信号存在和信号幅值是否正常。

通常遇到黑屏、失控、难以进入机器维修状态的机子，无法用软件项目数据进行调整并做进一步检查时，应首先检查总线通道工作情况，可用示波器分别探查 CPU 和各受控 IC 的 SDA 端口和 SCL 端口有没有波形出现，其幅值是否符合要求。在此强调注意，检查各被控部件的 SDA 线和 SCL 线时，示波器探针必须直接触至该 IC 相关脚，免得引起误判。即使某些功能板的位置不便于测试，这步工作也应尽力去做。还应注意，当挂在 I^2C 总线上控制组件之一损坏，影响到总线控制信号传递时，还可能引起其他控制组件失控，形成完全有悖于失效组件所涉及的故障。

示波器可用来观察视频各种脉冲波形、幅度、周期和脉冲宽度，全电视信号波形、行场同步脉冲、行输出逆程脉冲等。通过对波形、幅度及宽度等的具体观察，便可确定某一部位的工作状态。

开关管集电极、基极；时钟振荡信号；伴音输出端；全电视信号输出端（预视放）；各激励、驱动电路输出等。

⑥ 假负载法。许多时候，检修液晶彩电是从测量各电源电压入手，当测得各组电压不正常时，就要判断故障在开关电源本身，还是在其他负载电路，

这时，就需要接假负载，这是缩小故障范围的一条基本思路。假负载的大小应根据开关电源的大小来选择，一般采用自制。例如，液晶电视待机电源电路的假负载，自制时，用一只 10 ～ 22Ω/3W 的电阻或 10W/12V 的灯泡作假负载。

用灯泡作假负载是彩电维修中最常用的维修方法之一，这种方法方便快捷、简单易行、显示直观明了。通过观察灯泡的亮度就可以大体估计出输出电压的高低，大部分液晶彩电机型都能直接接灯泡作假负载，其输出电压基本正常不变。

⑦ 排除法。缩小检修范围，准确判断故障位置（如信号源部分、信号通道部分）。

⑧ 逻辑检修法。该方法要求对所修板件的信号流程、电源逻辑关系非常熟悉，可以确定维修的顺序是先从后级向前级检修，还是单一通道向公共通道检修等。

⑨ 满足法。先大体确定故障部位后，再检修部分电路的工作条件是否满足（特殊情况下可人为制造工作条件）。

⑩ 对比法。条件允许的情况下，可以对比好的板件进行检修，也可以对比同一板件上相同的电路（对称电路）来进行检修。

⑪ 先软件后硬件。软件涉及的故障范围广，但是需要检修的范围小，对于一些软故障，建议先升级软件。

检修彩电是一项技术性很强的工作，要提高检修效率，必须灵活运用各种检修方法。除了上述的几种方法之外，还有不少行之有效的方法，如模拟法、短路法、并联法等，这些方法在维修液晶彩电时都可以常用。

16.1.3　用万用表检测 IC 故障的技巧

（1）集成电路的一般检测法

① 在路检测。

a. 测量各引脚电压　将测得的电压值与电路图中标注值进行比较，数值相差较大处就是故障点；排除外部元件损坏可能后，就表明 IC 的这一部分有故障。但要注意，有些引脚的电压在静态（无信号）和动态（有信号）的情况下是不同的。

b. 测量供电电流　测量时既可将万用表串入供电线路，也可用降压电阻上的电压来算出供电电流。若测得的电源电流较大（比电气特性规定的最大值还大），则是被测 IC 特性不良或已损坏。

c. 测量在路电阻　集成电路的在路电阻值通常厂家是不给出的，只能通过搜集或自己测量正常彩电获得。如果测得的电阻值变化较大，而外部元件又都正常的话，则说明 IC 相应部分的内容电路损坏。由于内外电路可能存在有单向导电的元件或等效的单向导电元件，所以须交换表笔做正反两次测量。

d. 测量输入、输出信号　如果 IC 的输入信号正常，在其工作条件正常的情况下而无输出信号，一般是 IC 损坏。

e. 手摸 IC（温升）检查　正常工作的集成电路，手摸上去一般不烫手。当集成电路损坏时，不仅电压、电阻、电流失常，而且温升也将失常；在供电电压正常的情况下，如果摸上去烫手，则表明 IC 有故障。

② 脱焊检测。

a. 检测 IC 端子上的电阻、电压　为了防止误诊，当将 IC 的各脚脱焊取下来后，还要再检测 IC 各接脚端子的对地电阻和电压。这项测量的目的是进一步检查外部元件及电路是否有故障。根据测量的结果，结合该管的外部电路，就可以分析、判断外部电路是否有故障。

b. 测量各引脚或对公共端的电阻　通过测量单块集成电路各脚的电阻值，并与标称值比较，或结合内部电路进行分析，就可判断 IC 的好坏。测量时，应交换表笔做正反两次测量，然后分析所测结果，凡差别较大处，其内部相应的电路很可能已损坏。

c. 实装检测　如果有实验设备或装有插座的彩电，将被怀疑的 IC 替换上机，看图像或伴音、彩色是否正常，就能迅速判断 IC 是否有故障。

（2）检测集成电路的原则

① 先测量 IC 的工作条件，后测量电压变化最大端。

集成电路必须在正常工作条件下才能工作。因此，当初步判断故障与集成电路有关时，应先测量其工作条件电压是否正常。如果电源端电压过高或过低，那么其他各脚电压跟随变化也在情理之中，并非 IC 有毛病。

有些 IC 只有一个工作条件，就是正极、负极；而有些 IC 就有多个工作条件，例如超级芯片。有些 IC 只有正极、负极两个引脚，而有些 IC 正极、负极引脚有多个，要注意这一点。

在电源供电正常情况下，就要再检测电压变化最大端子的内外电路。当然不能一发现某脚电压异常就肯定是 IC 损坏，更不能盲目更换集成电路，而应先查电源、查外部电路。

② 先检查外，后检查内。

当某一故障的原因既可能在 IC 内部本身，也可能是外部元件时，应先排除外部元件的故障，然后再判断 IC 故障。一般来说，不必追查 IC 内部电路到底是哪一个元件损坏，只要做到判断准确就可以了。

在取下 IC 后，应再测量各端子对地的电阻值和电压值，复查外部元件是否正常，并注意检查印制板的铜箔是否断裂，防止误诊。

16.1.4 液晶电视电路识图

液晶彩电电路原理图的特点是将一个整机电路绘制在多个图上，有些图甚至将其中的某一个或两个集成块进行分解，分别画在不同的图上，这样对于初学者来讲要想熟练识图有些困难，因此，应该从下面几个方面来逐步识图。

方框图是表示该整机液晶彩电是由哪些单元功能电路所组成的图。它也能表示这些单元功能是怎样有机地组合起来，以完成它的整机功能的。

方框图仅仅表示整个机器的大致结构，即包括了哪些部分。每一部分用一个方框表示，由文字或符号说明，各方框之间用线条连起来，表示各部分之间的关系。方框图只能说明机器的轮廓以及类型，大致工作原理，看不出电路的具体连接方法，也看不出元件的型号数值。

方框电路图一般是在分析某个液晶彩电的工作原理，介绍整机电路的概况时采用的。

由于液晶彩电是复杂的电子设备，由方框图先了解电路的组成概况，再与其电路图结合起来，就比较容易读懂电子电路图。

首先要了解该液晶彩电的主要作用、特点、用途和有关技术指标，然后依据方框图的特点进行识读，其识读方法有以下几种。

（1）以控制电路或大方框为中心，顺着箭头向四周辐射读图

如图 16-20 所示，以 MS881 主板电路为中心分析主板的工作原理，然后以各单元电路背光显示板、遥控组件、按键组件、Wifi 组件、背光驱动组件和电源组件等，分析液晶彩电的整机信号流程。

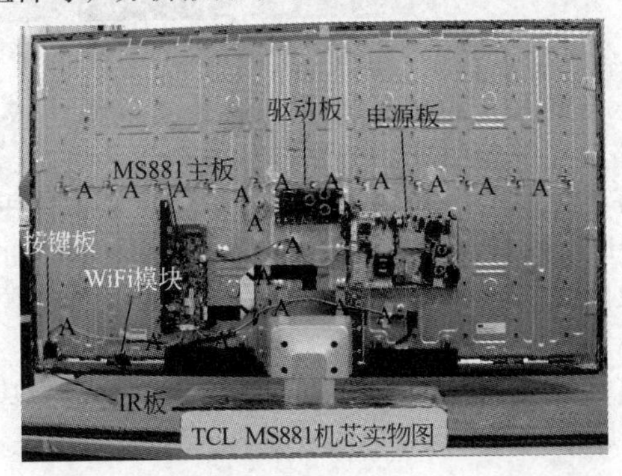

图 16-20

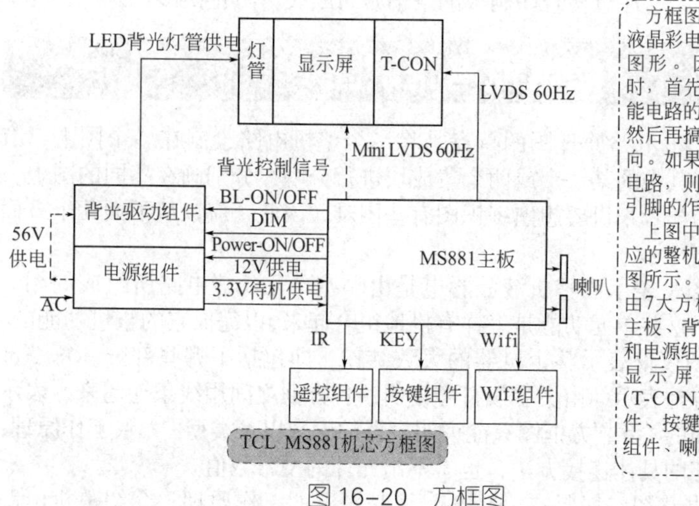

方框图是粗略反映液晶彩电整机线路的图形。因此在识读时，首先要理解各功能电路的基本作用，然后再搞清信号的走向。如果单元为集成电路，则还需了解各引脚的作用。

上图中的实物图对应的整机方框图如下图所示。整机方框图由7大方框图组成：主板、背光驱动组件和电源组件、灯管和显示屏及逻辑板（T-CON）、遥控组件、按键组件、Wifi组件、喇叭。

图 16-20　方框图

（2）以输入信号为起始点，顺着箭头读图，经过中间电路直到输出端。

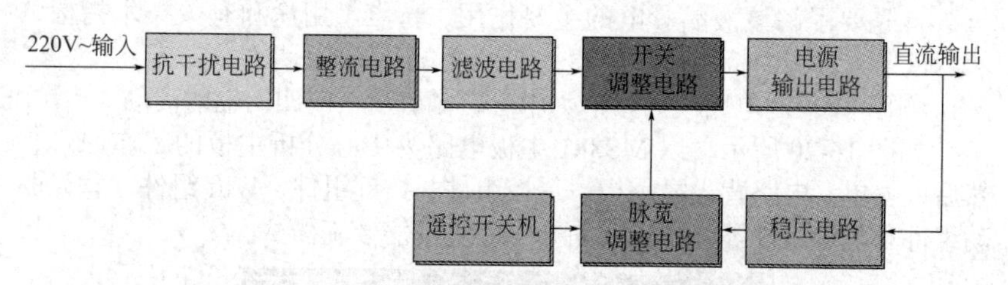

（3）按照各功能、各流程识图

图 16-21 是长虹 LT32600 液晶彩电的开关电源组成方框图。从图中可以看出电路由 4 部分组成，分别是：电源输入电路、待机开关电源（副电源）、PFC 开关电源和主开关电源；然后再识读每部分（或单元电路）电路的组成。这种识读对故障的维修和分析有极大的帮助，可以很好、快速地对故障做出判断及排除 。本图与第 3 章中的原理图是一一对应的。

对于初学者或刚接触液晶彩电的读者，要以此图为基础来了解液晶彩电电源的工作原理，再对照第 3 章中的原理图，就可以达到举一反三的效果。

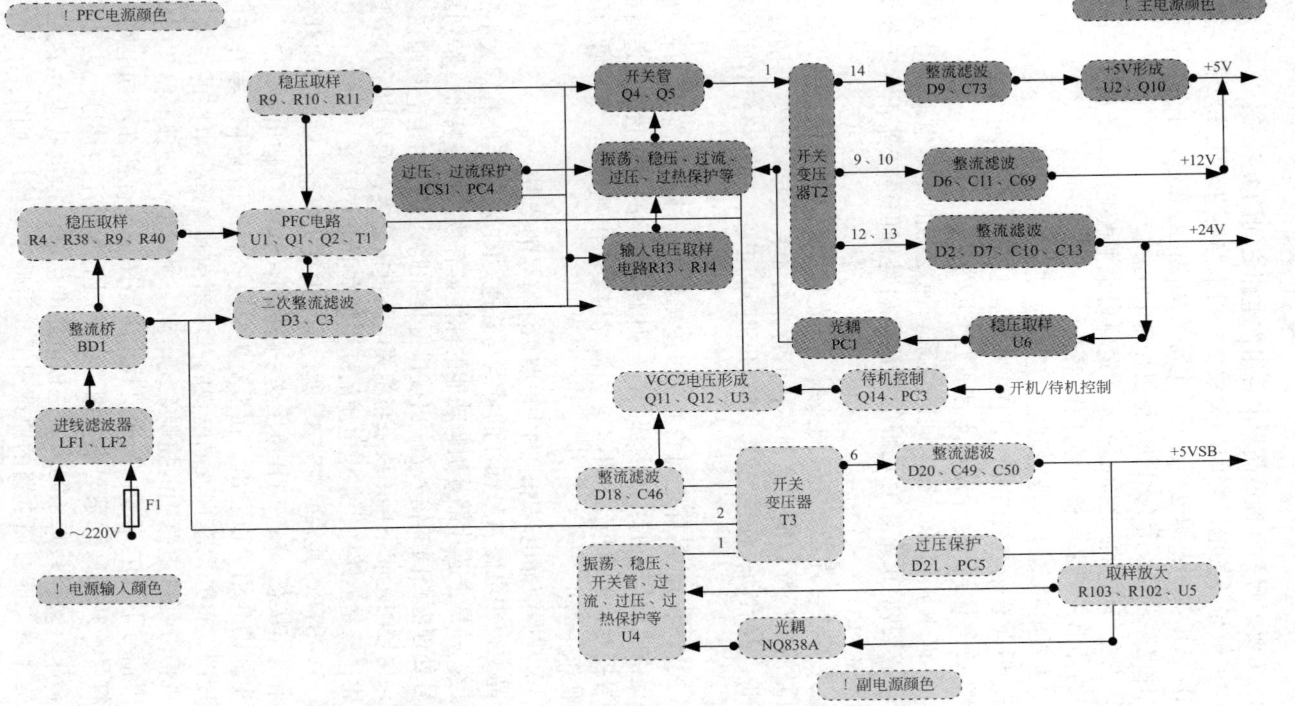

图 16-21　长虹 LT32600 液晶彩电开关电源方框图

（4）要了解和掌握液晶彩电各组件电路之间的关系

① 主板与开关电源之间的关系。主板电路要进入工作状态，需要开关电源提供正常的电源电压。开关电源要从待机状态进入正常工作状态，需要主板电路输出正常的开机 / 待机控制电压。

② 主板与逻辑板之间的关系。逻辑板是主板电路的负载，逻辑板正常工作的外部条件是主板电路工作正常。

③ 主板电路与逆变器之间的关系。逆变器在强制情况下虽然进入工作状态，但在液晶电视内部，只有主板电路工作正常，有正常的启动控制电压加在逆变器上，逆变器才能启动工作状态。

④ 开关电源与逆变器之间的关系。逆变器的工作电压由开关电源提供，开关电源正常，有足够的电流输出是保证逆变器正常工作的必要条件。

⑤ 逆变器与背光灯之间的关系。背光灯作为逆变器的负载，虽然不存在短路的情况导致逆变器损坏，但背光灯不良会导致逆变器的过流、过压保护电路启动，使逆变器只能在开机瞬间工作，而在极短时间内停止工作。

⑥ 逻辑板与液晶屏之间的关系。逻辑板是为液晶屏内部的行、列驱动电路提供驱动信号的，屏内部的行、列驱动电路的工作状态受逻辑板输出的信号控制，逻辑板工作不正常，液晶屏要么出现光暗、无图像故障，要么图像不正常。

（5）掌握液晶电视原理图中电路标注符号的特点

液晶电视中电路符号标注的特点与普通 CRT 彩电相比有很大不同，其特点是：一是主芯片部分引脚功能的标注具有数字信号特征，特别是其数字信号处理电路间的输入 / 输出接口更是如此；二是由于电路画在多张图纸上，信号的走向不再用线条与相关电路直接连接，而是以字母或词组进行描述；三是电路图上供电电压的标注基本上带有后缀。

如 +5V_STB，其后缀“STB”就代表了电视机不论工作在待机状态，还是正常工作状态，5V_STB 电压这一路都有 +5V 电压输出。

从上面的介绍可以看出，在没有集成块资料的情况下，要看懂一份电路原理图，首先要掌握液晶电视的基本结构和各部分电路的作用，如液晶电视信号处理电路中的控制系统电路、射频信号处理电路、变频电路、上屏信号形成电路等；其次要找出电路图上所标注在不同电路图上的相同符号，并将其联系起来。因为电路图上所标注的符号代表了信号的去向，故只要将其联系起来，主板电路的信号流程也就清楚了，信号流程清楚自然也能看懂电路的原理图了。看懂了电路原理图，维修起来也就容易多了。

16.2 洗衣机检测与维修

16.2.1 洗衣机的结构和工作原理

16.2.1.1 普通双桶波轮式洗衣机

普通双桶波轮式洗衣机由洗涤部分和脱水部分组成，这两部分的机械系统和电气系统都自成一体，即可同时工作，也可单独工作。普通双桶波轮式洗衣机以其洗净率高、造价低廉、体积小、重量轻等优点在我国被广泛使用。

（1）洗衣机的结构

普通双桶波轮式洗衣机主要由箱体、洗衣桶、脱水桶、波轮、传动机构、电动机、定时器、进排水系统等部分构成，如图 16-22 所示。

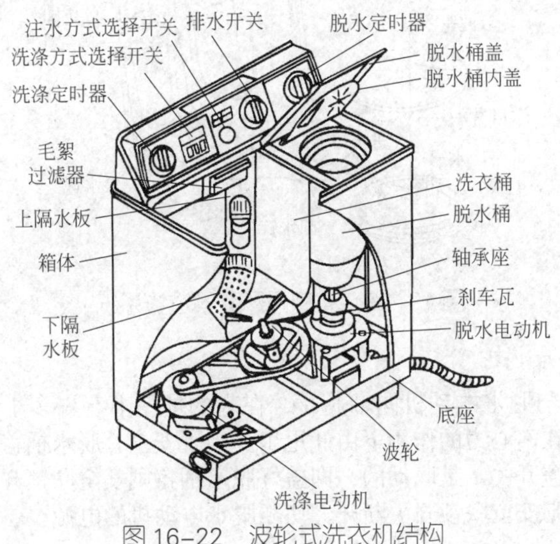

图 16-22 波轮式洗衣机结构

① 箱体。箱体是双桶洗衣机的外壳，用以安装洗衣机的各种组件，并对箱内安装的部件起保护作用。为了便于维修，箱体后部可以拆卸。

② 洗衣桶。是用来盛装洗涤物和洗涤液的容器，在洗涤桶内还装有排水过滤罩、溢水过滤罩和强制循环毛絮过滤系统。

a．排水过滤罩安装在桶体的最低处，上面有几排小孔，用作过滤洗涤桶内的脏水，防止异物堵住排水阀和排水管。

b．溢水过滤罩安装在桶壁上，上面有几排长形小孔。当洗衣桶的水位高出长形小孔的时候，可通过这些小孔迅速从溢水管排出。

c．强制循环毛絮过滤器主要由毛絮过滤网架、集水槽、循环水管、回水管、回水罩挡圈、左右进水口、波轮叶片等组成。如图 16-23 所示。

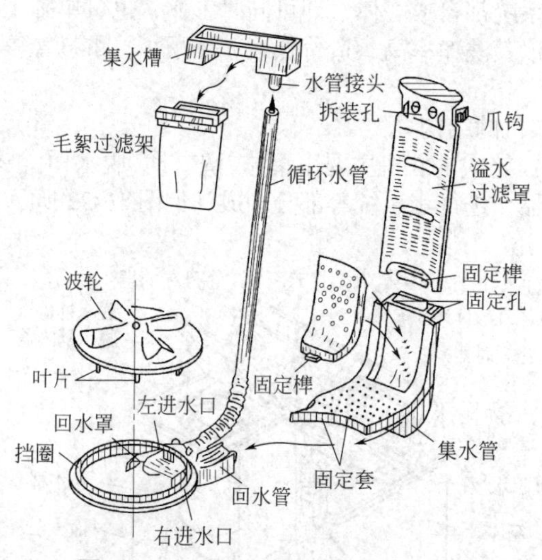

图 16-23　强制循环毛絮过滤系统

③ 脱水桶

脱水桶与脱水电动机同轴旋转，在它的桶壁上有许多小圆孔，洗涤物中的水分在离心力的作用下由此甩出。为了安全，脱水桶盖与安全联锁开关（俗称盖开关）是联动的，即盖好脱水桶盖则安全联锁开关闭合，打开脱水桶盖则安全联锁开关断开，切断脱水电动机的电源。

④ 波轮

波轮是波轮式洗衣机对洗涤物产生机械洗涤作用的主要部件，波轮形状如图 16-24 所示。波轮一般采用聚丙烯塑料或 ABS 塑料注塑成型，通常外表面有几条凸起的光滑过渡筋。一般的双桶洗衣机波轮采用小波轮，波轮直径为 180 ～ 185mm，转速为 450 ～ 500r/min，多数洗衣机的波轮装配在洗衣桶底部中心偏一些位置。

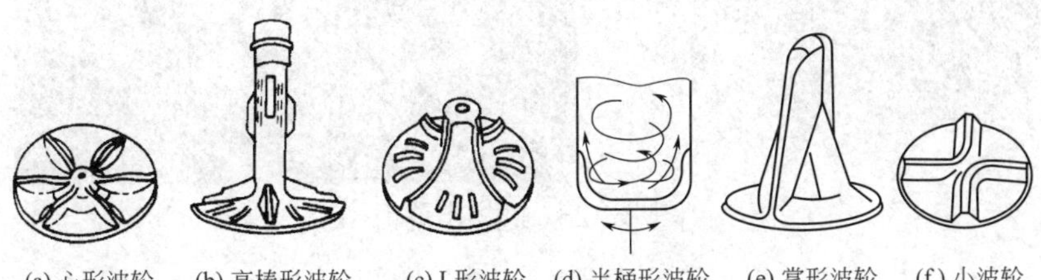

图 16-24　波轮的形状

⑤ 传动结构

电动机的传动机构均采用一级皮带减速传动方式，传动带一般为单根三角带。在传动机构中，波轮轴总成是支撑波轮、传递动力的关键部件。波轮轴总成由波轮轴、含油轴承、密封圈等构成，如图 16-25 所示。

图 16-25　电动机的传动机构

⑥ 电动机

在各种类型的洗衣机上，作为洗涤和脱水的动力，主要采用的是电容式单相交流异步电动机。单桶洗衣机只用 1 台电动机，双桶洗衣机使用 2 台电动机，1 台用于洗涤，1 台用于脱水。波轮洗衣机普遍采用四极电动机，其外形与结构如图 16-26 所示。

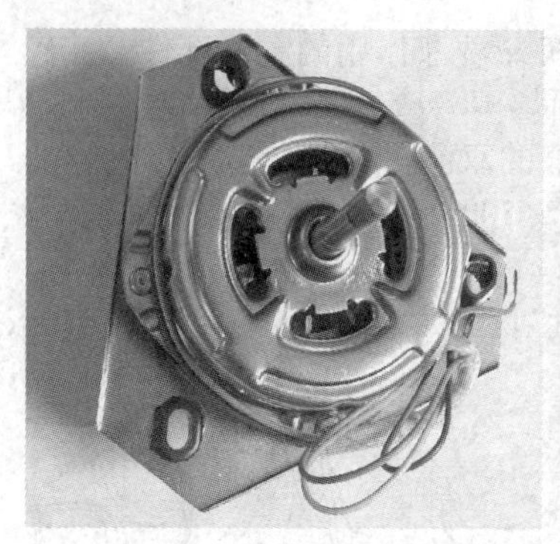

图 16-26　四极电动机

a. 洗涤电动机　洗涤电动机通常有 4 种功率规格：90W、120W、180W 与 280W，配用 6 ～ 10μF 的运转电容器。由于洗涤电动机采用正、反向频繁换向的运转方式，因此它的两个定子绕组无正、副之分，其接线如图 16-27 所示。

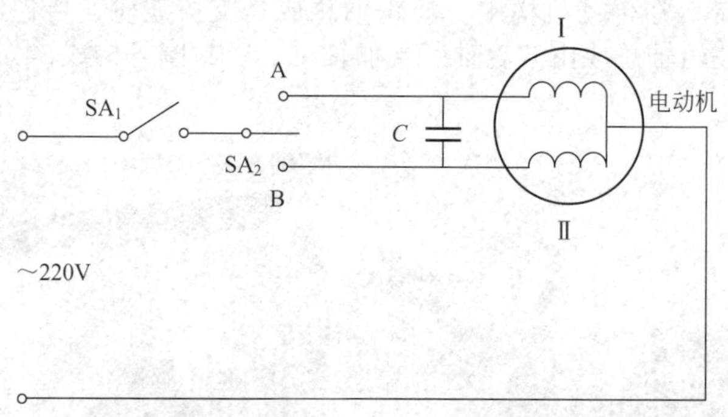

图 16-27　洗涤电动机接线

b. 脱水电动机　脱水电动机的功率通常为 75 ～ 140W，旋转方向都是逆时针方向。由于脱水电动机只有一个转动方向，因此其定子绕组有主、副之分。由于电动机以 1400r/min 的高速度旋转，加上脱水桶内的衣物分布不可能完全均匀，因此，转动时脱水桶将产生较大的振动。为了减小振动和偏摆，在脱水电动机与洗衣机底座之间安装 3 组弹簧支座（减振装置），减振装置是由减振弹簧、橡胶套和上、下支架组成，其结构如图 16-28 所示。

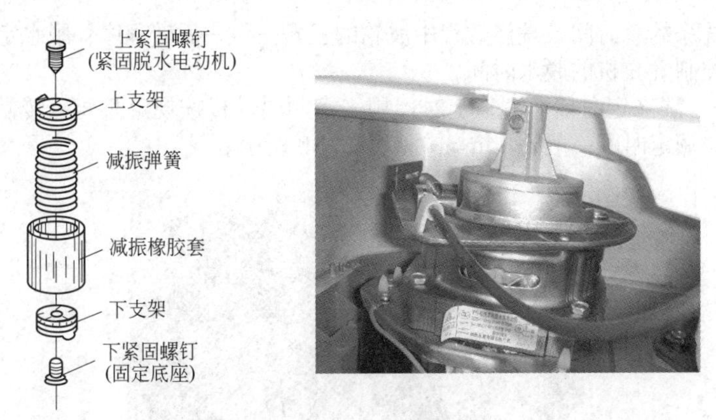

图 16–28　减振装置结构

脱水电动机的制动装置（刹车机构）如图 16-29 所示，当洗衣机工作在脱水状态时，刹车机构工作在如图 16-29（b）状态，此时钢丝套中的钢丝拉紧，刹车块离开刹车鼓，脱水内桶自由转动。当脱水电动机运转时或脱水过程结束后，若打开脱水桶外盖，安全联锁开关就会切断电源，并把钢丝放松，使得刹车块在刹车弹簧收缩力作用下，紧紧地压在刹车鼓上的外圆柱面上，如图 16-29（a）所示，这样刹车块与刹车鼓之间产生很大的摩擦力，使得脱水桶迅速（约 10s）停止转动。

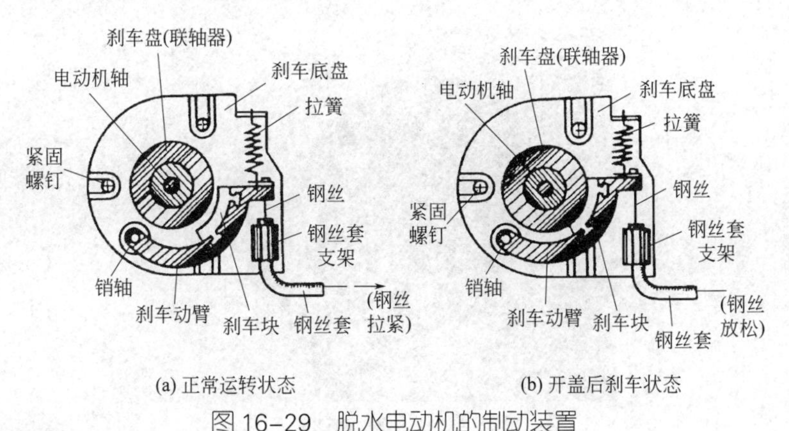

图 16–29　脱水电动机的制动装置

⑦ 定时器

洗衣机定时器包括洗涤定时器与脱水定时器。洗涤定时器是控制洗衣机洗涤的总时间及洗涤过程中波轮的正转—停—反转程序；脱水定时器用来控制洗衣机的脱水时间。

a．洗涤定时器　洗涤定时器用来控制电动机按规定时间运转，洗涤定时器额定时限一般为 15min。如图 16-30 所示。

图 16-30　洗涤定时器

b．脱水定时器　脱水定时器时限一般为 5min，实际使用时脱水 1 ～ 2min 即可，继续延长脱水时间，脱水率也不会明显提高。如图 16-31 所示。

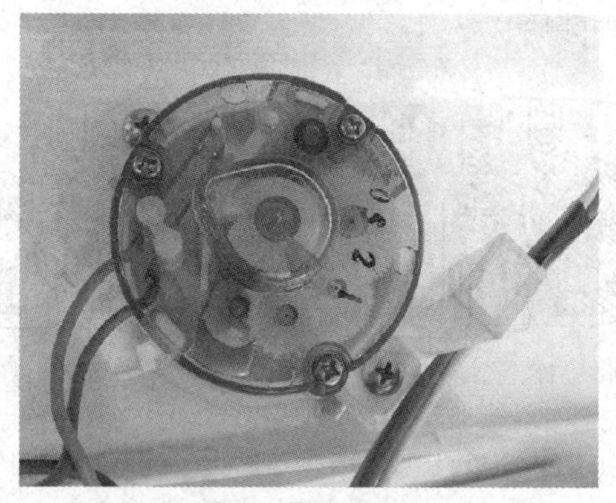

图 16-31　脱水定时器

⑧ 进、排水系统

普通波轮洗衣机的进水完全是由人工操作的，排水则通过排水开关、排水阀及排水管来实现。常用的桶外排水系统结构如图 16-32 所示。

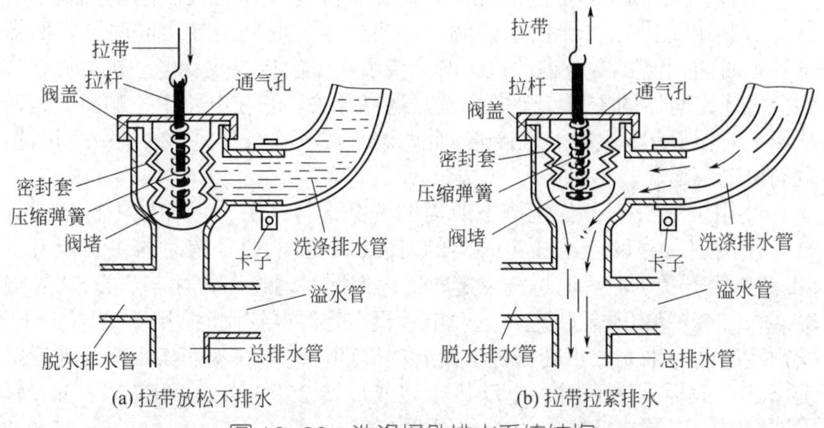

图 16-32　洗涤桶外排水系统结构

（2）控制电路

普通双桶波轮式洗衣机控制电路由两部分组成：一部分是洗涤控制电路；另一部分是脱水控制电路。这两部分电路是相互独立的，可以独立操作。普通双桶波轮式洗衣机控制电路如图 16-33 所示。

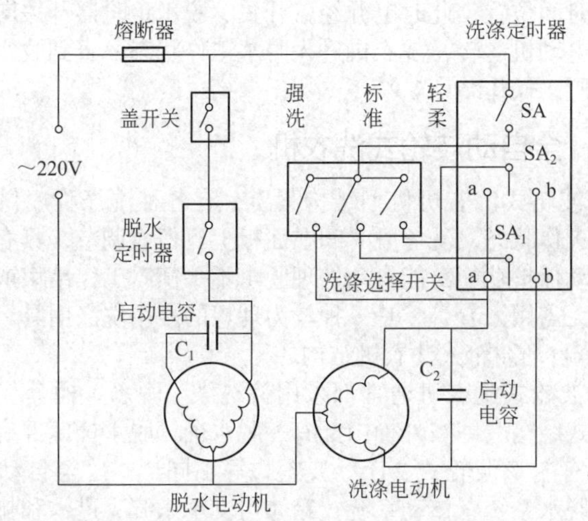

图 16-33　双桶波轮式洗衣机控制电路

① 洗涤控制电路

洗涤控制电路主要包括洗涤定时器、洗涤选择开关、电动机及电容器等，其中洗涤定时器用来控制电动机按规定时间运转，同时，定时器按规定时间把电容器与电动机的两个绕组轮流串接以改变电动机的旋转方向。洗涤定时器的主触点开关和洗涤选择开关串联在电路中，顺时针转动洗涤定时器旋钮，主触点就接通，此时若不按下洗涤开关中的某一个按键，电动机仍不运转。

使用洗衣机时，首先按下所需的洗涤选择开关，例如按下标准或轻柔洗涤按键，并设定洗涤定时器的时间，此时电源经定时器主触点开关SA和洗涤开关，然后通过洗涤定时器内控制时间组件的触点开关SA_1（或SA_2），向洗涤电动机供电，这时电动机在定时器控制时间组件的控制下，按预定时间分别完成正转—停—反转的周期性动作，从而实现标准或轻柔洗涤。一般标准洗涤时，电动机正转或反转25～30s，间歇3～5s；轻柔洗涤时，正转或反转3～5s，间歇5～7s。

② 脱水控制电路

脱水控制电路由脱水电动机、脱水定时器、脱水桶盖开关等组成。由于脱水内桶只单方向转动，所以脱水定时器只有一个触点开关。在电路中脱水定时器与盖开关相串联。只有完全合上脱水桶外盖，盖开关才闭合，因此需要脱水时，首先将衣物放入桶中，合上盖板，顺时针旋转脱水定时器至所需的时间位置，此时电源经盖开关、脱水定时器开关向脱水电动机供电，脱水电动机运转，洗衣机进入脱水工作状态，直到脱水定时器预定的时间到，脱水操作结束。

16.2.1.2 全自动波轮式洗衣机

全自动波轮式洗衣机机型结构紧凑；有各种洗涤程序供自由选择，可任意调节工作状态，洗、脱时间在面板上可任意调节，具有各种故障和高低电压自动保护功能，能自动处理脱水不平衡，工作结束或电源故障会自动断电，无需用人看管，是一种较为理想的家用洗涤用具。

（1）全自动波轮式洗衣机结构

全自动波轮式洗衣机通常都采用将洗涤（脱水）桶套装在盛水桶内的同轴套桶式结构，即在外桶内部有一脱水桶，脱水桶底部有一波轮，套桶波轮结构有L形波轮式、U形波轮式等不同形式。全自动波轮式洗衣机由洗涤与脱水系统、传动系统、箱体与支承系统、进水和排水系统、电气控制系统五大部分组成，其结构如图16-34所示。

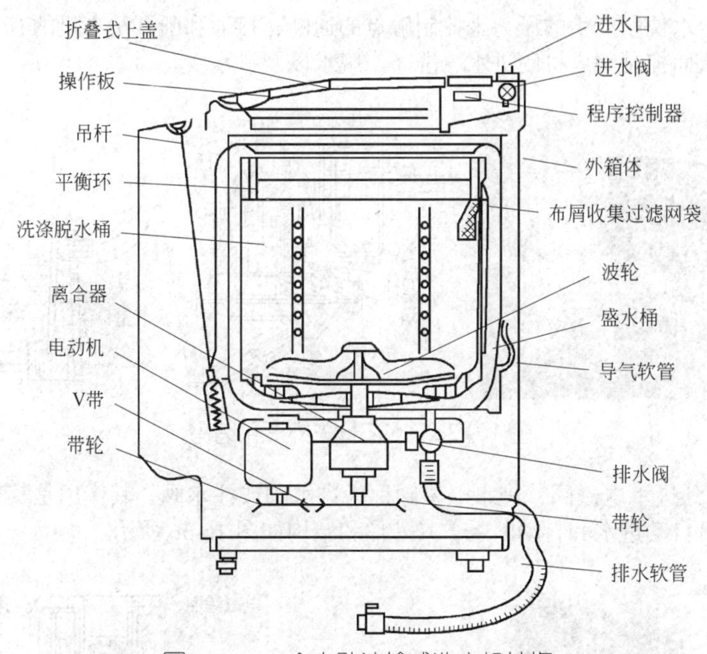

图 16-34　全自动波轮式洗衣机结构

① 洗涤与脱水系统　洗涤与脱水系统主要由盛水桶、洗涤桶、波轮等组成。盛水桶通过 4 根吊杆悬挂在洗衣机箱体上，电动机、离合器、排水电磁阀等部件都安装在桶底下面。

a．洗涤桶　洗涤桶又称脱水桶或离心桶，也称为内桶。它的主要功能是用来盛放衣物，在脱水时便成为离心式脱水桶。

b．平衡圈　为了消除因衣物盛放不均匀造成异常振动，洗涤桶的上端均设有平衡圈。它是一个以塑料制成的空心圆环，圈内侧有不少隔板。圈内注有高浓度的食盐水，一般占圈容积的 70%。

c．波轮　波轮是洗衣机对衣物产生机械作用的主要部件。目前生产的全自动洗衣机上都普遍采用能产生各种新型水流的大波轮。

② 进、排水系统　主要由水位开关、进水电磁阀及排水电磁阀等组成。通过水位开关与电磁进、排水阀配合来控制进水、排水以及电动机的通断，从而实现自动控制。

a．水位开关　空气压力式水位开关是应用最多的一种，其外形和结构如图 16-35 所示。水位开关又叫压力开关、水位传感器等。它是利用盛水桶内水位所产生的压力来控制触点的通断，接通和断开洗衣机的有关电路，从而控制洗衣机的进水、洗涤、脱水以及排水。

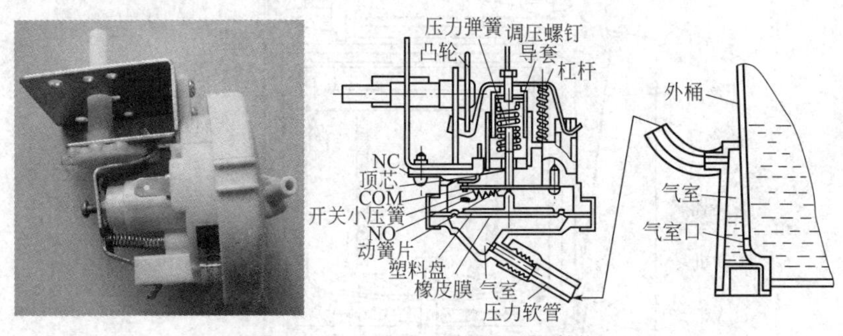

图 16-35　水位开关外形和结构

b．进水电磁阀　进水电磁阀称为进水阀或注水阀。其作用是实现对洗衣机自动进水和自动断水，其外形和结构如图 16-36 所示。

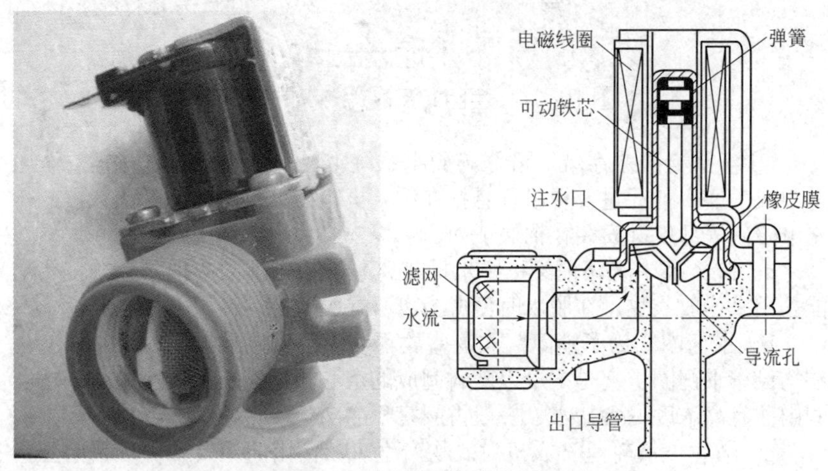

图 16-36　进水电磁阀外形和结构

c．排水电磁阀　排水电磁阀是全自动洗衣机上的自动排水装置，同时还起改变离合器工作状态（洗涤或脱水）的作用。排水电磁阀由电磁铁和排水阀组成。微电脑控制的全自动洗衣机常采用直流电磁铁。排水电磁阀实物如图 16-37 所示。

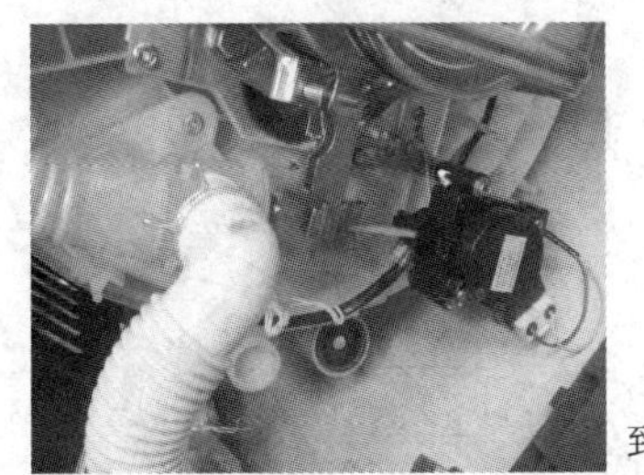

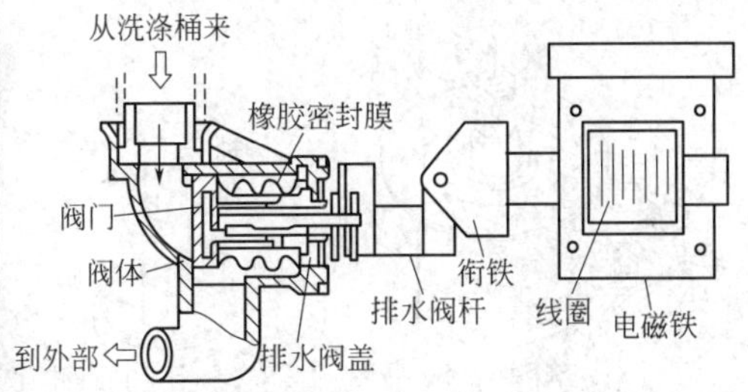

图 16-37　排水电磁阀外形

③ 电动机和传动系统　波轮式全自动套桶洗衣机的电动机同时作为洗涤和脱水时的动力源，普遍采用主、副绕组完全对称的电容式电动机。它的结构与双桶洗衣机中的洗涤电动机类似，都是 4 极、24 槽、节距为 6 的电动机。电动机外形如图 16-38 所示。

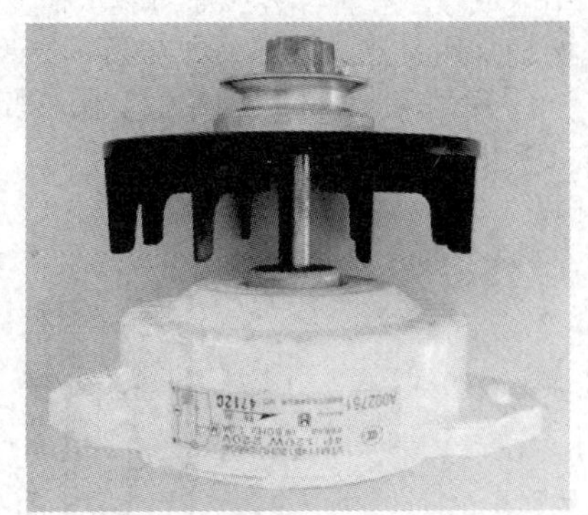

图 16-38　电动机外形

全自动洗衣机的传动系统设在洗衣机脱水桶的底部，主要由波轮、脱水桶、离合器、传动带、电动机、电磁铁及减振系统组成。由单相电容式电动机通过三角带带动离合器的内外轴，实现洗涤和脱水两种功能。

减速离合器是内外轴复合为一体的结构。离合器的内轴（洗涤轴），一端固定波轮，另一端固定离合套，离合套上固定大带轮。离合器外轴（离心轴）的一端固定离心桶（脱水桶），另一端通过抱簧与离合套连接。离合器结构如图 16-39 所示。减速离合器能满足套桶洗衣机的要求，即洗涤时波轮低速旋转，脱水时离心桶高速旋转。它采用了行星减速器。

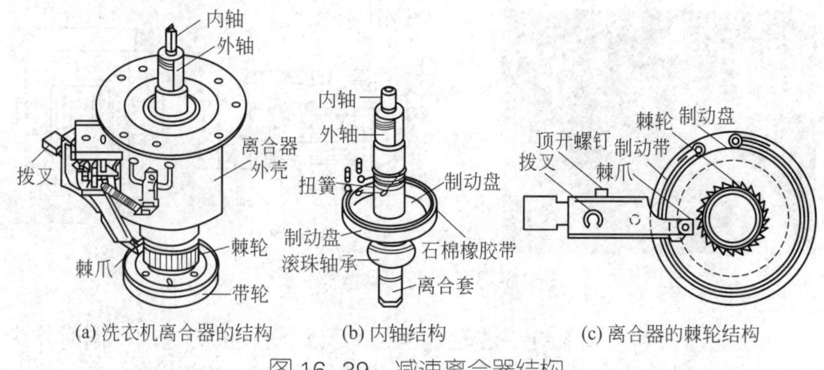

(a) 洗衣机离合器的结构 (b) 内轴结构 (c) 离合器的棘轮结构

图 16-39 减速离合器结构

④ 支承机构 洗衣机的脱水桶和盛水桶借助支承机构与箱体（外壳）结合成一个整体。盛水桶与脱水桶复合在一起，脱水桶口径比盛水桶的小。两桶采用悬挂式固定，即在箱体的四个角上分别固定一根减振吊杆，吊杆下部装有减振弹簧、阻尼筒、阻尼胶碗，通过底盘将两只桶固定。洗衣机支承机构如图 16-40 所示。

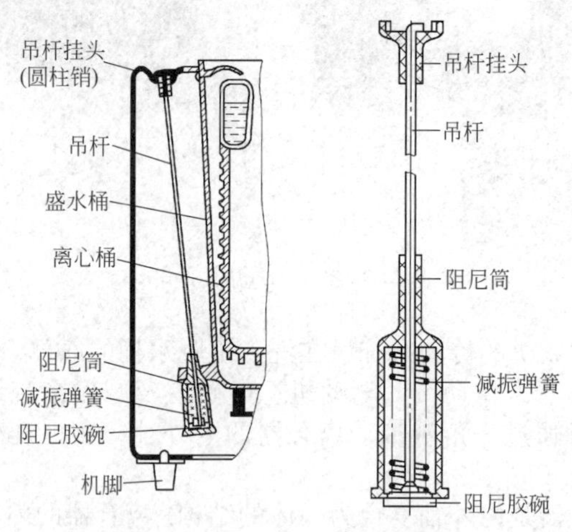

图 16-40 洗衣机支承机构

（2）微电脑程序控制器控制原理

程序控制器是全自动洗衣机的核心。程序控制器主要有机械电动式和微电脑式两种。微电脑程序控制器是由单片机和有关电子器件组成的，功能全，控制精度高，采用无触点控制元件，并可实行最优洗涤控制。目前，微电脑程序控制器已基本取代机械电动式程序控制器。实物如图 16-41 所示。

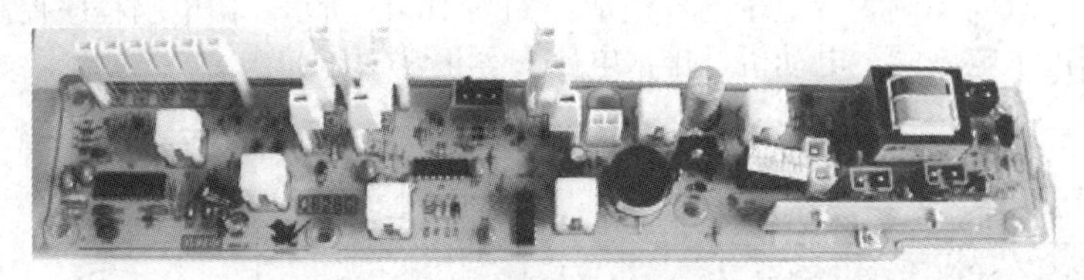

图 16-41 微电脑程序控制器

普通微电脑全自动洗衣机的工作程序需人工在面板上加以设定。设定的内容包括以下几个方面。

① 衣物质地设定：标准衣料、针织品衣料、轻柔衣料等多种。

② 操作设定：一般有强洗、弱洗、经济洗和脱水等。

③ 洗衣程序设定：洗衣、漂洗、脱水等组合设定。

在工作时，有 4 个功率部件受微电脑输出信号的控制，它们是进水电磁阀、排水阀、柔顺剂投入阀和洗衣电动机。微电脑只有检测到门盖开关盖上后才进入正常工作。水位不到时，进水电磁阀进水，当水位达到后，开始洗涤。在洗涤过程中，微电脑会把有关工作状态在 LED 显示器上显示出来。微电脑洗衣机的控制结构如图 16-42 所示。

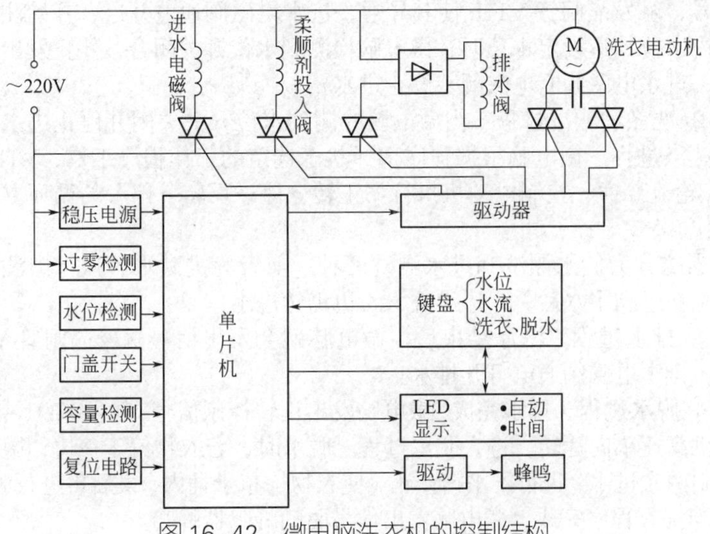

图 16-42 微电脑洗衣机的控制结构

（3）全自动洗衣机控制基本原理

全自动洗衣机控制电路由微电脑程序控制器、按键、开关、发光二极管、双向晶闸管等电子器件组成，如图 16-43 所示。微电脑程序控制器控制进水电磁阀、电动机、排水电磁阀等正常工作。

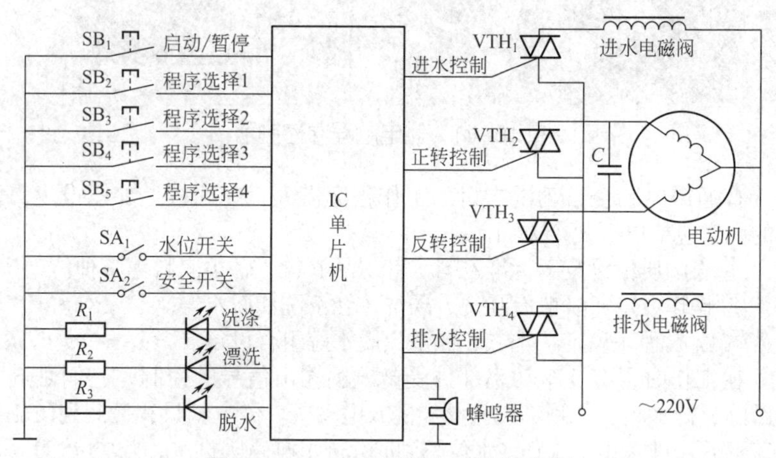

图 16-43　全自动洗衣机控制电路

① 进水过程　当按下“启动 / 暂停”键时，微电脑就会发出进水控制信号，触发晶闸管 VTH_1 使其导通，进水电磁阀通电开启，开始注水。当桶内水位到达设定水位时，微电脑检测到水位开关闭合，停止发出进水信号，进水电磁阀断电关闭，停止进水。

② 洗涤和漂洗过程　当微电脑检测到水位开关关闭并停止进水后，进入洗涤过程。微电脑根据程序选择状态选定的工作程序工作，VTH_2 和 VTH_3 轮流导通，控制电动机执行“正转→停→反转→停”的循环方式周期工作。

漂洗分为储水漂洗和进水漂洗两种。前者为进满水后执行漂洗；后者则是在进满了水后，一边漂洗，一边仍然进水。

③ 排水过程　洗涤结束后，微电脑就会发出信号触发晶闸管 VTH_4 导通，排水电磁阀通电打开排水。

④ 脱水过程　排水完成，微电脑发出正转控制信号，触发 VTH_2 导通，电动机高速单向运转，进入脱水过程。脱水时，若衣物偏于一边，微电脑会控制两次进水，进行不平衡修正，使衣物均布于桶内，最后再进行脱水。

当洗衣程序完成，微电脑发出信号驱动蜂鸣器蜂鸣。

16.2.1.3　全自动滚筒式洗衣机

滚筒式洗衣机具有洗涤范围广、洗净度高、容量大、耗水量小、被洗涤的衣物不缠绕、不打结、磨损率小的优点。滚筒式洗衣机的洗涤是以滚筒提升衣物，利用衣物自重跌落机中冲刷和浸泡洗涤为主。

（1）基本结构

滚筒式洗衣机的结构可分为洗涤、脱水系统，进、排水系统，电动机及传动系统，电气控制系统，支承机构及加热、烘干装置等。滚筒式全自动洗衣机的结构如图 16-44 所示。

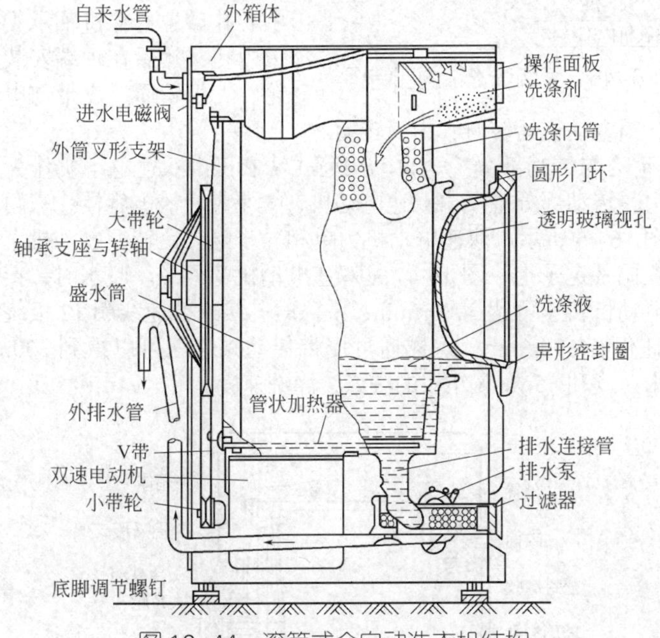

图 16-44　滚筒式全自动洗衣机结构

① 洗涤部分　滚筒式全自动洗衣机洗涤系统主要由内筒（滚筒）、外筒（盛水筒）、内筒叉形架、转轴、外筒叉形架、轴承等组成。

内筒的主要作用是用来盛装洗涤和脱水的衣物，由圆桶、前盖、后盖等构成。圆桶的圆周壁上布满直径为 4mm 的圆孔。前盖中心有一个大圆孔，衣物由此孔投入。桶内壁沿轴向有三条凸筋，称为提升筋，主要用来在内筒转动时举起衣物和增大衣物与筒壁的摩擦，产生抛掷、搓洗动作。内筒的叉形架、轴套被铸成一体，然后用螺栓固定于内筒后端面上，用来

图 16-45　滚筒洗衣机内部结构

支持内筒。洗衣机内部结构如图 16-45 所示。

外筒是用来盛放洗涤液和水的容器，同时还对双速电动机、加热器、温控器、减振器等部件起支承作用，由筒体、前盖、后盖和外筒叉形架组成。外筒叉形架中心孔外面还有轴承支架与之相连，内筒主轴穿过外筒叉形架中心孔后，再穿过轴承支架的轴承内孔，然后在轴端安装上大带轮。大带轮通过皮带与电动机带轮相连，当电动机运转时，内筒转动。

② 动力与传动部分　全自动滚筒式洗衣机由双速电动机作为驱动内筒的动力，传动部分主要由双速电动机、大小带轮、电容器、三角带等组成，如图 16-46 所示。双速电动机为单相异步电容运转型电动机，有两套绕组装在同一定子上，图 16-47 是双速电动机的外形。脱水时，接通 2 极绕组，电动机转速可达 3000r/min；洗涤时，接通低速线圈 12 极绕组，电动机转速仅有 500r/min。这样通过皮带传动减速就可以得到 350r/min 左右的脱水速度和 55r/min 左右的洗涤、漂洗速度。

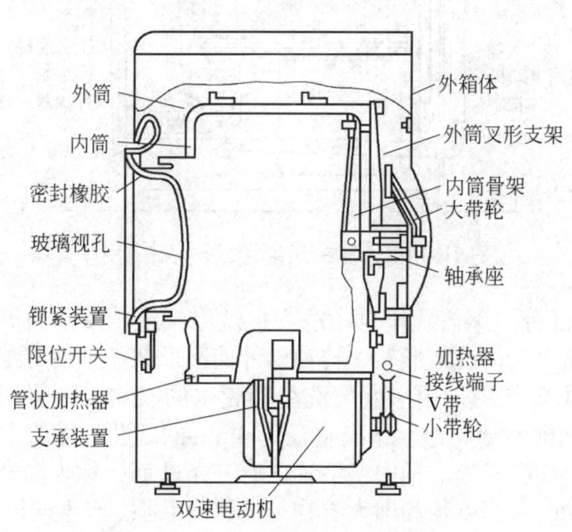

图 16-46　滚筒式洗衣机传动机构

③ 操作部分　主要由操作盘和前门结构组成。洗衣机的操作部件都装配在操作盘上，通常由前面板、程序标牌、琴键开关及指示灯、程控器旋钮等组成。洗衣机前门主要由玻璃窗、门手柄、手柄按钮、门开关、门开关抓钩等组成。

④ 支承部分　支承部分由拉伸弹簧、弹性支承减振器、外箱体及底脚等组成。洗衣机外筒采用整体吊装形式，上部采用 4 个拉伸弹簧，将外筒吊装在箱体的四个顶角上，外筒底部采用了两个弹性支承减振器支承在箱体的底部。这样的弹性连接，使外筒的振动通过上部的拉伸弹簧和下部的减振器得以衰减，这样洗衣机工作时，特别是脱水高速旋转时具有足够的稳定性。

⑤ 给排水系统　全自动滚筒式洗衣机进水系统除包括有进水电磁阀等部件外，还包括洗涤剂盒。洗涤剂盒分格装着洗衣粉、漂白剂、软化剂和香料，在程序控制器的作用下，随着水流自动冲进筒内。进水电磁阀的基本结构和波轮式洗衣机相同。进水电磁阀如图 16-48 所示。

图 16–47　双速电动机的外形

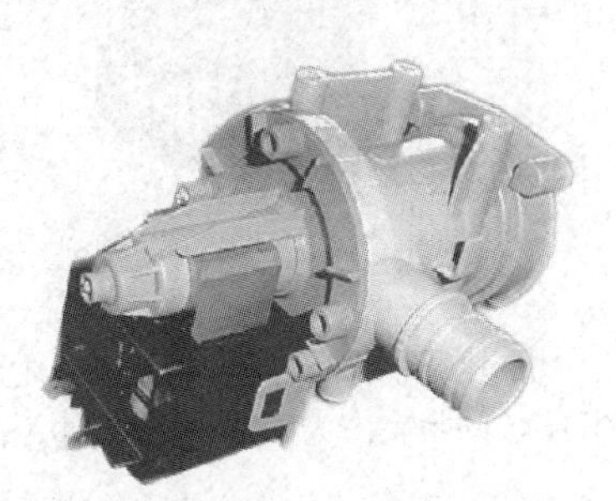

图 16–48　进水电磁阀

滚筒洗衣机一般采用上排水方式，采用排水泵排水。排水泵电动机为开启式单相罩极电动机，功率为 90W，排水泵扬程为 1.5m 左右，排水量为 25L/min，一般安装在洗衣机外箱体内右后下方。

⑥ 电气部分　全自动滚筒式洗衣机的电气部分由程控器、水位开关、加热器、温控器、门开关和滤噪器等基本电器部件组成。

滚筒式全自动洗衣机整个工作过程是由程控器来实现的，洗衣机的所有指令和动作过程都是由程控器统一指挥。程控器如图 16-49 所示。

水位开关又称压力开关，它是利用盛水桶内水位所产生的压力来控制触点的通断，接通和断开洗衣机的有关电路，水位开关与进水电磁阀配合，根据洗衣桶内水位的高低，控制进水电磁阀的关闭或开启，从而控制洗衣机的进水、洗涤、脱水以及排水。水位开关外形和结构如图 16-50 所示。

图 16-49 程控器

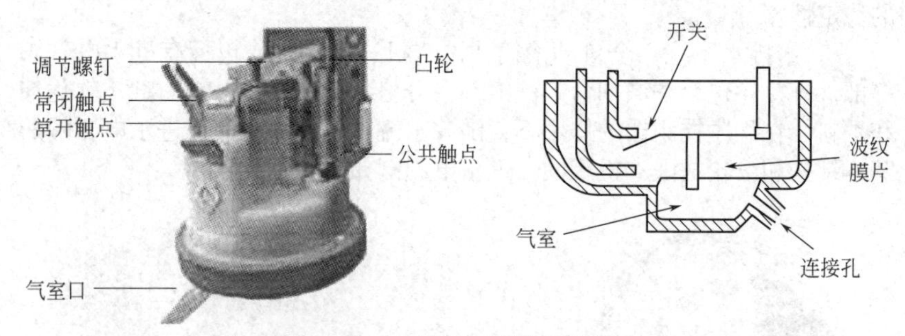

图 16-50 水位开关外形和结构

加热器用来加热洗涤水，它是一只水浸式管状加热器，其结构如图 16-51 所示，为一种封闭式电热元件，加热器功率一般为 0.8 ～ 2.0kW。

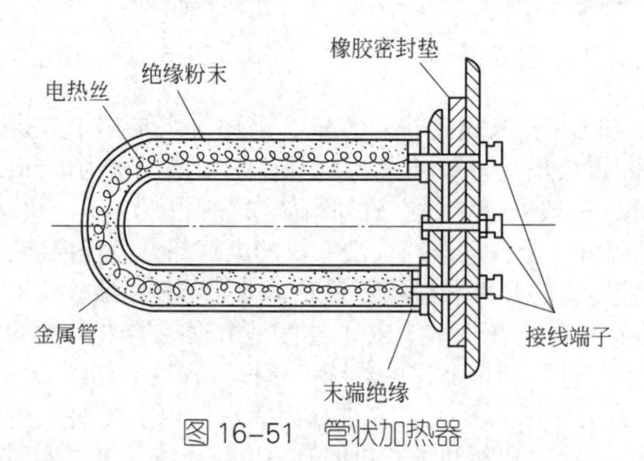

图 16-51 管状加热器

温控器的作用是控制洗涤液的温度，通常控制在 40 ～ 60℃。

门开关是安装在洗衣机前门内侧的微动电源开关，它串接在电源电路中，洗衣机门打开时，门开关断开，起到保护操作者安全的作用。门开关外形和结构如图 16-52 所示。

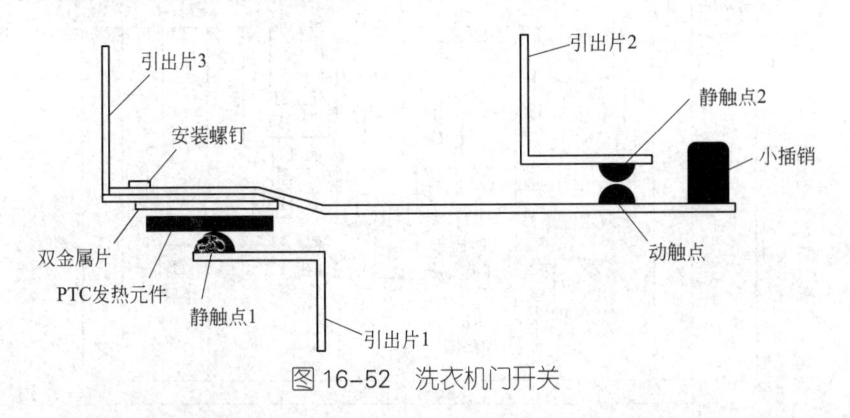

图 16-52　洗衣机门开关

（2）洗涤原理

洗涤时，进水电磁阀打开，自来水通过洗涤剂盒连同洗涤剂冲进筒内，内桶在电动机的带动下以低速度周期性地正反向旋转，衣物便在筒内翻滚揉搓，一方面衣物在洗涤液中与内桶壁以及桶壁上的提升筋之间产生摩擦力，衣物靠近提升筋部分与相对运动部分互相摩擦产生揉搓作用；另一方面滚筒壁上的提升筋带动衣物一起转动，衣物被提升出液面并送到一定高度，由于重力作用又重新跌入洗衣液中，与洗衣液撞击，产生棒打、摔跌作用。这样内筒不断正转、反转，衣物不断上升、跌落以及与洗涤液的轻柔运动，都使衣物与衣物之间，衣物与洗衣液之间，衣物与内筒之间产生摩擦、揉搓、撞击，这些作用与手揉、板搓、刷洗、甩打等手工洗涤相似，达到洗涤衣物的目的。

（3）控制原理

滚筒式全自动洗衣机的工作过程主要由程控器来控制实现的。常见的有机电式控制方式和电脑式控制方式，而电脑控制方式又可分为时间控制与条件控制两种方式。时间控制主要是指通过控制滚筒每次进水、加温、正反向运转洗涤、排水、脱水、结束等程序编排的时间来控制的。条件控制主要是指通过控制洗衣机的工作状态的改变的条件来实现控制。电脑式滚筒式全自动洗衣机整机电路如图 16-53 所示，主要由电脑控制器、双水位开关、温度传感器、加热器、电动机、进水阀、排水泵、温度控制器、电动门锁等组成。

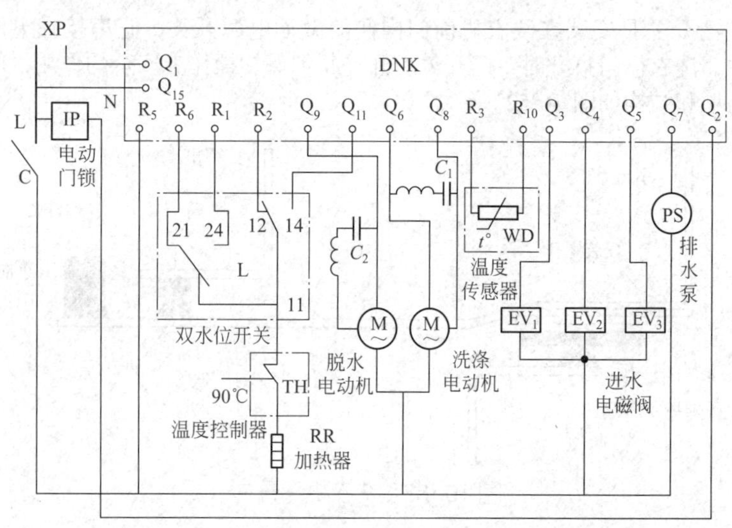

图 16-53 电脑式滚筒式全自动洗衣机整机电路

16.2.2 洗衣机主要部件识别与检测

（1）检测进水电磁阀

怀疑进水电磁阀出现故障，首先用万用表检测控制电路是否提供了 180 ~ 220V 的交流电压。具体检测如图 16-54 所示，用两个表笔分别接进水电磁阀的两个接线端子处，在洗衣机通电的状态下，如果检测到的电压值低于 180V，则说明进水电磁阀没有动作。

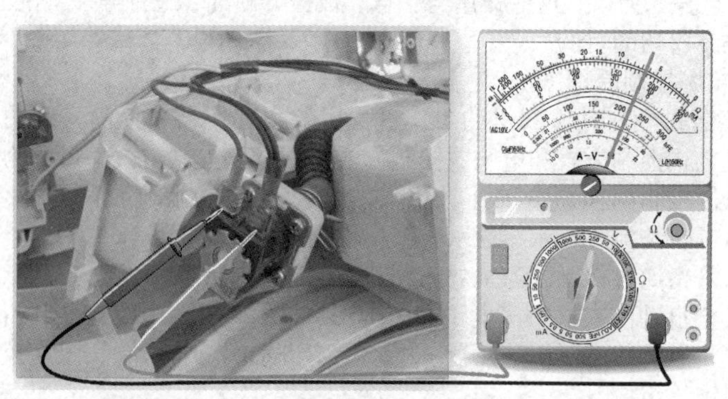

图 16-54 进水电磁阀供电电压的检测

如果测量进水电磁阀两端的电压为交流 180 ～ 220V，则需要将进水电磁阀拆卸下来，对其进行进一步的检修。图 16-55 所示为使用万用表检测进水电磁阀线圈的方法。正常情况下，进水电磁阀两引脚端的阻值约为 3.5kΩ。如果阻值趋向无穷大，表明电磁线圈已经烧毁或断路；如果阻值趋于零，表明电磁线圈短路。此时，就需要更换电磁线圈，或直接更换进水电磁阀。

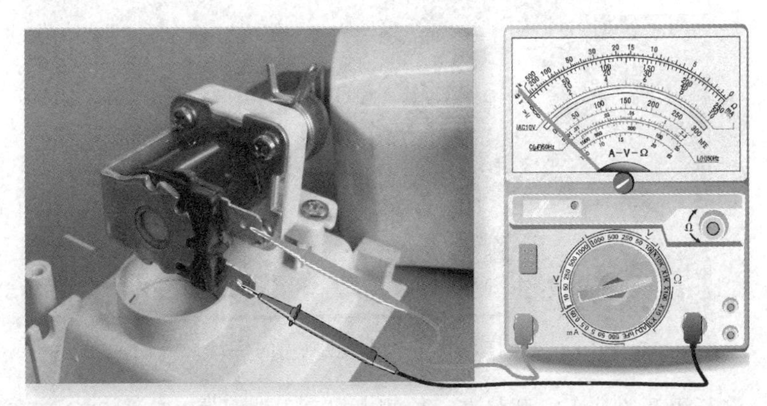

图 16-55　电磁线圈的检测

（2）检测水位开关

如图 16-56 所示，在没有水压传递的状态下，此时的公共端和动合端应处于断开接触状态，万用表检测电阻为∞；如果检测发现阻值为 0，则应重点检查单水位开关内部零部件。

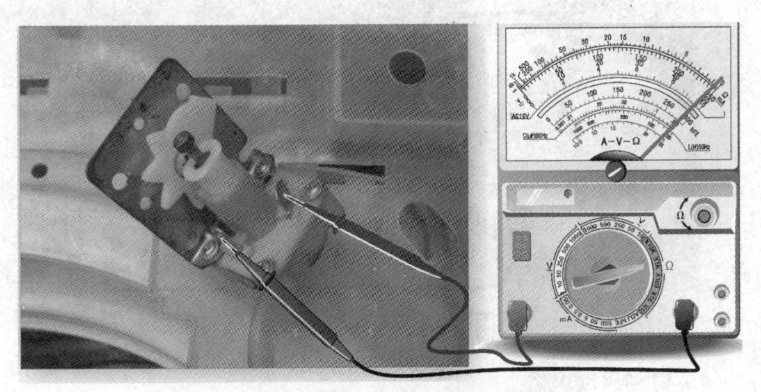

图 16-56　检测水位开关触点接通情况

（3）检测电机牵引器

取下电动机护盖螺栓后即可找到牵引器中的电动机，具体操作如图 16-57 所示。使行程开关处于关闭状态，检测电机牵引器阻值，正常值应为 3kΩ 左右。

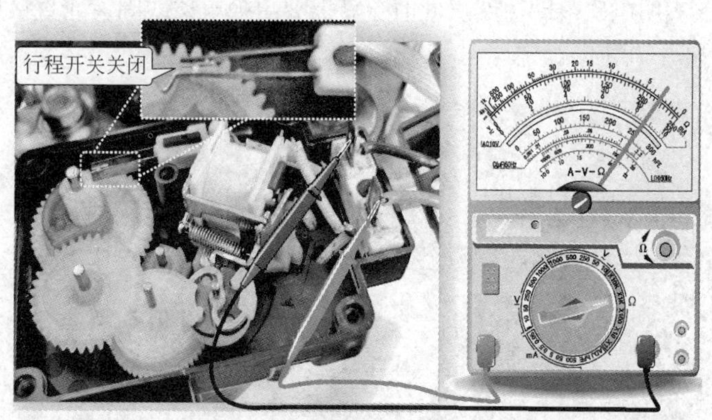

图 16-57　电机牵引器阻值的检测（行程开关关闭）

将行程开关处于打开状态，检测电机牵引器阻值，应为 8kΩ 左右，如图 16-58 所示。若检测阻值过大或者过小，都说明该电机牵引器中的电磁铁或电动机故障。

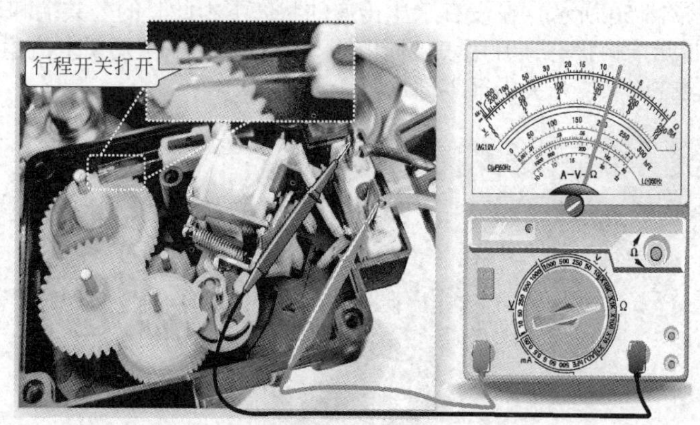

图 16-58　电机牵引器阻值的检测（行程开关打开）

（4）检测启动电容

检测启动电容时，将启动电容与电动机分离开，检测前先对启动电容进行放电，将万用表调整至 $R\times10$k 挡，用万用表的红、黑表笔分别检测启动电容的两端，然后再调换表笔进行检测，如图 16-59 所示。若启动电容正常，万用表指针从电阻值很大的位置摆动到零的位置，然后再摆回到电阻值很大的位置；若万用表指针不摆动或者摆动到电阻为零的位置后不返回，以及刚开始摆动时摆动到一定的位置后不返回，均表示启动电容出现故障，需要对其进行更换。

图 16-59　检测启动电容

（5）检测电动机

将万用表挡位调整至 $R\times10$ 挡，然后使用万用表检测电动机的棕色和黑色数据线之间的阻值，约为 $3.5\times10\Omega$，如图 16-60 所示。

保持万用表挡位不变，检测电动机的红色和黑色数据线之间的阻值，约为 $3.5\times10\Omega$，如图 16-61 所示。

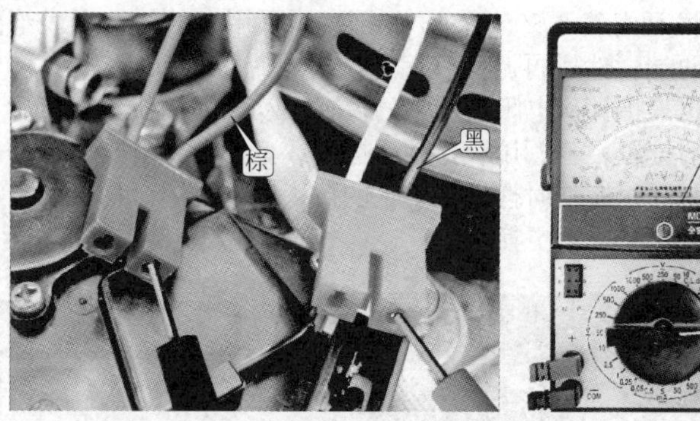

图 16-60　棕色和黑色数据线之间阻值的检测

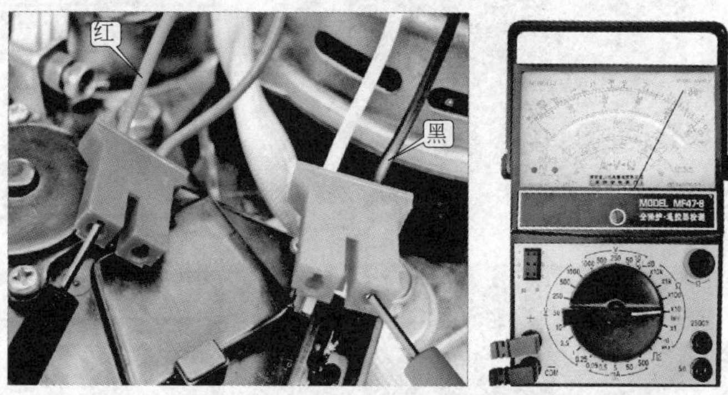

图 16-61　红色和黑色数据线之间阻值的检测

检测电动机红色和棕色数据线之间的阻值，约为 7×10Ω，如图 16-62 所示。

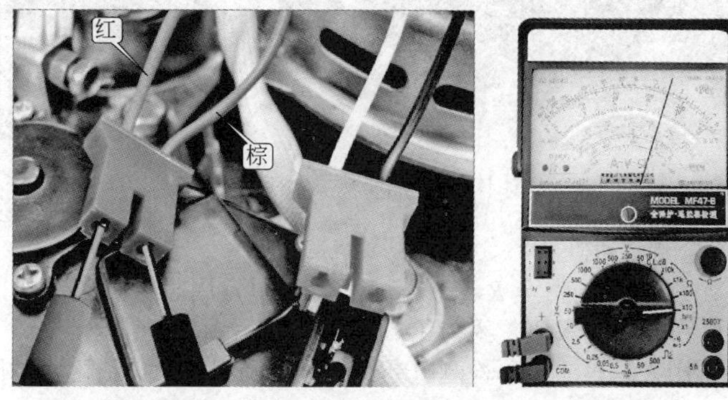

图 16-62　红色和棕色数据线之间阻值的检测

检测完三端数据线后，若所测得的棕黑和红黑两阻值之和与红棕之间阻值相等，则表示所测的电动机正常，若所测得的棕黑和红黑两电阻值之和，远大于或远小于红棕之间阻值，则表示电动机已经损坏，需要将其进行更换检修。

（6）检测过热保护器

将万用表挡位调整至 $R\times1$ 挡，如图 16-63 所示，用万用表的两支表笔分别检测过热保护器的两连接端，若过热保护器正常，则应可以检测到 27Ω 的阻值。

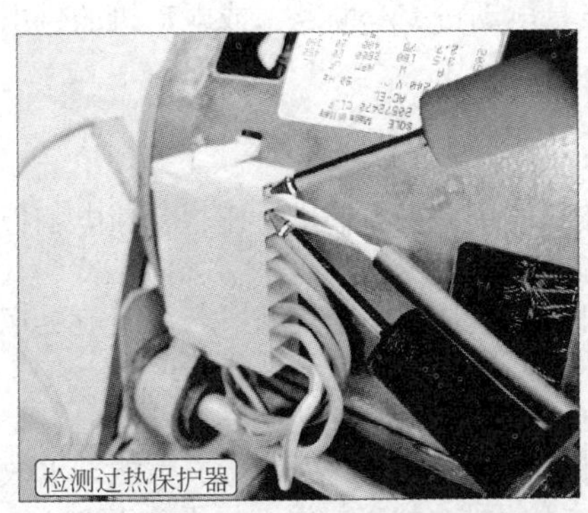

图 16-63　检测过热保护器

6.2.3　洗衣机故障分析与检修

（1）波轮式全自动洗衣机洗涤不工作、电动机有声故障的检修

① 故障分析　波轮不转但能听到电动机的转动声音，说明电动机的供电电路正常，故障应在动力传动部分。

② 故障检修

a．检查波轮是否被异物缠住或被卡住，如有异物取出异物后复原。

b．检查波轮螺栓孔是否变形、变大，以及与波轮轴的安装是否变形损坏，造成波轮打滑。如果损坏只能换波轮。

c．检查皮带是否脱落或是否过松，调整电动机固定位置使皮带松紧程度合适。

d．检查散热轮、带轮的紧固螺栓是否松动，如果是要加以紧固。

e．用手转动离合器带轮，观察波轮轴是否能跟随转动，如果是要更换离合器。

f. 检查电容器引线是否断开，检查电容器是否开路或失容，若是应更换电容器。

g. 用万用表测量电动机绕组的直流电阻值，两个绕组电阻值要完全相同。

h. 用手转动电动机轴，检查电动机是否由于轴承与转轴配合过紧形成“抱轴”现象或过松影响电动机的运转甚至形成“扫膛”现象。如果无法重新装配合适应更换电动机。

（2）波轮式全自动洗衣机洗涤不工作、电动机无声故障的检修

① 故障分析　故障可能是电动机完全断路，或电动机的供电电路故障，没有给电动机绕组供电。

② 故障检修

a. 检查电动机供电导线是否有脱落现象。

b. 检查电脑板上相应接线端子是否有输出电压，判断电脑板是否损坏。如果没有输出电压，只能更换电脑板。

c. 用万用表检查电动机的绕组是否完全烧断，若烧断应更换或重新绕制电动机。

（3）波轮式全自动洗衣机不能排水故障的检修

① 故障分析　排水牵引器电机或电磁铁损坏造成不能排水故障；排水阀或排水管被异物堵住造成不能排水故障；电脑板无输出电压、连接导线开路导致排水牵引器电机或电磁铁不能工作。

② 故障检修

a. 脱水程序启动后，观察排水牵引器电机或电磁铁是否动作。

b. 脱水程序启动后，用万用表测排水牵引器电机或电磁铁输入端是否有电压。如果电压正常，排水牵引器电机或电磁铁损坏，则应更换排水牵引器电机或电磁铁。

c. 用万用表电阻挡检测电动机的绕组，如果电阻为∞，说明绕组已开路。

d. 如果排水牵引器电机或电磁铁有动作，则排水阀或排水管被异物堵住。拆开排水阀清理排水阀或排水管内的杂物。

e. 取下波轮和内桶看排水口处是否有杂物堵塞，并加以清洁。

f. 如果排水电机或电磁铁输入端没有电压。测电脑板或程控器输出端有电压，则为导线组件接触不良，更换导线组件；电脑板或程控器输出端无电压，则为电脑板故障，更换电脑板或程控器。

（4）波轮式全自动洗衣机不能脱水故障的检修

① 故障分析　脱水工序的前提条件是排水结束，水位开关复位，脱

水电动机得电，离合器工作正常，门安全开关没有动作。

② 故障检修

a．打开控制盘检查微动开关、安全开关的导线是否开路，用万用表检测安全开关的触点是否接触良好。

b．观察排水电磁铁是否拉开了拨叉，抱闸是否已松开。用手转动离合器，内桶是否转动。否则为离合器出现故障，更换离合器。

c．检查脱水桶与外桶之间是否有异物，如有取出异物。

d．测排水电磁铁输入端是否有电压。如果有电压，更换排水电磁铁。

e．检查水位开关的连线是否脱落，用万用表电阻挡检查水位开关触点是否复原，否则更换水位开关。

f．检察电脑板对电动机的输出端是否有电压，同时检查排水电磁阀或牵引器的控制线是否有电压，判断程控器是否有故障。若有更换电脑板或程控器。

（5）滚筒式全自动洗衣机不能排水故障的检修

① 故障分析　排水泵故障导致不能正常排水；水位检测不正常；排水管有异物堵塞；触摸按键或电脑板故障，不能进入。

② 故障检修

a．检查排水泵绕组是否损坏，检查排水泵、排水管内是否有异物。

b．检查排水泵转子是否转动不灵，重新装配并添加润滑剂或更换排水泵。

c．检查触摸按键是否有故障，如果有故障应修理或更换。

d．检查程控器是否向排水泵输出电压，如果没有输出电压，则电脑板故障，需更换。

（6）滚筒式全自动洗衣机不能脱水故障的检修

① 故障分析　能正常洗涤、排水，则排水系统正常、水位检测正常；在规定时间内不能排水（排水泵、排水管有异物），显示故障代码；电机脱水绕组供电不正常，导线脱落；水位开关不能复位进入脱水程序；电脑板程序不正常。

② 故障检修

a．检查排水泵、排水管内是否有异物，如果有，清理异物。

b．检查脱水时双速电机供电是否正常，如果没有供电，应检查导线或程控器。

c．检查电机绕组是否正常。

d．检查触摸按键是否有故障，如果有故障应修理或更换。

e．检查程控器是否向双速电机输出电压，如果没有输出电压，则电脑板故障，应维修或代换。

（7）滚筒式全自动洗衣机漏水故障的检修

① 故障分析　前视孔漏水、洗涤外筒前盖边沿漏水；电磁阀接口处、排水泵接口处、洗涤外筒出水口等漏水；外筒三脚架漏水；温控器、加热器处漏水；内桶轴承处漏水。

② 故障检修

a. 检查密封圈与外筒连接处是否密封良好、脱落，如果是用胶重新密封良好。检查密封圈与外筒的紧固卡圈螺栓是否松动，如果松动进行紧固。检查密封圈是否老化或有裂纹，如果是应更换密封圈。

b. 检查排水泵接口处、洗涤外筒出水口等是否漏水。

c. 检查温控器、加热器处是否漏水。

d. 检查进水电磁阀接口处是否漏水。

e. 检查外筒三脚架处是否漏水，检查内筒轴承是否漏水。

（8）小天鹅 XQB3883A1 型全自动洗衣机在洗涤程序时不能转换到清洗程序故障的检修

① 故障分析　排水阀芯内有异物卡住造成排水阀关闭不严而漏水，导致洗衣机在洗涤过程中洗涤桶内的水位不能保持在设置水位，造成洗衣机在洗涤过程中不断反复促使电脑从头计时，使洗衣机一直在洗涤程序工作而不能转换到清洗程序。

② 故障检修　将洗衣机侧身放倒，取下后盖，再取下排水阀与软管连接的钢丝卡和软管。从排水阀出口便可见到阀芯内的异物。将排水阀杆往电磁铁方向用力拉开，便可取出阀芯内的异物。也可以将电磁铁与排水阀杆连接附件上的开口销取下，按反时针方向旋下排水阀盖，再取出阀芯便可取出异物。

16.3 电冰箱检测与维修

16.3.1 电冰箱的结构和工作原理

电冰箱是以电能作为原动力，通过不同的制冷机械而使箱内保持低温的家用制冷器具。电冰箱主要由箱体及箱体附件、制冷系统和电气控制系统三大部分组成。

（1）电冰箱箱体

电冰箱的箱体是电冰箱的重要部件，主要由箱外壳、箱内胆、隔热层、磁性门封和台面等组成。电冰箱的箱体主要是隔绝箱内、外的热交换，防止冷量散失，同时又能提供冷冻、冷藏食品的空间。

（2）电冰箱制冷系统

电冰箱的制冷系统由压缩机、冷凝器、干燥过滤器、毛细管、蒸发器、连接管及制冷剂等组成，如图 16-64 所示。

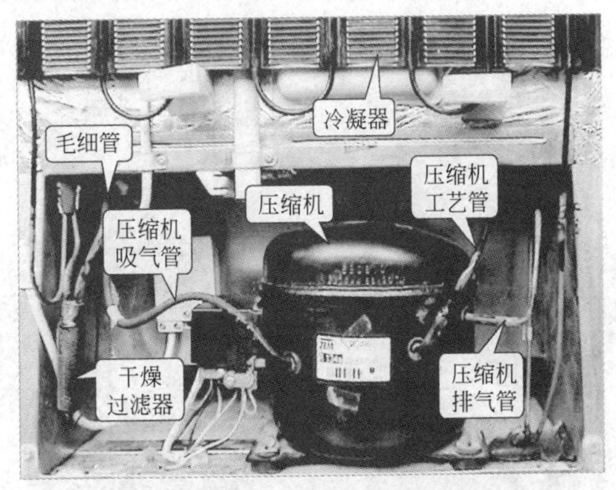

图 16-64　电冰箱制冷系统的结构

① 压缩机　压缩机是电冰箱关键的制冷部件，通常安装在电冰箱的底部，如图 16-65 所示。其主要作用是将蒸发器中吸热汽化后的低压制冷剂蒸气由吸气管吸入压缩机中，在压缩机中将其压缩成高压高温的过热蒸气后，再从排气管送出，从而实现制冷循环。

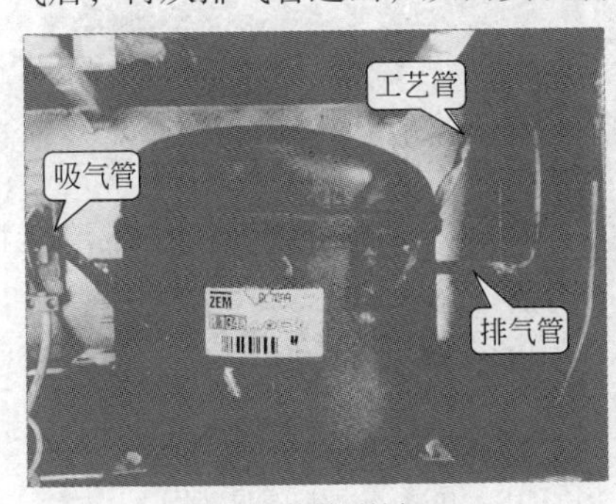

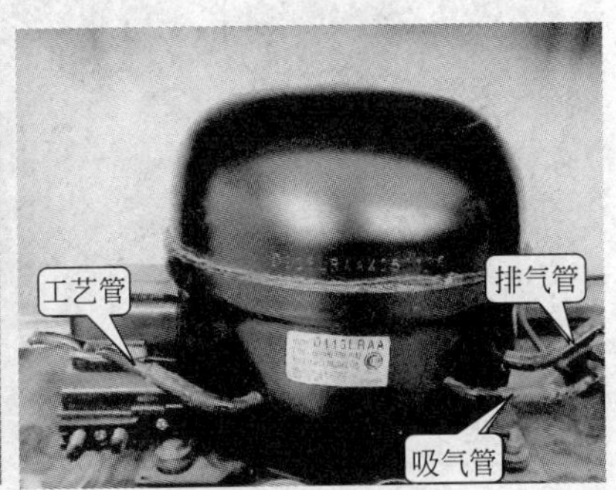

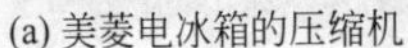
(a) 美菱电冰箱的压缩机　　(b) 容声电冰箱的压缩机

图 16-65　压缩机的实际外形

② 冷凝器　冷凝器是制冷系统中进行热交换的部件，是将铜管弯成蛇形并与百叶窗形的钢板焊接而成的，如图 16-66 所示。其主要作用是对压缩机送来的高温高压过热蒸气进行冷却。通常，直接安装在电冰箱背部的称为外露式冷凝器，安置在电冰箱箱体内部的称为内藏式冷凝器。由于内藏式冷凝器藏于电冰箱体内，一旦出现泄漏，维修起来比较困难。所以，通常是采用在电冰箱箱体外再接一个外露式冷凝器来解决此类故障，原来电冰箱所带的内藏式冷凝器就不再使用了。

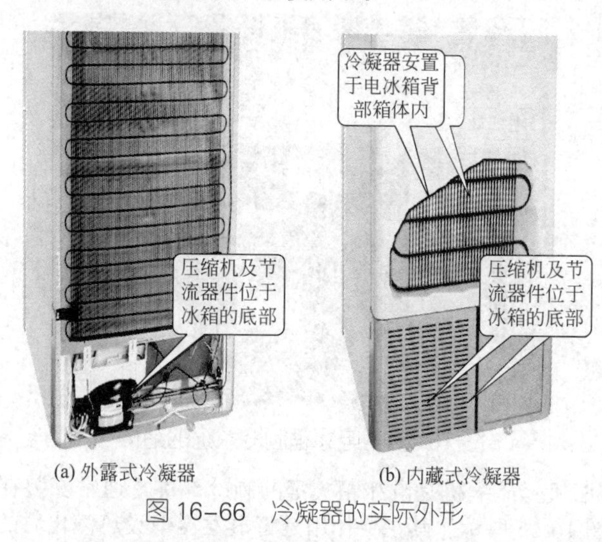

(a) 外露式冷凝器　(b) 内藏式冷凝器

图 16-66　冷凝器的实际外形

③ 毛细管　毛细管是制冷系统中起降压作用的部件，如图 16-67 所示。

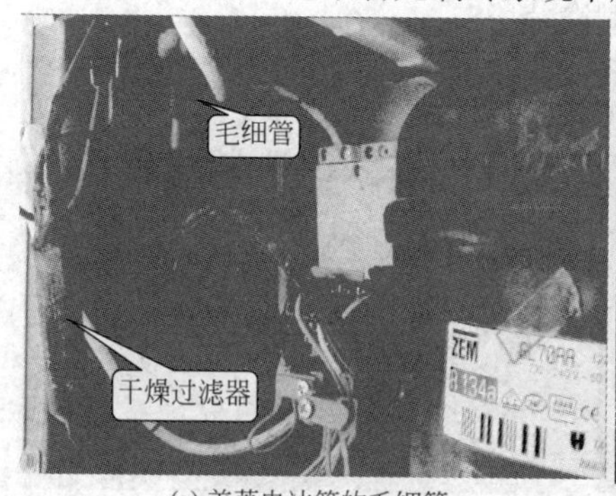

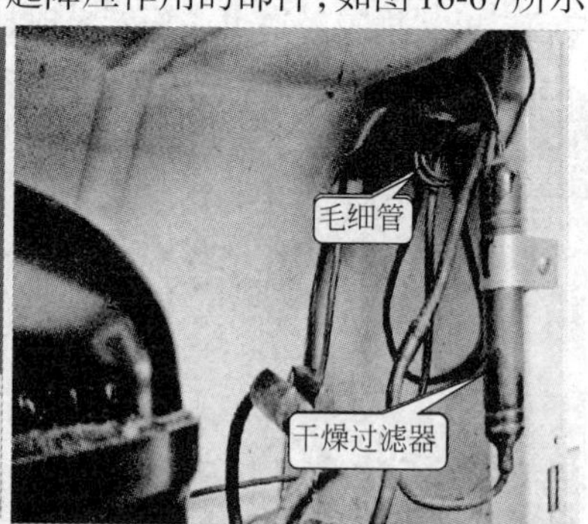

(a) 美菱电冰箱的毛细管　(b) 容声电冰箱的毛细管

图 16-67　毛细管的实际外形

由于毛细管的管径很小，一般为 0.5 ～ 1mm，但长度较长，约为 3m，因此，高压制冷剂液体流经毛细管时会受到较大的阻力，进而会在毛细管中产生压力降。也就是说毛细管入口处的制冷剂压力高，出口处的制冷剂压力低，制冷剂液体经毛细管降压后，压力大大降低。

④ 干燥过滤器　干燥过滤器是制冷系统中用来防止毛细管出现冰堵、脏堵现象的部件，如图 16-68 所示。从冷凝器出来的制冷剂需要先经过干燥过滤器，经干燥过滤之后才会进入毛细管。在干燥过滤器两端设有细目铜过滤网，以滤除杂质；其中间充满了干燥剂，以滤除水分。

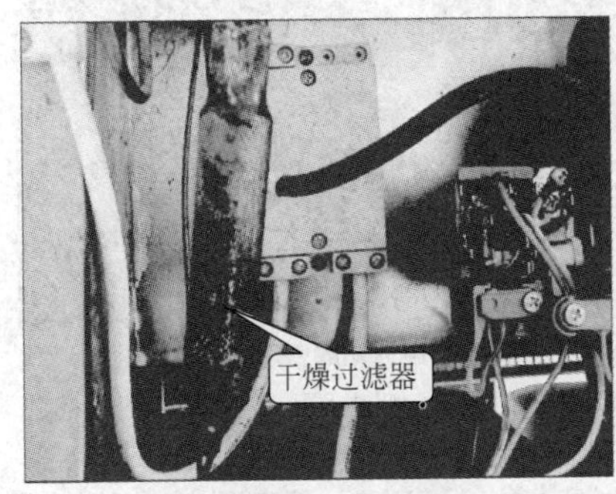

(a) 美菱电冰箱的干燥过滤器

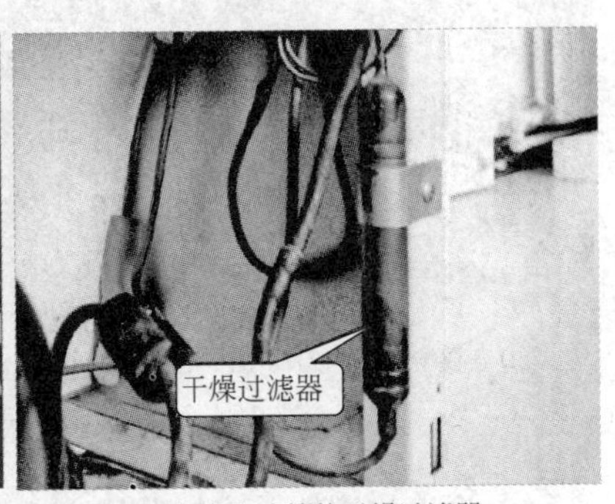

(b) 容声电冰箱的干燥过滤器

图 16-68　干燥过滤器的实际外形

⑤ 蒸发器　蒸发器也是制冷系统中的热交换部件，如图 16-69 所示。其作用与冷凝器的作用正好相反。冷凝器是将制冷剂的热量传递到外界，而蒸发器则是将电冰箱内空气的热量传递给制冷剂，这一过程是通过制冷剂在蒸发器中蒸发、沸腾吸热而实现的。一般蒸发器内的管路较粗，分为主蒸发器和副蒸发器，其中主蒸发器安装在冷冻室内，副蒸发器安装在冷藏室内。

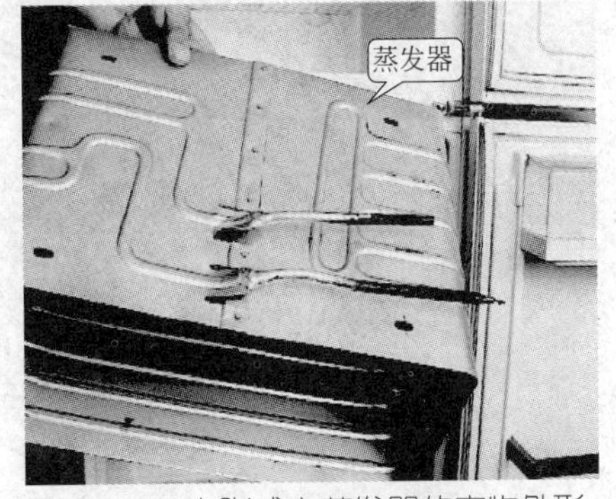

图 16-69　吹胀式主蒸发器的实物外形

（3）电冰箱电气控制系统

电冰箱的电气控制系统主要包括压缩机启动 - 保护继电器、温控器、照明灯、门开关及附属电路。

① 启动 - 保护继电器　电冰箱压缩机启动 - 保护电路的主要部件就是启动继电器和保护继电器，这两个继电器都是与压缩机相连的。其中启动继电器的作用是控制压缩机的启动工作，而保护继电器的作用是当压缩机出现温度异常时，对压缩机进行停机保护。压缩机启动 - 保护继电器如图 16-70 所示。

(a) 美菱电冰箱的启动-保护继电器

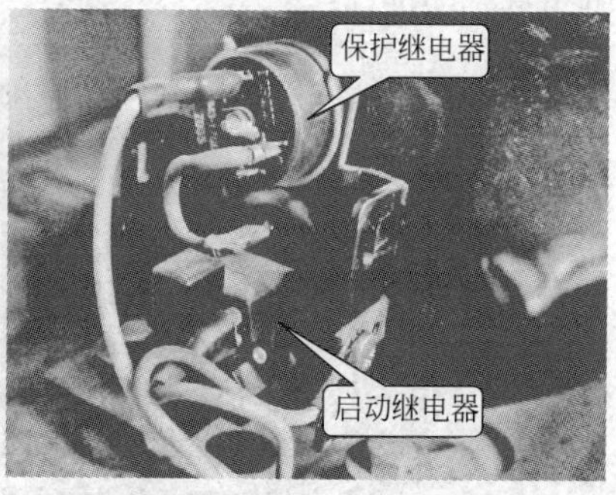

(b) 容声电冰箱的启动-保护继电器

图 16-70　压缩机的启动 - 保护继电器

② 温度控制器　温控器用来控制压缩机的开停，从而维持食物所需的温度。温控器外形和内部结构如图 16-71 所示。

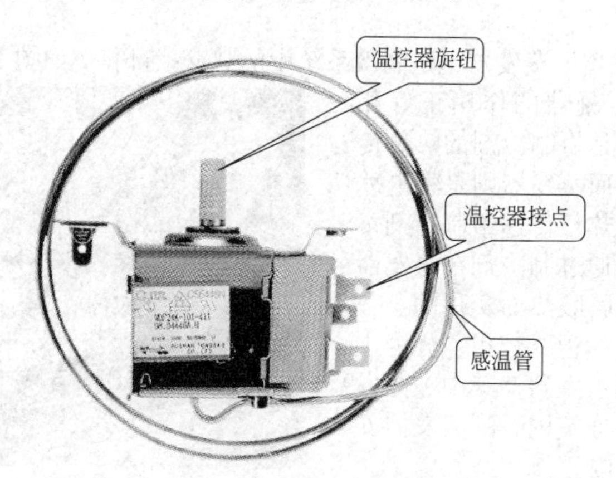

图 16-71　温控器外形和内部结构

③ 照明灯和门开关　任何一台电冰箱都带有照明灯和门开关。如图 16-72 所示，当电冰箱门打开时，门开关跳出，照明回路接通，箱内照

明灯点亮。当电冰箱门关上的时候，开关被门压下，照明回路断开，箱内照明灯熄灭。

图 16–72　电冰箱的照明灯和门开关

（4）电冰箱制冷系统的工作原理

图 16-73 所示为电冰箱制冷系统的工作原理图。当电冰箱工作时，制冷剂在蒸发器中蒸发汽化，并吸收其周围大量热量后变成低压低温气体。低压低温气体通过回气管被吸入压缩机，压缩成为高压高温的蒸气，随后排入冷凝器。在压力不变的情况下，冷凝器将制冷剂蒸气的热量散发到空气中，制冷剂则凝结成为接近环境温度的高压常温，也称为中温的液体。通过干燥过滤器将高压常温液体中可能混有的污垢和水分清除后，经毛细管节流、降压成低压常温的液体重新进入蒸发器。这样再开始下一次气态→液态→气态的循环，从而使箱内温度逐渐降低，达到冷藏、冷冻食物的目的。

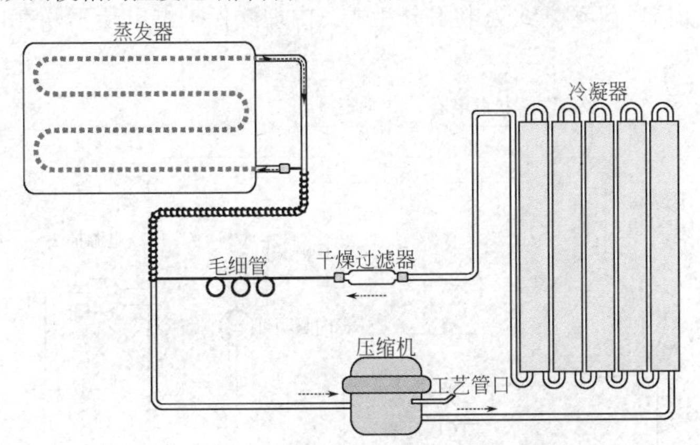

图 16–73　电冰箱制冷系统的工作原理图

（5）电冰箱电气系统的工作原理

① 继电器启动式电气系统的工作原理　图 16-74 所示为继电器启动式电气系统的原理图。电冰箱通电后，因温控器和过载保护器处于接通状态，交流 220V 电压通过继电器绕组、压缩机运行绕组 CM 及过载保护器形成回路，产生 6 ～ 10A 的大电流。这个大电流使启动继电器衔铁吸合，使继电器常开触点接通，压缩机启动绕组 CS 产生电流，形成磁场，从而驱动转子旋转。电动机转速提高后，在反电动势作用下，电路中电流下降，当下降到不足以吸合衔铁（释放电流为 1.9A），继电器常开触点断开，启动绕组停止工作，电流降到额定电流（1A 左右），电动机正常运转。

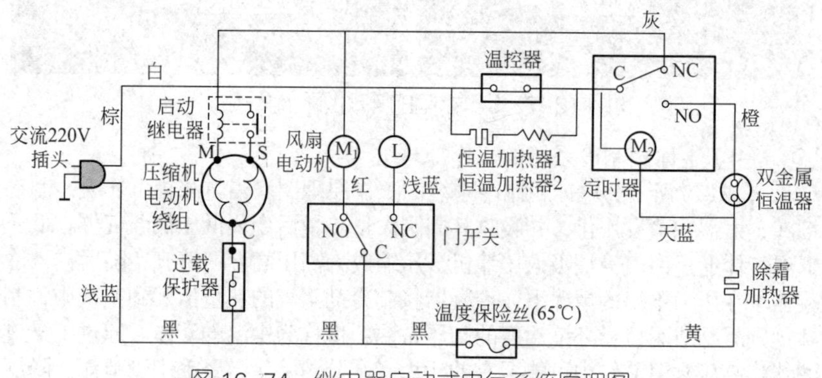

图 16-74　继电器启动式电气系统原理图

② PTC 启动式电气系统的工作原理　如图 16-75 所示电路，采用 PTC 启动器，启动方式为电阻分相式，内埋式保护继电器串联在电动机电路中。

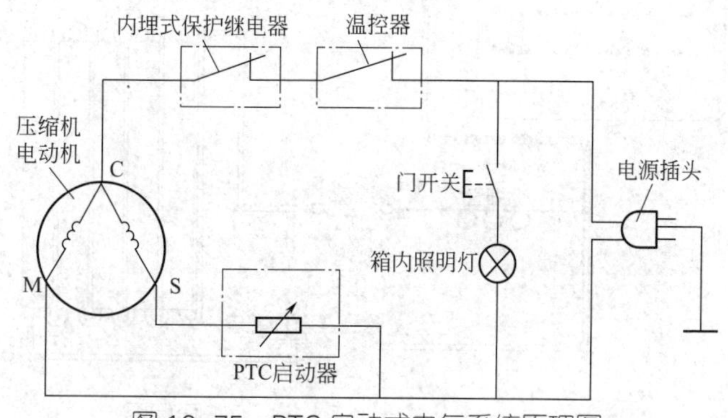

图 16-75　PTC 启动式电气系统原理图

PTC 启动器串联在启动绕组上，在常温下 PTC 元件的电阻值只有 20Ω 左右，不影响电动机的启动。由于电动机启动电流很大，PTC 元件在大电流的作用下，温度迅速上升，至一定温度如 100℃后，PTC 元件的电阻值升到几十千欧，这时 PTC 元件相当于开路，使电动机启动绕组脱离工作。

16.3.2 电冰箱主要部件识别与检测

电冰箱的电气系统主要部件是压缩机、温控器、过载保护继电器、重锤式启动继电器、PTC 启动继电器等。

（1）压缩机

对压缩机电动机的绕组进行检测时，只需检测引线之间的阻值即可。图 16-76 所示为使用数字万用表检测启动端与公共端之间的阻值，通过数字万用表显示的读数可知其阻值为 16.1Ω。

图 16-76　检测启动端与公共端之间的阻值

图 16-77 所示为使用数字万用表检测运行端与公共端之间的阻值，通过数字万用表显示的读数可知其阻值为 26.2Ω。

图 16-77　检测运行端与公共端之间的阻值

图 16-78 所示为使用数字万用表检测启动端与运行端之间的阻值，通过数字万用表显示的读数可知其阻值为 42.3Ω。

图 16-78　检测启动端与运行端之间的阻值

通过以上三组阻值可以发现启动端与运行端之间的阻值等于启动端与公共端之间的阻值加上运行端与公共端之间的阻值。如果检测时发现某电阻值无穷大，说明引线或绕组出现断路故障。如果检测时发现某电阻值很小，则说明绕组有接地的情况，用万用表的电阻挡对公共端进行检测，如图 16-79 所示。使一支表笔与公共端接触，另一支表笔接地，若测得的电阻阻值很小（趋于零），则说明已接地，需打开压缩机外壳进行绝缘处理。

（2）温控器

温控器用来控制压缩机的开停，从而维持食物所需的温度。温控器外形如图 16-80 所示。

图 16-79　绕组接地情况的检测

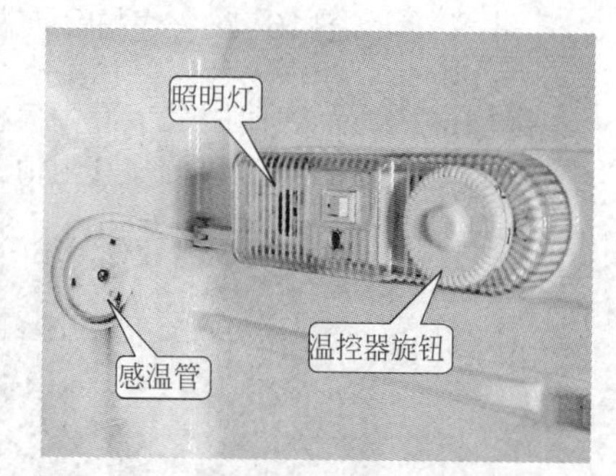

图 16-80　温控器实物外形

用万用表可以检测温控器的好坏，在正常情况下，当温控器的调节旋钮位于停机点的位置时，温控器处于断开的状态，此时检测温控器，万用表显示为无穷大，如图 16-81 所示。

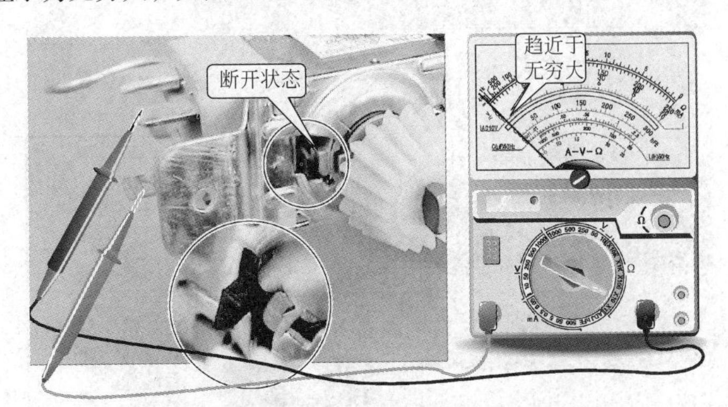

图 16-81　在停机点（断开）检测温控器

当温控器的调节旋钮离开停机点，调节到任意位置时，温控器处于接通状态，此时检测温控器，万用表显示为 0.1Ω（可视为短路），如图 16-82 所示。

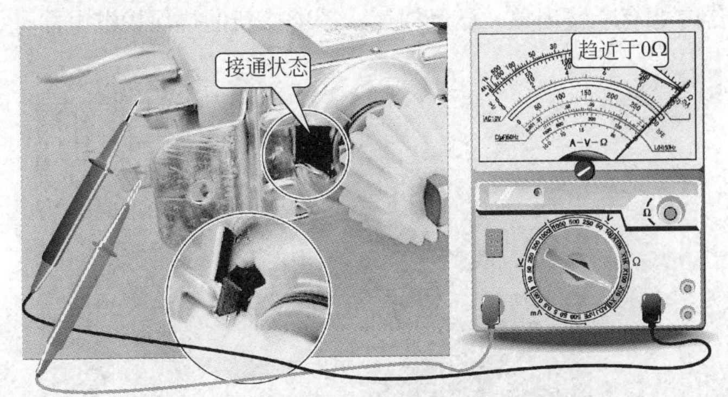

图 16-82　在任意点（接通）检测温度控制器

（3）过载保护继电器

过载保护继电器通过感知温度和电流来对压缩机进行保护，全称为过载过流保护器，又称热保护器。家用电冰箱普遍采用碟形双金属片过电流、过温升保护继电器。它具有过电流和过热保护双重功能，保护压缩机不至于因电流过大或者温度过高而烧毁。常见的碟形热保护继电器如图 16-83 所示。

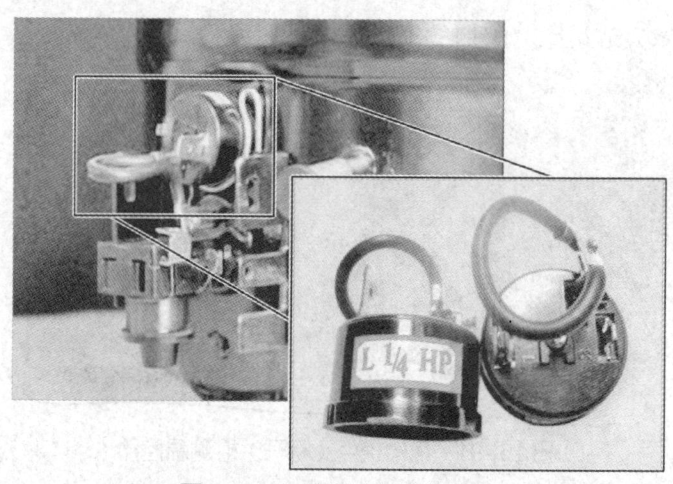

图 16-83 碟形热保护继电器

用万用表检测碟形热保护继电器的阻值，如图 16-84 所示，通常热保护继电器的阻值为 1Ω 左右，如果阻值过大，甚至达到无穷大，说明热保护继电器内部有断路现象，已经损坏，需更换新的热保护继电器。

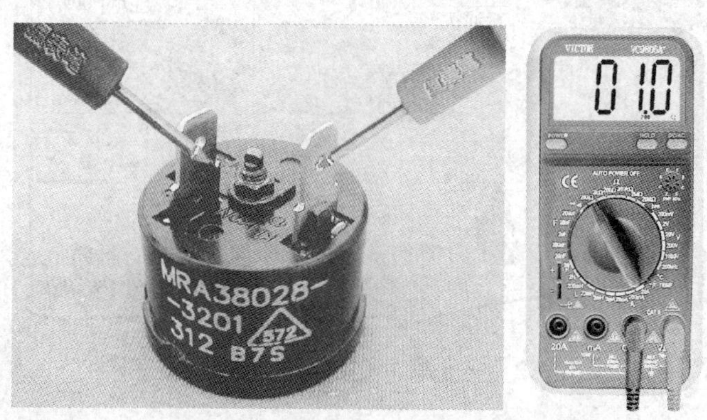

图 16-84 检测碟形热保护继电器的阻值

（4）重锤式启动继电器

重锤式启动继电器是一种常见的电流式启动继电器，由励磁线圈、重力衔铁（重锤）、动触点短路片、弹簧等部件组成。重锤式启动继电器外形和内部结构如图 16-85 所示。

图 16-85　重锤式启动继电器的外形和内部结构

重锤式启动继电器一共有 3 个外接端子，即电源端子、运转端子和启动端子，从外观上看与励磁线圈连接的外接插片是电源端子，而与励磁线圈相连的另一端即为运转绕组端子，余下的一个则为启动端子。

可通过检测重锤式启动继电器的插孔阻值来判断它的好坏。首先将重锤式启动继电器正置（线圈朝下）用万用表检测继电器接点的阻值，正常情况下其阻值为无穷大，如图 16-86 所示。

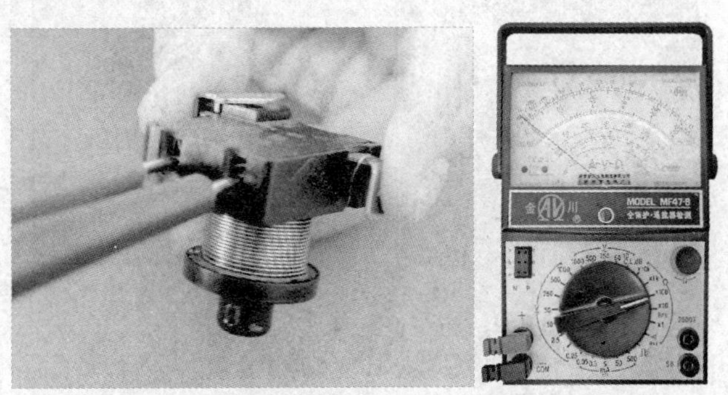

图 16-86　检测重锤式启动继电器接点的阻值

然后将重锤式启动继电器倒置（线圈朝上）检测线圈的阻值，如图 16-87 所示，将两支表笔接线圈的两端，正常时线圈的阻值较小或为零。

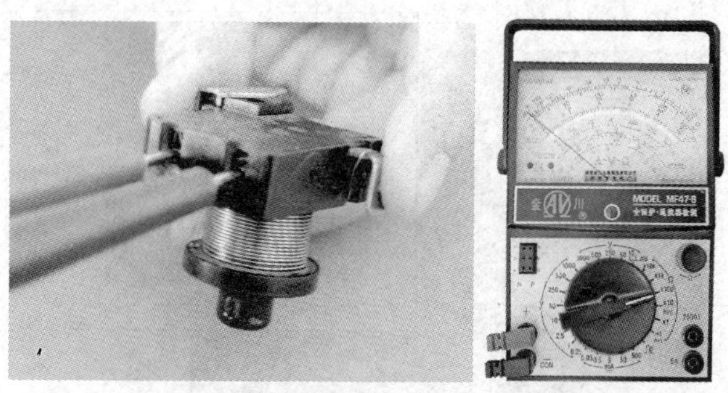

图 16-87　检测重锤式启动继电器线圈的阻值

（5）PTC 启动继电器

PTC 启动继电器外形如图 16-88 所示。它包括中空外壳，外壳上端设置盖板，外壳内设置用绝缘板支撑的 PTC 芯片，两端子的一端为夹住 PTC 芯片的弹性部位，位于壳体内，两端子的另一端穿出盖板，并与电动机启动绕组回路连接。PTC 启动器由于没有触点，能保证始终可靠地接触，延长使用寿命。工作时凭借 PTC 自身阻值的变化，没有机械力和机械运动，保证了其较好的可靠性。

图 16-88　PTC 启动继电器

在电冰箱中启动继电器和碟形保护继电器是合为一体的，将万用表表笔分别连接到一体化 PTC 启动继电器的两个连接引脚上，如图 16-89 所示。若检测该 PTC 启动继电器两个引脚之间的阻值为 20Ω 左右，则说明启动继电器正常，若检测的阻值相差太大，说明启动继电器损坏，需要更换新的启动继电器。

图 16-89　一体化 PTC 启动继电器的检测

16.3.3 电冰箱故障分析与检修

电冰箱的故障可分为电气系统故障和制冷系统故障两大类。

16.3.3.1 电气系统故障分析

电气系统主要包括温控部分和压缩机电动机控制部分。判断故障要本着先易后难的原则。电冰箱的电气系统故障现象很多，简单归结分析如下。

（1）电冰箱接通电源后压缩机不启动

① 用万用表欧姆挡测量冰箱电源插头的阻值，各绕组间直流电阻值如下：运行绕组 C、M 两端约 10.5Ω；启动绕组 C、S 两端约 22Ω；而运行绕组和启动绕组阻值的和即 S、M 端的阻值，约为 32.5Ω。对于重锤启动器式的冰箱，因重锤启动触点未通电而未接通，回路阻值为压缩机运行绕组的阻值，一般为 10 ～ 20Ω，对于 PTC 启动冰箱，回路的直流电阻为启动器 20Ω 阻值与启动绕组串联后再与运行绕组并联，所以其电阻略小于压缩机运行绕组的阻值。通过测得的阻值来判断电路的工作状态，阻值偏大时，要检查温度控制器、过载保护器、压缩机电动机以及线路和触点接触情况；阻值偏小时一般是短路，主要检查压缩机电动机及其线路。

② 要进一步判断还要对冰箱通电检查。通电前先检查温控器开关是否正常。

如果温控器内的开关都正常，而通电后压缩机不启动，可用一根导线短接重锤式启动器的两个静触点，注意导线短接时间不要太长，以不超过 2s 为宜。如果短接后冰箱能启动，说明启动器有故障，重锤式启动器长期启动易使触点烧坏，测量时拆下启动器，用万用表欧姆 $R\times1$ 挡，将两表笔插入接线柱插孔内。启动器正着放时相当于正常运转状态，即未接通，万用表测量阻值为无穷大；将启动器倒过来时相当于启动状态，万用表指示为 0Ω。则说明启动器是好的。

如果用导线短接后仍不能启动，就需要检查保护器。可用短接的方法检查保护器，将保护器的两个接线铜片短接起来，如果冰箱能够启动运转，说明保护器有故障，可能是电热丝烧断或碟形双金属片受阻不能下翻，如果冰箱仍不能启动，则是压缩机或启动器有问题。检查时，把启动器和保护器拆下，露出电动机的三根接线柱。测每两个接线柱之间的电阻值，如正常，说明电动机绕组没有故障。如不正常，不要急于拆开压缩机，可以采用直接接通电源的方法进行检查。

具体办法是：用带有电源插头的两根电源线接在 M、C 接线柱上，也就是运行绕组上，再用螺钉旋具作为导线同时碰触 M 和 S 端，然后把插头插入电源插座，如果电动机和压缩机没有故障，就会启动。启动 2s 左右，就要把螺钉旋具移开，电动机进入正常运转。如果检查压缩机能启动运转，说明电动机没有故障，故障发生在电动机外部，可能是外引线折断，或接线柱接触不良，也可能是环境温度过低等。若短接后仍不启动，则是压缩机的内部故障，主要是电动机绕组匝间短路。若启动绕组的阻值比正常值小，一般即可判断为启动绕组匝间短路，需换压缩机。

（2）电冰箱接通电源后压缩机运转不停

① 检查温控器。如发现温控器已旋转到强冷位置，致使微动开关动、静触点在低温下不能分离，就会出现冰箱运转不停、箱内温度过低的现象，只要重新调节合适的温度就可以了。若温控器不是在强冷位置，则要把温控器拆下，使线路断路，如果这时冰箱不运转，说明故障在温控器里，如果把温控器的触点断开，冰箱仍运转不停，说明线路存在短路现象。

② 检查线路。打开压缩机旁边的接线盒，拆出通往冰箱内部的导线，这时如果冰箱不运转，说明箱内导线有短路现象；如果冰箱仍然运转不停，说明压缩机启动器盒内有短路现象。

（3）压缩机启动频繁

压缩机启动频繁主要原因是电路存在过电流引起的。

① 启动继电器失效，压缩机启动后，其触点不能释放，使启动绕组不能断开，整机运行电流可比正常运行电流高 5 倍以上。

② 压缩机电机绕组绝缘不良或绕组匝间短路，使运行电流增大。

③ 检修过程中，由于购不到原配元器件，代用时不匹配。如代用的启动继电器或过载保护器与压缩机不匹配，启动继电器的吸合电流或过载保护器的动作电流过小，易使压缩机频繁启动。

16.3.3.2 制冷系统故障分析

（1）电冰箱不制冷

电冰箱运转不停，但是不制冷，冷凝器不热，蒸发器不凉。这种故障一般出现在制冷系统。

可能原因是制冷剂泄漏，或者冰堵、脏堵，或是压缩机有故障。由于制冷系统是封闭的，所以可通过观察管路表面有无油污、用手触摸各部分的温度、耳听运行声音来检查。

① 检查管路表面是否有油污。仔细检查冷凝器、过滤器、毛细管、蒸发器；吸气管、压缩机外壳及管路结合处。如果发现有油污，说明制冷剂泄漏。

② 检查压缩机的温度。用手摸压缩机，如果压缩机的温度不太高，说明管路畅通，没有堵塞现象，而可能是高压缓冲管破裂、活塞穿孔、排气阀同吸气阀短路等。

如果压缩机的温度很高，特别是高压排气管部位很烫手，说明压缩机超负荷运转，管道发生堵塞；但究竟是冰堵还是脏堵，则需要检查压缩机开机时的情况。

③ 检查压缩机开机时的情况。切断电冰箱的电源，打开箱门；使制冷系统各个部件恢复到室温。然后接通电源，电冰箱启动运转。如果开始时蒸发器结霜较好，冷凝器发热，低压吸气管发凉；由冰箱上部能听到气流声和水流声，但过一会儿，蒸发器结霜融化，只在毛细管同蒸发器结合部位结有少量霜；冷凝器不热，低压吸气管不凉，用耳朵贴近电冰箱上部听不到声音，说明出现了冰堵。这时如果用热毛巾敷在毛细管同蒸发器的结合处，又能重新制冷，则进一步证实是冰堵。

如果开机的时候不见蒸发器结霜，冷凝器不热，低压气管不凉，用耳朵贴近电冰箱上部听不到声音，则可以初步认为发生了脏堵。

（2）电冰箱制冷效果差

① 检查使用情况。首先要了解环境温度。如果高于 43℃，制冷效果差一些是正常的。如果环境温度不高，要打开箱门检查。如果箱内食品太多，特别是放入了温度高的食品，食品释放出大量的热量；或者打开箱门次数太多，外界热空气不断进入箱内，或者未及时化霜等，所有这些都会使电冰箱长时间运转不停，制冷效果差。

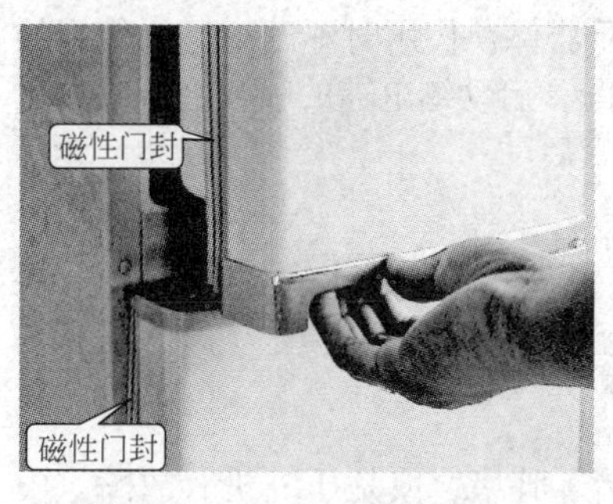

图 16-90 检查电冰箱箱门的磁性门封

② 检查箱门。电冰箱箱门关闭不严，热空气会从缝隙处不断进入箱内。这可能是磁性门封条失去磁性、老化变形，或是箱门翘曲造成的。如图 16-90 所示检查箱门磁性门封。

③ 检查制冷系统。由于制冷系统仍能工作，因此，可能是制冷剂部分泄漏、部分冰堵或部分脏堵，也可能是压缩机内部故障。检查的顺序是首先观察管路表面有无油污。如果有油污，说明制冷剂部分泄漏。如果管路表面没有油污，可检查开机时的情况。如图 16-91 所示。

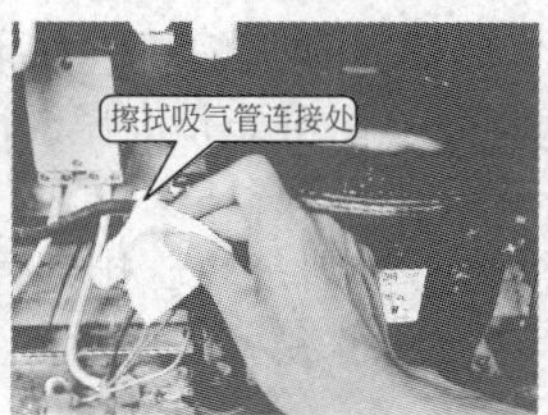

图 16-91 检查吸气管、排气管连接处

a. 如果开机时制冷正常，蒸发器结霜良好，在电冰箱上部能听到气流声和水流声，但过了一会儿制冷效果变差，只能听到微弱的气流声和水流声，说明是部分冰堵。

b. 如果开机时制冷效果就差，用耳朵贴近冰箱上部只能听到微弱的气流声和水流声，这可能是脏堵或压缩机内部故障。

c. 制冷系统中充加过多的制冷剂，会使过多的制冷剂在蒸发器内不能很好蒸发，液体制冷剂返回压缩机中，这样压缩机的吸气量减少，制冷系统低压端压力升高，又影响蒸发器内制冷剂的蒸发量，造成制冷能力下降。遇到这种情况，必须及时将多余的制冷剂排出制冷系统。

d. 制冷系统充加的制冷剂过少时，会使蒸发器的蒸发表面积得不到充分利用，制冷量降低，蒸发器表面部分结霜，吸气管温度偏高。遇到这种情况，可以补充适量的制冷剂。

（3）压缩机启动运行正常但完全不制冷

① 制冷系统制冷剂严重泄漏或堵塞。如果没有气流声，则说明制冷剂已经渗漏或是干燥过滤器、毛细管等部件严重脏堵或冰堵。这两种情况都使制冷系统无制冷剂循环，使电冰箱不制冷。毛细管与干燥过滤器的连接处是最容易发生冰堵的部位，如果毛细管发生冰堵故障，可使用电热吹风机加热发生冰堵的部位，如图 16-92 所示。

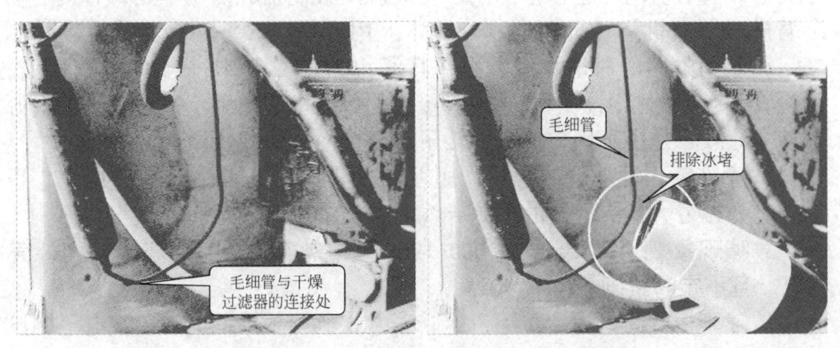

图 16-92　毛细管与干燥过滤器的连接处及冰堵排除方法

② 压缩机故障。表现为压缩机不停机，机壳烫手，机内有“吱吱”声，用手快速触摸压缩机表面，如图 16-93 所示。判断可能是机内排气管断裂、阀片破裂、高压密封垫击穿等，使得制冷剂只在机内高低压腔窜流，无法进入制冷系统。

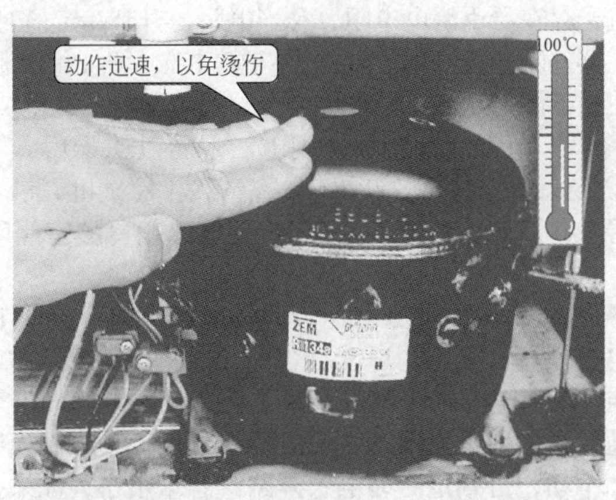

图 16-93　用手迅速触摸工作中的压缩机

16.3.3.3 电冰箱故障分析与维修

故障现象 1：海尔金统帅 BCD-175F 型电冰箱通电后，虽冷藏室照明灯亮，但压缩机不运转。

故障分析：现场接通电冰箱电源后，照明灯亮，但压缩机不运转。测量其工作电源，电压为 220V；切断电源后，测量压缩机启动绕组、运行绕组，其阻值均在正常范围内。切断温度控制器和照明电路，直接启动压缩机，压缩机运转且箱内制冷正常。用万用表 $R\times 1k$ 挡测量温度控制电路和照明电路的对地直流电阻，其值为 2MΩ，基本符合正常值范围。判断故障产生的原因是电源导线有接头，绝缘电阻值降低，造成供电电源不足。此故障是由于用户违章，接了不合格的电源线所造成的。

故障维修：拆下电源导线，用万用表测量其阻值在 0.5MΩ 以上，正常值应为无穷大，更换新的电源导线后，压缩机启动运转，恢复正常。

故障现象 2：海尔金统帅 BCD-195F 型电冰箱制冷运转正常，但外壳漏电，且不定时跳闸。

故障分析：开机后，压缩机运转正常，制冷效果一般。用试电笔测试外壳，试电笔的发光管发出较亮的光，说明机壳漏电较为严重。经检查发现，电源插座专用接地线未接。但在正常情况下，即便没有接好专用接地线，也只会存在感应漏电，不会存在严重的漏电现象，由此说明，该电冰箱某个部件的绝缘性能已严重下降。先断电，然后断开压缩机各接线柱，用万用表检测压缩机电机启动绕组、运行绕组与机壳之间的绝缘阻值，均属正常；再将压缩机与主控板线路断开，用摇表测火线、零线与机壳之间的绝缘电阻，发现火线与机壳存在严重漏电电阻，且当电阻上升到一定值时又突然下降；将线路上各元器件断开，当断开到冷藏室温度控制器时，绝缘阻值恢复正常，判断为温度控制器漏电。卸下温度控制器，其内部受潮严重。

故障维修：卸下温度控制器，用电吹风将其吹干后，用摇表检查其绝缘阻值正常，装上温度控制器后，恢复整机线路，试机，漏电故障被排除。

故障现象 3：海尔金统帅 BCD-205F 型电冰箱冷藏室照明灯亮，但压缩机不工作。

故障分析：现场检测，启动运转时压缩机漏电。初步判断故障原因可能是启动电容损坏。在检测启动电容前，先将启动电容的两极短路，使其放电后，再用万用表的 $R\times 100$ 挡和 $R\times 1k$ 挡检测。如果表笔刚与电容两接线端连通，指针即迅速摆动，而后慢慢退回原处，则说明启动电容正常。如果指针不动，可判定启动电容开路或容量很小；如果指针退到某一位置后停住不动，则说明启动电容漏电；如果指针摆到某一位置后不退回，则可判定启动电容已被击穿。

故障维修：更换同型号的启动电容后，故障被排除。

故障现象 4：海尔 BCD-259DVC 型数字变频电冰箱不制冷。

故障分析：现场通电，电冰箱有电源显示，压缩机运转。凭经验判定，此故障的原因是制冷剂泄漏。经全面检查，发现毛细管有砂眼，使制冷剂漏光从而造成不制冷。

故障维修：将砂眼断裂处处理干净，用一段长度约 35mm，内径大于毛细管外径约 0.5mm 的紫铜管与毛细管套接在一起。套接时，用老虎钳将套管两端口进行处理，使外套紫铜管紧紧压贴在毛细管外径上，调好火焰焊接，经常规操作故障被排除。

故障现象 5：海尔 BCD-259DVC 型数字变频电冰箱不制冷，荧光显示屏显示故障代码。

故障分析：现场通电试机，压缩机运转良好，用手摸过滤器冰凉。初步判断该故障产生的原因是过滤器堵塞。

故障维修：放出制冷剂，在过滤器的出口处断开毛细管时，明显可见随制冷剂喷出的油很多，说明管路油堵。启动压缩机，使油尽量随制冷剂排出，并用拇指堵住过滤器出口端，堵不住时再放开，冷凝器里的油便随强气压排出，反复数次，冷凝器里的油便可排净。更换过滤器，按常规操作后，故障被排除。

故障现象 6：海尔 BCD-239/DVC 型变频太空王子电冰箱制冷效果差。

故障分析：检测压缩机，运转良好；显示屏无故障代码显示；手摸低压吸气管，温度差，初步判定制冷系统制冷剂不足。

故障维修：从工艺管放出制冷剂，焊接加气锁母连接管，重新抽真空，按技术要求加制冷剂后故障排除。

16.3.4　制冷系统维修基本操作

16.3.4.1　管路加工技术

电冰箱、空调器维修中常需进行制冷管路的维修与加工，需要专用的管路工具，如切管器、扩管组件、弯管器等。

（1）切管器

① 切管器结构　当制作换热器或修复制冷管道时，需要截去适当长度的管道，而切管器就是切断紫铜管或铝管等金属管的专用切断工具。切管器可切管径的范围是 3 ～ 25mm，小型切管器可对直径为 3 ～ 12mm 的

管子进行切断操作。它由刀片、滚轮、支架、调整旋钮和螺杆等组成，其结构如图16-94所示。在实施切管时，将欲切断的管子放在管子割刀的导向槽内，夹在刀片与滚轮之间，并使割刀与管子垂直，再旋紧手柄，让割刀刀片接触铜管。然后将割刀旋转，在旋转割刀的同时旋转手柄进刀，大约每旋转两周进刀一次，而且每次进刀不宜过深。过分用力进刀会增加毛刺，或将铜管压扁。故在进刀时，进刀速度要慢，用力要小。

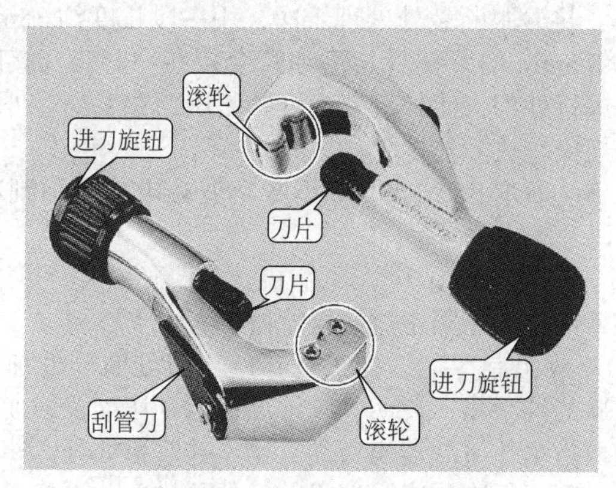

图16-94 切管器

② 切管的操作 首先取管径为3～12mm适当长的一段紫铜管作为被加工对象。具体步骤如下。

a. 首先按图16-95所示，将需要切割的铜管放置于切管器的刀片和滚轮之间。

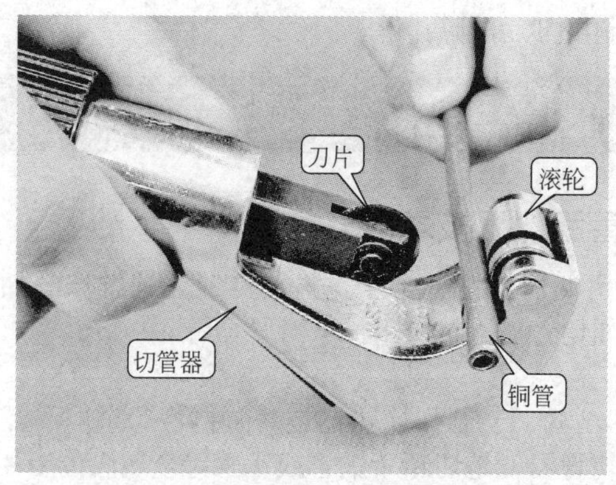

图16-95 将铜管放在滚轮与刀片之间

b. 缓慢转动切管器末端的进刀旋钮，直到刀片碰到钢管，并确保刀片垂直地压在铜管管壁上，具体操作如图 16-96 所示。

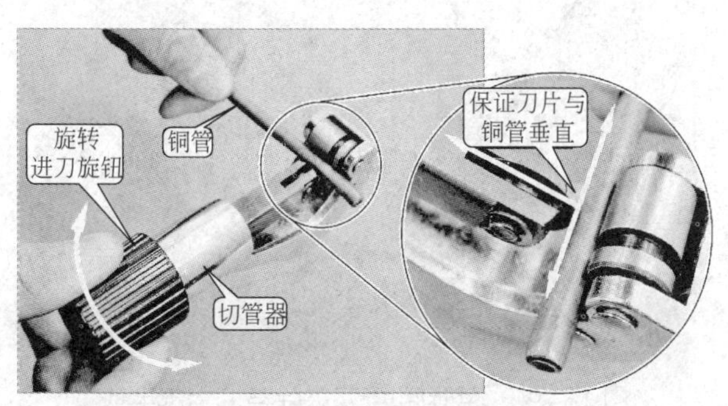

图 16-96　使刀片垂直地压在铜管管壁上

c. 用一只手捏住铜管以防脱滑，然后用另一只手转动切管器，使其绕铜管顺时针方向旋转，如图 16-97 所示。

d. 切管器的刀片每绕铜管旋转一周，就需要旋转切管器末端的进刀旋钮 1/4 圈，使刀片进刀，如图 16-98 所示。然后再转动切管器。依此重复进行直至铜管被切断。

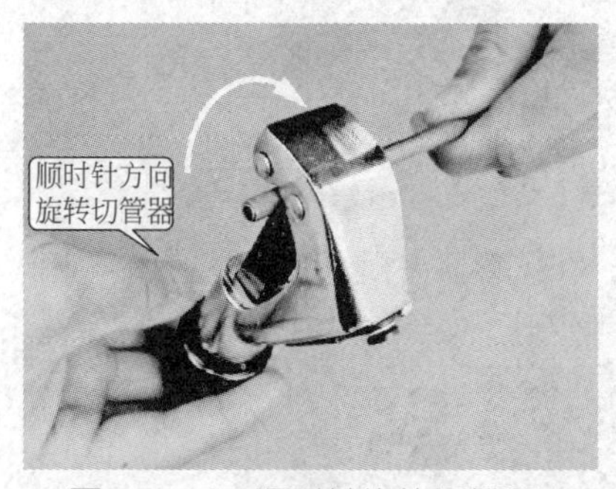

图 16-97　顺时针旋转切管器

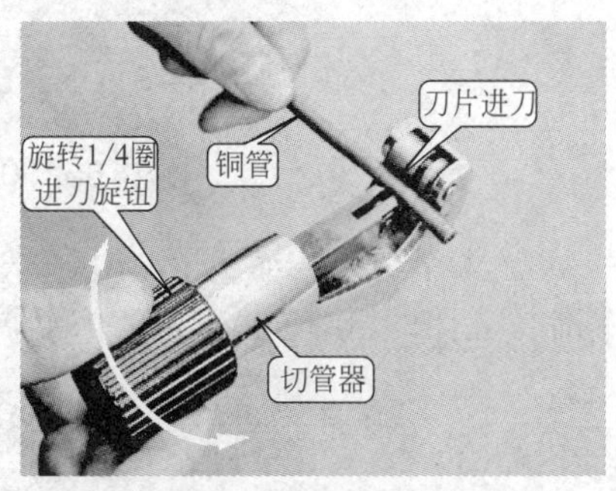

图 16-98　调整割管器进刀旋钮

e. 对切断铜管的管口进行修整，去除铜管管口上的毛刺，如图 16-99 所示。

（2）扩管组件

① 扩管组件结构　在对电冰箱、空调器等制冷设备的管路进行焊接时，经常会遇到对两根直径相同的管路进行焊接的情况，此时就需要使用

扩管组件对其中一根铜管进行扩口，以便使另一根铜管能够较吻合地插入到被扩口的铜管中。图 16-100 所示为扩管组件的实物外形。

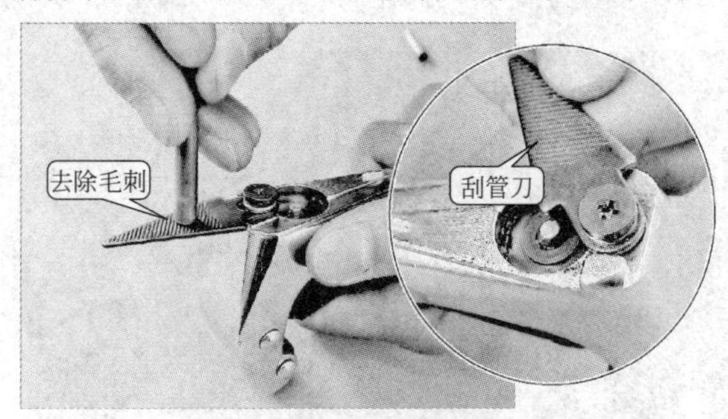

图 16-99 使用刮管刀去除管口上的毛刺

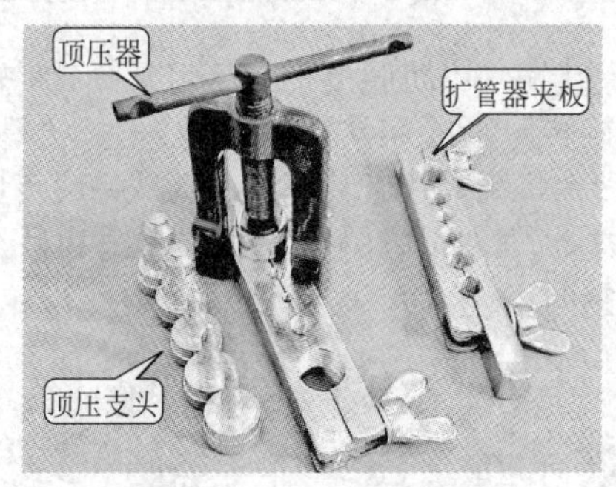

图 16-100 扩管组件

② 扩管操作　如图 16-101 所示，在扩管器夹板上有许多夹孔，应根据制冷管路的粗细选择合适的扩管器夹板。

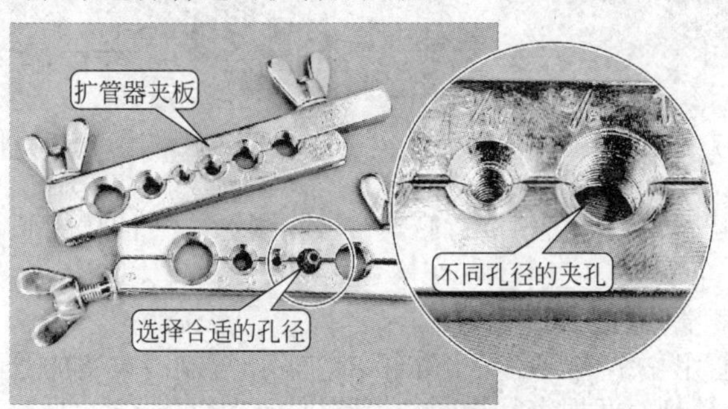

图 16-101 选择合适的扩管器夹板

打开扩管器夹板，将要进行扩口操作的铜管放入扩管器夹板的相应孔口中，铜管的管口朝向扩管器夹板孔口的喇叭口面，根据加工要求铜管应预留出加工的长度，如图 16-102 所示。将扩管器夹板闭合，旋紧紧固螺母，如图 16-103 所示。

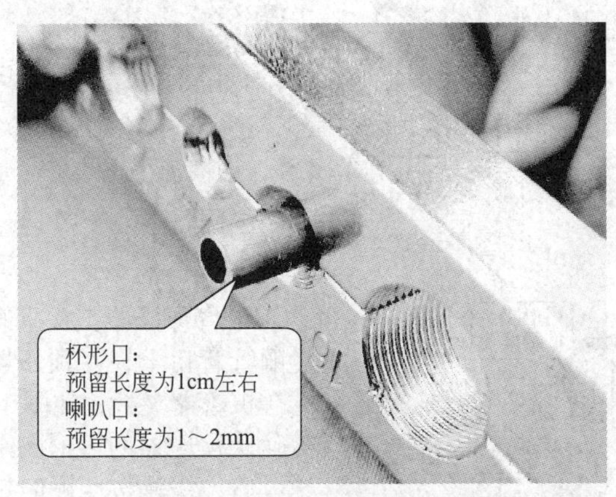

图 16-102　将铜管放入扩管器夹板孔口中

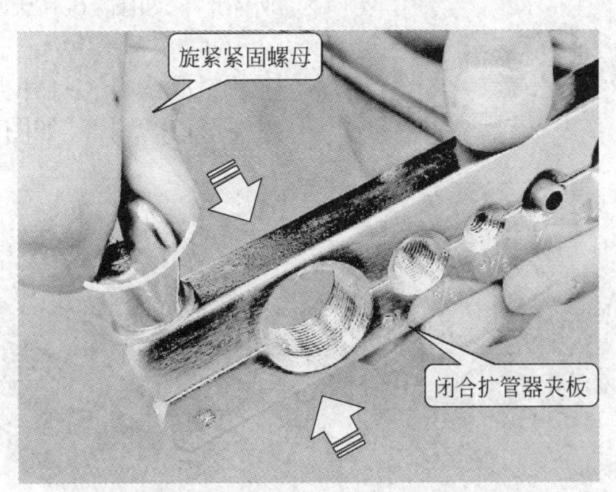

图 16-103　旋紧扩管器夹板的紧固螺母

a. 扩杯形口　将扩杯形口的支头安装到顶压器上，如图 16-104 所示。安装的时候，注意顶压器支头固定是顺时针安装，逆时针拆卸，并且在顶压器支头与顶压器之间有个钢珠。

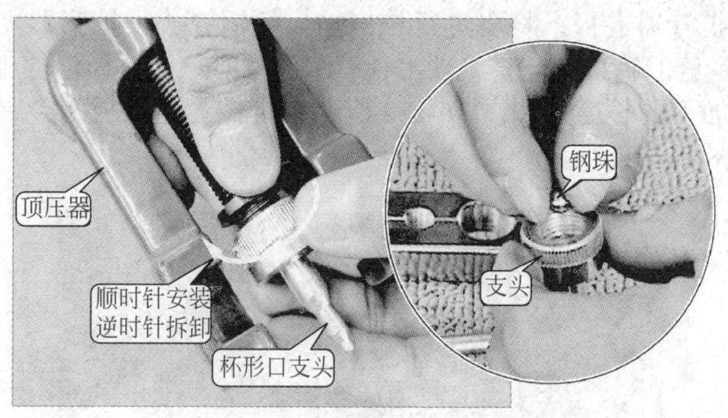

图 16-104 杯形口支头的安装

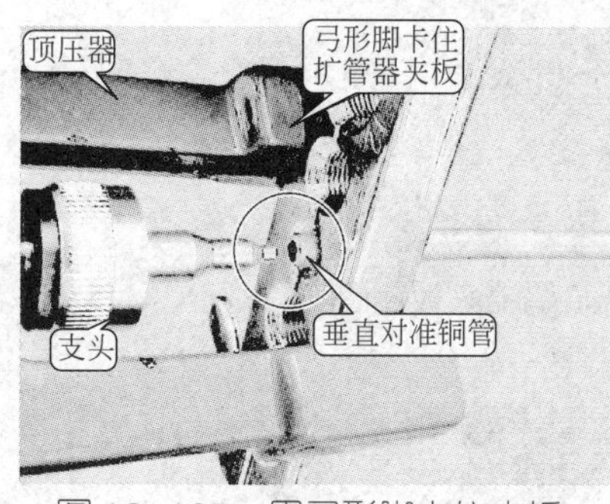

图 16-105 用弓形脚卡住夹板

将顶压器支头垂直压在预留的铜管管口上，使顶压器的弓形脚卡在扩管器夹板，如图 16-105 所示。确认顶压器的弓形脚卡住扩管器夹板后，缓慢按照顺时针顶压螺杆，直至顶压器的支头将铜管的管口扩成杯形，如图 16-106 所示。

扩好杯形口后，取下顶压器，松开紧固螺母，打开夹板，取下扩好杯形口的铜管，如图 16-107 所示。

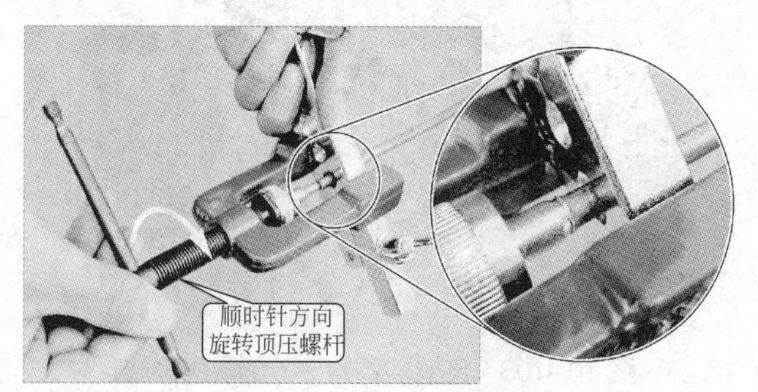

图 16-106 旋转顶压螺杆

b. 扩喇叭口 选择合适扩喇叭口的顶压器支头，并将其安装到顶压器上，如图 16-108 所示。安装时同样要注意顶压器支头固定是顺时针安装，逆时针拆卸，并且在顶压器支头与顶压器之间有个钢珠。

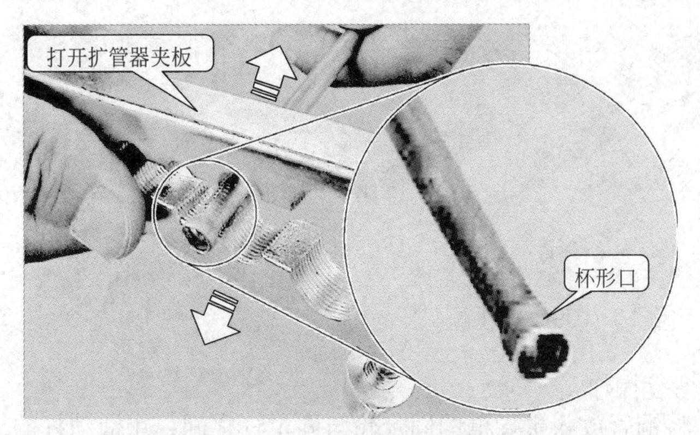

图 16-107　打开扩管器夹板取下铜管

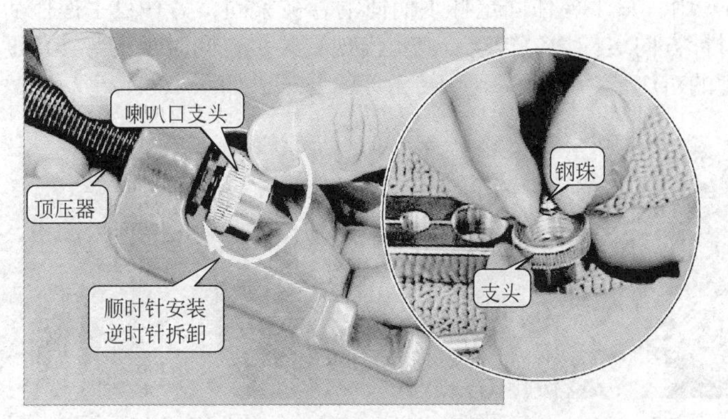

图 16-108　喇叭口支头的安装

将顶压器支头垂直压在预留的铜管管口上，使顶压器的弓形脚卡住扩管器夹板，确认顶压器的弓形脚卡住扩管器夹板后，缓慢按照顺时针顶压螺杆，直至顶压器的支头将铜管的管口扩成喇叭形，如图 16-109 所示。待铜管扩好喇叭形口后，就可以从扩管器夹板上取下来了。

（3）弯管器

① 弯管器结构　手动弯管器是用来弯制管径在 20mm 以下铜管的专用工具。当管径在 20mm 以上时，必须用弯管机。手动弯管器主要由弯管角度盘、固定手柄和活动手柄等组成。操作时将被加工的管子放入带导槽的固定轮和固定杆之间，然后转动活动杆即可完成加工程序。弯曲半径应大于被弯曲管径的 5 倍，其外形及结构如图 16-110 所示。

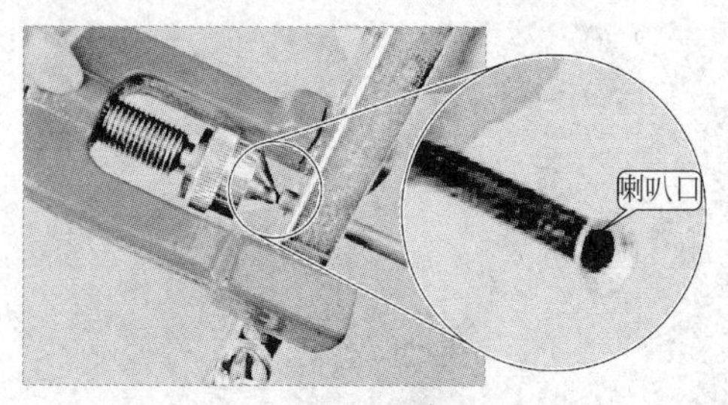

图 16-109　加工喇叭口

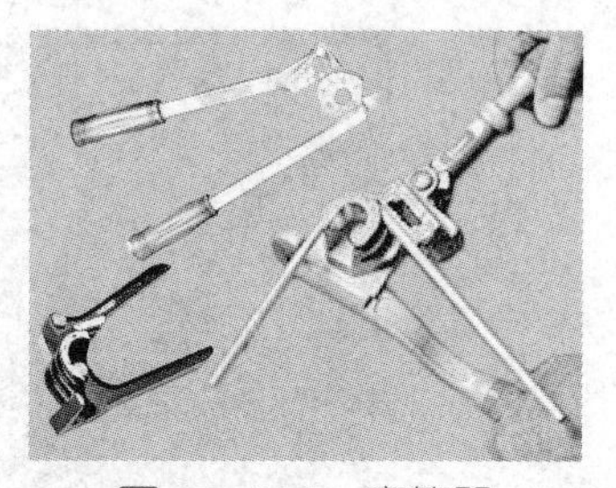

图 16-110　弯管器

② 弯管操作

a. 将铜管放入带导槽的固定轮与固定杆之间，用活动杆的导槽套住铜管，如图 16-111 所示。

b. 用一只手握住固定杆手柄使铜管被紧固，另一只手握住活动杆手柄顺时针方向缓慢均匀转动（避免出现裂纹），同时观察弯转角度与固定轮刻度的对应值，直至达到弯转角度的要求，如图 16-112 所示。

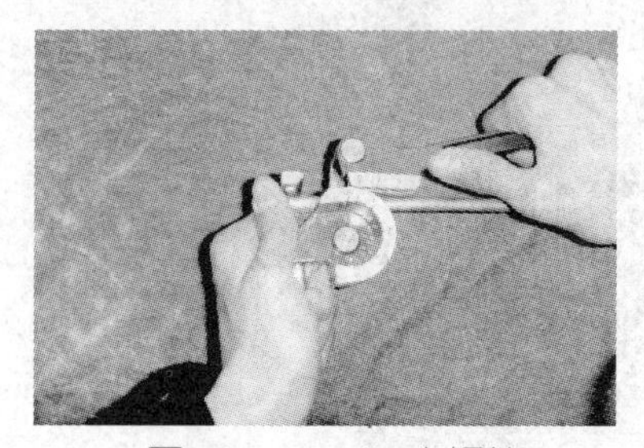

图 16-111　固定铜管

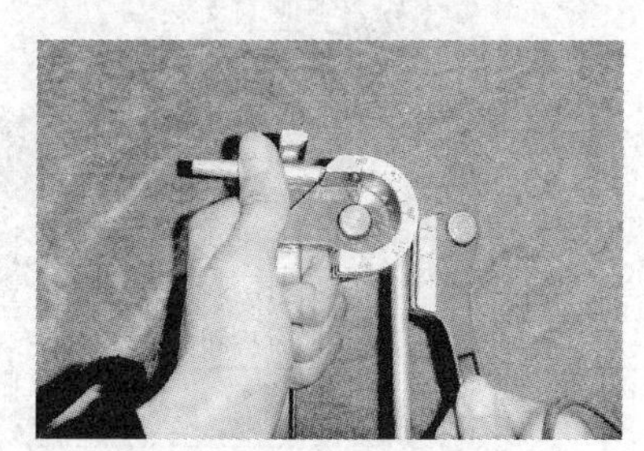

图 16-112　弯制铜管

c. 将铜管退出弯管器，弯曲成型的铜管如图 16-113 所示。

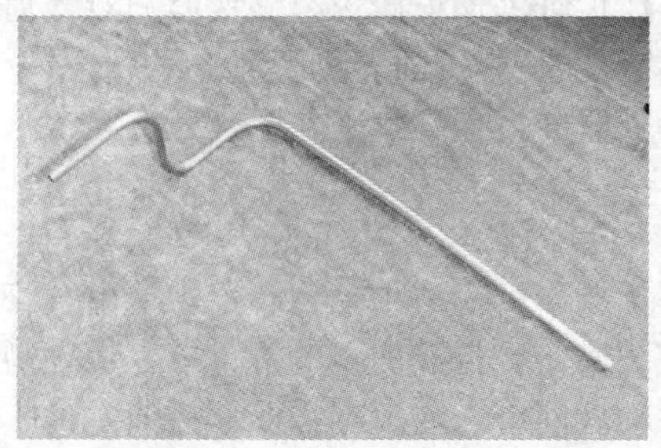

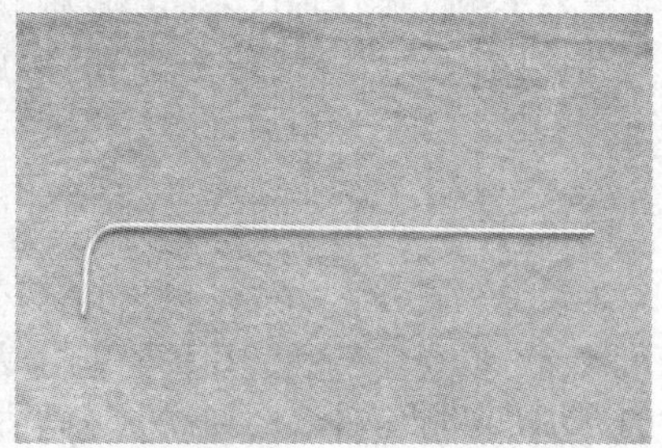

图 16-113　弯曲成型的铜管

（4）管路连接器

管路连接器主要用于连接软管，以便于真空泵、制冷剂钢瓶能够与电冰箱制冷管路相连接。图 16-114 所示为管路连接器，它主要由上盖、阀门及连接管路组成。

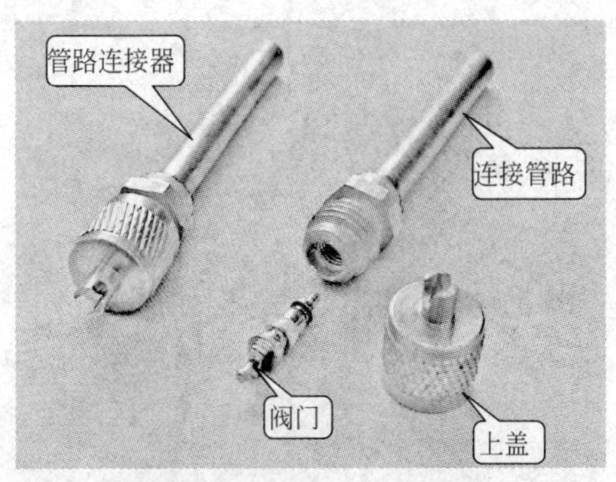

图 16-114　管路连接器

管路连接器的阀门可以借助上盖将其取下来，如图 16-115 所示，用管路连接器的上盖带有卡槽的一端将管路连接器的阀门卡住，然后旋转上盖，就可以拧下管路连接器的阀门。

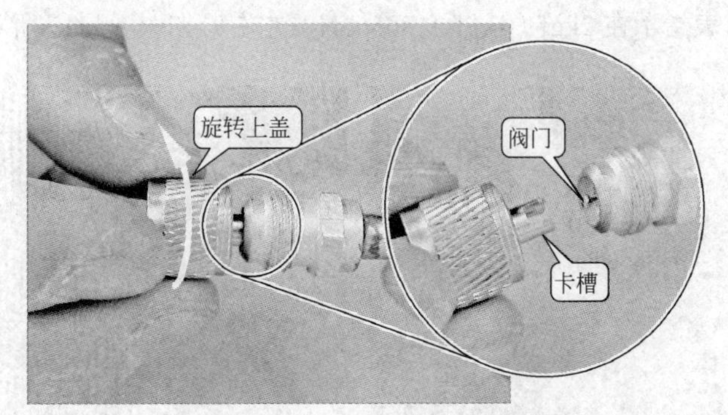

图 16-115　拧下管路连接器的阀门

16.3.4.2　管路焊接操作

（1）气焊设备结构

气焊设备主要用于电冰箱、空调器管路的焊接操作。图 16-116 所示为常见的气焊设备，从图中可以看出，气焊设备主要由氧气瓶、燃气瓶、焊枪等部分构成。

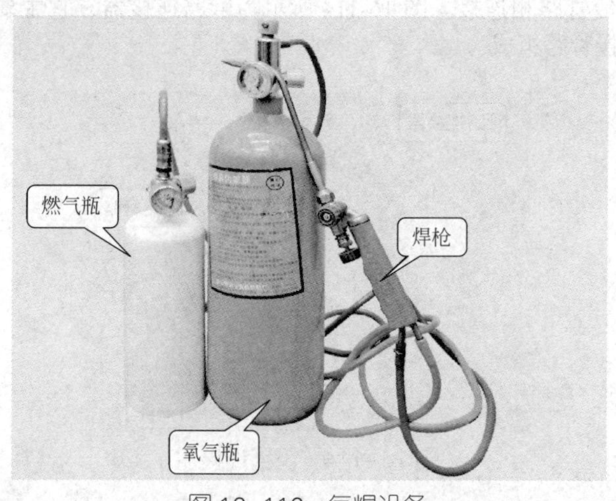

图 16-116　气焊设备

（2）气焊设备操作

① 打开氧气瓶的总阀门，调整氧气瓶的输出控制阀门，使氧气瓶的输出压力表指示在 2kgf（1kgf=9.80665N）左右，如图 16-117 所示。

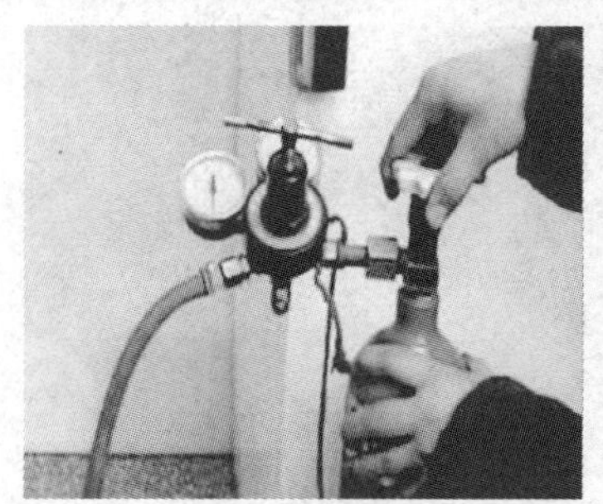
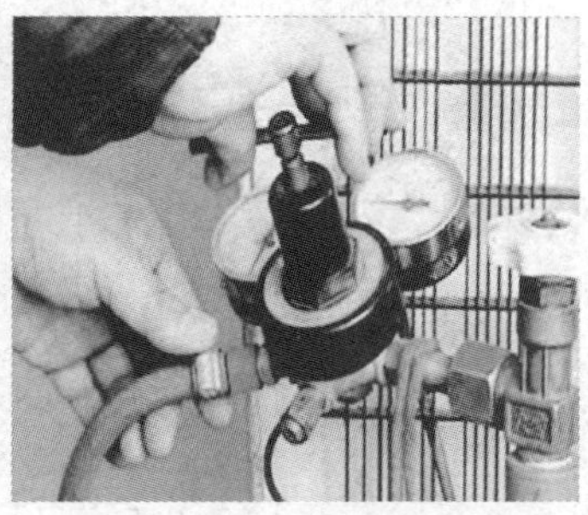
图 16-117　打开氧气瓶的总阀门并调整氧气瓶的输出控制阀门

② 将燃气瓶的总阀门打开，如图 16-118 所示。当两种气体都进入焊枪时，就可以进行点火操作。

③ 在进行明火点火操作时，要先打开焊枪上燃气的调节阀，使焊枪的喷火嘴中有少量乙炔气喷出，然后点火。当喷火嘴出现火苗时，缓慢地

打开焊枪上的氧气调节阀门，使焊枪喷出火焰，并按需要调节氧气与乙炔气的进气量，形成所需的火焰，如图 16-119 所示，即可进行焊接。

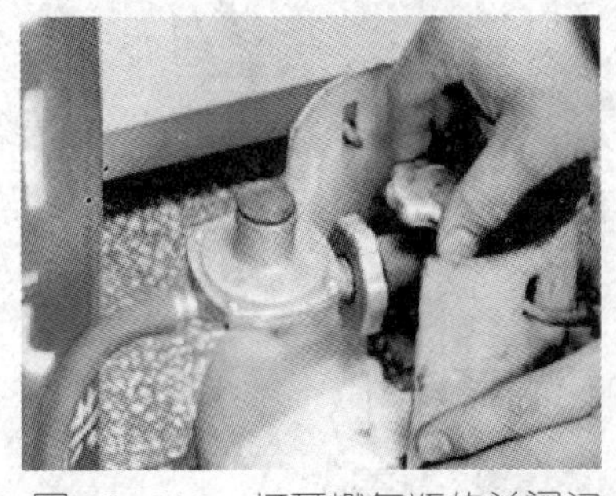

图 16-118　打开燃气瓶的总阀门

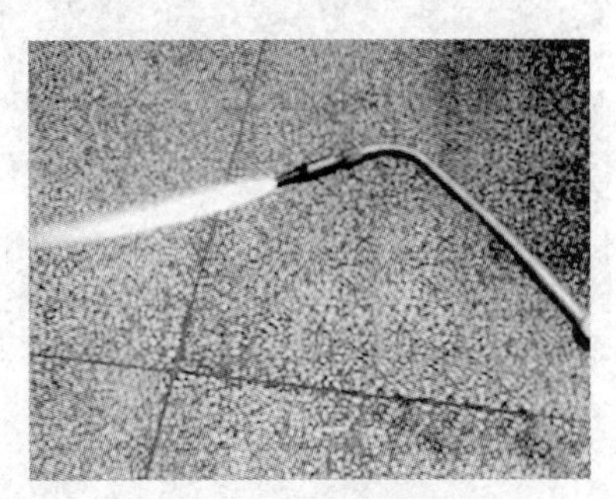

图 16-119　正常的火焰

④ 将两根要进行焊接操作的铜管进行对插，如图 16-120 所示。将两根铜管插接好后即可对其进行焊接操作。

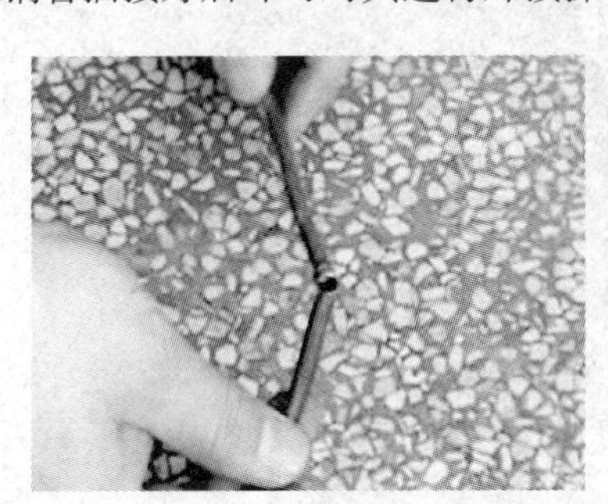

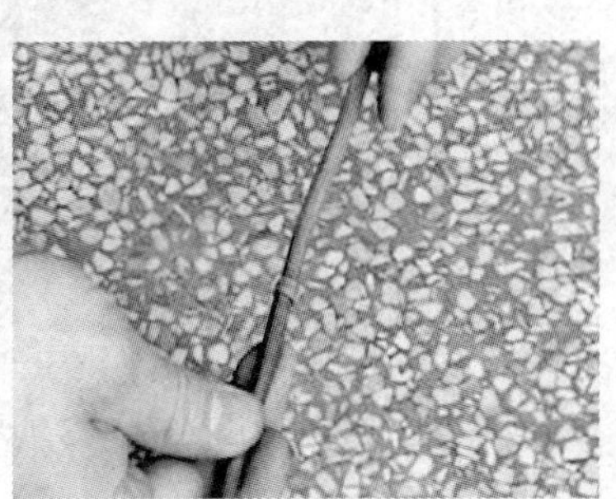

图 16-120　插接将要焊接的两根铜管

⑤ 将火焰对准焊口均匀加热，当铜管被加热到一定程度呈现暗红色时，如图 16-121 所示，即可进行焊接。

⑥ 把焊条放到焊口处，利用中性焰的高温将其熔化，再对铜管焊接处均匀加热片刻即可完成焊接操作，如图 16-122 所示。

⑦ 图 16-123 所示为焊接完成的效果，要求焊接好的铜管焊口平整光滑无小孔或炉渣。

图 16-121　被焊接的铜管被加热到呈现暗红色

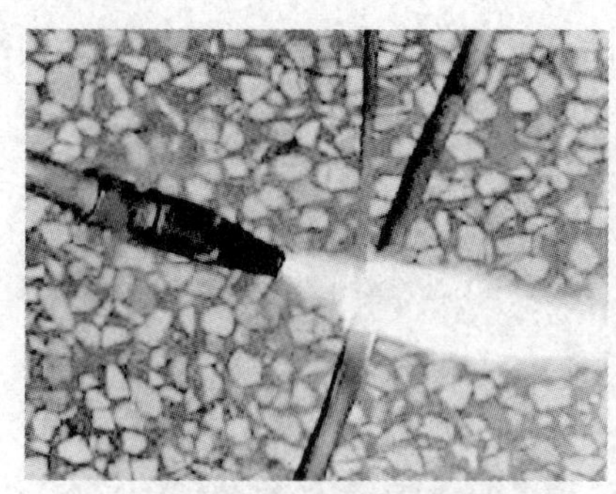
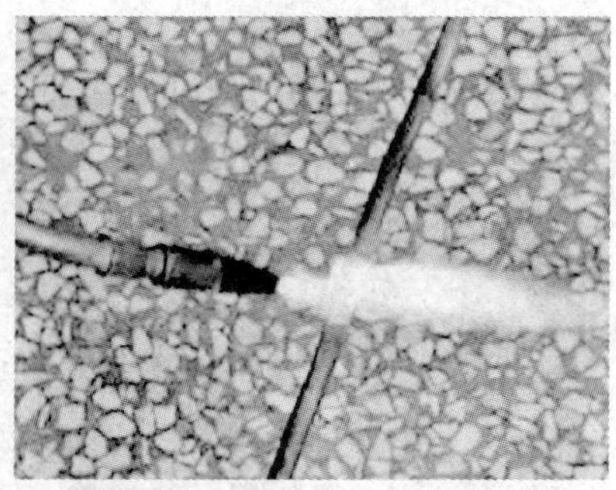

图 16-122 两根铜管焊接

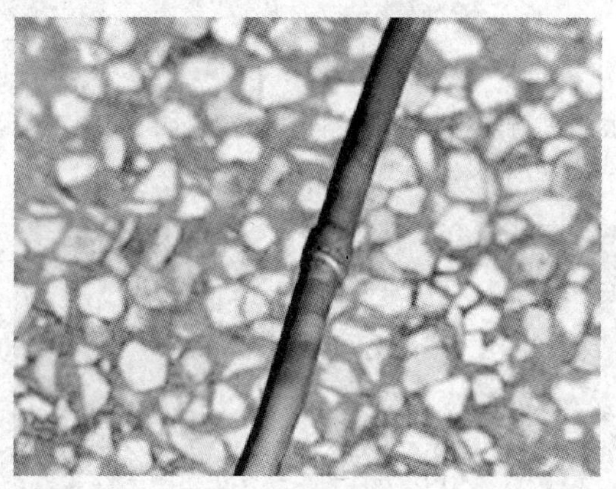

图 16-123 焊接完成的效果

16.3.4.3 检漏技术

电冰箱、空调器的制冷系统是用管道串联成的一个全封闭系统。一旦焊接不良或制冷管道被腐蚀，或搬运、使用不当等都可能造成制冷系统中循环流动的制冷剂泄漏。制冷系统泄漏是电冰箱、空调器等制冷设备最常见的故障。

检查制冷系统是否存在泄漏，常见的有观察油渍检漏、卤素灯检漏、电子检漏仪检漏、肥皂水检漏和水中检漏等几种方法。

（1）观察油渍检漏

制冷剂与冷冻油部分互溶后在制冷系统内部一起循环，制冷系统泄漏时，一定会伴有冷冻油渗出。观察整个制冷系统的管路，特别是各焊口部位及蒸发器表面有无油渍存在，也可用干净的白纸擦拭检查。如图 16-124 所示。

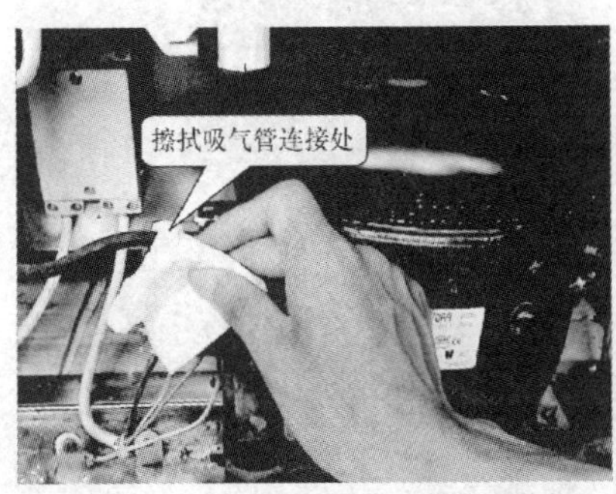

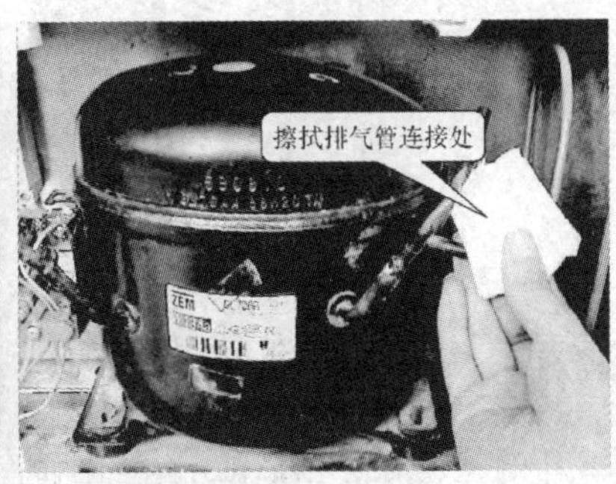

图 16–124　制冷管路油渍检漏

（2）卤素灯检漏

点燃卤素灯，将吸气软管在检漏处缓慢移动。卤素灯在正常燃烧时火焰呈蓝色。当被检处有氟利昂制冷剂泄漏时，灯头的火焰颜色将发生明显变化，火焰可能是微绿色、淡绿色、深绿色。遇到泄漏量较大时，火焰呈紫色。当卤素灯产生冒烟时，表明氟利昂制冷剂大量泄漏，应停止使用卤素灯，因为氟利昂遇到火燃烧后会分解产生有毒的气体。

（3）电子检漏仪检漏

电子检漏仪是一个精密的检漏仪器，具有很高的灵敏度，通过仪器的音响讯号来判别泄漏量的大小。检漏时首先打开电源开关，使探头与被检部位保持 3 ～ 5mm 的距离，移动速度不大于 50mm/s。当有泄漏时，检漏仪会发出蜂鸣报警。

（4）肥皂水检漏

肥皂水检漏就是用小毛刷蘸上事先准备好的肥皂水，涂于需要检测的部位，并仔细观察。如果被检测部位有泡沫或有不断增大的气泡，则说明此处有泄漏。肥皂水检漏可用于制冷系统充注制冷剂前的气密性试验，也可用于已充注制冷剂或在工作中的制冷系统。图 16-125 所示为用肥皂水检测冷凝器管口。

（5）水中检漏

水中检漏是一种比较简单而且应用广泛的检漏方法，常用于蒸发器、冷凝器、压缩机等零部件的检漏。其方法是在被测件内充入 0.8 ～ 1.2MPa 压力的氮气，将被测件放入 50℃的温水中，仔细观察有无气泡产生。若有气泡产生，则说明有泄漏。

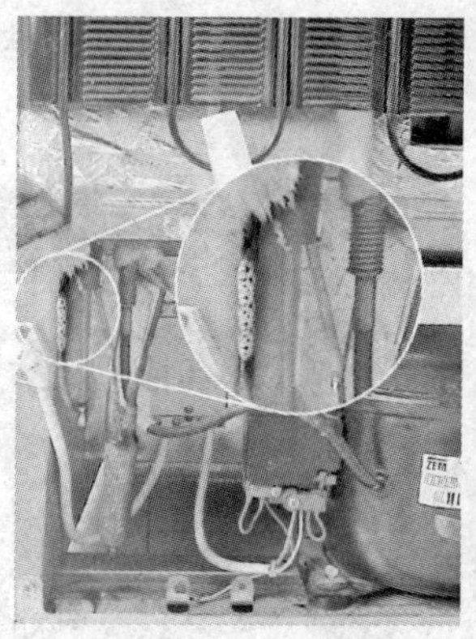

图 16-125　用肥皂水检测冷凝器管口

16.3.4.4　抽真空和充注制冷剂操作

（1）抽真空操作

在检修电冰箱、空调器制冷系统时，必然会有一定量的空气进入系统中，空气中含有一定量的水蒸气，这会对制冷系统造成膨胀阀冰堵、冷凝压力升高、系统零部件被腐蚀等影响。由此可见，对系统检修后，在未加入制冷剂前，对系统抽真空是十分重要的。而抽真空的彻底与否，将会影响系统正常运转。

① 将气体截止阀工艺管口上的螺母取下，如图 16-126 所示。

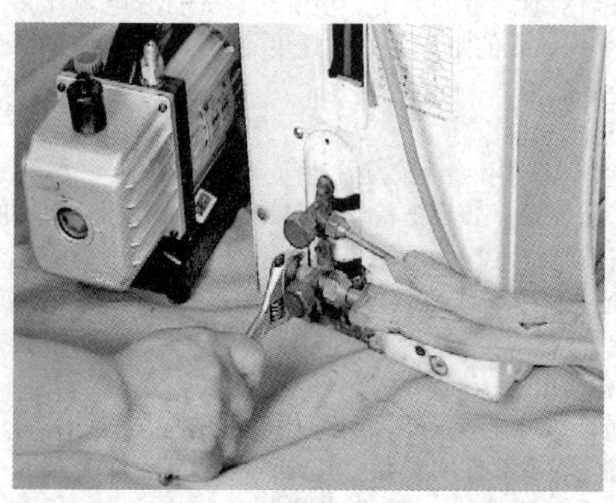

图 16-126　取下气体截止阀工艺管口上的螺母

② 将连接软管的一端与气体截止阀工艺管口相连，另一端与真空泵的吸气管口相连，如图 16-127 所示。

③ 连接好后将真空泵的电源接上，并按下红色的开关键将其启动，在抽真空过程中要随时观察压力表的示数，若压力表的指针指示在 0.1MPa，抽真空操作即可完成，拧下与真空泵相连的软管，然后切断真空泵的电源，如图 16-128 所示。

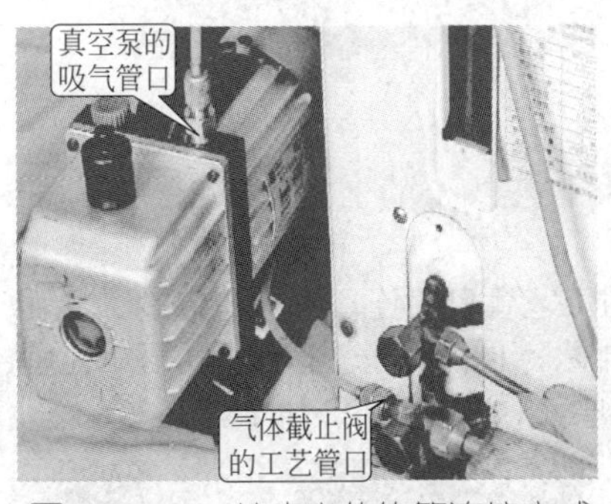

图 16-127　抽真空的软管连接方式

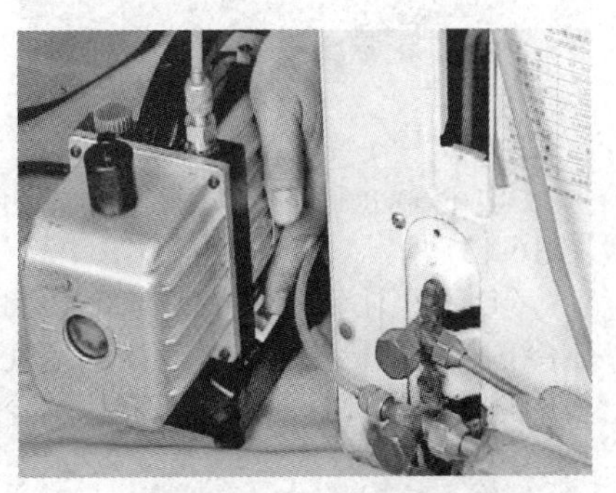

图 16-128　启动真空泵

（2）充注制冷剂操作

电冰箱和空调器在抽真空结束后，都应尽快地充注制冷剂。最好控制在抽真空结束之后的 10min 内进行，这样就可以防止三通检修阀阀门漏气而影响制冷系统的真空度。充注制冷剂的操作如下。

① 先拧下低压阀的阀帽，再拧下高压阀的阀帽，如图 16-129 所示。

图 16-129　拧下高、低压阀的阀帽

② 取下阀帽，分别将高、低压阀的阀杆打开，如图 16-130 所示。

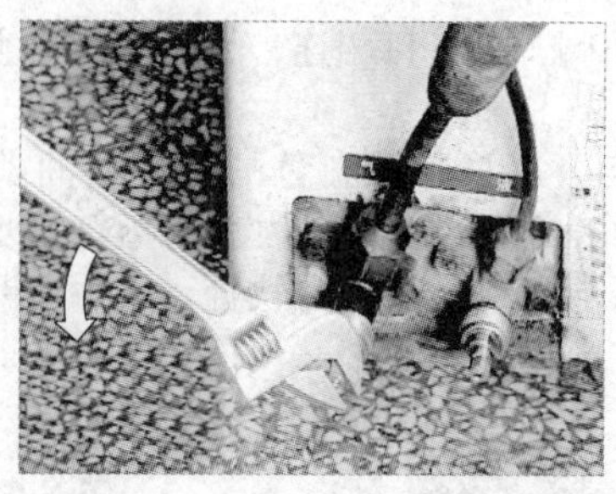

图 16-130　打开阀杆

③ 将截止阀上阀杆打开后，再将低压阀上的工艺管口帽卸下，如图 16-131 所示。

④ 将充注软管的接头与低压管的工艺管口相连，先不要拧紧，打开制冷剂钢瓶的阀门，把软管内的空气排除，再把充注软管与低压管工艺管口的接头拧紧，这时就可以充注制冷剂了，如图 16-132 所示。

图 16-131　取下低压阀工艺管口帽

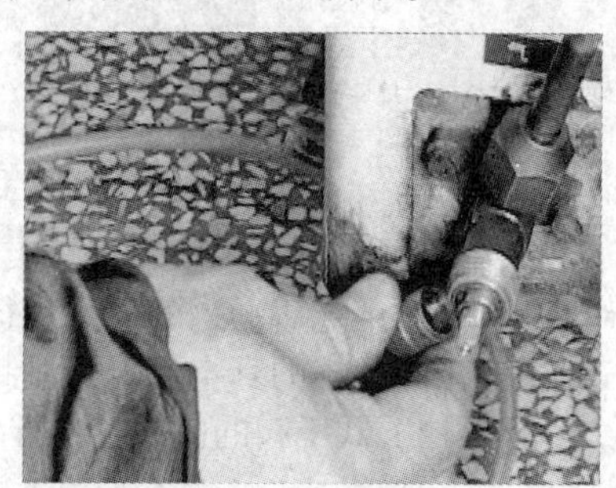

图 16-132　充注软管与低压管的连接

16.4 空调器检测与维修

16.4.1 空调器的结构和工作原理

16.4.1.1 空调器的结构组成

空调器的样式多种多样，普通家庭用的空调器按照结构的不同可以分为整体式空调器和分体式空调器两大类，其中分体式空调器还可以分为壁挂式、顶式和柜式三种。

（1）整体式空调器结构

空调器一般是由室内机和室外机两大部分构成的，整体式空调器是指将室外机组与室内机组组合在一起形成一个整体的空调器。整体式空调器有窗式空调器、穿墙式空调器和移动式空调器三种，整体式空调器的工作噪声较大，且制冷效率较低。

（2）分体式空调器结构

分体式空调器是指室内机组与室外机组分别独立为两个部分的空调器，是目前家用空调器中使用最多的一种空调器。

① 分体壁挂式空调器

a．室内机组　图 16-133 所示为分体壁挂式空调器室内机结构示意图。分体壁挂式空调器室内机的管路部件和电路部件都安装在机壳中。从图中可以看到，分体壁挂式空调器室内机主要有室内换热器、风扇电动机、电气控制系统、遥控器等组成。

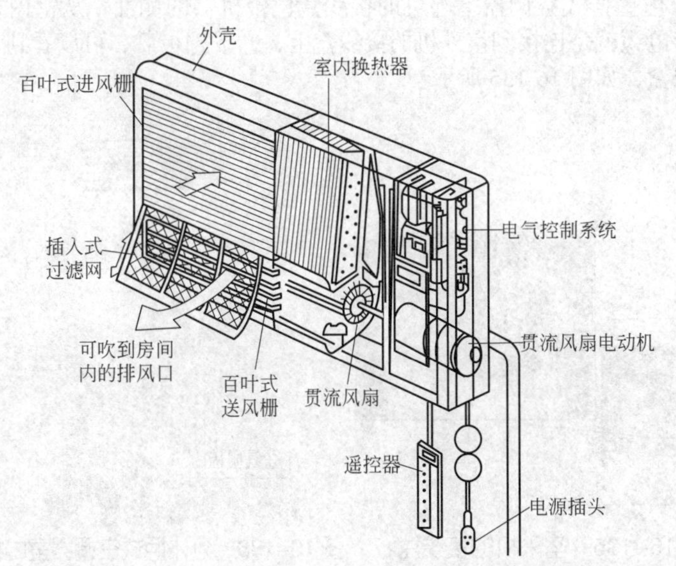

图 16-133　分体壁挂式空调器室内机组结构

b．室外机组　将室外机的机壳打开后，可以看到分体壁挂式空调器室外机组的内部结构，如图 16-134 所示。室外机主要由压缩机、冷凝器、四通阀、干燥管、轴流风扇、压缩机启动电容器等部分组成。

图 16-134 分体式空调器室外机组结构

分体壁挂式空调器室外机的接线盒位于机器的侧面，从室内机引出的连接电缆就是连接到室外机的接线盒上，卸下挡板后，可以看到室外机的接线盒，如图 16-135 所示。

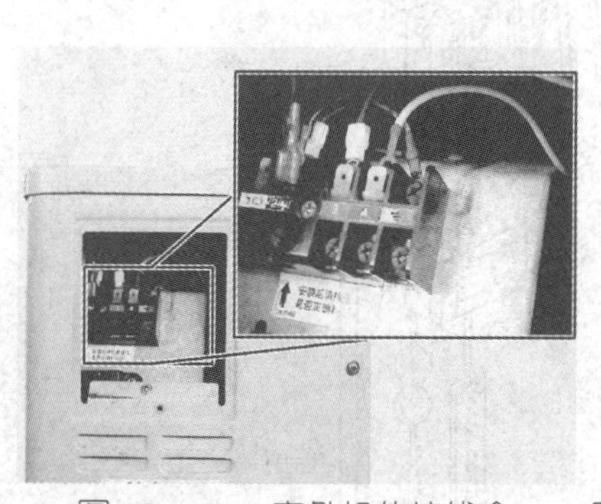

图 16-135 室外机的接线盒

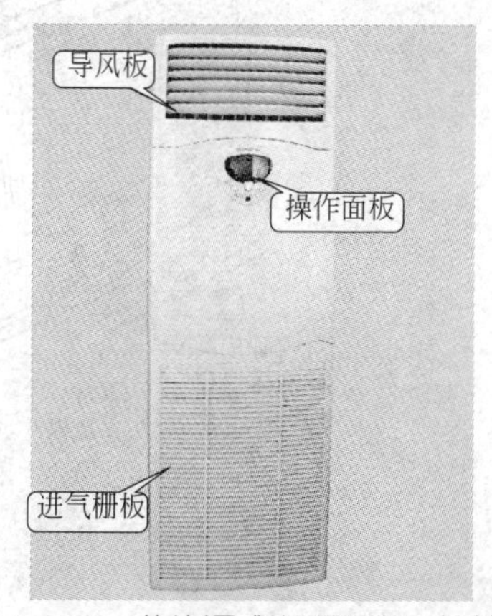

图 16-136 分体柜式空调器室内机结构

② 分体柜式空调器 分体柜式空调器制冷量大，热气流射程远，适用于面积较大的客厅或会议室，随着住房条件的改善，柜式空调器已成为房间空调器的主导品种之一。

a. 室内机组　图 16-136 所示为典型的分体柜式空调器室内机结构示意图。分体柜式空调器室内机的管路部件和电路部件都安装在机壳中。从图中可以看到，空调器主要由导风板、操作面板和进气栅板组成。

b. 室外机组　与家用分体式空调器室外机的结构基本相似，分体柜式空调器室外机组只是在安装位置上略有区别，图 16-137 所示为不同安装位置的冷暖型空调器室外机。

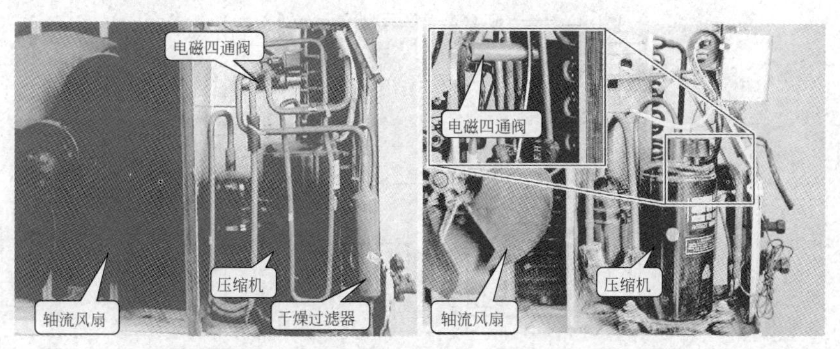

图 16-137　不同安装位置的冷暖型空调器室外机

16.4.1.2　空调器制冷系统的工作原理

（1）热泵冷风型空调器制冷流程

图 16-138 是热泵冷风型空调器制冷时制冷剂的流动路线，制冷剂蒸气由压缩机排出，经过换向阀进入冷凝器换热冷凝后，流经毛细管进入蒸发器吸热汽化，制冷剂蒸气再经过换向阀进入压缩机的吸气口，由压缩机进行压缩再循环，结果从室内换热器送出的是冷风，即制冷。

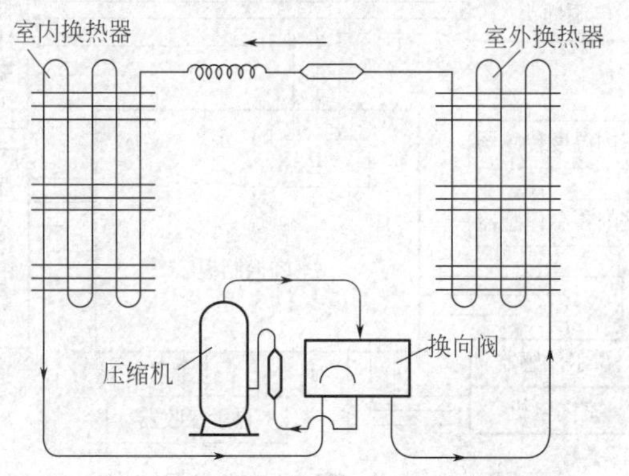

图 16-138　热泵冷风型空调器制冷流程

（2）热泵冷风型空调器制热流程

图 16-139 为热泵冷风型空调器制热时制冷剂流动路线，由压缩机排出的高压高温蒸气，经过换向阀进入室内换热器（冷凝器功能），冷凝散热后经毛细管流入室外换热器吸热汽化，制冷剂蒸气再经过换向阀进入压缩机的吸气口，经压缩进行再循环。结果从室内换热器送出的是热风，即制热。

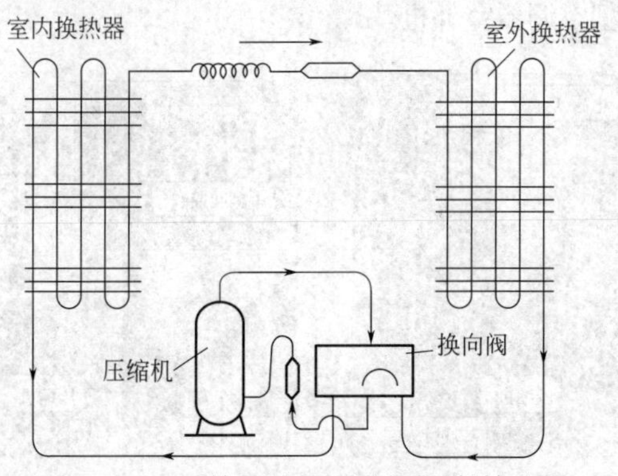

图 16-139 热泵冷风型空调器制热流程

16.4.1.3 空调器电路分析

（1）分体壁挂式空调器控制电路

① 室内机的控制电路　分体壁挂式空调器室内机的控制系统，由主控制板、室温传感器、室内热交换传感器、显示板、导风板、步进电机和晶闸管调速风机组成，室内控制电路结构如图 16-140 所示。

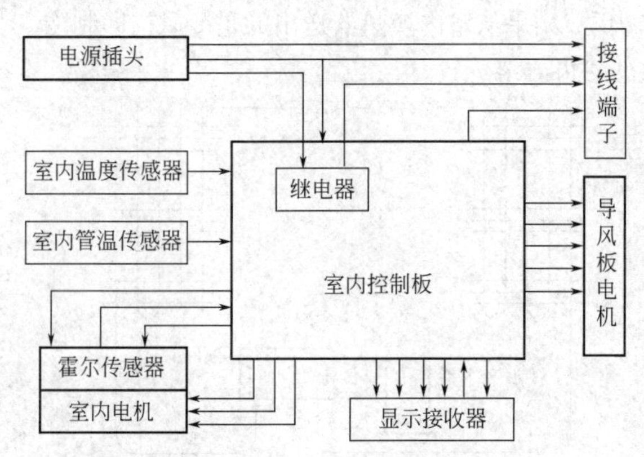

图 16-140 室内控制电路结构

a．风扇驱动控制电路　室内风扇控制电路如图 16-141 所示。室内风扇电机从插件 CN302 接出，C304 为内风机的运行电容，风扇选用交流 220V 晶闸管调速电机，它的工作由光电耦合器 Q301 控制，驱动信号来自电脑芯片。风扇电机运转状态由电机内的霍尔传感器检测，检测到的感应脉冲信号经 R9、C3 整形，送到电脑芯片处理。

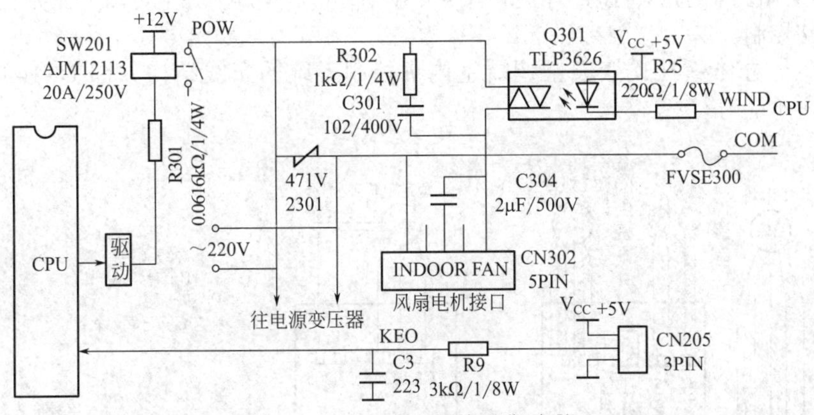

图 16-141　室内风扇控制电路

b．遥控接收及显示电路　这两部分电路由插件 CN1 接入系统，如图 16-142 所示。遥控接收信号经 R114 和 C113 整形滤波，消除干扰杂波后，送往电脑芯片处理。

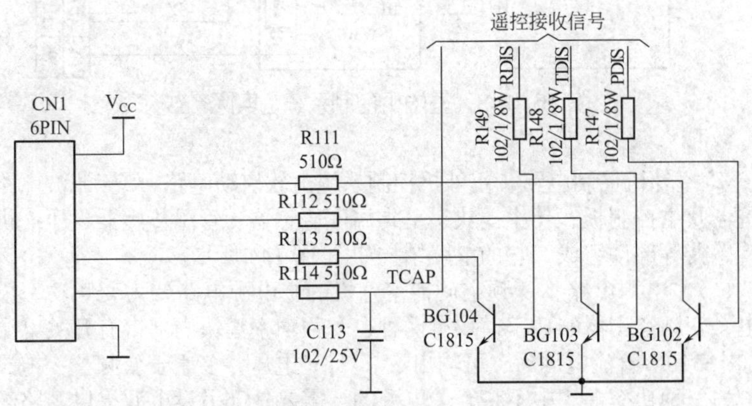

图 16-142　室内遥控接收及显示电路

空调器室内机有三个指示灯。黄绿双色灯是电源接通指示同时作为遥控开机指示，在电源接通时呈黄色，开机后转为绿色。当室内机发生故障时，它开始闪烁，起到故障显示作用。黄色灯为定时开 / 关指示，也称睡眠指示灯，它在室外机发生故障时闪烁，作为故障显示。绿色灯为运行指示，室外机电源接通后点亮。三个指示灯采用三只发光二极管，分别由BG102、BG103、BG104 三只开关管驱动。负离子灯另外由负离子开关电路控制。

分体壁挂式变频空调器室内机控制系统的布线结构如图 16-143 所示。

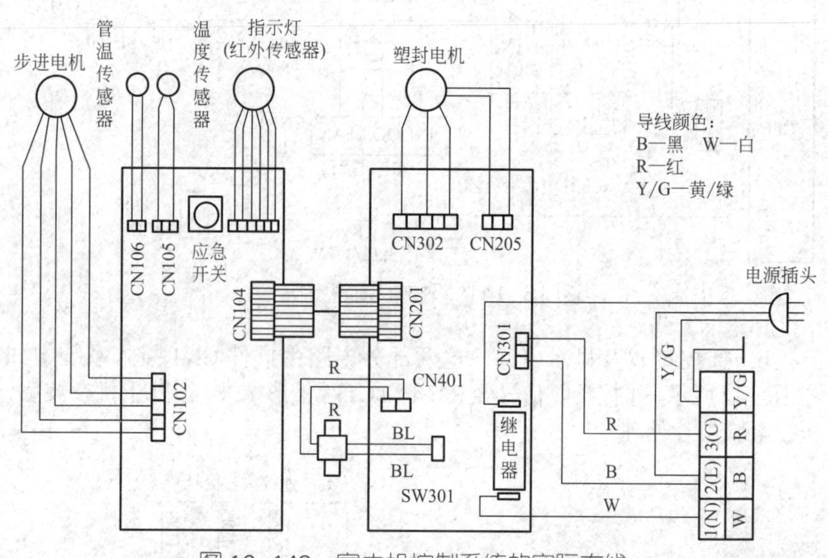

图 16-143　室内机控制系统的实际布线

② 室外机控制电路　室外机控制系统由软启动电路、整流滤波电路、电抗器及主控制板、功率模块、室外温度传感器、管温传感器、压缩机湿度传感器等部件组成，它的电路结构如图 16-144 所示。

a. 主电源电路　变频空调器室外机的主电源电路要为变频功率模块供电，变频空调器的功率模块有两种，一种功率模块内部带有开关电源，当加上 310V 直流电源后，可输出 5V、12V 电压，多用于变频“一拖二”机；另一种功率模块中不带开关电源的，需要外部另设电源提供多路高低电压。

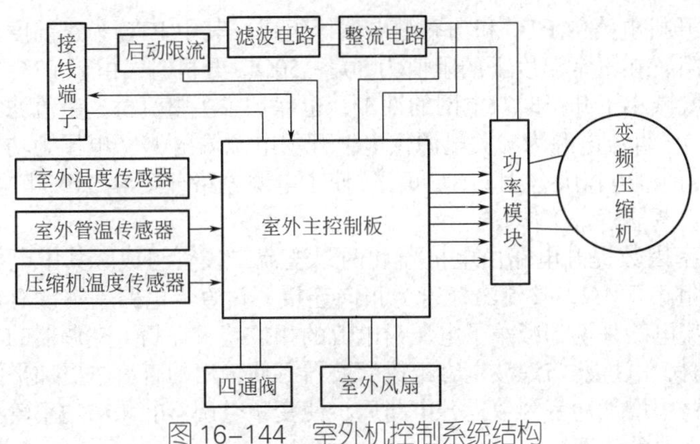

图 16-144　室外机控制系统结构

分体壁挂式变频空调器室外机主电源电路如图 16-145 所示。使用的是第二种变频模块，为了保证模块及控制板的供电，不仅在室外机中设有 310V 的主电源，为变频功率模块和开关电源供电，为了保证空调器的正常工作，室外机还设置了软开机电路、功率因数提升电路和过电流检查电路。

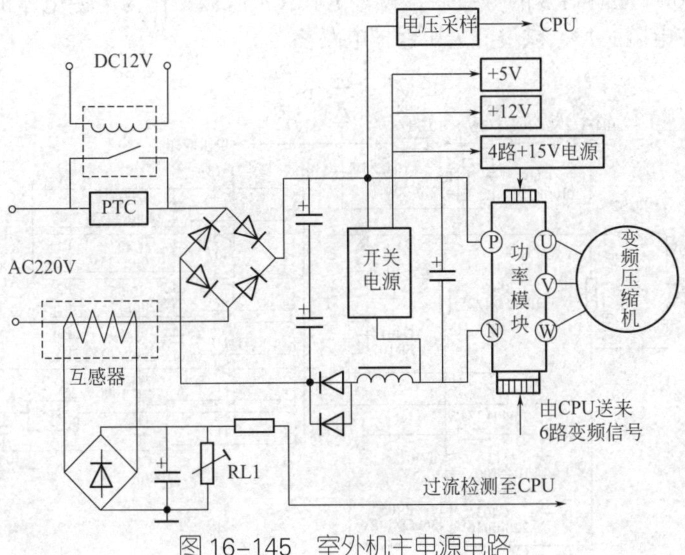

图 16-145　室外机主电源电路

软开机电路由 PTC 和功率继电器等组成，其中 PTC 为正温度系数的热敏电阻，在正常温度下的阻值为 30 ～ 50Ω。开机时，由于 PTC 的限流作用，既减小了开机时对电网的冲击，也保护了主整流桥。整流滤波后得到的 310V 直流电源为开关电源供电，开关电源输出 12V 电压为功率继电器供电，使继电器吸合，将 PTC 短路，使主电源电路直接与 220V 市电相通，以保证空调器正常工作。

功率因数提升电路由电抗器和两只整流二极管组成。其中电抗器的直流电阻小于 1Ω，整流二极管为正向连接，对直流电路基本没有影响，但对交流电路来说却减小了电压与电流的相位差，提高了空调器的功率因数。同时，电抗器与滤波电容组成滤波器，使输出的直流电更加平滑。主电源回路中增加功率因数提升电路后，使变频空调器的无功功率较小，减少了不必要的浪费。

过电流检测电路由电流互感器和整流桥等组成，将检测到的信号送入电脑芯片。由于互感器的输出电压与主电源的电流成正比，当空调器的运行电流超过由 RL1 设定的电流值时，电脑芯片便发出指令，使变频模块停止工作，保护了模块和压缩机。

b. 开关电源电路　室外机开关电源电路如图 16-146 所示。CN401 为室外机主电源经整流、滤波后的直流 310V 电源输入口。输入的直流电压经 R1、R2 和 R3 的分压后，再经 R4、C1 滤波，作为电源电压的取样值送往电脑芯片，供过、欠压保护电路参考。

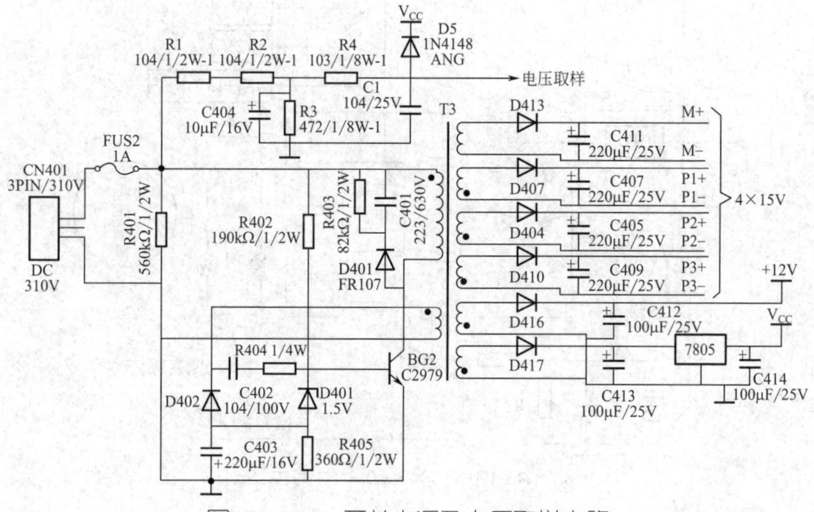

图 16-146　开关电源及电压取样电路

开关电源的主要作用是提供功率模块用的 4 路 15V 直流电源及控制板上继电器和部分 IC 用的 12V 驱动电源，并作为控制板上的电脑芯片和部分 IC 用的 5V 直流电源。为保证电脑芯片可靠地工作，5V 电源由三端稳压器 7805 提供。

开关电源工作时，310V 直流电源通过 R402 向开关管 BG2 基极供电，由于开关变压器 T3 初级线圈的反馈作用，电路频率产生 20kHz 左右的振荡，开关变压器的次级即输出需要的感应电压。稳压管 D401 可为 BG2 提供基准电压，从而使输出的电压基本稳定。

c．电脑芯片电路　室外机主控制电路如图 16-147 所示。与室内机一样，电脑芯片也需要有供电、复位和时钟振荡电路提供工作保证。5V 电源从芯片 54 脚输入，而由集成块 D600 向 25 脚送入复位信号，时钟振荡则由 26 脚、27 脚外接元件完成，频率为 4MHz。

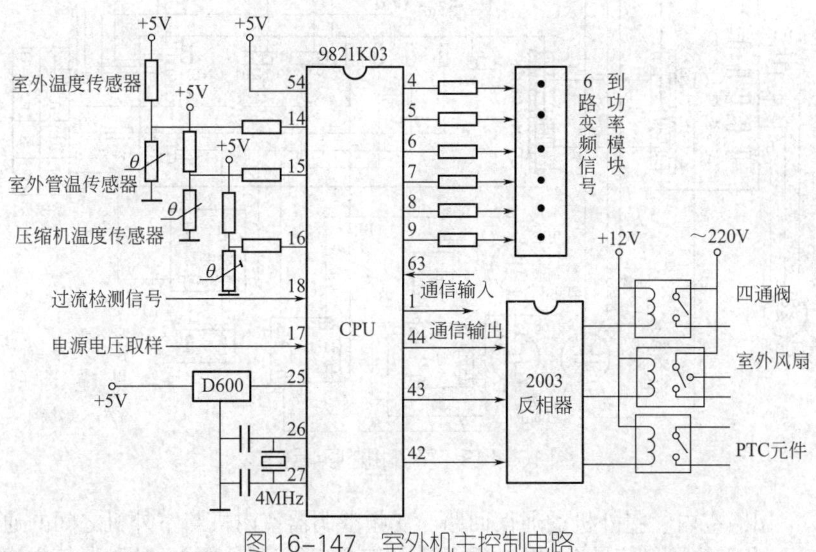

图 16-147　室外机主控制电路

室外机控制输入信号包括：3 路温度检测信号、过流保护信号、电源电压取样信号、通信信号。其中 3 路温度检测信号都采用热敏电阻作为传感器，并将检测信号电压加到电脑芯片的 14 脚、16 脚。检测点温度升高时，热敏电阻的阻值减小，传感电压随之降低。

过流保护信号来自电流检测电路，由电脑芯片 18 脚输入；电源电压采样信号来自于分压电路，由 17 脚输入；通信信号由 63 脚输入。这些信号送进电脑芯片后，通过内部运算，由输出电路发出指令，控制相应的电路工作。

输出控制电路包括：控制变频功率模块工作的 6 路变频信号、控制四通阀和外风扇电机运行的信号、软启动电路的继电器控制信号及通信输出信号等。其中，6 路变频信号由电脑芯片 4 ～ 9 脚输出，直接控制压缩机的开停和运转频率；控制四通阀、外风扇电机、软启动继电器工作。功率因数提升电路由电抗器的 3 路信号，送到 2003 反相驱动器，分别驱动相应的继电器，以实现预定的运行功能。

分体壁挂式变频空调器室外机控制系统的布线结构如图 16-148 所示。

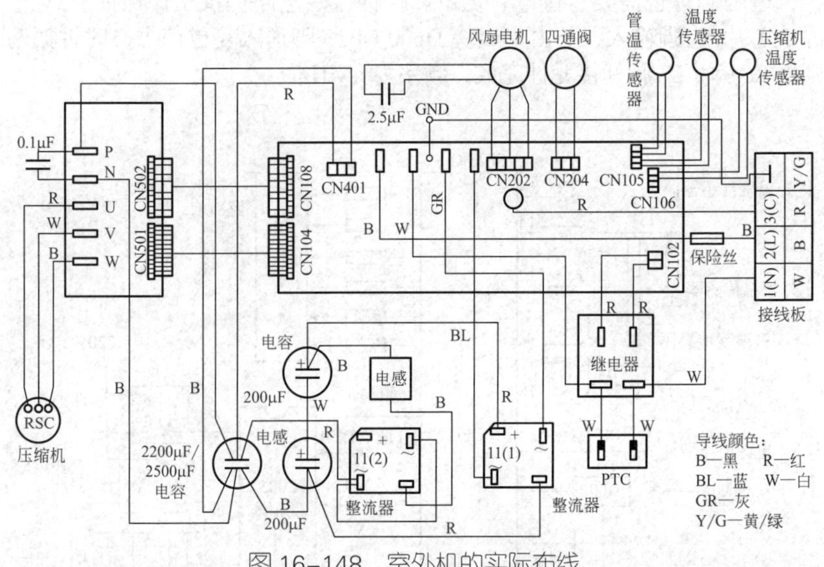

图 16-148 室外机的实际布线

d. 室内、室外机的通信回路　变频空调器室内机与室外机之间的通信，采用的是将信号送加在电源线上的双向串行通信方式。这种通信方式又分为两种，一种是室内机与室外机同时通信，另一种是室内机与室外机分时通信。

变频空调器常用的通信电路如图 16-149 所示。室内机与室外机各有 4 个接线端子，称为 1 号线、2 号线、3 号线和地线。其中 1 号线、2 号线为 220V 电源供电电线，3 号线为通信信号传输线（通信线），地线在图中未画出。

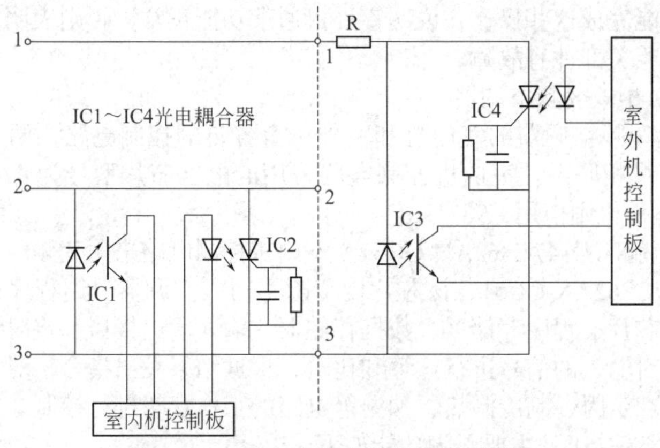

图 16-149　变频空调器通信电路

由图可见，空调器室内外机的通信是由各自的电脑芯片通过光电耦合器完成的。IC2 与 IC3 配合完成室内机向室外机发送信号，IC4 与 IC1 配合完成室外机向室内机发送信号。这种电路充分利用交流电的正负半周电流方向不同这个特点，正半周由室内机向室外机发信号，而负半周由室内机向室外机发送信号，这就是分时通信方式。

由于空调器室内机与室外机通信是每时每刻都在进行的，当电路通信正常时，用万用表测量接线端子的 1、3 端之间和 2、3 端之间电压，读数都应在 100V 左右，而且表针有明显的抖动。这是判断控制系统通信是否正常的可靠办法，如果测量时表针不动，或电压读数偏离较大，则可判断空调器通信不良。

由于变频空调器的通信电路较复杂，是故障多发部位，所以设计时分别设置了室内机与室外机通信电路的自检功能。检修时如果怀疑通信电路有问题，可以启动其自检功能，根据自检结果判断故障所在。

室内机通信电路自检方法是，拆下 3 号线，并用导电线将 1 号线与 3 号线短路连接在一起。通电后按下应急开关，如果室内机通信电路正常，室内机的 3 个指示灯应都点亮，室内风扇运转，导风板摆动。这时拆下短路线，按应急开关没有反应；再将 1、3 号线短接一下后断开，按应急开关，内机停止运转。检测时，若不能完成这些操作，说明内机通信电路或其他相应电路有故障。

室外机通信电路自检方法是：拆下 3 号线，用导线将 1 号线、3 号线短路连接。通电后，室外机四通阀吸合，压缩机和风扇电机运转，处于制热状态；此时将 1 号线与 3 号线断开，四通阀失电，电路转入制冷运行。

若室外机能完成这些操作，说明室外机通信功能正常，否则表明室外机通信电路或相关部件有故障。

（2）柜式变频空调器

柜式变频空调器的室内机和室外机有各自的控制电路，两者通过电缆和通信线相联系。室内机控制电路采用的电脑芯片型号为 47C862AN-GC51，室外机则使用 C9821K03。

① 电脑芯片 47C862AN-GC51　室内机控制电路采用变频空调专用电脑芯片 47C862AN-GC51，该芯片内部除了写入空调器专用程序外，还包含有电脑芯片、程序存储器、数据存储器、输入输出接口和定时计数器等电路，可对输入的信号进行运算和比较，根据结果发出指令，对室外机、风扇电机和定时、制冷制热、抽湿等电路的工作状态进行控制。电脑芯片 47C862AN-GC51 的主要引脚功能如下。

a. 35 脚、64 脚为电脑芯片供电端，典型的工作电压为 5V。

b. 32 脚、33 脚、34 脚、39 脚、48 脚、60 脚为接地端。

c. 31 脚是蜂鸣器接口。芯片每接到一次用户指令，31 脚便输出一个高电平，蜂鸣器鸣响一次，以告知用户该项指令已被确认。若整机已处于关机状态，遥控器再输出关机指令，蜂鸣器不响。

d. 36 脚、37 脚、38 脚是温度采集口，其中 36 脚、37 脚为室内机热交换器温度检测输入口，38 脚为室内温度检测输入口。

e. 复位电路由 IC103、R101、D101、C103、C105 等元器件构成。复位信号送到芯片 20 脚，低电平有效。空调器每次上电后，复位电路产生一低电压，使电脑芯片内的程序复位。当空调器正常工作时，20 脚为高电平。

f. 62 脚为开关控制口（多功能口），低电平有效。62 脚在低电平时，56 脚输出一个高电平，点亮电源指示灯 LED1，同时电脑芯片执行上次存储的工作状态。若为初次上电，用户没有输入任何指令性，电路执行自动运行程序，即空调器在室内温度大于 27℃时，空调器按抽湿状态运行。按下电源开关，使该脚持续 3s 以上高电平，蜂鸣器连响两下，空调器即可进入应急运行状态。

g. 红外线接收器收到控制信号后，从 6 脚输入电脑芯片，与温度检测元件采集的数据一起控制空调器的运行状态，完成遥控信号的接收。

h. 56 脚、57 脚、58 脚是显示接口，高电平有效。56 脚为电源指示灯接口，57 脚为定时运行指示端口，58 脚为运行指示端口。室内机正常运行时，点亮运行指示灯 LED3。

i. 电脑芯片的时钟频率由 6MHz 的晶振产生，它通过芯片 18 脚、19

脚内部电路共同产生时钟振荡脉冲。

j. 2 脚、4 脚、10 脚、11 脚、12 脚为驱动接口，实现空调器各主要功能的驱动，各接口均为高电平有效。其中 2 脚控制室外机供电继电器 SW301；4 脚控制步进电机，带动导风板，实现立体送风；10 脚为室内风扇电机低速挡控制端；11 脚为中速挡控制端；12 脚为高速挡控制端。

② 电脑芯片 9821K03 的功能　室外机控制系统采用海尔变频空调器专用的大规模集成电路 9821K03（或 98C029）。这种电脑芯片具有温度采集、过流、过热、防冷冻等保护功能，还可以输出 30 ～ 125Hz 的脉冲电压驱动压缩机，使空调器制冷功率从 1hp 升高到 3hp（1hp=745.7W）。应急运转时，输出固定 60Hz 驱动信号，使压缩机按这个频率定速运转，这时可以开展压力、电流测量等检修工作。9821K03 电脑芯片的主要引脚功能如图 16-150 所示。

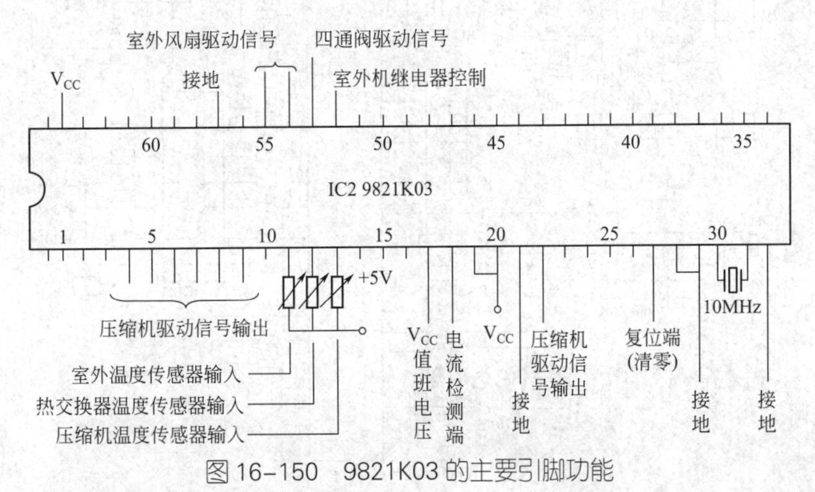

图 16-150　9821K03 的主要引脚功能

9821K03 在室外机控制电路中，收到室内机传送来的制冷、制热、抽湿、压缩机转速等控制信号，经分析处理发出指令，驱动室外风扇电机、四通阀相应动作，并通过变频器调节压缩机电机的供电频率和电压，改变压缩机的运转速度，同时也将室外机运行的有关信息反馈给室内机。

③ 室内机控制电路原理　室内机控制电路如图 16-151 所示。整个电路可以分成电源供给、电脑芯片工作保证、检测传感和驱动电路几部分。

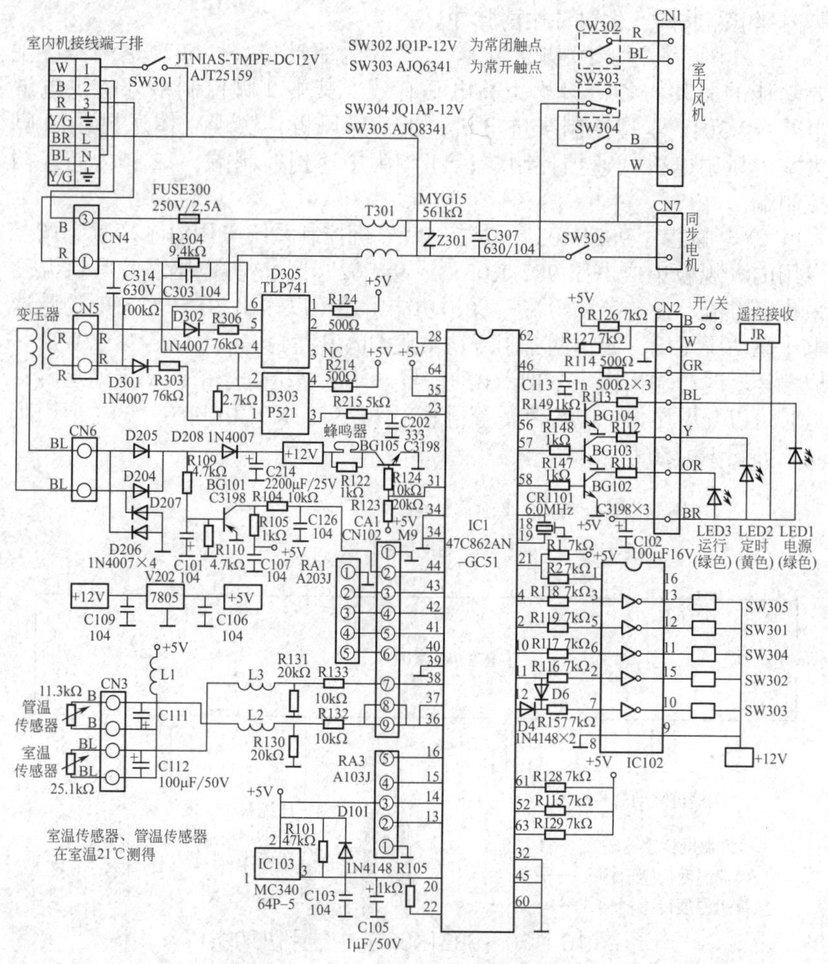

图 16-151 室内机控制电路原理

空调器工作时，市电网的 220V 交流电压加到室内机的接线端子排座 CN5。电源变压器初级从 CN5 上得到 220V 交流电源，次级输出 13V 的交流电压，经二极管 D204 ～ D207 整流，C214 滤波后，得到 12V 的直流电压。该电压一路给 IC102、微型继电器 SW301 ～ SW305 和蜂鸣器供电，另一路经三端稳压器 V202（7805）和 C106 稳压滤波后，得到 5V 电压，加到电脑芯片 IC1（47C862AN-GC51）的 64 脚，作为工作电源。

电脑芯片的复位电路和时钟振荡电路是其正常工作的保障。复位电路由 IC103（MC34064P-5）等组成。电路刚刚接通时，IC103 的 3 脚产生低电压复位信号，此复位信号送入 IC1 的 20 脚复位端，IC1 开始工作。电路正常工作后，IC1 的 20 脚为高电位。

电脑芯片的时钟振荡脉冲由 IC1 的 18 脚、19 脚外接晶振 CR1101 提供，脉冲频率为 6.0MHz。

当红外遥控器发出开机制冷指令后，红外接收器 JR 将遥控信号送入电脑芯片 IC1 的 46 脚，电脑芯片 31 脚输出高电平脉冲，驱动蜂鸣器发出“嘀”的一声，确认信号已经收到。同时，输入机内的遥控器温度设定信号与 38 脚送到的室内温度传感信号进行运算比较，若设定温度高于室温，电脑芯片将不执行制冷指令；若设定温度低于室温，电脑芯片发出指令，空调器开始制冷。

空调器的室内送风强弱也由电脑芯片控制。风速设定为高速挡时，IC1 的 12 脚输出高电平，加到反相器 IC102 的 7 脚。反相器是继电器 SW301 ～ SW305 的驱动器件，此时从 IC102 的 10 脚输出低电平，SW303 得电吸合，室内风扇即高速运转。与此同时，IC1 的 2 脚输出高电平，送到 IC102 的 5 脚，经反相后从 12 脚输出低电平，SW301 得电吸合，给室外机提供 220V 的交流电源。IC1 还向室外机发出制冷运行信号，IC1 的 58 脚输出高电平，点亮绿色运行指示灯 LED3。设定功能后，IC1 的 4 脚输出高电平，送到 IC102 的 3 脚，信号经过反相从 13 脚输出低电平，SW305 得电吸合，驱动步进电机运转，实现立体送风。

变频柜机室内机控制板的实际接线如图 16-152 所示。使用时，注意不同部位使用的导线颜色，能很快弄清线路连接走向。

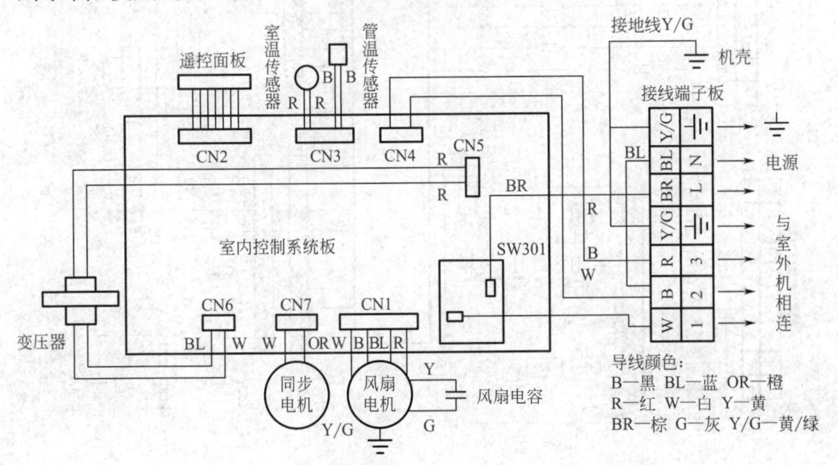

图 16-152 变频柜机室内机控制板接线

④ 室外机控制电路工作原理　海尔 KFR-50LW/BP 变频柜机室外机控制电路如图 16-153 所示。

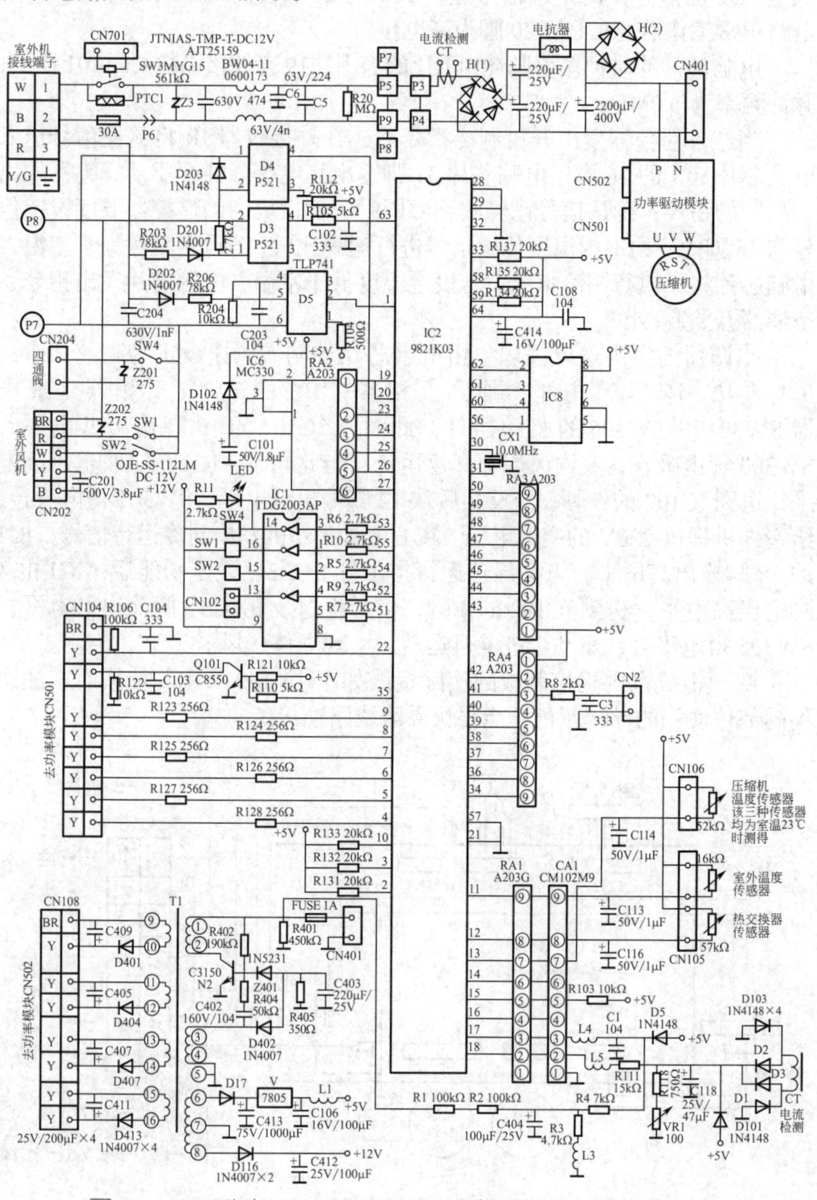

图 16-153　海尔 KFR-50LW/BP 变频柜机室外机控制电路

a. 电源电路　室外机电源从接线端子引入，220V 交流电压经过压保护元件 PTC1、整流器 H（1）、H（2）整流滤波后，得到 280V 左右的直流电压。该直流电压经电抗器、电容器滤波后，一路给功率模块提供直流电源，另一路加到插件 CN401 的正端（CN401 负端接地）。从 CN401 正端（见图左下角）又分为 3 路：一路经 R1、R2、C404、R3、L3、R4 降压成 8V 左右的直流电压（称为电源值班电压），加到电脑芯片 IC2 的 17 脚，使芯片首先得电工作；一路进入开关电源电路，经开关变压器 T1 的 1、2 绕组加到开关管 N2（C3150）的集电极；另一路经 R402，为开关管 N2 的基极提供偏置电流，使它导通，开关管 N2 一旦导通，通过 T1 绕组的反馈作用使电路产生自激振荡，并从 T1 的次级感应出稳定的高频交流电压。开关电源提供的 4 路 14V 的直流电压经插件 CN108 给功率模块供电。从 T1 的 8 端产生的电压经 D116、C412 整流滤波成 12V 的直流电压，给微动继电器 SW1 ～ SW4 和反相器 IC1 供电。

b. 电脑芯片工作保证电路　电脑芯片 IC2（9821K03）的工作电压来自开关电源。T1 的 6 端感应出的交流电压，经 D17、C413、三端稳压器 7805、C106 等整流稳压，得到 5V 稳定直流电压，给 IC2 等供电。IC6（MC330）等组成的复位电路，由它的 1 脚将低电位复位信号送到电脑芯片 IC2 的复位端 27 脚。IC2 开始工作后，27 脚为高电位。IC2 的 30 脚、31 脚外接石英晶体，构成时钟振荡电路。时钟脉冲频率为 10.0MHz。

c. 检测信号及控制指令电路　控制电路工作时，首先检测室外温度、压缩机温度及室外热交换器温度。如果检测数据不正常，通过串行通信接口向室内机发出异常信息，并显示故障报警。检测正常的话，则接受室内机传来的制冷命令，从 IC2 的 52 脚输出高电平给驱动集成电路反相器 IC1 的 4 脚，IC1 的 13 脚变成低电平，使 SW3 得电吸合，短路电阻元件 PTC1，以给功率模块提供大的工作电流。

电路经延时后，IC2 从 55 脚输出高电平，送到 IC1 的 1 脚，反相器 IC1 的 16 脚输出低电平，使 SW1 得电吸合，室外风扇电机得电工作，以低速运转。同时 IC2 从 4 脚、5 脚、6 脚、7 脚、8 脚、9 脚输出 0 ～ 125Hz 驱动信号给功率模块，使压缩机工作。

电脑芯片工作时，若设定温度与室内温度相差较大，室内机电脑芯片向各室外机发出满负荷运转信号，空调器压缩机的输出功率即由 1hp 变到 3hp，同时室外风扇电机自动变换成高速运转。

室内机发出制热指令时，室外机 IC2 则从 53 脚输出高电平给 IC1 的 3 脚，IC1 从 14 脚输出低电平，SW4 吸合，电磁四通阀得电吸合，制冷剂改变流向，空调器以制热方式运行。与此同时，室外机电路板上的LED指示灯亮。

空调器工作后，电流检测元件CT由压缩机供电线路中取样，检测压缩机运转情况。电流检测信号送入IC2的18脚。若连续两次出现过流信号，电脑芯片则判断压缩机电流异常，立即关闭市外风扇电机和压缩机，并发出室外机故障信号到室内机，室内机关闭并显示故障报警。

一般情况下，室外风机与压缩机同时启动，但延迟30s关闭。

⑤ 室内外机组的通信　室外电脑芯片IC2的63脚为通信信号输入端，1脚为通信信号输出端。这两个引脚的外接电路组成室外机通信接口，与室内机进行数据交换。

室内机组与室外机组之间采用异步串行通信方式。空调器工作时，以室内机为主机，室外机为从机进行通信联系。控制系统的电脑芯片连续两次收到完全相同的信息，便确认信息传输有效。而连续2min不通信或接收信号错误的话，电脑芯片就发出故障报警并关停室外机和室内风扇电机。

柜式变频空调器的室外机控制板接线如图16-154所示。

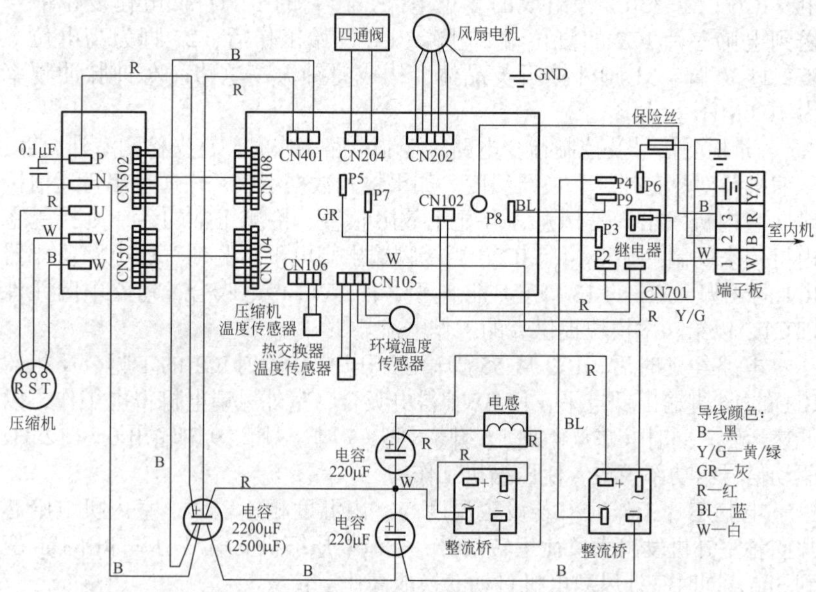

图16-154　柜式变频空调器室外机控制板接线

16.4.2　空调器主要部件识别与检测

（1）检测压缩机

用数字万用表检测启动端（红色引线）与公共端（黑色引线）之间的阻值，数字万用表显示其阻值为 5Ω，如图 16-155 所示。

图 16-155　检测启动端与公共端之间的阻值

用数字万用表检测运行端（白色引线）与公共端（黑色引线）之间的阻值，数字万用表显示其阻值为 4Ω，如图 16-156 所示。

图 16-156　检测运行端与公共端之间的阻值

用数字万用表检测启动端（红色引线）与运行端（白色引线）之间的阻值，数字万用表显示阻值为 9Ω，如图 16-157 所示。

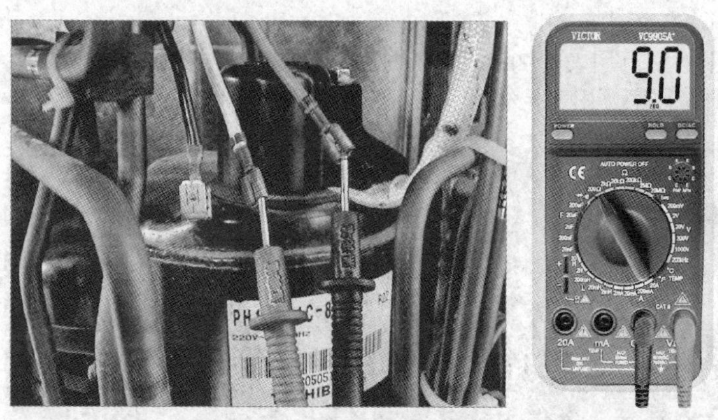

图 16-157　检测启动端与运行端之间的阻值

通过三组阻值可以发现，启动端与运行端之间的阻值等于启动端与公共端之间的阻值加上运行端与公共端之间的阻值。如果检测时发现电阻阻值趋于无穷大，则说明引线或绕组出现断路故障，绕组可能出现断路。

（2）检测变压器

判断变压器是否正常只需要分别检测各绕组的阻值即可，用万用表测得初级绕组（红色绕组）引线的阻值为 1.01kΩ，次级绕组（蓝色绕组）引线的阻值为 3.1Ω，初步判断变压器正常，如图 16-158 所示。

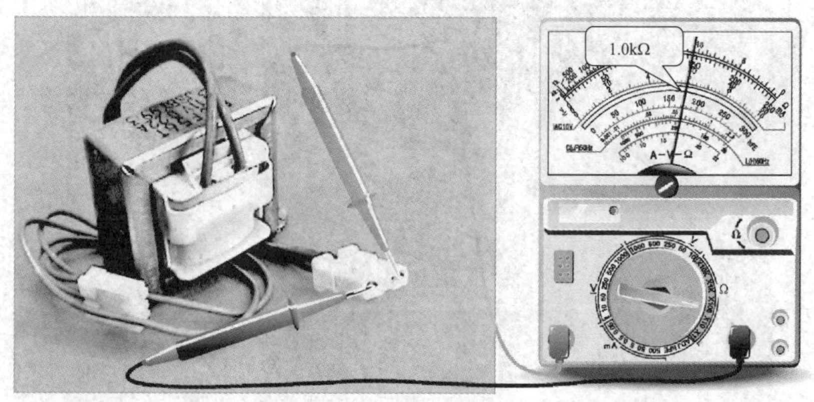

图 16-158　变压器的检测

（3）检测温度传感器

首先在常温下对温度传感器进行检测，用万用表测得温度传感器的阻值为 10kΩ 左右，如图 16-159 所示。

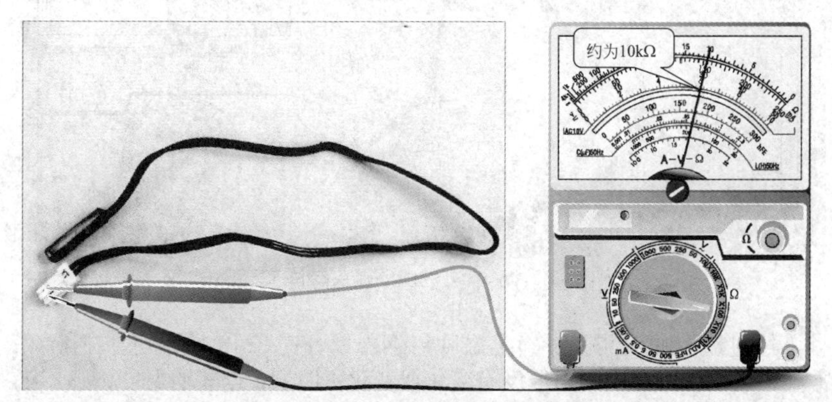

图 16-159　常温检测温度传感器

将温度传感器放入热水杯中检测，发现万用表测得温度传感器的阻值为 1kΩ 左右，如图 16-160 所示。

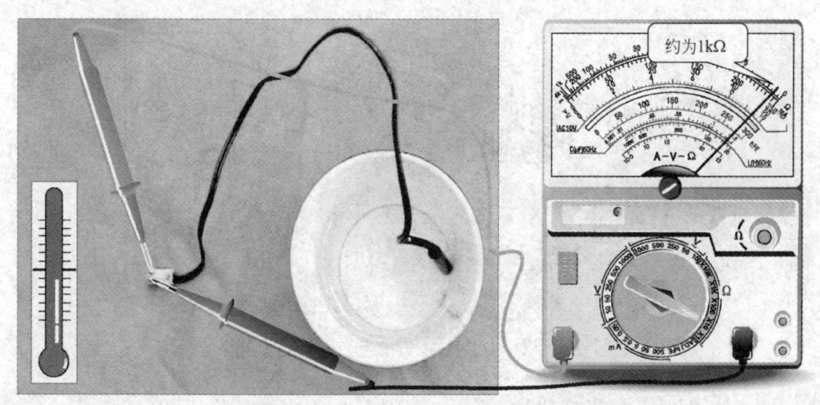

图 16-160　热水中检测温度传感器

将温度传感器放入冷水杯中检测，发现万用表测得温度传感器的阻值为 15kΩ 左右，如图 16-161 所示。

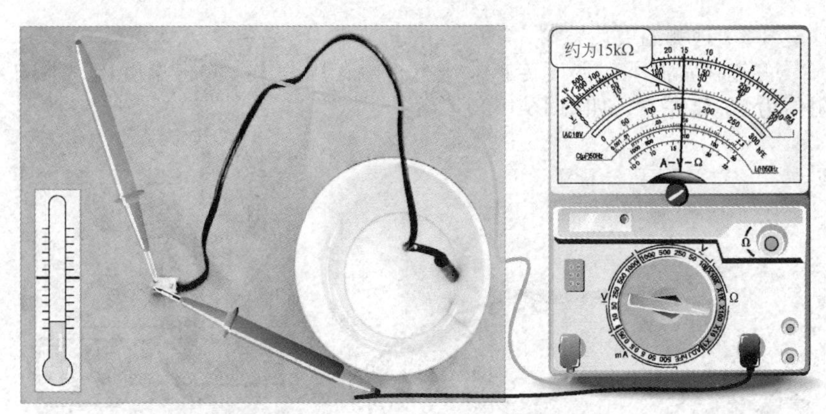

图 16-161　冷水中检测温度传感器

经过以上的检测就可确定温度传感器是否良好。如果温度传感器在常温、热水和冷水中的阻值没有变化或变化不明显，则表明温度传感器工作已经失常，应及时更换。

（4）检测风扇电动机

用万用表测得蓝、红两个引脚之间的阻值约为 500Ω，蓝、黄两个引脚之间的阻值约为 200Ω，红、黄两个引脚之间的阻值约为 300Ω，由此判断该电动机的驱动绕组基本良好，如图 16-162 所示。

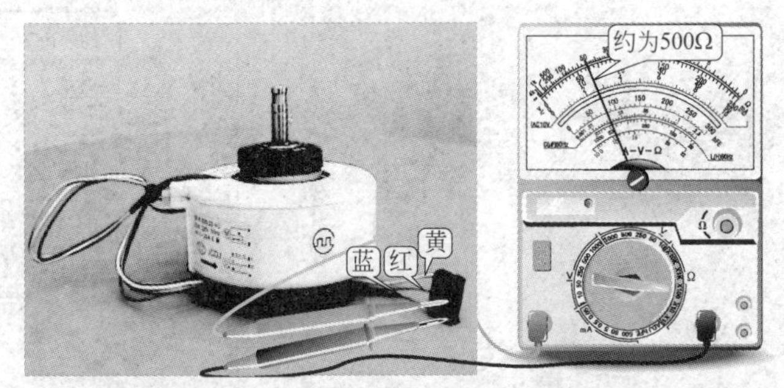

图 16-162　风扇电动机驱动绕组的检测

（5）检测压缩机启动电容

测量之前先对启动电容放电，然后用指针式万用表 $R\times100$ 挡测量，将两只表笔分别放到电容两端，观察指针向右摆动后又会逐渐向左摆动，然后停止在接近无穷大的位置，如图 16-163 所示。交换表笔再次进行测量，指针摆动情况与之前的一样，则说明启动电容性能良好，否则需要更换。

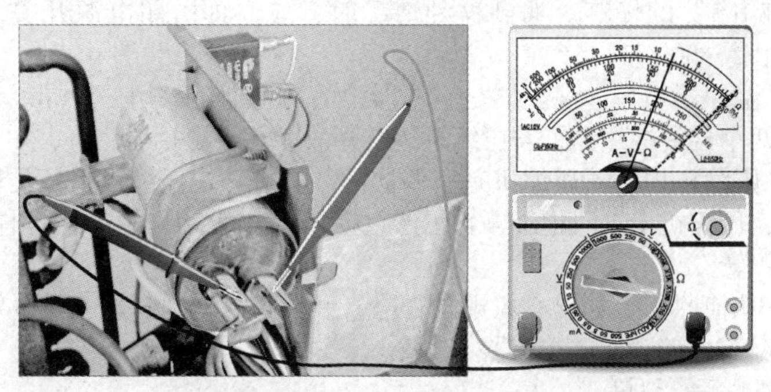

图 16-163　压缩机启动电容检测

16.4.3　空调器故障分析与检修

空调器的常见故障如下。

（1）不能启动

空调器不能启动的原因有以下几点。

① 压缩机抱轴或电机绕组烧坏。压缩机机械故障，使压缩机卡住无法转动；电机绕组由于过电流或绝缘老化，使绕组烧毁，都会使压缩机无法启动运行。

② 启动继电器或启动电容损坏。启动继电器线圈断线，触头氧化严重；启动电容内部断路、短路或容量大幅度下降，都会使压缩机电机不能启动运行，导致过载保护器因过电流而动作，切断电源电路，空调器无法启动。

③ 温控器失效。温控器失效，触头不能闭合，压缩机电路无法接通，故压缩机不启动。

（2）不能制冷

① 主控开关键接触不良。空调器控制面板上的主控开关若腐蚀，引起接触不良，则空调器不能正常运行。

② 启动继电器失灵。启动继电器触头不能吸合，压缩机不通电，空调器当然就不制冷了。

③ 过载保护器损坏。过载保护器若经常超载、过热，其双金属片和触头的弹力会不断降低，严重时还可能烧灼变形。

④ 电容损坏。压缩机电机通常都配有启动电容和运行电容。风扇

电机只配有运行电容。启动电容损坏，则电机通电后无法启动，并会发出“嗡嗡”的怪声。遇到这种情况时，应立即关闭电源开关，以免烧坏电机绕组。

⑤ 温控器损坏。温控器是空调器中的易损器件，用一段导线将温控器上的两个接线柱短路，若压缩机运转则故障出在温控器。

⑥ 压缩机损坏。压缩机是空调器的“心脏”，压缩机损坏是最严重的故障，压缩机卡缸或抱轴，轴承严重损坏，电机绕组烧毁，都可能引起压缩机不转。

⑦ 其他原因。如离心风扇轴打滑，回风口、送风口堵塞，设定温度高于室温等，都会造成空调器不制冷。

（3）不能制热

冷热两用空调器能在制冷、制热间转换，若间隔在 5min 以上却不能制热，则可以从以下几个方面进行检查。

① 温控器制热开关失效。冷热两用型空调器的温控器上均设有控制热运行状态的开关，该开关失效，空调器无法转入制热运行。

② 电磁四通阀失效。其滑块不能准确移位，热泵型空调器就无法进行冷热切换。

③ 化霜控制器失效。化霜控制器贴装在热泵型空调器室外侧换热器的盘管上，它通过感温包的感温，来接通或切断电磁阀的线圈，使空调器在制冷与制热间切换。所以化霜控制器损坏，空调器不制热。

④ 电热器损坏。电热型空调器电热元件损坏，使空调器不能制热。

（4）风机运转正常但既不能制冷也不能制热

① 压缩机损坏。

② 制冷管道堵塞。尤其是毛细管和干燥过滤器，若被杂质污染或混入水分，则会产生脏堵和冰堵。

③ 制冷剂不足。若制冷剂泄漏或充入量严重不足，会严重影响压缩机的制冷和制热运行。

④ 电磁阀失效。

⑤ 制冷系统中混入过量空气，使制冷剂循环受阻，制冷效率降低。

（5）制冷（热）量不足

① 风机叶轮打滑。风机叶轮打滑，风量减小，因而空调器的制冷（热）量也随之减小。

② 运行电容失效。运行电容失效，电路功率因数降低，工作电流增大，电机损耗增加，转矩变小，转速降低，空调器制冷（热）量也就下降。

③ 温控器失灵。温控器上如果积尘多，使其动作阻力增大，动作

迟滞，进而使压缩机不能及时接通电源，于是空调器的制冷（热）量就小了。

④ 压缩机电机绝缘强度降低。压缩机电机绕组浸在冷冻油中，若其绝缘强度降低，会使冷冻油变质，从而使制冷剂性能恶化，压缩机能效比降低；绝缘强度下降严重，还可能造成电机绕组局部短路，使空调器制冷（热）量下降。

⑤ 连接管道保温不好。若分体式空调器室内、外机组之间的连接管道外面的保温护层脱落，则冷（热）量散失加剧。

⑥ 制冷剂轻微泄漏、充入量不足或过多。制冷管道有少许脏堵，毛细管处发生轻微冰堵，都会造成制冷量或制热量不足。

（6）压缩机“开”“停”频繁

除电源方面的原因，如供电线路负荷过重，电源电压不稳定，电源插头、插座的接线松动等外，故障原因还有以下几点。

① 过载保护器动作电流偏小。触头跳脱过早，从而造成压缩机非正常性停机。

② 启动继电器动、静触头接触不正常。若电机转速基本正常后，启动继电器的动、静触点还粘住，则会造成电机过热，从而引起保护性动作。

③ 温控器感温包偏离正常位置。这可造成温控器微动开关非正常“开”“关”。

④ 电机轴承缺损或缺油，引起电机过热，并引起压缩机频繁停机。

⑤ 压缩机的电机绕组局部短路或制冷系统压力过高，引起压缩机频繁“关”“开”。

（7）噪声大

① 轴流风扇叶轮顶端间隙过小，风扇运行噪声增大。

② 制冷剂充入量过多，液态制冷剂进入压缩机产生液击，有较大的液击噪声。

③ 风机内落入异物或毛细管、高压管与低压管安装不牢固，会发生撞击声、摩擦声等。

（8）压缩机运转不停

① 温控器失灵。温控器动作机构卡住、触点粘连等，无法及时切断压缩机电源。此外，若温控器感温包的安装位置离吸风口太远，起不到真正的感温作用，则温控器也不能准确地感温动作。

② 电磁阀失灵。

③ 风道受阻。进、出风口或风道内部受阻，影响蒸发器表面冷、热空气的交换。

16.4.4 空调器故障维修实例

故障现象 1：空调器整机不运转。

故障分析与维修：首先，判断是遥控信号接收部分有故障，还是主板有故障。按应急开关，若空调器运转正常，则说明故障点在遥控器或遥控器接收头 PD1；若仍不工作，则应检查 IC2 的 20 脚电压，正常时开机瞬间为低电平，后转变为 +5V 高电平；若无此变化电压，则应检查 IC2、R10、D2、C10、C6 等是否损坏，若正常，再检查晶振 CX1 及两只电容是否损坏，如果都正常，则是 IC1 损坏。

故障现象 2：开机后运转灯即灭，机器不工作。

故障分析与维修：首先，测电源电压若大于 198V，应检查是否过流保护。断开压缩机工作电源线，开机若正常，则大多数为压缩机启动电容、压缩机绕组不良，压缩机卡缸；若仍不工作，再检查是否是 CT、D3、VR1 损坏，使过流保护值减小。此外，热敏电阻 PIPE/HT 的阻值变小等，也是原因之一。

故障现象 3：空调不制热。

故障分析与维修：首先检查遥控器的设定是否正确，若设定温度偏高，不制热是正常的；若设定正常，首先检查内机是否发出了制热运行指令，再查外机是否收到这个运行指令；若外机已收到指令而不运转，主要查压缩机及运行电容；若内机未发出指令或发出了外机未收到，则检查继电器 RL1 和反向器 IC3 及压缩机运行控制端 2。

若室外机运转而机器不制热，应检查四通阀是否换向，重点检查 CPU 的 4 脚和 RL2，检测四通阀线圈是否有 220V 电压，线圈阻值是否正常（25、27 型为 1.3kΩ，32、35 型为 1.1kΩ）。此外，室外内机管温度与室温相近或略高于室温，则可能是机器少氟、压缩机排气不良或四通阀串气等。先检测机器内平衡压力值（正常情况下，0℃时约为 0.4MPa，10℃时约为 0.6MPa，30℃时约为 0.8MPa），压力值偏小，则是机器少氟，应先检漏，再充氟。待平衡压力正常时，再测工作压力（正常制热时为 1.6 ~ 2.0MPa），工作压力偏低时，也可能存在缺氟，或单向阀关闭不严、四通阀串气、压缩机排气不良等；工作压力过高，则可能为氟多、管路堵塞、室内机通风不良等原因造成。

故障现象 4：制热效果不好。

故障分析与检修：检测压缩机在最高频率工作时，管路高压侧压力正常。故障特征：在设定温度为 30℃的情况下，用钳形表测量室外机运转电流为 13A。空调器运行 5min 后，进入降频运转，电流下降到 6A，制热效果比较差，这表明制冷系统内制冷剂不足。检查管路没有发现泄漏情况，试为空调器补充制冷剂后，制热功能恢复正常。

故障现象 5：电源指示灯不亮。

故障分析与检修：由于电源指示灯不亮，初步判断故障在电源电路。开机检查主机电源继电器能正常吸合。检查电源基板 AC-1 和 AC-3 插脚，发现 AC-3 插脚无电压。沿电路检查插座 3P-1 和滤波磁环，发现滤波磁环已损坏开路。更换滤波磁环后，电源指示灯点亮，试机，故障排除。

故障现象 6：海信 KFR-40GW/BP 变频柜机工作 1h 左右，整机保护。

故障分析与检修：测室内机各路输出电源均正常。拆开室外机，发现机内结满了霜，风扇的扇叶已被折断，测管温传感器只有几十欧的变化范围。更换一只管温传感器后，机器工作正常。变频空调传感器较易损坏，检修时，应首先对其进行检查。一旦损坏，应更换同型号的热敏电阻，不能随便代换，否则会造成系统工作紊乱。

故障现象 7：海信 KFR-35GW/BP 室外机不工作。

故障分析与检修：接通电源，只有电源指示灯闪烁，定时、运行指示灯均不亮。这种空调器采用直流变频双转子压缩机。在工作时，变频器的电子传感器测得的数据，送至电脑芯片后，经分析处理后发出指令，控制压缩机在 15 ～ 150Hz 范围内运行。若压缩机或功率驱动模块及传感器有故障，则室外机不工作。经检查压缩机及 HIC 模块电阻值均在正常范围，判断故障原因在室内机温度传感器 DTN-7KS106E。拆下传感器，常温（25℃）用万用表测量这只热敏电阻的阻值为无穷大，而正常应为 58kΩ。更换这只作为传感器的热敏电阻后，故障排除。

故障现象 8：海尔 KFR-50LW/BP 变频柜机新装机不能启动，键控和遥控均无反应。

故障分析与检修：通电后，空调器电源灯不亮。查接线无误，电源、变压器、保险管、12V 和 5V 供电均正常，测主板显示板的插座各电压正常。测量显示板插头电压，各脚均为 5V，说明通向显示板的接地线开路。顺着接地线检查果然发现该线的外皮未剥净，就被卡进接线槽内。剥去塑料外皮重新卡线后，整机工作正常。这种故障是厂家装配失误造成的，修变频空调器时如能弄懂电路原理，排除这类“小毛病”，可免往返换机，费时费力。

故障现象 9：海信 KFR-35GW/BP 型室内机不送风。

故障分析与检修：空调工作时面板的电源指示灯亮，但没有冷风送出。将室内机电源开关置于“OFF”位置，5s 后蜂鸣器响三声，面板指示灯增亮。

从自检结果得知，故障出在室内风扇电机上。检查风扇电机各绕组间的直流电阻值，发现红、蓝引线间的电阻为无穷大（正常应为 6.18kΩ），说明风扇电机已烧坏。取下风扇电机，修复后装机。将电源开关拨到"DEMO"位置，清除自诊断显示。再将电源开关置于"ON"与"DEMO"的临界位置，面板上运行指示灯无反应，说明诊断内容已清除。试开机运转，故障排除。

16.5 电磁炉检测与维修

电磁炉，也叫电磁灶，是一种新型电热炊具。电磁炉是一种利用电磁感应原理进行电能和热能转换的电热炊具。与电炉、煤气灶等相比，它具有安全可靠、无明火、热效率高、清洁卫生、温度控制准确、使用方便等诸多优点。

16.5.1 电磁炉的结构

图 16-164 所示为典型电磁炉的外部和内部结构图。主要由灶台面板、操作面板、炉盘线圈、供电电路、操作显示电路、门控管及散热片、风扇散热组件等构成。

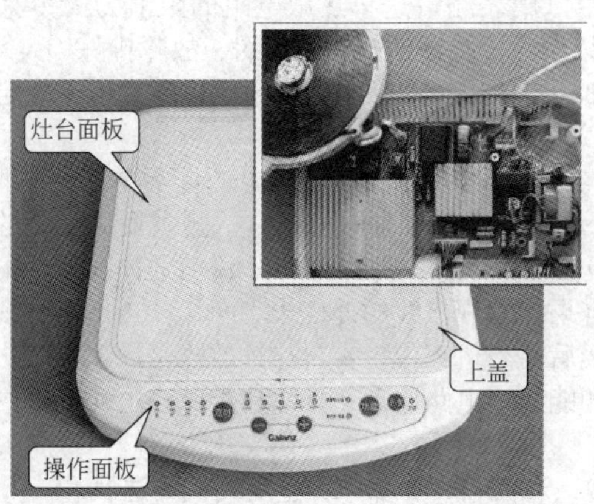

图 16-164 典型电磁炉的外部和内部结构图

（1）电磁炉的外部结构

① 灶台面板　电磁炉的灶台面板多采用高强度、耐高温的陶瓷制成。这种材料具有良好的绝缘性能，较好的机械硬度，良好的耐热性、抗热冲击、抗机械冲击性能。陶瓷板的主要作用是承载加热锅。

② 操作面板　图 16-165 所示为典型电磁炉的操作面板。从图中可以看到，在操作面板上一般都设有开关按键、温度调节设置按键、显示屏以及功能控制键等。

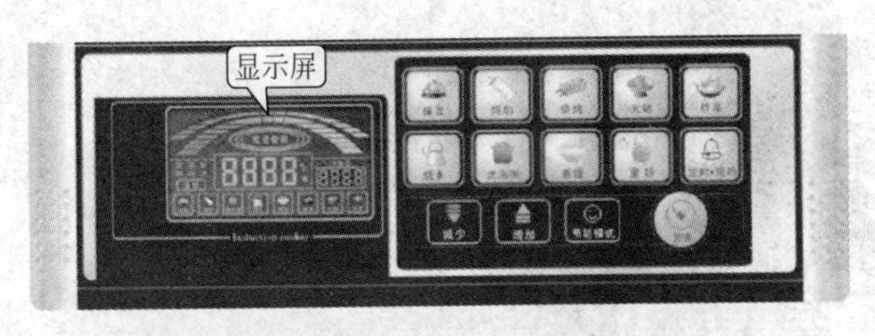

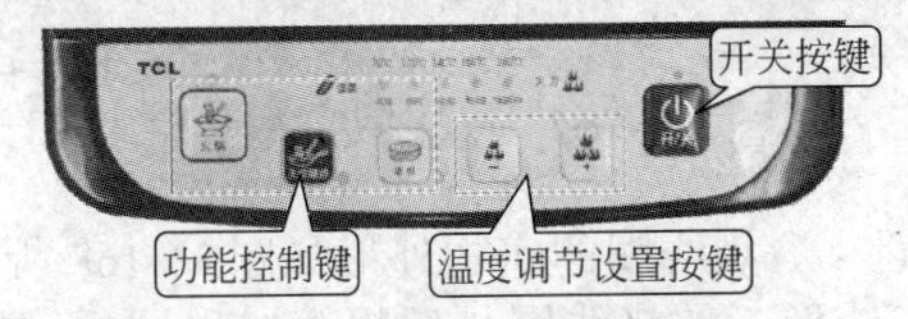

图 16-165　典型电磁炉的操作面板

用户可以通过这些按键来实现对电磁炉的工作控制。操作面板上的显示屏可以显示出电磁炉的工作状态。除了可以显示工作状态外，显示屏在电磁炉发生故障时，可作为故障代码的显示窗口，提示用户当前电磁炉可能出现的故障原因，以便于进一步检查。

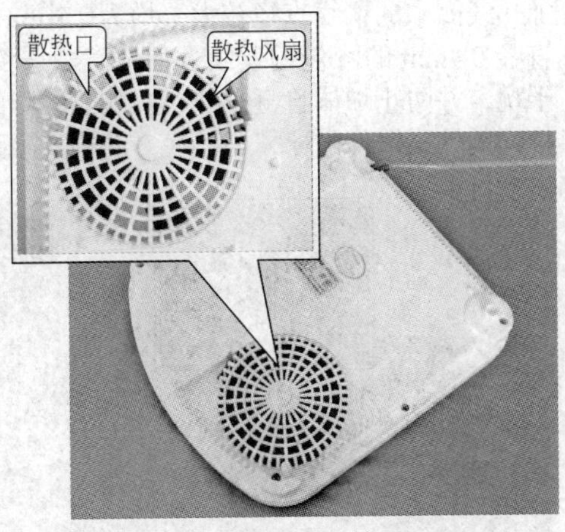

图 16-166　散热口

③ 散热口　如图 16-166 所示在电磁炉的背面可以看到散热口。电磁炉的冷却部分主要靠电风扇，把电磁炉内的热量通过散热口排出，以利于电磁炉正常工作，避免造成内部电气元件过热。

（2）电磁炉的内部结构

在通常情况下，电磁炉主要由炉盘线圈，门控管、供电电路板、检测控制电路板、操作显示电路板和风扇散热组件等几部分构成。图 16-167 为电磁炉的内部结构。

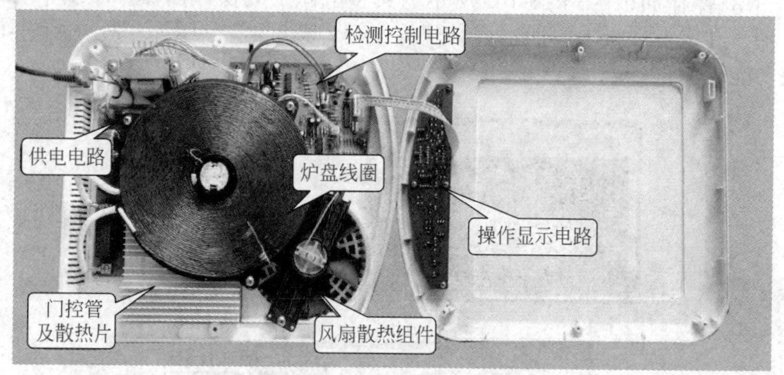

图 16-167　电磁炉的内部结构

① 炉盘线圈　炉盘线圈的实物外形如图 16-168 所示，常见的炉盘线圈为平板状、碟形。加热线圈是用粗铜线以同心圆方式由内到外绕 22 ～ 133 匝（电磁炉功率越大，匝数越多），呈圆盘状固定于绝缘胶架上。加热线圈中的铜线直径较大，均为 2.2mm，是由多股（常为 22 ～ 26 股）直径 0.4mm 的漆包铜丝绞合而成。为避免加热线圈对电磁炉电路的电磁干扰，并防止炉体自身发热，在加热线圈的底部固定 4 根按磁感应线方向排列的铁氧体扁磁棒，与锅底一起构成磁路，如图 16-169 所示。

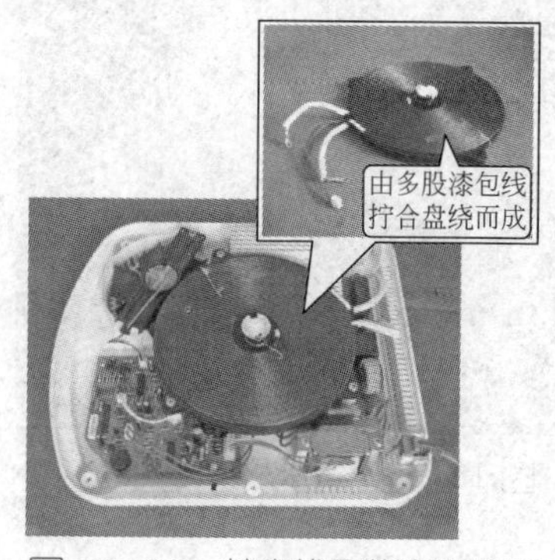

图 16-168　炉盘线圈的实物外形

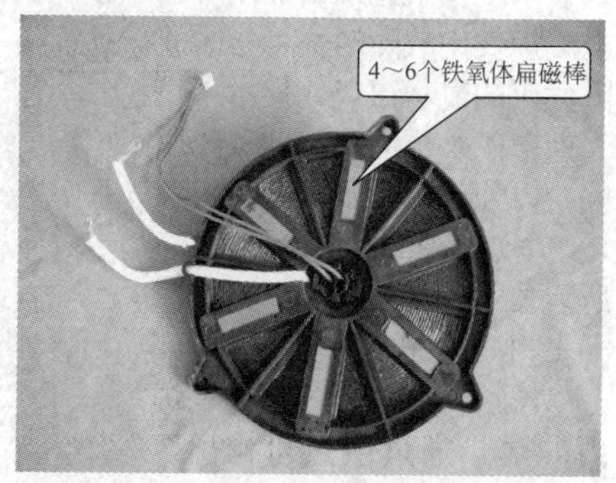

图 16-169　炉盘线圈底部的铁氧体扁磁棒

在炉盘线圈上有一个热敏电阻，主要用于检测炉面温度，如图16-170所示。该电阻在常温下的阻值约为90kΩ，温度升高时阻值减小。热敏电阻紧靠灶台面板放置，并在两者接触处涂有导热硅脂，以提高其热传导性。

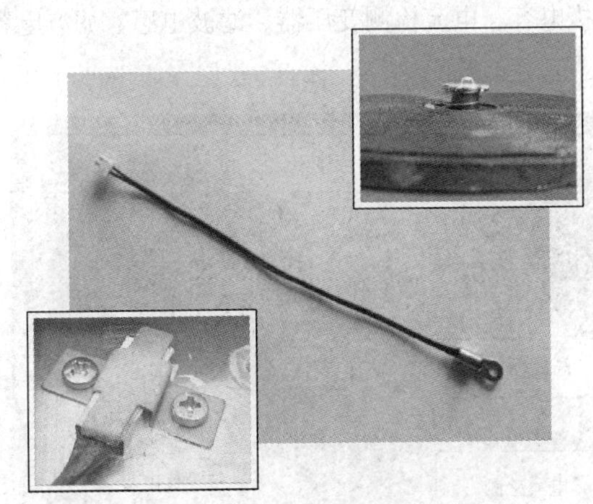

图16-170 热敏电阻

② 门控管 门控管的功能是控制炉盘线圈的电流，即在高频脉冲信号的驱动下使流过炉盘线圈的电流形成高速开关电流，并使炉盘线圈与并联电容形成高压谐振，电压幅度高达上千伏，所以门控管都安装有大型散热片以利于门控管散热。门控管的外形结构如图16-171所示。

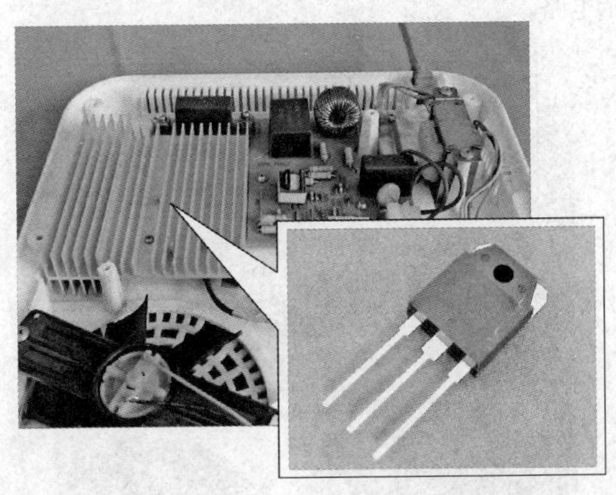

图16-171 门控管的外形结构

③ 供电电路　电磁炉都是由交流 220V 市电提供电能的，炉盘线圈需要的功率较大，220V 交流电压经桥式整流电路变成约 300V 直流电压，为炉盘线圈供电。供电电路的基本结构如图 16-172 所示。供电电路是由保险管、抗干扰电容、电流检测变压器、滤波电感、滤波电容、高频谐振电容等组成。

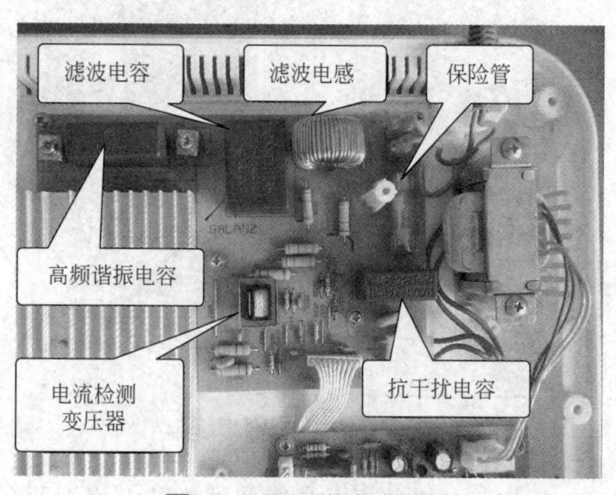

图 16-172　供电电路板

④ 操作显示电路　操作显示电路主要由温度指示灯、电源开关、操作按键、微处理器、输出接口电路、显示电路等部分构成。图 16-173 所示为操作显示电路。

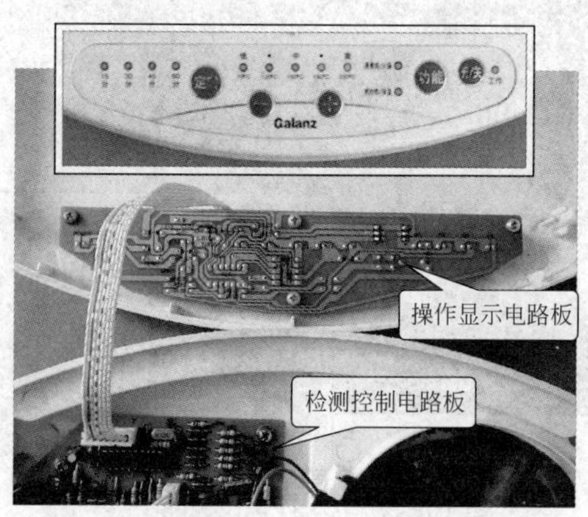

图 16-173　操作显示电路

16.5.2　电磁炉的电路组成

电磁炉主要由电源电路、功率输出电路、操控电路、报警电路、监测电路等组成，电磁炉的功能框图如图 16-174 所示。

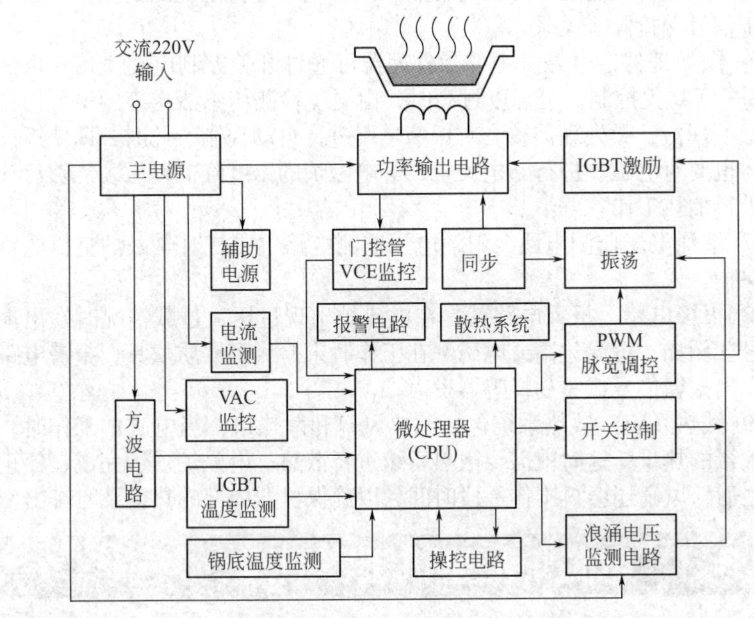

图 16-174　电磁炉的功能框图

① 主电源　电磁炉的电源是由交流 220V 电压提供的。该电压经过保险丝、滤波电路，再通过电流互感器至桥式整流器，产生的脉动直流电压通过扼流线圈提供给功率器件供电。交流 220V 电压经辅助电源产生低压直流为控制电路供电。

② 辅助电源　由于电磁炉的加热线圈需要高压高电流，而控制电路、散热风扇、激励电路、检测电路等都需要低压小电流，所以在电磁炉中都设有一个辅助电源以提供这些电路所需的低压。

③ 功率输出电路　电磁炉的功率输出电路主要由交流 220V 市电插头、保险丝、电源开关、过压保护电路、炉盘线圈、电流检测电路等环节组成。

④ 门控管激励电路　炉盘线圈是由门控管进行控制的，门控管的控

制是由一个激励电路实现的。激励电路的功能是给门控管提供足够的驱动电流。

⑤ 振荡电路　振荡电路是产生激励脉冲的电路，脉冲信号再经过脉宽调制电路，变成可控脉宽的信号，经激励放大再去驱动门控管。同时，振荡电路的振荡又受几个方面的控制，同步电路使振荡电路的振荡和整机的同步信号保持同步关系。

⑥ 微处理器　电磁炉中的微处理器可通过开关控制电路直接对振荡电路进行开 / 关控制。当温度过高时，由温度检测传感器送来的温度信号送给微处理器，微处理器就会对振荡电路进行自动控制，此时，即使饭没做熟，也要对电磁炉进行断电关机，等电磁炉的温度降低以后才能够启动继续进行加热工作。

⑦ 浪涌电压监测电路　浪涌电压监测电路主要是对电磁炉整机电路进行保护。

⑧ 报警电路　报警电路就是在电磁炉出现过压、过载情况时发出报警信号。例如，炉温过高或电磁炉在工作时未检测到铁质炊具，报警电路就会发出报警信号，驱动蜂鸣器发声。

⑨ 散热系统　散热系统包括散热风扇和散热口，当电磁炉工作时，产生大量的热量，这时就需要散热系统进行散热。电磁炉炊饭完成，停止加热之后，风扇还会再工作一段时间，以确保机器内部的热量及时排出。

16.5.3 电磁炉的整机工作原理

图 16-175 所示为典型电磁炉的工作原理图。

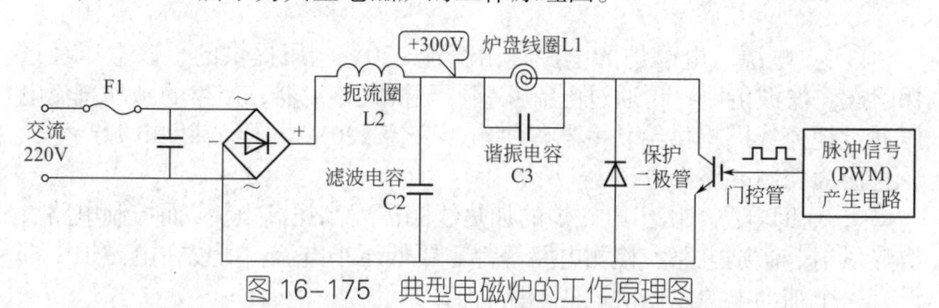

图 16-175　典型电磁炉的工作原理图

交流 220V 电压通过桥式整流后，变成大约 300V 的直流电压，再经过扼流圈和平滑电容，将平滑后的 300V 直流电压加到炉盘线圈的一端，同时在加热线圈的另一端接一个门控管。当门控管导通时，加热线圈的电流通过门控管形成回路，这样在加热线圈中就产生了电流。

16.5.4 电磁炉的种类

根据电磁炉电路功能控制的区别，可以将电磁炉分为两种：一种是采用单门控管控制的电磁炉；另一种是采用双门控管控制的电磁炉。

（1）单门控管控制的电磁炉

图 16-176 所示为单门控管控制的电磁炉整机结构框图。当电磁炉工作时，交流 220V 电压经桥式整流堆整流滤波后输出 300V 直流电压，该电压经过加热线圈与谐振电容在门控管驱动脉冲的作用下形成的高频谐振，高频振荡电压可达到 1000V 以上。

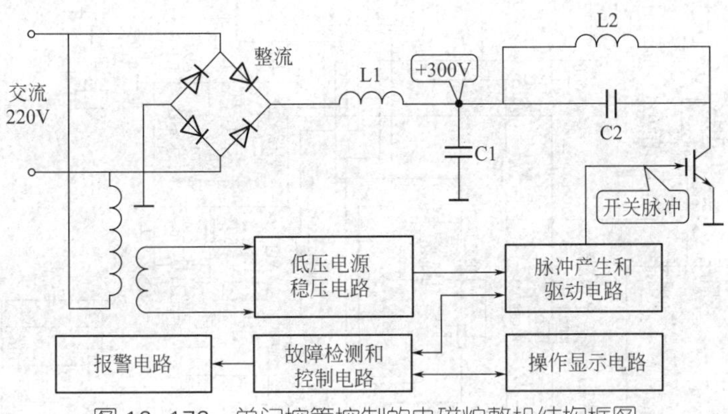

图 16-176　单门控管控制的电磁炉整机结构框图

控制电路能够产生开关脉冲信号，脉冲信号产生电路为门控管栅极提供驱动控制信号，使门控管与炉盘线圈形成高频振荡。

低压电源电路是给控制电路供电的，交流 220V 电压通过变压器和整流滤波电路产生 5V、15V、20V 等直流电压，为检测电路、控制电路和脉冲信号产生电路提供电源。

系统检测电路是在电磁炉工作时自动检测过压、过流、过热的情况，并进行自动保护。报警电路一般是通过检测电路由微处理器进行控制的，它会发出报警的信号，以提醒用户。

电磁炉的工作状态是通过显示屏来表现的，在显示屏上可以观察电磁炉的工作状态，当电磁炉发生故障时，显示屏也可作为故障代码的显示窗口，提示用户当前电磁炉可能出现的故障原因，以便于进一步检查。

图 16-177 所示为典型电磁炉的整机电路。交流 220V 电压通过 L、N

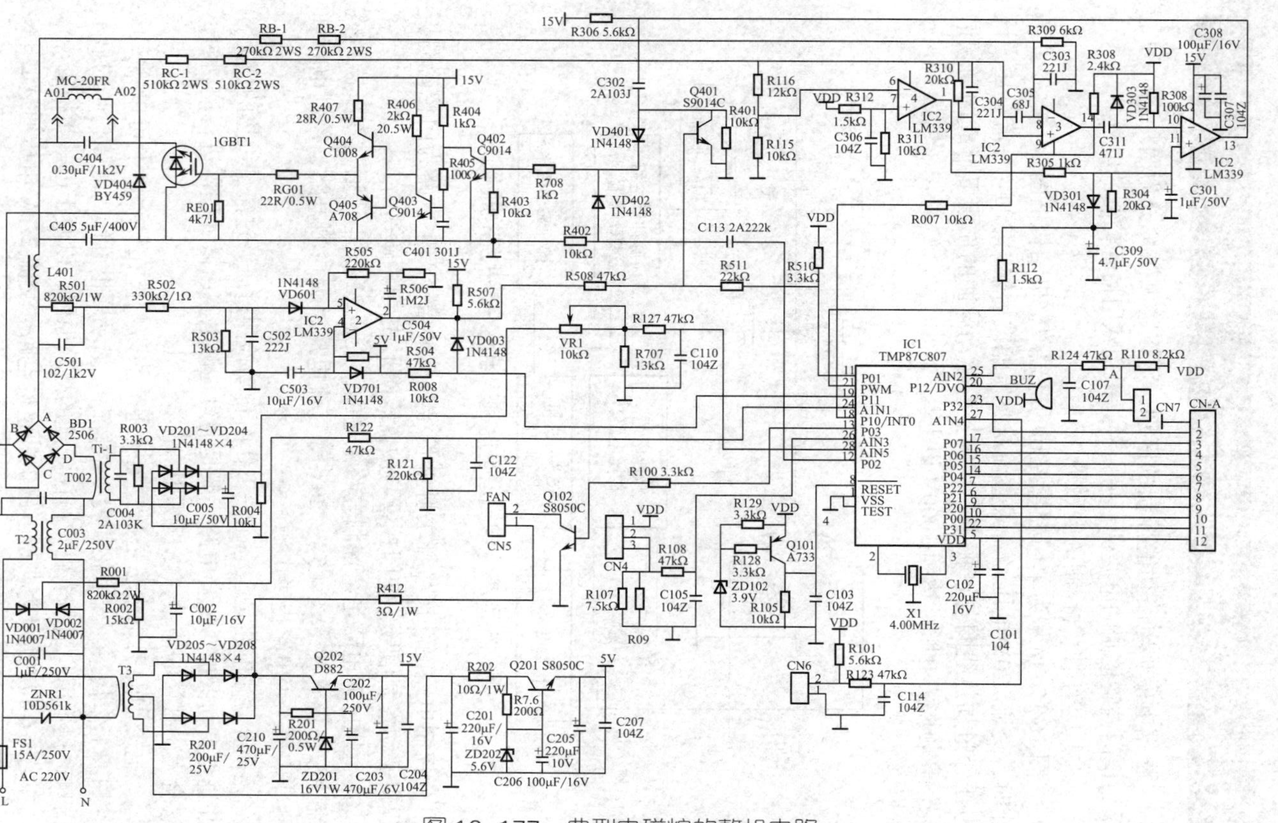

图16-177 典型电磁炉的整机电路

两个端子为功率输出电路供电，同时还会通过变压器 T3 和整流滤波电路产生 5V、15V、20V 直流电压，给电子线路板供电。

交流 220V 电压经过过压保护电阻 ZNR1 和滤波电容 C001，再经互感滤波器 T2 滤除干扰和脉冲成分后，加到桥式整流堆 BD1 的 B、D 两端，经整流以后输出 300V 的直流电压。从桥式整流堆的 A 端输出，其中 C 端为接地端。从 A 端输出的直流电压经过由滤波电容 C405 和电感线圈 L401 组成的低通滤波器，然后送到加热线圈。流过加热线圈的电流受门控管的控制，如果门控管截止，炉盘线圈中就没有电流；如果门控管导通，炉盘线圈中就有电流。门控管的截止和导通是受它的控制极控制的，如果门控管的控制极加有一个高频的脉冲，门控管就会实现高频的截止和导通，这样在加热线圈里面的电流也就变成了高频脉冲状的电流。电容器 C404 接在加热器的两端，与加热线圈并联形成一个 LC 谐振回路。门控管输出脉冲的频率与 LC 谐振频率相同，在加热线圈中就会形成一个稳定的、高频的开关电流，它对灶具进行磁化，通过灶具里产生的涡流转换成热能，就能够实现炊饭。

（2）双门控管控制的电磁炉

图 16-178 所示为采用双门控管控制的电磁炉电路结构框图。从图中可以看到，加热线圈是由两个门控管组成的控制电路控制的。炉盘线圈的电流同时由两个相同的门控管进行控制，这样每个门控管所流过的电流为炉盘线圈电流的 1/2。

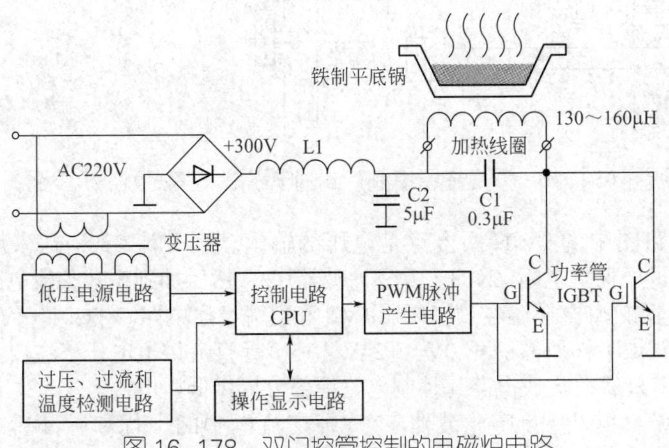

图 16–178　双门控管控制的电磁炉电路

图 16-179 所示为典型双门控管控制方式的电磁炉（美的）整机电路。

电磁炉是采用双门控管控制的，加热线圈导通或截止的控制是由门控管 IGBT1 和 IGBT2 一起控制的。

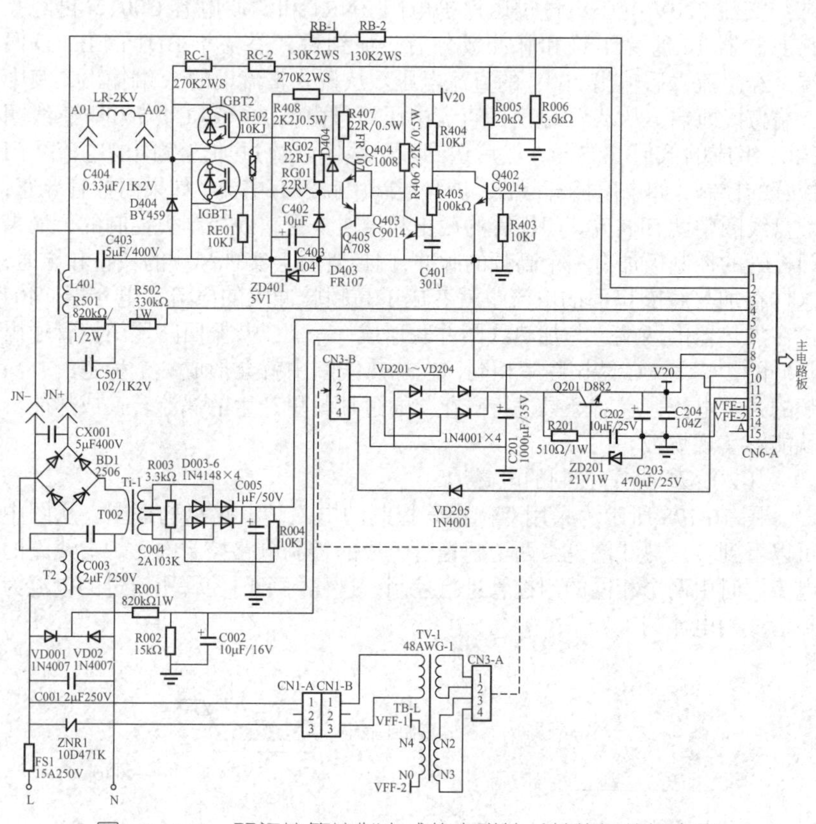

图 16-179　双门控管控制方式的电磁炉（美的）整机电路

电路图中的 L、N 两个点是电压的输入端。交流 220V 送入后经过 C001、过压保护电阻 ZNR1、互感滤波器 T2，然后加到桥式整流电路上，同时交流 220V 电压还经过变压器 TV-1 和整流稳压电路（VD201 ～ VD205）产生电磁炉工作所需的 +20V、+24V、+5V 等直流供电电压，主要为检测控制的三极管、集成电路、控制电路等部分提供低压电源。

交流 220V 经互感滤波器 T2 滤掉交流电中的干扰和脉冲后，加到桥式整流电路 CX001 的两端，经过整流以后，输出 300V 的直流电压。+300V 直流从桥式整流电路输出后，经过滤波电感 L401 和滤波电容 C403

为炉盘线圈供电。炉盘线圈的其中一端接门控管的集电极，炉盘线圈两端并联一个高压的谐振电容 C404。电容 C404 和加热线圈产生高频谐振，以便使炉盘线圈产生比较强的磁力线，使铁制炊具产生涡流发热。

16.5.5　电磁炉主要部件识别与检测

（1）交流变压器的检测

图 16-180 所示为电磁炉供电交流变压器，这个变压器有 3 个绕组，红色引线是 220V 的输入绕组，蓝色和黄色引线是两组交流电压输出绕组。

在通电状态下，将万用表旋转至交流 50V 挡分别检测两组交流输出的电压。如图 16-181 所示，检测蓝色引线端，大约是交流 16V。

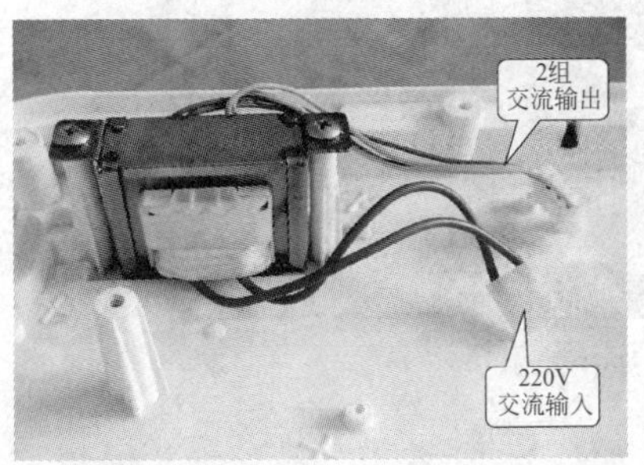

图 16-180　交流变压器的安装部位

图 16-181　检测变压器蓝色引线端电压

如图 16-182 所示，检测黄色引线端，大约是交流 22V。这两个电压送到电路板上经过整流滤波以后形成此电磁炉电路板中所需要的各种直流电压。如果无输出电压，则变压器内绕组有断路故障。

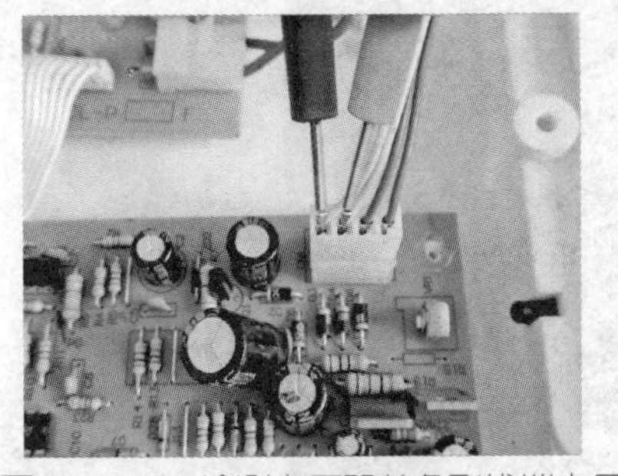
图 16-182　检测变压器黄色引线端电压

图 16-183　供电电路板上的扼流圈（电感线圈）

（2）扼流圈（电感线圈）的检测

图 16-183 所示为扼流圈（电感线圈），检测时，需要检测电路板反面的引脚。

扼流圈（电感线圈）的阻抗一般比较小，可用万用表的 R×1 挡，在检测的时候，万用表的指针摆动会很大，显示几乎为 0Ω，因为线圈的线径很粗，直流阻抗很低，如图 16-184 所示。如果出现扼流圈阻抗高的情况，表明有断路故障，需要更换。

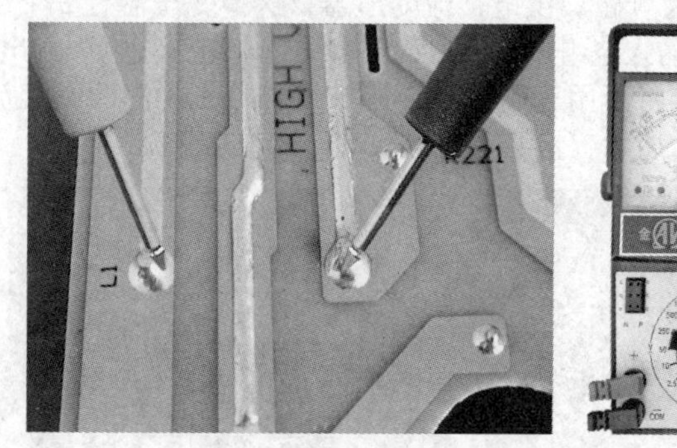

图 16-184　扼流圈的检测

（3）电磁炉风扇的检测

电磁炉风扇是由风扇电动机带动，风扇电动机与检测控制电路板相连，工作电压比较低。当用万用表的红、黑表笔接风扇电动机两个引脚端时，万用表的内部电池就能够驱动电动机旋转，表明风扇是正常的。通常其直流阻抗约为 100Ω。电磁炉风扇的检测如图 16-185 所示。

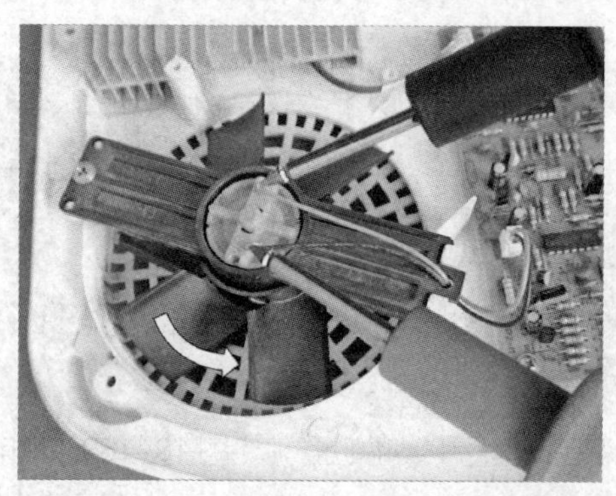

图 16-185　电磁炉风扇电动机的检测

（4）炉盘线圈的检测

图 16-186 所示为炉盘线圈的检测，将红、黑表笔分别放到炉盘线圈的两个接线柱上，在正常情况下，阻值约为 0Ω。如果阻值比较大，则说明炉盘线圈有断路的情况。

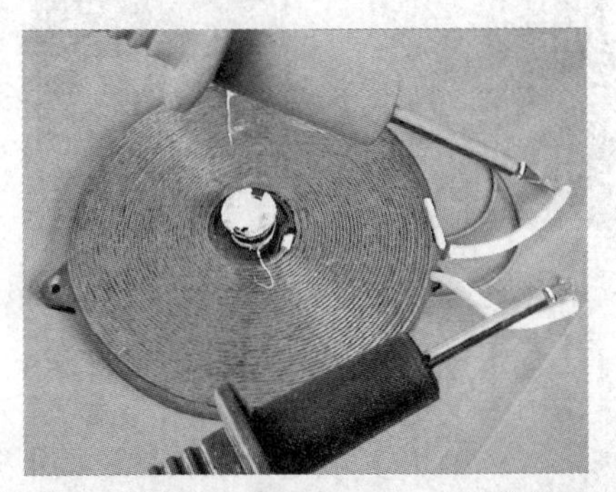

图 16-186　炉盘线圈的检测

（5）炉盘线圈温度传感器的检测

图 16-187 所示为电磁炉的炉盘线圈及热敏电阻，该热敏电阻通过导热硅胶感应陶瓷板的温度，并将温度转换成电压值准确地传递给检测控制电路。

图 16-187　电磁炉的炉盘线圈及热敏电阻

热敏电阻是检测炉盘线圈工作温度的，通过红色的引线连接到检测控制电路板上，常温下测量热敏电阻的直流电阻使用万用表的 $R\times1k$ 挡。如图 16-188 所示，将万用表的红、黑表笔分别放到热敏电阻的两个引线端上，测得的阻抗为 80kΩ 左右。随着温度的上升，热敏电阻的阻抗值会逐渐减少。

图 16-188　热敏电阻的检测

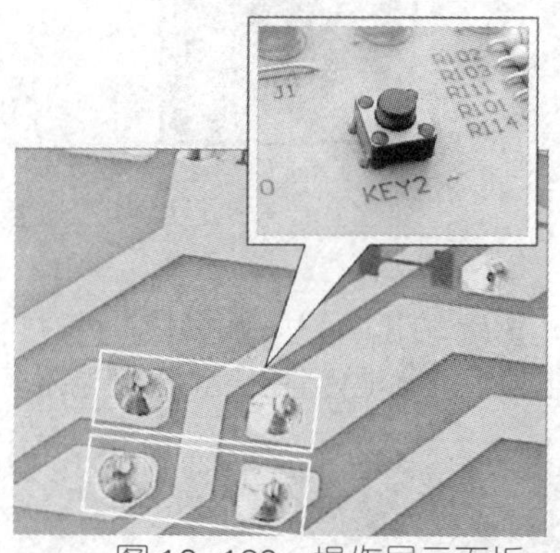

图 16-189　操作显示面板上的微动开关

（6）微动开关的检测

图 16-189 所示为微动开关，微动开关就是人工按键，按下微动开关的时候引脚接通。微动开关有 4 个焊点，其中水平方向的两个焊点为同一个引线端。

检测微动开关的时候，一般使用万用表的欧姆挡进行检测。

如图 16-190 所示，检测微动开关的两个引线端之间的电阻，一般情况下万用表的指针不摆动，微动开关为断开状态。

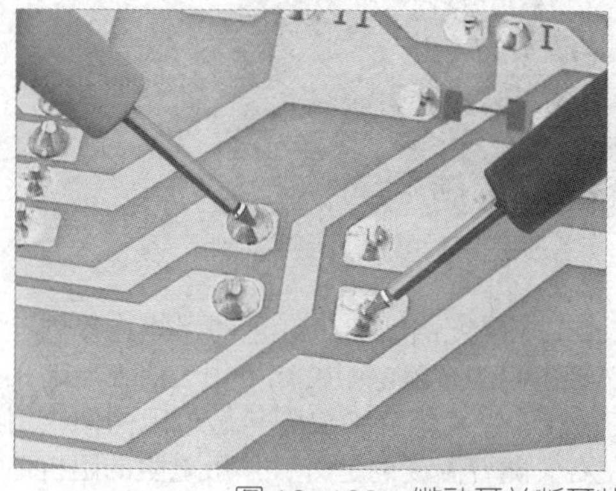

图 16-190　微动开关断开状态的检测

如图 16-191 所示，在检测微动开关的两个引线端之间的电阻时，按动按键，万用表的指针马上摆动，微动开关为导通状态。

图 16–191　微动开关导通状态的检测

若按动微动开关的按钮，万用表的指针迅速摆动，说明这个微动开关是正常的，如果按动微动开关的按钮，万用表的指针仍然不动，说明这个微动开关已经损坏，需要更换新的微动开关。

（7）门控管的检测

图 16-192 所示为门控管，检测时，需要检测电路板反面的引脚。门控管有 3 个引脚，上面的是控制极 G，中间的是集电极 C，下边的是发射极 E。

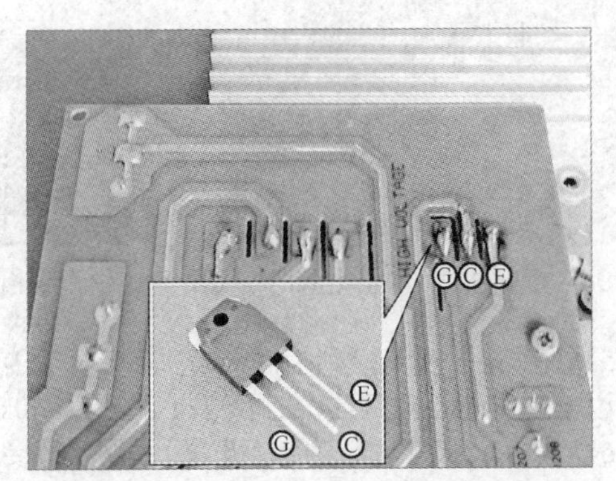

图 16–192　供电电路板上的门控管

在检测门控管的时候可以先在电路板上检测，检测的时候用万用表的 $R\times100$ 挡进行测量。如图 16-193 所示，先用黑表笔接到控制极 G 上，然后用红表笔接到集电极 C 上，门控管在电路板上的控制极和集电极之间的正向阻抗为 3kΩ 左右。

图 16-193　电路板上门控管控制极和集电极正向阻抗的检测

如图 16-194 所示，再用红表笔接到控制极 G 上，黑表笔接到集电极 C 上，门控管在电路板上的控制极与集电极之间的反向阻抗为无穷大。

图 16-194　电路板上门控管控制极和集电极反向阻抗的检测

如图 16-195 所示，将黑表笔接到控制极 G 上，红表笔接到发射极 E 上，门控管在电路板上的控制极与发射极之间的反向阻抗为 40kΩ 左右。

如图 16-196 所示，将红表笔接到控制极 G 上，黑表笔接到发射极 E 上，门控管在电路板上的控制极与发射极之间的反向阻抗为 40kΩ 左右。

（8）门控管温度检测器的检测

图 16-197 所示为门控管温度检测器，又叫温控器，它的输出接在检测控制电路板上。

图 16-195　电路板上门控管控制极和发射极正向阻抗的检测

图 16-196　电路板上门控管控制极和发射极反向阻抗的检测

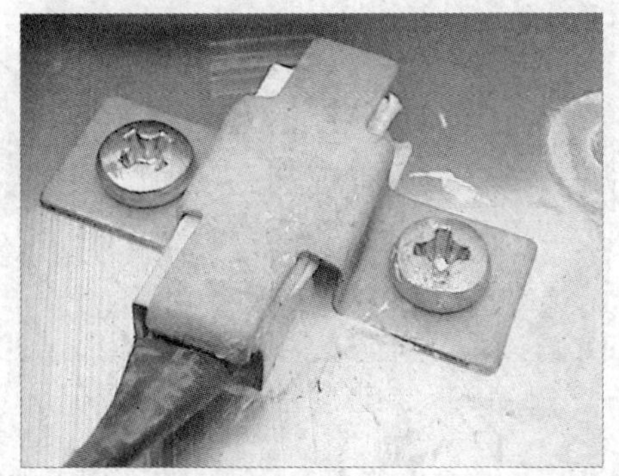

图 16-197　供电电路板上的门控管温度检测器

将门控管温度检测器的插件从电路板上拔下来，会看到它有两个引脚。如图 16-198 所示，在常温下检测，正常的时候检测到的阻抗应该为 0Ω。当温度超过门控管温度检测器允许的温度时，它的阻值会变为无穷大。

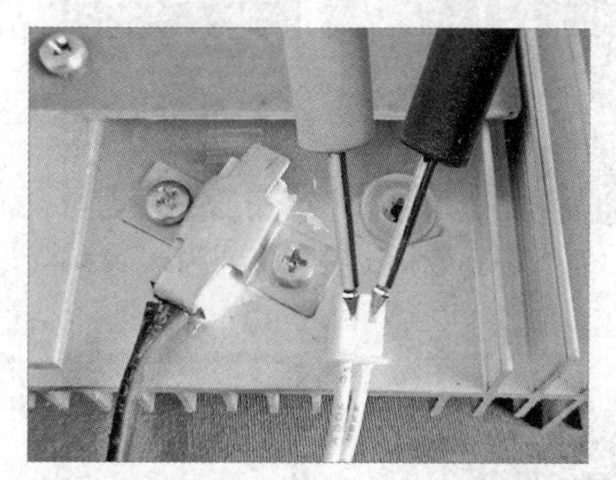

图 16-198 门控管温度检测器的检测

（9）桥式整流堆的检测

图 16-199 所示为桥式整流堆，检测时，需要检测电路板反面的引脚。桥式整流堆里面有 4 个整流二极管，也就有 4 个引脚，中间的两个引脚是交流输入端，两侧的引脚是直流输出端。

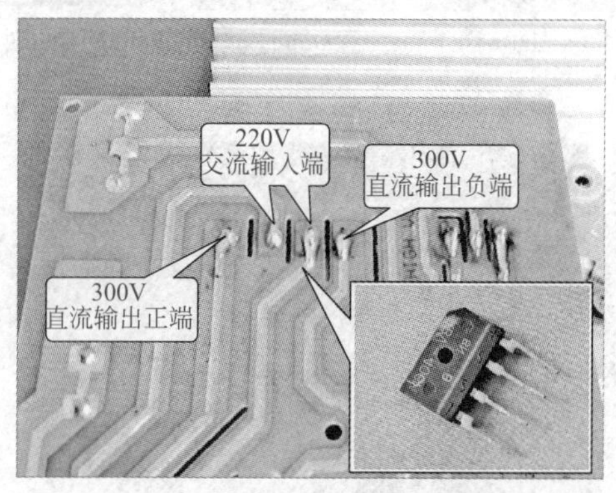

图 16-199 供电电路板上的桥式整流堆

如图 16-200 所示，先在电路板上检测，将万用表的红、黑表笔任意搭在桥式整流堆中间的两个引脚上，此时的阻值为无穷大。然后，将红表笔和黑表笔对调，再分别搭在桥式整流堆中间的引脚上，对调后检测的阻值也为无穷大。

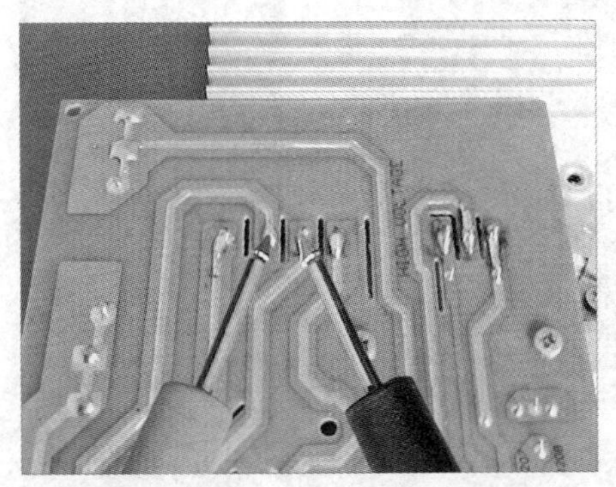

图 16-200　电路板上桥式整流堆交流输入端的检测

如图 16-201 所示，检测桥式整流堆的直流输出端，将万用表的红、黑表笔分别搭在桥式整流堆两侧的引脚上，即黑表笔接桥式整流堆直流输出端正端，红表笔接桥式整流堆直流输出端负端，万用表显示的反向阻抗为无穷大。

图 16-201　电路板上桥式整流堆直流输出端反向阻抗的检测

如图 16-202 所示，将万用表的红、黑表笔对调一下，再分别搭在桥式整流堆两侧的引脚上，此时万用表显示的阻抗为 10kΩ 左右。该阻抗是桥式整流堆直流输出端的正向阻抗，即测得该阻抗时万用表的黑表笔应该接在桥式整流堆直流输出端的负端上，红表笔接在正端上。

图 16-202　电路板上桥式整流堆直流输出端正向阻抗的检测

16.5.6 电磁炉故障分析与检修

（1）电磁炉典型故障现象

① 电磁炉开机烧保险管的故障分析　电磁炉出现上述故障的原因主要是整流二极管损坏、电解电容漏电、门控管击穿短路等。此外，IGBT 控制极的信号不正常和 IGBT 的集电极所产生的高压与控制极信号不同也会引起此类故障。

在检修时，应主要检查主电路、IGBT 驱动电路、高压保护电路和同步振荡电路。首先可检测滤波电容、整流二极管和桥式整流堆是否有故障。在排除上述故障后，可用万用表检测 IGBT 控制极（G）的对地电阻，如果发现 IGBT 控制极的对地电阻变小，应进一步检查 IGBT 驱动电路。有些机器中 IGBT 驱动电路的集成电路（如 LM339）的振荡、激励、驱动和高压电压都很正常，但是还会烧保险管，此时应重点检测振荡电路中的电容、谐振电路中的电容、炉盘线圈上的热敏电阻以及门控管散热片上的热敏电阻是否正常。

② 电磁炉检测不到锅、不加热的故障分析　电磁炉出现上述故障的原因大多是 IGBT 控制极的信号过小或者没有而使 IGBT 无法正常工作，IGBT 控制极的工作脉冲不正常，或者炉盘线圈两端的触发信号不正常。

在检修时，应主要检查同步振荡电路、IGBT 高压保护电路、浪涌保护电路、电流检测电路、IGBT 驱动电路、LC 振荡电路、18V 电源电路以及主电路的整流电路。

③ 电磁炉功率不稳定、间隙加热的故障分析　电磁炉出现上述故障

的原因大多是电路不稳定，单片机接收不到电路检测的反馈信号，单片机本身不良，或者 18V 电源不稳定。在检修时，应主要检查电流检测电路。

④ 电磁炉开机不通电（显示灯不亮）的故障分析 电磁炉出现上述故障的原因主要是 5V 供电电压不正常，单片机本身故障，或显示板出现异常。在检修时，重点应检查 5V 电源电路、单片机和显示板。

⑤ 电磁炉功率不可调或者调幅较小的故障分析 电磁炉出现上述故障的原因主要是 IGBT 控制板的脉宽信号改变了 IGBT 的导通时间以及 PWM 不足和 LC 振荡电路元件不良。

在检修时，应重点检查高低压保护电路、同步振荡电路、18V 电源电路、电流检测电路、PWM 脉宽调制电路、LC 振荡电路、浪涌保护电路以及 IGBT 驱动电路。

⑥ 电磁炉不能开机或开机后自动关机的故障分析 电磁炉出现上述故障的原因主要是外部电网电压不稳定造成电磁炉电压检测保护，或者风扇不转引起 IGBT 过热保护，或者电磁炉的进、出风口被堵，还有可能是单片机本身出现故障。

在检修时，应重点检查风扇驱动电路、电压检测电路、IGBT 温度检测电路和电流检测电路。

⑦ 电磁炉通电后操作显示板显示正常、风扇不工作的故障分析 如果电磁炉加热正常，只是风扇不转，说明 5V 和 18V 电源正常，故障出在风扇本身或风扇控制电路；如果电磁炉既不能加热，风扇也不转，说明故障出在 18V 电源和单片机本身。

在检修时，应重点检查风扇驱动电路、5V 稳压电路和 18V 稳压电路。

（2）电磁炉典型故障检测方法

① 电磁炉按钮失灵的检测方法 首先用万用表二极管挡测量 CPU 端子与接地端（万用表红笔接“地”；黑笔接“CPU 连接按钮的端子”），看有无 0.68V 左右的电压降。若均有 0.68V 左右的电压降，则表明 CPU 接口被击穿；若没有 0.68V 左右的电压降，再用万用表测试按钮接触是否良好。实际检修中，按钮接触不良的现象稍微多一点。

② 电磁炉开机后能加热但开机时没有短促的报警声的检测方法 开机时没有短促的报警声，表明报警电路有问题。应重点检查报警电路，不同的型号，其报警电路的工作原理是不完全相同的，但都有报警信号产生电路（有的为 MCU 直接产生）、信号驱动电路和蜂鸣器。实际检修中，驱动晶体管或集成电路损坏的现象稍微多一点。

③ 电磁炉开机后能加热但温控失效的检测方法 温控失效应重点检查电磁炉的温控电路，温控电路一般由紧贴面板的热敏电阻、分压电路和

局部 MCU 组成。温控不起作用，炉面温度不能控制，首先检查炉面温度检测的热敏电阻是否紧贴炉面，若贴得很紧，则进一步检查热敏电阻及其连线是否损坏，温度选择开关是否良好，分压电阻是否变值，MCU 是否局部损坏。

④ 电磁炉加热速度慢的检测方法　引起电磁炉加热速度慢的原因一般有电源电压异常、功率输出级或激励级电路有问题。首先检查电源电压是否正常；若正常，则检查锅具是否是指定的锅具；若是，则检查功率输出级是否正常，此时应检查线圈盘是否存在短路、锅具与线圈盘距离是否正常；若正常，则检查激励级电路的元器件是否正常。

⑤ 电磁炉间断加热的检测方法　应首先检查锅具是否符合要求、锅具的底面圆周是否过大以及励磁线圈是否损坏。排除上述情况后，再进一步检查高压供电电路、电流检测电路、同步比较电路、控制灯板等电路有无问题。

⑥ 电磁炉工作时出现“嗡嗡”声的检测方法　电磁炉工作中出现“嗡嗡”声是由于散热风扇不转引起铁芯振动所致，由于电磁炉长期工作在油垢环境中，使叶片和转动轴积存了大量油垢，增加了转子阻力，形成启动困难出现“嗡嗡”声。遇到此类情况，可将叶片支架转子拆下来用煤油进行清洗，装上后再在轴承处滴几滴机油即可转动灵活，“嗡嗡”声消除。

第 17 章 电工要诀

要诀 1　线损大小可估算

铝线压损要算快，输距流积除截面，
三相乘以一十二，单相乘以二十六。
功率因数零点八，十上双双点二加，
铜线压损较铝小，相同条件铝六折。
允许线损 7% ～ 8%，偏差较大找原因。

解说

在电力网传输分配过程中产生的有功功率损失和电能损失统称为线路损失。线损其实就是电阻消耗的电压或电能，电线的截面积和长度决定电阻的多少，电流决定电压或电能损失的多少，通过的电流越大，电压损失越多，电能损失越大，通过的时间越长，电能损失越多。

从配电变压器低压侧开始至计算的那个用电设备为止的全部线路中，理论上共可损失 5%+5%=10%，但通常却只允许 7% ～ 8%。这是因为还要扣除变压器内部的电压损失以及变压器功率因数低的影响。

当线路采用的导线为铜线时，压损要小一些。可以按照要诀中介绍的方法计算出来，再按六折（即乘以 0.6），就是铜导线的电压损失。

实际线损与理论线损的偏差的大小，能看出管理上的差距，应分析出可能存在的问题，并结合其他分析方法，找出管理中存在的问题，然后采取相应措施，如图 17-1 所示。

图 17-1 线损分析

专家指点

线损理论计算是项繁琐复杂的工作，特别是配电线路和低压线路由于分支线多、负荷量大、数据多、情况复杂，这项工作难度更大。本要诀介绍的线损估算方法，计算比较简单，精度比较高。

10kV 架空线路电压损失的计算方法为：架空铝线十千伏，电压损失百分数，相流输距积六折，除以导线截面积。

要诀 2 零线截面积估算

三相四线制线路，零线截面积估算：
相线铝线小七十，零相导线同规格。
相线铝线大七十，零选相线一半值。
线路架设铜绞线，相线三十五为界，
小于零相同规格，大于零取一半值。

解说

在低压配电系统中，如果三相平衡，零线可以省去。在三相四线制低压配电线路中，单相负载占有很大比重，而且由于用电时间上的差异，各相负荷经常处于不平衡状态，有时甚至差别很大。因此，零线上经常会有电流流过，如果零线截面选择不当，就容易发生烧断零线事故。

零线的最小截面积要根据同电路相线的截面积来决定，以相线截面积为铝线 70mm² 和铜绞线 35mm² 为界限，在界限以下时，零线与相线截面积应相同；在界限以上时，可取相线截面积的 50%（要诀中的“一半值”）。

电力工程电缆设计规范 GB 50217—2007 规定，保护地线允许最小截面积见表 17-1。

表 17-1 保护地线允许最小截面积

相线截面积 /mm²	零线及保护地线允许最小截面积 /mm²
$S \leqslant 16$	S
$16<S \leqslant 35$	16
$35<S \leqslant 400$	$S/2$
$400<S \leqslant 800$	200
$S>800$	$S/4$

专家指点

如果是一相一零的 220V 电路，相线和零线截面积相同。

一般情况下，零线截面应不小于相线截面的 50%。有条件的话，最好使零线的截面与相线截面相同，这样可保证回路畅通，有利于安全使用。

要诀 3 绝缘导线载流量

绝缘导线载流量，是否穿管分别算。
无管敷设载流大，穿管敷设载流小。
多股软线载流大，单根硬线载流线。
导线载流咋计算，截面乘以一系数。
二点五下乘以九，往上减一顺号走。
三十五乘三点五，双双成组减点五。
条件有变加折算，高温九折铜升级。
穿管根数二三四，八七六折满载流。

① “二点五下乘以九，往上减一顺号走”说的是 2.5mm^2 及以下的各种截面铝芯绝缘线的载流量约为截面积的 9 倍。从 4mm^2 及以上导线的载流量和截面积的倍数关系是顺着线号往上排，倍数逐次减 1，即 4×8、6×7、10×6、16×5、25×4。

② “三十五乘三点五，双双成组减点五”，说的是 35mm^2 的导线载流量为截面积的 3.5 倍，即 35×3.5=122.5（A）。50mm^2 及以上的导线，其载流量与截面积之间的倍数关系变为两个线号成一组，倍数依次减 0.5。即 50mm^2、70mm^2 导线的载流量为截面积的 3 倍；95mm^2、120mm^2 导线载流量是其截面积数的 2.5 倍，依此类推。

③ “条件有变加折算，高温九折铜升级”。本要诀是铝芯绝缘线、明敷在环境温度 25℃的条件下而定的。若铝芯绝缘线明敷在环境温度长期高于 25℃的地区，导线载流量可按上述要诀计算方法算出，然后再打九折即可；当使用的不是铝线而是铜芯绝缘线，它的载流量要比同规格铝线略大一些，可按上述要诀方法算出比铝线加大一个线号的载流量。如 16mm^2 铜线的载流量，可按 25mm^2 铝线计算。

常用绝缘导线的安全载流量见表 17-2。

表 17-2 常用绝缘导线的安全载流量

导线种类及标称截面积 /mm^2	安全载流量 /A	允许接单相负荷 /W	导线种类及标称截面积 /mm^2	安全载流量 /A	允许接单相负荷 /W
2.5 铝线	12	2400	2.5 铜线	15	3000
4.0 铝线	19	3800	4.0 铜线	25	7000
6.0 铝线	27	5400	6.0 铜线	35	10740
10 铝线	46	9200	10 铜线	60	13500
1.0 铜线	6	1200	0.41 软铜线	2	400
1.5 铜线	10	2000	1.16 软铜线	5	1000
2.0 铜线	12.5	2500	2.03 软铜线	10	2000

专家指点

导线的安全载流量与截面积的大小、绝缘材料的最高运行温度、敷设方式（是否穿管敷设）等因素有关。

一般来说，导线截面积越大，其安全载流量越大；温度越高，导线的允许载流量越小；相同截面积的导线，不穿管明敷设时载流量大一些，穿管敷设时载流量小一些。多股线的载流量要比单股线大。例如 4mm² 的多股铜芯软线的载流量比单根硬铜芯线要大一些。

要诀 4　照明负荷巧计算

照明电压二百二，一安二百二十瓦。

解说

照明供电线路指从配电盘向各个照明配电箱的线路，照明供电干线一般为三相四线，负荷为 4kW 以下时可用单相。照明配电线路指从照明配电箱接至照明器或插座等照明设施的线路。

在 220V 单相照明电路中，负载的电功率可根据以下公式计算

$$P=UI=220I$$

式中，P 为 220V 照明电路所载负荷容量，单位为瓦（W）；U 为 220V 电压；I 为实测电流。

不论是供电还是配电线路，只要用钳型电流表测得某相线电流值，然后乘以系数 220，积数就是该相线所载负荷容量。

例如：采用钳形电流表从配电箱处测量某照明电路相线的电流为 21A，根据要诀，该电路此时所载的照明负荷量

$$P=220\text{V}\times 21\text{A}=4620\text{W}$$

专家指点

测电流求线路的负荷容量数，可帮助电工迅速调整照明干线三相

负荷容量不平衡问题，可帮助电工分析配电箱内保护熔体经常熔断的原因，配电导线发热的原因等。

本要诀介绍的估算方法主要适用于白炽灯照明电路。对于设置有荧光灯、节能灯及其他家用电器的照明电路，其计算结果误差较大，但也有一定的参考价值。

要诀 5 架空裸线电流值

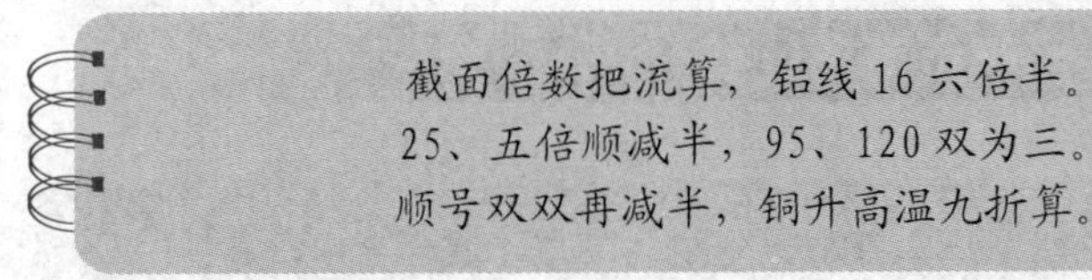

① 架空线路最常用的导线是铝绞线（包括钢芯铝绞线），规格截面从 16mm^2 开始。要诀说，“铝线 16 六倍半”，指的是 16mm^2 铝绞线，其安全电流约为截面积的 6.5 倍，即

$$16\times6.5=104\text{（A）}$$

② “25、五倍顺减半，95、120 双为三”说的是 25mm^2 铝线的安全电流是截面积的 5 倍，以后顺着线号增大，倍数关系依次减少 0.5 倍，直到 95mm^2 和 120mm^2，其安全电流都为截面积的 3 倍。

③ 要诀“顺号双双再减半”说的是顺着线号往上排列，电流和截面积的倍数关系为两个两个一组，倍数减去 0.5。

导线截面积与电流的倍数关系见表 17-3。

表 17-3 导线截面积与电流的倍数关系

导线截面 /mm^2	16	25	35	50	70	95	120	150	180
电流是截面积的倍数	6.5	5	4.5	4	3.5	3		2.5	

要诀最后说的“铜升”是指如果架空导线使用的是铜线，其安全电流可按铝线升一级（即高一个线号）计算，如 16mm^2 的铜线，可视为

25mm^2 铝线。同时，还指出以上安全电流均是按环境温度为 25℃的情况计算的，若环境温度长期高于 25℃，可先按以上方法计算，再打九折，即要诀中“高温九折算”的意思。

专家指点

该要诀直接给出了导线的安全电流和截面积的倍数关系，介绍了利用导线截面积乘以倍数直接求其安全电流的方法。

要诀 6　单相负荷电流值

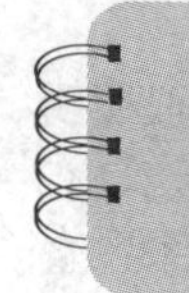

负荷功率已知道，欲求负荷电流值，
供电电压二百二，四点五倍即可得；
供电电压三百八，二点六倍即可得。

在供配电系统中，单相负荷占有很大的比例，单相负荷的电流值计算是供配电设计中的一个很重要的内容。这一要诀介绍的是单相负荷电流如何估算。

（1）单相 220V 负荷电流

单相负荷电压为 220V，这类负荷的功率因数大多为“1”，如最常见的照明负荷，其电流值为容量的 4.5 倍，计算公式为

$$I=4.5P$$

式中，I 为负荷电流（A）；P 为负荷功率（kW）。

（2）单相 380V 负荷电流

单相 380V 用电设备，当两根线都接在相线上，承受 380V 电压时，如交流电焊机、行灯变压器等（称为单相 380V 用电负荷），其电流约为容量的 2.6 倍。计算公式为

$$I=2.6P$$

式中，I 为负荷电流（A）；P 为用电设备功率（kW）。

例如：求单相 220V 供电的功率为 2kW 碘钨灯的电流。

据要诀可知，电流 I=2×4.5=9（A）。

例如：单相 380V 供电的功率为 28kV·A 的交流电焊机，初级接成单相 380V，求它的初级电流。

根据要诀可知，电流 I=28×2.6=72.8（A）。

要诀 7　36V 安全灯电流

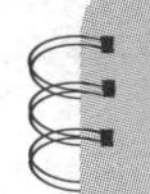

潮湿高温等场所，必须使用安全灯。
已知功率求电流，功率乘以二十八。

安装高度在距地面 2m 以下，容易触及而又无防触电措施的一般照明和局部照明灯具，在特别潮湿场所、高温场所、具有导电灰尘场所、具有导电地面等，使用电压都不应超过 36V，其电流可由功率乘上一个系数直接算出，其计算式为

$$I=28P$$

式中，I 为灯泡额定电流（A）；P 为灯泡功率（kW）。

例如，某 36V 安全灯具的额定功率为 30W，其工作电流为 I=28×0.03kW=0.84A。

专家指点

我国的安全电压规定有 36V 和 12V 等。

要诀 8　按功率计算电流

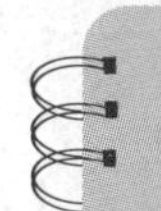

电力加倍，电热加半。
单相千瓦，四点五安。
单相 380，电流两安半。

①“电力”是指电动机在 380V 三相时（功率因数为 0.8 左右），电动机每千瓦的电流约为 2A。即将“千瓦数加一倍”（乘 2）就是电流（安）。该电流也称为电动机的额定电流。

②“电热”是指用电阻加热的电阻炉等。三相 380V 的电热设备，每千瓦的电流为 1.5A。即将“千瓦数加一半”（乘 1.5），就是电流（安）。

③在 380/220V 三相四线系统中，单相设备的两条线，一条接相线而另一条接零线的（如照明设备）为单相 220V 用电设备。这种设备的功率大多为 1kW 以内，因此，要诀便直接说明“单相（每）千瓦 4.5A”。计算时，只要“将千瓦数乘 4.5”就是电流值（安）。同上面一样，它适用于所有以千瓦为单位的单相 220V 用电设备，以及以千瓦为单位的电热及照明设备，而且也适用于 220V 的直流电路。

④ 380/220V 三相四线系统中，单相设备的两条线都接到相线上，习惯上称为单相 380V 用电设备（实际是接在两相线上）。这种设备当以千瓦为单位时，功率大多为 1kW 以上，要诀也直接说明“单相 380，电流两安半”。它也包括以千瓦为单位的 380V 单相设备。计算时只要“将千瓦乘 2.5 就是电流值（安）”。

要诀 9　接户线与进户线

电力线，进住家，三根火线三百八，
一火一零二百二，适宜电器选电压。
接户线高 2.5m，超过 25 把杆加。
确定安装进户点，负荷中心最适宜。
怎样安装支持物，墙上横担或立杆。
穿墙要装保护管，进线要设滴水弯。
导线截面留余量，重复接地保安全。

进户线和接户线，由于与地面垂直距离小，截面选择不当，线间距离不符合规程要求及机械外力作用的影响等原因，往往因短路造成火灾事

故。因此，在敷设进户线和接户线时，必须符合下列要求。

（1）接户线

① 导线截面积。1000V 以上时，铜绞线不应小于 16mm^2；铝绞线不应小于 25mm^2。在 1000V 以下时接户线的最小截面积应按表 17-4 选择。

表 17-4　1000V 以下接户线的最小截面积

架设方式	档距 /m	最小截面积 /mm^2	
		铜芯线	铝芯线
自电杆引下	10 以下	2.5	4.0
	10 ～ 25	4.0	6.0
沿墙敷设	6 及以下	2.5	4.0

② 长度及对地垂直距离。接户线长度不宜超过 25m。对地垂直距离，在 1000V 以上时，不应小于 4m；在 1000V 以下时，不应小于 2.5m。

③ 线间距离。1000V 以上接户线的线间距离不应小于 450mm；1000V 以下接户线的线间距离则应按表 17-5 的数值确定。

表 17-5　接户线的线间距离

架设方式	档距 /m	线间距离 /mm
自电杆引下	25 及以下	150
	25 以上	200
沿墙敷设	6 及以下	100
	6 以上	150

（2）进户线

1000V 以下进户线应采用绝缘导线，其长度不宜超过 1m。

进户线的最小截面积：铜芯线为 1.5mm^2，铝芯线为 2.5mm^2。

进户点与地面垂直距离不应低于 2.5m，并采用穿瓷管进户。如与地面距离低于 2.5m 时，应加装进户杆，采用塑料护套线或绝缘线穿钢管安装，最后穿瓷管进户。

家用照明的电压大都是 220V，而只在有三相电动机的地方才用 380V 电源，如加工用电、三相空调机等。户外安装架空接户线时，一定按规定保证安全距离，在接户线与进户线分界处做成倒人字形，以利排水滴水，这也是防潮防漏电的通常措施。

每个用户只设一个进户点。公共住宅多层建筑的进户点，应尽量避开阳台、走廊。

进户线的第一支撑物通常有两种：墙上横担和立杆，如图 17-2 所示。

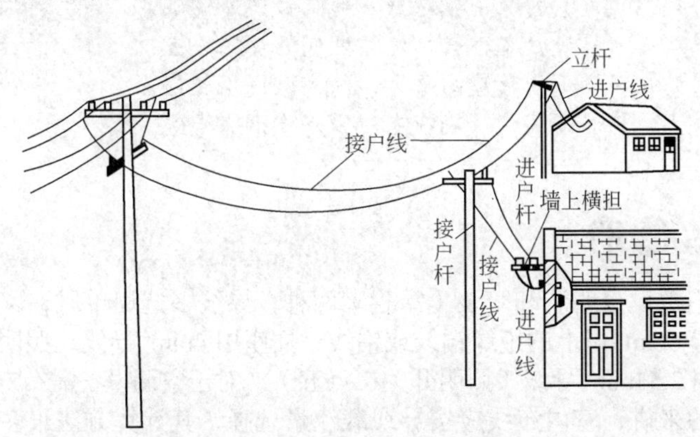

图 17–2　进户线布线的两种形式

低压进户线在进户处需设置重复接地，重复接地电阻应不大于 10Ω，如图 17-3 所示。接地引线常用 $\phi 10 \sim 12$mm 的镀锌圆钢，与墙的固定一般是将同径铁棍钉入墙内，外留 20mm，进入墙内大于 100mm，然后引线与之焊接；与杆的固定同架空线路。在敷设安装中，应将电源引入管、进户横担与接地线焊接。采用五线制时，应将管中的接地线与接地引线可靠连接。

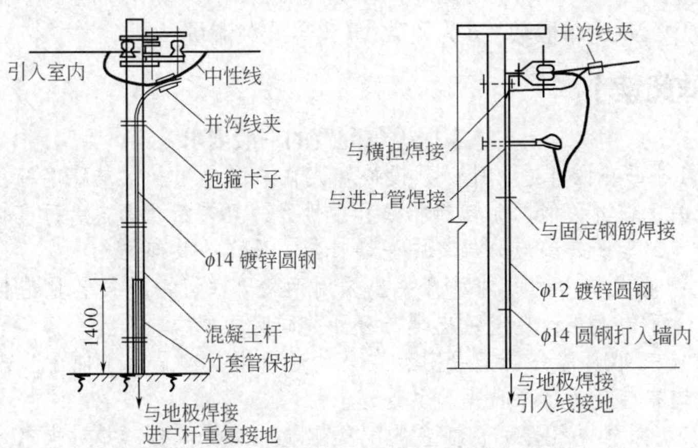

图 17–3　低压进户线重复接地示意图

要诀 10　家居室内的布线

室内选用铜芯线，线芯载流量足够。
进户不小六平方，照明开关二点五。
干线插座四平方，简易敷设用铝线，
暗装就得铜线布，厨房空调布专线。

解说

住宅敷设分明装和暗装（穿管）两种，导线多选用单股，家庭进户线一般选 6mm^2 以上的绝缘铜线或铝线；插座用 4mm^2 导线；照明灯及开关回路用 2.54mm^2 导线（照明开关二点五），对于空调设备需布专线。

总的来讲，室内布线应按导线载流量选择，其计算方法很多，在空气中敷设长期允许载流量，一般可按下式估算。

① 按导线截面算经济电流

铜芯线：I=4.5S；铝芯线：I=2.5S。

式中，S 为导线的截面积，mm^2；I 为导线截面经济电流。

② 按导线直径计算载流量

裸铝线：I=10nD；铜芯线：I=13nD；铝芯线：I=7nD；单股穿管绝缘线：I=5nD。

式中，D 为单股数；n 为股数；I 为导线载流量。

【延伸阅读】

家居电气配置的一般要求

（1）每套住宅进户处必须设嵌墙式住户配电箱。住户配电箱设置电源总开关，该开关能同时切断相线和中性线，且有断开标志。每套住宅应设电能表，电能表箱应分层集中嵌墙暗装，设在公共部位。

住户配电箱内的电源总开关应采用两极开关，总开关容量选择不能太大，也不能太小；要避免出现与分开关同时跳闸的现象。

电能表箱通常分层集中安装在公共通道上，这是为了便于抄表和管理，嵌墙安装是为了不占据公共通道。

（2）家居电气开关、插座的配置应能够满足需要，并对未来家庭电气设备的增加预留有足够的插座。家居各个房间可能用得到的开关、插座数目见表 17-6。

表 17-6　家居各个房间可能用得到的开关、插座数目

房间	开关或插座名称	数量 / 个	说　明
主卧室	双控开关	2	主卧室顶灯，卧室做双控开关非常必要，这个钱不要省，尽量每个卧室都是双控
	5 孔插座	4	两个床头柜处各 1 个（用于台灯或落地灯）、电视电源插座 1 个、备用插座 1 个
主卧室	3 孔 16A 插座	1	空调插座没必要带开关，现在室内都有空气开关控制，不用的时候将空调的一组单独关掉就行了
	有线电视插座	1	—
	电话及网线插座	各 1	—
次卧室	双控开关	2	控制次卧室顶灯
	5 孔插座	3	2 个床头柜处各 1 个、备用插座 1 个
	3 孔 16A 插座	1	用于空调供电
	有线电视插座	1	—
	电话及网线插座	各 1	—
书房	单联开关	1	控制书房顶灯
	5 孔插座	3	台灯、电脑、备用插座
	电话及网线插座	各 1	—
	3 孔插座 16A	1	用于空调供电
客厅	双控开关	2	用于控制客厅顶灯（有的客厅距入户门较远，每次关灯要跑到门口，所以做成双控的会很方便）
	单联开关	1	用于控制玄关灯
	5 孔插座	7	电视机、饮水机、DVD、鱼缸、备用等插座
	3 孔插座 16A	1	用于空调供电
	有线电视插座	1	—
	电话及网线插座	各 1	—

续表

房间	开关或插座名称	数量/个	说　　明
厨房	单联开关	2	用于控制厨房顶灯、餐厅顶灯
	5孔插座	3	电饭锅及备用插座
	3孔插座	3	抽油烟机、豆浆机及备用插座
	一开3孔10A插座	2	用于控制小厨宝、微波炉
	一开3孔16A插座	2	用于电磁炉、烤箱供电
	一开5孔插座	1	备用
餐厅	单联开关	3	灯带、吊灯、壁灯
	3孔插座	1	用于电磁炉
	5孔插座	2	备用
阳台	单联开关	2	用于控制阳台顶灯、灯笼照明
	5孔插座	1	备用
主卫生间	单联开关	1	用于控制卫生间顶灯
	一开5孔插座	2	用于洗衣机、吹风机供电
	一开三孔16A	1	用于电热水器供电（若使用天然气热水器可不考虑安装一开三孔16A插座）
	防水盒	2	用于洗衣机和热水器插座（因为卫生间比较潮湿，用防水盒保护插座，比较安全）
	电话插座	1	—
	浴霸专用开关	1	用于控制浴霸
次卫生间	单联开关	1	用于控制卫生间顶灯
	一开5孔插座	1	用于电吹风供电
	防水盒	1	用于电吹风插座
	电话插座	1	—
走廊	双控开关	2	用于控制走廊顶灯，如果走廊不长，一个普通单开就行
楼梯	双控开关	2	用于控制楼梯灯
备注	插座要多装，宁滥毋缺。墙上所有预留的开关插座，如果用得着就装，用不着的就装空白面板（空白面板简称白板，用来封闭墙上预留的查线盒，或弃用的开关、插座孔），千万别堵上		

（3）插座回路必须加漏电保护。电气插座所接的负荷基本上都是人手可触及的移动电器（吸尘器、落地或台式风扇等）或固定电器（电冰箱、微波炉、电加热淋浴器和洗衣机等）。当这些电气设备的导线受损（尤其是移动电器的导线）或人手可触及电气设备的带电外壳时，就有电击危险。为此除壁挂式空调电源插座外，其他电源插座均应设置漏电保护装置。

（4）阳台应设人工照明。阳台装置照明，可改善环境、方便使用。尤其是封闭式阳台设置照明十分必要。阳台照明线宜穿管暗敷。若造房时未预埋，则应用护套线明敷。

（5）住宅应设有线电视系统，其设备和线路应满足有线电视网的要求。

（6）每户电话进线不应少于二对，其中一对应通到电脑桌旁，以满足上网需要。

（7）电源、电话、电视线路应采用阻燃型塑料管暗敷。电话和电视等弱电线路也可采用钢管保护，电源线采用阻燃型塑料管保护。

（8）电气线路应采用符合安全和防火要求的敷设方式配线。导线应采用铜导线。

（9）供电线路铜芯线的截面应满足要求。由电能表箱引至住户配电箱的铜导线截面积不应小于 $10mm^2$，住户配电箱的照明分支回路的铜导线截面积不应小于 $2.5mm^2$，空调回路的铜导线截面积不应小于 $4mm^2$。

（10）防雷接地和电气系统的保护接地是分开设置的。

要诀 11　家居布线的工序

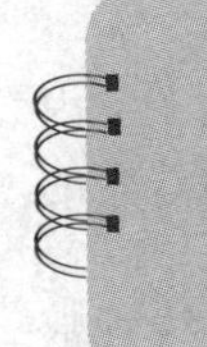

家居布线两方式，明敷设和暗敷设。
根据图纸定位置，确定敷设线路径。
开槽预埋电线管，打孔预埋膨胀钉。
敷设导线装设备，通电验收留书据。

室内强电布线的敷设方法有明敷设和暗敷设两种。明敷设是指直接将导线借助于瓷夹、铝夹板、线槽板等敷设在墙上的布线方式。暗敷设是指将导线穿入电线管再埋入墙壁或地板内线槽中的布线方式。现代家庭装修绝大多数是采用线管暗敷设布线方式，只有少数场合采用线管明敷

设方式。

家居布线的一般工序如下。

① 按照施工图样确定灯具、插座、开关、配电箱和照明设备等的位置。

② 沿建筑物确定导线敷设的路径及穿过墙壁或楼板的位置，并用粉笔或记号笔标示。

③ 在土建未抹灰前，将配线所有的固定点打好孔眼，预埋好木榫或膨胀螺栓的套筒。线路暗敷设上，应沿着导线敷设路径在墙上开槽。

④ 预埋并固定电线管。线路明敷设时，装设瓷夹板、铝夹板。

⑤ 敷设导线。

⑥ 导线连接、分支或封端，并将导线的出线端与灯具、插座、开关或配电箱设备连接。

⑦ 通电验收，将实际布线情况绘制成图或留下影像资料，交用户保存，以备今后检修使用。

要诀 12 线管加工与敷设

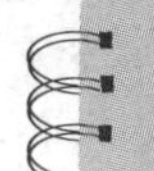

PVC 管来布线，干燥场所最适宜。
线管敷设五步骤，断管弯管管连接，
再敷线管后穿线，做好标记剪余端。

适合于线管布线的有白铁管、PVC 电线管和硬塑料管。目前，室内装修主要采用的是 PVC 电线管和硬塑料管。下面主要介绍 PVC 电线管的加工与敷设方法。

PVC 电线管敷设的主要步骤是：断管→弯管→线管连接→线管敷设→穿线，见表 17-7。

表 17-7 PVC 电线管敷设的主要步骤

步骤	工序	主 要 方 法
1	断管	根据实际需要的长度，用钢锯（或者特制剪刀）将线管锯（剪）断
2	弯管	根据实际需要，弯曲线管。弯管方法有热弯法和冷弯法

续表

步骤	工序	主 要 方 法
3	线管连接	将两节线管连接起来，连接方法有插接法和套接法
4	线管敷设	固定线管。敷设方法有明敷设和暗敷设
5	穿线	主要步骤有清管，穿引线，放线，穿线，剪余线，做标记

（1）PVC 管的切断

管径 32mm 及以下的小管径管材使用专用截管器（或特制剪刀）截管材。用特制剪刀剪断如图 17-4 所示。操作时先打开 PVC 管剪刀手柄，把 PVC 管放入刀口内，握紧手柄，边转动管子边进行裁剪，刀口切入管壁后，应停止转动，继续裁剪，直至管子被剪断。截断后，可用截管器的刀背将切口倒角，使切断口平整。

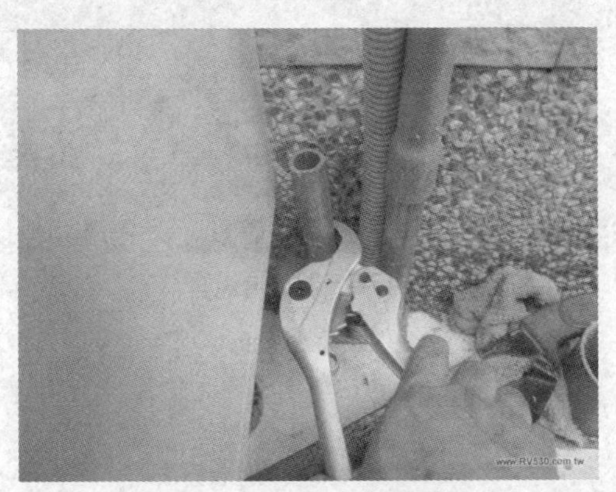

图 17–4　PVC 管的切断

使用钢锯锯管，适用于所有管径的线管，线管锯断后，应将管口修理平齐、光滑。

（2）电线管的弯曲

电线管的弯曲处，不应有折皱、凹陷和裂缝，其弯扁程度不应大于管外径的 10%。一般情况下，弯曲半径不宜小于管外径的 6 倍。当管路埋入地下或混凝土内时，其弯曲半径不应小于管外径的 10 倍。

管径 32mm 以下采用冷弯，冷弯方式有弹簧弯管和弯管器弯管；管径 32mm 以上宜用热弯。PVC 管的弯管方式见表 17-8。

表 17-8 PVC 管弯管方式

弯管方式	适宜情况		说　明
冷弯	管径 32mm 以下	弹簧弯管	先将弹簧插入管内，如图 17-5 所示，两手用力慢慢弯曲管子，考虑到管子的回弹，弯曲角度要稍大一些。当弹簧不易取出时，可逆时针转动弯管，使弹簧外径收缩，同时往外拉弹簧即可取出
		弯管器弯管	将已插好弯管弹簧的管子插入配套的弯管器中，手扳一次即可弯出所需管子
热弯	管径 32mm 以上宜用热弯		热弯时，热源可用热风、热水浴、油浴等加热，温度应控制在 80 ～ 100℃之间，同时应使加热部分均匀受热，为加速弯头恢复硬化，可用冷水布抹拭冷却

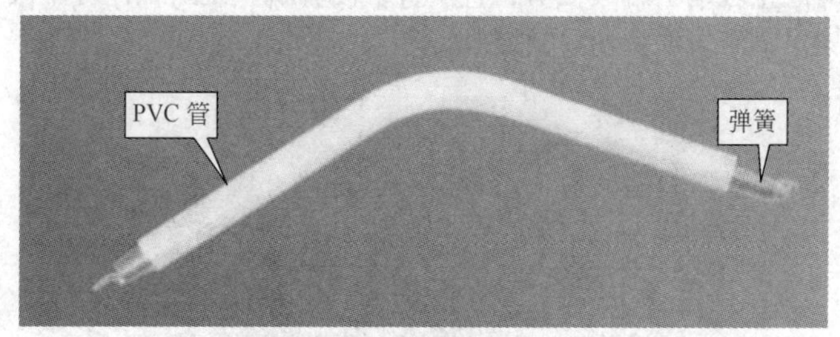

图 17-5 弹簧弯管

（3）PVC 电线管的连接

PVC 管的连接方法见表 17-9。

表 17-9 PVC 管的连接方法

连接方式	连 接 方 法
管接头（或套管）连接	将管接头或套管（可用比连接管管径大一级的同类管料做套管）及管子清理干净，在管子接头表面均匀刷一层 PVC 胶水后，立即将刷好胶水的管头插入接头内，不要扭转，保持约 15s 不动，即可贴牢
插入法连接	将两根管子的管口，一根内倒角，一根外倒角，加热内倒角塑料管至 145℃左右，将外倒角管涂一层 PVC 胶水后，迅速插入内倒角管，并立即用湿布冷却，使管子恢复硬度，如图 17-6 所示

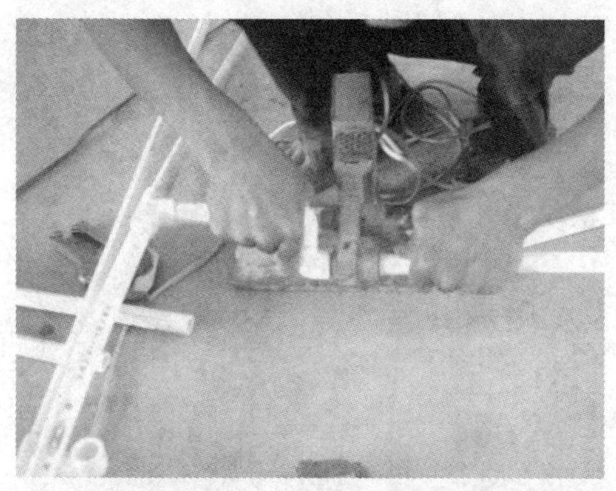

图 17–6　PVC 管接头连接

常用的 PVC 管连接器有三通、月弯、束节等，各种 PVC 管的连接器如图 17-7 所示。硬塑料管与硬塑料管直线连接在两个接头部分应加装束节，束节应按硬塑料管的直径尺寸来选配，束节的长度一般为硬塑料管内径的 2.5 ～ 3 倍，束节的内径与硬塑料管外径有较紧密的配合，装配时用力插到底即可，一般情况不需要涂黏合剂。硬塑料管与硬塑料管为 90° 连接时可选用月弯。线路分支连接时，可选用三通。

图 17–7　常用 PVC 管连接器

PVC 管与塑料接线盒的连接方法是：先将入盒接头和入盒锁扣紧固在盒（箱）壁上；将入盒接头及管子插入段擦干净；在插入段外壁周围涂抹专用 PVC 胶水；用力将管子插入接头，插入后不得随意转动，待约 15s 后即完成，连接后的效果如图 17-8 所示。

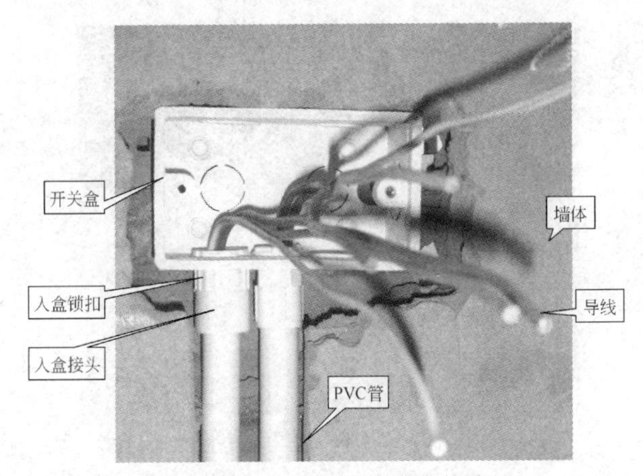

图 17-8　PVC 管与接线盒的连接

（4）PVC 管敷设

① 在地面敷设 PVC 管。新房装修电线管在地面上敷设时，如果地面比较平整，垫层厚度足够，PVC 管可直接放在地面上。为了防止地面上的线管在其他工种施工过程中被损坏，在垫层内的 PVC 管可用水泥砂浆进行保护，如图 17-9 所示。

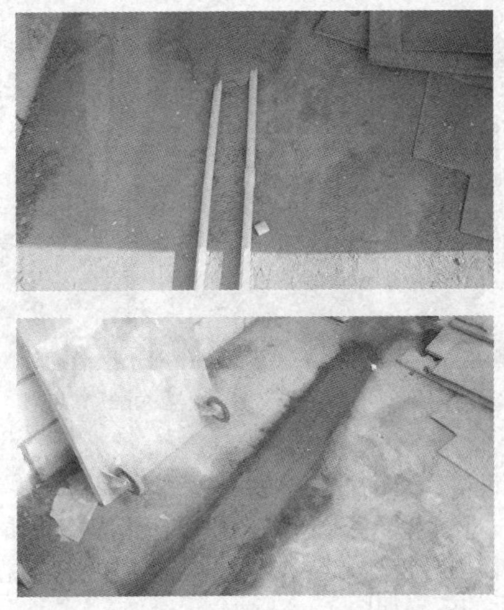

图 17-9　地面线管保护措施示例

② 在墙面敷设 PVC 管。在墙面上暗敷设 PVC 管时，需要先在墙面上开槽。开槽工具一般采用切割机。开槽时不能过宽过大，开槽深度必须保证管子的保护层厚度，开槽的宽度和深度均大于管外径的 1 倍以上。在梁、柱上严禁开槽。值得注意的是，配管要尽量减少转弯，沿最短路径，经综合考虑确定合理管路敷设部位和走向，确定正确盒箱的安装位置，如图 17-10 所示。

安装接线盒的孔洞可使用电锤、也可采用切割机等工具来施工。

开槽完成后，将 PVC 管敷设在线槽中，PVC 管可用管卡固定，也可用木榫进行固定。

注意：在承重墙上横向开槽是极其危险的做法。

③ 在吊顶内敷设 PVC 管。吊顶内的线管要用明管敷设的方式，不得将线管固定在平顶的吊架或龙骨上，接线盒的位置要与龙骨错开，这样便于日后检修，如图 17-11 所示。如果要用软管接到下面灯的位置，软管的长度不能超过 1m。

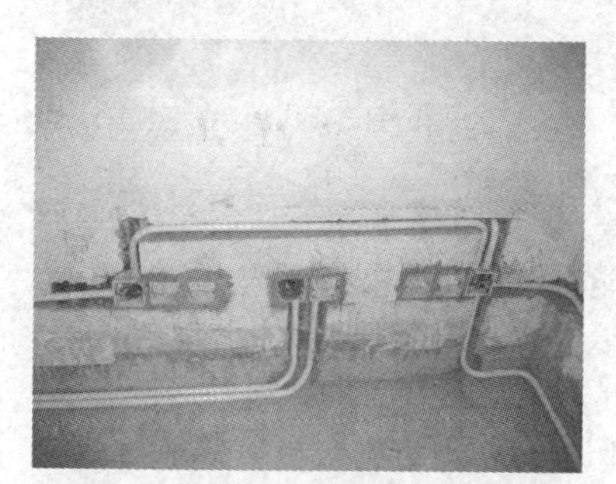

图 17-10　在墙面敷设 PVC 管

图 17-11　在吊顶内敷设 PVC 管

（5）穿线

管路敷设完毕，下一步工序就是穿线，穿线前先穿入一根钢丝，然后通过钢丝把导线穿入电线管内。管内穿线的技术要求如下。

① 穿入管内绝缘导线的额定电压不应低于 500V；管内导线不得有接头和扭结，不得有因导线绝缘性不好而增加的绝缘层。

② 用于不同回路、不同电压、交流与直流的导线，不得穿入同一根管子内。对于照明花灯的所有回路，同类照明的几个回路，则可穿入同一根管内，但管内导线总数不应多于 8 根。

③ 管内导线的总截面积（包括外护层）不应超过管子内截面积的 40%。

④ 穿于垂直管路中的导线每超过一定长度时，应在管口处或接线盒中将导线固定，以防下坠。

穿线时，在管子两端口各有一人，一人负责将导线束慢慢送入管内，另一人负责慢慢抽出引线钢丝，要求步调一致。PVC 管线线路一般使用单股硬导线。单股硬导线有一定的硬度，距离较短时可直接穿入管内，如图 17-12（a）所示。在线路穿线中，如遇月弯导线不能穿过时，可卸下月弯，待导线穿过后再将塑料管连接好，如图 17-12（b）所示。

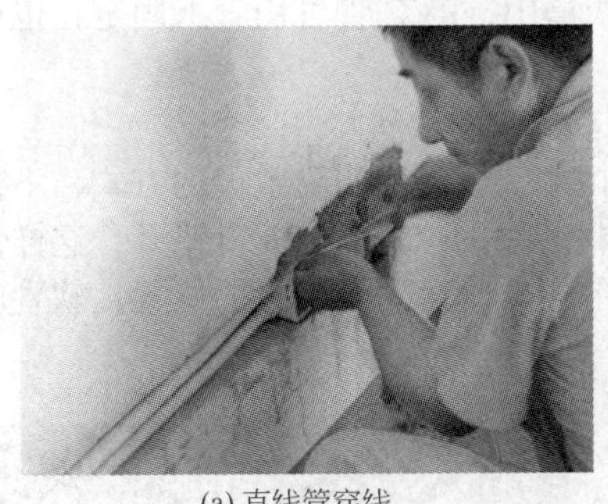
(a) 直线管穿线

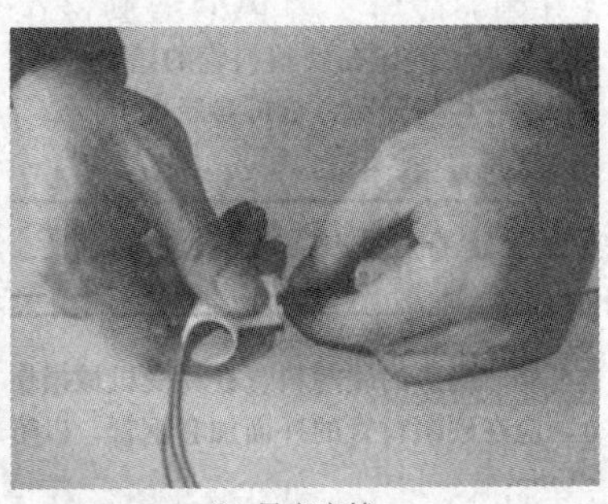
(b) 月弯穿线

图 17-12　PVC 管穿线

注意：多根导线在穿入过程中不能有绞合，不能有死弯。

穿线完成后，将绑扎的端头拆开，两端按接线长度加上预留长度，将多余部分的线剪掉（穿线时一般情况下是先穿线，后剪断，这样可节约导线），如图 17-13 所示。穿线后留在接线盒内的线头要用绝缘带包缠。

图 17-13　预留线头示例

最后用兆欧表测量线与线之间和线与管（地）之间的绝缘电阻，应大于 1MΩ；若低于 0.5MΩ 时应查出原因，重新穿线。

要诀 13　开关插座放置位

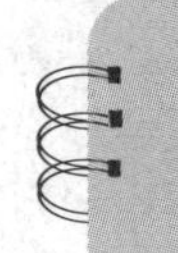

开关放置有规定，门扇开向或右边，
离地大约 1.4m，距框 0.2m 较适宜。
插座如何来设置，离地 0.3 或 1.4（m）。

解说

开关与插座的安装位置，是布线时应慎重考虑的。同一房间的开关或插座高度要一致。

（1）开关的安装位置

一般开关距地 1.4m 左右（一般开关高度是和成人的肩膀一样高）。门厅和客厅的开关应安装在主人回家时，一开门就很轻易够得着的地方，一般设在门的开向或右边，距门框 0.2m 的地方比较适宜。卧室内设置床头柜附近的开关一般距地为 0.5m 左右，便于主人在床上能够开关灯。

开关安装位置应不被推拉门、家具等物遮挡。门厅、较大的客厅、卧室等房间，一般应设置双控开关，以方便对灯具的控制。卧室的一个双控开关安装在进门的墙上，另一个双控开关安装在床头柜上侧或床边较易操作部位。阳台开关应设在室内侧，不应安装在阳台内。

（2）插座的安装位置

插座的设置与用途有关。视听设备、台灯、接线板等的墙上插座一般距地面 0.3m（客厅插座根据电视柜和沙发而定）；洗衣机的插座距地面 1.2 ～ 1.5m；电冰箱的插座为 1.5 ～ 1.8m；空调、排气扇等的插座距地面为 1.9 ～ 2m；厨房功能插座离地 1.1m；欧式吸烟机电源插座的位置，一般适宜于纵坐标定在离地 2.2m，横坐标（即左右）可定在吸烟机本身长度的中间，这样不会使电源插头和脱排背墙部分相碰，插座位于脱排管道中心。

要诀 14　膨胀螺栓安装法

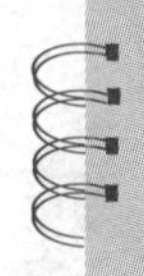

配线装灯怎固定，可以先埋预制件。
未埋预件怎么办，膨胀螺栓固定牢。
先用冲钻打个孔，打入螺栓旋螺帽。
打孔深度要足够，空心体墙要加固。

解说

固定灯架等物件时，如果没有预埋铁件，则一般用膨胀螺栓来固定。

如图 17-14 所示，膨胀螺栓有不锈钢膨胀螺栓和塑料膨胀螺栓之分，其用途不一样。在家居电气施工时，塑料膨胀螺栓通常用于作为壁灯灯座、开关、插座等小型器件的固定；不锈钢膨胀螺栓可用于吊灯、排风扇、油烟机等大型物件挂钩板的固定。膨胀螺栓的固定并不十分可靠，假如载荷有较大振动，可能发生松脱，因此不推荐用于安装吊扇等。

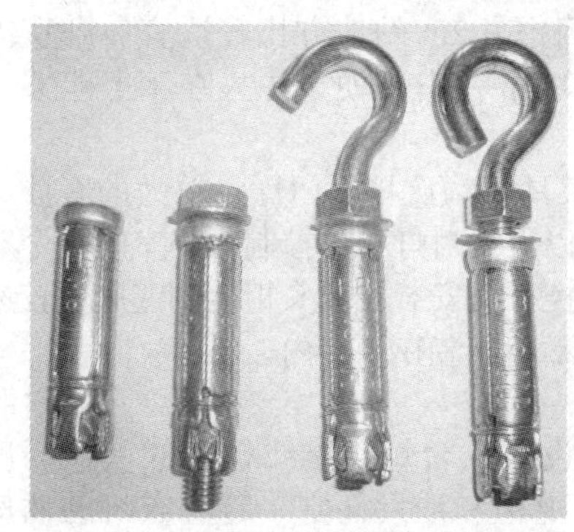

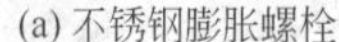
(a) 不锈钢膨胀螺栓

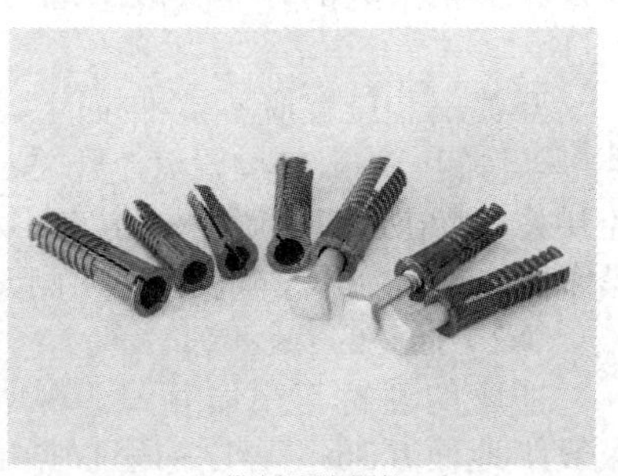

(b) 塑料膨胀螺栓

图 17-14　膨胀螺栓的外形

安装膨胀螺栓时，先在墙上或天花板上选好打孔位置；再用冲击电钻在选好的位置上钻孔；之后把膨胀螺栓打入孔洞中，旋上螺母，用扳手拧紧膨胀螺栓上的螺母；再把被固定的物品上有孔的固定件对准螺栓装上，装上外面的垫片或是弹簧垫圈把螺母拧紧即可，如图 17-15 所示。

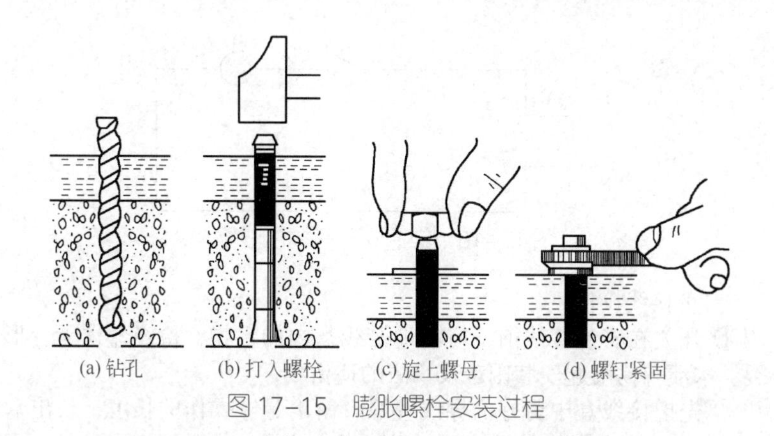

图 17-15　膨胀螺栓安装过程

正确安装在混凝土墙中的一颗 M6/8/10/12 的膨胀螺栓，它的最大静止受力分别是 120/170/320/510kg。因此，在安装膨胀螺栓时应注意以下三点。

① 打孔深度应比膨胀管的长度深 5mm 左右。

② 膨胀螺栓对墙面的要求是越硬越好。

空心轻体墙进行加固处理的方式有两种：一是采用水泥砂浆（含石子）将需固定的空心处填实，等干透后用膨胀螺栓固定电器固定架；二是将墙体打穿使用加长螺栓杆将电器固定架固定在整个墙体上。

③ 比较重的物件应用加长形膨胀螺栓固定。

要诀 15　照明开关的安装

开关串联进相线，零线不能进开关。
安装位置选择好，既守规范又方便。
盒内余线应适度，接线不能裸线头。
保证线头接触好，固定螺钉要拧紧。
要把底板固定稳，面板平正才美观。

解说

单控照明开关的线路如图 17-16 所示。开关是线路的末端，到开关的是从灯头盒引来的电源相线和经过开关返回灯头盒的回相线。

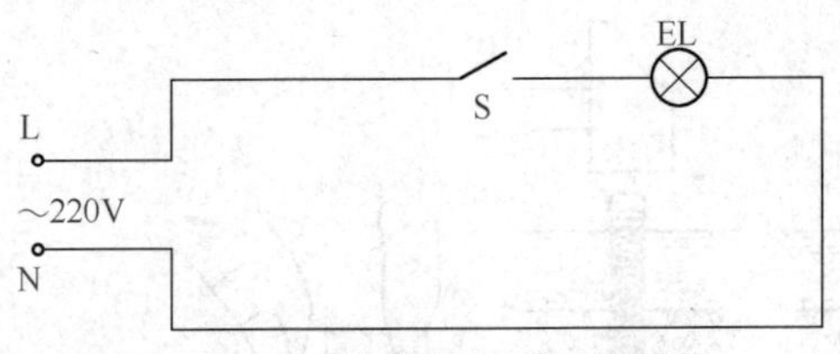

图 17-16　单控照明开关的线路

（1）接线操作

① 开关在安装接线前，应清理接线盒内的污物，检查盒体无变形、破裂、水渍等易引起安装困难及事故的遗留物。

② 先把接线盒中留好的导线理好，留出足够操作的长度，长出盒沿 10 ～ 15cm。注意不要留得过短，否则很难接线；也不要留得过长，否则很难将开关装进接线盒。

③ 用剥线钳把导线的绝缘层剥去 10mm。

④ 把线头插入接线孔，用小螺丝刀把压线螺钉旋紧。注意线头不得裸露，如图 17-17 所示。

图 17-17　开关接线操作

（2）面板安装

开关面板分为两种类型，一种是单层面板，面板两边有螺钉孔；另一种是双层面板，把下层面板固定好后，再盖上第二层面板。

① 单层开关面板安装的方法：先将开关面板后面固定好的导线理顺盘好，把开关面板压入接线盒。压入前要先检查开关跷板的操作方向，一般按跷板的下部，跷板上部凸出时，为开关接通灯亮的状态。按跷板上部，跷板下部凸出时，为开关断开灯灭的状态。再把螺钉插入螺钉孔，对准接线盒上的螺母旋入。在螺钉旋紧前注意检查面板是否平齐，旋紧后面板上

边要水平，不能倾斜。

② 双层开关面板安装方法：双层开关面板的外边框是可以拆掉的，安装前先用小螺丝刀把外边框撬下来，把底层面板先安装好，再把外边框卡上去，如图 17-18 所示。

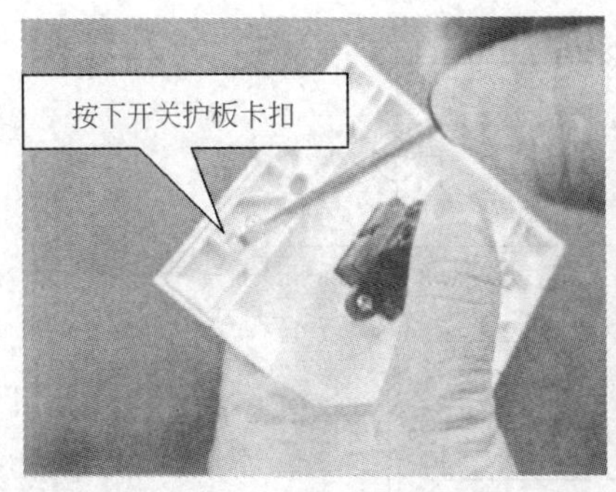

图 17–18　双层开关面板安装

暗装双控开关有 3 个接线端，如图 17-19 所示。我们把中间一个接线端编号为 1，两边接线端分别编号为 2、3，接线端 2、3 之间在任何状态下都是不通的，可用万用表电阻挡进行检测。双控开关的动片可以绕 1 转动，使 1 与 2 接通，也可以使 1 与 3 接通。注意两个双控开关位置编号相同。当开关 SA1 的触点 1 与 2 接通时，电路关断，灯灭，如图 17-20（a）所示；当开关 SA1 的触点 1 与 3 接通时，电路接通，灯亮，如图 17-20（b）所示；如果想在另一处关灯时扳动开关 SA2 将 1、3 接通，电路关断，灯灭，如图 17-20（c）所示。再扳动开关 SA2 将 1、2 接通，电路接通，灯又亮；同样再扳动开关 SA1 将 1、2 接通，电路关断，灯灭。这样就实现了两地控制一盏灯。两个双控开关控制一盏灯的工作原理如图 17-20 所示。

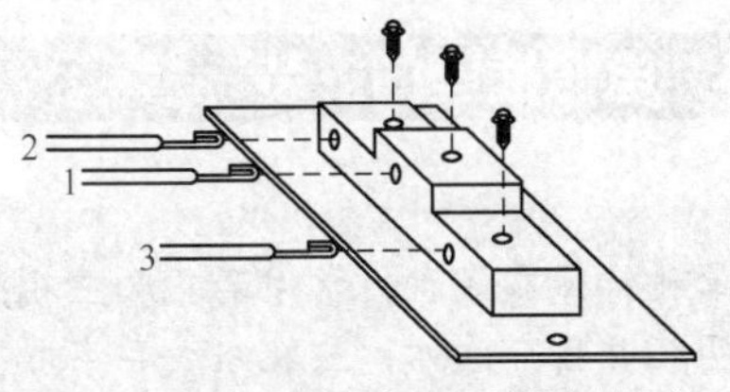

图 17–19　暗装双控开关接线图

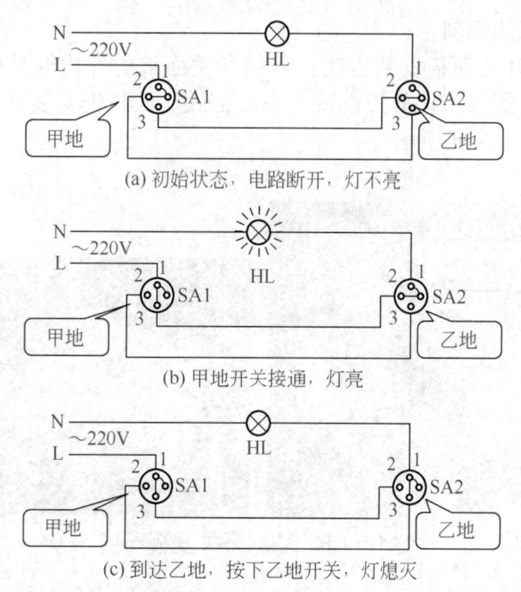

(a) 初始状态，电路断开，灯不亮

(b) 甲地开关接通，灯亮

(c) 到达乙地，按下乙地开关，灯熄灭

图 17-20 两个双控开关控制一盏灯的工作原理

专家指点

① 不要把开关装在靠近水的地方，装在开放式阳台、卫生间的开关应配置专用的防溅盖。

② 安装开关最基本的要求是要牢固，同时还有注意美观，开关面板应端正，成排安装的开关的高度应一致。

③ 相线进开关，零线不能进开关，这是最基本的操作常识。在实际施工过程中，常常有人出现错误，应引起读者注意。

要诀 16 电源插座的安装

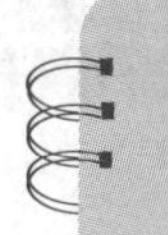

单相插座有多种，常用两孔和三孔。
两孔并排分左右，三孔组成品字形。
面对插座定方向，各孔接线有规定。

左接零线右接相，保护地线接正中。
安装位置有规定，高位低位看用途。
多数插座为低位，0.3m 或 1.5m。
空调插座为高位，要求距地 1.8m。
紧贴墙壁排整齐，高度一致最美观。

（1）电源插座接线规定

① 单相两孔插座有横装和竖装两种。横装时，面对插座的右孔接相线（L），左孔接零线（中性线 N），即“左零右相”；竖装时，面对插座的上孔接相线，下孔接中性线，即“上相下零”。

② 单相三孔插座接线时，保护接地线（PE）应接在上方，下方的右孔接相线，左孔接中性线，即“左零右相中 PE”。单相插座的接线方法如图 17-21 所示。

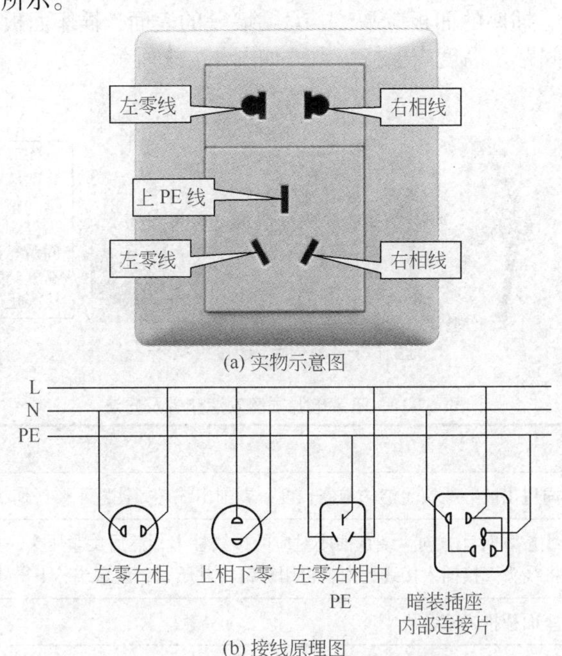

图 17-21　单相插座的接线方法

③ 多个插座导线连接时，不允许拱头（即将连接头直接铰接在接线盒内）连接，应采用LC型压接帽压接总头后，再进行分支线连接，如图17-22所示。

图 17-22 多个插座导线连接

（2）暗装电源插座的安装步骤和方法

暗装电源插座安装步骤及方法见表17-10。

安装时，插座的面板应平整、紧贴墙壁的表面，插座面板不得倾斜，相邻插座的间距及高度应保持一致，如图17-23所示。

操作要点
紧贴墙壁，
排列整齐，
不得倾斜，
间距一致，
高度一致，
接线正确。

图 17-23 暗装插座安装

表 17-10 暗装电源插座安装步骤及方法

步骤	操 作 方 法
1	将盒内甩出的导线留足够的维修长度，剥削出线芯，注意不要碰伤线芯
2	将导线按顺时针方向盘绕在插座对应的接线柱上，然后旋紧压头。如果是单芯导线，可将线头直接插入接线孔内，再用螺钉将其压紧，注意线芯不得外露
3	将插座面板推入暗盒内
4	对正盒眼，用螺栓固定牢固。固定时要使面板端正，并与墙面平齐

【延伸阅读】

插座接线检查

插座接线是否正确，可用双功能漏电相位检测仪检查，如图 17-24 所示。

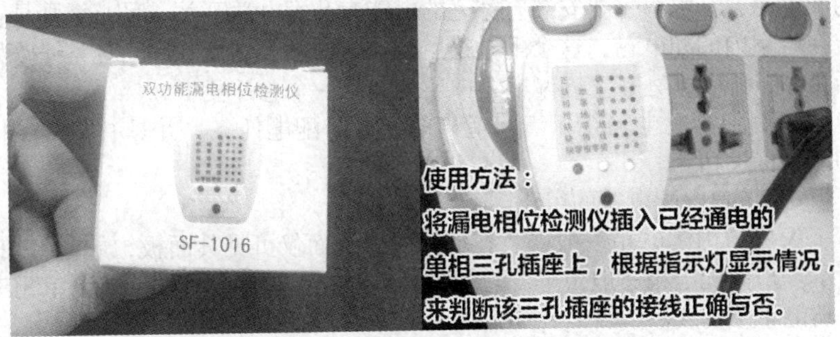

(a) 检测仪　　(b) 使用方法

●¤¤	（按黑钮）
漏电保护器动作	正确
漏电保护器不动作	坏、地零错
¤¤●	相零错
¤●¤	相地错
●¤●	缺地线
●●¤	缺零线
●●●	缺相线

备注：¤ 圈为灯亮　● 圈为灯灭

(c) 判定方法

图 17-24　插座接线检查

要诀 17　户内配电箱安装

电箱组成三单元，总闸漏保回路控。
承担宅内供配电，过载漏电能保护。
安装方式有两种，墙上贴装和嵌装。
家居通常用嵌装，四周贴墙填入浆。
控制电器装入箱，线路整齐入线桩。

楼宇住宅家庭通常有两个配电箱，一个是统一安装在楼层总配电室的配电箱，在那里主要安装有家庭的电能表和配电总开关；另一个则是安装在居室内的配电箱，这个配电箱主要安装的是分别控制房间各条线路的断路器，许多家庭在室内配电箱中还安装有一个总开关。

家庭户内配电箱担负着住宅内的供电与配电任务，并具有过载保护和漏电保护功能。

（1）户内配电箱的组成

家庭户内配电箱一般嵌装在墙体内，外面仅可见其面板，如图 17-25 所示。户内配电箱一般由电源总闸单元、漏电保护单元和回路控制单元三个功能单元构成。

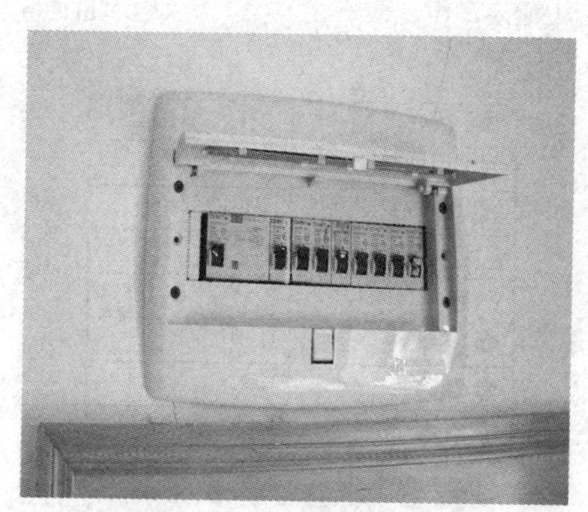

图 17-25　家庭户内配电箱

① 电源总闸单元。该单元一般位于配电箱的最左边，采用电源总闸（隔离开关）作为控制元件，控制着入户总电源。拉下电源总闸，即可同时切断入户的交流 220V 电源的相线和零线。

② 漏电保护单元。该单元一般设置在电源总闸的右边，采用漏电断路器（漏电保护器）作为控制与保护元件。漏电断路器的开关扳手平时朝上处于“合”位置；在漏电断路器面板上有一试验按钮，供平时检验漏电断路器用。当户内线路或电器发生漏电，或万一有人触电时，漏电断路器会迅速动作切断电源（这时可见开关扳手已朝下处于“分”位置）。

③ 回路控制单元。该单元一般设置在配电箱的右边，采用断路器作为控制元件，将电源分若干路向户内供电。对于小户型住宅（如一室一厅），

可分为照明回路、插座回路和空调回路。各个回路单独设置各自的断路器和熔丝。对于中等户型、大户型住宅（如两室一厅一厨一卫，三室一厅一厨一卫等），在小户型住宅回路的基础上可以考虑适当增设一些控制回路，如客厅回路、主卧室回路、次卧室回路、厨房回路、空调 1 回路，空调 2 回路等，一般可设置 8 个以上的回路，居室数量越多，设置的回路就越多，其目的是达到用电安全、方便。如图 17-26 所示为建筑面积在 90m^2 左右的普通两居室配电箱控制回路设计的实例。

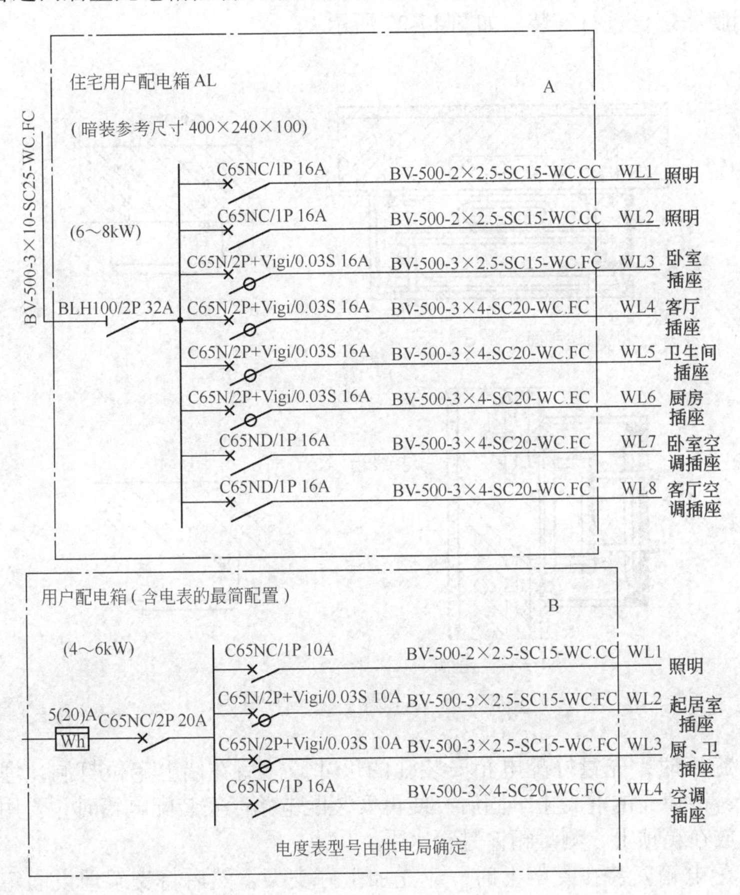

图 17-26　两居室配电箱控制回路设计实例

户内配电箱在电气上，电源总闸、漏电断路器、回路控制 3 个功能单元是顺序连接的，即交流 220V 电源首先接入电源总闸，通过电源总闸后进入漏电断路器，通过漏电断路器后分几个回路输出。

户内配电箱一般安装在门厅、玄关、餐厅和客厅，有时也会安装在走廊里。

（2）户内配电箱的安装方式

① 在墙上安装配电箱。配电箱直接安装在墙上时，可用埋设固定螺栓，或用膨胀螺栓进行安装，如图 17-27 所示。

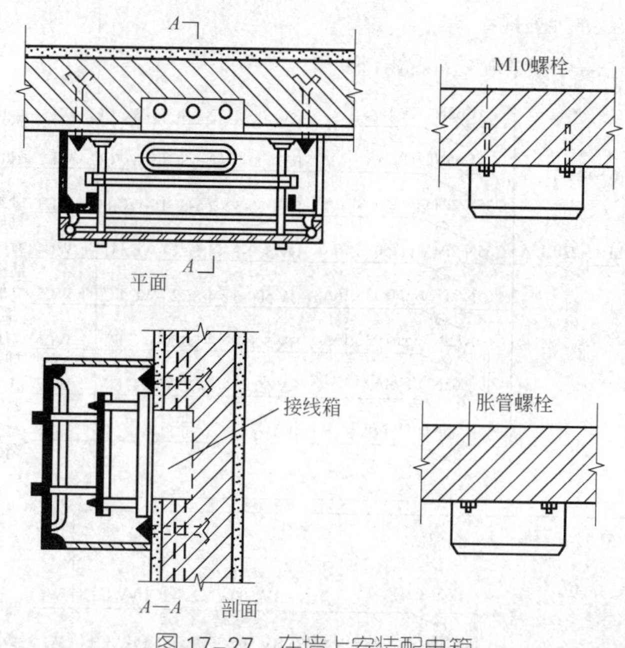

图 17-27 在墙上安装配电箱

施工时，先量好配电箱安装孔的尺寸，然后在墙上定位打洞，埋设螺栓，待填充的混凝土牢固后，便可安装配电箱。安装配电箱时，要用水平尺放在箱顶上，测量箱体是否水平。

配电箱安装在支架上时，应先加工好支架，然后将支架埋设固定在墙上，或用抱箍固定在柱子上，再用螺栓将配电箱安装在支架上，并对其进行水平调整和垂直调整。

照明配电箱安装应牢固，其安装高度应按施工图纸要求。

② 嵌入式配电箱的安装。配电箱暗装（嵌入式安装）通常是配合土建砌墙时将箱体预埋在墙内。

根据预留孔洞尺寸先将箱体找好标高及水平尺寸，面板四周边缘应紧贴墙面，并将箱体固定好，然后用水泥砂浆填实周边并抹平齐，待水泥砂浆凝固后再安装盘面和贴脸，如图 17-28 所示。如箱底与外墙平齐时，

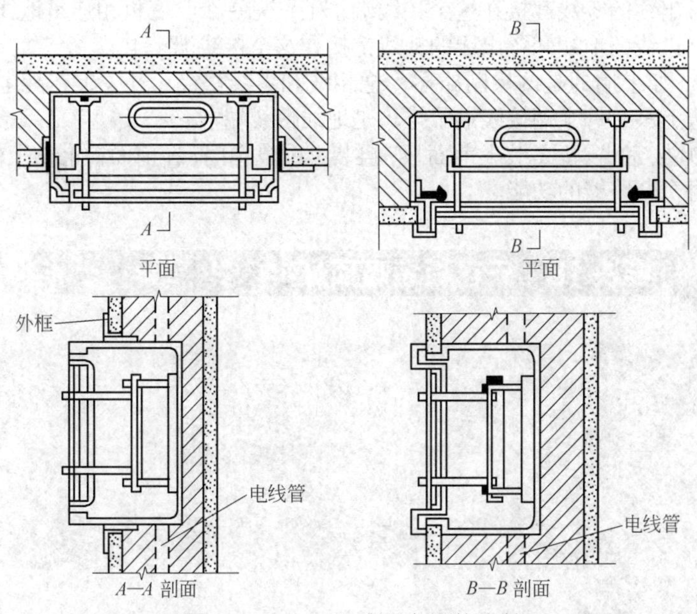

图 17-28　嵌入式配电箱的安装

应在外墙固定金属网后再做墙面抹灰。不得在箱底板上抹灰。安装盘面要求平整，周边间隙均匀对称，贴脸（门）平正，不歪斜，螺栓垂直受力均匀。

（3）配电箱的接线

配电箱内部线路的排列情况是最能说明电工水准的重要参照，它好比电工本身的思路，思路清晰了，线路也就清晰了，如图 17-29 所示。

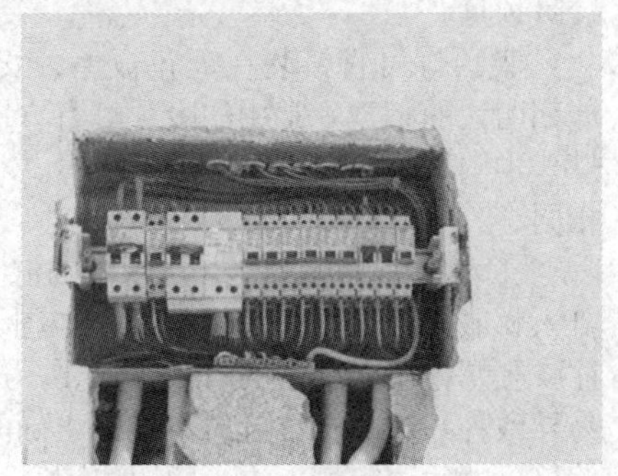

图 17-29　配电箱内部布线示例

① 把配电箱的箱体在墙体

内用水泥固定好，同时把从配电箱引出的管子预埋好，然后把导轨安装在配电箱底板上，将断路器按设计好的顺序卡在导轨上，各条支路的导线在管中穿好后，末端接在各个断路器的接线端。

② 如果用的是单极断路器，只把相线接入断路器，在配电箱底板的两边各有一个铜接线端子排，一个与底板绝缘是零线接线端子，进线的零线和各出线的零线都接在这个接线端子上。另一个与底板相连是地线接线端子，进线的地线和各出线的地线都接在这个接线端子上。

③ 如果用的是两极断路器，把相线和零线都接入开关，在配电箱底板的边上只有一个铜接线端子排，是地线接线端子。

④ 接完线以后，装上前面板，再装上配电箱门，在前面板上贴上标签，写上每个断路器的功能。

要诀 18 天花板装吸顶灯

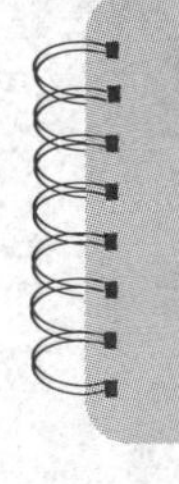

天花板装吸顶灯，美观大方很适用。
该灯样式有多种，安装方法基本同。
膨胀螺栓固挂板，灯线接头做绝缘。
再固吸盘及灯座，插入灯泡或灯管。
开关闭合灯发光，盖好灯罩好漂亮。

吸顶灯是目前家居装修时最常用的灯具，几乎所有居室都适合于安装吸顶灯。

吸顶灯可直接装在天花板上，安装简易，款式简单大方，赋予空间清朗明快的感觉。常用的吸顶灯有方罩吸顶灯、圆球吸顶灯、尖扁圆吸顶灯、半圆球吸顶灯、半扁球吸顶灯、小长方罩吸顶灯等，其安装方法基本相同。

① 钻孔和固定挂板。对现浇的混凝土实心楼板，可直接用电锤钻孔，打入膨胀螺栓，用来固定挂板，如图 17-30 所示。固定挂板时，在木螺栓往膨胀螺栓里面旋紧的时候，不要一边完全旋紧了才固定另一边，那样容易导致另一边的孔位置对不准，正确的方法是粗略固定好一边，使其不会偏移，然后固定另一边，两边要同时进行，交替进行。

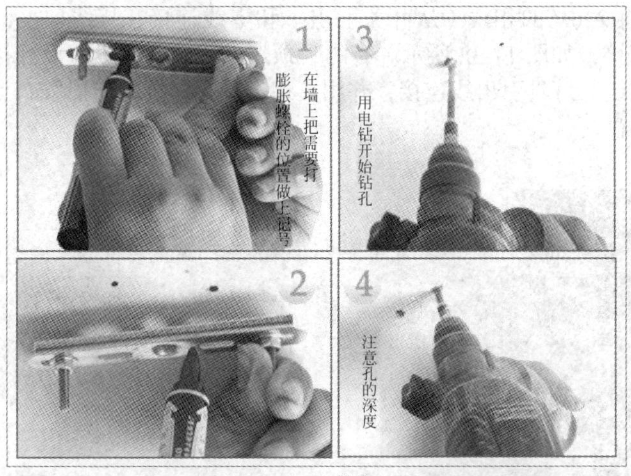

(a) 钻孔

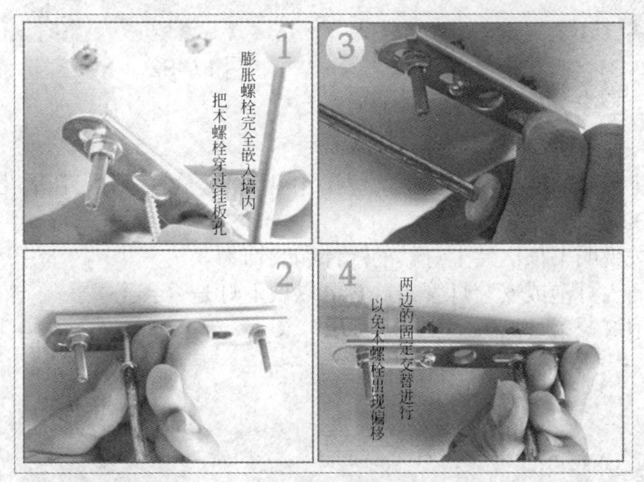

(b) 固定挂板

图 17-30　钻孔和固定挂板

注意：为了保证使用安全，当在砖石结构中安装吸顶灯时，应采用预埋吊钩、螺栓、螺钉、膨胀螺栓、尼龙胀塞或塑料胀塞固定，严禁使用木楔。

② 拆开包装，先把吸顶盘接线柱上自带的一点线头去掉，并把灯管取出来，如图 17-31 所示。

③ 将 220V 的相线（从开关引出）和零线连接在接线柱上，与灯具引出线相接，如图 17-32 所示。有的吸顶灯的吸顶盘上没有设计接线柱，可将电源线与灯具引出线连接，并用黄蜡带包紧，外加包黑胶布。将接头放到吸顶盘内。

图 17-31　拆除吸顶盘接线柱上的连线并取下灯管

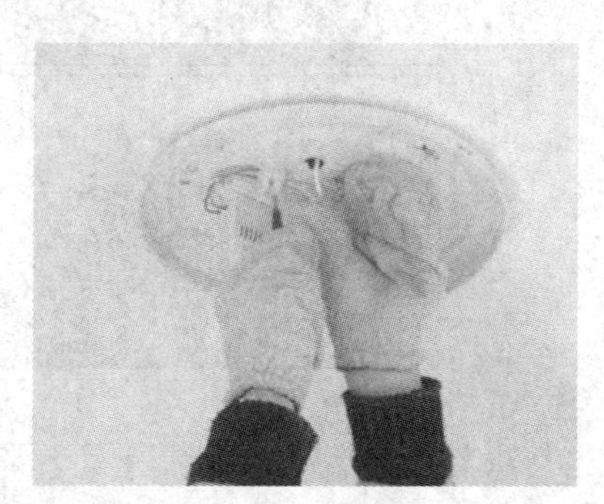

图 17-32　在接线柱上接线

④ 将吸顶盘的孔对准吊板的螺栓，将吸顶盘及灯座固定在天花板上。如图 17-33 所示。

⑤ 按说明书依次装上灯具的配件和装饰物。

⑥ 插入灯泡或安装灯管（这时可以试下灯是否会亮）。

⑦ 把灯罩盖好，如图 17-34 所示。

图 17-33　固定吸顶盘和灯体

图 17-34　安装灯罩

【延伸阅读】

嵌入式吸顶灯安装

如果在厨房、卫生间的吊顶上安装嵌入式吸顶灯，先要按实际安装位置在扣板上打孔，将电线引过来，如图 17-35（a）所示。并在吊顶内安装三角龙骨，常见三角龙骨有两种，如图 17-35(b)所示：一种为内翻龙骨，一种为外翻龙骨，相比之下，内翻龙骨更有优势。使三角龙骨上与吊筋连接，下与灯具上的支承架连接，这样做既安全又保证位置准确，便于用弹簧卡子固定吸顶盘。注意处理好吸顶灯与吊顶面板的交接处，一般吸顶灯的边缘应盖住吊顶面板，否则影响美观。

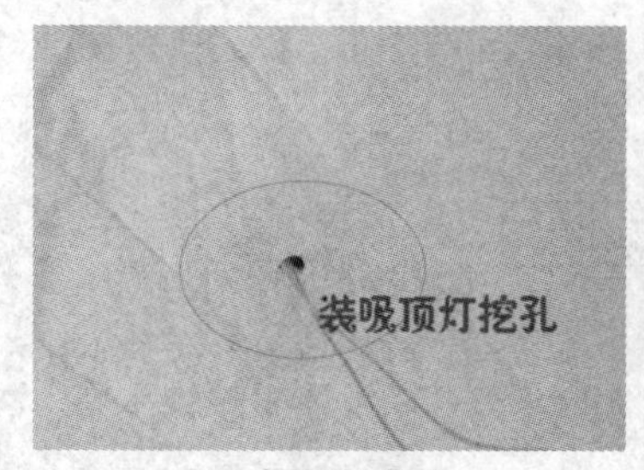

(a) 在吊顶上挖孔

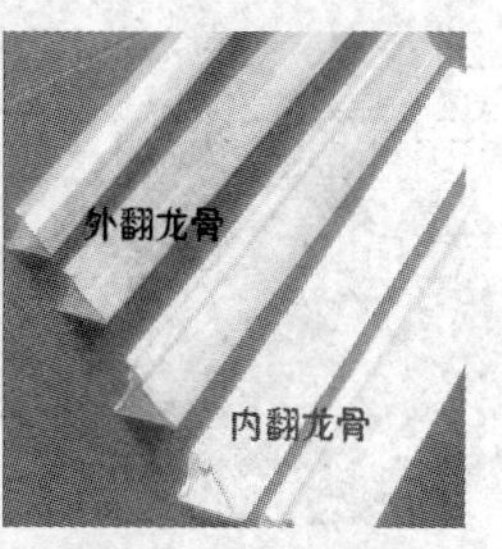

(b) 三角龙骨

图 17-35　在吊顶上挖孔和三角龙骨

要诀 19　蓬荜生辉筒灯亮

筒灯装在吊顶内，横插竖插两形式。
嵌入安装分三步，先将吊顶来开孔。
连接灯座电极线，相线接在螺口中。
灯筒入孔簧弹回，筒灯卡在顶棚上。
闭合开关筒灯亮，蓬荜生辉装饰美。

解说

相对于普通明装的灯具，筒灯是一种具有聚光性的灯具，一般都被安装在天花吊顶内（因为要有一定的顶部空间，一般吊顶需要在 150mm

以上才可以装）。嵌入式筒灯的最大特点就是能保持建筑装饰的整体统一与完美，不会因为灯具的设置而破坏吊顶艺术的完美统一。筒灯通常用于普通照明或辅助照明，在没有顶灯或吊灯的区域安装筒灯，光线相对于射灯要柔和。一般来说，筒灯可以装白炽灯泡，也可以装节能灯。

筒灯规格有大（ϕ140mm）、中（ϕ125mm）、小（ϕ80mm）三种。其安装方式有横插和竖插两种，横插价格比竖插要贵些。一般家庭用筒灯最大不超过 ϕ80mm，装入 5W 节能灯即可，如图 17-36 所示。

安装嵌入式筒灯主要有以下三个步骤。

① 在吊顶板上定位并按照筒灯的大小开孔，如图 17-37 所示。

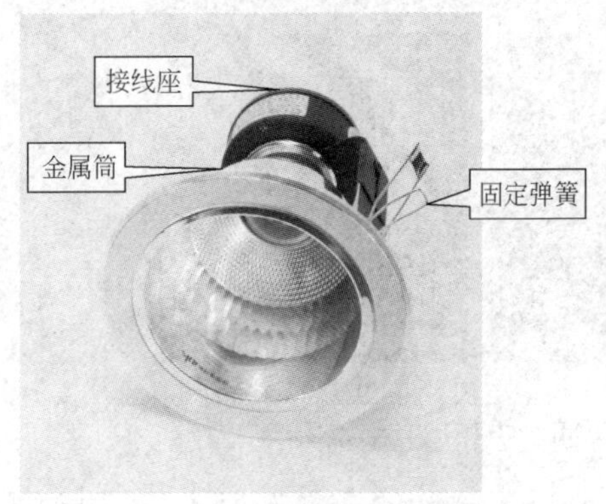

图 17-36　筒灯

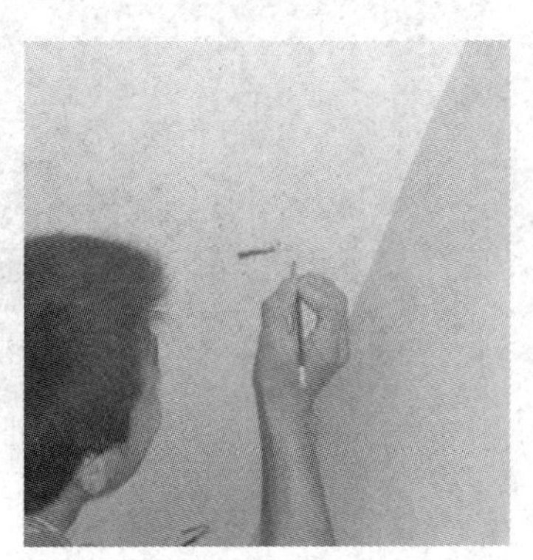

图 17-37　定位

② 将筒灯的灯线连接牢固，相线接在螺口的中心电极上，零线接在螺旋套电极上。如图 17-38 所示。

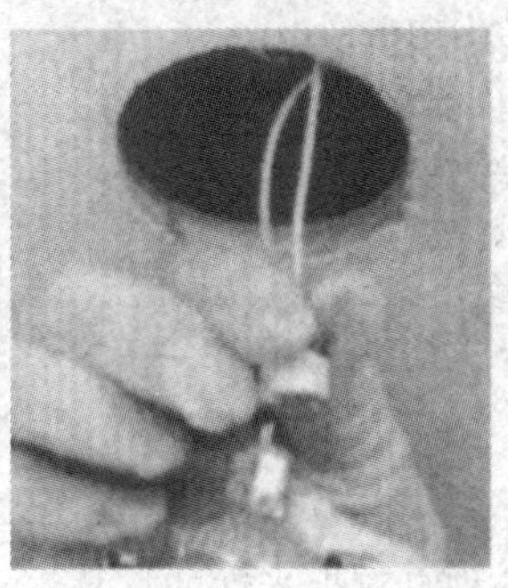

图 17-38　接线

③ 把灯筒两侧的固定弹簧向上扳直，插入顶棚上的圆孔中，把灯筒推入圆孔直至推平，让扳直的弹簧会向下弹回，撑住顶板，筒灯就会牢固地卡在顶棚上，如图 17-39 所示。

图 17-39　在吊顶上固定筒灯

【延伸阅读】

室内照明灯具安装的技术要求

（1）安装照明灯具的最基本要求是必须牢固、平整、美观。

（2）室内安装壁灯、床头灯、台灯、落地灯、镜前灯等灯具时，灯具的金属外壳均应接地，以保证使用安全。

（3）卫生间及厨房装矮脚灯头时，宜采用瓷螺口矮脚灯头座。螺口灯头接线时，相线（开关线）应接在中心触点端子上，零线接在螺纹端子上。

（4）台灯等带开关的灯头，为了安全，开关手柄不应有裸露的金属部分。

（5）在装饰吊顶安装各类灯具时，应按灯具安装说明的要求进行安装。灯具质量大于 3kg 时，应采用预埋吊钩或从屋顶用膨胀螺栓直接固定在支吊架安装（不能用吊平顶或吊龙骨支架安装灯具）。从灯头箱盒引出的导线应用软管保护至灯位，防止导线裸露在平顶内。

（6）同一场所安装成排灯具一定要先弹线定位，再进行安装，中心偏差应不大于 2mm。要求成排灯具横平竖直，高低一致；若采用吊链安装，吊链要平行，灯脚要同一条线上。

（7）安装照明灯具时一定要保证双手是干净的，不得污染，安装好以后要立即用干布擦一遍，保证干净。

（8）灯具安装过程中，要保证不得污染损坏已装修完毕的墙面、顶棚、地板。

要诀 20　绕组首尾判断法

绕组首尾怎么找，利用指针万用表。
找出同相两线端，假设三相首尾端，
三首三尾连一起，表置最小毫安挡。
扒动转子并绕组，表针不动就对了。
表针摆动假设错，重新组合至正确。

判断电动机三相绕组首尾端的方法比较多，这里推荐用万用表毫安挡测量法判别定子绕组首尾端。

（1）判别出三相绕组各自的两个出线端。把万用表调到 $R\times10\Omega$ 或 $R\times100\Omega$ 挡，分别测量 6 个线头的电阻值，其阻值接近于零时的两根出线端为同一相绕组（电阻小的为同一绕组）。用同样的方法，可判别出另外两相绕组。

（2）用万用表毫安挡判别各相绕组的首尾端

① 将万用表的转换开关置于直流 mA 挡，并将三相绕组并联接成如图 17-40 所示的线路。根据万用表指针是否摆动，从而判别绕组的首尾端。

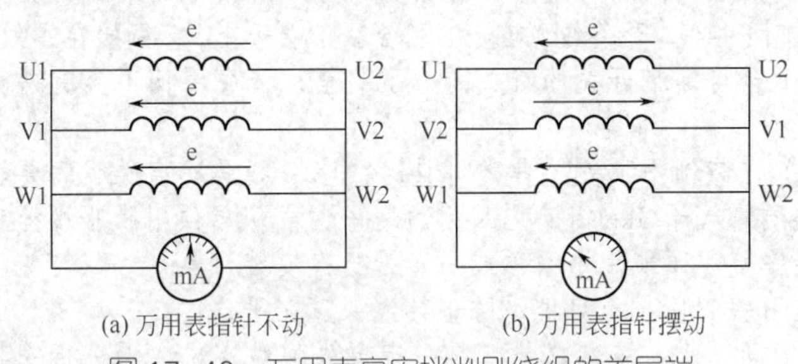

图 17-40　万用表毫安挡判别绕组的首尾端

② 用手转动电动机的转子，看万用表指针是否摆动，不摆动则表明所接线正确，三相首端（或是尾端），分别为 U1、V1、W1 和 W2、U2、V2。若指针摆动，就得一相一相地将每相绕组调个头依次重测，直到表针不摆动为止。表笔与并联的首端或是尾端连接，若万用表指针不动，说明三相绕组首尾端的区分是正确的。依次类推，从而判断出了电动机定

子绕组的首尾，即其中的一端为首端，另一端为尾端。

知道了绕组的首尾端，就可以正确地接成 Y 形或△形。

专家指点

当某相绕组对调后万用表指针仍动，此时应将该相绕组两端还原，再对调另一相绕组，这样最多只要对调三次必定能区分出绕组的首尾端。

要诀 21　三相接线星 / 三角

电机接线分两种，三相接线星三角，
绕线尾尾（或头头）并星形，首尾串接成三角。
接线盒内六线桩，具体接法是这样，
三桩横联是星形，上下串联为三角。
额定电压二百二，一般采用星接法；
额定电压三百八，一般采用角接法；
厂家预定的接法，自己不能随意改。

解说

三相异步电动机的三相定子绕组按电源电压的不同和电动机铭牌上的要求，可接成星形（Y）或三角形（△）两种形式。

我们知道了绕组的首尾端，就可以正确地接成 Y 形或△形。连接时究竟接成 Y 或是△形，这要根据电源电压要求而定。如电动机名牌上标注为 220/380V，△ /Y 形的电动机，当电源电压为 220V 时，定子绕组为△形连接；当电源电压为 380V 时，定子绕组则为 Y 形连接。接线时一定要按电压高低对号入座选择定子绕组的接法，千万不能接错，否则电动机不能正常运转，甚至会烧坏电动机绕组。

（1）星形（Y）连接。将三相绕组的尾端 U2、V2、W2 短接在一起，首端 U1、V1、W1 分别接三相电源。

（2）三角形（△）连接。将第一相绕组的尾端 U1 接第二相绕组的首端 V1，第二相绕组的尾端 V2 接第三相绕组的首端 W1，第三相绕组的尾端 W2 接第一相绕组的首端 U1，然后将三个端点分别接三相电源。三相异步电动机三相绕组的接法见表 17-11。

专家指点

异步电动机不管星形接法还是三角形接法，调换三相电源的任意两相，即可得到方向相反的转向。

表 17-11　三相异步电动机的三相绕组接法

连接法	接线实物图	接线图	原理图
星形（Y）接法		W2 U2 V2 V1 W1 U1	U2 V2 W2 U1 V1 W1
三角形（△）接法		W2 U2 V2 V1 W1 U1	U2 V2 W2 U1 V1 W1

要诀 22　电机正反转改变

三相电机正反转，两相电源一调换，
相序变了方向变，机随你意正、反转。
单相电机需反转，改变转向也简单，
分相启、运两绕组，任一绕组首尾换。

解说

对于三相电动机，需改变电动机旋转方向，只要将电动机任意两根电源线对调一下（改变相序），就可达到正反转的目的。

对于单相罩极式电动机，它只有一组线圈，要改变旋转方向，通常将定子铁芯抽出后再颠倒一个方向，电动机就可反转。

对于串极电动机，要改变旋转方向，只需把电刷架的引线对调一下就可以了。

对于分相式电动机，它有启动和运行两个绕组，在制造时常将绕组首端及尾端的共同点引出机壳外，构成三引线形式。要改变旋转方向，先用万用表找出各绕组，再将启动绕组或运行绕组的任一相首尾调接一下，即可达到反转的目的。

专家指点

如果需要小型单相电动机频繁正反转，可采用倒顺开关来控制电动机的正反转，如图 17-41 所示。

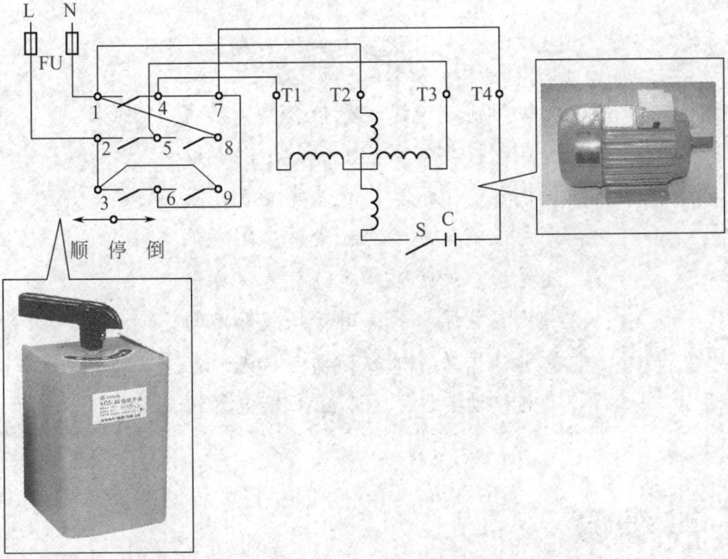

图 17-41　倒顺开关来控制电动机的正反转

要诀 23　单相电机选熔丝

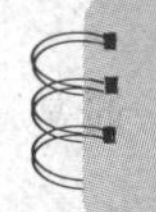

单相电机选熔丝，额定容量乘以四。
启动难易要判断，三至五倍不太死。

如要选择 5kW 水泵电机的熔丝，因水泵电机启动不太困难，故可按电动机额定容量的 4 倍来考虑，即：$I_r = 4 \times 5 = 20$（A）。若水泵电动机距离配电变压器较近，水井又浅，启动很容易时，电动机熔丝就可按额定容量的 3 倍来考虑，即 $I_r = 3 \times 5 = 15$（A）。

注意，按口诀选择的熔丝大小不是国家规定的标准值时，则应选择接近国标值的熔丝。

要诀 24　农用电动机安全

农机工作环境差，电机防护是关键。
电机用前测绝缘，数值合格才接线。
各点连接要紧固，外壳接地防漏电。
装机之前先试车，观看转向正与反。
方向正确装皮带，松紧适度不跑偏。
设置护挡防带脱，对轮装置保安全。
安装漏电保护器，用于场院和田间。
要想维护必停机，移动电机先停电。
停电移动要注意，防止拉断电源线。

电动机是农用机械最常用的动力之一，因此，电动机的安全运行是

保证农用机械正常工作的基本条件。

① 农用机械的工作环境千差万别，例如粉碎机械的使用环境是被粉碎的农作物秸秆、瓜秧四处飞扬。水泵的使用环境是有滴水和溅水。为了保证安全作业，必须按照工作环境选择适当的防护形式。如在恶劣环境下或户外，宜选用封闭式电动机；易燃易爆的环境，宜选用防爆式电动机；在有滴水、溅水的环境，宜选用防护式电动机。

② 长时间（3 个月）停用的电动机，使用前应测量其绝缘电阻。用 500V 兆欧表测电动机的绕组与绕组，绕组与外壳的绝缘电阻，若阻值低于 0.5MΩ，就应驱除潮湿水分后再开机。具体干燥的方法有外部干燥法，电流干燥法和两者同时进行的联合干燥法。

外部干燥：即利用外部热源进行干燥处理，常用的措施有：利用加装电热器的鼓风机（农用小型电动机可用电吹风）进行吹送热风以达到干燥处理的目的；也可以用灯泡烘烤，即在密闭箱内，利用数个 200W 左右的灯泡进行烘烤，既可在周围进行烘烤，也可把农用电动机拆开，将灯泡放在定子孔内进行烘烤。烘烤热源也可采用红外线灯泡或红外线热电管。特别注意：烘烤温度不能过热，应控制在 125℃以下为宜。

电流干燥：可根据农用电动机的阻抗和电源的大小将电动机三相绕组串联或并联（单相的农用电动机可将电动机的主副绕组适当连接），然后接入一可变电阻器，调整电流至额定电流值的 60% 左右，通电进行干燥。

③ 电动机在运行中，尤其是大功率电动机更要经常检查地脚螺栓、电动机端盖、轴承压盖等是否松动，接地装置是否可靠等。若发现问题要及时解决。电动机振动加剧，噪声增大和出现异味是电动机运转异常、随时就要出现严重故障，必须尽快停机，查明原因排除故障。

④ 根据我国《低压用户电气安装规程》中的规定，农村电动机外壳应采用保护接地，不宜采用保护接零。

⑤ 新安装的电动机，在试车前不得安装皮带。确认电动机转向正确后，方可停电安装皮带。皮带运行中应不跑偏、不打滑、不磨边，皮带周围应有安全防护设施。

⑥ 严禁对运行中的电动机进行维修工作，严禁使用无风扇护罩、无靠背轮护罩及无轴端盖的电动机。

⑦ 田间、场院使用的电动机应装设剩余电流动作保护器。

⑧ 严禁带电移动电动机。停电移动时，应防止电源线被拉断。

专家指点

农用电动机发生下列情况之一时，应立即停止运行，进行检查，排除故障后才能继续工作。

① 电动机内部、控制设备、农用机械或被加工的物料冒烟起火。
② 当发生人身触电事故或人身伤亡事故时。
③ 轴承温度超过允许最高温度值。
④ 电动机温度超过允许值且转速下降。
⑤ 三相电动机单相运行（缺相运行）。
⑥ 电动机内部发生撞击或扫膛。
⑦ 电动机堵转运行。
⑧ 电动机声音不正常、吼叫。
⑨ 电动机转速不正常等等。
⑩ 电动机剧烈振动，危及安全运行。
⑪ 传动装置失灵或损坏。
⑫ 闻着异味。

要诀 25 启动电机有两法

启动电机有两法，全压直接和降压。
全压直启最简便，用于电机小功率。
降压启动方法多，根据需求来选用。
空载轻载来启动，接法可换星三角。
啥时启动配降压，超过配变三分大。
自耦启动快又爽，转绕启动串阻抗。
软启动器效果好，故障率高维护难。
变频器，功能全，启动调速最节能。

三相电动机的启动有全压直接启动和降压启动两种方式。

在电网容量和负载两方面都允许全压直接启动的情况下，可以考虑采用全压直接启动。优点是操纵控制方便，维护简单，而且比较经济。主要用于小功率电动机的启动，从节约电能的角度考虑，大于 11kW 的电动机不宜用此方法。

由于三相异步电动机在启动之前处于静态惰性中，启动电流很大，为了克服变压器瞬时增加电流的负担和影响，若启动电动机功率大于变压器容量 30%（要诀中“超过配变三分大”）时，就要考虑采用启动器。

三相异步电动机的启动方法，根据电动机的结构特点和机械特性的不同，可分为笼型异步电动机启动方法和转子绕线型异步电动机启动方法两大类，每一类型异步电动机中又分若干启动方法。降压启动有串阻或电抗降压、自耦降压、星三角启动和延边三角启动等方法，采用什么启动方法，应根据具体实际选用。

（1）自耦变压器降压启动。将三相自耦变压器接入三相电源与电动机三相定子绕组之间，变压器低压侧（即变压器抽头）接到电动机的定子绕组上，便开始降压启动。当电动机转速达到正常或接近额定转速时，迅速切除自耦变压器，使电源直接进入电动机定子绕组，便进入全压运行。

（2）定子串联电抗器降压启动。在电动机的定子回路中串联电抗器可限制定子的启动电流，相当于降低了加在定子上的电压。在电动机启动结束后，再将电抗器切除。由于电动机启动时的电磁转矩与电动机定子上所加电压的平方成正比，电抗器的电感值不能选得太大，必须使电动机的启动转矩大于负载转矩，同时还需留有一定的余量，以免电网电压跌落以及其他扰动使电动机启动失败。电动机定子串联固定电抗器启动的方法适应性差，且电抗器被切除时还存在二次的电流冲击和转矩冲击的危险，目前已很少使用。

（3）星形 - 三角形降压启动。对于正常运行的定子绕组为三角形接法的笼式异步电动机来说，如果在启动时将定子绕组接成星形，待启动完毕后再接成三角形，就可以降低启动电流，减轻它对电网的冲击。这样的启动方式称为星 - 三角降压启动。

采用星 - 三角形启动时，启动电流只是原来按三角形接法直接启动时的 1/3，启动转矩也降为原来按三角形接法直接启动时的 1/3。适用于空载或者轻载启动的场合。同任何别的减压启动器相比较，其结构最简单，价格也最便宜。除此之外，星 - 三角形启动方式还有一个优点，即当负载较轻时，可以让电动机在星形接法下运行。此时，额定转矩与负载可以匹配，这样能使电动机的效率有所提高，并因之减小了电力消耗。

（4）软启动器。这是利用了晶闸管的移相调压原理来实现电动机的调压启动，主要用于电动机的启动控制，启动效果好但成本较高。因使用了晶闸管元件，晶闸管工作时谐波干扰较大，对电网有一定的影响。另外电网的波动也会影响晶闸管元件的导通，特别是同一电网中有多台晶闸管设备时。因此晶闸管元件的故障率较高，因为涉及电力电子技术，因此对维护技术人员的要求也较高。

（5）变频器。变频器是现代电动机控制领域技术含量最高，控制功能最全、控制效果最好的电动机控制装置，它通过改变电网的频率来调节电动机的转速和转矩。因为涉及电力电子技术，计算机技术，因此成本高，对维护技术人员的要求也高，因此主要用在需要调速并且对速度控制要求高的领域。

自耦变压器降压启动、星-三角形降压启动和定子串联电抗器降压启动，属于比较传统的电动机降压启动技术。随着电力电子技术的发展，电动机采用软启动器、变频器进行控制是今后的发展方向。

电动机传统降压启动方法比较，见表17-12。

表17-12 电动机传统降压启动方法比较

启动方法	电阻或电抗启动	自耦降压启动	星-三角形启动
启动电压 U'_Q	KU_N	$\frac{U_N}{K_V}=KU_N$	$\frac{U_N}{\sqrt{3}}=0.58U_N$
启动电流 I'_Q	KI_Q	$\frac{I_Q}{K_V^2}=K^2I_Q$	$\frac{I_Q}{3}=0.33I_Q$
启动转矩 M'_Q	K^2M_Q	$\frac{M_Q}{K_V^2}=K^2M_Q$	$\frac{M_Q}{3}=0.33M_Q$
启动方法	启动时定子绕组串电阻或电抗，启动完毕后切除电阻或电抗	启动时定子绕组经自耦变压器降压，启动完毕后切除自耦变压器	启动时定子绕组接成星形，启动完毕后换接成三角形
优缺点	I'_Q较大，M'_Q较小，启动电阻本身功耗大，设备简单。电抗启动本身功耗小，但功率因数低。在相同电流下，电阻启动转矩大于电抗启动转矩	I'_Q较小，M'_Q较大，且有变压抽头调节，使用灵活，可重载启动，但不能频繁启动，设备结构复杂，笨重，造价高	I'_Q、M'_Q都很小，只能空载或轻载启动，常用的设备简单，造价低，可频繁启动
适用场合	电阻启动适用于中等容量低压电动机。电抗启动适用于大容量高压电动机，较少采用	适用于大、中容量电动机的轻载或重载启动，高、低压电动机都常采用	适用于低压电动机的空载或轻载启动，一般小容量电动机经常采用，但只适用于三角形接法的电动机

续表

启动方法	电阻或电抗启动	自耦降压启动	星 - 三角形启动
可选用的定型设备	QJ1 系列电阻启动器，PY1 系列冶金控制屏	QJ01、QJ10 系列手动自耦减压启动器，JJ1、XQ01 系列手动或自动式减压启动箱	QX1、QX2 系列手动星 - 三角形启动器，QX3、QX4 系列自动星 - 三角形启动器

要诀 26　电动机启动宜与忌

线路电压应正常，杂物异物应清除。
没有摩擦及卡阻，传动装置故障无。
合闸操作站一侧，动作果断又迅速。
听声音，看转速，若有异常快停机。
多台电机待启动，从大到小来开机。
连续启动是大忌，否则容易烧电机。

（1）启动前的检查

① 检查电动机及拖动机械上及附近有无杂物、异物。如有，应及时清除。

② 用手拨动转轴，检查电动机转动是否灵活，有无摩擦、卡阻、串动和不正常声音。作业机械有无阻卡，皮带连接是否良好，尤其传动皮带不得过紧或过松，联轴器的螺栓和销子应完整、坚固，不得松动少缺。

③ 检查线路电压是否正常，过高或过低都不宜启动，通常应不超过额定电压值 +10% ～ -5%，才能进行启动。

（2）合闸

① 启动电动机合闸时一般应空载或轻载，近旁不应有人，操作开关的人员应站在一侧，防止电弧烧伤；使用双闸刀星 - 三角形降压启动的电动机，必须遵守操作程序，注意控制好延时时间。

② 多台电动机启动的操作。应由大到小、一台一台地启动，不得几台同时启动。

③ 限制启动次数。一台电动机连续多次启动时，应在两次启动之间保留适当的间隔时间，防止过热，连续启动的次数不得超过 3 ～ 5 次（空载状态）；工作后再停机不久而启动的，不应超过两次，否则易烧电动机。

④ 合闸后，如电动机不转或转动缓慢，声音不正常时，应迅速停电检查，找出故障后，再行启动。

专家指点

新安装或长期停用的电动机，还应做好以下检查。

① 电动机的基础是否牢固，螺栓是否拧紧，轴承是否缺油，电动机接线是否符合要求，用“摇表”测量绝缘电阻是否合格。

② 熔丝是否符合要求，启动设备的接线是否正确，启动装置是否灵活，有没有卡住现象，触头接触是否良好。

③ 电动机和启动设备的金属外壳是否可靠接地。

要诀 27 电动机在运行中

电动机在运行中，安全监测最重要。
眼耳手鼻凭经验，借助工具更准确。
运行温度要正常，声音正常无杂音。
无闻焦味及臭味，手摸机壳振动微。
眼观仪表无异常，电压电流最关键。
传动装置无松动，电机转速应正常。
日常维护在于勤，安全评估消隐患。

解说

为了保证电动机的安全运行，运行人员必须掌握有关电动机安全运行的基本知识，了解异步电动机安全评估的方法，做到尽可能地及时发现和消除电动机的事故隐患。

维护人员根据继电器保护装置的动作和信号可以发现电动机的异常

现象，也可以依靠维护人员的经验来判断事故苗头。

（1）用视觉检查。维护人员靠视觉可以发现下列异常现象：电动机外部紧固件是否松动，零部件是否有损坏，设备表面是否有油污、腐蚀现象。

电动机的各接触点和连接处是否有变色、烧痕和烟迹等现象。发生这些现象原因是由于电动机局部过热、导体接触不良或绕组烧毁等。

仪表指示是否正常，电压表无指示或不正常，则表明电源电压不平衡、熔断器烧断、转子三相电压不平衡、单相运转、导体接触不良等；电流表指示过大，则表明电动机过载、轴承故障、绕组匝间短路等。

在正常运行情况下，当环境温度为标准值（40℃）时，电动机定子电流值应等于或略小于铭牌规定的额定值。如果环境温度高于标准温度时，必须降低电动机额定电流值。当环境温度低于标准值时，可以适当增加额定电流值。其电流允许升降百分比，见表 17-13。已装电流表的电动机，可在电流表上直接观察电动机的运行电流；没有电流表的小型电动机，应定期用钳形电流表测量三相电流。

表 17-13　环境温度与电动机电流变动范围对照表

环境温度 /℃	允许电流变动百分数
30	增加 10%
35	增加 5%
40	额定电流
45	减小 5%

电动机停转，造成的原因有电源停电、单相运转、电压过低、电动机转矩太小、负载过大、单相电动机的离心开关有故障、电压降过大、轴承烧毁、机械卡住等。

（2）用听音棒检查。用听音棒（或长柄螺丝刀）的一头顶在轴承外盖上，另一头贴在耳边，仔细听轴承滚珠或滚柱沿轴承滚道滚动的声音，正常时声音是单一、均匀的，如有异常应将轴承拆卸下来检查，及时排除故障。

采用听音棒靠听觉可以听到电动机的各种杂音，其中包括电磁噪声、通风噪声、机械摩擦声、轴承杂音等，从而可判断出电动机的故障原因。

引起噪声大的原因，在机械方面有：轴承故障、机械不平衡、紧固螺钉松动、联轴器连接不符要求、定转子铁芯相擦等；在电气方面有：电压不平衡、单相运行、绕组有断路或击穿故障、启动性能不好、加速性能不好等。

（3）靠嗅觉检查。靠嗅觉可以发现焦味、臭味。造成这种现象的原因是：电动机过热、绕组烧毁、单相运行、润滑不好、轴承烧毁、绕组击穿等。

（4）靠触觉检查。靠触觉用手摸机壳表面可以发现电动机的温度过高和振动现象。最简便的方法是手摸，即先用测电笔试一下外壳是否带电，或检查一下外壳接地是否良好。然后，将手背放在电动机外壳上，进行检查。

造成振动的原因是：机械负载不平衡、各紧固零部件有松动现象、电动机基础强度不够、联轴点连接不当、气隙不均或混入杂物、电压不平衡、单相运行、绕组故障、轴承故障等。

造成电动机温度过高的原因是：过载、冷却风道堵塞、单相运行、匝间短路、电压过高或过低、三相电压不平衡、加速特性不好使启动时间过长、定转子铁芯相擦、启动器连接不良、频繁启动和制动或反接制动、进口风温过高、机械卡住等。

用手摸电动机表面估计温度高低时，由于每个人的感觉不同，带有主观性，因此要由经验来决定。通常人手感觉与温度的关系见表17-14。

表17-14　电机外壳表面温度与手感的关系

机壳温度	手感	说　明
30℃	稍冷	机壳比体温低，故感觉比体温低
40℃	稍温	感到温和
45℃	温和	用手一摸，就感到暖和
50℃	稍热	长时间用手摸时，手掌变红
55℃	热	仅能用手摸5～6s
60℃	甚热	仅能用手摸3～4s
65℃	非常热	仅能用手摸2～3s，离开后还感到手热
70℃	非常热	用一个手指出触摸，只能坚持3s左右
75℃	非常热	用一个手指出触摸，只能坚持1～2s
80℃	极热	以为电动机烧毁，手指稍触便热想离开
80～90℃	极热	疑为电动机烧毁，用手指稍触摸一下就感到烫得不得了

注：当机壳为钢板时，每种温度均应减去5℃。

【延伸阅读】

三相异步电动机应根据使用环境及累计工作时间进行定期检查保养，每年不应少于 2 次。电动机的定期检查保养包括每月检查、每半年检查和每年检查，检查的具体项目见表 17-15。

表 17-15　电动机定期检查与保养项目

周期	检查与保养项目
每月检查保养	检查电动机各部位的发热情况
	检查电动机和轴承运转时的声音
	检查各主要连接处的情况，控制设备的工作情况
	清洁保养（擦拭电动机外部的油污及灰尘，吹扫内部的灰尘）
	测量电动机的转速，检查电动机的振动情况
	拧紧各紧固螺栓
	检查接地装置
每半年检查保养	清扫电动机内部和外部灰尘、污物等
	检查润滑情况，补充润滑脂或更换润滑油
	检查并调整通风及冷却情况
	检查并调整传动装置
每年检查保养	清扫电动机绕组、通风沟和接线板
	测量绕组的绝缘电阻，必要时进行干燥处理
	清洗轴承及润滑系统，检查其状况；测量轴承间隙，更换磨损超过规定的窜动轴承，对损坏严重的滑动轴承应重新挂锡
	测量并调整电动机定、转子间的气隙
	清扫启动器、控制设备、附属设备，更换已经损坏的触点、元件及零部件
	检修接地装置
	检查并调整传动装置
	检查开关、熔断器的完好情况
	检查、校核测试和记录仪表

要诀 28　运行声音辨故障

听音棒，听声音，确定电动机故障。
听到持续嚓嚓声，转子定子有碰擦。
发出沉闷嗡嗡声，负载过重或断相。
转速变慢吭吭声，线圈断线缺一相。
沙沙沙沙音不断，轴承缺油或杂质。
咕噜声音有点烦，判定轴承已损坏。
分析声响看本质，电机故障早发现。

解说

听响声判断故障，就是透过现象看本质。耳听诊断电动机的运转声时，可利用听音棒（一般用中、大旋凿），将棒的前端触在电动机的机壳、轴承等部位，另一侧（旋凿木柄）触在耳朵上（用听诊器具直接接触至发声部位听诊，放大响声，以利诊断，此做法叫实听。用耳朵隔开一段距离听诊，叫做虚听，这两种方法要配合使用）。如果听惯正常时的声音，就能听出异常声音。通过耳诊，结合眼看、鼻闻和手摸，分析归纳可判断出电动机所发生的故障。

电动机在正常运行时，音响均匀、无杂音或特殊叫声。如有杂音出现，可能是由电方面或机械方面的故障引起的，这时须仔细听辨，同时还应注意观察电动机转速是否迅速下降，电动机是否发生剧烈振动。

当负载过重或发生断相运行时，电动机会发出沉闷的“嗡嗡”声；转子与定子铁芯摩擦时，会发出金属摩擦声或撞击的“嚓嚓”声；轴承严重损坏，就会发出“咕噜、咕噜”的声音；若轴承缺油或油中有杂质，会产生“沙沙”声等。

总之，电动机运行中如果发现有较大的振动或异常声响时，应立即查明原因，及时处理，以免造成更大的事故。

要诀 29　接触器控制电动机

按钮线圈热继串，电源接于两相间，
启动要并动合点，钮后可添指示灯。
正反启动电路图，启钮线圈有两组，
正转两串反动断，反转全靠相序换。

解说

接触器的控制容量大，适用于频繁操作和远距离控制电动机。

在电动机控制电路中，最常用的低压电气元件有接触器、按钮、热继电器。接触器对电动机的几种控制方法如图 17-42 所示，其工作原理请读者自行分析。

为了监视电动机是否在运行状态，可在电动机按钮 SB 的后面加装指示灯，并把指示灯与接触器线圈 KM 并联起来即可。

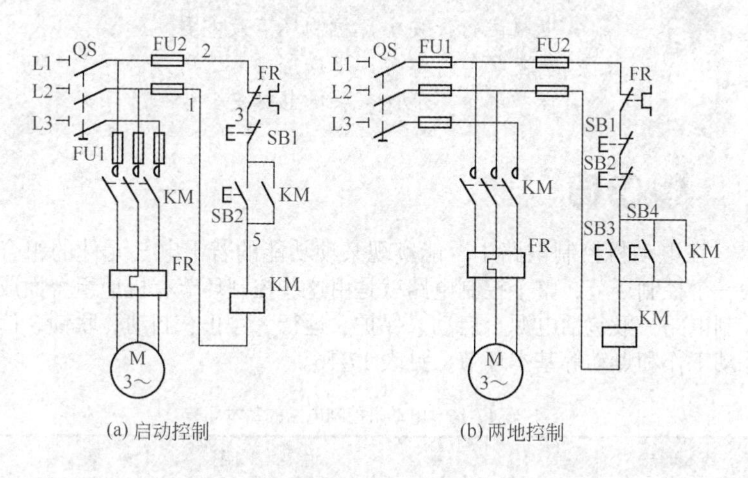

(a) 启动控制　　(b) 两地控制

图 17-42

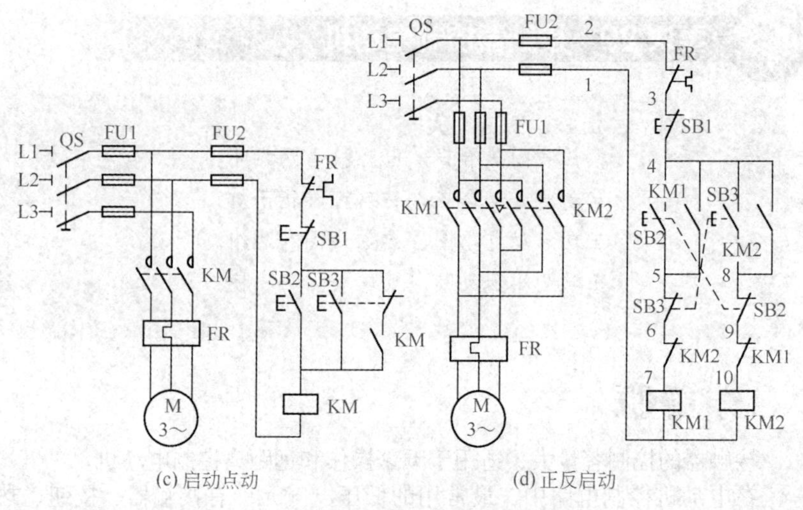

图 17-42 接触器对电动机的几种控制方法

要诀 30 控制环节最重要

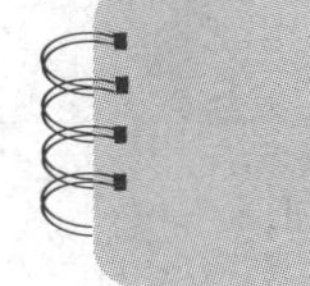

电机运行保安全，控制环节最重要。
基本环节有十个，根据需要来选用。
保护环节不能少，共保电机安全行。

解说

在电动机控制电路中，能实现某项功能的若干电气元件的组合，称为一个控制环节，整个控制电路就是由这些控制环节有机地组合而成的。控制电路一般包括电源、启动、保护、运行、停止、制动、联锁、信号、手动工作和点动等基本环节，见表 17-16。

表 17-16 电动机控制电路的基本环节

基本环节	说　　明
电源环节	包括主电路供电电源和辅助电路工作电源，由电源开关、电源变压器、整流装置、稳压装置、控制变压器、照明变压器等组成

续表

基本环节	说　明
启动环节	包括直接启动和减压启动，由接触器和各种开关组成
保护环节	由对设备和线路进行保护的装置组成。如短路保护由熔断器完成，过载保护由热继电器完成，失压、欠压保护由失压线圈（接触器）完成。有时还使用各种保护继电器来完成各种专门的保护功能
运行环节	运行环节是电路的最基本环节，其作用是使电路在需要的状态下运行，包括电动机的正反转、调速等
停止环节	由控制按钮、开关等组成。其作用是切断控制电路供电电源，使设备由运转变为停止
制动环节	一般由制动电磁铁、能耗电阻等组成。其作用是使电动机在切断电源以后迅速停止运转
联锁环节	实际上也是一种保护环节。由工艺过程所决定的设备工作程序不能同时或颠倒执行，通过联锁环节限制设备运行的先后顺序。联锁环节一般通过对继电器触头和辅助开关的逻辑组合来完成
手动工作环节	电气控制线路一般都能实现自动控制，但为了提高线路工作的应用范围，适应设备安装完毕及事故处理后试车的需要，在控制线路中往往还设有手动工作环节。手动工作环节一般由转换开关和组合开关等组成
点动环节	是控制电动机瞬时启动或停止的环节，通过控制按钮完成
信号环节	是显示设备和线路工作状态是否正常的环节，一般由蜂鸣器、信号灯、音响设备等组成

上述控制环节并不是每一种控制线路中全都具备，复杂控制线路的基本环节多一些。这十个环节中最基本的是电源环节、保护环节、启动环节、运行环节、联锁环节和停止环节。

专家指点

自锁、互锁和联锁的区别

“自锁控制”是“自己保持的控制”；“互锁控制”则是“相互制约的控制”，即“不能同时呈现为工作状态的控制”；“联锁控制”则可以理解为“联合动作”，其实质是“按一定顺序动作的控制”。初学者要注意理解这里所谓“锁”的含义，应该加于区别。

要诀 31 检修电机并不难

检修电机不复杂，拆开接线细查看。
原始数据记录全，拆装按步来就班。
电机修理寻故障，轴承风叶联轴器，
绕组故障仔细查，找出问题速处理。

电动机修理分电气修理和机械修理。在拆卸时，先准备好拆卸工具，步骤是先拆电动机外部接线，再拉具拆皮带轮或靠背轮，然后拆风扇罩、风扇叶及轴承盖和端盖，最后抽出转子（小型电动机可不拆风叶），装配时与拆卸顺序相反。

对极数、跨距、匝数、漆包线的规格型号及绝缘聚酯薄膜用纸等，都要记清楚，以利采购备料。

三相异步电动机可能出现的故障是多种多样的，产生的原因也比较复杂。检查电动机时，一般按先外后里、先机后电、先听后检的顺序。先检查电动机的外部是否有故障，后检查电动机内部；先检查机械方面，再检查电气方面；先听使用者介绍使用情况和故障情况，再动手检查，这样才能正确迅速地找出故障原因。

电动机发生故障时，往往会发生转速变慢、有噪声、温度显著升高、冒烟、有焦煳味、机壳带电和三相电流不平衡或增大等现象。为了能迅速找出故障原因并及时修复电动机，当故障原因不明时，可先查电源有无电，再看熔丝和开关；让电机空载转一转，看是否故障在负载；接下来依次检查接线盒、轴承、绕组、转子，其检查程序如图 17-43 所示。

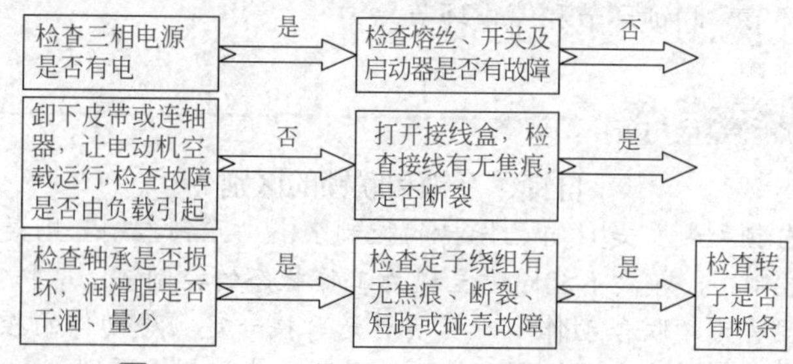

图 17-43　三相异步电动机故障检查程序

【延伸阅读】

三相异步电动机的常见故障现象、故障的可能原因以及相应的处理方法见表 17-17，可供读者分析处理故障时参考。

表 17-17 三相异步电动机的常见故障及处理

故障现象	故障原因	处理方法
通电后电动机不能启动，但无异响，也无异味和冒烟	（1）电源未通（至少两相未通） （2）熔丝熔断（至少两相熔断） （3）过流继电器调得过小 （4）控制设备接线错误	（1）检查电源开关、接线盒处是否有断线，并予以修复 （2）检查熔丝规格、熔断原因，换新熔丝 （3）调节继电器整定值与电动机配合 （4）改正接线
通电后电动机转不动，然后熔丝熔断	（1）缺一相电源 （2）定子绕组相间短路 （3）定子绕组接地 （4）定子绕组接线错误 （5）熔丝截面过小	（1）找出电源回路断线处并接好 （2）查出短路点，予以修复 （3）查出接地点，予以消除 （4）查出错接处，并改接正确 （5）更换熔丝
通电后电动机转不动，但有嗡嗡声	（1）定、转子绕组或电源有一相断路 （2）绕组引出线或绕组内部接错 （3）电源回路接点松动，接触电阻大 （4）电动机负载过大或转子犯卡 （5）电源电压过低 （6）轴承卡住	（1）查明断路点，予以修复 （2）判断绕组首尾端是否正确，将错接处改正 （3）紧固松动的接线螺栓，用万用表判断各接点是否假接，予以修复 （4）减载或查出并消除机械故障 （5）检查三相绕组接线是否把△形接法误接为 Y 形，若误接应更正 （6）更换合格油脂或修复轴承
电动机启动困难，带额定负载时的转速低于额定值较多	（1）电源电压过低 （2）△形接法电机误接为 Y 形 （3）笼型转子开焊或断裂 （4）定子绕组局部线圈错接 （5）电动机过载	（1）测量电源电压，设法改善 （2）纠正接法 （3）检查开焊和断点并修复 （4）查出错接处，予以改正 （5）减小负载

续表

故障现象	故障原因	处理方法
电动机空载电流不平衡，三相相差较大	（1）定子绕组匝间短路 （2）重绕时，三相绕组匝数不相等 （3）电源电压不平衡 （4）定子绕组部分线圈接线错误	（1）检修定子绕组，消除短路故障 （2）严重时重新绕制定子线圈 （3）测量电源电压，设法消除不平衡 （4）查出错接处，予以改正
电动机空载或负载时电流表指针不稳，摆动	（1）笼型转子的导条开焊或断条 （2）绕线型转子一相断路，或电刷、集电环短路装置接触不良	（1）查出断条或开焊处，予以修复 （2）检查绕线型转子回路并加以修复
电动机过热甚至冒烟	（1）电动机过载或频繁启动 （2）电源电压过高或过低 （3）电动机缺相运行 （4）定子绕组匝间或相间短路 （5）定、转子铁芯相擦（扫膛） （6）笼型转子断条，或绕线型转子绕组的焊点开焊 （7）电机通风不良 （8）定子铁芯硅钢片之间绝缘不良或有毛刺	（1）减小负载，按规定次数控制启动 （2）调整电源电压 （3）查出断路处，予以修复 （4）检修或更换定子绕组 （5）查明原因，消除摩擦 （6）查明原因，重新焊好转子绕组 （7）检查风扇，疏通风道 （8）检修定子铁芯，处理铁芯绝缘
电动机运行时响声不正常，有异响	（1）定、转子铁芯松动 （2）定、转子铁芯相擦（扫膛） （3）轴承缺油 （4）轴承磨损或油内有异物 （5）风扇与风罩相擦	（1）检修定、转子铁芯，重新压紧 （2）消除摩擦，必要时车小转子 （3）加润滑油 （4）更换或清洗轴承 （5）重新安装风扇或风罩

续表

故障现象	故障原因	处理方法
电动机在运行中振动较大	（1）电机地脚螺栓松动 （2）电机地基不平或不牢固 （3）转子弯曲或不平衡 （4）联轴器中心未校正 （5）风扇不平衡 （6）轴承磨损间隙过大 （7）转轴上所带负载机械的转动部分不平衡 （8）定子绕组局部短路或接地 （9）绕线式转子局部短路	（1）拧紧地脚螺栓 （2）重新加固地基并整平 （3）校直转轴并做转子动平衡 （4）重新校正，使之符合规定 （5）检修风扇，校正平衡 （6）检修轴承，必要时更换 （7）做静平衡或动平衡试验，调整平衡 （8）寻找短路或接地点，进行局部修理或更换绕组 （9）修复转子绕组
轴承过热	（1）滚动轴承中润滑脂过多 （2）润滑脂变质或含杂质 （3）轴承与轴颈或端盖配合不当（过紧或过松） （4）轴承盖内孔偏心，与轴相擦 （5）皮带张力太紧或联轴器装配不正 （6）轴承间隙过大或过小 （7）转轴弯曲 （8）电动机搁置太久	（1）按规定加润滑脂 （2）清洗轴承后换洁净润滑脂 （3）过紧，应车、磨轴颈或端盖内孔；过松，可用黏结剂修复 （4）修理轴承盖，消除摩擦 （5）适当调整皮带张力，校正联轴器 （6）调整间隙或更换新轴承 （7）校正转轴或更换转子 （8）空载运转，过热时停车，冷却后再走，反复走几次，若仍不行，拆开检修
空载电流偏大（正常空载电流为额定电流的20%～50%）	（1）电源电压过高 （2）将Y形接法错接成△形接法 （3）修理时绕组内部接线有误，如将串联绕组并联 （4）装配质量问题，轴承缺油或损坏，使电动机机械损耗增加 （5）检修后定、转子铁芯不齐 （6）修理时定子绕组线径取得偏小 （7）修理时匝数不足或内部极性接错 （8）绕组内部有短路、断线或接地故障 （9）修理时铁芯与电动机不相配	（1）若电源电压值超出电网额定值的5%，可向供电部门反映，调节变压器上的分接开关 （2）改正接线 （3）纠正内部绕组接线 （4）拆开检查，重新装配，加润滑油或更换轴承 （5）打开端盖检查，并予以调整 （6）选用规定的线径重绕 （7）按规定匝数重绕绕组，或核对绕组极性 （8）查出故障点，处理故障处的绝缘。若无法恢复，则应更换绕组 （9）更换成原来的铁芯

续表

故障现象	故障原因	处理方法
空载电流偏小（小于额定电流的20%）	（1）将△形接法错接成Y形接法 （2）修理时定子绕组线径取得偏小 （3）修理时绕组内部接线有误，如将并联绕组串联	（1）改正接线 （2）选用规定的线径重绕 （3）纠正内部绕组接线
Y-△开关启动，Y位置时正常，△位置时电动机停转或三相电流不平衡	（1）开关接错，处于△位置时的三相不通 （2）处于△位置时开关接触不良，成V形连接	（1）改正接线 （2）将接触不良的接头修好
电动机外壳带电	（1）接地电阻不合格或保护接地线断路 （2）绕组绝缘损坏 （3）接线盒绝缘损坏或灰尘太多 （4）绕组受潮	（1）测量接地电阻，接地线必须良好，接地应可靠 （2）修补绝缘，再经浸漆烘干 （3）更换或清扫接线盒 （4）干燥处理
绝缘电阻只有数十千欧到数百欧，但绕组良好	（1）电动机受潮 （2）绕组等处有电刷粉末（绕线型电动机）、灰尘及油污进入 （3）绕组本身绝缘不良	（1）干燥处理 （2）加强维护，及时除去积存的粉尘及油污，对较脏的电动机可用汽油冲洗，待汽油挥发后，进行浸漆及干燥处理，使其恢复良好的绝缘状态 （3）拆开检修，加强绝缘，并作浸漆及干燥处理，无法修理时，重绕绕组
电刷火花太大	（1）电刷牌号或尺寸不符合规定要求 （2）滑环或整流子有污垢 （3）电刷压力不当 （4）电刷在刷握内有卡涩现象 （5）滑环或整流子呈椭圆形或有沟槽	（1）更换合适的电刷 （2）清洗滑环或整流子 （3）调整各组电刷压力 （4）打磨电刷，使其在刷握内能自由上下移动 （5）上车床车光、车圆

续表

<table>
<tr><th>故障现象</th><th>故障原因</th><th>处理方法</th></tr>
<tr><td>电动机轴向窜动</td><td>使用滚动轴承的电动机装配不良</td><td>拆下检修，电动机轴向允许窜动量如下
<table>
<tr><th rowspan="2">容量 /kW</th><th colspan="2">轴向允许窜动量 /mm</th></tr>
<tr><th>向一侧</th><th>向两侧</th></tr>
<tr><td>10 及以下</td><td>0.50</td><td>1.00</td></tr>
<tr><td>10 ～ 22</td><td>0.75</td><td>1.50</td></tr>
<tr><td>30 ～ 70</td><td>1.00</td><td>2.00</td></tr>
<tr><td>75 ～ 125</td><td>1.50</td><td>3.00</td></tr>
<tr><td>125 以上</td><td>2.00</td><td>4.00</td></tr>
</table></td></tr>
</table>

电工
随身小贴士

电工作业实用计算公式

电工工作小经验

1. 电工作业实用计算公式

1.1　用电设备额定电流计算

（1）10/0.4kV 变压器额定电流计算

根据公式 $I_n=\dfrac{S}{\sqrt{3}U_n}=\dfrac{S}{U_n}\times\dfrac{1}{\sqrt{3}}\approx\dfrac{S}{U_n}\times\dfrac{6}{10}$

式中　S——变压器容量；

U_n——额定电压，kV；

I_n——额定电流，A。

工作中变压器额定电流速算口诀：

变压器一次电流 $I_{n1}\approx S\times0.06$　变压器二次电流 $I_{n2}\approx S\times1.5$

例 1-1　计算一台 800kV·A 的 10/0.4kV 变压器的一次电流和二次电流。

解　用公式法计算：一次电流 $I_1=\dfrac{S}{\sqrt{3}U_1}=\dfrac{800}{1.732\times10}=46.18\text{A}$，二次电流 $I_2=\dfrac{800}{1.732\times0.4}=1159\text{A}$

用速算口诀：一次电流 $I_1=800\times0.06\approx48\text{A}$，二次电路 $I_2=800\times1.5\approx1200\text{A}$

（2）三相电动机额定电流速算

三相电动机公式

$$I=\frac{P\times1000}{\sqrt{3}\eta U\cos\varphi}\approx\frac{P\times1000}{1.732\times0.85\times0.9U}$$

式中　P——电机功率，kW；

U——额定电压，V；

η——效率（取 0.9）；

$\cos\varphi$——功率因数（取 0.85）。

工作中三相电动机额定电流速算口诀：

380V 电机 1kW ≈ 2A；三相 220V 电动机 1kW ≈ 3.5A

660V 电动机 1kW ≈ 1.2A

例 1-2　计算一台 380V 功率 10kW 三相电动机的额定电流。

解　用公式法计算：

$$I=\frac{P\times 1000}{\sqrt{3}\eta U\cos\varphi}\approx\frac{10\times 1000}{1.732\times 0.85\times 0.9\times 380}\approx 19.96\text{A}$$

用速算口诀：$I=P\times 2=10\times 2\approx 20\text{A}$

（3）220V 单相电动机额定电流速算

根据公式 $I_{\mathrm{n}}=\frac{1000P}{\eta U\cos\varphi}=\frac{1000P}{0.75\times 220\times 0.75}$

220V 单相电动机 η——效率（取 0.75）；$\cos\varphi$——功率因数（取 0.75）。

工作中单相电动机额定电流速算口诀：

单相电机二百二，一个千瓦八安培　$I_{\mathrm{n}}=8P$

例 1-3　计算一台 220V1.7kW 的电动机的额定电流。

解　根据公式

$$I_{\mathrm{n}}=\frac{1000P}{\eta U\cos\varphi}=\frac{1000\times 1.7}{0.75\times 220\times 0.75}=13.75\text{A}$$

用速算口诀：$I=P\times 8=1.7\times 8\approx 13.6\text{A}$

（4）三相电阻加热器额定电流速算（电阻加热功率因数取 1）

根据公式　$I_{\mathrm{n}}=\frac{1000P}{\sqrt{3}U}=\frac{1000P}{1.732\times 380}$

工作中三相电加热器额定电流速算口诀：三相电加热千瓦乘以一点五 $I_{\mathrm{n}}=1.5P$

例 1-4　计算一台 380V 功率 6kW 的电热水器的电流。

解　根据公式　$I_{\mathrm{n}}=\frac{1000P}{\sqrt{3}U}=\frac{1000\times 6}{1.732\times 380}=9.1\text{A}$

用速算口诀：$I=P\times 1.5=6\times 1.5\approx 9\text{A}$

（5）单相电阻加热器额定电流速算（电阻加热功率因数取 1）

根据公式　$I_{\mathrm{n}}=\frac{1000P}{U}=\frac{1000P}{220}$

工作中单相电加热器额定电流速算口诀：单相电加热千瓦乘以四点五，$I_{\mathrm{n}}=4.5P$

例 1-5　计算一台 220V 功率 7kW 的电热水器的电流。

解　根据公式　$I_{\mathrm{n}}=\frac{1000P}{U}=\frac{1000\times 7}{220}=31.81\text{A}$

用速算口诀：$I=P\times 4.5=7\times 4.5\approx 31.5\text{A}$

（6）380V 电焊机额定电流速算（电焊机功率因数取 0.75）

根据公式 $I_n=\frac{1000S}{U\cos\varphi}=\frac{1000S}{380\times0.75}$

工作中电焊机额定电流速算口诀：三百八电焊机容量乘以三点四 $I_n=3.4S$

例 1-6 计算一台 S=16kV·A，380V 电焊机的一次电流。

解 根据公式 $I_n=\frac{1000S}{U\times0.75}=\frac{1000\times17}{380\times0.75}=59.6\text{A}$

用速算口诀：$I_n=3.4\times17\approx57.8\text{A}$

（7）220V 电焊机额定电流速算（电焊机功率因数取 0.75）

根据公式 $I_n=\frac{1000S}{U\cos\varphi}=\frac{1000S}{220\times0.75}$

额定电流速算口诀：二百二电焊机容量乘六 $I_n=6S$

例 1-7 计算一台 S=7.3kVA，220V 电焊机的一次电流。

解 根据公式 $I_n=\frac{1000S}{U\times0.75}=\frac{1000\times7.3}{220\times0.75}=44\text{A}$

用速算口诀：$I_n=7.3\times6\approx43.8\text{A}$

（8）220V 日光灯额定电流速算（日光灯功率因数取 0.5）

根据公式 $I_n=\frac{1000P}{U\cos\varphi}=\frac{1000P}{220\times0.5}$

额定电流速算口诀：日光灯电流千瓦九安培 $I_n=9P$

例 1-8 计算一只 220V，40W 日光灯电流。

解 根据公式 $I_n=\frac{1000P}{U\cos\varphi}=\frac{1000\times0.04}{220\times0.5}=0.36\text{A}$

用速算口诀：$I_n=9P=9\times0.04=0.36\text{A}$

（9）220V 白炽灯额定电流速算（白炽灯功率因数取 1）

根据公式 $I_n=\frac{1000P}{U}=\frac{1000P}{220}$

额定电流速算口诀：日炽灯电流千瓦四点五安培 $I_n=4.5P$

例 1-9 计算一只 220V，500W 白炽灯电流。

解 根据公式 $I_n=\frac{1000P}{U}=\frac{1000\times0.5}{220}=2.27\text{A}$

用速算口诀：$I_n=4.5P=4.5\times0.5=2.25\text{A}$

（10）0.4kV 电力电容器额定电流速算

① 按容量用 kV 电压计算

根据公式 $I_n=\frac{Q}{\sqrt{3}U}=\frac{Q}{1.732\times0.4}\approx\frac{Q}{0.7}$

式中 Q——电容器容量，kvar。

0.4kV 电容器额定电流速算口诀：

并联电容三百八容量除以零点七　$I_n=Q/0.7$

② 按容量用实际电压计算

根据公式　$I_n=\frac{1000Q}{\sqrt{3}U}=\frac{1000Q}{1.732\times380}\approx1.5Q$

千乏乘以一点五　$I_n=1.5Q$

例 1-10　计算一台 BW0.4-12-3 的电力电容器的电流。

解　根据公式 $I_n=\frac{Q}{\sqrt{3}U}=\frac{12}{1.732\times0.4}=\frac{12}{0.69}=17.39A$

用口诀计算：并联电容三百八容量除以零点七，

$$I=\frac{Q}{0.7}=\frac{12}{0.7}\approx17.14\text{A}$$

（11）根据负荷电流、敷设方式、敷设环境选用导线

在日常工作中可用下列口诀选用导线。

十下 5；百上 2；二五、三五，4、3 分；七零、九五两倍半，穿管、温度八、九折；铜线升级算；裸线加一半。

口诀解释：

十下 5；百上 2；二五、三五，4、3 分；七零、九五两倍半；即 $10mm^2$ 以下导线每 $1mm^2$ 可按 5A 计算；$100mm^2$ 以上导线每 $1mm^2$ 可按 2A 计算；$25mm^2$ 导线每 $1mm^2$ 可按 4A 计算；$35mm^2$ 导线每 $1mm^2$ 可按 3A 计算；70 ～ $95mm^2$ 导线每 $1mm^2$ 可按 2.5A 计算。

穿管、温度八、九折；穿管暗敷设时导线载流量打八折；环境温度大于 35℃时导线载流量打九折。

铜线升级算；裸线加一半；因为口诀是按铝线计算的在使用绝缘铜线时，按增大一级截面的绝缘铝线电流计算；使用裸导线时，按相同截面绝缘导线载流量乘 1.5。

例 1-11　负荷电流 33A，要求铜线暗敷设，环境温度按 35℃试算。

假设采用 $6mm^2$ 的橡皮铜线（如：BX-6），根据口诀，可按 $10mm^2$ 绝缘铝线计算其载流量，为 10×5=50A；暗敷设，50×0.8=40A；环境温度按 35℃时，40×0.9=36>33A。故可以使用。

例 1-12　负荷电流 66A。要求铝线暗敷设，环境温度按 35℃，试算：

假设采用 $16mm^2$ 的塑铝线（如 BLV-16）。根据口诀，16×4=64A。暗敷设八折，64×0.8=51.2A<66A。改选 $25mm^2$ 的塑铝线（如 BLV-25）。根据口诀，25×4=100A。暗敷设八折，100×0.8=80A。环境温度按 35℃时，80×0.9=72A>66A，故可以使用。

1.2 变压器负载率的计算

变压器的负荷率可按下式计算：

$$\beta=\frac{S}{S_e}=\frac{I_2}{I_{2e}}=\frac{P_2}{S_e\cos\varphi_2}$$

式中 S——变压器容量，$S=\sqrt{3}\,U_1I_1=\sqrt{3}\,U_2I_2$；
S_e——变压器额定容量，kVA；
I_2——变压器二次电流；
I_{2e}——变压器二次额定电流；
P_2——变压器输出有功功率，kW。

1.3 变压器损耗的计算

（1）变压器在任何负载率下的有功损耗

$$\Delta P_b=P_0+\beta^2P_d$$

（2）变压器在任何负载率下的无功损耗

$$\Delta Q_b=Q_0+\beta^2Q_d$$

式中 P_0——变压器空载损耗，即铁损，kW；
P_d——变压器短路损耗，即铜损，kW；
Q_0——变压器空载无功损耗，kvar；
Q_d——变压器负载无功损耗，kvar；
β——变压器负荷率。

1.4 变压器空载试验

变压器空载试验就是在变压器低压线圈上施加额定电压 U_{2e}，一次绕组开路，以测算出变压器的空载损耗，即变压器的铁损和空载电流。

（1）试验电源为三相电源时，按图 1-1 所示接线，用三支电流表和两支功率表测空载损耗按下式计算：

$$P_0=K_{TV1}K_{TA1}P_1-K_{TV2}K_{TA2}P_2$$

式中 P_0——空载损耗，kW；
$K_{TV1}K_{TA1}$——两个电压互感器的倍率；
$K_{TV2}K_{TA2}$——两个电流互感器的倍率；
P_1、P_2——低功率因数表的读数，kW。

空载电流百分比按下式计算：

$$I_0\%=\frac{I_{0a}+I_{0b}+I_{0c}}{3I_{2e}}\times100$$

式中　I_{0a}、I_{0b}、I_{0c}——分别是测试时的三相线电流，A；

I_{2e}——二次额定电流，A。

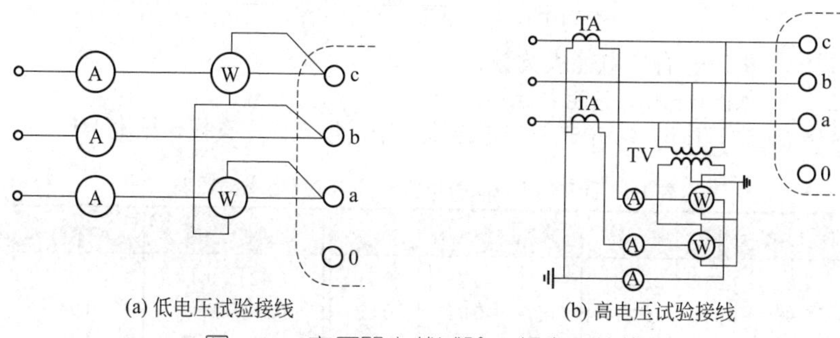

(a) 低电压试验接线　　(b) 高电压试验接线

图 1-1　变压器空载试验三相电源接线

（2）试验电源为单相电源时，按图 1-2 所示接线，外加电压为 $\frac{2}{\sqrt{3}}U_{2e}$，空载损耗按下式计算：

$$P_0 = \frac{P_{ab} + P_{bc} + P_{ca}}{2}$$

空载电流百分数按下式计算：

$$I_0\% = \frac{I_{0ab} + I_{0bc} + I_{0ca}}{3I_{2e}} \times 100$$

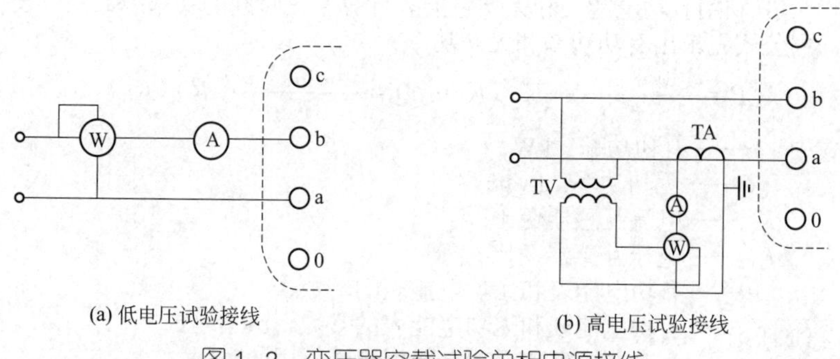

(a) 低电压试验接线　　(b) 高电压试验接线

图 1-2　变压器空载试验单相电源接线

1.5　功率因数和无功补偿容量的计算

（1）功率因数的测算

① 功率因数可以从所接电路中的功率数表直接读取。

② 没有装设功率因数表的用电单位，可以从所装的有功电能表和

无功电能表的读数按下面公式求出功率因数。即

$$\cos\varphi=\sqrt{\frac{1}{1+\tan^2\varphi}}=\frac{A_P}{\sqrt{A_P^2+A_Q^2}}=\frac{1}{\sqrt{1+(A_Q/A_P)^2}}$$

式中　A_P——有功电能表读数；

A_Q——无功电能表读数。

将上式中的 A_Q/A_P 关系整理作成表格的形式便于查找，见表 1-1。

表 1-1　无功功率 A_Q/ 有功功率 A_p 与功率因数对照表

$A_Q/A_p=\tan\varphi$	$\cos\varphi$	$A_Q/A_p=\tan\varphi$	$\cos\varphi$	$A_Q/A_p=\tan\varphi$	$\cos\varphi$
1.01 ~ 1.03	0.70	0.72 ~ 0.73	0.81	0.42 ~ 0.44	0.92
0.98 ~ 1.00	0.71	0.69 ~ 0.71	0.82	0.38 ~ 0.41	0.93
0.95 ~ 0.97	0.72	0.66 ~ 0.68	0.83	0.35 ~ 0.37	0.94
0.93 ~ 0.94	0.73	0.64 ~ 0.65	0.84	0.32 ~ 0.34	0.95
0.90 ~ 0.92	0.74	0.61 ~ 0.63	0.85	0.28 ~ 0.31	0.96
0.87 ~ 0.89	0.75	0.59 ~ 0.60	0.86	0.23 ~ 0.27	0.97
0.85 ~ 0.86	0.76	0.56 ~ 0.58	0.87	0.18 ~ 0.22	0.98
0.82 ~ 0.84	0.77	0.53 ~ 0.55	0.88	0.11 ~ 0.17	0.99
0.79 ~ 0.81	0.78	0.50 ~ 0.52	0.89	0.00 ~ 0.10	1.00
0.77 ~ 0.78	0.79	0.48 ~ 0.49	0.90		
0.74 ~ 0.76	0.80	0.45 ~ 0.47	0.91		

③ 利用有功电能表和无功电能表计算某一瞬间的功率因数，可按下列公式先求出有功功率和无功功率：

$$P=\frac{3600n_1\times10^3}{K_p t}K_{TA}K_{TV}\quad Q=\frac{3600n_2\times10^3}{K_Q t}K_{TA}K_{TV}$$

式中　P——有功功率，kW；

Q——无功功率，kvar；

K_{TA}——电流互感器变比；

K_{TV}——电压互感器变比；

n_1、n_2——有功电能表和无功电能表的转数；

K_P、K_Q——有功电能表和无功电能表的常数，r/kW・h；

t——有功电能表和无功电能表测试所用的时间。

然后根据前述的公式或表 1-25 中的 $\tan\varphi$ 值，便可以求得瞬间功率因数。

例 1-13　有一个企业 10kV 配电室装有计量柜，已知该月用电量为有功 25000kW・h，无功为 8500kvar・h，求这个单位该月的功率因数。

解 ① 用计算法：

$$\tan\varphi=\frac{A_Q}{A_P}=\frac{8500}{15000}=0.57$$

故该月的功率因数为 $\cos\varphi=\sqrt{\frac{1}{1+\tan^2\varphi}}=\sqrt{\frac{1}{1+0.57}}=0.87$

② 利用查表法：

因为 A_Q/A_P=0.57，查表得该月功率因数为 0.87。

例 1-14 某配电室 10kV 进线，电压互感器变比为 10000/100V，电流互感器变比为 100/5，现测得有功电能表 20s 转 30 圈；无功电能表 15.5s 转 8 圈，从电能表的铭牌可知电表的常数均为 2500r/kW · h（r/kvar · h），求瞬间功率因数。

解 ① 用计算法：

有功功率为 $P=\frac{3600\times30\times10^3}{2500\times20}\times100\times20=4320\ (\text{kW})$

无功功率为 $Q=\frac{3600\times8\times10^3}{2500\times15.5}\times100\times20=1486\ (\text{kvar})$

瞬时功率因数为 $\cos\varphi=\frac{4320}{\sqrt{4320^2+1486^2}}=0.94$

② 用查表法

因为 Q/P=0.343，查表 1-15 得瞬时功率因数为 0.95。

（2）无功补偿电容器容量的确定

为了改善功率因数，可以装设移相电容器提高功率因数，补偿容量可以按下公式计算：

$$Q_c=P_{ap}(\tan\varphi_1-\tan\varphi_2)$$

式中 Q_c——无功补偿的容量，kvar；

P_{ap}——年平均功率，kW；

$\tan\varphi_1$——为改善前的功率因数正切值；

$\tan\varphi_2$——为改善后的功率因数正切值。

为了工作时计算方便，将每千瓦有功功率所需补偿的无功容量制成速查表，见表 1-2。

表 1-2 每千瓦有功功率所需补偿的无功容量速查表

改进前的 $\cos\varphi_2$	改进后的功率因数 $\cos\varphi_2$								
	0.80	0.82	0.84	0.86	0.88	0.90	0.92	0.94	0.96
	每千瓦有功功率所需补偿电容量 Q_c（kvar）								
0.40	1.54	1.60	1.65	1.70	1.75	1.81	1.87	1.93	2.00

续表

改进前的 $\cos\varphi_2$	改进后的功率因数 $\cos\varphi_2$								
	0.80	0.82	0.84	0.86	0.88	0.90	0.92	0.94	0.96
	每千瓦有功功率所需补偿电容量 Q_c（kvar）								
0.42	1.41	1.40	1.52	1.57	1.62	1.68	1.74	1.80	1.87
0.44	1.29	1.34	1.39	1.46	1.50	1.55	1.61	1.68	1.75
0.46	1.18	1.23	1.29	1.34	1.39	1.45	1.50	1.57	1.64
0.48	1.08	1.13	1.18	1.32	1.29	1.34	1.40	1.46	1.54
0.50	0.98	1.04	1.09	1.14	1.19	1.25	1.31	1.37	1.44
0.52	0.89	0.94	1.00	1.05	1.10	1.16	1.21	1.28	1.35
0.54	0.81	0.86	0.91	0.97	1.02	1.07	1.13	1.20	1.27
0.56	0.73	0.78	0.83	0.89	0.94	0.99	1.05	1.12	1.19
0.58	0.66	0.71	0.76	0.81	0.87	0.92	0.98	1.04	1.12
0.60	0.58	0.64	0.69	0.74	0.79	0.85	0.91	0.97	1.04
0.62	0.52	0.57	0.62	0.67	0.73	0.78	0.84	0.84	0.98
0.64	0.45	0.50	0.56	0.61	0.66	0.72	0.77	0.78	0.91
0.66	0.39	0.44	0.49	0.55	0.60	0.65	0.71	0.71	0.85
0.68	0.33	0.38	0.43	0.48	0.54	0.59	0.65	0.66	0.79
0.70	0.27	0.32	0.38	0.43	0.48	0.54	0.59	0.60	0.73
0.72	0.21	0.27	0.32	0.37	0.42	0.48	0.54	0.54	0.67
0.74	0.16	0.21	0.26	0.31	0.37	0.42	0.48	0.49	0.62
0.76	0.10	0.16	0.21	0.26	0.31	0.37	0.43	0.44	0.56
0.78	0.05	0.11	0.16	0.21	0.26	0.32	0.38		0.51

2. 电工工作小经验

2.1 单相电容移相电动机绕组的判断

单相电容移相电动机，具有启动转矩大、启动电流小、功率因数高特点，在家用电器中有广泛的应用，但由于单相电动机的接线多是软线连接，在维修时容易将原有的接线标注损坏，如果不按要求接线，会有烧坏电动机的可能，利用万用表检查单相电动机接线端子，有利于维修安装工作。

单相电容移相电动机是由两个绕组组成，运行绕组（主绕组）和启动绕组（副绕组），启动绕组线细圈数多电阻大，运行绕组线较粗电阻小，两个绕组的一端并连接电源一相，另一端之间连接电容器接电源的另一相。

检查电动机绕组时可用万用表电阻 $R\times1$ 挡，测量时将电容器取下，分别测量各线头之间的电阻，通过测量结果判断绕组端，方法如图 2-1 所示。测量电阻最大两端是电容器的连接端，另一端直接接电源的一端。

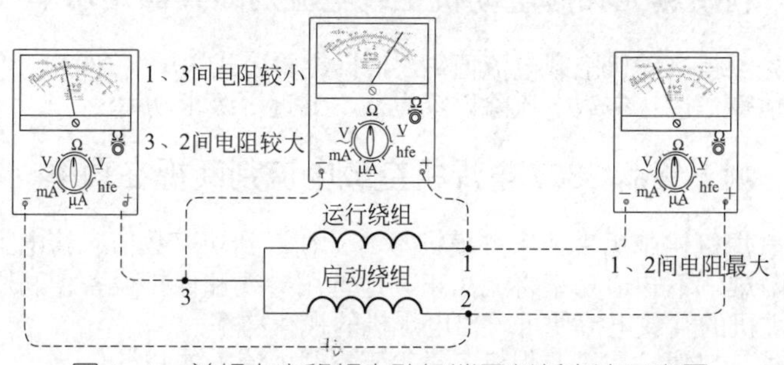

图 2–1　单相电容移相电动机端子判断方法示意图

2.2 用简便的方法确定单相有功电能表的内部接线

单相有功电能表的内部有一套电压线圈和一套电流线圈。通常，电压线圈和电流线圈在端子“1”处用电压小钩连在一起。我们可以根据电压线圈电阻值大，电流线圈电阻值小的特点，采用下面两种简便方法确定它的内部接线。

① 万用表法如图 2-2 所示，将万用表置于 $R\times1000\Omega$ 挡，一支表笔接“1”端，另一支表笔依次接触“2”“3”“4”端钮。测量结果，

电阻值近似为零的是电流线圈；电阻值为 1200Ω 左右的是电压线圈。

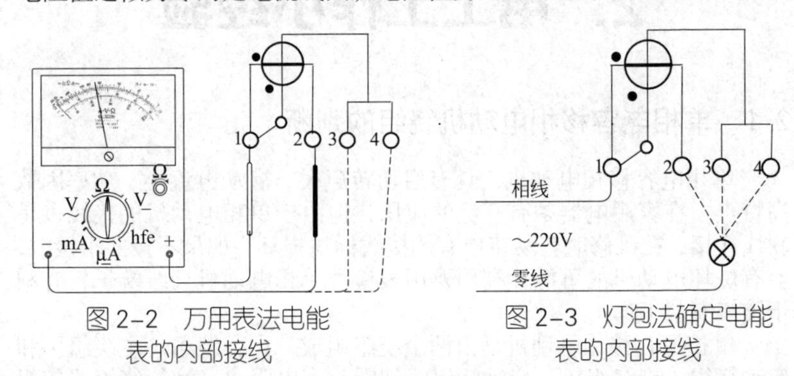

图 2-2　万用表法电能表的内部接线

图 2-3　灯泡法确定电能表的内部接线

② 灯泡法如图 2-3，将 220V 电源的相线（火线）接于电能表的“1”端。将串接一个 220V100W 的灯泡的电路，一端与电网零线相接，另一端依次接触电能表的“2”“3”“4”端。若灯泡正常发光的是电流线圈的端子，灯泡很暗的是电压线圈的端子。

2.3　利用测无铭牌电动机空载电流判断其额定功率

先测得电动机空载电流值 I_0，根据经验公式：$p \approx I_0/0.8$。

估算口诀：空载电流除以零点八，靠近等级求功率。

2.4　测无铭牌 380V 电焊机空载电流判断视在功率

电焊机铭牌丢失或字迹模糊不清，查不到功率数值，给电工工作带来困难，不知道功率将无法正确地选用导线和保护设备，利用测得的电焊机的空载电流便可求出电焊机的视在功率。

估算口诀：三百八焊机容量等于空载电流 I_0 乘以 5

视在功率 $S \approx 5I_0$

2.5　试电笔直流电源正负极的判断

用低压试电笔检验直流电时（电压不超过 500V），氖泡只有一端发光。测试时一手扶“地”，一手持试电笔并接触直流电源的任意一极，若靠近低压试电笔笔尖的一端发光，则发光的一端为被测直流电源的负极；若靠近低压试电笔顶部的一端发光，则笔尖的一端为被测直流电源的正极。

直流操作系统运行正常的情况下（正、负极任何一端都不接地），用低压试电笔测试直流系统电源的正负极，氖泡是不发光。只有当系统接地故障时，氖泡的其中一极会发光。若氖泡靠近试电笔顶部的一端发光，说明电源的负极发生接地故障；若氖泡靠近试电笔笔尖的一端发光，说明电源的正极发生接地故障。

2.6　试电笔相线、零线的判断

用低压验电器接触相线时，氖泡发光。接触零线时氖泡不应发光。如果电气设备（变压器、电动机等）三相负荷严重不平衡时，用低压验电器测其中性线时，氖泡会发光，电气设备绕组有严重的短路故障时，也可用此方法判断。

2.7　试电笔电气设备漏电的判断

用低压验电器接触低压电器设备的外壳，如果氖泡发光则该设备的绝缘可能损坏，或者是相线域外壳相碰，电气设备外壳接地良好时，氖泡不应发光。

2.8　试电笔电气回路的判断

用低压验电器接触相线时，若氖泡闪光则说明：①该电路中某个连接部件接触不良（虚接）；②不同的电力系统相互干扰所致。

2.9　试电笔单相电气设备外壳感应电的判断

单相电气设备没有接保护线时，用低压验电器检查外壳时，验电器氖泡可能会亮，此时应特别小心，人体不得接触设备的外壳，可将设备的电源插头调换方向后，用验电笔验电，如氖泡不发光或发出弱光，说明有感应电压存在。

2.10　试电笔带有电容的设备残余电荷的判断

电力电缆、电容器等带有电容的设备在停电或用兆欧表测量绝缘电阻后，该设备未放电前存有残余电荷，接触该设备的接线端子，极易造成人身触电，若用低压验电器接触接线端子，氖泡一闪即灭，说明该设备由残余电荷。

2.11　常见电工产品识别标志

质量认证是消费者购买家用电器的重要参考之一，我们在选择和使用对各种电气产品时，不仅要根据品牌、性能、规格等方面进行选购外，还要熟悉、了解和掌握各种质量的认证标志，下面介绍一些常见质量认证标志：

（1）CCC 标志

中国强制认证标志。CCC 为英文的缩写，意为“中国强制认证”，也可简称为“3C”，是我国对涉及安全、电磁兼容、环境保护要求的产品实施强制性产品认证制度。主要产品包括家用电器、汽车、摩托车、信息技术、电信终端、音视频、照明设备、医疗器械产品等9大类132种。这些产品都与公众工作生活密切相关，涉及健康、安全、卫生、环境保护等多方面。3C 认证只是一种最基础的安全认证，它的某些指标代表了产品的安全质量合格，但并不意味着产品的使用性能也同样优异。购买商品时除了要看它有没有 3C 标志外，其他指标也很重要。

（2）长城标志

中国电工产品认证委员会（CCEE）质量认证标志。长城标志是表示电工产品已经符合中国电工产品认证委员会规定的认证要求的图形标识，适用于经 CCEE 认证合格的电工产品。已实施强制认证的产品有：电视机、收录机、空调机、电冰箱、电风扇、电动工具、低压电器。

（3）CCIB 标志

中国进出口商品检验局检验标志，说明产品是正规进出口商品，质量安全可靠。凡进口家电产品须有此标志方可在中国市场上销售。“CCIB”安全标志的图案为白底黄色字。

（4）UL 标志

美国保险商实验室认证标志。UL 是英文保险商试验室的简写。UL 安全试验室是美国最有权威的，也是世界上从事安全试验和鉴定较大的民间机构。它是一个独立的、非营利的为公共安全做试验的专业机构。

（5）CE 标志

CE 属强制性标志，是欧洲经济共同体联盟所推行的一种产品标志。它是一种适用于欧盟有关技术协调与标准的新方法指令，用以证明产品符合指令规定的基本要求的合格标志。告知消费者哪些产品符合安全、健康、环境方面的基本要求，因此又被称为“CE 合格标志”。

（6）GS 标志

德国安全认证标志，它是德国劳工部授权由特殊的 TUV 法人机构实施的一种在世界各地进行产品销售的欧洲认证标志。GS 标志虽然不是法律强制要求，但是它确实能在产品发生故障而造成意外事故时，使制造商受到严格的德国（欧洲）产品安全法的约束，所以 GS 标志是强有力的市场工具，能增强顾客的信心及购买欲望，通常 GS 认证产品销售单价更高而且更加畅销。GS 覆盖下列产品：家用电器、家用机械、体育运动品、家用电子设备，比如视听设备、电气及电子办公设备，比如复印机、传真机、碎纸机、电脑、打印机等、工业机械 、实验测量设备、其他与安全有关的产品如自行车、头盔、爬梯、家具等。

（7）CSA 标志

CSA 是加拿大标准协会的简称。它成立于 1919 年，是加拿大首家专为制定工业标准的非盈利性机构。在北美市场上销售的电子、电器等产品都需要取得安全方面的认证。目前 CSA 是加拿大最大的安全认证机构，也是世界上最著名的安全认证机构之一 。它能对机械、建材、电器、电脑设备、办公设备、环保、医疗防火安全、运动及娱乐等方面的所有类型的产品提供安全认证。

（8）BEB 标志

英国保险商实验室的检验合格标志。这个标志在世界许多国家通行，具有权威性。

（9）AS 标志

澳大利亚标准协会（SAA）是用于电器和非电器产品的优质标志。英联邦商务条例对其保障，国际通用。

（10）JIB 标志

日本标准化组织（JIB）对其检验合格的电器产品、纺织产品颁发的标志。

2.12 电线质量快速检查法

电线是用户在用电过程中必不可少的材料，其质量的好坏，直接关系到千家万户的用电安全。因此，在购买或选用时，如何快速、准确检查电线质量的好坏，是广大电工必须掌握的技能。

① 重量。质量好的电线，一般都在规定的重量范围内。如常用的截面积为 1.5mm^2 的塑料绝缘单股铜芯线，每 100m 重量为 1.8 ～ 1.9kg; 2.5mm^2 的塑料绝缘单股铜芯线，每 100m 重量为 2.8 ～ 3.0kg；4.0mm^2 的塑料绝缘单股铜芯线，每 100m 重量为 4.1 ～ 4.2kg 等。质量差的电线重量不足，要么长度不够，要么电线铜芯杂质过多。

② 铜质。合格的铜芯电线铜芯应该是紫红色、有光泽、手感软。而伪劣的铜芯线铜芯为紫黑色、偏黄或偏白，杂质多，机械强度差，韧性不佳，稍用力即会折断，而且电线内常有断线现象。检查时，你只要把电线一头剥开 2cm，然后用一张白纸在铜芯上稍微搓一下，如果白纸上有黑色物质，说明铜芯里杂质比较多。另外，伪劣电线绝缘层看上去似乎很厚实，实际上大多是用再生塑料制成的，时间一长，

绝缘层会老化而漏电。

③ 厂家。假冒伪劣电线往往是“三无产品”，但上面却也有模棱两可的产地等标识，如中国制造、中国某省或某市制造等，这实际等于未标产地。

④ 价格。由于假冒伪劣电线的制作成本低，因此，商贩在销售时，常以价廉物美为幌子低价销售，使人上当。

2.13　三相交流电动机常见故障及处理

三相交流异步电动机是工农业生产中最常见的电气设备，其作用是把电能转换为机械能。其中用得最多的是笼型异步电动机，其结构简单，起步方便，体积较小，工作可靠，坚固耐用，便于维护和检修。为了保证异步电动机的安全运行，电气工作人员必须掌握有关异步电动机的安全运行的基本知识，了解对异步电动机的安全评估，做到尽可能地及时发现和消除电动机的事故隐患，保证电动机安全运行。

电动机在运行中由于种种原因，会出现故障，故障分机械与电气两方面。

（1）机械方面有扫膛、振动、轴承过热、损坏等故障

① 异步电动机定、转子之间气隙很小，容易导致定、转子之间相碰。一般由于轴承严重超差及端盖内孔磨损或端盖止口与机座止口磨损变形，使机座、端盖、转子三者不同轴心引起扫膛。如发现对轴承应及时更换，对端盖进行更换或刷镀处理。

② 振动应先区分是电动机本身引起的，还是传动装置不良所造成的，或者是机械负载端传递过来的，而后针对具体情况进行排除。属于电动机本身引起的振动，多数是由于转子动平衡不好，以及轴承不良，转轴弯曲，或端盖、机座、转子不同轴心，或者电动机安装地基不平，安装不到位，紧固件松动造成的。振动会产生噪声，还会产生额外负荷。

③ 如果轴承工作不正常，可凭经验用听觉及温度来判断。用听棒（铜棒）接触轴承盒，若听到冲击声，就表示可能有一只或几只滚珠扎碎，如果听到有咝咝声，那就是表示轴承的润滑油不足，因为电动机要每运行 3000 ～ 5000h 需换一次润滑脂。例如用听棒接触轴承盒，听到了“咝咝”的声响，同时还有微小“哒哒”的冲击声，打开发现轴承盒内缺油，同时轴承滚柱有的以有细微的麻痕。这样对轴承进行了更换，添加润滑油脂。

在添润滑脂时不易太多，如果太多会使轴承旋转部分和润滑脂之间产生很大的摩擦而发热，一般轴承盒内所放润滑脂约为全容积二分之一到三分之二即可。在轴承安装时如果不正确，配合公差太紧或太

松，也都会引起轴承发热。在卧式电动机中装配良好的轴承只受径向应力，如果配合过盈过大，装配后会使轴承间隙过小，有时接近于零，用手转动不灵活，这样运行中就会发热。

（2）电气方面有电压不正常绕组接地绕组短路绕组断路缺相运行

① 电源电压偏高，激磁电流增大，电动机会过分发热，过分的高电压会危及电动机的绝缘，有被击穿的危险。电源电压过低时，电磁转矩就会大大降低，如果负载转距没有减小，转子转数过低，这时转差率增大造成电动机过载而发热，长时间发热会影响电动机的寿命。

当三相电压不对称时，即一相电压偏高或偏低时，会导致某相电流过大，电动机发热，同时转距减小会发出“嗡嗡”声，时间长会损坏绕组。总之无论电压过高过低或三相电压不对称都会使电流增加，电动机发热而损坏电动机。所以按照国家标准电动机电源电压在额定值 ±5% 内变化，电动机输出功率保持额定值。电动机电源电压不允许超过额定值的 ±10%；三相电源电压之间的差值不应大于额定值的 ±5%。

② 电动机绕组绝缘受到损坏，及绕组的导体和铁芯、机壳之间相碰即为绕组接地。这时会造成该相绕组电流过大，局部受热，严重时会烧毁绕组。出现绕组接地多数是电动机受潮引起，有的是在环境恶劣时金属物或有害粉末进入电动机绕组内部造成。电动机出现绕组接地后，除了绝缘已老化、枯焦、发脆外，都可以局部处理，绕组接地一般发生在绕组伸出槽外的交接处（绕组端部），这时可在故障处用天然云母片或绝缘纸插入铁芯和绕组之间，在用绝缘带包扎好涂上绝缘漆烘干即可，如果接地点在铁芯槽内时，如果上成边绝缘损坏，可以打出槽楔修补槽衬或抬出上成线匝进行处理，若故障在槽底或者多处绝缘受损，最好办法就是更换绕组。

③ 绕组中相邻两条导线之间的绝缘损坏后，使两导体相碰，就称为绕组短路。发生在同一绕组中的绕组短路称为匝间短路。发生在两相绕组之间的绕组短路称为相间短路。不论是哪一种，都会引起某一相或两相电流增加，引起局部发热，使绝缘老化损坏电动机。出现绕组短路时，短路点在槽外修理并不难。当发生在槽内，如果线圈损坏不严重，可将该槽线圈边加热软化后翻出受损部分，换上新的槽绝缘，将线圈受损的部位用薄的绝缘带包好并涂上绝缘漆进行烘干，用万用表检查，证明已修好后，再重新嵌入槽内，进行绝缘处理后就可继续使用，如果线圈受损伤的部位过多，或者包上新绝缘后的线圈边无法嵌入时，只好更换新的绕组。

④ 绕组断路是指电动机的定子或转子绕组碰断或烧断造成的故障。定子绕组断部，各绕组元件的接头处及引出线附近。这些部位都露在电动机座壳外面导线容易碰断，接头处也会因焊接不实长期使用

后松脱，发现后重新接好，包好并涂上绝缘漆后就可使用。如在工作中突然发出声响后停车，经检查后发现绕组一相断路。打开电动机瓦盖后，发现电动机壳外导线与绕组连接处断开，其原因就是焊接不实，长期使用后松脱。打开捆绳，处理后重新焊接，包好涂上绝缘漆后继续使用。如果因故障造成的绕组被烧断则需要更换绕组。如转子绕组发生断路时，可根据电动机转动情况判断。一般表现为转速变慢，转动无力，定子三相电流增大和有“嗡嗡”的现象，有时不能启动。出现转子绕组断路时，要抽出转子先查出断路的部位，一般是滑环和转子线圈的交接处开焊断裂所引起，重新焊接后就可使用。

⑤ 三相异步电动机在运行过程中，断一根火线或断一相绕组就会形成缺相运行（俗称单相运行），如果轴上负载没有改变，则电动机处于严重过载状态，定子电流将达到额定值的二倍甚至更高，时间稍长电动机就会烧毁。在各行业中，因缺相运行而烧毁的电动机所占比重最大。一般电动机缺相是由于某相熔断器的熔体接触不良，或熔丝拧得过紧而几乎压断，或熔体电流选择过小，这样通过的电流稍大就会熔断，尤其是在电动机启动电流的冲击下，更容易发生熔体非故障性熔断。有时电动机负荷线路断线，一般是安装不当引起的断线，特别是单芯导线放线时产生的小圈扭结，接头受损等都可能使导线在运行过程中发生断线。由于电动机长期使用使绕组的内部接头或引线松脱或局部过热把绕组烧断电动机出现缺相运行时。总之，不管是什么样的缺相，只要能及时发现，对电动机不会造成大的危害。为了预防电动机出现缺相运行，除了正确选用和安装低压电器外，还应严格执行有关规范，敷设馈电线路，同时加强定期检查和维护。

⑥ 电动机的接地装置。电动机接地是一个重要环节，可是有的单位往往忽视了这一点，因为电动机不明显接地也可以运转，但这给生产及人身安全埋下了安全隐患。因为绝缘一旦损坏后外壳会产生危险的对地电压，这样直接威胁人身安全及设备的稳定性。所以电动机一定要有安全接地。所谓的电动机接地就是将电气设备在正常情况下不带电的某一金属部分通过接地装置与大地做电气连接，而电动机的接地就是金属外壳接地。这样即使设备发生接地和碰壳短路时电流也会通过接地向大地做半球形扩散，电流在向大地中流散时形成了电压降，这样保证了设备及人身安全。

2.14 三相异步电动机控制线路的配线与检验

按照电气原理图制做三相异步电动机控制线路，进行调试，试车和排除故障是低压安装维修电工必须具备的能力。这里以典型的三相异步电动机控制线路为例，讲述制做电路的基本步骤以及调速试车，排除故障的方法，通过实际操作练习，掌握一般控制线路的安装维修技能，同时加深对控制线路工作原理的理解。

（1）制作电动机控制线路的步骤

1）熟悉电气原理图

电动机控制线路是由一些电器元件按一定的控制关系连接而成的，这种控制关系反映在电气原理图上，为了能顺利地安装接线，分析检查调试和排除线路故障，必须认真读原理图。要看懂线路中各电器元件之间的控制关系及联系顺序：分析线路控制动作，以便确定检查线路的方法步骤，明确电器元件的数目、种类和规格，对于比较复杂的线路，还应看懂是由哪些基本环节组成的，分析这些环节之间的逻辑关系。

为了方便线路投入运行后的日常维修和排除故障，必须按规定给原理图标注线号。应将主电路与辅助电路分开标注，各自从电源端起，各相线分开，顺次标注到负荷端。标注时应作到每段导线均有线号，并且一线一号不得重复。

2）绘制安装接线图

原理图是方便阅读和分析控制原理而用“展开法”绘制的，并不反映电器元件的结构、体积和实际安装位置。在接线图中，各电气元件都要按照接线图在安装底板上（或电器控制箱，控制柜）中的实际位置绘出；元件所占据的面积它的实际尺寸依照统一的比例绘制；一个元件的所有部件应画在一起，并用虚线框起来。各电气元件之间的关系视安装底板的面积大小，长宽比例及连线的顺序来决定，并要注意不得违反安装规程。绘制接线图时应注意以下几点：

① 接线图中各电气元件的图形符号及文字符号必须与原理图完全一致，并要符合国家标准。

② 各电器元件上凡是需要接线的部件端子都应绘出，并且一定要标注端子编号; 各接线端子的编号必须与原理图上相应的线号一致; 同一根导线上连接的所有端子的编号应相同。

③ 安装底板（或控制箱，控制柜）内外的电器元件之间的连线，应通过端子进行连接。

④ 走向相同的相邻导线可以绘成一股线。

3）检查电器元件

安装接线前应对所使用的电器元件逐个进行检查，避免电器元件故障与线路错接、漏接造成的故障混在一起。对电器元件的检查主要包括以下几个方面。

① 电器元件外观是否清洁完整，外壳有无碎裂，零部件是否齐全

有效，各接线端子及紧固件有无缺损、生锈等现象。

② 电器元件的触点有无熔焊连变形，严重氧化锈蚀等现象：触点闭合分断动作是否灵活；触点开开距离是否符合标准；接触压力弹簧是否有效。

③ 电器的电磁机构和传动部件的动作是否灵活；有无衔铁卡阻，吸合位置不正常等现象。新品使用前应拆开清除铁；检查衔铁复位弹簧是否正常。

④ 用万用表或电桥检查所有电磁线圈（包括继电器、接触器、电动机等）的通断情况，测量盲流电阻并作好记录，以备检查和处理故障时作为参考。

⑤ 检查有延时作用的电器元件功能，如时间断电器的延时动作，延时范围及整定机构的作用；检查热继电器的热元件和触头的动作情况。

⑥ 核对各电器元件的规格与图纸的要求应一致。例如电器的电压等级、电流容量、触点数目、开闭状况、时间继电器的延时类型等。不符合要求的应更换或调整。

电器元件先检查后使用，可以避免安装，接线后发现问题再拆换，提高制作线路的工作效率。

（2）固定电器元件

按照接线图规定的位置将电器元件固定在底板上，元件之间的距离要适当，既要节省板面，又要方便走线和投入运行后的维修。固定元件时应按以下步骤进行：

① 定位：将电器元件摆放在确定的位置，用尖锥在安装孔中心作好记号，元件应排列整齐以保证在连接时做到横平竖直，整齐美观，同时尽量减少弯折。

② 打孔：用手钻在作好记号处打孔，孔径应略大于固定螺钉的直径。固定元件时，应注意在螺钉钉上加装平垫圈。紧固螺钉时将弹簧垫压平即可，不要过分用力。防止用力过大将元件的塑料底板压裂造成损坏。

（3）照图接线

接线时，必须按照接线图规定的走线方位进行。一般从电源端起按接线号顺序做，先做主电路，然后做辅助电路。

接线前应做好准备工作：按主电路，辅助电路的电流容量选择导线的截面导线的两端穿线号管，使用多股导线时准备好烫锡工具或压接钳。

接线应按以下的步骤进行：

① 选择合适的导线截面，按接线图规定的方位、在固定好的电器元件之间测量所需要的长度，截取适当的长短的导线，剥去导线两端

绝缘皮其长度应满足连接要求；为保证导线与端子接触良好，压接时去掉芯线表面的氧化物，使用多股芯线时，将导线绞紧涮锡。

② 走线时导线应尽量避免导线交叉，先将导线校直，把同一走向的导线汇成一束，依次弯向所需要的方向。走线应横平竖直，拐直角弯。做线时要用手将拐角做成 90° 的“慢弯”，导线弯曲半径为导线截面的 3 ～ 4 倍，不要用钳子将导线做成“死弯”，以免损坏导线绝缘层及芯线。做好的导线应绑扎成束用: 非金属线卡(钢精扎头垫上绝缘物)卡好。

③ 将成型好的导线套上写好的线号管，根据接线端子的情况，将芯线煨成圆环或直接压进接线端子。

④ 接线端子应紧固好，必要时加装弹簧垫圈紧固，防止电器动作时因振动而松脱。

接线过程中注意对照图纸核对，防止错接。必要时应校线，同一接线端子内压接两根以上导线时，可以只套一只线号管，导线截面不同时，应将截面大的放在下层，截面小的放在上层，所使用的线号要用不易退色的墨水(可用环乙酮与龙胆紫调配)，用印刷体工整地书写。

（4）检查线路和试车

制作好的控制线路必须经过认真检查后才能通电试车，以防止错误接线，漏接线及电器故障引起线路动作不正常，甚至造成短路事故。

检查线路应按以下步骤进行：

1）核对接线

对照原理图、接线图，从电源端开始逐段核对端子接线线号，排除漏接线和错误接线，重点检查辅助电路中易错接线的线号，还应核对同一条导线两端是否错号。

2）检查端子接线是否牢固

检查所有端子上接线压接是否牢固，接触是否良好，不允许有松动、脱落现象，以避免通电试车时因导线虚接造成故障，在通电前将故障排除。

3）可用万用表通断法检查

这是在控制线路不通电时，用手动来模拟电器的操作动作，用万用表电阻挡测量线路的通断情况的检查方法。应根据线路控制动作来确定检查步骤和内容，根据原理图和接线图选择测量点。先断开辅助电路，以便检查主电路的情况，然后再断开主电路，以便检查辅助电路的情况。主电路检查下述内容：

① 主电路不带负荷（电动机）时相间绝缘情况，接触器主触点接触的可靠性，正反转控制线路的电源换相线路及热继电器、热元件是否良好，动作是否正常等。

② 辅助电路的各个控制环节及自保、联锁装置的动作情况及可靠性与设备的运行部件、联动元件（如行程开关，速度继电器等）动作的正确性和可靠性，保护电器（如热继电器触点）动作准确性等情况。

4）试车与调整

为保证人身安全，通电试车时必须有专人监护，一人工作一人监护，执行安全规程的有关规定，试车前应做好准备工作，包括：清点工具及材料，装好接触器的灭弧罩，检查各组熔断器的熔体应符合要求，调试拉合各种开关，使按钮、行程开关处于通电前的静止状态，检查三相电源电压是否正常，然后按以下顺序通电试车。

① 空载试验，装好辅助电路中熔断器溶体，不接主电路的负载试验辅助电路的动作性能是否可靠，及按触器的动作情况是否正常符合要求，检查接触器的自保，联锁控制是否可靠，用绝缘棒操作行程开关，检查它的行程控制及限位控制是否可靠，观察各种电器动作灵活性，注意有无卡阻和阻滞不正常现象，细听各种电器动作时有无过大噪声，线圈有无过热及异常的气味。

② 带负荷试车，控制线路经过数次空操作试验动作无误后，即可切断电源，接通主电路带负荷试车。电动机启动前应先作好停车准备，启动后要注意电动机运行是否正常。如发现电动机启动困难，发出噪声，电动机绕组过热，电流表指示不正常时，应立即停车切断电源检查。

③ 有些线路的控制动作需要调试，例如定时运转线路的运行和间隔时间；Y-△启动控制线路的转换时间；反接制动控制线路的终止速度等。应按照各线路的具体情况确定调试步骤。

试车运行正常后，方可投入运行。

2.15 电动机几种启动方式的比较

电动机启动方式：全压直接启动、自耦减压启动、Y-△启动、软启动器、变频器。其中软启动器和变频器启动为新的节能启动方式。当然也不是一切电动机都要采用软启动器和变频器启动，应从经济性和适用性方面考虑，电动机的启动方式，下面是几种启动方式比较，与电动机控制电路接线相结合能更好地解决实际工作中的难题。

（1）电动机全压直接启动

在电网容量和负载两方面都允许全压直接启动的情况下，可以考虑采用全压直接启动。优点是操纵控制方便，维护简单，而且比较经济。主要用于小功率电动机的启动，从节约电能的角度考虑，大于10kW的电动机不宜用此方法。

（2）电动机自耦减压启动

电动机自耦减压启动是利用自耦变压器的多抽头减低电压，既能适应不同负载启动的需要，又能得到较大的启动转矩，是一种经常被用来启动容量较大电动机的减压启动方式。它的最大优点是启动转矩较大，当其自耦变压器绕组抽头在 80% 处时，启动转矩可达直接启动时的 64%。并且可以通过抽头调节启动转矩。至今仍被广泛应用。

（3）电动机 Y- △启动

对于正常运行的定子绕组为三角形接法的笼型异步电动机来说，如果在启动时将定子绕组接成星形，待启动完毕后再接成三角形，就可以降低启动电流，减轻启动时电流对电源电压的冲击。这样的启动方式称为星三角减压启动，简称为星—三角启动（Y- △启动）。采用星—三角启动时，启动电流只是原来按三角形接法直接启动时的 1/3。如果直接启动时的启动电流以 6 ～ 7 倍额定电流计算，则在星三角启动时，启动电流才是 2 ～ 2.3 倍。这就是说采用星三角启动时，启动转矩也降为原来按三角形接法直接启动时的 1/3。适用于空载或者轻载启动的设备。并且同任何别的减压启动器相比较，其结构最简单检修方便，价格也最便宜。

（4）电动机软启动器

这是利用了晶闸管的移相调压原理来实现对电动机的调压启动，主要用于电动机的启动控制，启动效果好但成本较高。因使用了晶闸管元件，晶闸管工作时谐波干扰较大，对电网有一定的影响。另外电网的波动也会影响可控硅元件的导通，特别是同一电网中有多台可控硅设备时。因此晶闸管元件的故障率较高，因为涉及到电力电子技术，因此对维护技术人员的要求也较高。

（5）电动机启动变频器

变频器是现代电动机控制领域技术含量最高，控制功能最全、控制效果最好的电机控制装置，它通过改变电源的频率来调节电动机的转速和转矩。因为涉及到电力电子技术，微机技术，因此成本高，对维护技术人员的要求也高，因此主要用在需要调速并且对速度控制要求高的领域。

在以上几种启动控制方式中，星三角启动，自耦减压启动因其成本低，维护相对于软启动和变频控制容易，目前在实际运用中还占有很大的比重。但因其采用分立电气元件组装，控制线路接点较多，在其运行中，故障率相对还是比较高。从事电气维护的技术人员都知道，很多故障都是电气元件的触点和连线接点接触不良引起的，在工作环境恶劣（如粉尘，潮湿）的地方，这类故障比较多，检查起来很费时间。另外有时根据生产需要，要更改电机的运行方式，如原来电机是连续运行的，需要改成定时运行，这时就需要增加元件，更改线路才能实现。有时因为负载或电机变动，要更改电动机的启动方式，如原来是自耦启动，要改为星三角启动，也要更改控制线路才能实现。

电动机常用接线是帮助大家更好地了解电动机控制方式，通过图解的方法，快而简单地掌握电动机控制接线，解决工作中遇到的难题。

2.16 电动机的安装与使用工作小结

（1）电动机的安装要求

电动机安装的内容通常为电动机搬运、底座基础建造、地脚螺栓埋设、电动机安装就位与校正以及电动机传动装置的安装与校正等。这里主要介绍一下电动机传动装置的安装和校正，因为传动装置安装的不好会增加电动机的负载，严重时会使电动机烧毁或损坏电动机的轴承。电动机传动形式很多，常用的有齿轮传动、带传动和联轴节传动等。

1）齿轮传动装置的安装和校正

齿轮传动装置的安装。安装的齿轮与电动机要配套，转轴纵横尺寸要配合安装齿轮的尺寸，所装齿轮与被动轮应配套，如模数、直径和齿形等。

齿轮传动装置的校正。齿轮传动时电动机的轴与被传动的轴应保持平行，两齿轮啮合应合适，可用塞尺测量两齿轮间的齿间间隙，如果间隙均匀说明两轴已平行。

2）皮带传动装置的安装和校正

① 皮带传动装置的安装。两个带轮的直径大小必须配套，应按要求安装。若大小轮换错则会造成事故。两个带轮要安装在同一条直线上，两轴要安装的平行，否则要增加传动装置的能量损耗，且会损坏皮带；若是平皮带，则易造成脱带事故。

② 带轮传动装置的校正。用带轮传动时必须使电动机带轮的轴和被传动机器轴保持平行，同时还要使两带轮宽度的中心线在同一直线。

联轴器传动装置的安装和校正。常用的弹性联轴器在安装时应先把两片联轴器分别装在电动机和机械的轴上，然后把电动机移近连接处；当两轴相对的处于一条直线上时，先初步拧紧电动机的机座地脚螺栓，但不要拧得太紧，接着用钢直尺搁在两半片联轴器上。然后用手转动电机转轴并旋转 180° 看两半片联轴器是否有高低，若有高低应予以纠正至高低一致才说明电机和机械的轴已处于同轴状态，便可把联轴器和地脚螺钉拧紧。

（2）电动机的使用

1）电动机接线盒内的接线

电动机的定子绕组是异步电动机的电路部分，它由三相对称绕组组成并按一定的空间角度依次嵌放在定子槽内。三相绕组的首端分别用U1 、V1、W1 表示，尾端对应用 U2、V2、W2 表示。为了变换接法，三相绕组的六个线头都引到电动机的接线盒内。三相定子绕组按电源电压的不同和电动机铭牌上的要求，可接成星形（Y）或三角形（△）两种形式：

① 星形连接。将三相绕组的尾端 U2、V2、W2 短接在一起，首端 U1、V1、W1 分别接三相电源。

② 三角形连接。将第一相的尾端 U2 与第二相的首端 V1 短接，第二相的尾端 V2 与第三相的首端 W1 短接，第三相的尾端 W2 与第一相的首端 U1 短接；然后将三个接点分别接到三相电源上。不管星形接法还是三角形接法调换三相电源的任意两相即可得到方向相反的转向。

2）电动机的试车

电动机安装和接线完毕应进行试运行，俗称试车。试车时应注意以下事项：

① 检查电动机基础是否牢固，各部分装配是否正确，螺钉是否拧紧，轴承是否缺油。用手拨转电动机的转子，查看其是否灵活，应无卡涩，更不该有碰撞现象。

② 根据电动机铭牌的技术数据，检查电动机的功率、电压、转速、接线是否符合要求。

③ 启动设备选择是否正确，启动设备的规格和质量是否符合要求，启动装置是否灵活，有无卡死现象，触点的接触是否良好等。

④ 检查电动机及启动设备金属外壳的保护接零（地）线是否连接可靠，接触是否良好。注意此线不允许加装熔断器。

⑤ 测量电动机的绝缘电阻，低压电动机冷态下的绝缘电阻（包括电动机及其电源线路，电动机各相绕组间及绕组对地）应不小于 0.5MΩ。

⑥ 检查电动机的引线截面是否符合要求，机械负载是否做好启动运转的准备。

⑦ 电动机保护装置是否得当，熔断器安装是否牢靠，参数是否正确。

试车时先进行空载运转并监测三相电流，查看旋转方向是否正确；电动机空载电流通常不应大于其额定电流的 5% ～ 10%。正常启动后要密切注视电动机的电流是否超过规定值，并听有无摩擦声，尖叫声和其他不正常的声响，闻一闻有无焦臭味，检查电动机是否有局部过热现象。经过几次启动及 2 小时空载运行若无异常现象时，电动机安装结束。

（3）电动机的启动及运行监视

① 启动时应注意观察电动机、传动装置及负载机械的工作情况以及电流表和电压表的指示。若有异常现象应立即断电检查，故障排除

后再行启动。

② 同一线路上的电动机不应同时启动，一般应由大到小逐台启动，以免多台电动机同时启动，造成线路电流大，电压降低过多，造成电动机启动困难，引起线路故障或开关跳闸。

③ 笼型电动机允许连续启动的次数有一定的限制，对于小型异步电动机在冷态时连续启动的次数不得超过 3 ～ 5 次，在热态时允许启动1次。若启动过于频繁,启动电流太大会使电机急剧发热而损坏绝缘。

④ 电动机运行中的监视。对运行中的电机要及时了解它的工作状态，发现异常现象及时处理，确保电动机使用寿命和安全可靠地运行。运行中可通过仪表、工具及人体感官来判断电动机运行是否正常。监视的项目主要有温度、电流、电压、声音、气味与振动等。

监视电动机的温度：电动机带负载运行时由于损耗而发热，当电动机的发热量与散热量相等时，其温度就稳定在一定的数值。只要环境温度不超过规定，电动机满载运行的温升不会超过所用绝缘材料允许的温度（注：电动机以任何方式长时间运行时，温度不得超过所用绝缘材料规定的最高允许温度）。若发现电动机温度过高，这是电动机绕组和铁芯过热的外部表现。严重过热会损坏电动机绕组绝缘。甚至会烧毁电动机绕组和降低其他方面的性能（电动机的轴承温度一般也不宜过高，温度过高会使滑润油熔化和变质，引起轴承损坏）。

监视电动机的电流：在配电屏（盘面）上装设电动机用电流表和电压表，主要是为了加强对运行中电动机的监视，及时发现异常现象（过载运行或单相运行），防止发生故障以免烧毁电动机。当环境温度为标准值时，电机定子电流应不超过铭牌上的额定电流值，如果运行电流超过额定值应立即停机检查原因。另外，还要监视定子三相电流是否平衡，三相中最大或最小的一相与其三相平均值的偏差不得相差 10%，在超过这一数值时，也应停车进行检查并予以排除。

监视电动机的电压：电源电压过高或过低，都会引起电动机过热。按要求电源电压波动应不超过 +10% ～ −5%（即在 360 ～ 418V 之间变化）。通过电压表来监视电动机的电压以及三相电压的不平衡情况。若三相电压不平衡也会引起电动机额外发热，按要求三相电压间的不平衡率不得超过 5%。如果超过这一范围，则应找出原因并设法调整供电系统的负载情况。

监视电动机的声音、气味和振动：电动机在正常运行时声音均匀无杂声，机电两方面的故障都有可能造成杂音。如果电动机过负荷，则有较大的嗡嗡声，当三相电源不平衡或缺相时嗡嗡声特别大，轴承间隙不正常或滚珠损坏时，则发出咕噜噜的声音。转子扫膛或鼠笼条断裂脱槽则有严重的碰擦声。出现异常的声响要立即停机检查，以免事态扩大造成更大的损失。

电动机故障发热时，绕组的绝缘物受热分解出绝缘漆的气味，如果轴承缺油严重引起发热则可以嗅到润滑油挥发的气味；润滑油填充过量也会引起轴承发热。电动机超载运行太久绕组绝缘将会损坏，电动机正常运行时只有轻度振动，如果振幅加大说明已有故障存在。这时应立即停机检查底脚螺钉、皮带轮、联轴器等是否松动或有无变形。

监视电动机的通风环境及传动装置：电动机的通风对它的工作温度影响很大，应保证电动机的进风、出风口畅通无阻。室内工作的电机要注意环境通风以利散热，室外工作的电机要避免阳光直晒，否则电动机的工作温度也会受到外界的影响而升高。

电动机及所拖动的机械设备周围应保持卫生，及时清除电机外壳的油污尘垢以免影响散热，灰尘较多的场所应每天进行清扫。

电动机运行时要注意传动装置的工作情况，如皮带轮、转动轴和联轴器有无松动，传动皮带、链条有无过紧或过松的现象等。如发生以上情况也应停机处理。

2.17 常见照明电气火灾事故及预防

（1）常见照明电气火灾事故的原因

电气照明灯具有许多优点，应用非常广泛，给我们的生产和生活带来很大的方便，但同时照明灯具在工作时也有火灾危险性，使用不当会发生火灾事故，甚至造成群死群伤事件。造成火灾的原因主要有以下几个方面：

① 照明灯具工作时，灯泡、灯管、灯座等温度较高，能引燃附近可燃物质，造成火灾。

各种灯具因设计不同、内部构造不同、充入的气体不同、功率大小不同等，使灯泡或灯管表面温度有很大差别。但一般而言，灯泡表面温度与功率成正比，与可燃物的距离成反比，并且受散热条件、自身构造等方面的影响。经试验，如果将已点亮的 100W 的白炽灯放进稻草内，2 分钟内即可起火；200W 的白炽灯放进去，1 分钟内即可起火；已点亮的 200W 的灯泡紧贴棉被，1 分钟内即可起火；紧贴木箱不到 1 小时就可起火。

灯泡表面与附近可燃物的距离过近也是导致火灾发生的关键因素。例如，1994 年 12 月 8 日，震惊全国的新疆克拉玛依友谊馆大火，就是因舞台灯光离幕布不足 50cm，长时间高温烤燃幕布引发大火，夺去了 325 人的生命。所以我国现行规范规定，灯光离幕布的距离不低于 50cm。散热条件不好也会加速灯泡表面温度的升高，火灾危险性也就更大，如用布、塑料、纸张等作为灯罩，灯泡表面温度会急剧上升，易使布、纸张等烤燃或烤焦。

日光灯引起火灾的主要原因是镇流器发热，易燃着邻近的可燃物质。正常工作时，镇流器本身消耗电能，使其具有一定温度，如果散热条件不好或与灯管配合不当以及其他附件故障，都可能引起镇流器内部温度升高，破坏线圈绝缘形成短路，从而使周围可燃物质起火。

卤钨灯灯管的表面温度比白炽灯表面温度更高，因此卤钨灯不仅可引燃接触到的可燃物质，而且其高温辐射还可能引燃稍远一点的可燃物质，危险性更大。

② 照明灯具的灯管破碎产生电火花引燃周围可燃物质，形成火灾。

灯泡和灯管破碎的原因很多，供电电压超过额定电压、水滴溅在高温的灯泡表面，外力撞击、制造时厚薄不均、接触不良产生局部高温等都可以导致灯泡或灯管破碎。另外灯具选择不当，不符合安全要求，如需防酸防腐场所选用一般的白炽灯；需防爆场所选用一般灯具等也可以导致灯泡或灯管破碎，引起火灾。

③ 照明线路短路、过负荷、接触电阻过大等产生火花、电弧或过热，引起火灾。

没有按照具体环境和要求选用适当的绝缘导线，使导线受高温、潮湿或酸碱等腐蚀而失去绝缘能力，导致短路；长期使用的照明线路不及时检修、更换，绝缘层老化，引起短路；线路运行电压超过额定电压，导线绝缘击穿，引起短路等都是造成照明线路短路的原因。

当正常工作电流通过导线时，导线的发热温升不超过最高允许工作温度 65℃，但是，当线路过负荷时，导线发热量增加，导线温度将超过允许温度，形成过负荷高温，极易引起火灾。另外，照明线路过电压、接触电阻过大等情况都可以导致火灾。

（2）常见照明电气火灾事故的预防

1）照明灯具和线路的选择

照明灯具和线路应根据环境条件、用途和光强分布等具体要求进行选择。在不同的场所选择相应的灯具。

① 开启型灯具的灯泡和灯头直接与外界接触，所以只能用于干燥、无腐蚀性、无爆炸危险的场所。

② 有腐蚀性气体及特殊潮湿的场所应采用密闭型灯具，灯具的各种部件还应进行防腐处理或采用耐酸型照明灯具。

③ 灼热多尘的场所，如出钢、出铁、轧钢车间等，宜采用投光灯；一般尘埃场所，宜采用防尘型灯具。

④ 直接受外来机械损伤的场所，应采用有保护网的灯具，震动场所的灯具应有防震措施等。

2）加强照明灯具的维修和保养，防止火灾发生

照明灯具在运行中应加强维护，发现接触不良、线路老化、灯具局部发热等现象要及时维修和更换；灯泡或灯管上有粉尘或可燃物时，应及时清理、更换，防止火灾发生；可能遇到碰撞的场所，防火罩必须保持完好无损，灯泡碰碎后，应及时更换或将灯泡的金属灯头取出；定期检查、核对线路的断路器、熔断器、保险、刀闸等部位的运行情况，保证各部位运行正常；加强对线路的维护检查，经常测量导线的绝缘电阻，以保持足够的绝缘强度和绝缘的完整。

3）保持照明灯具与可燃物的距离

① 白炽灯、高压水银灯与可燃物之间的距离一般不应小于50cm，卤钨灯与可燃物的距离最好保持在100cm以上，尤其是存放可燃易燃物的库房不宜使用卤钨灯。

② 灯泡上严禁用布、纸、棉纱等易燃物包装，以防止类火灾的发生。

③ 在正对灯泡的下面严禁堆放可燃物品，特别是重要的物资仓库，更应严格遵守此项安全措施。

4）其他措施

① 安装日光灯时，必须使镇流器与电源电压、灯管功率相配合。镇流器是发热体，安装位置也应考虑散热和机械承重；启动器应根据灯管功率来选用，应采取防灯管脱落措施，灯架与顶棚应保持一定距离，以利通风和散热等。

② 日光灯和高压水银灯的镇流器安装时应保持通风、散热和可靠隔离，不能将镇流器直接固定在可燃的天花板、墙壁和木架上。

③ 各种照明灯具安装前应对灯座、挂线盒、开关等零件进行检查，检查质量是否符合标准。各零部件的电压、电流、功率必须匹配，不得过电压或过电流。

④ 照明线路的导线与导线之间，导线与墙壁、顶棚、金属构件之间，以及固定导线的绝缘子之间，应有符合规定的间距。而且照明线路不准随意接入大功率的负荷，比如电炉、电热、空调和大功率灯泡等，防止线路过负荷。

⑤ 合理选择导线截面，截面应满足负荷发展规划和敷设条件的要求，定期测量和检查照明线路的负荷，发现负荷增大应及时予以纠正。

⑥ 在可燃材料装修的墙壁和吊顶上安装灯具、开关、插座等，应配金属接线盒，导线应穿钢管敷设。灯具上方应保持足够的空间，以利散热。

2.18 电气设备维修时的十项原则

① 先动口再动手：对于有故障的电气设备，不应急于动手，应先

询问产生故障的前后经过及故障现象。对于生疏的设备，还应先熟悉电路原理和结构特点，遵守相应规则。拆卸前要充分熟悉每个电气部件的功能、位置、连接方式以及与周围其他器件的关系，在没有组装图的情况下，应一边拆卸，一边画草图，并记上标记。

② 先外部后内部：应先检查设备有无明显裂痕、缺损，了解其维修史、使用年限等，然后再对机内进行检查。

③ 先机械后电气：只有在确定机械零件无故障后，再进行电气方面的检查。检查电路故障时，应利用检测仪器寻找故障部位，确认无接触不良故障后，再有针对性地查看线路与机械的运作关系，以免误判。

④ 先静态后动态：在设备未通电时，判断电气设备按钮、接触器、热继电器以及保险丝的好坏，从而判定故障的所在。通电试验，听其声、测参数、判断故障，最后进行维修。如在电动机缺相时，若测量三相电压值无法判别时，就应该听其声，单独测每相对地电压，方可判断哪一相缺损。

⑤ 先清洁后维修：对污染较重的电气设备，先对其按钮、接线点、接触点进行清洁，检查外部控制键是否失灵。许多故障都是由脏污及导电尘块引起的，一经清洁故障往往会排除。

⑥ 先电源后设备：电源部分的故障率在整个故障设备中占的比例很高，所以先检修电源往往可以事半功倍。

⑦ 先普遍后特殊：因装配配件质量或其他设备故障而引起的故障，一般占常见故障的50%左右。电气设备的特殊故障多为软故障，要靠经验和仪表来测量和维修。

⑧ 先外围后内部：先不要急于更换损坏的电气部件，在确认外围设备电路正常时，再考虑更换损坏的电气部件。

⑨ 先直流后交流：检修时，必须先检查直流回路静态工作点，再交流检查回路动态工作点。

⑩ 先故障后调试：对于调试和故障并存的电气设备，应先排除故障，再进行调试，调试必须在电气线路无故障的前提下进行。

2.19　电气设备维修检查八个方法

（1）直观法

直观法是根据电器故障的外部表现，通过看、闻、听等手段，检查、判断故障的方法。

调查情况：向操作者和故障在场人员询问情况，包括故障外部表现、大致部位、发生故障时环境情况。如有无异常气体、明火、热源是否靠近电器、有无腐蚀性气体侵入、有无漏水，是否有人修理过，修理的内容等。

初步检查：根据调查的情况，看有关电器外部有无损坏、连线有无断路、松动，绝缘有无烧焦，螺旋熔断器的熔断指示器是否跳出，电器有无进水、油垢，开关位置是否正确等。

试车：通过初步检查，确认会使故障进一步扩大和造成人身、设备事故后，可进一步试车检查，试车中要注意有无严重跳火、异常气味、异常声音等现象，一经发现应立即停车，切断电源。注意检查电器的温升及电器的动作程序是否符合电气设备原理图的要求，从而发现故障部位。

（2）测量电压法

测量电压法是根据电器的供电方式，测量各点的电压值与电流值并与正常值比较。具体可分为分阶测量法、分段测量法和点测法。

（3）测电阻法

可分为分阶测量法和分段测量法。这两种方法适用于开关、电器分布距离较大的电气设备。

（4）对比、置换元件法

① 对比法：把检测数据与图纸资料及平时记录的正常参数相比较来判断故障。对无资料又无平时记录的电器，可与同型号的完好电器相比较。电路中的电器元件属于同样控制性质或多个元件共同控制同一设备时，可以利用其他相似的或同一电源的元件动作情况来判断故障。

② 置换元件法：某些电路的故障原因不易确定或检查时间过长时，但是为了保证电气设备的利用率，可更换型号性能良好的元器件实验，以证实故障是否由此电器引起。

运用转换元件法检查时应注意，当把原电器拆下后，要认真检查是否已经损坏，只有肯定是由于该电器本身因素造成损坏时，才能换上新电器，以免新换元件再次损坏。

③ 逐步开路（或接入）法：多支路并联而且控制较复杂的电路短路或接地故障时，一般有明显的外部表现，如冒烟、有火花等。电动机内部或带有护罩的电路短路、接地时，除熔断器熔断外，不易发现其他外部现象。这种情况可采用逐步开路（或接入）法检查。

（5）逐步开路法

遇到难以检查的短路或接地故障，可重新更换熔体，把多支路交联电路，一路一路逐步或重点地从电路中断开，然后通电试验，若熔断器一再熔断，故障就在刚刚断开的这条电路上。然后再将这条支路分成几段，逐段地接入电路。当接入某段电路时熔断器又熔断，故障就在这段电路及某电器元件上。这种方法简单，但容易把损坏不严重的电器元件彻底烧毁。

（6）逐步接入法

电路出现短路或接地故障时，换上新熔断器逐步或重点地将各支路一条一条的接入电源，重新试验。当接到某段时熔断器又熔断，故障就在刚刚接入的这条电路及其所包含的电器元件上。

（7）强迫闭合法

在排除电器故障时，经过直观检查后没有找到故障点而手下也没有适当的仪表进行测量，可用一绝缘棒将有关继电器、接触器、电磁铁等用外力强行按下，使其常开触点闭合，然后观察电器部分或机械部分出现的各种现象，如电动机从不转到转动，设备相应的部分从不动到正常运行等。

（8）短接法

设备电路或电器的故障大致归纳为短路、过载、断路、接地、接线错误、电器的电磁及机械部分故障等六类。诸类故障中出现较多的为断路故障。它包括导线断路、虚连、松动、触点接触不良、虚焊、假焊、熔断器熔断等。对这类故障除用电阻法、电压法检查外，还有一种更为简单可靠的方法，就是短接法。

对于连续烧坏的元器件应查明原因后再进行更换；电压测量时应考虑到导线的压降；不违反设备电器控制的原则，试车时手不得离开电源开关，并且保险应使用等量或略小于额定电流，注意测量仪器的挡位的选择。